“十二五”职业教育国家规划教材
经全国职业教育教材审定委员会审定

工厂供配电

GONGCHANG GONGPEIDIAN

主　编　汪永华　曹光华
副主编　吴　琦　蓝旺英　张雅洁　蒋治国
编　写　陈　红　何　伟　张松兰　王正风
主　审　张惠忠

中国电力出版社
CHINA ELECTRIC POWER PRESS

内 容 提 要

本书为“十二五”职业教育国家规划教材。本书共分10章，较系统地介绍了工厂供配电系统的基本知识，主要内容有工厂供配电概述，工厂的电力负荷及其计算，短路电流及其计算，工厂电气设备及一次系统，工厂电力线路，工厂供配电系统的过电流保护，防雷、接地及电气安全，工厂供配电系统的二次回路和自动装置，工厂的电气照明，工厂供配电系统运行维护与管理。每章后都附有复习思考题，书末附有附录。

本书可适用于普通高校的高职高专、电视大学、成人高校的机电类专业（供用电技术、工业电气自动化、机电应用技术、机电一体化等）学生使用，也可供相关专业大中专院校师生参阅，还可供工矿企业有关单位和从事工厂供配电系统设计、安装、运行维护和管理的工程技术人员参考。

图书在版编目（CIP）数据

工厂供配电/汪永华，曹光华主编. —北京：中国电力出版社，2014.8

“十二五”职业教育国家规划教材

ISBN 978-7-5123-5879-9

Ⅰ. ①工… Ⅱ. ①汪… ②曹… Ⅲ. ①工厂—供电系统—高等职业教育—教材② 工厂—配电系统—高等职业教育—教材 Ⅳ. ①TM727.3

中国版本图书馆CIP数据核字（2014）第101917号

中国电力出版社出版、发行
（北京市东城区北京站西街19号 100005 http：//www.cepp.sgcc.com.cn）
北京市同江印刷厂印刷
各地新华书店经售
*
2014年8月第一版 2014年8月北京第一次印刷
787毫米×1092毫米 16开本 23印张 561千字
定价 **46.00** 元

前　言

本书根据教育部关于高等职业教育有关文件精神，结合近几年高职高专教育改革研究成果编写而成。本书是以培养高端应用型人才为目标，以技术技能培养为本位，以基本理论够用为度，以强化应用为教学重点，以最新的国家标准、规程、规范为依据，结合编者多年的教学和工程实践经验，并参考了大量工厂供配电方面的教材及工程实践资料。本书编写时力求做到：基本概念准确、分析计算方法简捷清晰、不强调公式的推导和理论的系统性、努力避免求深求全现象，在阐述成熟的专业知识的同时，注重介绍新材料、新工艺、新设备、新技术及电气工程的最新成果。本教材内容广泛、深入浅出，理论联系实际，便于学生学习和解决工程实际问题。

为便于学生课程设计和毕业设计（综合实践）查阅使用，书末列出了工厂供配电设计常用电气设备图形符号及技术数据，并附有工厂供配电设计任务书。

本书的参考学时为 80～100 学时，可根据不同专业教学需要适当增减。

本书由汪永华、曹光华主编，汪永华负责统稿。其中，第 1 章由安徽国防科技职业技术学院陈红编写；第 2 章由芜湖职业技术学院张松兰编写；第 3 章由安徽水利水电职业技术学院汪永华编写；第 4 章由安徽电气工程职业技术学院吴琦编写；第 5 章由安徽水利水电职业技术学院何伟编写；第 6 章由安徽机电职业技术学院曹光华编写；第 7 章、第 9 章由安徽水利水电职业技术学院张雅洁编写；第 8 章由无锡交通职业技术学院蒋治国编写；第 10 章由安徽水利水电职业技术学院蓝旺英编写；附录部分由汪永华和曹光华编写；安徽省电力公司王正风参与了部分章节的编写。

本书由安徽电气工程职业技术学院张惠忠教授主审，张惠忠教授在审阅中对本书提出很多宝贵意见，谨在此表示衷心的感谢！

编　者

2013 年 11 月

目　录

1 工厂供配电概述

1.1 工厂供配电的基本知识

1.1.1 工厂供配电的定义、要求及课程的性质

工厂供配电系统是电力系统的重要组成部分，它是电能的主要用户。所谓工厂供配电，是指工厂所需电能的供应和分配，也称工厂配电。

电能用户的类型很多，主要有工业用户、农业用户、商业用户、生活用户等。但现代工业用户是电能的主要用户，据统计，工业用电量占全国发电量的50%以上。电能作为现代工业的主要能源具有其明显的优点：电能既易于由其他形式的能量转换为电能，也易于转换为其他形式的能量；电能的输送和分配既简单经济，又便于控制、调节和测量，有利于实现生产过程的自动化；现代社会的信息技术和其他高新技术都是建立在电能应用基础之上的。因此，电能在现代工业生产及整个国民经济生活中应用极为广泛。

工厂供配电对现代工业的重要性并不在于电能在产品成本中所占的比重，而在于安全、可靠、优质的电能供应，可大幅提高劳动生产率，提高产品质量，降低生产成本，减轻工人的劳动强度，改善工人的劳动条件等。反之，则会造成劳动生产率降低，产品大量减产，设备损坏，甚至可能引发重大的人身事故，给国民经济和社会生产造成严重影响。

要使电能更好地服务于现代工业生产和国民经济建设，作为主要电能用户的工厂必须做好工厂的供电工作，满足以下基本要求：

(1) 安全：在电能的供应、分配和使用中，必须保证人身安全和设备安全，不应发生人身事故和设备事故。

(2) 可靠：满足电能用户对供电连续性的要求，不应出现违背用户意愿的中断供电。

(3) 优质：应满足电能用户对电压、频率等电能质量的要求。

(4) 经济：就是供配电系统的投资要少，运行费用要低，并尽可能地节约电能和减少有色金属的消耗量，采用新技术和其他能源的综合利用。

此外，在供电过程中，要合理地处理局部和全局、当前和长远的关系，既要考虑局部和当前的利益，又要照顾全局和长远的发展，在目前我国电能还比较紧缺的条件下，这一点就显得尤为重要。

1.1.2 工厂供配电系统概述

工厂供配电系统既复杂又重要，其主要特点包括供电范围广，负荷类型多而操作频繁，厂房环境（建筑物、管道、道路、高温、尘埃等）复杂，低压线路较长等。因此，选择供电方式时，应力求简单、供电可靠和经济，并应考虑线路运行安全且方便及周围环境的特点。运行经验表明：供电系统如果接线复杂，不仅会增加投资，使继电保护和自动装置配合困难、维护不便，而且电路元件串联过多，因元件故障或误操作而产生的事故也随之增多，处理事故和恢复供电的操作也比较复杂。

对于一般中小型工厂的供电系统而言，电能先经高压配电所集中，再由高压配电线路将

电能分送到各车间变电所，或由高压配电线路直接供给高压用电设备。车间变电所内装有电力变压器，将6～10kV的高压电降为一般低压用电设备所需的400V左右的电压，然后由低压配电线路将电能分送给各用电设备使用。

中小型工厂的供电系统虽然具体形式多样，但它们的电源进线电压一般是10kV或35kV，其常用的形式可以归结为以下几种：

(1) 工厂从公共电网取得电源，电能先经高压配电所集中，再由高压配电线路将电能分配到各车间变电所，经车间变电所将高压电能转换为用电设备所需要的低压电能（如220/380V），如图1-1所示。

(2) 对于大型工厂或电源进线电压在35kV及以上的中型工厂，一般经过两次降压，首先经工厂总降压变电所，其中装有较大容量的电力变压器，将35kV及以上的电压降为6～10kV的配电电压，然后通过高压配电线路将电能送到各车间变电所，或经高压配电所再送到车间变电所，经过再次降压供电给用电设备，如图1-2所示。

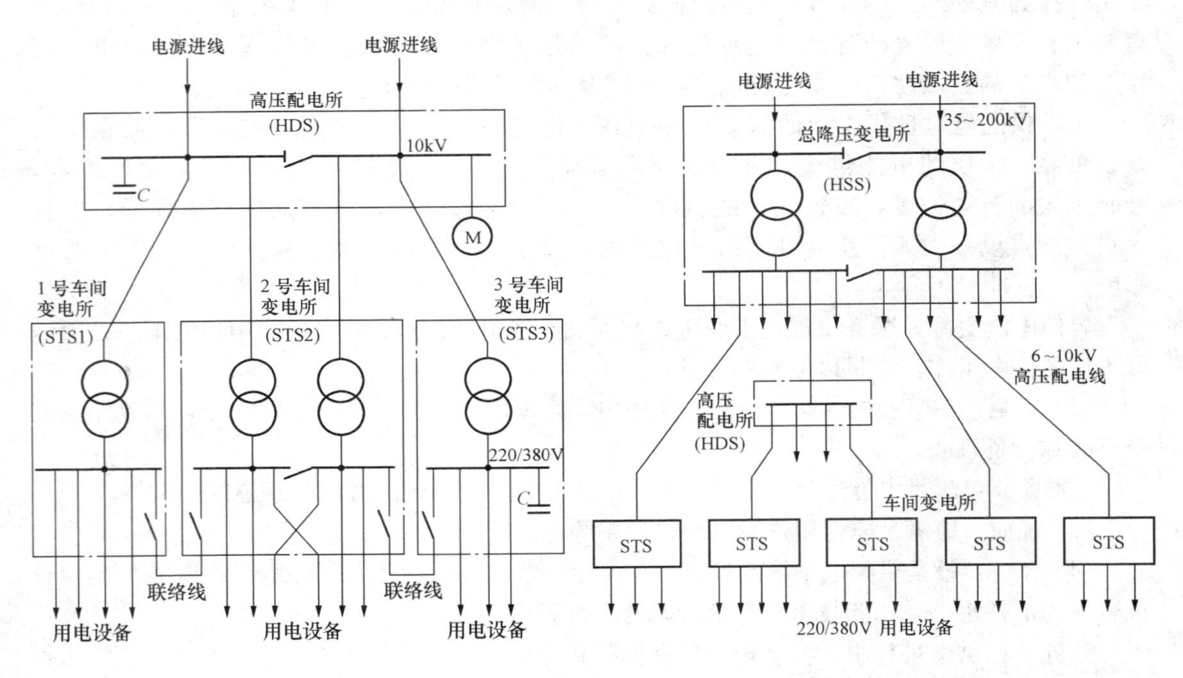

图1-1　中型工厂供配电系统简图　　　　图1-2　采用两次降压的工厂供配电系统简图

(3) 如果是小型工厂，负荷的容量不大于1MV·A，也没有重要负荷，可以只装设一个降压变电所，将6～10kV的电源降为用电设备所需的低压电源，如图1-3所示。

(4) 有的35kV进线的工厂，可以采用高压深入负荷中心的直配方式，即将35kV的线路直接引入靠近负荷中心的车间变电所，经一次降压，这样可以省去一级中间变压，从而简化供电系统的接线，降低电压损耗和电能损失，节约有色金属，提高供电质量。但这种供电方式必须要求厂区有能满足这种条件的“安全走廊”，否则不宜采用，以确保安全，如图1-4所示。

(5) 对于比较小的工厂，当其所需的容量不大于160kV·A时，可以采用由公共低压电网直接接线获得所需要的低压电源，如图1－5所示。这样工厂不需要建立变电所，只需要设立一个低压配电间即可。

值得说明的是变电所的功能是接受电能、变换电压和分配电能，而配电所的功能是接受电能和分配电能。变电所内装设有变压器，其主要作用是进行电压的变换，对于工厂用户来说主要是降压；配电所则用于电能的分配。有些工厂把变电所和配电所合建在一起，构成所谓的变配电所。这样做可以节约投资，方便运行管理和维护，但这种方式必须在满足一定的条件下才能使用。

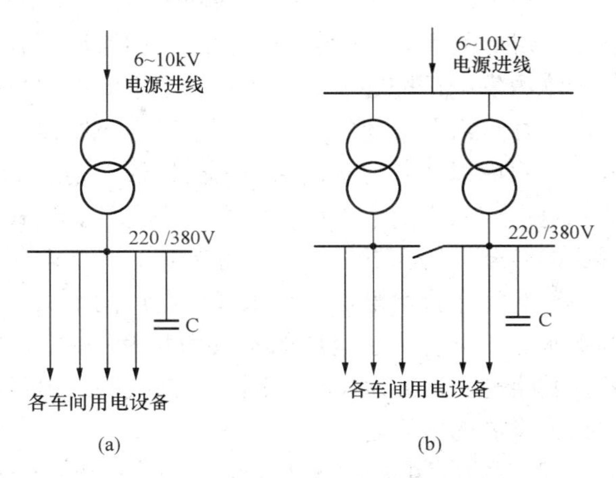

图1－3 只设一个降压变电所的工厂供配电系统简图
(a) 装有一台主变压器；(b) 装有两台主变压器

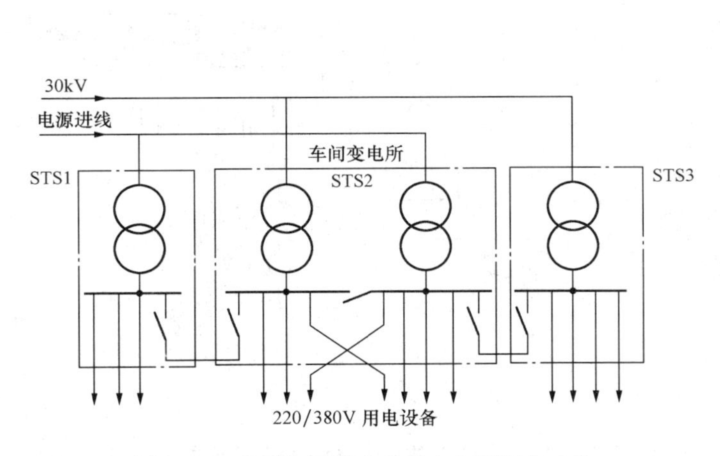

图1－4 采用高压深入负荷中心直配方式的工厂供配电系统简图

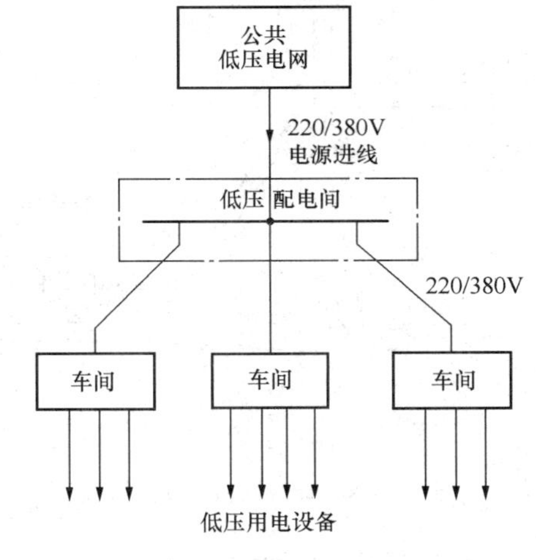

图1－5 低压进线的小型工厂供配电系统简图

1.1.3 发电厂和电力系统简介

电能的生产、输送、分配和使用的全过程是在同一瞬间实现的，因此我们除了了解工厂供配电系统概况外，还需了解工厂供配电系统电能的生产过程。

1. 发电厂

发电厂是将自然界蕴藏的各种一次能源转换成电能（二次能源）的工厂。发电厂按其所利用的能源不同，分为水力发电厂、火力发电厂、核能发电厂等类型。此外，还有风力发电厂、太阳能发电厂、地热发电厂、潮汐发电厂、生物质能发电厂、燃料电池发电厂等。风力发电、太阳能发电又称为绿色能源，它们不仅清洁，而且潜力巨大，随着科技的发展和社会的进步，其利用前景广阔，在传统能源日益短缺的今天，更具现实意义。

(1) 水力发电厂。水力发电厂简称水电厂，它是利用水流的位能来生产电能。当控制水流的闸门打开时，水流由进水管引入水轮机蜗壳室，冲动水轮机，带动发电机发电，如

图 1－6 所示。其能量转换过程是水流位能→机械能→电能。

水力发电厂的容量大小决定于上下游的水位差（简称水头）和流量的大小。因此，水力发电厂往往需要修建拦河大坝等水工建筑物以形成集中的水位差，并依靠大坝形成具有一定容积的水库以调节河水流量。根据地形、地质、水能资源特点的不同，水力发电厂可分为坝式水电厂、引水式水电厂、混合式水电厂。坝式水电厂的水头是由挡水大坝抬高上游水位而形成的。若厂房布置在坝后，称为坝后式水电厂；若厂房起挡水坝的作用，承受上游水的压力，称为河床式水电站。引水式水电厂的水头由引水道形成。这类水电厂的特点是具有较长的引水道。混合式水电厂的水头由坝和引水道共同形成。这类水电厂除坝具有一定高度以外，其余与引水式水电厂相同。目前我国水电厂的建设规模逐渐扩大，综合价值很高，是我国大力发展的电厂之一。

（2）火力发电厂。火力发电厂简称火电厂，它是利用燃料（煤炭、石油、天然气等）的化学能来生产电能。我国的火电厂以燃煤为主，如图 1－7 所示。其能量的转换过程是燃料的化学能→热能→机械能→电能。

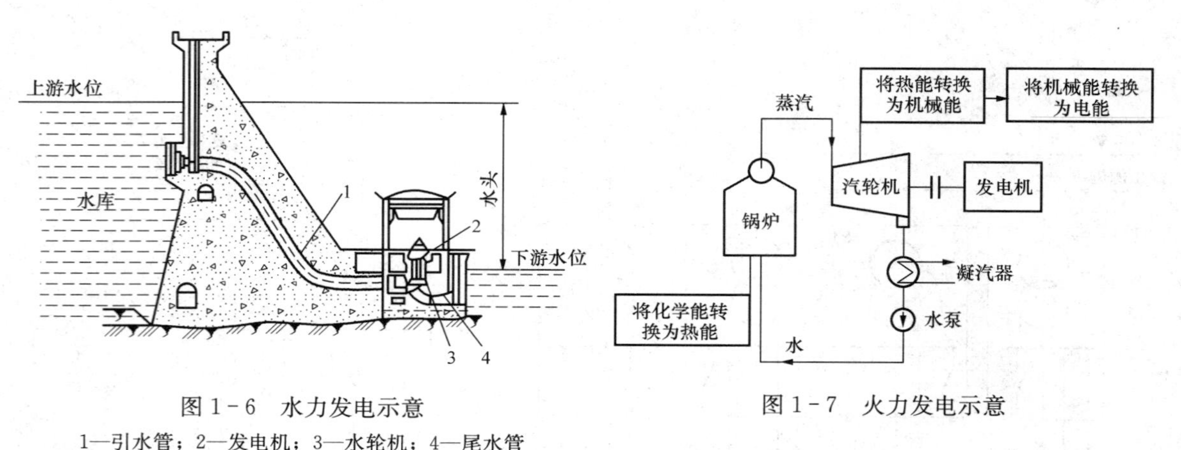

图 1－6　水力发电示意

1—引水管；2—发电机；3—水轮机；4—尾水管

图 1－7　火力发电示意

火力发电厂按其作用可分为单纯发电的和既发电又兼供热的两种类型。前者指一般的火力发电厂；后者指供热式火力发电厂，或称热电厂。一般火力发电厂应尽量建设在燃料基地或矿区附近，将发出的电用高压或超高压线路送往用电负荷中心，通常把这种火力发电厂称为坑口电厂。坑口电厂是当前和今后建设大型火力发电厂的主要发展方向。热电厂的建设是为了提高热能的利用效率，由于它要兼供热，所以必须建设在大城市或工业区的附近。为保护环境，火力发电厂一般要考虑“三废”（废水、废气、废渣）的综合利用，这样既保护了环境，又节约了资源。

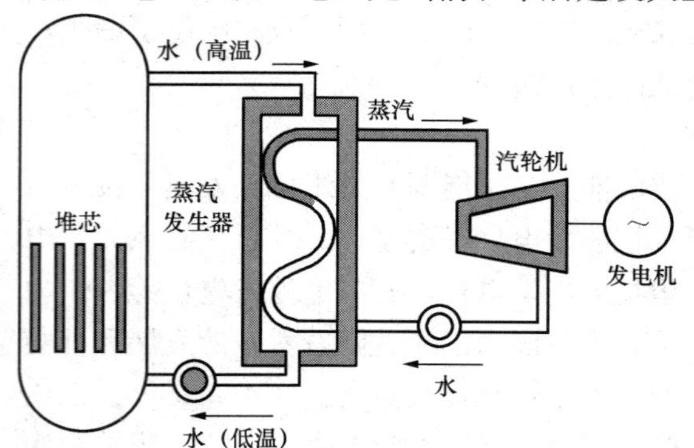

图 1－8　压水堆型核电站发电示意

（3）核能发电厂。又称核电厂，它是利用原子核的裂变来生产电能的。其生产过程与火电厂基本相同，只是以核反应堆代替了燃煤锅炉，以少量的核燃料代替了大量的燃煤。图 1－8 所示为压水堆型核电站发电示意。其能量转换过程是核裂变能→热能→机械能→电能。

核电站具有节省燃料，燃烧时不需要空气助燃、无污染、缓解交通等一系列优点。所以，目前世界上许多国家都很重视核能发电厂的建设，有17%的电力是核能发电产生的。我国已在浙江、广东、江苏、辽宁等地建成多座核电厂。尚有许多在建以及计划建设的核电站。

(4) 风力发电厂。风力发电厂又称风电厂，它是利用自然界的风能通过风轮带动发电机来生产电能。风力发电机组一般由风轮、发电机、齿轮箱、塔架、对风装置、刹车装置和控制系统组成。风力发电机组通常有独立运行和并网运行两种运行方式。图 1-9 所示为独立运行的交流风力发电系统。其能量转换过程是风能→机械能→电能。

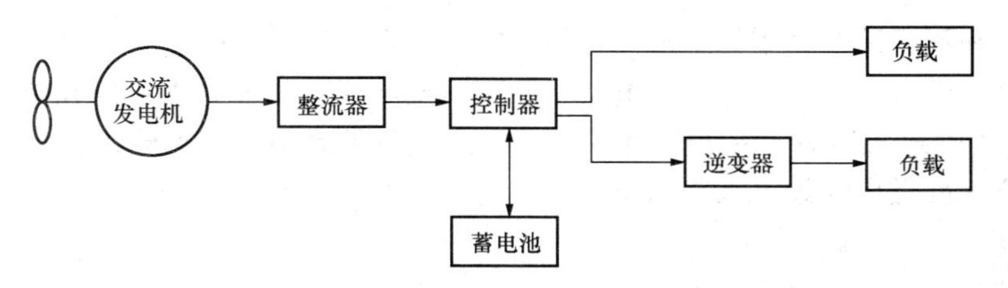

图 1-9 独立运行的交流风力发电系统

与常规发电相比，风电的特点主要是有功功率是波动的。有功功率是根据风速变化而变化的，不像常规火电、水电，主要按照电力系统调度的需求来发电。

大型风机制造技术不断提升，且伴随着国家有关政策的激励，我国的风电的总体发展势头迅猛，仅用5年半时间便走过了欧美国家15年的发展历程，实现装机容量从200万kW到5000万kW的飞跃。2012年我国风电发电量处于世界第一位。

(5) 太阳能发电厂。太阳能发电厂是利用太阳的光能和热能来生产电能的。太阳能分布广泛，取之不尽、用之不竭，且无污染，被公认为人类社会可持续发展的重要清洁能源。太阳内部不断进行核聚变反应，每秒钟投射到地球上的能量约为 1.757×10^{7}J，相当于 6×106t 标准煤产生的热量。据估算，地球上每年接受的太阳辐射能高达 1.8×10^{18}kW·h，相当于地球上每年燃烧其他燃料所获能量的3000倍。利用太阳能发电的方式有很多种，目前主要应用的有太阳能光伏发电和太阳能热发电。图 1-10 所示为并网光伏发电系统供电形式。

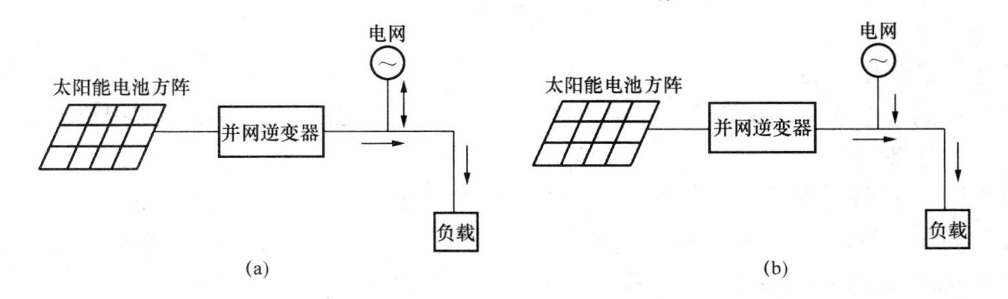

图 1-10 并网光伏发电系统供电形式

(a) 有倒流系统；(b) 无倒流系统

太阳能发电具有布置简便、维护方便等特点，应用面较广，全球装机总容量不断增加。一直以来，太阳能光伏行业通过扩大市场规模、开发新项目来应对价格下跌和迅速变化的市场。近年来，薄膜光伏市场份额快速增长，达到25%。200kW或更大的太阳能光伏发电厂增长迅速，占并网太阳能光伏发电装机容量的25%。随着《中华人民共和国可再生能源法》的贯彻实施，太阳能发电将会迎来新的发展机遇。

2. 电力系统

在电力工业的初期，电能是直接由电力用户附近的发电厂生产的，各发电厂孤立运行。随着工农业生产和城市的发展，电能的需求量迅速增加，而热能资源（如煤田）和水能资源丰富的地区往往远离电能使用集中的工矿企业和城市。为了解决这个矛盾，就需要在动力资源丰富的地区建立大型的发电厂，然后将电能输送到距离遥远的电能用户。同时，为了提高供电的可靠性和资源综合利用的经济性，就必须将许多分散的发电厂通过输电线路及变电所联系起来，这种由发电厂、升降压变电所、各种输配电线路及电力用户构成的统一整体，称为电力系统，如图1-11所示。电力系统加上发电机的原动机（如汽轮机、水轮机）和原动机的动力部分（如燃煤锅炉、水库和反应堆），称为动力系统。

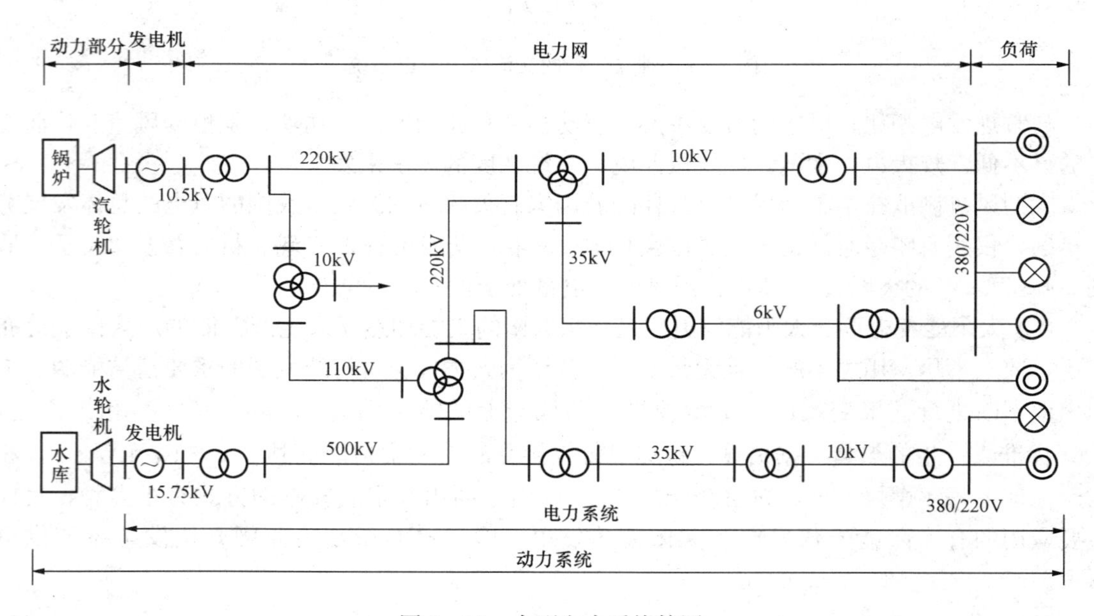

图1-11 大型电力系统简图

在电力系统中，各级电压的电力线路及其所联系的变电所，称为电力网，简称电网。它是电力系统的一个重要组成部分，将电力由发电厂发出来之后供给用户，即担负着输电、变电与配电的任务。

电力网按其在电力系统中的作用，分为输电网和配电网。输电网是以输电为目的，采用高压或超高压将发电厂、变电所或变电所之间连接起来的送电网络，它是电力网中的主网架。配电网是以配电为目的，直接将电能送到用户去的网络。配电网的电压由系统及用户的需要而定，因此配电网又分为高压配电网（通常指35kV及以上的电压）、中压配电网（通常指10、6kV和3kV）及低压配电网（通常指220、380V）。

电力网按其电压高低和供电范围大小分为区域电网和地方电网。区域电网的范围大，电压一般在220kV及以上；地方电网的范围小，电压一般为35～110kV。工厂供配电系统属于地方电网的一种。

将各类发电厂通过电力网组成统一的电力系统，在技术上和经济上得到很大的效益，主要表现在：①减少系统的总装机容量；②可以装设大容量的机组；③能充分利用动力资源；④提高供电的可靠性；⑤提高电能的质量；⑥提高运行的经济性。

电力的生产与其他工业的生产有着显著的区别，主要表现在：①电能不能大量储藏；②电力系统的电磁变化过程非常迅速；③电能与国民经济各部门及人民的日常生活关系密切。

1.1.4 工厂的自备电源

工厂的电源绝大多数是由公共电网供电的，但在下述情况下可建立自备发电厂：①距离电网太远，由电网供电有困难；②本厂生产及生活需要大量热能，建立自备热电厂，这样既可以提供电能又可以提供蒸汽和热水；③本厂有大量重要负荷，需要独立的备用电源，而从电网取得有困难；④本厂或地区有可供利用的能源。

对于重要负荷不多的工厂，作为解决第二电源的措施，发电机的原动力可用柴油机或其他小型动力机械。大型工厂，符合上述条件的一般建设热、电并供的热电厂，机组台数不超过两台，容量一般不超过2.5万kW/台。

对于有重要负荷的工厂，除了正常的供电电源外，还需要设置应急电源。常用的应急电源有柴油发电机组。对于特别重要的负荷如计算机系统，则除设柴油发电机组外，还需要另设不停电电源（也称不间断电源，uninterrupted power supply，UPS）。对于频率和电压稳定性要求较高的场合，宜采用稳频稳压式不停电电源。

1. 柴油发电机组

它利用柴油机作为原动力来拖动发电机进行发电，如图1-12所示。柴油发电机组具有下述优点：

(1) 柴油发电机组操作简便，启动迅速。一般能在公共电网停电10～15s内启动并接上负荷。

(2) 柴油发电机组效率高，功率范围大，体积小，重量轻，搬运和安装方便。

(3) 柴油发电机组燃料的储存和运输方便。

(4) 柴油发电机组的运行可靠，维修方便。

由于具有上述特点，柴油发电机组得到了广泛的应用，但它也有诸如噪声和振动大，过载能力较差的缺点，在柴油发电机组装设房间的选址和布置方面应充分考虑其对环境的影响。

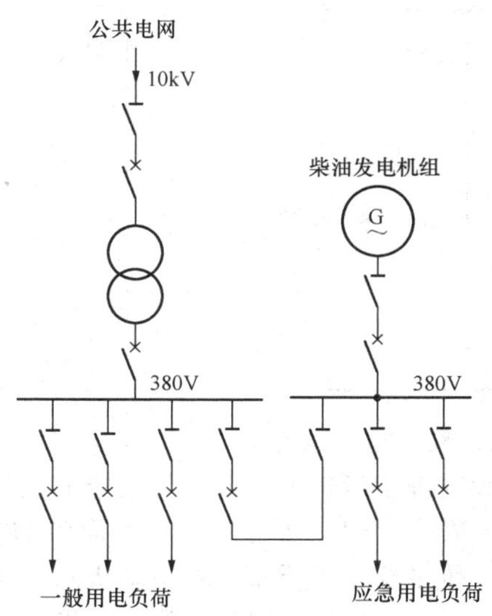

图1-12 采用柴油发电机组作为备用电源的主接线

2. 交流不停电电源（UPS）

交流不停电电源（UPS）主要由整流器（UR）、逆变器（UV）和蓄电池（GB）三部分组成，如图1-13所示。

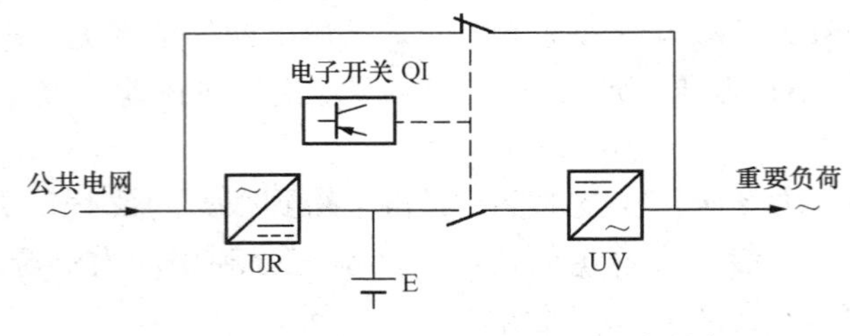

图 1-13　不停电电源（UPS）组成示意

当公共电网正常工作时，交流电源经晶闸管整流器 UR 转换为直流，对蓄电池 GB 充电。当公共电网突然停电时，电子开关 QV 在保护装置的作用下自动进行切换，使 UPS 投入工作，蓄电池 GB 放电，经逆变器 UV 转换为交流电对重要负荷供电。

1.2　电力系统的额定电压和电能质量

1.2.1　电力系统的电压

1. 额定电压的意义

为了使电力设备的生产实现标准化、系列化，使各元件合理配套，电力系统中发电机、变压器、电力线路、各种设备等，都是按规定的额定电压进行设计和制造的。所谓额定电压，就是指能使各类电气设备处在设计要求的额定或最佳运行状态的工作电压。

额定电压的确定，与电源分布、负荷中心的位置、国家经济及科学技术的发展水平、电力设备的制造水平等因素有关，应经过充分的论证，由国家主管部门确定。

GB/T 156—2007《标准电压》规定的电力系统和电气设备的额定电压标准见表 1-1。

表 1-1　我国标准规定的三相交流电网和电力设备的额定电压

分　类	电网和用电设备额定电压（kV）	发电机额定电压（kV）	电力变压器额定电压（kV）	
			一次绕组	二次绕组
低压	0.22	0.23	0.22	0.23
	0.38	0.40	0.38	0.40
	0.66	0.69	0.66	0.69
高压	3	3.15	3，3.15	3.15，3.3
	6	6.3	6，6.3	6.3，6.6
	10	10.5	10，10.5	10.5，11
	—	13.8，15.75，18，20	13.8，15.75，18，20	—
	35	—	35	38.5
	63	—	63	69
	110	—	110	121
	220	—	220	242
	330	—	330	363
	500	—	500	550

2. 额定电压的分类

我国现阶段各电力设备的额定电压分三类：第一类额定电压为 100V 以下，这类电压主要用于安全照明、蓄电池及开关设备的操作电源；第二类额定电压高于 100V，低于 1kV，这类电压主要用于低压三相电动机及照明设备；第三类额定电压高于 1kV，这类电压主要用于发电机、变压器、输配电线路及设备。

3. 三相交流电网和电力设备的额定电压

(1) 电网（电力线路）的额定电压。在电力系统中，应尽可能简化电压等级，减少变电层次，以节约投资并降低运行费用。各级额定电压间的级差不宜过小，一般额定电压在110kV以下的配电网级差一般应在3倍以上，额定电压在100kV以上的输电网级差一般应在2倍以上。

输配电线路的额定电压应与用电设备的额定电压相同。由于用电设备是接在电力线路上的，而线路在运行时都会有电压降落，因此线路各点的电压是不同的，一般线路的末端电压比首端电压低，如图1-14所示。当负荷变化时线路中的电压降也随着变化，要使接于线路上的用电设备都在额定电压下运行是不可能的，所以只能使加于用电设备上的端电压尽量接近其额定电压。

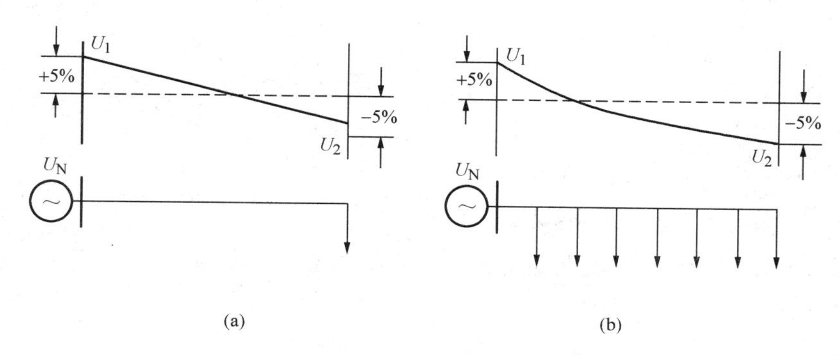

图1-14 用电设备和发电机额定电压说明
(a) 集中负荷；(b) 均匀分布负荷

(2) 用电设备的额定电压。用电设备的额定电压一般允许在其额定电压±5%以内变化，而线路全长的电压损耗一般应不超过额定电压的10%，这样在运行时线路首端电压应比其额定电压高5%，末端电压才可能不低于5%。所以，一般取线路首端和末端电压的平均值（该值规定为电力线路的额定电压）等于用电设备的额定电压来满足上述要求。

(3) 发电机的额定电压。发电机是输出电能的设备，接于线路的首端，所以发电机的额定电压应该比所连接线路的额定电压高5%。例如，线路的额定电压为10kV时，接在线路首端的发电机的额定电压应为10.5kV。对于大型发电机，其额定电压不受线路额定电压等级的限制，一般按技术经济条件确定。

(4) 电力变压器的额定电压。电力变压器的额定电压情况稍显复杂：一方面，当其一次侧接于电力线路或发电机时，它接受电能，相当于用电设备；另一方面，其二次侧对于后面的电力线路或用电设备输出电能时，其作用又相当于发电机。因此，电力变压器的额定电压可按以下情况进行讨论：

1) 电力变压器一次绕组的额定电压。变压器一次绕组相当于用电设备，故其额定电压就等于所接部分（发电机或变压器）的额定电压。若接发电机，则其额定电压应等于发电机的额定电压，即比发电机所接电网的额定电压高5%；若接电力线路，则其额定电压等于所接线路的额定电压。

2) 电力变压器二次绕组的额定电压。电力变压器二次绕组的额定电压即当电力变压器的一次绕组加上额定电压时其二次绕组的开路电压。分两种情况讨论：第一，若电力变压器二次侧所接电力线路较长时，其二次侧的额定电压应比所接电力线路的额定电压高10%，其中的5%用于补偿变压器在满负荷运行时其绕组内部约5%的电压降，此外变压器满负荷时输出的二次侧电压还要高于电力线路额定电压5%；第二，当变压器的二次侧所接的电力线路较短时，只需高于所接电力线路额定电压5%，仅用于补偿变压器二次绕组内5%的电压降，而电力线路上的电压降忽略不计。

4. 电压偏差和电压调整

(1) 电压偏差。电力系统在运行的过程中，由于各种因素的作用，电力系统的各元件上的实际电压与其额定电压产生偏差。如果用电设备上的电压偏差在一定的范围内，则电气设备可以正常运行；否则就会对电气设备的正常运行产生严重的影响，甚至无法运行。

电压偏差是用电设备上的实际电压与用电设备额定电压之差和额定电压之比的百分值，可表示为

$$\Delta U\% = \frac{U - U_N}{U_N} \times 100\% \tag{1-1}$$

式中 $\Delta U\%$——电压偏差；

U——用电设备的实际端电压；

U_N——用电设备的额定电压。

根据GB 50052—2009《供配电系统设计规范》规定：正常情况下，用电设备端子处电压偏差如下：

电动机，±5%。

照明灯，一般工作场合±5%；在视觉要求较高的场所+5%、−2.5%；在远离变电所的小面积一般工作场所，难以满足上述要求时，+5%、−10%。

其他用电设备，无特殊规定时，±5%。

电压偏差过大对用电设备及电网的安全稳定和经济运行都会产生极大的危害。

1) 对于用电设备，都是按照设备的额定电压进行设计和制造的。当电压偏离额定电压较大时，用电设备的运行性能恶化，不仅运行效率降低，很可能会由于过电压或过电流而损坏。例如，电压过低将使照明灯具光通量减少、发光不足，影响人们的视力，降低工作效率；使电热设备的发热量急剧下降，导致生产效率降低；使电动机滑差加大，定子电流显著增加导致绕组温度升高，从而加速绝缘老化，缩短电动机寿命，严重时可能烧毁电动机；使电视机屏幕显示不稳定，图像模糊，甚至无法收看等。电压过高又会使用电设备寿命大大缩短。

2) 对于电网，运行电压偏低，输电线路的功率极限大幅度降低，可能产生系统频率不稳定的现象，甚至导致电力系统频率崩溃，造成系统解列。如果电力系统缺乏无功电源，可能产生系统电压不稳定现象，导致电压崩溃。系统电压偏低还将使电网的有功损耗、无功损耗及电压损耗大大增加，影响系统的经济运行。系统运行电压过高又可能使系统中各种电气设备的绝缘受损，使带铁芯的设备饱和，产生谐波，并可能引发铁磁谐振，同样威胁电力系统的安全稳定运行。

(2) 电压的调整。为了满足用电设备对电压偏差的要求，工厂供配电系统可以采取以下相应的措施：

1) 正确选择无载调压型变压器的电压分接头和采用有载调压型变压器。我国工厂供配电系统中应用的6～10kV电力变压器，一般为无励磁调压型的，其高压绕组有±5%的分接头，并装设有无载调压分接开关，如图1-15所示。若用电设备电压偏高，应将分接头开关

换接到＋5%；若用电设备的电压偏低，应将分接开关换接到－5%。有载调压型变压器可在带负荷的情况下自动的调节电压，保证设备端电压的稳定。

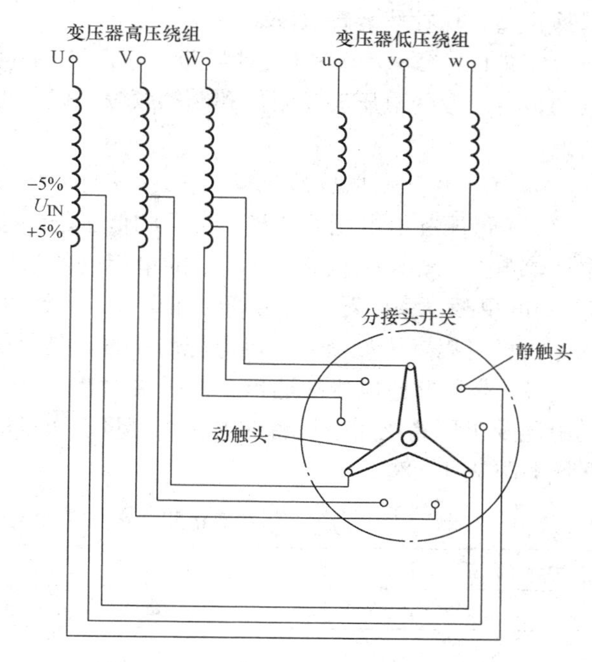

图 1－15　电力变压器的分接开关接线

2）合理减少系统的阻抗。供配电系统中的电压损耗与系统各元件的阻抗成正比。减少系统的阻抗就会减少电压损耗，从而减少电压的偏差。例如，减少系统的变压级数，适当增大导线电缆的截面积，或用电缆取代架空线路等。但这些措施应进行技术经济的分析才能采用。

3）尽量使系统的三相负荷平衡。三相系统平衡的情况下，系统中性点的电位为零。在三相负荷不平衡的情况下，负荷中性点的电位产生偏移，使有的相电压升高，有的相电压降低，从而增大了用电设备上的电压偏差。

4）合理改变系统的运行方式。例如，调整工厂的工作制或采用两台电力变压器，在负荷较轻时切除一台变压器，在负荷较重时并联两台变压器运行，进而对电压的偏差起到调节作用。

5）采用无功补偿装置。由于工厂的负载大部分都是感性的，使得工厂供配电系统的功率因数偏低，增大了系统的电流，从而增加了系统的电压损耗，形成电压的偏差。如采用无功补偿装置提高系统的功率因数，这样就会减少系统的电压损耗，降低电压的偏差。

5. 电压波动及其抑制

电力系统电压的短时而快速的变动称为电压波动。它可以用电压波动幅度和频率来衡量。电压波动产生的主要原因是由于负荷的急剧变化引起的，当负荷急剧变动时，系统的电压损耗也会急剧变化，使电气设备的端电压出现波动。

电压闪变反映了电压波动引起的灯光闪烁对人视觉产生影响的效应。引起照度闪变的电压波动现象称为电压闪变。因灯光照度急剧变化使人眼感到不适的电压，称为闪变电压。

电压的波动会影响到用电设备的正常工作，如电动机不能正常启动甚至无法启动，使同步电动机产生转子振动，使照明灯光出现闪烁等，这些都严重地影响人们的生产和生活。所以，对于电压的波动必须采取一定的措施，设法抑制可能出现的电压波动和闪变现象。为了减少电压的波动和闪变现象，可采取以下的措施：

（1）对负荷变动剧烈的大型用电设备，采用专门的供电线路或专用变压器单独供电。

（2）设法增大系统的容量和减少系统的阻抗。

（3）在系统出现严重的电压波动时，减少或切除引起电压波动的负荷。

（4）在条件许可的情况下，对于大型电弧炉和炉用变压器的受电电压，最好采用较高的电压，减小电压的波动。

（5）对于大型冲击负荷，采取上述措施仍达不到要求，可装设能“吸收”冲击无功功率的静止型无功补偿装置（SVC）。

GB/T 12326—2008《电能质量 电压波动和闪变》中规定了电力系统公共连接点，由波动负荷产生的电压波动限值和变动频度，以及由波动负荷引起的短时间闪变值和长时间闪变值。

6. 工厂供配电电压的选择

(1) 低压配电电压的选择。工厂的低压配电电压一般采用220/380V，其中，380V的线电压供电给三相动力设备或380V的单相设备，相电压220V供电给一般的照明灯具或其他220V的单相设备。对于某些场合如矿井，可以采用660V甚至更高的电压作为低压配电电压。这样可以减少投资，提高电能的质量，是节能的有效手段之一。

(2) 高压配电电压的选择。工厂供配电系统的高压配电电压，主要取决于当地供电电源的电压及工厂高压用电设备的电压、容量、数量等因素。各级电压线路合理的输送功率和输送距离见表1-2。

表1-2 各级电压线路合理的输送功率和输送距离

线路电压（kV）	线路结构	输送功率（kW）	输送距离（km）
0.22	架空线路	≤50	≤0.15
0.22	电缆线路	≤100	≤0.2
0.38	架空线路	≤100	≤0.25
0.38	电缆线路	≤175	≤0.35
6	架空线路	≤2000	3～10
6	电缆线路	≤3000	≤8
10	架空线路	≤3000	5～15
10	电缆线路	≤5000	≤10
35	架空线路	2000～15 000	20～50
60	架空线路	3500～30 000	30～100
110	架空线路	10 000～50 000	50～150
220	架空线路	100 000～500 000	200～300

1.2.2 电网谐波及其抑制

1. 谐波基本定义与规定

国际上公认的谐波定义为“谐波是一个周期电气量的正弦波分量，其频率为基波频率的整数倍”。由于谐波的频率是基波频率的整数倍，也常称为高次谐波。

谐波将引起供配电系统正弦波形畸变，为了表示畸变波形偏离正弦波形的程度，最常用的特征量有谐波总含量、总畸变率和h次谐波的含有率。

(1) 谐波总含量。谐波总含量是各次谐波的平方和开方，即

$$U_{\mathrm{H}}=\sqrt{\sum_{h=2}^{\infty}U_h^2} \tag{1-2}$$

(2) 电压总谐波畸变率。电压总谐波畸变率THD_U为

$$\mathrm{THD}_U=\frac{U_{\mathrm{H}}}{U_1}\times 100\% \tag{1-3}$$

式中 U_1——基波电压均方根值；

U_H——谐波电压总含量。

(3) 谐波含有率。第 h 次谐波电压含有率 HRU_h 为

$$HRU_h = \frac{U_h}{U_1} \tag{1-4}$$

式中 U_h——第 h 次谐波电压均方根值。

公用电网谐波电压（相电压）限值见表 1-3。

表 1-3 公用电网谐波电压（相电压）限值

电网额定电压（kV）	电压总谐波畸变率（%）	各次谐波电压含有率（%）	
		奇次	偶次
0.38	5.0	4.0	2.0
6	4.0	3.2	1.6
10			
35	3.0	2.4	1.2
66			
110	2.0	1.6	0.8

2. 谐波产生的原因

在电能的生产、传输、转换和使用的各个环节中都会产生谐波。在供配电系统中，谐波产生的主要原因是系统中存在具有非线性特性的电气设备，主要包括：

(1) 具有铁磁饱和特性的铁芯设备，如变压器、电抗器等。

(2) 以具有强烈非线性特性的电弧为工作介质的设备，如气体放电灯、交流弧焊机、炼钢电弧炉等。

(3) 以电力电子元件为基础的开关电源设备或装置，如各种电力交流设备（整流器、逆变器、变频器）、相控调速和调压装置、大容量的电力晶闸管可控开关设备等，它们大量地应用于化工、电气、铁道、冶金、矿山等工矿企业及各式各样的家用电器中。

上述非线性电气设备的显著特点是从供配电系统中取用非正弦电流，也就是说，即使电源电压是正弦波形，但由于负荷具有其电流不随着电压同步变化的非线性的电压-电流特性，使得流过负荷的电流是非正弦波形，它由基波及其整数倍的谐波组成。产生的谐波使供配电系统电压严重失真。这些向供配电系统注入谐波电流的非线性电气设备通称为谐波源。在电力电子装置普及以前，变压器是主要谐波源，目前各种电力电子装置均已成为主要谐波源。

3. 谐波的危害

目前，国际上公认谐波“污染”是供配电系统的公害，其具体危害有以下几个方面：

(1) 谐波会大大增加供配电系统发生谐波的可能，从而造成很高的过电流或过电压而可能引发事故。

(2) 谐波电压可使变压器的磁滞及涡流损耗增加，使绝缘材料承受的电气应力加大，而谐波电流使变压器的铜耗增加，从而使铁芯过热，加速绝缘老化，缩短变压器使用寿命。

(3) 谐波电流可能使电容器过负荷和出现不允许的温升，可使线路电能损耗增加，还可

能使供配电系统发生电压谐振，损坏设备绝缘。

(4) 谐波电流流过供配电线路时，可使其电能损耗增加，导致电缆过热损坏。

(5) 谐波电流可使电动机铁损明显增加，并使电动机转子出现振动现象，严重影响机械加工的产品质量。

(6) 谐波可使计费的感应式、电子式电能表的计量不准。

(7) 谐波影响设备正常工作，可使继电保护和自动装置发生误动和拒动，可使计算机失控、电子设备误触发、电子元件的测试无法进行。

(8) 谐波可干扰通信系统，降低信号的传输质量，破坏信号的正常传递，甚至损坏通信设备。

对高次谐波的抑制，科学工作者已采用许多措施，但迄今不能达到人们所期望的目的。

1.2.3 三相电压不平衡度

1. 基本定义与规定

电压不平衡度 εU，是衡量多相系统负荷平衡状态的指标，用电压负序分量的均方根值 U_2 与电压正序分量的均方根值 U_1 的百分比来表示，即

$$\varepsilon U=\frac{U_2}{U_1}\times 100\% \tag{1-5}$$

GB/T 15543—2008《电能质量　三相电压不平衡度》规定：

(1) 电力系统公共连接点，正常时负序电压不平衡度不超过 2%，短时不超过 4%。

(2) 接于系统公共连接点的每个用户，负序电压不平衡度允许值一般为 1.3%，短时不超过 2.6%。

2. 三相电压不平衡度危害

三相电压不平衡度偏高，说明电压的负序分量偏大。电压负序分量的存在，将对电力设备的运行产生不良影响。例如，电压负序分量可使感应电动机出现一个反向转矩，削弱电动机的输出转矩，降低电动机的效率，同时使电动机绕组电流增大，温度增高，加速绝缘老化，缩短使用寿命。三相电压不平衡，还会影响多相整流设备触发脉冲的对称性，出现更多的高次谐波，进一步影响电能质量。

3. 降低三相电压不平衡度的措施

由于造成三相电压不平衡的主要原因是单相负荷在三相系统中的容量分配和接入位置不合理、不均衡。因此在供配电系统的设计和运行中，应采取如下措施：

(1) 均衡负荷。对单相负荷应将其均衡地分配在三相系统中，同时要考虑用电设备的功率因数不同，尽量使有功功率和无功功率在三相系统中均衡分配。在低压供配电系统中，各相之间的容量之差不宜超过 15%。

(2) 正确接入照明负荷。由地区公共低压供配电系统供电的 220V 照明负荷，线路电流小于或等于 30A 时，可采用 220V 单相供电；大于 30A 时，宜以 220/380V 三相四线制供电。

1.2.4 电压暂降与短时间中断

1. 基本定义与规定

电压暂降与短时间中断通常是相关联的电能质量问题。电压暂降是指供电电压均方根值在短时间突然下降的事件，其典型持续时间为 0.5～30 周波。它不同于电压波动，是电压均

方根值的大幅度快速下降。国际电工委员会（IEC）将其定义为下降到额定值的 90%～1%，电气与电子工程师协会（IEEE）将其定义为下降到额定值的 90%～10%。

当电压均方根值降低到接近于零时，称为中断。IEC 定义“接近于零”为“低于额定电压的 1%”，小于 3min 的中断为短时间中断，大于或等于 3min 的中断为长时间中断。IEEE 定义“接近于零”为“低于额定电压的 10%”，IEEE Std. 1250—1955 中将大于 2min 的中断称为长时间中断，IEEE Std. 1159—1995 中，则将大于 1min 的中断称为长时间中断。

2. 电压暂降与短时间中断危害

电压暂降与中断并不是一个新问题，但由于以往的绝大多数用电设备对电压的短时突然变化不敏感，因此未引起人们关注。随着数字式自动控制技术在工业生产中的大规模应用，如变频调速设备、可编程逻辑控制器、各种自动生产线及计算机系统等敏感性用电设备的大量使用，对供电系统的电压质量提出了更高的要求，该问题才引起重视。据介绍，由于一次电压暂降而使某生产线重新启动需花费 5 万美元；某玻璃制品厂工频 5 周波的电压中断，造成经济损失约 20 万美元；某计算中心 2s 的供电中断引起了约 60 万美元的损失。电压的短时间中断可引起停电、灯光熄灭、显示屏幕空白、电机减速等。更为严重的是，它还会破坏正常的生产过程，使计算机丢失内存信息、控制系统失灵等。据统计，在欧洲和美国，电力部门与用户对电压暂降的关注程度比其他有关电能质量问题的关注程度要强得多。目前，许多国家已开展了电压暂降的长期监测工作。例如，加拿大电气协会（CEA）自 1991 年起开始的一项为期 3 年的电能质量调查，其主要目的是了解加拿大电能质量的状况。

专家们认为，电压暂降与中断已上升为最重要的电能质量问题，已成为信息社会对供电质量要求的新挑战。

1.3 电力系统的中性点运行方式

1.3.1 高压电力系统中性点运行方式

在高压电力系统中，作为供电系统的发电机和变压器的三相绕组为三相星形连接时，其中性点有三种运行方式：中性点不接地、中性点经消弧线圈（阻抗或电阻）接地和中性点直接接地。中性点不接地系统及中性点经消弧线圈（阻抗或电阻）接地称为小电流接地系统，也称中性点非有效接地系统或中性点非直接接地系统。中性点直接接地系统称大电流接地电力系统，也称为中性点有效接地系统。

中性点运行方式的选择主要取决于单相接地时电气设备绝缘要求及供电的可靠性。如图 1-16 所示，图中 C 为电力线路对地等效电容。

1. 中性点不接地的运行方式

中性点不接地系统正常运行的电力系统如图 1-17 所示。三相线路的相间及相与地间都存在分布电容，但相间电容与这里讨论的问题无关，因此不予考虑。这里只考虑相与地间的分布电容，且用集中电容 C 来表示。当三相系统正常运行时，三个相的相电压是对称的，三个相的对地电容电流也是对称的，此时三个相的对地电容电流的相量和为零，即没有电流在地中流过。各相对地电压均为相电压。

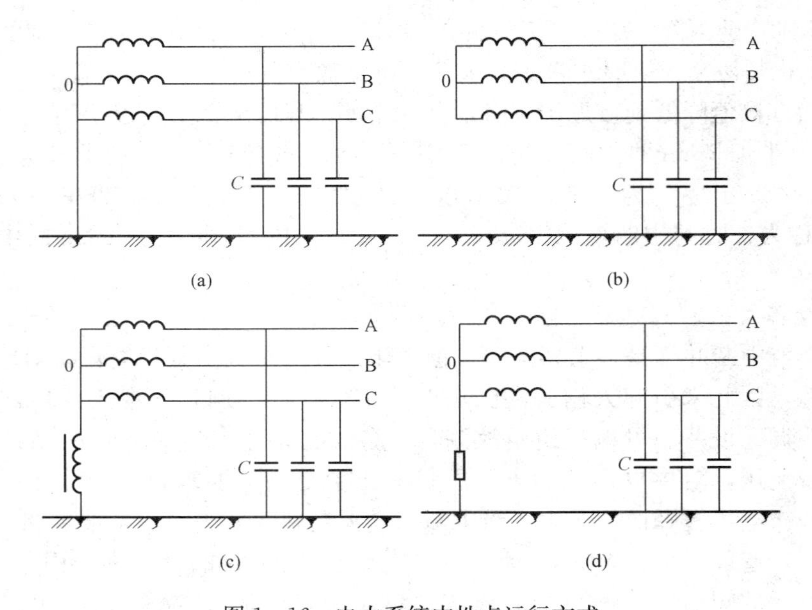

图 1-16 电力系统中性点运行方式

(a) 中性点直接接地；(b) 中性点不接地；(c) 中性点经消弧线圈接地；(d) 中性点经阻抗接地

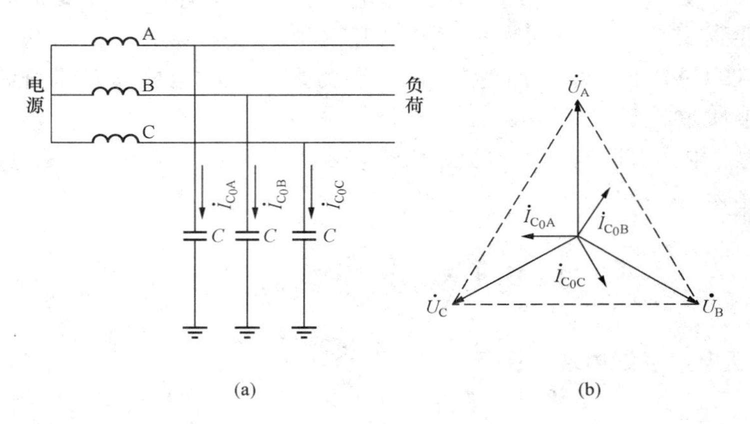

图 1-17 中性点不接地系统正常运行的电力系统

(a) 电路图；(b) 相量图

当其中的一相如C相发生接地故障时，如图 1-18 所示。C相对地电压为零，而A、B两相对地电压都升高为线电压。而系统的三个线电压无论其相位和大小均无改变，因此，系统中所有设备仍可照常运行，这是中性点不接地系统的最大优点。但是，单相接地后，其运行时间不能太长，以免在另一相又接地时形成两相短路。一般允许运行时间不超过 2h，并且这种中性点不接地系统必须装设单相接地保护或绝缘监视装置，当系统发生单相接地故障时，可发出报警信号或指示，以提醒运行值班人员注意，及时采取措施，查找和消除接地故障。如有备用线路，则可将重要负荷转移到备用线路上。当危及人身和设备安全时，单相接地保护装置应自动跳闸。

当C相接地时，系统的接地电容电流为非接地相对地电容电流之和，为正常时电容电流的三倍，即 $I_C=3I_{C0}$。由于线路对地电容 C 不好确定，因此 I_{C0} 和 I_C 也不好根据电容 C

来精确计算，工程中，通常采用下列经验公式来计算系统的接地电容电流：

$$I_C=\frac{U_N(L_{oh}+35L_{cab})}{350} \tag{1-6}$$

式中 I_C——中性点不接地系统的单相接地电容电流，A；

U_N——电网额定电压，kV；

L_{oh}——与 U_N 具有电气联系的架空线路总长度，km；

L_{cab}——与 U_N 具有电气联系的电缆线路总长度，km。

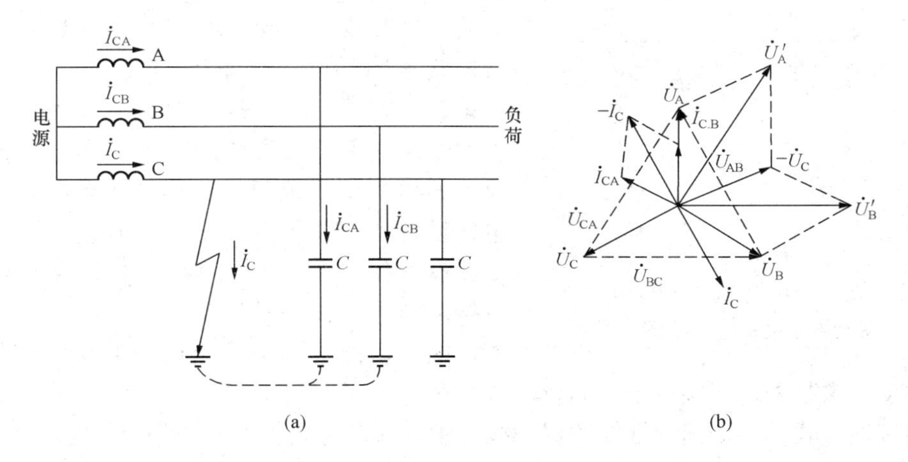

图 1-18 单相接地时的中性点不接地的电力系统

(a) 电路图；(b) 相量图

通过计算，如果 3～10 kV 系统中接地电流大于 30 A，或 20 kV 及 35 kV 的系统中接地电流大于 10 A，会产生稳定电弧使电网出现暂态过电压，危及电器设备的安全，这时应采用中性点经阻抗或消弧线圈或电阻接地的运行方式。

2. 中性点经消弧线圈的接地方式

由上面的分析可知，在中性点不接地的系统中，当一相接地时如果接地电流过大，将会在故障点出现断续电弧，可能使系统发生谐振而引起谐振过电压，对于这种情况应采用中性点经消弧线圈的接地方式，如图 1-19 所示。

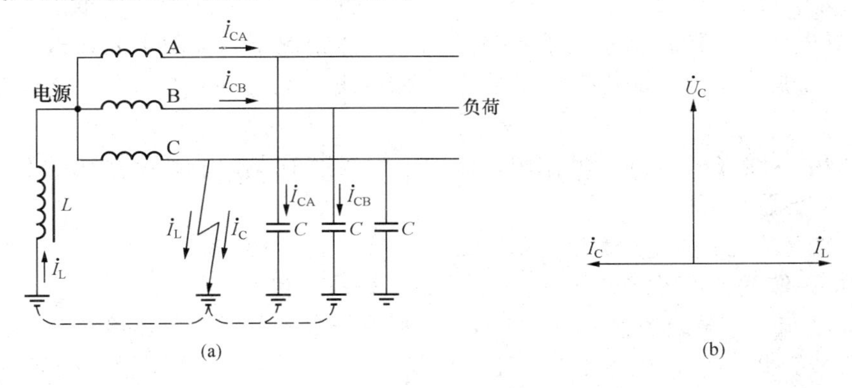

图 1-19 中性点经消弧线圈接地的电力系统

(a) 电路图；(b) 相量图

当系统发生一相接地时，流过接地点的电流是接地电容电流 I_C和消弧线圈电流 I_L之和，这样就可以使电弧电流减小，从而避免断续电弧和谐振过电压的发生。

3. 中性点直接接地运行方式

中性点直接接地的电力系统单相接地时的电路如图 1－20 所示。在系统正常运行时，三相电压平衡，中性点的电位为零。每相对地的电压就是相电压。当其中的一相如 C 相对地的绝缘破坏时，形成单相对地短路，会产生很大的短路电流。这时线路的保护装置如熔断器或断路器要将短路故障切除，使系统的其他部分正常运行。在该运行方式下，非故障对地电压不变，电气设备的绝缘水平可按相电压考虑，这对于 110kV 及以上的超高压系统很有经济技术价值，因为高压电气设备特别是超高压电器，其绝缘问题是影响电器设计和制造的关键问题，电器绝缘要求降低，直接影响电气设备的造价，同时改善了电器的性能。因此，我国 110kV 及以上的高压和超高压系统的中性点通常都采用直接接地的运行方式。对 380/220V 低压供电系统，我国广泛采用中性点直接接地方式，且引出中性线和保护线。中性线既可提供单相设备的相电压，又可以用来传导三相不平衡电流，还可以减少负荷中性点电位的偏移；而保护线可以保障人身安全，防止触电事故。

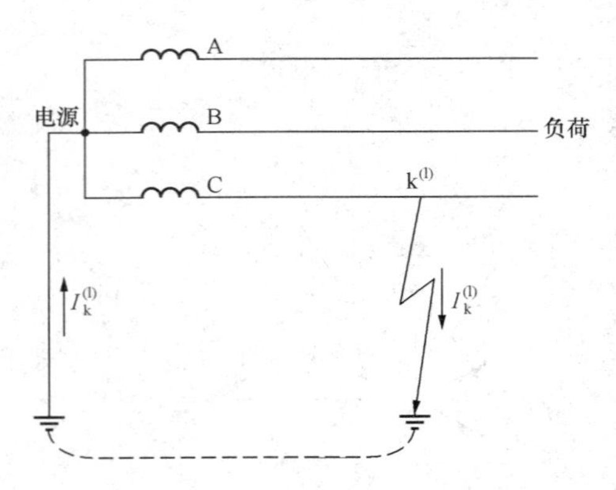

图 1－20 中性点直接接地的电力系统单相接地时电路图

1.3.2 低压配电系统中性点的接地形式

我国 220/380V 低压配电系统广泛采用中性点直接接地系统的运行方式，而且引出中性线（N 线）、保护线（PE 线）、或保护中性线（PEN 线）。

1. 中性线、保护线和保护中性线的作用

（1）中性线（N 线）的作用。中性线的作用有三个：①用来接额定电压为系统相电压的单相用电设备；②用来传导三相不平衡电流和单相电流；③用来减小负荷中性点的电位偏移。

（2）保护线（PE 线）的作用。用来保护人身安全，防止发生触电事故。系统中所有设备的外漏可导电部分（指正常情况下不带电而在故障情况下可能带电且易被触及的导电部分，如设备的金属外壳、金属构架等）通过 PE 线接地，可减少设备故障情况下发生的触电事故。

（3）保护中性线（PEN 线）的作用。保护中性线兼有保护线和中性线的双重作用，通常称为“零线”或“地线”。

2. 低压配电系统的接地形式

低压配电系统的接地形式可分为 TN 系统、TT 系统和 IT 系统。

（1）TN 系统。该系统的中性点直接接地，所有设备的外漏可导电部分通过公共的保护线（PE 线）或公共的保护中性线（PEN 线）接地。TN 系统又可分为 TN－C 系统、TN－S 系统和 TN－C－S 系统，如图 1－21 所示。

1）TN－C 系统，如图 1－21（a）所示。TN－C 系统的 N 线和 PE 线全部合并为一根

PEN线，它兼有中性线和保护线的双重作用。这种系统的PEN线如果被断开，电气设备将失去保护作用。该系统有利于节约有色金属和投资，较为经济。当系统的某一相发生单相接地故障时，系统的保护装置应立即动作，切除故障线路。这种系统在我国低压配电系统中应用广泛，但由于这种系统的中性线可以流过电流，会产生电磁干扰，因此对于安全和抗电磁干扰要求较高的场所不宜采用。

2）TN－S系统，如图1－21（b）所示。该系统的N线和PE线全部分开，设备的外漏可导电部分都接在PE线上，PE线中无电流，所以不会产生电磁干扰。PE线断线时一般不会使接PE线的设备外漏可导电部分带电，但在设备发生一相接壳时，将使所有接在PE线上的其他设备外漏可导电部分带电，造成人身触电危险。该系统在发生单相接地故障时，保护装置应立即动作切除故障线路。这种系统较TN－C系统在有色金属的消耗量和投资方面有所增加，但对于安全要求较高和对抗电磁干扰要求较高的数据处理、精密检测等实验场所是比较适用的。

3）TN－C－S系统，如图1－21（c）所示。这种系统的前面为TN－C系统，而后面为TN－C系统和TN－S系统的组合，其中设备外漏可导电部分接PEN线或PE线。该系统具有TN－S和TN－C的特点，因此较为灵活。对于安全和抗电磁干扰要求较高的场所可使用TN－S系统部分，而其他场所则采用TN－C系统部分。

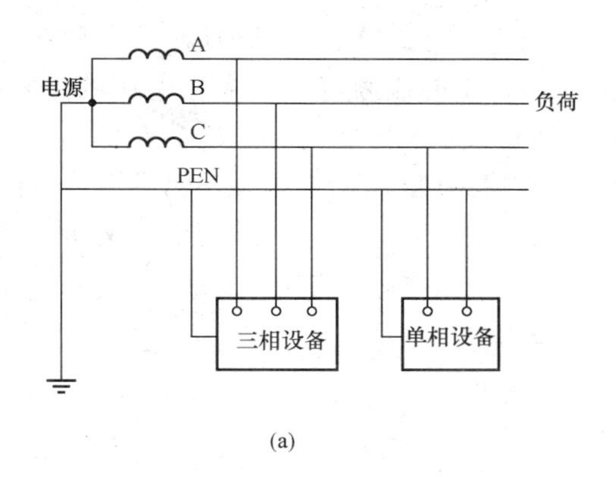

(a)

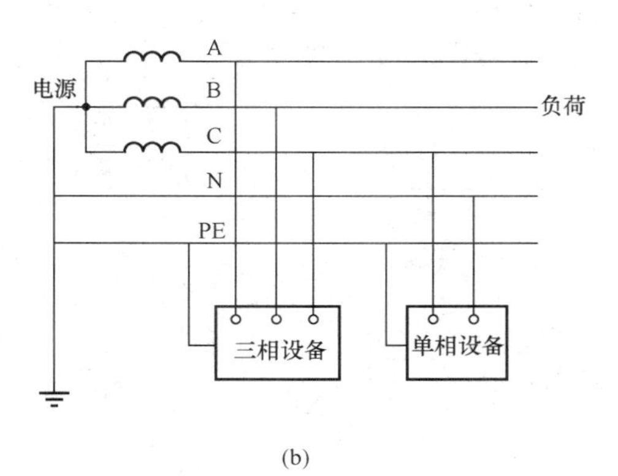

(b)

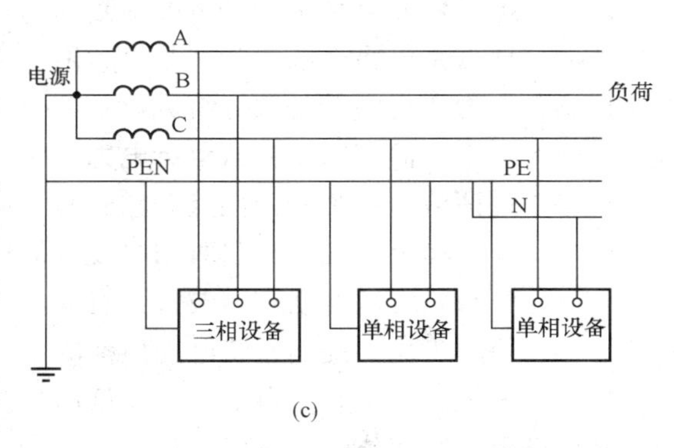

(c)

图1－21 TN－C系统

(a) TN－C系统；(b) TN－S系统；(c) TN－C－S系统

(2) TT系统。该系统也属于中性点直接接地系统，不过这种系统的设备外漏可导电部分都是经各自的PE线单独接地，如图1－22所示。这种系统中，由于所有设备的外漏可导电部分都是通过各自的PE线接地，互无电气联系，因此相互之间不会发生电磁干扰现象。当系统的某部分发生单相接地故障而形成单相短路时，线路的保护装置应该动作，切除故障线路。但是，该系统出现绝缘不良引起漏电时，因漏电电流较小可能不足以使线路的过电流保护动作，从而令漏电设备的外露可导电部分长期带电，增加了触电的危险，因此该系统必须装设灵敏度较高的漏电保护装置，以确保人身安全。这种系统适用于安全要求及对抗电磁干扰要求较高的场所。该系统在国外应用较为普遍，现在我国也在推广应用中。

(3) IT 系统。如图 1-23 所示。这种系统属于中性点不接地或经阻抗接地系统。该系统没有 N 线，不能接额定电压为相电压的单相设备，只能接额定电压为线电压的单相设备。系统中所有设备的外露可导电部分经各自的 PE 线接地。这种系统在发生单相接地故障时，三相设备和接线电压的单相设备仍可继续运行。但应该发出报警信号，进行及时处理，确保系统运行安全。IT 系统主要用于对供电的连续性要求较高及有易燃易爆危险的场所，特别是矿山、井下等场所的供电。

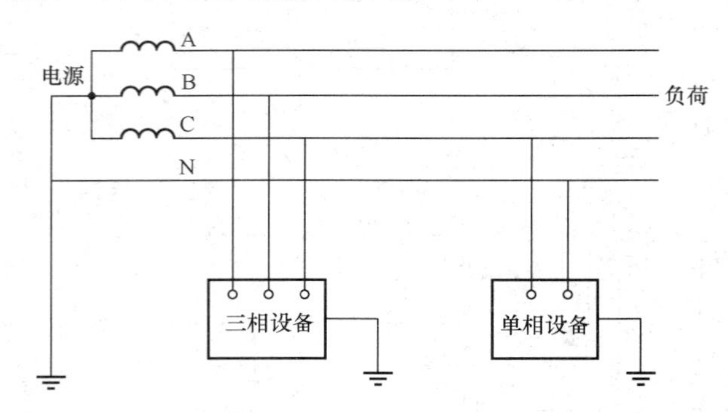

图 1-22　低压配电的 TT 系统

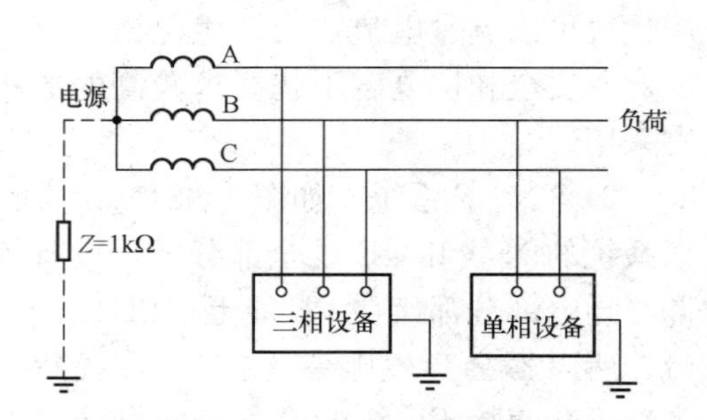

图 1-23　低压配电的 IT 系统

复习思考题

1-1　工厂供配电系统的基本要求是什么？有何意义？

1-2　什么是电力系统？什么是电力网？地方电力网和区域电力网有何不同？

1-3　电力系统由哪几部分组成，各部分的作用是什么？

1-4　什么是额定电压？试分析电力系统各部分额定电压之间的关系。

1-5　何谓电力系统的中性点，它有几种运行方式？各有何特点？

1-6　什么是电压偏差？它对用电设备的运行会产生什么影响？

1-7　什么是电压波动和谐波？各有何危害？如何抑制？

1-8　简述工厂供配电系统电能质量的主要指标及其对用户的影响。

1-9　某工厂一车间变电所，互有低压联络线相连。其中某一车间变电所装有一台无载调压型变压器，高压绕组有 $+5\%U_N$、U_N、$-5\%U_N$ 三个电压分接头。现调在 U_N 的位置运行。但白天生产时变电所低压母线的电压只有 360V，晚上不生产时低压母线电压又高达 410V。问该变电所的低压母线的昼夜电压偏差范围是多少？应采取什么措施加以改善？

1-10　试确定如图 1-24 所示供电系统中各部分的额定电压。

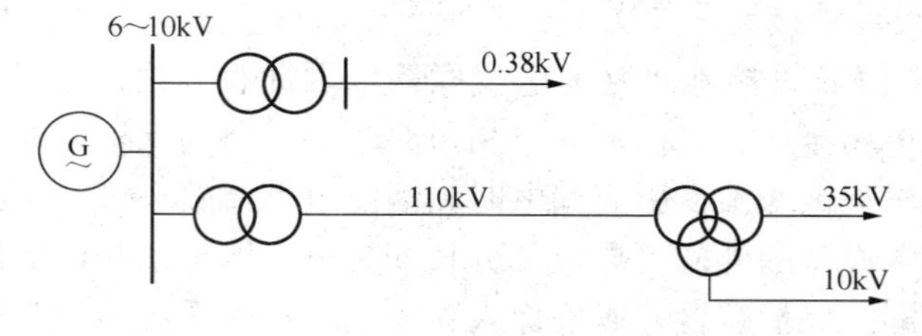

图 1-24　题 1-10 图

2 工厂的电力负荷及其计算

2.1 工厂的电力负荷和负荷曲线

2.1.1 工厂电力负荷的分级及其对供电的要求

电力负荷又名电力负载，电力负荷的具体含义应视具体情况而定。通常电力负荷有两种含义：一是指所耗电能的用电设备或电力用户，就其性质而言，我们可以把电力负荷分为重要负荷、一般负荷、动力负荷、照明负荷等；另一种是指这些用电设备或电力用户所耗用的功率或电流大小，就其工作性质而言，可以分为轻负荷（轻载）、重负荷（重载）、空负荷（空载）、满负荷（满载）等。

1. 工厂电力负荷的分级

工厂的电力负荷，按 GB 50052—2009《供配电系统设计规范》规定，根据电力负荷对供电的可靠性和连续性的要求及中断供电造成的经济损失和政治影响程度可分为三级。

（1）一级负荷。一级负荷为最重要的负荷，一旦中断供电将会造成人身伤亡或在政治、经济上造成重大损失和影响。在一级负荷中，若中断供电会造成工作人员中毒、产生爆炸或火灾等情况的负荷，以及特别重要场所应视为一级负荷中特别重要的负荷。

（2）二级负荷。因中断供电在政治、经济上带来较大损失者为二级负荷。例如，造成主要设备损坏、产品大量报废、生产程序被打乱需长时间才能恢复、造成企业严重减产等。

（3）三级负荷。中断供电不会带来经济损失和政治影响，不在上述一、二级负荷范围内的电力负荷均视为三级负荷。

2. 各级电力负荷对供电电源的要求

（1）一级负荷对供电电源的要求。一级负荷为重要负荷，一旦出现中断供电将会造成严重后果，因此要求必须由两个互相独立的双电源供电，当其中一路电源发生故障时，则由另一路电源提供电源。

对于重要一级负荷除上述提到的双回路电源供电外，还应设置应急电源，以确保供电，并严格执行相关规定，严禁将任何负荷接入应急供电系统。常用应急电源包括独立于正常电源的发电机组、高压或低压联络线、蓄电池和干电池。

（2）二级负荷对供电电源的要求。二级负荷的重要性仅次于一级负荷，它也属于重要负荷，它必须由双回路电源供电，供电变压器也应有两台（这两台变压器不一定在同一变电所）。当其中一回路或一台变压器发生常见故障时，二级负荷应不致中断供电，或中断供电后能迅速恢复供电。若二级负荷较小或当地供电电源缺乏时，二级负荷可由单回路供电，但低压应带联络线，确保二级负荷的供电要求。

（3）三级负荷对供电电源的要求。除上述一、二级负荷外，其他负荷均属于三级负荷。三级负荷属于不重要负荷，中断供电不会造成重大经济损失和不良政治影响，因此对供电电源无特殊要求。

常用重要电力负荷级别见表 2-1。

表 2-1 常用重要电力负荷级别

序号	建筑物名称	电力负荷名称	负荷级别
1	炼钢车间	容量为100t及100t以上的平炉加料起重机、浇注起重机、倾动装置及冷却系统的用电负荷	一级
		平炉、鼓风机及其他用电设备，5t及5t以上电弧炼钢炉的电极升降机构、倾炉机构及浇铸起重机	二级
2	铸铁车间	30t及30t以上的浇铸起重机、部级重点企业冲天炉鼓风机	二级
3	金属加工车间	价格昂贵、作用重大、稀有的大型数控机床及停电会造成设备损坏的机床，如自动跟踪数控仿型铣床、强力磨床等	一级
4	试验站	单机容量为200MW以上的大型电机试验、主机及辅机系统、动平衡试验的润滑油系统	一级
5	高层普通住宅	客梯、生活水泵电力、楼梯照明	二级
6	省、部级办公建筑	客梯电力、主要办公室、会议室、总值班室、档案室	二级
7	高等学校教学楼	客梯、主要通道照明	二级
8	市级以上气象台	主要业务用电子计算机系统电源，气象雷达、电报及传真收发设备、卫星云图接收机及语言广播电源，天气绘图及预报照明	一级
9	计算中心	主要业务用电子计算机系统电源	一级
10	大型博物馆	防盗信息电源、珍贵展品的照明	一级
11	重要图书馆	检索用电子计算机系统电源	一级
12	县级及县级以上医院	急诊部用房、监护病房、手术部、分娩室、婴儿室、血液病房的净化室、血液透析室、病理切片分析室、CT扫描室、高压氧舱、区域用中心血站、培养箱等	一级
13	银行	主要业务用电子计算机系统电源、防盗信息电源	一级
14	大型百货商店	经营管理用电子计算机系统电源、营业厅、门梯照明	一级
15	广播电台	电子计算机系统电源、直接播出的语言播音室、控制室、微波设备及发射机房的电力及照明	一级
16	电视台	电子计算机系统电源、直接播出的电视演播室、中心机房、录像室、微波设备及发射机房的电力及照明	一级
17	火车站	特大型站及国境站的旅客站房、站台、天桥、地道的用电设备	一级
18	民用机场	航行管制、导航、通信、气象、助航灯光系统的设施和站台，边境、海关安全检查设备，航班预先设备，三级以上油库，为飞行及旅客服务的办公用房、旅客活动场所的应急照明等	一级
19	市话局、电信枢纽、卫星地面站	载波机、微波机、长途电话交换机、市内电话交换机、文件传真机、会议电话、移动通信及卫星通信等通信设备的电源，载波机室、微波机室、交换机室、测量室、转接台室、传输室、电力室、移动通信室、调度机室及卫星地面站的应急照明，营业厅照明，用户传真机	一级

2.1.2 工厂用电设备的工作制

工厂的用电设备，按其工作制分为长期连续工作制、短时工作制和反复短时工作制（断续周期工作制）三类。

(1) 长期连续工作制。这类工作制的设备长期连续运行，负荷比较稳定，且运行时间较长。如通风机、水泵、电动发电机组、空气压缩机、电炉、照明灯具等。机床主电动机也属于连续长期运行的。

(2) 短时工作制。这类工作制的设备工作时间短，而间歇时间相当长，如机床上的辅助电动机（如进给电动机）、电动阀门等。

(3) 反复短时周期工作制。这类设备反复周期性地时而工作，时而停歇，一个周期不能超过 10min，周而复始地反复运行，无论是工作时，还是停歇时，设备均不会达到热平衡，如电焊机、起重机用电动机等。

反复短时周期工作制设备的工作特征和这种设备的实际利用容量，可用暂载率（也称负荷持续率或接电率）这一概念来描述。暂载率为一个工作周期内，工作时间与工作周期的百分比值，用 ε 表示为

$$\varepsilon = \frac{t}{T} \times 100\% = \frac{t}{t_0 + t} \times 100\% \tag{2-1}$$

式中 T——工作周期；

t——工作周期内的工作时间；

t_0——工作周期内的停歇时间。

反复短时周期工作制设备的额定容量（铭牌功率）P_N，是对应于某一个标准暂载率 ε_N 时所具有的设备容量。如果实际运行时的暂载率不等于标准暂载率（$\varepsilon \neq \varepsilon_N$），则实际的设备容量应按同一周期内的等效发热条件进行换算，即应统一换算到标准暂载率情况下所具有的实际容量。从发热的观点来看，当电流 I 通过电阻为 R 的设备时，在时间 t 内所产生的热量应为 I^2Rt，因此在设备产生相同热量的情况下，$I \propto 1/\sqrt{t}$；而在同一电压下，设备容量 $P \propto I$。根据式（2-1）可知，一个周期内的暂载率 $\varepsilon \propto t$，故 $P \propto 1/\sqrt{\varepsilon}$，即设备容量与暂载率的平方根值成反比。由此可知，如果设备在 ε_N 下的容量为 P_N，则换算到 ε 下的实际设备容量 P_ε 为

$$P_\varepsilon = P_N \sqrt{\frac{\varepsilon_N}{\varepsilon}} \tag{2-2}$$

2.1.3 负荷曲线的概念

负荷曲线是一种反映电力负荷随时间变化情况的曲线。它绘制在直角坐标纸上，纵坐标表示负荷（有功功率或无功功率）值，横坐标表示对应的时间。

按负荷的性质分，可分为有功负荷曲线和无功负荷曲线；按负荷所表示变动时间来分，可分为一个工作班的负荷曲线、日负荷曲线、月负荷曲线、季度负荷曲线和年负荷曲线；按负荷对象分，可分为车间负荷曲线、工厂负荷曲线或某类设备组的负荷曲线。负荷曲线的绘制方法通常有依点描述法和阶梯法两种。某一班制工厂的日有功负荷曲线如图 2-1（a）所示，图 2-1（b）所示为依点连接而成的负荷曲线，图 2-1（b）所示为绘成阶梯形的负荷曲线。为便于计算，负荷曲线多绘成阶梯形，即假定在每个时间间隔中，负荷是保持其平均值不变的。横、纵坐标一般按半小时分格，以便确定半小时最大负荷，其意义将在后面介绍。

年负荷曲线是根据一年中具有代表性的夏日负荷曲线和冬日负荷曲线绘制而成的，如图 2-2（a）、（b）所示。图 2-2（c）所示为由此绘制的该厂年负荷曲线。夏日和冬日在全年

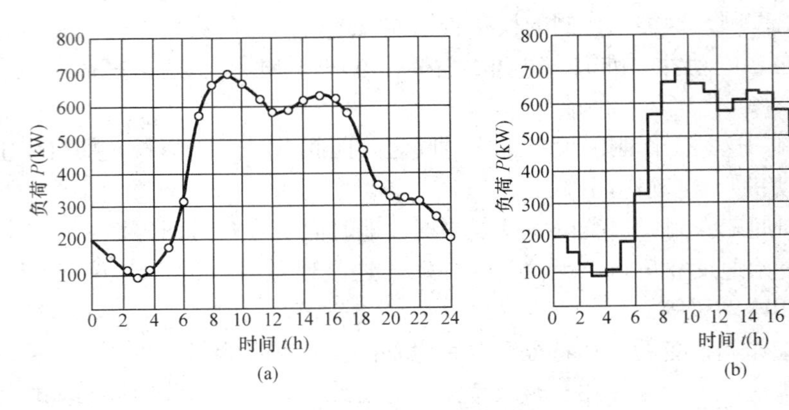

图 2－1　日有功负荷曲线

（a）依点连成的负荷曲线；（b）阶梯形负荷曲线

中所占的天数应视当地的地理位置和气温情况而定。例如我国长江以北地区（北方），可近似认为夏日为 165 天，冬日为 200 天；而我国长江以南地区（南方）则正相反，可近似认为夏日为 200 天，冬日为 165 天。假如绘制南方某厂的年负荷曲线，其中，P_1 在年负荷曲线上所占的时间 $T_1=200(t_1+t_1')$，P_2 在年负荷曲线上所占的时间 $T_2=200t_2+165t_2'$，依次类推。

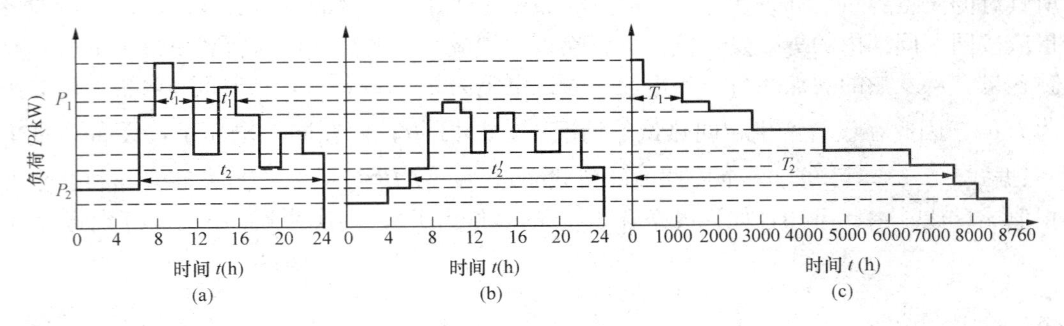

图 2－2　年负荷曲线

（a）夏日负荷曲线；（b）冬日负荷曲线；（c）厂年负荷曲线

上述年负荷曲线，反映了工厂全年负荷变动与负荷持续时间的关系，所以也称为年负荷持续时间曲线，简称年负荷曲线。

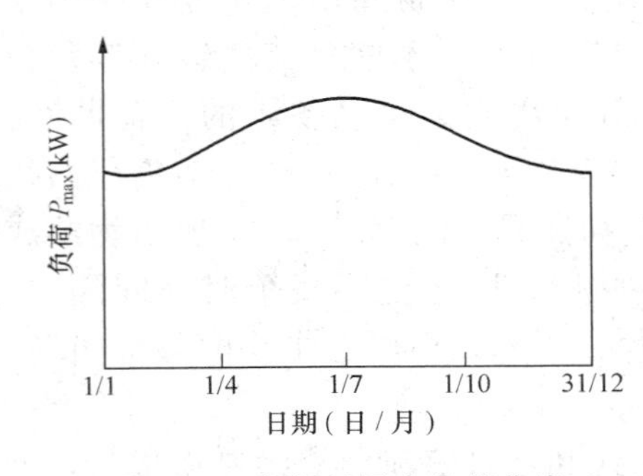

图 2－3　年每日最大负荷曲线

另一种年负荷曲线，是按全年的最大负荷（一般取每日最大负荷的半小时平均值）绘制的，称为年每日最大负荷曲线，如图 2－3 所示。横坐标依次以全年十二个月的日期来分格。这种年最大负荷曲线，可用来确定拥有多台电力变压器的工厂变电所在一年内不同时期宜于投入运行的台数，即经济运行方式，以降低电能损耗，提高供电系统的经济效益。

从各种负荷曲线上，可以直观地了解负荷变动的情况。通过对负荷曲线的分析，可以更加深入地掌握负荷变动的规律，并可从中获得一些对供电设计和运行有用的资料。

2.1.4　负荷曲线的特征参数

1. 年最大负荷和年最大负荷利用小时数

(1) 年最大负荷。年最大负荷 P_{max}，就是全年中负荷最大的工作班内消耗电能最大的半小时平均功率。因此，年最大负荷也就是半小时最大负荷 P_{30}。

(2) 年最大负荷利用小时数。年最大负荷利用小时数是一个假想时间，在此时间内，电力负荷按年最大负荷 P_{max}(或 P_{30}) 持续运行所消耗的电能，恰好等于该电力负荷全年实际消耗的电能，如图 2-4 所示。

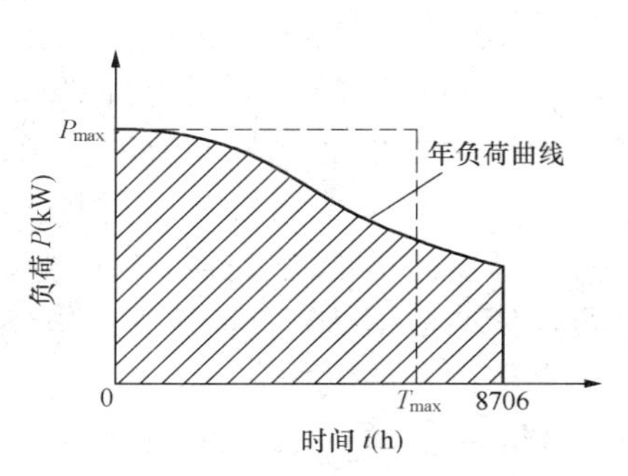

图 2-4　年最大负荷和最大负荷利用小时数

年最大负荷 P_{max} 延伸到 T_{max} 的横线与两坐标轴所包围的矩形面积，恰好等于年负荷曲线与两坐标轴所包围的面积，即全年实际消耗的电能 W_a。因此，年最大负荷利用小时数为

$$T_{max}=\frac{W_a}{P_{max}} \tag{2-3}$$

式中　W_a——年实际消耗的电能量。

年最大负荷利用小时是反映电力负荷特征的一个重要参数，它与工厂的生产班制有较大的关系。例如一班制工厂，$T_{max}\approx 1800\sim 3000h$；两班制工厂，$T_{max}\approx 3500\sim 4800h$；三班制工厂，$T_{max}\approx 5000\sim 7000h$。附表 3-2 列出了部分工厂的年最大负荷利用小时数，供参考。

2. 平均负荷和负荷系数

(1) 平均负荷。平均负荷 P_{av}，就是电力负荷在一定时间 t 内平均消耗的功率，即

$$P_{av}=\frac{W_t}{t} \tag{2-4}$$

式中　W_t——电力负荷在时间 t 内消耗的电能。

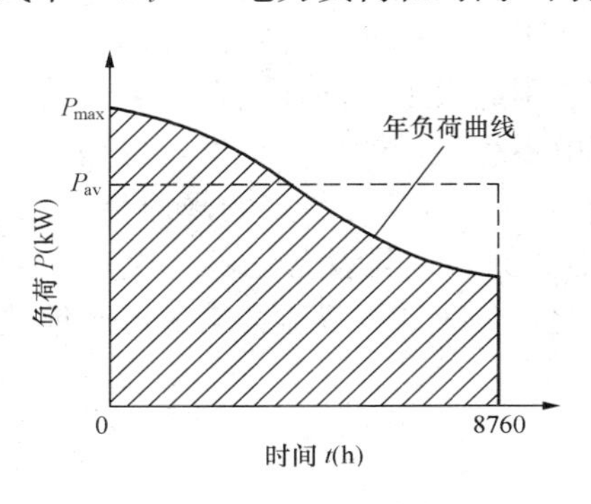

图 2-5　年平均负荷

年平均负荷如图 2-5 所示。年平均负荷的横线与两坐标轴所包围的矩形面积，恰好等于年负荷曲线与两坐标轴所包围的矩形面积，即全年实际消耗的电能 W_a。因此，年平均负荷为

$$P_{av}=\frac{W_a}{8760} \tag{2-5}$$

(2) 负荷系数。负荷系数 K_L 是平均负荷 P_{av} 与最大负荷 P_{max} 的比值，即

$$K_L=\frac{P_{av}}{P_{max}} \tag{2-6}$$

对于用电设备，负荷系数就是设备在最大负荷时的输出功率 P 与设备额定值 P_N 的比值，即

$$K_L=\frac{P}{P_N} \tag{2-7}$$

负荷系数也称负荷率，通常以百分值表示。对于负荷曲线，负荷系数称为负荷曲线填充

系数，它表征负荷曲线不平坦的程度，也就是负荷变动的程度。

2.2 三相用电设备组计算负荷的确定

2.2.1 概述

供配电系统在正常情况下要能安全可靠的运行，则其中各个元件包括电力变压器、开关设备大小及导线、电缆等都必须选择恰当。它们除了满足工作电压和频率要求之外，最重要的就是满足负荷电流的要求。因此，有必要对供配电系统各环节的电力负荷进行统计计算。

计算负荷是指通过负荷的统计计算所求出的、用来按发热条件选择供配电系统中各元件的负荷值。根据计算负荷选择的电气设备和导线电缆，如以计算负荷连续运行时，其发热温度不会超过允许值。

由于导体通过电流达到稳定温升的时间为（3～4）τ，τ 为发热时间常数。截面积在 $10mm^2$ 及以上的导体，其 $\tau \geqslant 10min$，因此中小截面导体大约经 30min 才能构成导线的最高温升。因此，计算负荷实际上与从负荷曲线上测出的半小时最大负荷 P_{30}（即最大负荷 P_{max}）是基本相当的。所以计算负荷也可以看作是半小时最大负荷，为使计算方法一致，对其他元件（如大截面导线、变压器、开关电器等）均采用半小时最大负荷值作为计算负荷，并用 P_{30} 表示有功计算负荷，用 Q_{30} 表示无功计算负荷，用 S_{30} 表示视在计算负荷，用 I_{30} 表示计算电流。

计算负荷是选择供配电系统各环节电气设备、导线和电缆截面的理论依据，计算负荷确定得是否合理，不但会直接影响到供配电系统能否安全可靠运行，还会影响到电器和导线电缆的选择是否经济合理，能否安全稳定运行。这是一个很重要的问题，计算时必须高度重视计算结果，计算负荷不能选得过大也不能过小。如果计算负荷确定过大，那么所选设备规格及导线电缆截面相应来讲都比较大，造成有色金属和资金的较大浪费。如果计算负荷确定得过小，又将会造成电器和导线、电缆长时间处于过负荷状态下运行，使电能损耗增加，产生过热现象，导致设备和导线电缆的绝缘过早老化，甚至燃烧引起火灾，同样会造成更大的损失。由此可见，如能正确确定计算负荷意义重大，是供配电系统设计的主要依据，也是供配电系统实现安全经济运行的必要手段。但是由于负荷变化复杂，尽管有一定的规律性可循，仍难准确确定计算负荷的大小。实际上负荷也不是一成不变的，它与设备性能、生产的组织、生产者的技能及能源供应的状况等多种因素有关。因此，负荷计算只能力求尽可能地接近实际。

2.2.2 需要系数法确定计算负荷

1. 需要系数的概念

用电设备组的计算负荷，是指用电设备组从供电系统中取用的半小时最大负荷 P_{30}，如图 2-6 所示。用电设备的设备容量 P_e，是指用电设备组所有设备（不含备用的设备）的额定容量 P_N 之和，即 $P_e=\Sigma P_N$。由于用电设备组的设备实际上不一定都同时运行，运行的设备也不可能同时满负荷，同时设备本身存在有功率损耗。因此，用电设备组的有功计算负荷应为

$$P_{30}=\frac{K_{\Sigma}K_{L}}{\eta_{e}\eta_{WL}}P_{e} \tag{2-8}$$

式中　K_{Σ}——设备组的同时系数，即设备组在最大负荷时运行的设备容量与全部设备容量之比；

K_{L}——设备组的负荷系数，即设备组在最大负荷时输出功率与运行的设备容量之比；

η_{e}——设备组的平均效率，即设备组在最大负荷时输出功率与取用功率之比；

η_{WL}——配电线路的平均效率，即配电线路在最大负荷时的末端功率与首端功率之比。

令$\frac{K_{\Sigma}K_{L}}{\eta_{e}\eta_{WL}}=K_{d}$，这里的$K_{d}$称为需要系数。由式（2-8）可知需要系数的定义式为

$$K_{d}=\frac{P_{30}}{P_{e}} \tag{2-9}$$

即用电设备组的需要系数，为用电设备组的半小时最大负荷与其设备容量的比值。

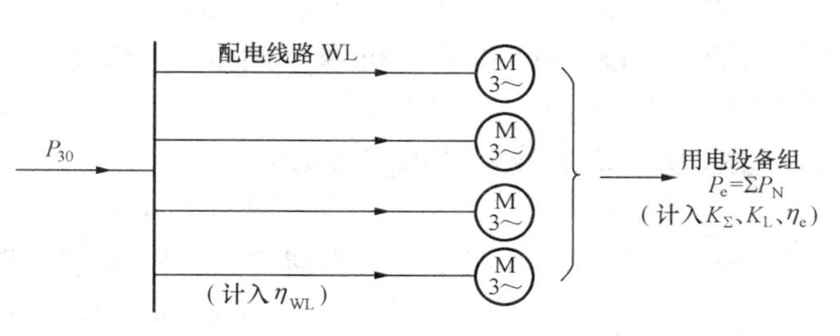

图2-6　用电设备组的计算负荷

2. 需要系数的计算公式

由式（2-9）可得按需要系数法确定三相用电设备组有功计算负荷的公式为

$$P_{30}=K_{d}P_{e} \tag{2-10}$$

实际上，需要系数K_{d}对于成组用电设备是很难确定的，而且对一个生产企业或车间来说，生产性质、工艺特点、加工条件、技术管理、生产组织及工人操作水平等，都对K_{d}有影响。所以K_{d}只能靠测量统计确定，使之尽量接近实际。附表3-1列出了工厂各种用电设备的需要系数值，供参考。

必须指出，需要系数法主要考虑设备台数较多的用电设备，没考虑台数少、容量大的用电设备带来的附加容量，因此计算结果偏小，但完全可以满足工程需要。因此，需要系数法适用于确定车间的计算负荷。如果用需要系数法来计算分支干线上用电设备组的计算负荷，则附表3-1中的需要系数值应适当取大。当设备台数上有1～2台时，可认为需要系数$K_{d}=1$，即$P_{30}=P_{e}$。对于电动机，由于它本身功率损耗较大，因此当只有一台电动机时，$P_{30}=P_{N}/\eta$，这里的P_{N}为电动机额定容量，η为电动机效率。在需要系数K_{d}适当取大的同时，$\cos\varphi$也应适当取大。

这里还需指出，需要系数值与用电设备的类别和工作状态关系极大，因此在计算时首先要正确判明用电设备的类别和工作状态，否则将会造成错误。例如机修车间的金属切削机床电动机，应属小批生产的冷加工机床电动机，因为金属切削就是冷加工，而机修不可能是大批生产。又如压塑机、拉丝机、锻锤等，应属热加工机床。

在求出有功计算负荷P_{30}后，可按式（2-11）～式（2-13）分别求出其余的计算负荷。

无功计算负荷为

$$Q_{30}=P_{30}\tan\varphi \tag{2-11}$$

式中　$\tan\varphi$——对应于用电设备组$\cos\varphi$的正切值。

视在计算负荷为

$$S_{30}=\frac{P_{30}}{\cos\varphi} \tag{2-12}$$

式中　$\cos\varphi$——用电设备组的平均功率因数。

计算电流为

$$I_{30}=\frac{S_{30}}{\sqrt{3}U_N} \tag{2-13}$$

式中 U_N——用电设备组的额定电压。

如果为一台三相电动机，则其计算电流应取其额定电流，即

$$I_{30}=I_N=\frac{P_N}{\sqrt{3}U_N\eta\cos\varphi} \tag{2-14}$$

负荷计算中常用的单位包括：有功功率为kW（千瓦），无功功率为kvar（千乏），视在功率为kV·A（千伏安），电流为A（安），电压为kV（千伏）。

【例2-1】 已知某厂机修车间380V供电线路上接有小批量生产的金属切削机床10kW，1台；7.5 kW，4台；4.5 kW，8台；4 kW，20台。试求其计算负荷。

解 此机床组电动机的总容量为

$$P_e=10\text{kW}+7.5\times4\text{kW}+4.5\times8\text{kW}+4\times20\text{kW}=156\text{kW}$$

查附表3-1，小批量生产金属冷加工机床电动机得

$$K_d=0.2，\cos\varphi=0.5，\tan\varphi=1.73$$

有功计算负荷 $P_{30}=0.2\times156\text{kW}=31.2\text{kW}$

无功计算负荷 $Q_{30}=P_{30}\times\tan\varphi=31.2\times1.73\text{kvar}=53.98\text{kvar}$

视在计算负荷 $S_{30}=\frac{P_{30}}{\cos\varphi}=\frac{31.2}{0.5}\text{kV}\cdot\text{A}=62.4\text{kV}\cdot\text{A}$

计算电流 $I_{30}=\frac{S_{30}}{\sqrt{3}U_N}=\frac{62.4}{0.6574}\text{A}=94.92\text{A}$

3. 设备容量的计算

需要系数法基本公式 $P_{30}=K_dP_e$ 中的设备容量 P_e，不含备用设备的容量，而且要注意，此容量的计算与用电设备组的工作制有关。

(1) 对一般长期工作制和短时工作制的用电设备组：设备容量是所有设备的铭牌额定容量之和。

(2) 对断续周期工作制的用电设备组：设备容量是将所有设备在不同暂载率下的铭牌额定容量换算到一个规定的标准暂载率下的容量之和。容量换算公式见式（2-2）。

断续周期工作制的用电设备常用的有电焊机和起重机，各自的换算要求如下：

1) 电焊机组。电焊设备的标准暂载率有50%、65%、75%、100%四种，计算时要求容量统一换算至 $\varepsilon=100\%$，因为 $\varepsilon=100\%$ 时，$\sqrt{\varepsilon}=1$ 换算最为简便，因此规定统一换算到100%。故由式（2-2）可得换算后的设备容量为

$$P_e=P_N\sqrt{\frac{\varepsilon_N}{\varepsilon_{100}}}=S_N\cos\varphi\sqrt{\frac{\varepsilon_N}{\varepsilon_{100}}}$$

即

$$P_e=P_N\sqrt{\varepsilon_N}=S_N\cos\varphi\sqrt{\varepsilon_N} \tag{2-15}$$

式中 P_N、S_N——电焊机的铭牌容量；

ε_N——与铭牌容量对应的暂载率；

ε_{100}——其值为100%的暂载率（计算中用1）；

$\cos\varphi$——铭牌规定的功率因数。

2）起重机组。起重机的标准暂载率有15%、25%、40%、60%四种。计算时要求容量统一换算至ε=25%，这样可以使换算简便，因此由式（2-2）可得换算后的设备容量为

$$P_e = P_N\sqrt{\frac{\varepsilon_N}{\varepsilon_{25}}} = 2P_N\sqrt{\varepsilon_N} \tag{2-16}$$

式中　P_N——起重机的铭牌容量；

ε_N——铭牌容量对应的暂载率；

ε_{25}——其值为25%的标准暂载率（计算中用0.25）。

4. 多组用电设备计算负荷的确定

确定拥有多组用电设备的配电干线上或车间变电所低压母线上的计算负荷时，可考虑各组用电设备的最大负荷不是同时出现的因素。因此，在确定低压配电干线上或低压母线上的计算负荷时，应结合具体情况。对其有功和无功负荷分别计入一个综合系数$K_{\Sigma p}$和$K_{\Sigma q}$。

对于车间干线，取$K_{\Sigma p}$=0.85～0.95，$K_{\Sigma q}$=0.9～0.97。

对低压母线分两种情况：

1）由用电设备组计算负荷直接相加来计算时，取$K_{\Sigma p}$=0.8～0.9，$K_{\Sigma q}$=0.85～0.95。

2）由车间干线计算负荷直接相加来计算时，取$K_{\Sigma p}$=0.9～0.95，$K_{\Sigma q}$=0.93～0.97。

总的有功计算负荷为

$$P_{30} = K_{\Sigma p}\sum P_{30(i)} \tag{2-17}$$

总的无功计算负荷为

$$Q_{30} = K_{\Sigma q}\sum Q_{30(i)} \tag{2-18}$$

式中　$\sum P_{30(i)}$——各组设备的有功计算负荷之和；

$\sum Q_{30(i)}$——各组设备的无功计算负荷之和。

总的视在计算负荷为

$$S_{30} = \sqrt{P_{30}^2 + Q_{30}^2} \tag{2-19}$$

总的计算电流为

$$I_{30} = \frac{S_{30}}{\sqrt{3}U_N} \tag{2-20}$$

注意，由于各组设备功率因数不一定相同，因此总的视在计算负荷和计算电流一般不能用各组的视在计算负荷或计算电流之和来计算，总的视在计算负荷也不能按式（2-12）计算。

此外还应注意，在计算多组设备总的计算负荷时，为了简化和统一，不论各组的设备台数多少，各组的计算负荷均可按附表3-1所列计算系数计算，而不考虑设备台数少而适当增大K_d和$\cos\varphi$的问题。

【例2-2】 某厂机修车间380V供电线路上，接有金属切削机床电动机20台共120kW（其中较大容量电动机有7.5kW的3台，4kW的3台，2.2kW的8台），通风机5台共7.5kW，电阻炉1台4kW。试确定此线路上的计算负荷。

解　先求各组的计算负荷。

(1) 金属切削机床组。查附表3-1，取

K_d=0.2，$\cos\varphi$=0.5，$\tan\varphi$=1.73

故 $$P_{30(1)} = 0.2 \times 120 = 24(\text{kW})$$

$$Q_{30(1)} = 24 \times 1.73 = 41.52(\text{kvar})$$

(2) 通风机组。查附表 3-1，取

K_d=0.8，$\cos\varphi$=0.8，$\tan\varphi$=0.75

故 $$P_{30(2)} = 0.8 \times 7.5 = 6(\text{kW})$$

$$Q_{30(2)} = 6 \times 0.75 = 4.5(\text{kvar})$$

(3) 电阻炉。查附表 3-1，取

K_d=0.7，$\cos\varphi$=1，$\tan\varphi$=0

故 $$P_{30(3)} = 0.7 \times 4 = 2.8(\text{kW})$$

$$Q_{30(3)} = 0(\text{kvar})$$

因此，总的计算负荷为（取 $K_{\Sigma p}$=0.95，$K_{\Sigma q}$=0.97）

$$P_{30} = 0.95 \times (24 + 6 + 2.8) = 31.16(\text{kW})$$

$$Q_{30} = 0.97 \times (41.52 + 4.5 + 0) = 44.64(\text{kvar})$$

$$S_{30} = \sqrt{31.6^2 + 44.64^2} = 54.69(\text{kV}\cdot\text{A})$$

$$I_{30} = \frac{54.69}{1.73 \times 0.38} = 83.2(\text{A})$$

在实际工程设计说明书中，为了便于审核，常采用计算表格的形式见表 2-2。

表 2-2　　例 2-2 的电力负荷计算表（按需要系数法）

用电设备名称	台数	容量(kW)	需要系数 K_d	$\cos\varphi$	$\tan\varphi$	计算负荷			
						P_{30}(kW)	Q_{30}(kvar)	S_{30}(kV·A)	I_{30}(A)
金属切削机床	20	120	0.2	0.5	1.73	24	41.52		
通风机	5	7.5	0.8	0.8	0.75	6	4.5		
电阻炉	1	4	0.7	1	0	2.8	0		
车间总计	26	131.5				32.8	46.02		
	$K_{\Sigma p}$=0.95，$K_{\Sigma q}$=0.97					31.16	44.64	54.69	83.2

2.2.3 按二项式法确定计算负荷

二项式系数法的基本公式为

$$P_{30} = bP_e + cP_x \tag{2-21}$$

式中 bP_e——用电设备组的平均功率，P_e 为用电设备组的总容量，其计算方法如前面需要系数法所述；

cP_x——用电设备组中 x 台容量最大的设备投入运行时增加的附加负荷，P_x 为 x 台最大容量的设备总容量；

b、c——二项式系数。

其余的计算负荷 P_{30}、Q_{30}、I_{30}的计算与前述需要系数法的计算相同。

附表 3-1 中也列有部分用电设备组的二项式系数 b、c 和最大容量的设备台数 x 值，供参考。

但必须注意，用二项式法确定计算负荷时，如果设备总台数 n 少于附表 3-1 中规定的

最大容量设备台数 x 的 2 倍，即 $n<2x$ 时，其最大设备台数 x 宜适当取小，建议取为 $x=n/2$，且按“四舍五入”取整数。例如某机床电动机组只有 7 台时，则 $x=7/2\approx4$ 。

如果用电设备只有 1～2 台时，则可认为 $P_{30}=P_e$。对于单台电动机，则 $P_{30}=P_N/\eta$，其中，P_N 为电动机额定容量，η 为其额定效率。在设备台数较少时，$\cos\varphi$ 也宜适当取大。

由于二项式法不仅考虑了用电设备组最大负荷时的平均负荷，而且考虑了少数容量最大的设备投入运行时所产生的附加负荷的影响，所以此法比较适于确定设备台数较少而容量差别较大的车间和低压干线和分支线的计算负荷。这种计算方法中的二项式系数 b、c 和 x 的值还缺乏足够的理论数据，这些系数只适用于机械行业，对其他行业目前这方面的数据很少，因而在使用上受到限制。目前，在供电设计中广泛应用的计算方法是需要系数法。

【例 2-3】 试用二项式系数法求例 2-1 中机床组的计算负荷。

解 由附表 3-1 查得

$$b=0.14, c=0.4, x=5, \cos\varphi=0.5, \tan\varphi=1.73$$

设备总容量为 156kW（见例 2-1），x 台最大容量的设备容量为

$$P_x=P_5=10+30=40(\text{kW})$$

因此，按式（2-21），可求得有功计算负荷为

$$P_{30}=0.14\times156+0.4\times40=37.84(\text{kW})$$

按式（2-11）可求得无功计算负荷为

$$Q_{30}=P_{30}\tan\varphi=37.84\times1.73=65.46(\text{kvar})$$

按式（2-12）可求得其视在计算负荷为

$$S_{30}=\frac{P_{30}}{\cos\varphi}=\frac{37.84}{0.5}=75.68(\text{kV}\cdot\text{A})$$

按式（2-13）可求得计算电流为

$$I_{30}=\frac{S_{30}}{\sqrt{3}U_N}=\frac{75.68}{0.6574}=115.2(\text{A})$$

比较例 2-1 和例 2-3 的计算结果可以看出，按二项式系数法计算的结果比按需要系数法计算的结果偏大一些，特别是在设备台数较少的情况下，这种现象更为突出。因此，这种方法常用于车间设备台数少、容量又参差不齐、大设备容量较大、小设备容量又较小的车间的计算负荷的确定。

2.3 单相用电设备组计算负荷的确定

2.3.1 概述

在工厂的用电设备中，大部分是三相设备，但也存在各种单相设备（如单相电焊机、电炉、照明负荷等）。单相用电设备接在三相电路中应尽可能平均分配，使三相系统尽可能均衡，其不平衡度不能超过 15%，如果系统中单相设备总容量不超过三相设备总容量的 15%，则不论单相设备如何分配，均可按三相平衡负荷来计算。

我们求计算负荷的目的就是要合理选择线路上的开关设备和导线电缆截面，使其满足发热要求，使线路上开关设备和导线在通过计算电流时不至于过热损坏。因此，若三相供电系统中接有单相设备比较多时，则不论单相设备是接在相电压上还是接在线电压上，只要三相

负荷不平衡，就应以最大负荷相有功负荷的 3 倍作为等效三相有功负荷。

注意，该最大负荷相有功负荷最大，但无功负荷不一定最大，但以有功负荷为主。

2.3.2 单相用电设备组等效三相负荷的计算

（1）单相负荷接于相电压。首先按最大负荷相所接的单相设备容量 $P_{e,m\varphi}$ 乘以 3 求得其等效三相设备容量 P_e，即

$$P_e = 3P_{e,m\varphi} \tag{2-22}$$

等效三相计算负荷按式（2-9）～式（2-12）分别计算。

（2）单相设备接于线电压。因为容量为 $P_{e,\varphi}$ 的单相设备接在线电压且产生的电流 $I=\dfrac{P_{e,\varphi}}{U\cos\varphi}$；这一电流与其等效三相设备容量 P_e 产生的电流 $I'=\dfrac{P_e}{\sqrt{3}U\cos\varphi}$ 是相等的。因此，其等效三相设备容量为

$$P_e = \sqrt{3}P_{e,\varphi} \tag{2-23}$$

（3）单相设备有的接于线电压，有的接于相电压。先将接于线电压的单相设备容量换算为接于相电压的设备容量，然后分别计算各相的设备容量和计算负荷。总的等效三相有功计算负荷就是最大有功负荷相的有功计算负荷 $P_{30,m\varphi}$ 的 3 倍，即

$$P_{30} = 3P_{30,m\varphi} \tag{2-24}$$

总的等效三相无功负荷就是最大有功负荷相的无功计算负荷 $Q_{30,m\varphi}$ 的 3 倍，即

$$Q_{30} = 3Q_{30,m\varphi} \tag{2-25}$$

2.4 工厂总计算负荷的确定

2.4.1 概述

确定工厂总计算负荷是供电设计中不可缺少的一个环节。只有确定了工厂总计算负荷，才能正确合理地选择工厂电源进线导线截面，以及主接线中的高低压开关设备和变压器的型号规格；只有确定工厂总计算负荷才能计算出工厂总的平均功率因数，才能确定无功补偿容量，以及电容器的型号和规格。确定工厂总计算负荷的方法有很多种，可根据具体情况决定采用哪一种计算方法。

2.4.2 工厂总计算负荷的计算

1. 按需要系数法确定工厂总计算负荷

这种计算方法实际上是一种粗略的计算。这是将全厂总设备容量 P_e（不包括备用设备容量）乘上一个全厂的需要系数 K_d，就得到了全厂的有功计算负荷 $P_{30(全)}$，即

$$P_{30(全)} = K_d P_{e(全)} \tag{2-26}$$

然后再根据工厂的平均功率因数，按式（2-11）～式（2-13）求出全厂的无功计算负荷 Q_{30}、视在计算负荷 S_{30} 和计算电流 I_{30}。

附表 3-2 列出了部分工厂的需要系数和功率因数值，供参考。

2. 按年产量估算工厂总计算负荷

将工厂年产量 A 乘上单位产品耗电量 a，可得到全厂全年耗电量

$$W_a = Aa \tag{2-27}$$

不同类型的工厂其单位产品耗电量 a 可查设计手册，也可由设计院提供。

求得年耗电量 W_a 后，除以工厂的年最大负荷小时数 T_{max}，就可以求出工厂的有功计算负荷

$$P_{30}=\frac{W_a}{T_{max}} \tag{2-28}$$

其他的计算负荷 Q_{30}、S_{30}、I_{30} 的计算，均按上述需要系数法计算。

3. 按逐级计算法确定工厂总计算负荷

按上述几种方法都可以求出工厂总计算负荷，但这些负荷计算值只是一个粗略的估算，它对工厂的初步设计及管理和决策有参考价值。若按这些负荷计算值去选择导线和电缆截面，选择高低压开关电器和变压器，很难保证供电系统安全可靠运行的条件。因此，在实际的供电设计中，以及工厂实际运行时，按逐级计算法求得的计算负荷比较接近实际情况，按其计算负荷所选的导线、电器设备、变压器等才能满足供电系统实际运行的需要，因此应着重掌握这种方法。

图 2-7 所示为某单位的供电系统，以有功计算负荷为例。该厂的总计算负荷 $P_{30(1)}$ 应为高压母线上的计算负荷与输出线路上的损耗之和。

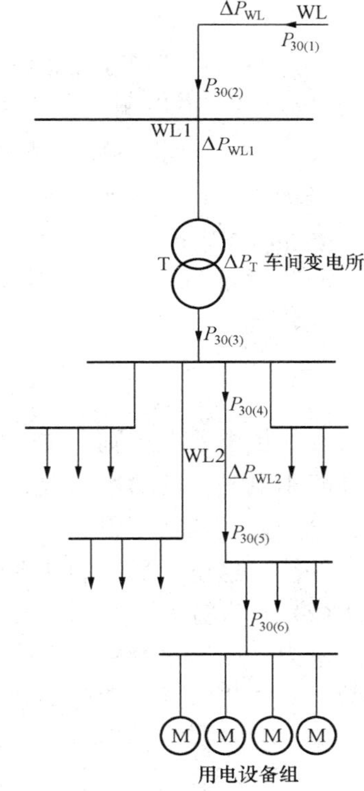

图 2-7　某单位的供电系统

高压母线上的计算负荷 $P_{30(2)}$ 就是低压计算负荷加上变压器的功率损耗 ΔP_T 而得到的。低压母线上的计算负荷 $P_{30(3)}$ 是低压侧各车间有功计算负荷之和再乘以 K_Σ（有功负荷同时系数）得到的。以此一级一级逐级计算，则可以求出全厂总的计算负荷。

在负荷计算中，电力变压器损耗可按下列经验公式近似估算：

有功损耗

$$\Delta P_T = 0.015 S_{30} \tag{2-29}$$

无功损耗

$$\Delta Q_T = 0.06 S_{30} \tag{2-30}$$

式中　S_{30}——变压器二次侧的视在计算负荷。

4. 工厂的功率因数、无功补偿及补偿后工厂的总计算负荷

（1）工厂的功率因数。工厂的功率因数 $\cos\varphi$ 有以下几种：

1）瞬时功率因数。瞬时功率因数可由功率因数表（也称相位表）直接读出，或由功率表、电流表和电压表的读数按式（2-31）求得

$$\cos\varphi=\frac{P}{\sqrt{3}UI} \tag{2-31}$$

式中　P——功率表测出的三相有功功率读数，kW；

U——电压表测得的线电压读数，kV；

I——电流表测出的线电流读数，A。

瞬时功率因数主要用来分析工厂或设备在生产过程中某一时间内所具有的功率因数值，

同时可以了解当时的无功功率变化情况，决定是否需要进行无功补偿等技术问题，以及所采取的方式。

2）平均功率因数。平均功率因数是指某一规定时间内功率因数的平均值，又称加权平均功率因数。对于投产一年以上的工厂，平均功率因数为

$$\cos\varphi=\frac{W_p}{\sqrt{W_p^2+W_q^2}}=\frac{1}{\sqrt{1+\left(\frac{W_q}{W_p}\right)^2}} \tag{2-32}$$

式中 W_p——某一段时间（通常取一个月）内消耗的有功电能，由有功电能表读取；

W_q——某一段时间（通常取一个月）内所消耗的无功电能，由无功电能表读取。

对于正在设计中的工厂，无法知道 W_p 和 W_q 的准确数值，或刚投产时间不长的工厂的平均功率为

$$\cos\varphi=\frac{1}{\sqrt{1+\left(\frac{\beta Q_{30}}{\alpha P_{30}}\right)^2}} \tag{2-33}$$

式中 P_{30}——工厂低压侧总有功计算负荷；

Q_{30}——低压侧总无功计算负荷；

α、β——计算系数，其大小与工厂生产工作制有关。

一班制，α=0.3～0.5，β=0.35～0.55；二班制，α=0.5～0.7，β=0.55～0.75；三班制，α=0.7～0.8，β=0.75～0.88。

3）最大负荷时的功率因数。最大负荷时的功率因数是指在计算负荷最大时所具有的功率因数，有

$$\cos\varphi=\frac{P_{30}}{S_{30}} \tag{2-34}$$

在《供电营业规则》中规定：变压器容量在100kV·A及以上的高压供电的用户，在系统高峰用电时，其功率因数必须达到0.9～0.95以上，其他电力用户和大型排灌站以及趸购转售电企业，其功率因数最低不得低于0.85，凡功率因数达不到此规定值的工厂必须进行无功补偿。这里所反映的功率因数就是指最大负荷时所具有的功率因数。

（2）无功功率补偿。在工厂中由于使用大量的感应电动机、电焊机、电弧炉、气体放电灯、电力变压器这些感性负荷，会使供电系统的功率因数下降。如果供电系统长期在低功率因数，会造成电网无功电流过大，使电网电能损耗和电压损耗增加，浪费大量的能源和资源。因此，功率因数达不到电业部门规定的数值时，必须进行无功补偿。目前，工厂广泛应用并联电容器进行无功补偿。

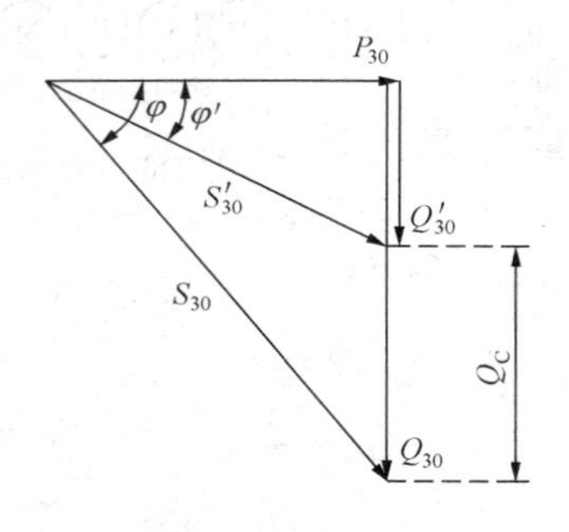

图2-8 功率因数提高与无功功率和视在功率变化的关系

图2-8所示为提高功率因数与无功功率和视在功率变化的关系。

从图2-8可以看出，功率因数由 $\cos\varphi$ 提高到 $\cos\varphi'$ 时，若用户需用的 P_{30} 不变，无功功率将由原来的 Q_{30} 减小到 Q'_{30}；视在功率也由原来的 S_{30} 减小到 S'_{30}。此时负荷电流 I_{30} 将得以减小，这将会使电网上的电流下降，使系统的电能损耗和电压损耗相应降低，这样

既节约了电能，又提高了电压质量，而且可以减小供电设备的容量和导线电缆的截面。因此，提高功率因数对供电系统大有好处。

由图2-8还可知，要使功率因数由$\cos\varphi$提高到$\cos\varphi'$，必须装设无功补偿装置（并联电容器），其补偿容量为

$$Q_C = Q_{30} - Q'_{30} = P_{30}(\tan\varphi - \tan\varphi') \tag{2-35}$$

或

$$Q_C = \Delta q_C P_{30} \tag{2-36}$$

其中，$\Delta q_C = (\tan\varphi - \tan\varphi')$，为比补偿容量或称无功补偿率，它表明要使1kW的有功功率由$\cos\varphi$提高到$\cos\varphi'$所需要的无功补偿容量kvar值。

附表3-3列出了并联电容器的比补偿容量，可利用补偿前和补偿后的功率因数直接查得。

在确定总补偿容量之后，即可根据所选并联电容器的单个电容器的容量q_C来确定所需该型号电容器的数量n，即

$$n = \frac{Q_C}{q_C} \tag{2-37}$$

常用并联电容器的主要数据见附录4，也可以查设计手册。

由式（2-37）求得的电容器的个数n，对于单相电容器（其全型号后标有“1”者），应取三相的倍数，以使三相均衡分配。

（3）无功补偿后的工厂总计算负荷。工厂或车间装设了无功补偿装置后，则应在确定补偿设备装设地点前的总计算负荷时，扣除已补偿的无功容量，即总的无功计算负荷为

$$Q'_{30} = Q_{30} - Q_C \tag{2-38}$$

补偿后的视在计算负荷为

$$S'_{30} = \sqrt{P_{30}^2 + (Q_{30} - Q_C)^2} \tag{2-39}$$

由式（2-39）可以看出，在变电所低压侧或车间低压侧装设了无功补偿装置以后，由于低压侧总计算负荷减小（即$S'_{30} < S_{30}$），可以使变电所主变压器容量选得小一些。这样不仅可以降低变电所的初投资，也可以减少工厂电费的开支，电费开支与变压器容量大小有很大关系，同时还可以减小变压器的损耗。总而言之，提高功率因数不仅对整个电力系统有好处，对工厂也会带来一定的经济效益。

【例2-4】 某厂机修车间拟建一个10kV进线的降压变电所，并装设一台主变压器。已知变电所低压侧有功计算负荷为650kW，无功计算负荷为830kvar，电业部门要求低压侧功率因数应达到0.95，高压侧功率因数应大于0.9，变电所拟在低压侧进行无功补偿，需要装设多少无功补偿容量？对补偿前后变压器的容量有何变化？

解　（1）补偿前变压器容量的确定。补偿前低压侧总的视在计算负荷为

$$S_{30(L)} = \sqrt{650^2 + 830^2} = 1054(\text{kV} \cdot \text{A})$$

按此视在计算负荷来确定变压器容量，应满足$S_{NT} \geqslant S_{30(低)}$，故未进行补偿前，主变压器的容量应选为1250kV·A（参看变压器有关技术参数）。

（2）补偿前低压侧的功率因数为

$$\cos\varphi_{(L)} = 650/1054 = 0.62$$

（3）需要补偿的无功容量。查附表3-3得知，功率因数由0.62提高到0.95时，$\Delta q_C =$

0.937，则

$$Q_C = 0.937 \times 650 = 609.05(\text{kvar})$$

取 Q_C=610kvar。

(4) 补偿后低压侧总视在计算负荷为

$$S'_{30(L)} = \sqrt{650^2 + (830-610)^2} = 686(\text{kV}\cdot\text{A})$$

根据此视在计算负荷，主变压器容量可改为 800kV·A，比补偿前容量减少了 450kV·A。

(5) 补偿后低压侧的功率因数为

$$\cos\varphi_{(L)} = 650/686 = 0.95$$

满足电业部门要求。

(6) 变压器的功率损耗为

$$\Delta P_T \approx 0.015 S_{30(L)} = 0.015 \times 686 = 10.29(\text{kW})$$

$$\Delta Q_T \approx 0.06 S_{30(L)} = 0.06 \times 686 = 41.16(\text{kvar})$$

(7) 高压母线上的计算负荷为

$$P_{30(H)} = 650 + 10.29 = 660.29(\text{kW})$$

$$Q_{30(H)} = (830-610) + 41.16 = 261.16(\text{kvar})$$

$$S_{30(H)} = \sqrt{660.29^2 + 261.16^2} = 710.06(\text{kV}\cdot\text{A})$$

$$I_{30(H)} = \frac{710.06}{\sqrt{3} \times 10} = 41.04(\text{A})$$

(8) 补偿后工厂高压侧的功率因数为

$$\cos\varphi_{(H)} = 660.29/710.06 = 0.93 > 0.9$$

也满足电业部门关于高压侧功率因数必须大于 0.9 的要求。

通过例 2-4 可以看出，采用无功补偿方法来提高工厂的功率因数，对工厂、电力系统都有很大益处，均可达到节约电能的目的，其意义重大。

2.4.3 工厂年耗电量的计算

工厂年耗电量可以通过工厂生产单位产值所耗电量或生产的单位产品所耗的电量来进行估算，见式 (2-27)，但这只是一种粗略的估算，不是十分精确。

工厂年耗电量要想精确计算，可按以下公式计算：

年有功电能消耗量

$$W_{p,a} = \alpha P_{30} T_a \tag{2-40}$$

年无功电能消耗量

$$W_{q,a} = \beta Q_{30} T_a \tag{2-41}$$

式中 α——年平均有功负荷系数，一般取 0.7～0.75；

β——年无功负荷系数，一般取 0.76～0.82；

T_a——年实际工作小时数，按每周五个工作日计，一班制可取 2000h，两班制可取 4000h，三班制可取 6000h。

【例 2-5】 设例 2-4 所示工厂为三班工作制，试计算其年电能消耗量。

解 按式 (2-40) 和式 (2-41) 计算，取 α=0.7，β=0.8，T_a=6000，因此可得

工厂年有功耗电量

$$W_{p,a}=0.7\times660.29\times2000=9.24\times10^5(\text{kW}\cdot\text{h})$$

工厂年无功耗电量

$$W_{q,a}=0.8\times261.16\times2000=4.17\times10^5(\text{kvar}\cdot\text{h})$$

2.5 尖峰电流及其计算

2.5.1 概述

尖峰电流是由于电动机启动等所造成的短时最大电流，它持续的时间很短，只有1～2s。尖峰电流既不是正常工作电流，也不是故障电流。计算尖峰电流的目的是正确选择熔断器、低压断路器，整定继电保护装置，以及检验电动机的启动条件等。

2.5.2 用电设备尖峰电流的计算

1. 单台用电设备尖峰电流的计算

单台用电设备的尖峰电流就是该台设备本身的启动电流，因此单台设备的尖峰电流为

$$I_{PK}=I_{st}=K_{st}I_N \tag{2-42}$$

式中 I_N——用电设备额定电流；

I_{st}——设备启动电流；

K_{st}——用电设备的启动倍数，笼型电动机 $K_{st}=4\sim7$，绕线转子电动机 $K_{st}=2\sim3$，直流电机 $K_{st}=1.7$，电焊变压器 $K_{st}\geqslant3$。

2. 多台用电设备尖峰电流的计算

如果配电线路上接有多台用电设备，此时的尖峰电流应按下式计算：

$$I_{PK}=K_{\sum}\sum_{i=1}^{n-1}I_{N,i}+I_{st,max} \tag{2-43}$$

或

$$I_{PK}=I_{30}+(I_{st}-I_N)_{max} \tag{2-44}$$

式中 $I_{st,max}$、$(I_{st}-I_N)_{max}$——用电设备中启动电流与额定电流之差为最大的那台设备的启动电流及其启动电流与其额定电流之差；

$\sum_{i=1}^{n-1}I_{N,i}$——将启动电流与额定电流之差为最大的那台设备除外的其他 $n-1$台设备的额定电流之和，K_{Σ}为上述 $n-1$ 台设备的同时系数，可按台数的多少来选取，一般取0.7～1；

I_{30}——全部设备投入运行时的计算电流。

复习思考题

2-1 什么是电力负荷？电力负荷分为哪几级？各级负荷对供电电源有哪些要求？

2-2 工厂电气设备按其工作制可分为哪几类？什么是暂载率？它表征了哪类设备的工作性质？

2-3 什么是最大负荷？年最大负荷和年平均负荷指的是什么？负荷系数的内涵是什么？

2-4　什么是计算负荷？求计算负荷的目的是什么？计算负荷为什么不能过大也不能过小？

2-5　确定计算负荷的需要系数法和二项式系数法各有什么特点？各适用于什么场合？

2-6　在确定多组用电设备总视在计算负荷和计算电流时，可否将各组设备的视在计算负荷和计算电流分别相加来求得？为什么？应如何正确计算？

2-7　在有单相负荷的三相线路中，应如何计算单相设备的等效三相计算负荷？

2-8　什么是瞬时功率因数？什么是平均功率因数？什么是最大功率因数？它们如何计算？各有何用途？

2-9　进行无功补偿的目的是什么？有何意义？如何计算无功补偿容量？

2-10　尖峰电流是如何产生的？尖峰电流的计算有何意义？

2-11　某厂机械加工车间380V线路上，接有大批生产的冷加工机床电动机40台共600kW，通风机10台共60kW，试分别确定各组和车间的计算负荷。

2-12　某厂机修380V线路上接有冷加工机床电动机20台共138kW，行车1台。当ε_N=15%时，其设备容量为48kW，通风机5台共20kW，380V单相点焊机3台；当ε_N=65%时，其每台设备的容量为23kV·A。试求全车间的计算负荷。

2-13　有一条380V供电线路上，接有小批生产的冷加工机床电动机20台共120kW，其中，较大容量的电动机有7.5kW，2台；4.5kW，4台；3kW，10台。试分别用需要系数法和二项式法求其计算负荷，并比较两种计算方法得到的结果有何不同。

2-14　某单位实验室拟装设6台220V单相电阻炉，其中，1.5kW的3台，3kW的3台。试合理分配在三相线路上，求其计算负荷，并画出系统接线图。

2-15　某机械厂降压变电所装有一台630kV·A的变压器，已知其低压侧总有功计算负荷为420kW，无功计算负荷为350kvar，电业部门要求低压侧功率因数必须达到0.95，高压侧功率因数必须达到0.9以上。试求出低压侧的功率因数和高压侧的功率因数是否达到要求。若达不到要求，则需要进行无功补偿，请求出补偿容量，补偿后的低压侧和高压侧功率因数是否满足电业部门要求。

2-16　某厂的有功计算负荷为2400kW，功率因数为0.65。现拟在工厂变电所10kV母线上装设BWF10.5-30-1型并联电容器，使功率因数提高到0.90。问需装设多少个并联电容器？装设并联电容器后该厂的视在计算负荷是多少？比未装设前视在计算负荷减少了多少？

3 短路电流及其计算

3.1 短路的原因、危害及其形式

3.1.1 短路的原因

从负荷对供电电源的要求来讲，工厂供配电系统在正常情况下，应不间断地连续地对用电负荷供电，以保证生产和生活的正常进行。然而供配电系统在运行过程中负荷千变万化，难免发生各种不利于供配电系统稳定运行的情况，使供配电系统的正常运行遭到破坏。供配电系统中最常见的故障就是短路故障，所谓短路就是指不同电位的导电部分或导电部分对地的小电阻性短接。

造成短路的原因是多方面的，就其根源可分为内因和外因两大因素。例如，电气设备在长期运行中因维护不当或不及时，造成绝缘老化，或设备本身质量低劣、绝缘强度不够而被正常工作电压所击穿；再则由于工作人员违反安全操作规则而发生的误操作，以及误将低压设备接入高压电路中都可能造成短路，这就是所谓的内因。其次，由于雷电过电压击穿设备绝缘，大型飞鸟飞落到裸露的相线之间，由于蛇钻入开关或配电装置，或是老鼠咬坏设备或导线和电缆的外皮等导致短路，这就是所谓的外因。

3.1.2 短路的危害

短路是引起供电系统严重故障的重要原因。在现代的供配电系统中发生短路时，短路电流很大，可达几万至几十万安培。短路电流产生很大的电动力，会使载流导体和电气设备的温度急剧上升，因而对设备会造成极大的破坏力，给供配电系统的安全稳定运行带来极大的危害。

(1) 短路时产生的电动力和高温会使故障设备和短路回路其他设备受到损坏和破坏，甚至引发火灾事故。

(2) 短路发生后，将使供电电路母线电压降低，严重影响电气设备的正常运行。

(3) 短路发生时，将使保护装置动作、切除故障电路，从而造成局部或大面积停电。短路点离电源越近，停电的面积越大，由此带来的经济损失也会加大。

(4) 如果出现严重的短路事故，将会威胁到电力系统运行的稳定性，甚至使系统的发电机组失去同步，造成电力系统的解列。

(5) 电力系统发生不对称短路时，其短路电流会产生较强的不平衡交变磁场，对其周围的电子设备和通信线路产生电磁干扰，影响其正常运行。

短路的后果是十分严重的，必须加强运行与维护管理工作，尽量消除可能引起短路的一切隐患。

进行短路电流计算，目的是正确合理地选择电气设备，使所选设备具有足够的动稳定度和热稳定度，确保供配电系统发生可能的最大三相短路电流时不致被损坏，从而保证供配电系统安全稳定运行；其次，短路电流计算是为了继电保护的整定计算与校验，以及接地系统的设计等需要。

3.1.3 短路的类型

在三相供配电系统中，短路的类型有三相短路、两相短路、单相短路和两相接地短路，如图 3-1 所示。

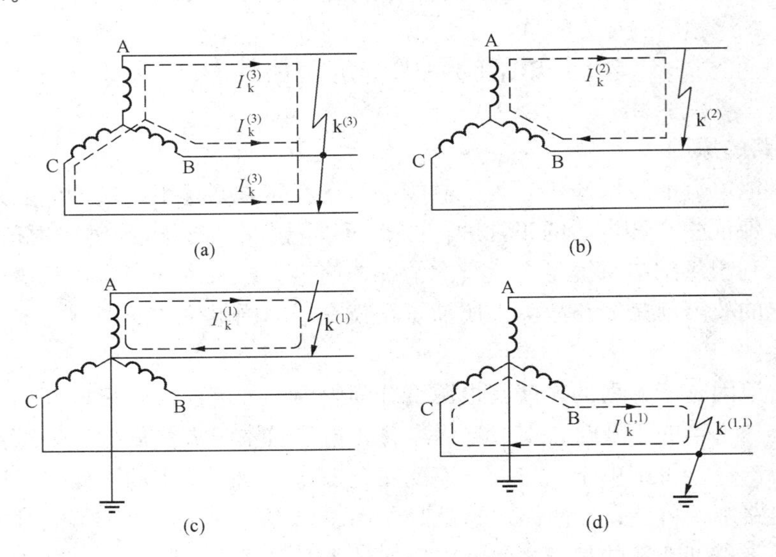

图 3-1 短路的类型

(a) 三相短路；(b) 两相短路；(c) 单相短路；(d) 两相接地短路

上述各种短路形式中，只有三相短路是对称短路，其他形式的短路均属于不对称短路。电力系统中发生单相短路的概率较大，而发生三相短路的概率相对较小。工厂供配电系统属于系统的末端，负荷较集中，容量比较大，同时受各方面因素影响和制约，在运行过程中单相短路、两相短路、三相短路发生的概率都比较大，最严重的短路是三相短路。为使工厂供配电系统中的电气设备在最严重的短路状态下也能安全可靠地工作，工程实际中通常在选择和校验电气设备用的短路计算中，以三相短路计算为主。事实上，不对称短路也可以按对称分量法将不对称的短路电流进行分解，可分解为对称的正序、负序和零序分量，然后按对称分量来分析和计算，因此对称的三相短路分析计算也是不对称短路分析计算的基础。本章只重点讨论对称的三相短路电流计算。

3.2 无限大容量电力系统发生三相短路时物理过程和物理量

3.2.1 无限大容量电力系统及其三相短路的物理过程

实际中的电力系统的容量总是一定的，即系统的容量是有限的，而不是无限的。所谓无限大容量电力系统是指系统的供电容量相对于用户所需求的容量大得多的电力系统。对于这个系统，不论用户的负荷如何变化，或者在用户供配电系统中的任何部位发生任何形式的短路时，系统母线上的电压始终是一个常数。根据计算，如果工厂的总安装容量小于电力系统总容量的 1/5，则这个电力系统就可以看作无限大容量系统。

对一般工厂供配电系统来说，工厂的安装容量都远远地小于电力系统的容量，而阻抗也比电力系统大得多，所以在工厂供配电系统内发生短路时，电力系统变电所母线上的电压始终是一个常数，则可将此电力系统看作无限大容量电力系统。

图 3-2（a）所示为无限大容量电力系统发生三相短路的电路图。其中，R_{WL}、X_{WL}为线路的电阻和电抗，R_L、X_L 为负荷的电阻和电抗。由于三相短路是对称的，故可将其等效为如图 3-2（b）所示的等效电路来分析研究。

当供电系统正常运行时，电路中的电流取决于电源电压和电路中所有元件在内的所有阻抗（包括负荷阻抗）。当发生三相短路时，系统被分割成两个回路，靠近电源侧的回路有电源，靠近负荷侧的回路是一个无源回路。由于负荷阻抗和部分线路阻抗被短路，根据楞次定律，电路中电流要突然增大，但由于电路存在电感，而电感两端电流不能突变，引起一个过渡过程即短路暂态过程。短路电流经这一暂态过程后进行一个新的稳定状态。

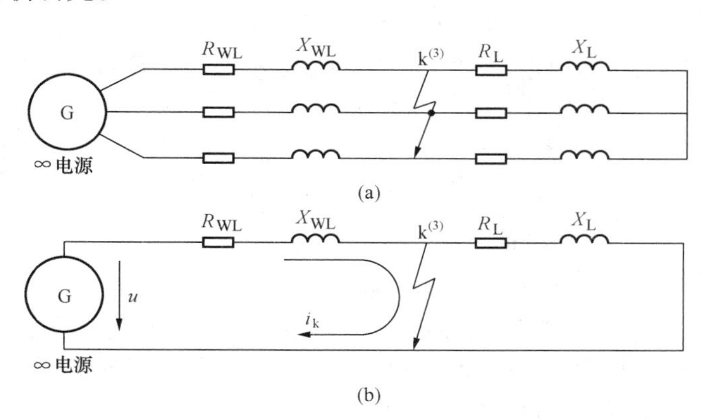

图 3-2 无限大容量电力系统中发生三相短路

（a）三相电路；（b）等效单相电路

图 3-3 所示为无限大容量系统发生三相短路前后的电压、电流变动曲线。其中，短路电流的周期分量 i_p，即因短路后电路阻抗突然减小很多，根据欧姆定律应突然增大很多倍的电流；短路电流的非周期分量 i_{np}是因短路回路存在电感，而按楞次定律感生的用以维持短路初瞬（$t=0$）时电流不至于突变的一个反向抵消 $i_{p(0)}$，而且是按指数规律不断衰减的电流；周期分量 i_p与短路电流非周期分量 i_{np}的叠加就是短路全电流；短路非周期分量 i_{np} 衰减完毕的短路电流，称为短路稳态电流。

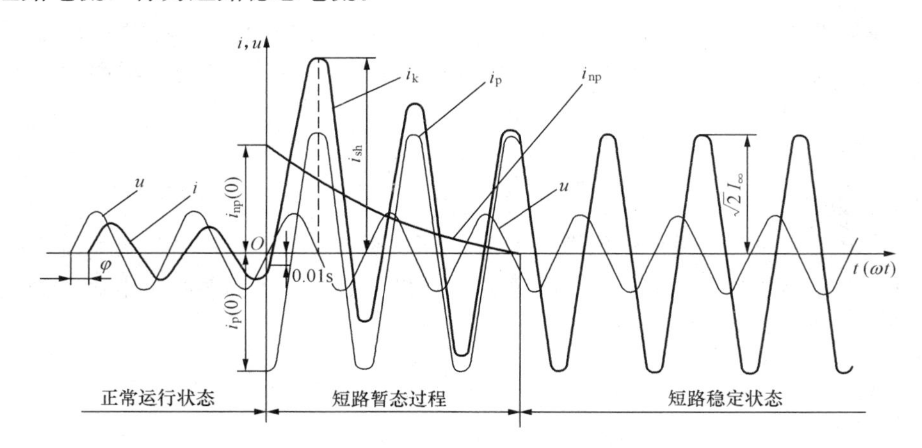

图 3-3 无限大容量系统发生三相短路时的电压、电流曲线

3.2.2 短路有关物理量

1. 短路电流周期分量

如果某相电压瞬时值过零值时发生短路，可使短路全电流达到最大，如图 3-3 所示。此时短路电流周期分量为

$$i_p = I_{km}\sin(\omega t - \varphi_k) \quad (3-1)$$

式中 I_{km}——短路电流周期分量的幅值，$I_{km}=\dfrac{U}{\sqrt{3}|Z_\Sigma|}$，其中，$|Z_\Sigma|=\sqrt{R_\Sigma^2+X_\Sigma^2}$为短路电路的总阻抗［模］；

φ_k——短路电路的阻抗角，$\varphi_k=\arctan(X_\Sigma/R_\Sigma)$。

由于短路电路中近于纯感性电路，$X_\Sigma \gg R_\Sigma$，因此$\varphi_k\approx 90°$，故在短路发生的瞬间（$t=0$时）的短路电流的周期分量为

$$i_{p(0)} = -I_{km} = -\sqrt{2}I'' \quad (3-2)$$

式中 I''——短路次暂态电流有效值，即短路后第一个周期的短路电流周期分量i_p的有效值。

2. 短路电流非周期分量

由于短路回路以感性为主，因此在突然发生短路时，电感上要产生一个电动势，来维持短路初瞬间（$t=0$时）电路中的电流和磁链不致突变。电感上感应电动势产生的这一与周期分量反向的电流就是非周期分量。

短路电流非周期分量的初始绝对值为

$$i_{np(0)} = |i_0 - I_{km}| \approx I_{km} = \sqrt{2}I'' \quad (3-3)$$

由于短路还是存在一定的电阻，因此短路电流非周期分量要逐渐衰减。短路电路内电阻越大，电感越小，衰减得越快。

短路电流非周期分量是一按指数函数不断衰减的量，其表达式为

$$i_{np} = i_{np(0)}e^{-\frac{t}{\tau}} \approx \sqrt{2}I''e^{-\frac{t}{\tau}} \quad (3-4)$$

式中 τ——短路电流非周期分量衰减时间常数，$\tau=L_\Sigma/R_\Sigma=\dfrac{X_\Sigma}{314R_\Sigma}$。

3. 短路全电流

短路电流周期分量i_p与非周期分量i_{np}之和，即为短路全电流i_k。某一瞬时t的短路全电流有效值$I_{k(t)}$，就是以时间t为中点的一个周期内的i_p有效值$I_{p(t)}$与在t的瞬时$i_{np(t)}$的均方根值，即

$$I_{k(t)} = \sqrt{I_{p(t)}^2 + i_{np(t)}^2} \quad (3-5)$$

4. 短路冲击电流

短路冲击电流为短路全电流中的最大瞬时值。从图3-3所示的短路全电流i_k的曲线可以看出，短路后经半个周期（即0.01s），i_k就达到最大值，此时的短路全电流即为短路冲击电流i_{sh}。短路冲击电流按下式计算：

$$i_{sh} = i_{p(0.01)} + i_{np(0.01)} \approx \sqrt{2}I''(1+e^{-\frac{t}{\tau}}) \quad (3-6)$$

或

$$i_{sh} \approx K_{sh}\sqrt{2}I'' \quad (3-7)$$

式中 K_{sh}——短路电流冲击系数。

由式（3-6）和式（3-7）知，短路电流冲击系数为

$$K_{sh}=1+e^{-\frac{t}{\tau}}=1+e^{-\frac{0.01R_\Sigma}{L_\Sigma}} \quad (3-8)$$

由式（3-8）可知，当$R_\Sigma\to 0$时，$K_{sh}\to 2$；当$L_\Sigma=0$时，$K_{sh}\to 1$。因此，$K_{sh}=1\sim 2$。

短路全电流 i_k 的最大有效值是短路后第一个周期的短路电流有效值，用 I_{sh} 表示，也可称为短路冲击电流有效值，有

$$I_{sh}=\sqrt{I_{p(0.01)}^2+i_{np(0.01)}^2}\approx\sqrt{I''^2+(\sqrt{2}I''e^{-\frac{t}{\tau}})^2}$$

或

$$I_{sh}=\sqrt{1+2(K_{sh}-1)^2}I'' \tag{3-9}$$

在高压侧发生三相短路时，一般可取 $K_{sh}=1.8$，则

$$i_{sh}=2.55I'' \tag{3-10}$$

$$I_{sh}=1.51I'' \tag{3-11}$$

在 1MV・A 及以下的电力变压器二次侧及低压电路中发生三相短路时，一般可取 $K_{sh}=1.3$，因此

$$i_{sh}=1.84I'' \tag{3-12}$$

$$I_{sh}=1.09I'' \tag{3-13}$$

5. 短路稳态电流

短路稳态电流是指短路电流非周期分量衰减完毕后的短路全电流，其有效值用 I_∞ 表示。从图 3-3 所示的曲线可看出，在整个短路进程中，周期分量的幅值始终是不变的，另因系统容量为无限大，故周期分量的有效值 I_k 在整个短路进程中也是不变的，则有 $I''=I_\infty=I_k$。

计算过程中，为了表明短路电流的种类，凡是三相短路电流，可在相应的电流符号右上角加标（3）的字样，例如三相短路电流可写作 $I_k^{(3)}$。同理，单相短路用文字符号 $k^{(1)}$ 表示，两相短路用文字符号 $k^{(2)}$ 表示，两相接地短路用文字符号 $k^{(1,1)}$ 表示，它是指中性点不接地系统中两个不同相均发生单相接地而形成的两相短路，也指两相短路接地的情况。

3.3 无限大容量电力系统中短路电流的计算

3.3.1 概述

计算短路电流的步骤首先根据原始资料或文字资料给出计算电路图，如图 3-4 所示，确定短路计算点，对工厂供电系统来说，短路计算点通常选在低压母线和高压母线上，确定短路计算电压（取短路点平均电压，它比额定电压高 5%），在计算电路上标出各元件参数，并将元件用分数依次编号；其次是作等值电路图，计算每个元件的阻抗值并标在等值电路图上，分子标序号，分母标阻抗，如图 3-5 所示；然后根据阻抗串并联关系，化简等值电路，再运用相应的计算公式求出各点短路电流和短路点的短路容量。

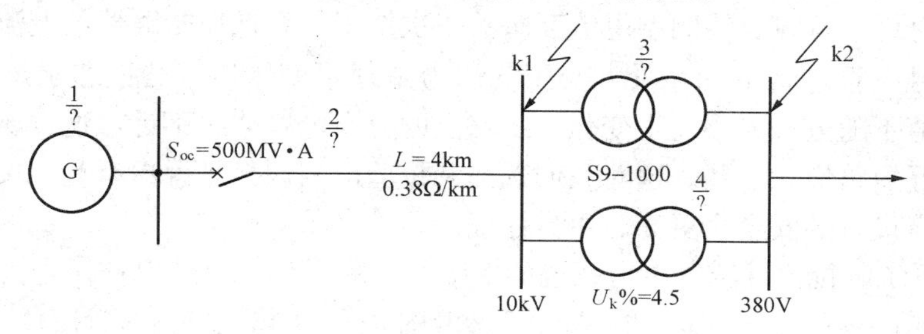

图 3-4 短路计算电路图

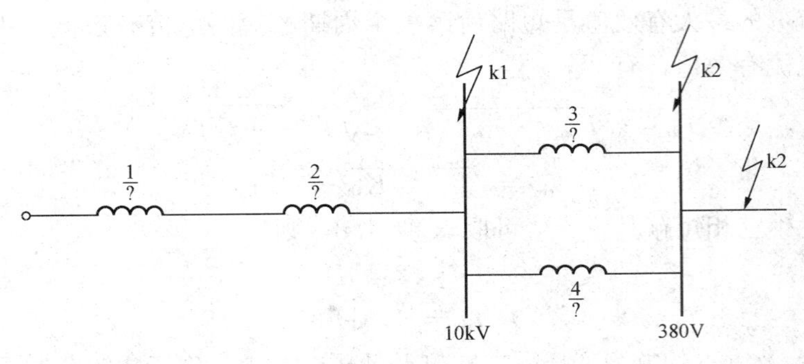

图 3-5 等值电路图

短路电流计算方法主要有欧姆法、标幺制法、短路容量法。工程运算中广泛应用的是标幺制法。

3.3.2 用欧姆法进行三相短路计算

1. 欧姆法进行三相短路计算的方法

欧姆法，又称有名单位制法，因其短路计算中的阻抗均以“欧姆”为单位而得名。

在无限大容量系统中发生三相短路，其三相短路电流的周期分量为

$$I_k^{(3)}=\frac{U_c}{\sqrt{3}|Z_\Sigma|}=\frac{U_c}{\sqrt{3}\sqrt{R_\Sigma^2+X_\Sigma^2}} \tag{3-14}$$

式中 $|Z_\Sigma|$、R_Σ、X_Σ——短路电路的总阻抗［模］和总电阻、总电抗；

U_c——短路计算点的平均电压，比线路额定电压高5%。

按我国标准交流电压，U_c有0.4、0.69、3.15、6.3、10.5、37、69、115kV等。

在高压母线侧短路计算中，因高压电路电抗远大于电阻，所以只考虑电抗而不考虑电阻。在低压母线侧短路计算中，只有低压回路中的电阻$R_\Sigma>\frac{X_\Sigma}{3}$时，才计入电阻，反之，不计入电阻。

若不计入电阻，则三相短路电流周期分量的有效值为

$$I_k^{(3)}=\frac{U_c}{\sqrt{3}X_\Sigma} \tag{3-15}$$

三相短路容量为

$$S_k^{(3)}=\sqrt{3}U_cI_k^{(3)} \tag{3-16}$$

2. 电力系统各元件阻抗的计算

在短路计算中，母线、线圈型电流互感器一次绕组，高低压断路器的过流脱扣器线圈及开关触头的接触电阻忽略不计。电力变压器认为是理想变压器，其铁芯永远处于不饱和状态，即其电抗值不随电流大小发生变化，线路上的分布电容略去不计，这样所得短路电流的计算值要比实际短路值大一些。这对我们选择和校验电气设备来说更有利，按此短路电流选择和校验的电器设备的安全会更高、更有保证。

(1) 电力系统阻抗值计算。电力系统的电阻可忽略不计，只计电抗。电力系统的电抗值可由系统出口断路器的断流容量来求得。可参看图3-4计算电路S_{oc}来计算，S_{oc}可看作是电力系统的极限短路容量S_k。所以电力系统的电抗为

$$X_S = \frac{U_c^2}{S_{oc}} \tag{3-17}$$

式中 U_c——直接采用短路计算点的平均电压，这样可免去阻抗变换的麻烦；

S_{oc}——系统出口断路器的断流容量。

S_{oc}的值可查附表 7-1 和相关设计手册或产品样本，如果不知道 S_{oc}，只知道 I_{oc}的数据，则其断流容量 $S_{oc}=\sqrt{3}I_{oc}U_N$，这里 U_N为断路器的额定电压。

(2) 电力变压器的阻抗计算。

1) 电力变压器的电阻 R_T。

由于
$$\Delta P_k \approx 3I_N^2R_T \approx 3\left(\frac{S_N}{\sqrt{3}U_c}\right)^2R_T = \left(\frac{S_N}{U_c}\right)^2R_T$$

所以

$$R_T \approx \Delta P_k\left(\frac{U_c}{S_N}\right)^2 \tag{3-18}$$

式中 U_c——短路点平均电压；

S_N——变压器额定容量；

ΔP_k——变压器的短路损耗（也称负载损耗），可查有关手册或产品样本。

2) 电力变压器的电抗 X_T。可由变压器的短路电压 $U_k\%$近似地计算。

因
$$U_k\% \approx \frac{\sqrt{3}I_NX_T}{U_c}\times 100\% \approx \frac{S_NX_T}{U_c^2}\times 100\%$$

故
$$X_T \approx \frac{U_k\%}{100}\frac{U_c^2}{S_N} \tag{3-19}$$

式中 $U_k\%$——变压器的短路电压（亦称阻抗电压）百分值，可查有关手册或产品样本。

(3) 电力线路阻抗计算。

1) 线路的电阻 R_{WL}。R_{WL}由导线和电缆单位长度 R_0 求得，即

$$R_{WL} = R_0 l \tag{3-20}$$

式中 R_0——导线电缆单位长度电阻，见附表 8-1 和附表 8-2；

l——线路长度。

2) 线路的电抗 X_{WL}。X_{WL}由导线电缆的单位长度 X_0 求得，即

$$X_{WL} = X_0 l \tag{3-21}$$

式中 X_0——导线电缆单位长度电抗，见附表 8-1 和附表 8-2。

如果线路结构数据不详，X_0 可按表 3-1 取其电抗平均值。

表 3-1　　电力线路每相的单位长度电抗平均值

线路结构	线路电压		
	35kV 及以上	6～10kV	220/380V
架空线路（Ω/km）	0.4	0.38	0.32
电缆线路（Ω/km）	0.2	0.08	0.066

求出短路电路中各元件的阻抗后，就可以化简等值电路，求出各短路点总阻抗值；然后按式（3-14）或式（3-15）求出短路电流周期分量有效值 $I_k^{(3)}$，$I''^{(3)}=I_\infty^{(3)}=I_k^{(3)}$；再按照

相应公式分别求出冲击短路电流各值和短路点的短路容量。

注意，在计算短路电路阻抗时，若短路电路中有变压器这一磁耦合元件，电路内各元件的阻抗却应统一换算到短路点的短路计算电压去，阻抗换算的条件是元件的功率损耗不变。

由 $\Delta P=\frac{U}{R^2}$ 和 $\Delta Q=\frac{U}{X^2}$ 可知，元件的阻抗值与电压平方成正比，因而此时阻抗变换的公式为

$$R'=R\left(\frac{U'_c}{U_c}\right)^2 \tag{3-22}$$

$$X'=X\left(\frac{U'_c}{U_c}\right)^2 \tag{3-23}$$

式中 R、X、U_c——换算前元件的电阻、电抗和元件所在处的平均电压；

R'、X'、U'_c——换算后的元件的电阻、电抗和短路点的平均电压。

需要说明的是，就短路计算中的几个主要元件的阻抗来说，实际上只有电力线路上的阻抗有时需按上述公式换算。例如，计算低压母线上的三相短路电流时，高压侧的线路阻抗就需要换算到低压侧 0.4kV 时所具有的阻抗值，而电力系统和变压器的阻抗，由于计算公式中已含有 U_c^2，因此计算其阻抗时，就不需再按上述公式进行换算了。

【例 3-1】 某工厂供电系统如图 3-6 所示，试用欧姆法求 k1 点和 k2 点的三相短路电流各值和短路容量。

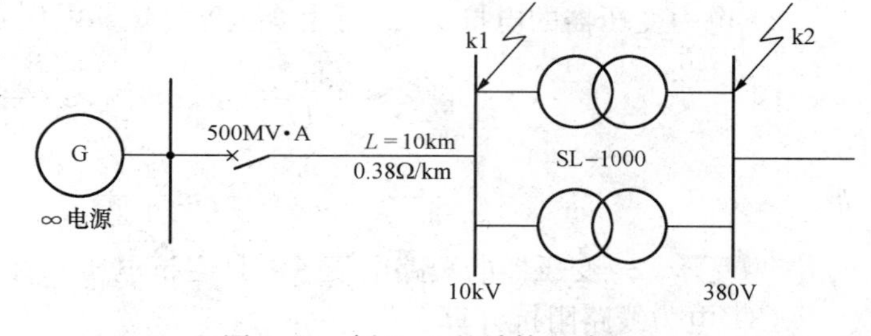

图 3-6 例 3-1 的计算电路图

解 (1) 求 k1 点的三相短路电流各值和短路容量。取 $U_{c1}=10.5\text{kV}$。

1) 计算短路电路各元件电抗值和总电抗值。

电力系统的电抗值

$$X_1=\frac{U_{c1}^2}{S_{oc}}=\frac{(10.5)^2}{500}=0.22(\Omega)$$

架空线路的电抗

$$X_2=X_0 l=0.38\times 10=3.8(\Omega)$$

绘制 k1 点的等值电路，如图 3-7 (a) 所示，并计算其总电抗值

$$X_{\Sigma k1}=X_1+X_2=0.22+3.8=4.02(\Omega)$$

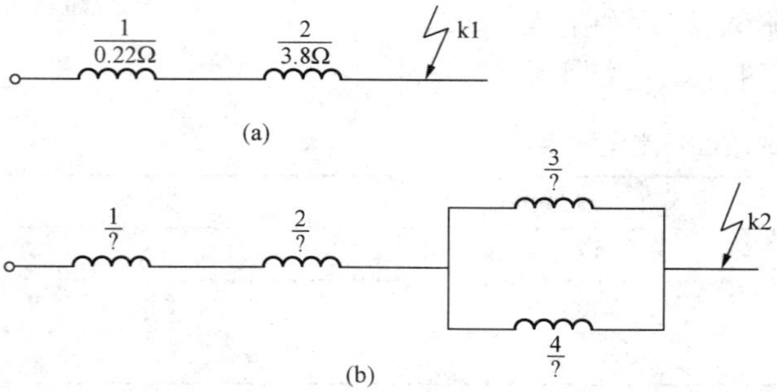

图 3-7 例 3-1 的短路等值电路图

(a) k1 点短路等值电路；(b) k2 点短路等值电路

2) 计算 k1 点三相短路电流和短路容量。

三相短路电流周期分量有效值

$$I_{k1}^{(3)}=\frac{U_{c1}}{\sqrt{3}X_{\Sigma(k1)}}=\frac{10.5}{\sqrt{3}\times 4.02}=1.51(\text{kA})$$

三相次暂态电流和稳态短路电流，则

$$I''^{(3)} = I_{\infty}^{(3)} = I_{k}^{(3)} = 1.51(\text{kA})$$

冲击短路电流计算

$$i_{sh} = 2.55I''^{(3)} = 2.55 \times 1.51 = 3.85(\text{kA})$$

$$I_{sh} = 1.51I''^{(3)} = 1.51 \times 1.51 = 2.28(\text{kA})$$

三相短路容量

$$S_{k1}^{(3)} = \sqrt{3}U_{c1}I_{k1}^{(3)} = \sqrt{3} \times 10.5 \times 1.51 = 27.43(\text{MV} \cdot \text{A})$$

(2) 求 k2 点的三相短路电流各值和短路容量。取 $U_{c2}=0.4$kV。

1) 计算短路电路各元件电抗值和总电抗值。

电力系统的电抗值

$$X'_1 = \frac{U_{d2}^2}{S_{oc}} = \frac{0.4^2}{500} = 3.2 \times 10^{-4}(\Omega)$$

架空线路的电抗

$$X'_2 = X_0 l\left(\frac{U_{c2}}{U_{c1}}\right)^2 = 0.38 \times 10 \times \left(\frac{0.4}{10.5}\right)^2 = 5.5 \times 10^{-3}(\Omega)$$

电力变压器电抗值

$$X_3 = X_4 = \frac{U_k\%}{100}\frac{U_{c2}^2}{S_N} = \frac{4.5}{100} \times \frac{0.4^2}{1000} = 7.2 \times 10^{-3}(\Omega)$$

绘制 k2 点的等值电路，如图 3－7（b）所示，其总电抗值

$$X_{\Sigma(k2)} = X'_1 + X'_2 + X_3 // X_4 = X'_1 + X'_2 + \frac{X_3 X_4}{X_3 + X_4}$$

$$= 3.2 \times 10^{-4} + 5.5 \times 10^{-3} + \frac{7.2 \times 10^{-3}}{2} = 9.42 \times 10^{-3}(\Omega)$$

2) 计算 k2 点三相短路电流和短路容量。

三相短路电流周期分量有效值

$$I_{k2}^{(3)} = \frac{U_{c2}}{\sqrt{3}X_{\Sigma(k2)}} = \frac{0.4}{\sqrt{3} \times 9.42 \times 10^{-3}} = 24.54(\text{kA})$$

三相次暂态电流和稳态短路电流

$$I''^{(3)} = I_{\infty}^{(3)} = I_{k2}^{(3)} = 24.54(\text{kA})$$

三相短路相冲出电流

$$i_{sh}^{(3)} = 1.84I''^{(3)} = 1.84 \times 24.54 = 45.15(\text{kA})$$

$$I_{sh}^{(3)} = 1.09I''^{(3)} = 1.09 \times 24.54 = 26.75(\text{kA})$$

三相短路容量

$$S_{k2}^{(3)} = \sqrt{3}U_{c2}I_{k2}^{(3)} = \sqrt{3} \times 0.4 \times 24.54 = 16.98(\text{MV} \cdot \text{A})$$

在工程计算说明书中，应将计算结果列成表格形式，以便于使用单位审阅，见表 3－2。

表 3－2　例 3－1 短路电流计算表

短路计算点	三相短路电流（kA）					三相短路容量（MV·A）
	$I_k^{(3)}$	$I''^{(3)}$	$I_{\infty}^{(3)}$	$i_{sh}^{(3)}$	$I_{sh}^{(3)}$	
k1	1.51	1.51	1.51	3.85	2.28	27.43
k2	24.54	24.54	24.54	45.15	26.75	16.98

3.3.3 采用标幺制法进行三相短路计算

1. 标幺制的基本概念

标幺制法也称为相对单位制法，它比欧姆法计算短路电流要简明。因为采用标幺制，运算中不存在遇到变压器要进行阻抗换算的问题，计算误差较小，因此在现代电气工程计算中得到广泛应用。

任何一个物理量的标幺值 A_d^* 等于该物理量的实际值 A 与基准值 A_d 的比值，即

$$A_d^* = \frac{A}{A_d} \tag{3-24}$$

按标幺制法进行短路计算时，一般是首先确定基准容量 S_d 和基准电压 U_d。

在工程设计中，若变压器的容量单位以千伏安计，则取 S_d=100MV·A；若变压器容量单位兆伏安计，则取 S_d=1000MV·A。对于中小型工厂，取 S_d=100MV·A 即可。基准电压通常取短路计算点的平均电压 U_c，即 $U_d=U_c$。

确定基准容量 S_d 和基准电压 U_d 之后，还应确定基准电流 I_d。基准电流 I_d 计算公式为

$$I_d = \frac{S_d}{\sqrt{3}U_d} \tag{3-25}$$

基准电抗 X_d 计算公式为

$$X_d = \frac{U_d}{\sqrt{3}I_d} = \frac{U_c^2}{S_d} \tag{3-26}$$

2. 电力系统各元件电抗标幺值的计算

下面分别介绍工厂供配电系统中各元件电抗标幺值的计算，取 S_d=100MV·A，$U_d=U_c$。

(1) 电力系统的电抗标幺值

$$X_s^* = \frac{X_s}{X_d} = \frac{U_c^2/S_{oc}}{U_c^2/S_d} = \frac{S_d}{S_{oc}} \tag{3-27}$$

(2) 电力变压器的电抗标幺值

$$X_T^* = \frac{X_T}{X_d} = \frac{U_k\%}{100}\frac{U_c^2/S_N}{U_c^2/S_d} = \frac{U_k\%}{100}\frac{S_d}{S_N} \tag{3-28}$$

(3) 电力线路的电抗标幺值

$$X_{WL}^* = \frac{X_{WL}}{X_d} = \frac{X_0 l}{U_c^2/S_d} = X_0 l\frac{S_d}{U_c^2} \tag{3-29}$$

短路电路各元件电抗标幺值求出后，可根据其等值电路进行化简，求出各短路点总电抗标幺值 X_Σ^*。由于各元件均采用相对值，与短路计算点的电压无关，因此电抗标幺值无需换算，这就是标幺制的最大优点。

3. 标幺制法进行三相短路计算的方法

无限大容量系统三相短路电流的周期分量有效值为

$$I_k^{(3)*} = \frac{I_k^{(3)}}{I_d} = \frac{U_c/\sqrt{3}X_\Sigma}{S_d/\sqrt{3}U_c} = \frac{U_c^2}{S_d X_\Sigma} = \frac{1}{X_\Sigma^*} \tag{3-30}$$

由此可求得三相短路电流周期分量有效值 $I_k^{(3)}$ 为

$$I_k^{(3)} = I_k^{(3)*} I_d = \frac{I_d}{X_\Sigma^*} \tag{3-31}$$

求出 $I_k^{(3)}$后，即可用式（3－10）～式（3－13）求出 $I''^{(3)}$、$I_\infty^{(3)}$、$i_{sh}^{(3)}$、$I_{sh}^{(3)}$等。短路点的短路容量为

$$S_k^{(3)}=\sqrt{3}I_k^{(3)}U_c=\frac{\sqrt{3}I_dU_c}{X_\Sigma^*}=\frac{S_d}{X_\Sigma^*} \tag{3-32}$$

【例 3－2】 试用标幺制法计算例 3－1 工厂供配电系统中 k1 点和 k2 点的三相短路电流和短路容量。

解 （1）确定基准值。取 $S_d=100\text{MV}\cdot\text{A}$，$U_{c1}=10.5\text{kV}$，$U_{c2}=0.4\text{kV}$。

基准电流

$$I_{d1}=\frac{S_d}{\sqrt{3}U_{c1}}=\frac{100}{\sqrt{3}\times10.5}=5.50(\text{kA})$$

$$I_{d2}=\frac{S_d}{\sqrt{3}U_{c2}}=\frac{100}{\sqrt{3}\times0.4}=144(\text{kA})$$

（2）计算短路电路中各元件电抗标幺值。

电力系统电抗标幺值

$$X_1^*=\frac{100}{500}=0.2$$

架空线路的电抗标幺值

$$X_2^*=0.38\times10\times\frac{100}{(10.5)^2}=3.45$$

电力变压器的电抗标幺值

$$X_3^*=X_4^*=\frac{4.5\times100}{100\times1}=4.5$$

绘制等值电路如图 3－8 所示，图上标出各元件序号和电抗标幺值和短路计算点。

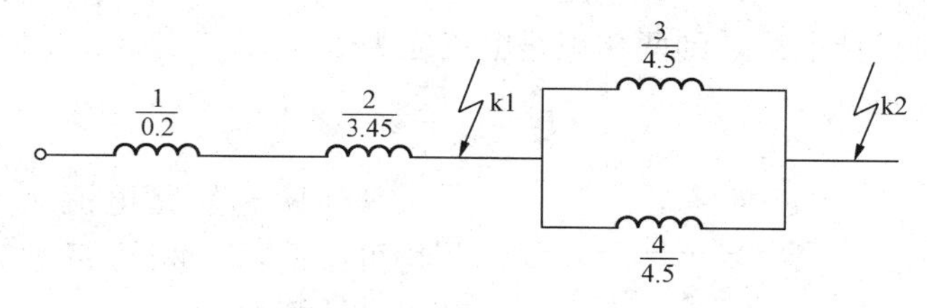

图 3－8 例 3－2 等值电路

（3）k1 点总电抗标幺值及三相短路电流各值和短路容量。

总电抗标幺值为

$$X_{\Sigma(k1)}^{(3)}=X_1^*+X_2^*=0.2+3.45=3.65$$

三相短路电流的周期分量有效值为

$$I_{k1}^{(3)}=\frac{I_{d1}}{X_{\Sigma(k1)}^*}=\frac{5.5}{3.65}=1.51(\text{kA})$$

其他三相短路电流

$$I''^{(3)}=I_\infty^{(3)}=I_{k1}^{(3)}=1.51(\text{kA})$$

$$i_{sh}=2.55\times1.51=3.85(\text{kA})$$

$$I_{sh}^{(3)}=1.51\times1.51=2.28(\text{kA})$$

三相短路容量

$$S_{k1}^{(3)}=\frac{S_d}{X_{\Sigma(k1)}^*}=\frac{100}{3.65}=27.40\ (\text{MV}\cdot\text{A})$$

(4) 计算 k2 点的总电抗标幺值及三相短路电流各值和短路容量。

总电抗标幺值

$$X_{\Sigma(k2)}^*=X_1^*+X_2^*+X_3^*//X_4^*=0.2+3.45+\frac{4.5}{2}=5.9$$

三相短路电流的周期分量有效值

$$I_{k2}^{(3)}=\frac{I_{d2}}{X_{\Sigma(k2)}^*}=\frac{144}{5.9}=24.41(\text{kA})$$

其他三相短路电流

$$I''^{(3)}=I_{\infty}^{(3)}=I_{k1}^{(3)}=24.41(\text{kA})$$

$$i_{sh}^{(3)}=1.84\times 24.41=41.91(\text{kA})$$

$$I_{sh}^{(3)}=1.09\times 24.41=26.61(\text{kA})$$

三相短路容量

$$S_{k2}^{(3)}=\frac{S_d}{X_{\Sigma(k2)}^*}=\frac{100}{5.9}=16.95(\text{MV}\cdot\text{A})$$

两种计算方法结果基本相同。

3.3.4　两相短路电流计算

无限大容量系统发生两相短路时，如图 3－9 所示。其短路电流可由下式近似求得

$$I_k^{(2)}=\frac{U_c}{2|Z_\Sigma|} \tag{3-33}$$

式中　U_c——短路点的平均电压（线电压）。

若不考虑电阻，只计电抗，则两相短路电流应为

$$I_k^{(2)}=\frac{U_c}{2X_\Sigma} \tag{3-34}$$

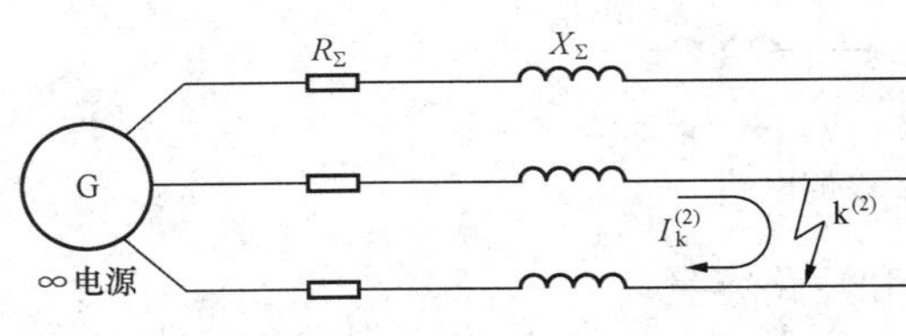

图 3－9　无限大容量系统发生两相短路

其他两相短路电流 $I''^{(2)}$、$I_\infty^{(2)}$、$i_{sh}^{(2)}$、$I_{sh}^{(2)}$ 等均可按前面三相短路对应的短路电流计算公式来计算。

两相短路电流与三相短路电流的关系，由 $I_k^{(2)}=\frac{U_c}{2X_\Sigma}$ 和 $I_k^{(3)}=\frac{U_c}{\sqrt{3}X_\Sigma}$ 得到。因为 $\frac{I_k^{(2)}}{I_k^{(3)}}=0.866$，所以

$$I_k^{(2)}=0.866 I_k^{(3)} \tag{3-35}$$

式（3－35）说明：在无限大容量系统中，三相短路电流的 0.866 倍就是同一地点的两相短路电流。

3.3.5　单相短路电流的计算

在大接地电流系统或三相四线制系统中发生单相短路时，根据对称分量法可知，单相短路电流为

$$i_{k}^{(1)}=\frac{\sqrt{3}U_{c}}{Z_{1\Sigma}+Z_{2\Sigma}+Z_{0\Sigma}} \tag{3-36}$$

式中 $Z_{1\Sigma}$、$Z_{2\Sigma}$、$Z_{0\Sigma}$——单相短路回路的正序、负序、零序阻抗。

在工程设计中，常用式（3－37）～式（3－38）计算低压配电线路单相短路电流，即

$$I_{k}^{(1)}=\frac{U_{\varphi}}{|Z_{\varphi,0}|} \tag{3-37}$$

$$I_{k}^{(1)}=\frac{U_{\varphi}}{|Z_{\varphi,PE}|} \tag{3-38}$$

$$I_{k}^{(1)}=\frac{U_{\varphi}}{|Z_{\varphi,PEN}|} \tag{3-39}$$

式中 U_{φ}——线路的相电压；

$Z_{\varphi,0}$——相线与N线短路回路的阻抗；

$Z_{\varphi,PE}$——相线与PE线短路回路的阻抗；

$Z_{\varphi,PEN}$——相线与PEN线短路回路的阻抗。

3.4 短路电流的效应

3.4.1 概述

通过计算已经知道，当供配电系统发生短路时，导体中将会流过很大的短路冲击电流，从而形成很大的电动力，即电动力效应，此时如果导体支撑物的机械强度不够，必将造成变形或破坏而引起严重事故。另外，短路电流通过导体时还会产生很高的温度，即短路电流的热效应。上述这两种效应对电器设备和导体的威胁极大，不利于电气设备的安全可靠运行，所以对此必须认真对待，注意防范。

3.4.2 短路电流的电动力效应和动稳定度

前面已提到，短路冲击电流 $i_{sh}^{(3)}$ 产生最大的电动力，它将会使设备和载流导体遭到严重破坏。要使电气设备和载流导体能承受短路时的最大电动力的作用，电器元件必须具备足够的电动稳定度。

1. 短路时的最大电动力

根据电工原理课程可知，处在空气中的两平行导体分别通以电流 i_1、i_2（单位为A）时，两导体之间受到的电动力（单位为N）为

$$F=\mu_{0}i_{1}i_{2}\frac{l}{2\pi a}=2i_{1}i_{2}\frac{l}{a}\times10^{-7} \tag{3-40}$$

式中 μ_0——真空和空气的磁导率，$\mu_0=4\pi\times10^{-7}N/A^2$；

l——导体两相邻支持点间的距离，即档距（也称跨距）；

a——两导体的轴线距离。

式（3－40）适用于实芯或空芯的圆截面导体，也适用于截面的周长尺寸远小于两根导体之间距离的矩形母线。

若三相线路中发生两相短路冲击电流 $i_{sh}^{(2)}$，通过导体时产生的电动力最大，其值（单位为N）为

$$F^{(2)} = 2i_{sh}^{(2)2}\frac{l}{a}\times 10^{-7} \tag{3-41}$$

若三相线路发生三相短路，则三相短路冲击电流 $i_{sh}^{(3)}$，在中间相产生的电动力最大，其值（单位为N）为

$$F^{(3)} = \sqrt{3}i_{sh}^{(3)2}\frac{l}{a}\times 10^{-7} \tag{3-42}$$

三相短路冲击电流 $i_{sh}^{(3)}$ 与两相短路电流 $i_{sh}^{(2)}$ 之间的关系为

$$i_{sh}^{(3)}/i_{sh}^{(2)} = \frac{2}{\sqrt{3}} \tag{3-43}$$

因此，三相短路与两相短路产生的最大电动力之比为

$$\frac{F^{(3)}}{F^{(2)}} = \frac{2}{\sqrt{3}} = 1.15 \tag{3-44}$$

经上述比较可知，无限大容量系统中发生三相短路时，中间相导体所受的电动力远大于两相短路时导体所受的电动力。因此校验电器的动稳定度，应采用三相短路冲击电流 $i_{sh}^{(3)}$ 或短路后第一个周期的三相短路全电流有效值 $I_{sh}^{(3)}$。

2. 短路动稳定度的校验条件

电器和导体的动稳定度校验，依校验对象的不同而采用不同的具体条件。

（1）常规电器的动稳定度校验条件：

$$i_{max} \geqslant i_{sh}^{(3)} \tag{3-45}$$

或

$$I_{max} \geqslant I_{sh}^{(3)} \tag{3-46}$$

式中 i_{max}——电器的极限通过电流峰值，可由产品样本和设计手册中查得；

I_{max}——电器的极限通过电流有效值，可由产品样本和设计手册中查得。

（2）对绝缘子的动稳定校验条件：

$$F_{al} \geqslant F_c^{(3)} \tag{3-47}$$

式中 F_{al}——绝缘子的最大允许载荷，可由产品样本查得；

$F_c^{(3)}$——短路时作用在绝缘子上的计算应力。

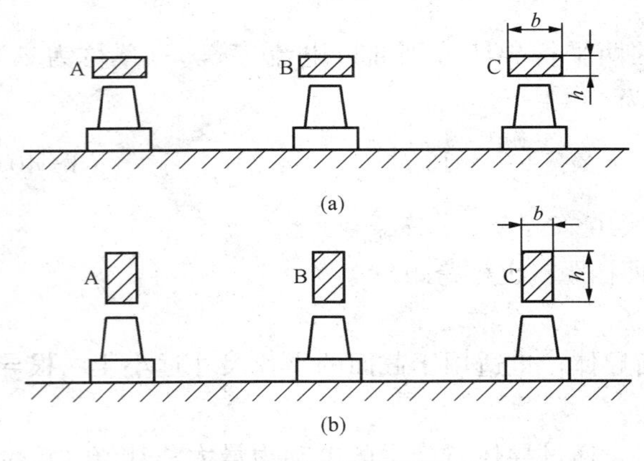

图3-10 水平放置的母线

(a) 平放；(b) 竖放

若产品样本中给出的是绝缘子的抗弯破坏载荷值，则应将抗弯破坏载荷值乘以0.6作为 F_{al}。如果母线在绝缘子上平放，如图3-10（a）所示，$F_c^{(3)}$ 按式（3-42）计算，即 $F_c^{(3)} = F^{(3)}$；若为竖放，如图3-10（b）所示，则 $F_c^{(3)} = 1.4F^{(3)}$。

（3）硬母线动稳定校验条件。一般按短路时所受最大应力来校验其动稳定度，满足的条件为

$$\sigma_{al} \geqslant \sigma_c \tag{3-48}$$

式中 σ_{al}——材料的最大允许应力，MPa，硬铜 $\sigma_{al}\approx137$MPa，硬铝 $\sigma_{al}\approx69$MPa；

σ_c——母线通过 $i_{sh}^{(3)}$ 时所受的最大计算应力。

上述最大计算应力为

$$\sigma_c = M/W \tag{3-49}$$

式中 M——母线通过 $i_{sh}^{(3)}$ 时所受到的弯曲力矩，N·m；

W——母线的截面系数，m^3。

当母线的档数为1～2时，$M=F^{(3)}\dfrac{l}{8}$；当档数大于2时，$M=F^{(3)}\dfrac{l}{10}$。$F^{(3)}$ 按式（3-42）计算；l 为母线的档距，m。

当母线水平放置时（见图3-10），$W=b^2\dfrac{h}{6}$；b 为母线截面的水平宽度；h 为母线截面的垂直高度，b 和 h 的单位均为mm。

电缆本身的机械强度很好，不必校验其短路动稳定度。

3.4.3 对短路计算点附近大型交流电动机向短路点反馈冲击电流的考虑

当短路计算点附近有大型感应电动机时，必须考虑电动机向短路点反馈的冲击电流，这样，电器和载流导体所承受的冲击电流，就是短路点本身的冲击电流值和电动机向短路点反馈的冲击电流值之和，所产生的三相电动力相对来说也要增大，因此计算时必须充分注意这一点，如图3-11所示。

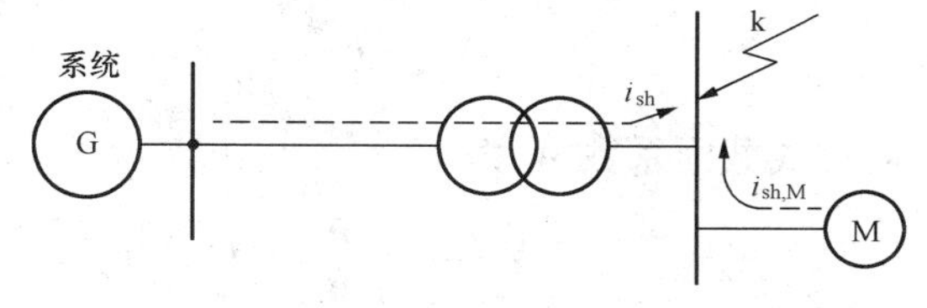

图3-11 电动机对短路点反馈冲击电流

电动机向短路点反馈的冲击电流为

$$i_{sh,M} = \sqrt{2}\frac{E''^*_M}{X''^*_M}K_{sh,M}I_{N,M} = CK_{sh,M}I_{N,M} \tag{3-50}$$

式中 E''^*_M——电动机次暂态电势标幺值，见表3-3；

X''^*_M——电动机次暂态电抗标幺值，见表3-3；

C——电动机反馈冲击倍数，见表3-3；

$K_{sh,M}$——电动机短路冲击系数，对3～6kV的电动机可取1.4～1.6，对380V电动机可取1；

$I_{N,M}$——电动机额定电流。

需要说明的是，由于交流电动机在供配电系统发生短路后会很快受到制动，所以它反馈的冲击电流衰减极快。因此，只是在考虑短路冲击电流的影响时才计入电动机反馈的冲击电流，其他短路电流不考虑。

表3-3 电动机的 E''^*_M、X''^*_M 和 C

电动机类型	E''^*_M	X''^*_M	C	电动机类型	E''^*_M	X''^*_M	C
感应电动机	0.9	0.2	6.5	同步补偿机	1.2	0.16	10.6
同步电动机	1.1	0.2	7.8	综合性负荷	0.8	0.35	3.2

【例3-3】 某厂机修车间变电所380V侧母线上接有380V感应电动机250kW，平均功率因数 $\cos\varphi=0.7$，效率 $\eta_e=0.75$，低压母线采用LMY-100×10型硬铝母线，水平平放，

档距为 900mm，档数大于 2，相邻两相母线的轴线距离为 160mm。已知 380V 低压母线的短路电流值 $I_k^{(3)}=24.41\text{kA}$，$i_{sh}^{(3)}=44.91\text{kA}$，试求该母线三相短路时所受的最大电动力，并校验其动稳定度。

解 （1）求母线在短路时承受的最大电动力 $F^{(3)}$。

$$I_{N,M}=\frac{250}{\sqrt{3}\times 380\times 0.7\times 0.75}=0.724(\text{kA})$$

电动机反馈的冲击电流为

$$i_{sh,M}=6.5\times 1\times 0.724=4.71(\text{kA})$$

则三相短路时产生的最大电动力为

$$F^{(3)}=\sqrt{3}(i_{sh}^{(3)}+i_{sh,M}^{(3)})^2\frac{l}{a}\times 10^{-7}=\sqrt{3}(44.91\times 10^3+4.71\times 10^3)^2\times\frac{0.9}{0.16}\times 10^{-7}\text{N}$$

$$=2395.97\text{N}\approx 2396\text{N}$$

（2）校验母线在三相短路时的动稳定度：

母线在 $F^{(3)}$ 作用下的弯曲力矩为

$$M=F^{(3)}\frac{l}{10}=2396\times\frac{0.9}{10}=215.64(\text{N}\cdot\text{m})$$

母线截面系数 W 为

$$W=b^2\frac{h}{6}=(0.1)^2\times\frac{0.01}{6}=1.667\times 10^{-5}(\text{m}^3)$$

三相短路时的计算应力为

$$\sigma_c=\frac{M}{W}=\frac{215.64}{1.667\times 10^{-5}}12.94(\text{MPa})$$

LMY－100×10 型母线的允许应力为

$$69\text{MPa}>\sigma_c=12.94\text{MPa}$$

故该母线满足动稳定度要求。

3.4.4 短路电流的热效应和热稳定度

1. 短路时导体的发热过程与发热计算

当导体通过正常负荷电流时，由于导体具有电阻，因此要产生电能损耗。这种电能损耗通常以发热的形式体现出来。发热会使导体的温度升高，导体在升温的同时也向周围介质散发一定的热量。当导体内产生的热量和周围介质散发的热量相等时，导体就维持在一定的温度值不再升高。如图 3－12 所示曲线中的 ab 段。

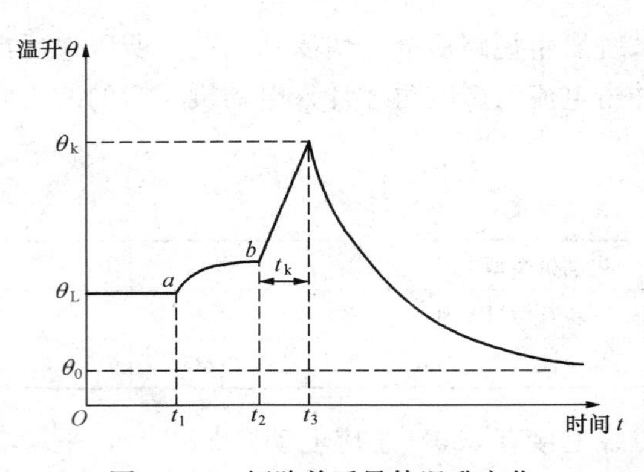

图 3－12 短路前后导体温升变化

图 3－12 描述了短路前后导体温度变化的情况。当导体没有通过负荷电流时，导体的温度与周围介质温度相同。也就是说，此时导体的温度就是周围空气温度 θ_0，当导体通过正常

负荷时，导体温度会上升，但上升到 θ_L，即 t_1 时刻时，导体温度达到热平衡，导体就维持在某一温度值。当 t_2 时刻线路发生短路时，由于短路电流骤增很大，时间又短，通常不超过 2～3s，导体来不及向周围介质散热，因此温度迅速上升到最高值 θ_k，此时短路电流所产生的热量全部用来使导体温度升高。当保护动作、短路被切除以后，导体不再产生热量，导体温度开始按指数规律下降，直至下降到导体温度等于周围介质温度 θ_0 为止。

若按导体的发热条件，导体在正常负荷和短路时的最高允许温度见附表 8－14。只要导体或电器在短路时的发热温度不超过允许温度，则认为导体或电器满足热稳定度要求。

要确定导体短路后实际产生的最高温度 θ_k，就应设法求出短路期间实际的短路全电流 i_k 或 $I_{k(t)}$ 在导体中产生的热量 Q_k。但短路全电流的有效值 i_k 和 $I_{k(t)}$ 都是幅值变动的电流，所以要确切计算发热量 Q_k 是很困难的。为了便于计算，在工程计算中常采用一种等效的方法，以短路稳态电流 I_∞ 来计算实际短路电流所产生的热量。由于通过导体的短路电流实际上不是短路稳态电流 I_∞，因此假设一个时间，在此时间内，导体通过短路电流所产生的热量，恰好等于实际短路电流 i_k 或 $I_{k(t)}$ 在实际的短路时间 t_k 内所产生的热量相等。这一假设时间称为短路发热假想时间或热效应时间，用 t_{ima} 表示，如图 3－13 所示。

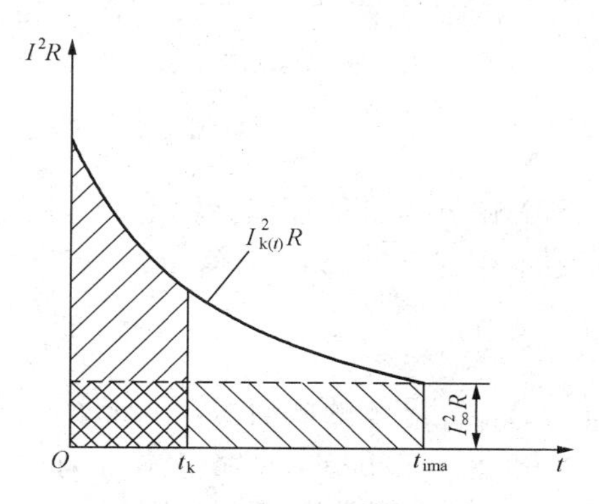

图 3－13 短路发热假想时间

短路发热假想时间可以按下式近似计算：

$$t_{ima} = t_k + 0.05\left(\frac{I''}{I_\infty}\right)^2 \text{s} \tag{3-51}$$

在无限大容量系统中，因 $I''=I_\infty$，因此

$$t_{ima} = t_k + 0.05\text{s} \tag{3-52}$$

当 $t_k>1$s 时，可认为 $t_{ima}=t_k$。

短路电流通过时间 t_k 应是继电保护动作时间与开关实际分闸时间之和，即

$$t_k = t_{op} + t_{oc} \tag{3-53}$$

对于少油断路器，可取 $t_{oc}=0.2$s，对真空断路器，可取 $t_{oc}=0.1$～0.15s。因此，短路电流在短路持续时间内所产生的热量为

$$Q_k = \int_0^k I^2_{k(t)}R\mathrm{d}t = I^2_\infty R t_{ima} \tag{3-54}$$

从理论上讲，求出 Q_k 后，就可求出导体在短路后所能达到的最高温度 t_k。但这种计算过程复杂，而且整个短路过程中有些物理量不是一个常数，而是一个变化的量，短路时导体的电导率也不是一个常数，最终使计算结果与实际相差很大。因此在工程计算中，一般利用如图 3－14 所示曲线来确定 θ_k，其中横坐标表示导体加热系数 K，纵坐标表示导体发热温度 θ。

由 θ_L 查 θ_k 的具体方法如下（见图 3－15）：

（1）在纵坐标上算出导体正常负荷时的负荷 θ_L 值。如果实际温度不详，可根据设计手册中所列导体在正常和短路时的正常最高允许温度作为 θ_L 值。

（2）由 θ_L 查得曲线上的 a 点。

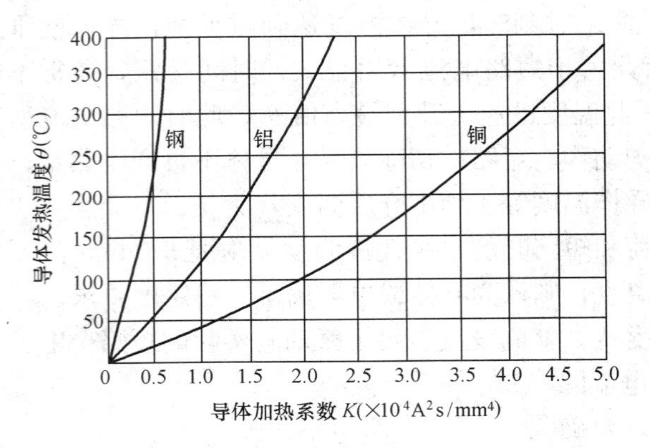

图 3-14 用来确定 θ_k的曲线

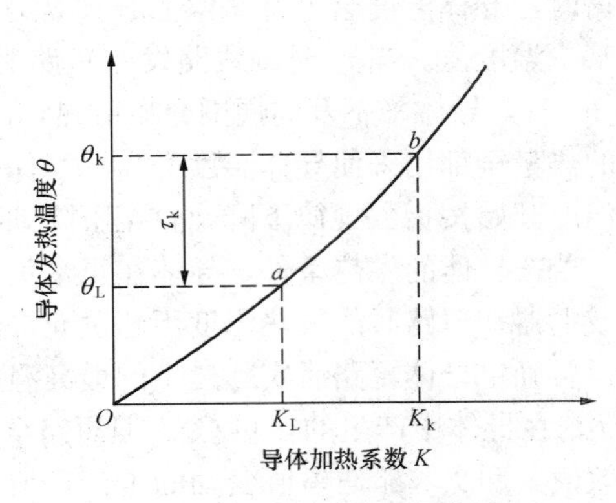

图 3-15 由 θ_L查 θ_k的步骤

(3) 由 a 点查得横坐标轴上的 K_L值。

(4) 用式（3-55）计算 K_k，有

$$K_k = K_L + \left(\frac{I_\infty}{A}\right)^2 t_{ima} \tag{3-55}$$

式中 A——导体的截面积，mm^2；

I_∞——三相稳态短路电流，A；

t_{ima}——短路发热假想时间，s；

K_L、K_k——负荷时和短路时导体加热系数，$A^2 \cdot s/mm^4$。

(5) 在横坐标上算出 K_k值。

(6) 由 K_k值，查得曲线上的 b 点。

(7) 由 b 点查得纵坐标轴上的 θ_k值。

如果所查得的 θ_k 值不超过最高允许温度，则表明载流导体能满足短路电流热稳定度的要求。

2. 短路热稳定度的校验条件

(1) 常规电器的热稳定度校验条件：

$$I_t^2 t \geqslant I_\infty^{(3)^2} t_{ima} \tag{3-56}$$

式中 I_t——电器的热稳定电流；

t——电器的热稳定试验时间。

I_t 和 t 都可以在设计手册或产品样本中查得，常用高压断路器的 I_t 和 t 均可在手册中查到。

(2) 母线、绝缘导线和电缆等导体的热稳定校验条件：

$$\theta_{kmax} \geqslant \theta_k \tag{3-57}$$

式中 θ_{kmax}——导体短路时最高允许温度；

θ_k——短路后导体达到的最高温度。

如前所述，θ_k确定比较麻烦，因此也可以根据短路热稳定度的要求来确定其最小允许截面积，由式（3-55）可得最小允许截面积为

$$A_{min} = I_\infty^{(3)} \sqrt{\frac{t_{ima}}{K_k - K_L}} = I_\infty^{(3)} \frac{\sqrt{t_{ima}}}{c} \tag{3-58}$$

式中 $I_{\infty}^{(3)}$——三相短路稳态电流，A；

c——导体热稳定系数，由手册或附表 8-14 查得，$A \cdot s^{\frac{1}{2}}/mm^2$。

【例 3-4】 校验例 3-3 所示工厂变电所 380V 侧 LMY-100×10 母线的热稳定度是否满足要求。已知此母线保护动作时间为 0.6s，低压断路器断路时间为 0.1s。母线正常运行时最高允许温度为 55℃。

解一 用 $\theta_L=55℃$查图 3-14，对应的 $K_L \approx 0.5\times10^4 A^2 \cdot s/mm^4$，而

$$t_{ima}=t_k+0.05=t_{op}+t_{oc}+0.05=0.6+0.1+0.05=0.75(s)$$

所以 $I_{\infty}^{(3)}=24.41kA=24.41\times10^3(A)$

母线截面积 $A=100\times10mm^2$，由式（3-55）得

$$K_k=0.5\times10^4+\left(\frac{24.41\times10^3}{100\times10}\right)^2\times0.75=0.54\times10^4(A^2\cdot s/mm^4)$$

用 K_k值查图 3-14 可得 $\theta_k \approx 100℃$。

查附表 8-14，铝母线的 $\theta_{kmax}=200℃>\theta_k=100℃$，因此该母线满足热稳定度的要求。

解二 根据式（3-58）求得最小允许截面 A_{min}，查附表 8-14 可知，$C=87(A\cdot s^{\frac{1}{2}}/mm^2)$，又因 $t_{ima}=0.75s$。故

$$A_{min}=I_{\infty}^{(3)}\frac{\sqrt{t_{ima}}}{C}=24.41\times10^3\times\frac{\sqrt{0.75}}{87}=242.98mm^2，取 A_{min}=243mm^2$$

$$A_{min}=243mm^2<A=100\times10=1000mm^2$$

故热稳定度满足要求。

复习思考题

3-1 什么是短路？产生短路的主要原因是什么？短路的危害是什么？

3-2 短路主要有哪几种形式？哪一种短路最为严重？

3-3 什么是无限大容量系统？无限大容量系统有什么特点？无限大容量系统发生短路时，短路电流能否突然增大？为什么？

3-4 短路电流的周期分量和非周期分量是怎样产生的？符合什么规律？

3-5 什么是短路冲击电流？它会产生什么后果？

3-6 什么是短路稳态电流？它有什么作用？

3-7 什么是平均电压？它与线路额定电压有何区别？

3-8 如何用标幺制法计算三相短路电流各值？

3-9 无限大容量系统中的两相短路电流如何确定？

3-10 什么是短路电流的电动力效应？它应采用短路计算中求出的哪一个短路电流来计算？

3-11 在计算短路电流过程中，若在短路计算点附近有大型感应电动机，应如何处理？

3-12 如何对常规电器进行动稳定度和热稳定度的校验？

3-13 无论是常规电器或硬母线，若动稳定度和热稳定度不满足要求会出现什么后果？

3-14 某机械厂通过一条长 4km 的 10kV 架空线路从地区变电站获得电源，该厂变电所装有两台并列运行的 S_9-630 型（Yyn0 联结）电力变压器。已知系统出口断路器的断流

容量为 500MV·A，求变电所 10kV 高压母线和 380V 母线上发生三相短路时短路电流各值及各短路点的短路容量。

3-15 某厂供电系统如图 3-16 所示，所需参数均标在图上，求 k1 点和 k2 点发生三相短路时短路电流各值及短路点的短路容量。

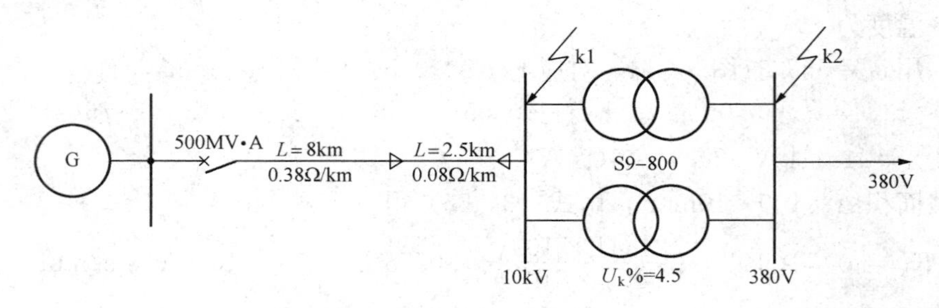

图 3-16 题 3-15 图

3-16 某供电系统如图 3-17 所示，所需数据均标在图上，求 k1 点和 k2 点发生三相短路时短路电流各值及短路点的短路容量，并求 k2 点的两相短路电流为多少？

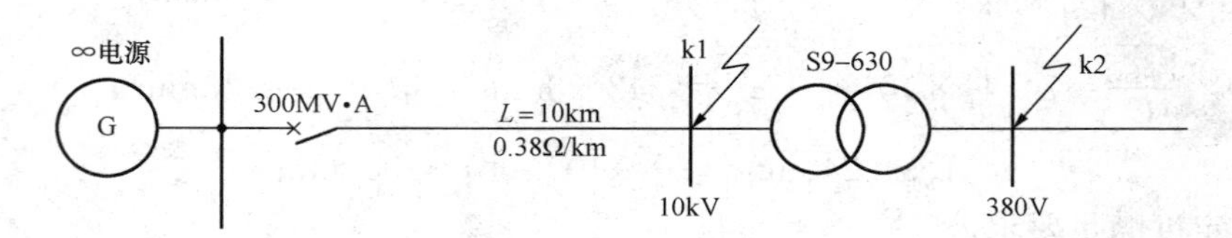

图 3-17 题 3-16 图

3-17 某厂机修车间变电所 380V 侧母线采用 LMY-100×8mm^2，母线水平放置。两相邻母线轴线距离为 220mm，功率因数为 0.9，档数大于 2。低压侧 380V 母线上接有一台 250kW 的异步电动机，$\cos\varphi=0.75$，$\eta=0.85$。已知装置上继电保护动作时间为 0.8s，低压断路器的动作时间为 0.1s。试校验该母线能否满足动稳定度、热稳定度的要求？

4 工厂电气设备及一次系统

4.1 电弧的产生与熄灭

4.1.1 电弧的产生

开关电器在切断负荷电流或短路电流时，开关触头间隙中（以下简称弧隙）由于强电场或热游离的作用，将出现电弧电流。电弧电流的主要特征是能量集中、温度高，弧柱温度高达上万度。如果电弧不能及时熄灭，会烧坏触头，危及电器的绝缘部分，影响电力系统的安全运行。开关电器的开断性能，即指开关电器的灭弧能力。

1. 弧隙中带电质点的产生

研究表明，弧隙中的大量带电质点是由气体分子、原子分裂或由电极表面发射电子产生的。在正常情况下原子是中性的，故气体分子或原子是不导电的。当气体分子或原子从外界获得的能量超过某一数值时，原子的外层电子有一个或几个完全脱离原子核的束缚而形成互相独立的能导电的带电质点，即自由电子和正离子。这个过程称为原子游离，游离过程所需要的能量称为游离能。原子的游离可一次完成，也可以分级完成分级游离。前者需要较大的能量，后者需要能量较小，但几次获得的总能量应大于其游离能。

（1）气体中带电质点的产生。根据引起气体分子或原子游离的因素不同，可把气体分子或原子的游离分为三类，即碰撞游离、光游离和热游离。

1）碰撞游离。在电场作用下，电子及离子因被加速而获得动能，具有足够动能的电子或离子与中性原子（或分子）相碰撞所形成的游离称为碰撞游离。碰撞游离的条件是电子的动能大于气体分子的游离能。

在气体放电过程中，碰撞游离起着极其重要的作用。电子或离子对气体分子（原子）的碰撞，以及激发原子对激发原子的碰撞都能产生游离。其中，电子的质量小，在电场的作用下，容易获得较大的速度，积累起足够的动能，所以电子在碰撞游离中起着主要的作用；其他的质点因为本身的体积和质量较大，难以在碰撞前积累足够的能量，因而游离的作用小。

2）光游离。光辐射引起的气体分子的游离过程称为光游离。

光是频率不同的电磁辐射。它具有粒子性，同时又像质点，称为光子。光子具有很大的能量，它以光速运动。当气体分子受到光辐射作用时，如果光子能量大于分子游离能，就有可能引起光游离；但光子能量小于气体分子的游离能时，也有可能由于分级游离而造成游离现象。

导致气体光游离的光子可以由自然界（如空气中的紫外线、宇宙射线等）或人为照射（如紫外线、X射线等）提供，也可由气体放电过程本身产生。气体放电过程中，异号带电质点会不断复合为中性质点，这时游离能将以光子形式释放出来。激发状态的分子回复到正常状态时，也将以光子形式释放出激发能。此外气体中还可能存在多重游离的分子，或者激发状态的离子，它们具有很大的位能，可释放出能量很大的光子。

由此可见，频率很高的光辐射可来自气体放电本身，气体放电引起光游离后又可促进放电进一步发展，所以气体放电中光游离是很重要的游离方式。

3）热游离。当弧隙温度增加时，气体质点的动能也增加。在高温下，质点热运动时相互碰撞而产生的游离称为热游离。在一般室温下，热游离的可能性极小，只有在5000～10000K的高温下才能产生热游离。

热游离包括三种形式：①高温时高速运动的气体分子互相碰撞所产生的游离；②气体分子与容器壁碰撞失去动能而放出光子，温度升高，光子的频率及强度增加，因而在高温时，光子的频率可以增加到发生光游离的程度；③上述两种游离产生的电子与中性质点碰撞而产生的游离。

由此可见，热游离和碰撞游离、光游离是一致的，都是能量超过临界数值的质点或光子碰撞分子，使之发生游离，只是直接的能量来源不同而已。热游离由热能决定，这时质点做着无规则热运动；而电场中造成碰撞游离的电子由电场获得能量，在电场方向做定向运动，这时就和无规则的热运动完全不同了。

4）负离子的形成。在气体游离过程中，除产生电子和正离子外，还会形成带负电的负离子。这是因为有的电子与某些气体分子发生碰撞时，非但没有电离出新电子，反而附着于分子，形成了负离子。

有些气体形成负离子时可释放出能量。这类气体容易形成负离子，称为电负性气体（如氧、氟、氯等）。已发现的负离子有 O^-、O_2^-、OH^-、H_2^-、F^-、Cl^-、Br^-、SF_6^- 等。

离子的游离能力不如电子，而电子被分子俘获而形成负离子后，游离能力大减。因此在气体放电中，负离子的形成起着阻碍放电的作用，这与前述气体分子的游离作用相反，是应该注意的概念。

（2）金属（阴极）的表面游离。前面所述的几种游离都是发生于气体的空间。金属的表面游离是另外一种游离方式，表面游离是金属表面电子接受外界的能量后，飞出表面成为自由电子的现象。

使金属表面释放出电子所需的能量称为逸出功。逸出功与金属的微观结构有关，不同金属的逸出功也不同。逸出功与金属表面状态（氧化层、吸附层等）也有很大关系。它们一般为1～5eV，比一般气体的游离能要小，约为1/2。

使电子逸出金属表面的方式有以下几种：

（1）将金属加热，电子热运动的速度增加，能量超过逸出功，则电子逸出，通常称为热电子发射。

（2）具有足够能量的质点（主要是正离子）撞击金属表面，交出能量使电子逸出，通常称为二次发射。

（3）用短波照射金属表面，光子打上去并交出能量使电子逸出，通常称为光电发射。

（4）加强电场，靠电场的位能将电子由金属表面拉出，通常称为强电场发射。

2．电弧的产生过程

有触点开关电器在切断有载电路过程中，必然产生电弧。现以断路器为例说明电弧产生和维持燃烧的物理过程。

断路器的触头刚分开的瞬间，距离很小，触头间的电场强度很高，阴极表面上的电子被强电场拉出来，在触头间隙中形成自由电子。同时，随着接触压力和接触面积减小，接触电阻迅速增加，使即将分离的动静触头接触处剧烈发热，因而产生热电子发射。这两种电子在电场力的作用下，向阳极做加速运动，并碰撞弧隙中的中性质点。由于电子的运动速度很高，其动能大于中性质点的游离能，故使中性质点游离为正离子和自由电子，这种碰撞游离的规模由于连锁反应而不断扩大，乃至弧隙中充满了定向流动的自由电子和正离子，这就是介质由绝缘状态变为导电状态的物理过程。

实验证明，强电场发射电子是产生电弧的主要条件，而碰撞游离是产生电弧的主要原因。处在高温下的介质分子和原子产生强烈的热运动，它们相互不断发生碰撞，游离出正离子和自由电子。因此，电弧产生以后主要由热游离来维持电弧燃烧。同时，在弧隙高温下，阴极表面继续发射热电子。在热游离和热电子发射共同作用下，电弧继续炽热燃烧。

4.1.2　电弧中的去游离

在电弧燃烧过程中，中性介质发生游离的同时，还存在着去游离。弧隙中带电质点自身消失或者失去电荷变为中性质点的现象称为去游离。去游离有复合与扩散两种方式。

1. 复合

带有异性电荷的质点相遇而结合成中性质点的现象，称为复合。

（1）空间复合。在弧隙空间内，自由电子和正离子相遇，可以直接复合成一中性质点。但由于自由电子运动速度比离子运动速度高很多（约高1000倍），所以电子与正离子直接复合的机会很少。复合的主要形式是间接复合，即电子碰撞中性质点时，一个电子可能先附着在中性质点上形成负离子，其速度大大减慢，然后与正离子复合，形成两个中性质点。

（2）表面复合。在金属表面进行的复合，称为表面复合。主要有以下几种形式：电子进入阳极；正离子接近阴极表面，与从阴极刚发射出的电子复合，变为中性质点；负离子接近阳极后将电子移给阳极，自身变为中性质点。

2. 扩散

弧隙中的电子和正离子，从浓度高的空间向浓度低的介质周围移动的现象称为扩散。扩散的结果使电弧中带电质点减少，有利于灭弧。电弧和周围介质的温度差及带电质点的浓度差越大，扩散的速度就越快。若把电弧拉长或用气体、液体吹弧，带走弧柱中的大量带电质点，就能加强扩散的作用。弧柱中的带电质点逸出到冷却介质中，受到冷却而互相结合，成为中性质点。开关电器的主要灭弧措施就是加强去游离作用。

4.1.3　交流电弧的熄灭

交流电弧每半个周期要过零一次，而电流过零时电弧将暂时熄灭，此时弧隙的输入能量为零或趋近于零，电弧的温度下降，弧隙将从导体变成介质，这给熄灭交流电弧创造了有利条件。开关电器的灭弧装置就是利用这个有利条件，在电流过零时强迫冷却或拉长电弧，使去游离大于游离作用，将电弧迅速熄灭，切断电路。

从每次电弧电流过零时刻开始，弧隙中都发生两个作用相反而又相互联系的过程：一个是弧隙中的介质强度恢复过程；另一个是弧隙上电压恢复过程。电弧熄灭与否取决于这两种恢复过程的速度。

1. 弧隙介质强度恢复过程

电弧电流过零时，弧隙有一定的介质强度，并随着弧隙温度的不断降低而继续上升，逐渐恢复到正常的绝缘状态。使弧隙能承受电压作用而不发生重燃的过程，称为介质强度恢复过程。

（1）弧柱区介质强度恢复过程。电弧电流过零前，电弧处在炽热燃烧阶段，热游离很强，电弧电阻很小。当电流接近自然过零时，电流很小，弧隙输入能量减小，散失能量增加，弧隙温度逐渐降低，游离减弱，去游离增强，弧隙电阻增大，并达到很高的数值。当电流自然过零时，弧隙输入的能量为零，弧隙散失的能量进一步增加，使其温度继续下降，去游离继续加强，弧隙电阻继续上升并达到相当高的数值，为弧隙从导体状态转变为介质状态创造条件。

实践表明，虽然电流过零时弧隙温度有很大程度的下降，但由于电流过零的速度很快，电弧热惯性的作用使热游离仍然存在，因此弧隙具有一定的电导性，称为剩余电导。在弧隙两端电压作用下，弧隙中仍有能量输入。如果此时加在弧隙上的电压足够高，令弧隙输入能量大于散失能量，会使弧隙温度升高，热游离又得到加强，弧隙电阻迅速减小，电弧重新剧烈燃烧，这就是电弧的重燃。这种重燃是由于输入弧隙的能量大于其散失能量而引起的，称为热击穿，此阶段称热击穿阶段。热击穿阶段的弧隙介质强度为弧隙在该阶段每一时刻所能承受的外加电压，在该电压作用下，弧隙输入能量等于散失能量。如果此时加在弧隙上的电压相当小甚至为零，则弧隙温度继续下降，弧隙电阻继续增大至无穷，此时热游离已基本停止，电弧熄灭，弧隙中的带电质点转变为中性介质。当加在弧隙上的电压超过此时弧隙所能承受的电压时，则会引起弧隙重新击穿，从而使电弧重燃。由此而引起的重燃称为电击穿，电流过零后的这一阶段称为电击穿阶段。

(2) 近阴极区介质强度恢复过程。实验证明，在电弧电流过零后 0.1～1μs，阴极附近的介质强度突然升高，这种现象称为近阴极效应。这是因为在电弧电流过零后，弧隙电极的极性发生了变化，弧隙中电子运动方向也随之改变。电子向正电极方向运动，而质量比电子大得多的正离子几乎未动。因此，在阴极附近形成了不导电的正电荷空间，阻碍阴极发射电子，出现了一定的介质强度。如果此时加在弧隙上的电压低于介质强度，则弧隙中不再有电流流过，因而电弧不再产生。这个介质强度值约为 150～250V，称为起始介质强度。

近阴极效应在熄灭低压短弧中得到了广泛应用。如低压开关在开断过程中，把电弧引入到用钢片制成的灭弧栅中，将其分割成一串短弧，这样就出现了对应数目的阴极。当电流过零后，每个短弧阴极附近都立刻形成 150～250V 的介质强度，若其总和大于加在触头间的电压，即可将电弧熄灭。

2. 弧隙电压恢复过程

交流电弧熄灭时，加在弧隙上的电压从熄弧电压开始逐渐变化到电源电压，这个过程称为电压恢复过程。在电压恢复过程中，加在弧隙上的电压称为恢复电压。

恢复电压由暂态恢复电压和工频恢复电压两部分组成。暂态恢复电压是电弧熄灭后出现在弧隙上的暂态电压，它可能是周期性的，也可能是非周期性的，主要由电路参数（集中的或分布的电感、电容、电阻等）、电弧参数（电弧电压、剩余电导等）和工频恢复电压的大小所决定。工频恢复电压是暂态恢复电压消失后弧隙上出现的电压，即恢复电压的稳态值。

电压恢复过程仅在几十至几百微秒内完成，此期间正是决定电弧能否熄灭的关键时刻，因此加在弧隙上恢复电压的幅值和波形，对弧隙能否重燃具有很大的影响。如果恢复电压的幅值和上升速度大于介质强度的幅值和上升速度，则电弧重燃；反之，不再重燃。因此，能否熄灭交流电弧，不但与介质强度恢复过程有关，还与电压恢复过程有关。

3. 交流电弧的熄灭条件

在交流电弧熄灭过程中，介质强度恢复过程和电压恢复过程是同时进行的，电弧能否熄灭取决于两个过程的发展速度。通过对弧隙介质强度恢复过程和弧隙电压恢复过程的分析，可得出交流电弧的熄灭条件，即交流电弧电流过零后，弧隙中的介质强度总是高于弧隙恢复电压。

4. 开关电器中常用的灭弧方法

由交流电弧的特性可知，交流电流每个周期两次通过零点，电弧两次自然熄灭，因此熄灭交流电弧的主要问题是如何防止电弧重燃。当高低压开关电器通断负荷电路，特别是通断存在短路故障的电路时，其触头间电弧的产生和熄灭问题将直接影响开关电器的结构性能。高低压开关电器中常用的灭弧方法有以下几种：

(1) 速拉灭弧法。迅速拉长电弧，使弧隙的电场强度骤降，使离子的复合迅速增强，从而加速灭弧。这是开关电器最基本的一种灭弧方法。开关电器中装设有断路弹簧，其目的就在于加速触头的分断速度，迅速拉长电弧。

(2) 冷却灭弧法。降低电弧温度可使电弧中的热游离减弱，正负离子的复合增强，从而有助于电弧熄灭。

(3) 吹弧或吸弧灭弧法。利用外力（如气流、油流或电磁力）来吹动或吸动电弧，使电弧加速冷却，同时拉长电弧，降低电弧中的电场强度，使电弧中离子的复合和扩散加强，从而加速灭弧。吹弧方法按吹弧的方向可分为横吹和纵吹两种，如图 4-1 所示；按外力的性质可分为气吹、油吹、电动力吹、磁力吹弧或吸弧等。低压刀开关在拉开刀闸时，开关的电流回路产生的电动力会使电弧拉长，有的开关采用专门的磁吹线圈来吹动电弧，也有的开关利用铁磁物质（如钢片）来吸引电弧，这相当于反向吹弧。

(4) 长弧切短灭弧法。由于电弧的电压降主要降落在阴极和阳极上，其中，以阴极的电压降最大，而弧柱（电弧中间部分）的电压降极小。因此，如果利用金属片将长弧切割成若干短弧，则电弧中的电压降将近似增大若干倍。当外施电压小于电弧中总的电压降时，电弧不能维持而迅速熄灭。图 4-2 所示为钢灭弧栅将长弧切割成若干短弧的情形，电弧进入钢灭弧栅内，一方面利用电动力吹弧，另一方面则利用铁磁吸弧，此外钢片对电弧还有冷却降温作用。

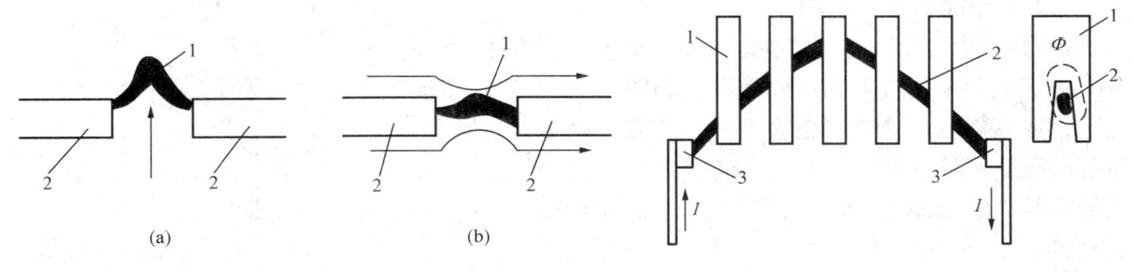

图 4-1　吹弧方法
(a) 横吹；(b) 纵吹
1—电弧；2—触头

图 4-2　钢灭弧栅对电弧的作用
1—钢栅片；2—电弧；3—触头

(5) 粗弧分细灭弧法。将粗大的电弧分散成若干平行的细小电弧，使电弧与周围介质的接触面增大，改善电弧的散热条件，降低电弧的温度，从而使电弧中离子的复合和扩散都得到增强，加速电弧的熄灭。

(6) 狭沟灭弧法。使电弧在固体介质所形成的狭沟中燃烧，这样可改善电弧的冷却条件，从而使去游离增强，同时固体介质表面的复合也比较强烈，有利于加速灭弧。有一种用耐弧的绝缘材料（如陶瓷）制成的灭弧栅就利用了这种狭沟灭弧原理，如图 4-3 所示。另外有的熔断器在装有熔体的熔管内填充石英砂，这也是利用狭沟灭弧原理来加速灭弧的。

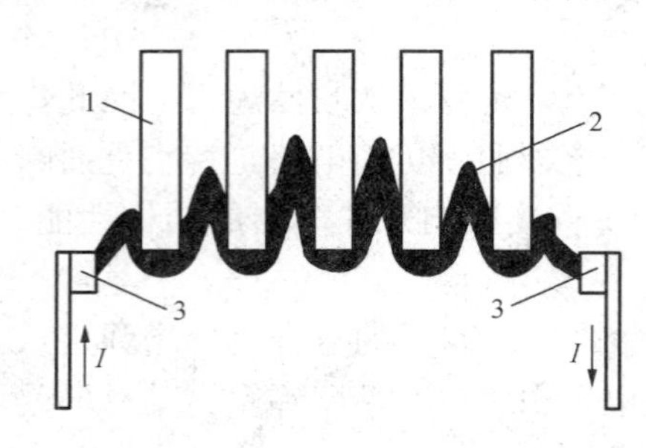

图 4-3　绝缘灭弧栅灭弧原理
1—绝缘栅片；2—电弧；3—触头

（7）真空灭弧法。真空具有相当高的绝缘强度，因此装在真空容器内的触头分断时，在交流电流过零时即能熄灭电弧而不致复燃。真空断路器就是利用真空灭弧原理制成的。

（8）SF_6 灭弧法。SF_6 气体具有优良的绝缘性能和灭弧性能，其绝缘强度约为空气的 3 倍，绝缘恢复的速度约为空气的 100 倍，因此 SF_6 气体能快速灭弧。SF_6 断路器就是利用 SF_6 作为绝缘介质和灭弧介质的。

常用的灭弧方法还有固体产气灭弧、多断口灭弧等。在现代的电气开关电器中，常常根据具体情况综合利用上述某几种灭弧方法来实现快速灭弧。

4.2 高低压一次设备

4.2.1 高压断路器

1. 真空断路器

以真空作为灭弧和绝缘介质的断路器称为真空断路器。所谓真空是相对而言的，是指气体压力在 1.3×10^{-2} Pa 以下的空间。由于真空中几乎没有气体分子可供游离导电，且弧隙中少量导电粒子很容易向周围真空扩散，所以真空的绝缘强度比变压器油及 1 大气压下的 SF_6 或空气的绝缘强度高得多。图 4-4 所示为不同介质的火花放电电压。

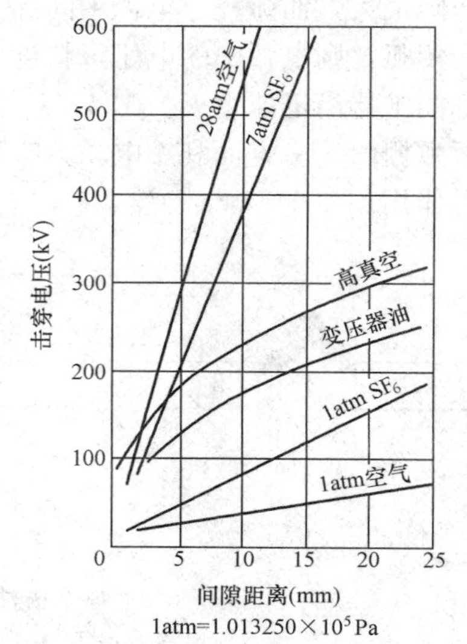

图 4-4　不同介质的绝缘间隙火花放电电压比较

（1）真空断路器的结构。

1）真空灭弧室。真空灭弧室是真空断路器的核心部分，外壳大多采用玻璃和陶瓷两种。如图 4-5 所示，在被密封抽成真空的玻璃或陶瓷容器内，装有静触头、动触头、电弧屏蔽罩、波纹管，构成了真空灭弧室。动、静触头连接导电杆，在不破坏真空的情况下，完成触头部分的开、合动作。

真空灭弧室的外壳作灭弧室的固定件并兼有绝缘作用。电弧屏蔽罩可以防止因燃弧产生的金属蒸气附着在绝缘外壳的内壁而使绝缘强度降低。同时，它又是金属蒸气的有效凝聚面，能够提高开断性能。

真空开关电器的应用主要取决于真空灭弧室的技术性能。随着真空灭弧室技术的不断完善和改进，在中压等级的设备中电极的形状、触头的材料、支撑的方式都有了很大的提高，真空断路器在使用中占有相当大的优势。

2）触头。触头是真空灭弧室内最为重要的元件，真空灭弧室的开断能力和电气寿命主要由触头决定。目前真空断路器的触头系统就接触方式而言都是对接式的。

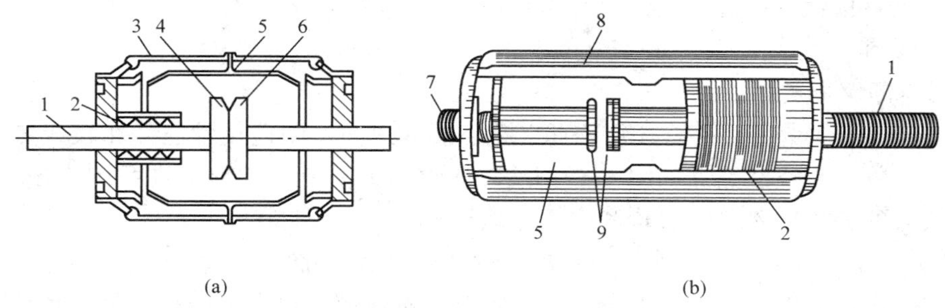

图 4-5 真空灭弧室的结构

(a) 玻璃外壳；(b) 陶瓷外壳

1—动触杆；2—波纹管；3 —外壳；4—动触头；5—屏蔽罩；

6、7—静触头；8—陶瓷壳；9—平板触头

真空灭弧室开断能力的提高，在很大程度上取决于触头的结构。真空断路器的触头具有以下三种典型的结构形式：

a. 平板触头。如图 4-6（a）所示，早期真空灭弧室的触头大多采用平板触头，结构简单，易于制造。平板触头只能在不大的电流下维持电弧为扩散型。随着开断电流的增大，阳极出现斑点，电弧由扩散转变为集聚型，电弧就难以熄灭了。因此，平板触头一般用于开断电流不超过 8kA 的真空断路器。

b. 横磁场触头。为了防止触头局部熔焊，利用电弧沿特殊路径流过触头产生横磁场而驱动电弧在触头表面上运动。这种横磁场触头常见的有杯状横磁场触头和螺旋横磁场触头两种，如图 4-6 所示。

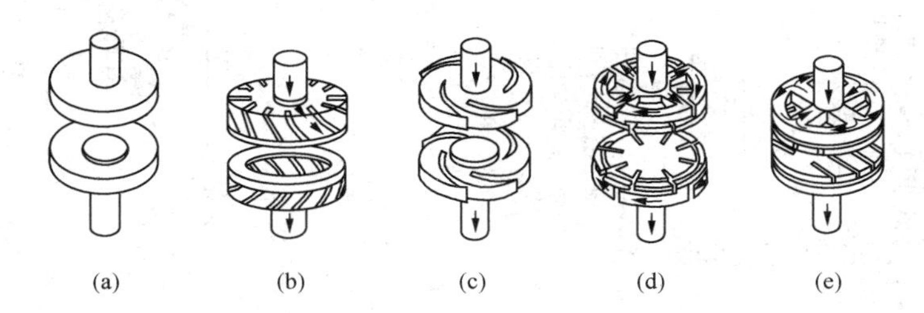

图 4-6 各种触头结构形状

(a) 平板触头；(b) 杯状横磁场触头；(c) 螺旋横磁场触头；(d)、(e) 纵磁场触头

杯状触头形状似一个圆形厚壁杯子，杯壁上开有一系列斜槽，且使动静触头的斜槽方向相反。这些斜槽实际上构成许多触指，靠其端面接触。当触头分离产生电弧时，电流经倾斜的触头流通，产生横向磁场，驱使真空电弧在杯壁的端面上运动。杯状触头在开断大电流时，在许多触指上同时形成电弧，环形分布在圆壁的端面，每一个电弧都是电流不大的集聚型电弧，且不再进一步集聚。这种电弧形态称为半集聚型真空电弧。它的电弧电压比螺旋触头的要低，电磨损也要小。

c. 纵磁场触头。纵磁场触头沿正极性真空弧柱的轴向施加一磁场，使之熄弧更为强烈，其开断电流在实验室中已达 200kA，而且仍有可能开断更大的电流。纵磁场触头有两种结构形式：①装在灭弧室外围的线圈产生纵磁场，如图 4-4（d）所示；②触头本身的结构产生

纵磁场，如图 4－4（e）所示。

由于带纵磁场触头的真空灭弧室开断容量大、体积小、造价低，世界上一些大公司竞相研制这种灭弧室。

（2）真空断路器类型。

1）户内 10kV 真空断路器。10kV 真空断路器（户内）制造技术已经比较成熟，品种繁多。户内型分隔式真空断路器如图 4－7 所示。户内 10kV 真空断路器在我国应用较为普遍，其机构形式大致分为电磁操动机构和弹簧储能机构。

2）户外型真空断路器。户外型断路器结构如图 4－8 和图 4－9 所示。该产品为积木式结构，由本体、操动机构及箱盖三部分组成。断路器本体部分由导电回路、绝缘系统、密封件及壳体组成，为三相共箱式。三相灭弧室安装在绝缘的框架中，稳定性好，便于维护、检查和调试。导电回路由进/出线导电杆、动静端支座、导电夹与真空灭弧室连接而成。外绝缘由高压瓷套实现，具有抗污秽能力。内绝缘为复合绝缘，箱体内涂充变压器油以解决户外产品的内部真空灭弧室表面凝露问题。

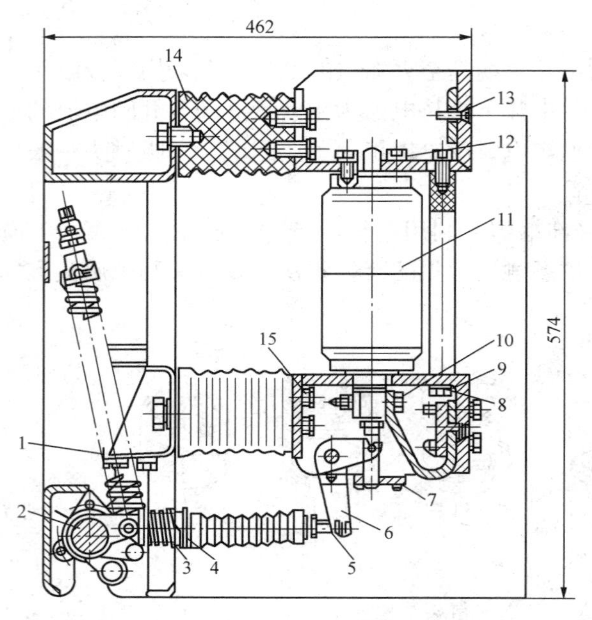

图 4－7 户内型分离式真空断路器（单位：mm）

1—开距调整垫；2—主轴；3—触头压力弹簧；4—弹簧座；5—接触行程调整螺栓；6—拐臂；7—导向板；8—螺钉；9—动支架；10—导电夹紧固螺栓；11—真空灭弧室；12—真空灭弧室固定螺栓；13—静支架；14—绝缘子；15—绝缘子固定螺栓

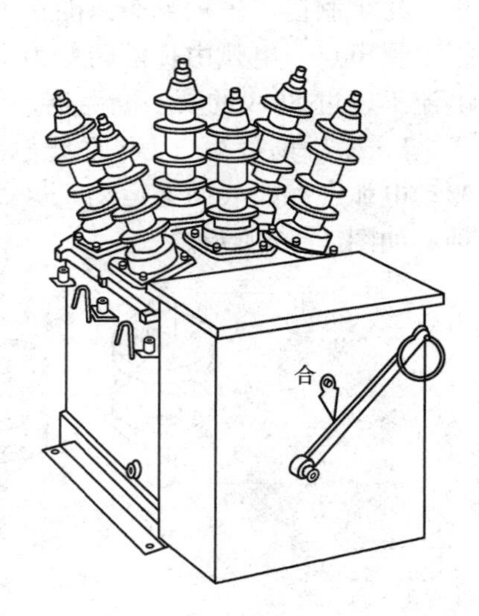

图 4－8 ZW－10/630－12.5 型户外真空断路器

该机构采用了成熟的、性能可靠的电动机（交直流 220V）储能弹簧操动机构，具有电动关合、电动开断、手动储能、手动关合、手动开断和过电流自动脱扣开断六种功能。机构由棘轮、凸轮、合闸弹簧、分闸弹簧、手动脱扣连杆、脱扣器、辅助开关等部分组成。

箱盖与本体采用可靠的插头座方式连接，便于操作调试和维护，不受工作条件的限制，在任何情况下均可进行。

(3) 真空断路器的特点。

真空断路器灭弧部分的工作十分可靠，使得真空断路器具有很多优点：

1) 开断能力强，可达 50kA；开断后断口间介质恢复速度快，介质不需要更换。

2) 触头开距小，10kV 级真空断路器的触头开距只有 10mm 左右，所需的操作功率小，动作快，操动机构可以简化，寿命延长，一般可达 20 年左右。具体比较如图 4－10 和图 4－11 所示。

3) 熄弧时间短，弧压低，电弧能量小，触头损耗小，开断次数多。

4) 动导杆的惯性小，适用于频繁操作。

5) 开关操作时，动作噪声小，适用于城区使用。

6) 灭弧介质或绝缘介质不用油，没有火灾和爆炸的危险。

7) 触头部分为完全密封结构，不会因潮气、灰尘、有害气体等影响而降低其性能。工作可靠，通断性能稳定。灭弧室作为独立的元件，安装调试简单方便。

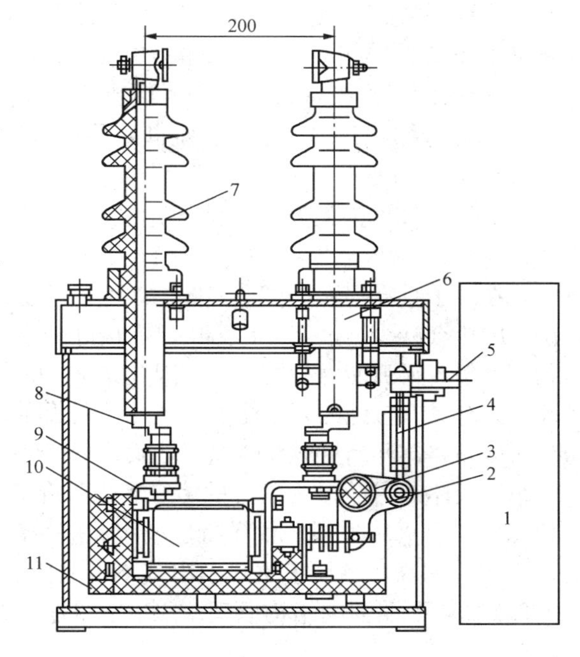

图 4－9 断路器本体内部结构

1— 动端支架；2—三相主轴；3—绝缘拐臂；4—连杆；5—机构主轴；6—真空灭弧室；7—电流互感器；8—静端支座；9—绝缘底板；10—绝缘子；11—机构

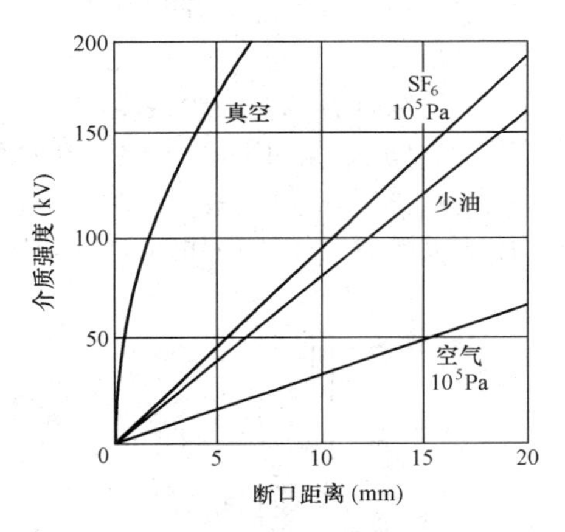

图 4－10 不同介质下断口距离与介质强度曲线

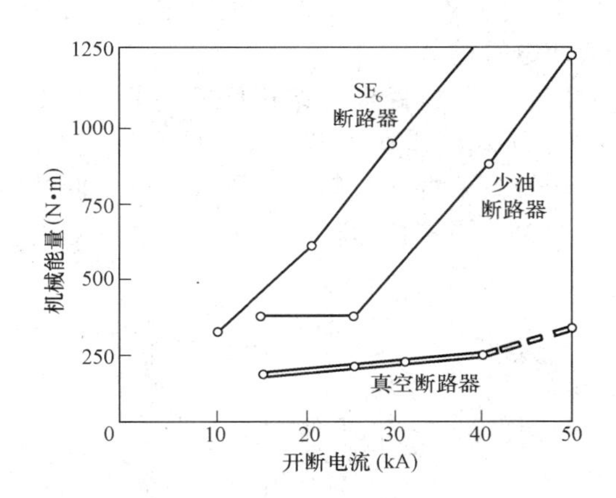

图 4－11 额定短路开断电流与机械功的关系曲线

8) 在真空断路器的使用年限内，触头部分不需要维修、检查，即使维修检查，所需时间也很短。

9) 在密封的容器中熄弧，电弧和炽热气体不外露。

10) 具有多次重合闸功能，适合配电网中应用要求。

真空断路器也具有一定的缺点：

1）对开断感性小电流时，断路器灭弧能力较强的触头材料容易产生截流，引起过电压，这种情况下要采取相应的过电压保护措施。

2）产品的一次投资较高，主要取决于真空灭弧室的专业生产及机构可靠性要求，如果综合考虑运行维护费用，采用真空断路器还是比较经济的。

2. SF_6 断路器

以 SF_6 气体作为灭弧和绝缘介质的断路器称为 SF_6 断路器。SF_6 是一种惰性气体，无色、无味、无毒、不燃烧，密度是空气的 5.1 倍。SF_6 能在电弧间隙的游离气体中强烈地吸附自由电子，在分子直径很大的 SF_6 气体中，电子运动的自由行程不大，在同样的电场强度下产生碰撞游离的机会减少，这就使得 SF_6 具有极好的绝缘和灭弧能力。与空气相比较，SF_6 的绝缘能力约高 3 倍，灭弧能力约高百倍。因此，SF_6 断路器可采用简单的灭弧结构以缩小断路器的外形尺寸，却具有较强的开断能力。此外，电弧在 SF_6 气体中燃烧时电弧电压特别低，燃弧时间短，所以断路器开断后触头烧损很轻微，不仅可以频繁操作，也可以延长检修周期。

SF_6 气体是目前最为理想的绝缘和灭弧介质。与现在使用的变压器油、压缩空气乃至真空相比，具有无可比拟的优良特性，因此应用越来越广，不仅在中压、高压领域中应用，特别在高压、超高压领域里更显示出其不可取代的地位。

（1）SF_6 断路器的结构原理。SF_6 断路器根据其灭弧原理可分为双压式、单压式、旋弧式结构。

1）双压式灭弧室。如图 4-12 所示，双压式灭弧室是指断路器灭弧室和其他部位采用不同的 SF_6 气体压力。在正常情况（合上、分断）下，高压力和低压力气体是分开的，只有在开断时，触头的运动使动、静触头间产生电弧后，高压室中的 SF_6 气体在灭弧室（触头喷口）形成一股气流，从而吹断电弧，使之熄灭，分断完毕，吹气阀自动关闭，停止吹气，然后高压室中的 SF_6 气体由低压室通过气泵再送入高压室。这样，可保证在开断电流时，以吹气方式使电弧熄灭。

双压式 SF_6 断路器的结构比较复杂，早期应用较多，目前这种结构很少采用。

2）单压式灭弧室。单压式灭弧室与其他部位的 SF_6 气体压力是相同的，只是在动触头运动中，使 SF_6 气体自然形成压气形式，向喷口（灭弧室）排气，动触头的运动速度与吹气量大小有关，当停止运动时，压气的过程即终止。单压式灭弧室工作原理如图 4-13 所示。

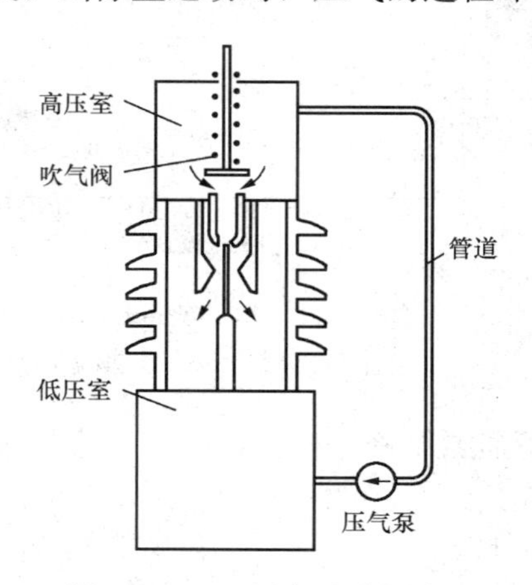

图 4-12　双压式灭弧室原理

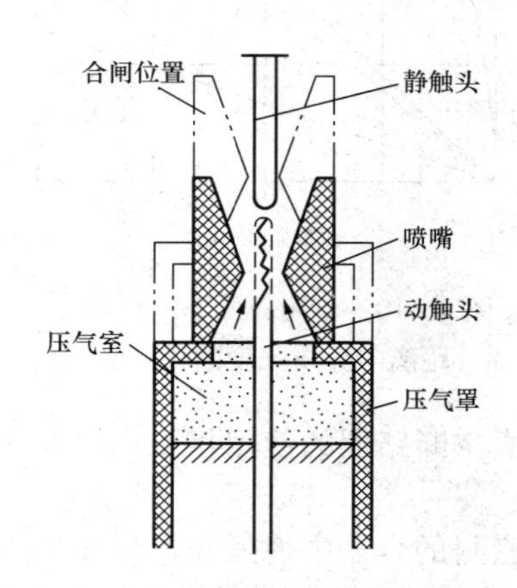

图 4-13　单压式灭弧室工作原理

图 4 - 13 中动触头、压气罩和喷口三者为一整体，当动触头向下运动，压气罩自然形成了压气活塞，下部的 SF_6 气体压力增加，然后由喷口向断口灭弧室吹气，完成灭弧过程。单压式结构也在不断改进，并在高压开关设备中得到普遍应用。单压式 SF_6 断路器工作过程如下：

a. 预压缩阶段。为了使触头分离后刚产生电弧时即具有一定的吹气能力，于是就利用动静触头的超行程作为预压气阶段。一旦动、静触头分离，电弧出现就形成吹气。

b. 吹气阶段。随着触头间距离的增大，电弧拉长，此时所需的吹气量也必须加大。因此，要求预压气有足够压力，其次要求分闸速度加快，以形成足够的压气力。

压气式大多应用在 110kV 及以上高压电网的断路器中，开断电流可达到几十千安，由于灭弧室及压气结构相应复杂，SF_6 高压断路器的价格也比较贵。

3）旋弧式灭弧室。旋弧式 SF_6 断路器是利用电弧电流产生的磁场力，使电弧沿着某一截面高速旋转，由于电弧的质量比较轻，在高速旋转时，拉长电弧，促使电弧熄灭。为了加强旋弧效果，通常电弧经过一旋弧线圈，加大磁场力。当电流较大时，灭弧较困难，但由于旋弧原理，磁场力与电流大小成正比，也可使电弧熄灭；在小电流时，灭弧相对容易一些，此时，磁场因电流减小而减小，同样能达到灭弧作用，且不产生截流现象。

旋弧式 SF_6 断路器，结构比较简单，在 10～35kV 电压等级中得到广泛的应用，特别是灭弧的磁场力随着电流的大小自行调整，减少了对操动机构操作力的要求，开断电流可达 31.5kA 左右，是很有发展前途的灭弧结构，供配电用 10～35kV 断路器大多数采用旋弧原理。

图 4 - 14 所示为径向旋弧式灭弧原理和结构。当导电杆与静触头分开产生电弧后，电弧就由原静触头转移到圆筒电极的线圈上，称为磁吹线圈。磁吹线圈大多采用扁形铜带绕制，相当于一个短路环作用，此时电弧经过线圈与动触头继续拉弧，由于电流通过线圈，在线圈上产生洛伦磁力，按右手坐标方向呈涡旋状高速旋转，其速度为每秒几百米。由于圆筒电极内的磁场与电弧电流的相位滞后一角度，使电流过零时，磁场力没有过零，即电流过零时仍可使电弧继续旋转，使电弧在过零时能可靠地熄灭。电弧熄灭后，触头间的绝缘也很快恢复。相位关系如图 4 - 15 所示。

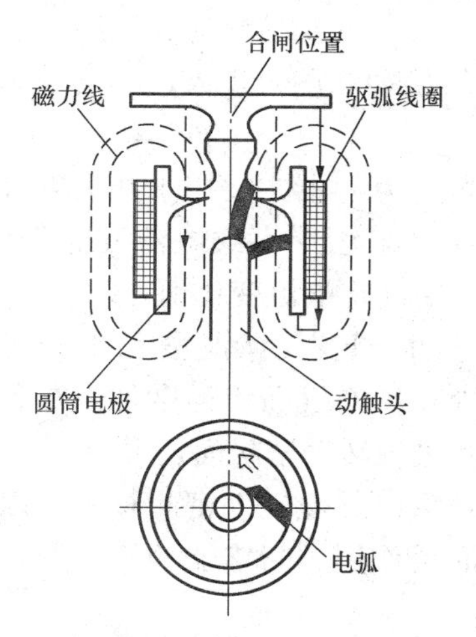

图 4 - 14　旋弧式灭弧原理

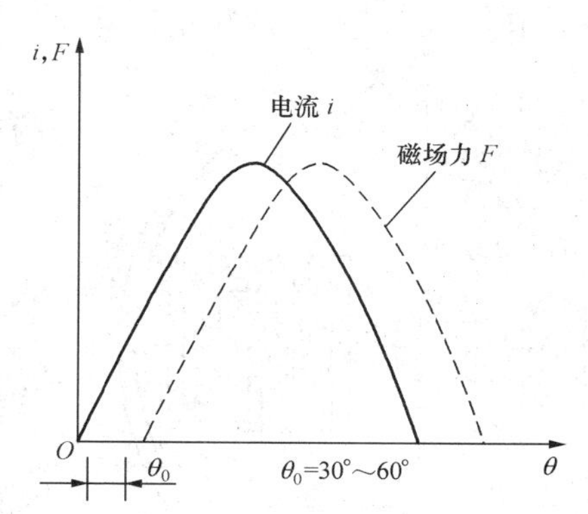

图 4 - 15　旋弧灭弧时电流与磁场相位关系

根据旋弧式灭弧室的原理，主要有以下特点：

a. 利用电流通过弧道（电磁线圈）产生的磁场力直接驱动电弧高速旋转，灭弧能力强。大电流时容易开断，小电流时也不产生截流现象，所以不致引起操作过电压。开断电容电流时，触头间的绝缘也较高，不致引起重燃现象。

b. 灭弧室结构简单，操作功需求小，使操动机构大大简化。机械可靠性高，成本低。

c. 电弧局限在圆筒或在线圈上高速运动，电极烧损均匀，不是集中在某一部位，烧损轻微，电极寿命长。

旋弧灭弧室的原理和特点，使得在10～35kV电压等级的开关设备上大量采用。

(2) SF_6 断路器类型。目前，国内外生产的各种电压等级的 SF_6 断路器品种繁多，企业供配电系统中常见的有LW3-10型和LW8-35型。

1) LW_3-10 型柱上 SF_6 断路器。LW_3-10 型柱上 SF_6 断路器是利用旋弧原理设计生产的一种断路器，开断电流为6.3kA。目前已增容为8、12.5kA，能满足配电网短路容量的要求。该型断路器采用低压力，有较强的灭弧能力，充气压力为0.35MPa，在零表压下还能开断额定负荷电流。LW3-10型断路器采用手动操动机构，弹簧操动机构，电磁操动机构一体化。

LW_3-10 型柱上断路器无论采用哪种机构形式，其开关本体是共用的，是三相共箱结构。

LW3-10型 SF_6 断路器内部结构的组成：

a. 电接触部分。静触指为梅花触指，引弧触头由铜钨整体材料制成。动触头的端部为铜钨合金，尾部装有软连接的青铜动触片，使动触头在运动时能与导电杆保持良好的电接触，主轴上的绝缘拨叉在机构动作时，驱动导电杆与静触指分合。

b. 吸附剂。在充 SF_6 气体时要严格控制水分，水量控制在标准规定值以下，并对本体内部进行干燥，抽真空，然后充入 SF_6 气体。但是，由于各种原因，随着外部环境温度的变化，开关内部会产生水蒸气，为了吸收这些水分和 SF_6 气体在电弧作用下分解的低氟化物，在壳体内部装有一定数量的二氧化二铝（Al_2O_2）粒状吸附剂。

c. 外壳。外壳是由大于6mm的钢板卷制而成，各密封面及充气口采用专用工具制作，以保持一定的表面粗糙度和良好的焊接质量，保证产品不漏气。为了便于观察内部气体，在壳体上装有真空压力表，装有的单向阀可用于产品装备后抽真空、充气及检修充放气用。

d. 出线端子。开关主回路的出线通过瓷件引出，为防止引线松动和漏气现象，瓷套采用环氧树脂灌封，在搬运、安装中应防止其受力。

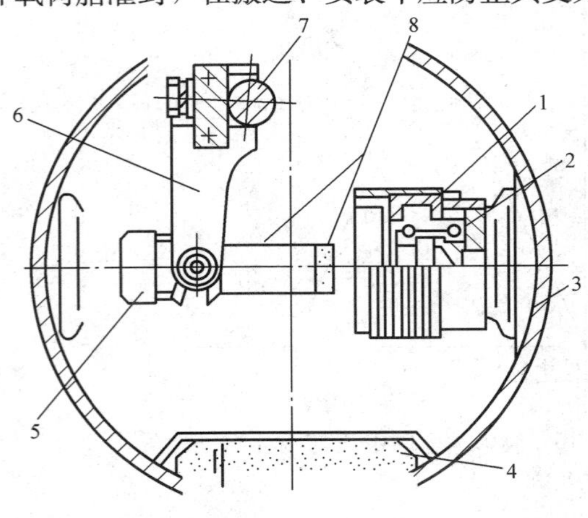

图4-16 断路器内部结构

1—灭弧室；2—静触头；3—外壳；4—吸附剂；5—动触头；6—绝缘拨叉；7—主轴；8—引弧触头动触杆

e. 电流互感器。互感器主要用于开关本身的保护和信号检测，采用穿心式电流互感器，可以根据用户的需要确定电流变比值。

f. 密封。为防止 SF_6 气体泄漏和水分进入，密封面除要求较低的表面粗糙度外，在各静止的密封部位和主轴转动密封面还要有O形橡胶密封圈。另外涂以其他辅助密封材料，以加强密封性能及润滑作用。断路器的结构形式如图4-16所示。

2) LW8-35型 SF_6 断路器。LW8-35型 SF_6 断路器的额定电流为1600A，开断电流为25kA，合闸时间不超过100ms，分闸时间不超过60ms，机械寿命达3000次，气体压力0.45MPa，闭锁压力0.4MPa，气体总重为

7.2kg。断路器本体为三相分立落地罐式结构。主体由瓷套、电流互感器、灭弧室单元、吸附剂、传动箱和连杆组成，配有CT14型弹簧操动机构，外形如图4-17所示。

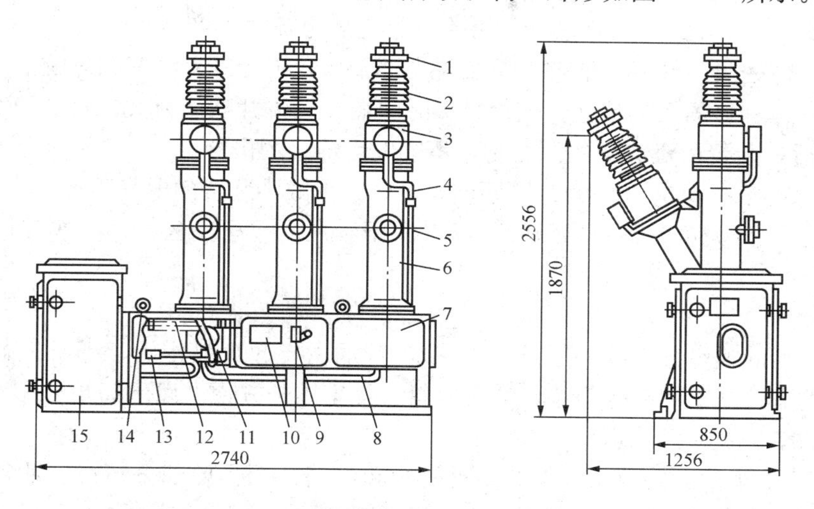

图4-17　LW8-35型SF_6断路器外形

1—出线帽；2—瓷套；3—电流互感器；4—互感器连线护管；5—吸附器；6—外壳；7—底架；8—气体管道；9—分合指示；10—铭牌；11—传动箱；12—分闸弹簧；13—螺套；14—起吊环；15—弹簧操动机构

该断路器采用压气式灭弧原理。分闸过程中，可动气缸对静止的活塞做相对运动，气缸内的气体被压缩。在喷口打开后，高压力的SF_6气体通过喷口强烈吹拂电弧，在电流过零时电弧熄灭。由于静止的活塞上装有止回阀，合闸时气缸中能及时补气。

导电系统采用主导电触头与弧触头两套结构，电寿命长。另外，在每相灭弧室外壳两侧上装有吸附器。灭弧室结构如图4-18所示。

LW8-35型SF_6断路器具有内附电流互感器的优点，每相断口两侧各装入串芯式电流互感器两只。电流互感器铸铝外壳下部和断路器外壳上部与瓷套相连，其二次绕组通过一密封良好的接线板引到外部，接线板及二次连接线由罩壳及钢管保护。每个电流互感器有三个抽头，只需打开其二次接线板处的罩壳，即可改变变比。

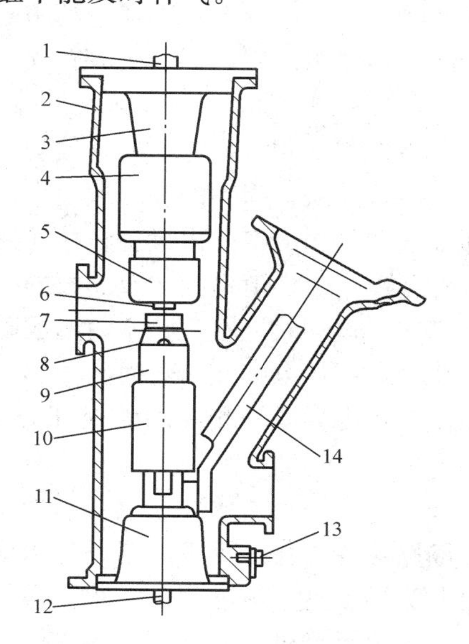

图4-18　灭弧室结构

1—导电杆；2—外壳；3—上绝缘子；4—冷却室；5—静触头；6—静弧触头；7—喷口；8—动弧触头；9—动触头；10—气缸；11—下绝缘子；12—绝缘拉杆；13—接地装置；14—导电杆

(3) SF_6断路器的特点。SF_6气体所具有的多方面的优点使SF_6断路器的设计更加精巧、可靠、使用方便，其主要特点如下：

1）绝缘性能好，使断路器结构设计更为紧凑，节省空间，而且操作功小，噪声小。

2）由于带电部分及断口均被密封在金属容器内，金属外部接地，可更好地防止意外接触带电部位和防止外部物体侵入设备内部，安全可靠。

3）无可燃性物质，避免了爆炸和燃烧，使变电所的安全可靠性提高。

4）SF_6 气体在低气压下使用，能够保证电流在过零附近切断，避免截流而产生的操作过电压，降低了设备绝缘水平的要求，并在开断电容电流时不产生重燃。

5）SF_6 气体密封条件好，能够保持装置内部干燥，不受外界潮气的影响。

6）SF_6 气体良好的灭弧特性，使得燃弧时间短，电流开断能力大，触头的烧损腐蚀小。

7）燃弧后，装置内没有碳的沉淀物，不会发生绝缘的击穿。

8）由于 SF_6 气体具有良好的绝缘性能，可以大大减小装置的电气距离。

9）由于 SF_6 开关装置是全封闭的，可以适用于户内、居民区、煤矿或其他有爆炸危险场所。

3. 少油断路器

少油断路器的油量很少（一般只几千克），其油主要起灭弧作用，不承担触头与油箱间的绝缘，因此少油断路器结构简单，节省材料，使用维护方便。以下简单介绍 SN10－10 型少油断路器的结构及灭弧原理。

SN10－10 型少油断路器由框架、传动机构和油箱 3 个主要部分组成。油箱是其核心部分，油箱下部是由高强度铸铁制成的基座。操作断路器导电杆（动触头）的转轴、拐臂等传动机构就装在基座内，基座上部固定着中间滚动触头。油箱中部是灭弧室，外面套的是高强度绝缘筒。油箱上部是铝帽，铝帽的上部是油气分离室，铝帽的下部装有插座式静触头。插座式静触头有 3～4 片弧触片。断路器合闸时，导电杆插入静触头，首先接触的是其弧触片。断路器跳闸时，导电杆离开静触头，最后离开的是其弧触片。因此，无论断路器合闸或跳闸，电弧总在弧触片与导电杆端部弧触头之间产生。为了使电弧能偏向弧触片，在灭弧室上部靠弧触片一侧嵌有吸弧铁片，利用电弧的磁效应使电弧吸往铁片一侧，确保电弧只在弧触片与导电杆之间产生，不致烧损静触头中主要的工作触片。断路器的灭弧主要在灭弧室中进行。

断路器跳闸时，导电杆向下运动，当导电杆离开静触头时，产生电弧，使油分解，形成气泡，导致静触头周围的油压骤增，迫使止回阀（钢珠）动作，钢珠上升堵住中心孔，这时电弧在近乎封闭的空间内燃烧，从而使灭弧室内的油压迅速增大。当导电杆继续向下运动，相继打开 1、2、3 道横吹沟及下面的纵吹油囊时，油气混合体强烈地横吹和纵吹电弧，同时导电杆向下运动时，在灭弧室内形成附加油流射向电弧。由于这种机械油吹和上述纵横吹的综合作用，能使电弧在很短时间内迅速熄灭，而且这种断路器在跳闸时，导电杆是向下运动的，从而使得导电杆端部的弧根部分不断地与下面冷却的新鲜油接触，进一步改善了灭弧条件。

4. 断路器的操动机构

断路器在工作过程中的合、分闸操作均是由操动机构完成的。操动机构按操动能源的不同可分为手动型、电磁型、液压型、气压型、弹簧型等多种类型。手动型需借助人的力量完成合闸；电磁型则依靠合闸电源提供操动功率；液压型、气压型和弹簧型则只是间接利用电能，并经转换设备和储能装置用非电能形式操动合闸，在短时间内失去电源后可由储能装置提供操动功率。

（1）手动操动机构。CS 系列的手动操动机构可手动或远距离跳闸，但只能手动合闸。该机构采用交流操作电源，无自动重合闸功能，且操作速度有限，其所操作的断路器开断的短路容量不宜超过 100MV·A。然而由于它可采用交流操作电源，从而使保护和控制装置大大简化。

(2) 电磁操动机构。CD 系列电磁操动机构通过其跳、合闸线圈能手动和远距离跳、合闸，也可进行自动重合闸，且合闸功率大，但需直流操作电源。电磁操动机构 CD10 根据所操作断路器的断流容量不同，可分为 CD10－10Ⅰ、CD10－10Ⅱ和 CD10－10Ⅲ三种。电磁机构分、合闸操作简便，动作可靠，但结构较复杂，需要专门的直流操作电源，因此，一般在变压器容量 630kV·A 以上、可靠性要求高的高压开关中使用。

(3) 弹簧储能操动机构。CT 系列弹簧储能操动机构既能手动和远距离跳、合闸，又可实现一次重合闸，且操作电源交、直流均可，因而其保护和控制装置可靠、简单。虽然结构复杂，价格昂贵，但由于它适于交流操作，可自动合闸，其应用已越来越广泛。

真空断路器可配 CD 型电磁操动机构或 CT 型弹簧机构。SF_6 断路器主要采用弹簧、液压操动机构。SN10－10 型断路器可配 CS 型手动操动机构、CD10 型电磁操动机构或 CT 型弹簧机构。

4.2.2　负荷开关

1. 概述

负荷开关主要用于配电系统中关合、承载、开断正常条件下（也包括规定的过载系数）的电流，并能通过规定的异常（如短路）电流的关合。因此，负荷开关受到使用条件的限制，不能作为电路中的保护开关，通常负荷开关必须与具有开断短路电流能力的开关设备配合使用，最常用的方式是负荷开关与高压熔断器配合，正常的合、分负荷电流由负荷开关完成，故障电流由熔断器来完成开断。

负荷开关一般不作为直接的保护开关，主要用于较为频繁操作的场所，非重要的场合，尤其在小容量变压器保护中，采用高压熔断器与负荷开关相配合，能体现出较为显著的优点。当变压器发生短路故障时，由熔断器动作，切断电流，其动作时间约为 20ms，这远比采用断路器保护要快得多，正常操作由负荷开关完成，提高了灵活性。在 10kV 线路中采用负荷开关，以三相联动为主，当熔断器发生故障时，无论是三相还是单相故障，当有一相熔体熔断后，能迅速脱扣三相联动机构，使三相负荷开关快速分断，避免造成三相不平衡和非全相运行。

2. 负荷开关的类型

负荷开关的种类较多，按结构可分为油、真空、SF_6、产气、压气型；按操作方式分为手动和电动型负荷开关等。

(1) 真空负荷开关。真空负荷开关的开关触头被封入真空灭弧室。因为是在真空中熄弧，所以带来了一系列优点：开断时真空电弧在电流过零时，金属蒸气迅速扩散而熄弧，绝缘强度恢复比空气中熄弧或 SF_6 气体中熄弧时都快，所以开断性能好且工作可靠。特别在开断空载变压器，开断空载电缆和架空线方面都要比空气断路器和 SF_6 断路器优越；开断中电弧不外露，所以也不会污染和损害柜内的电器元件；开距小、弧压低、电弧能量小、触头烧损少，所以它开断额定电流的次数比任何开关的多且寿命长，几乎不需要检修；而且操动机构所需的合闸功也小，开关结构简单，便于小型化；因属于无油结构，所以不需要担心爆炸和火灾，因此使用很安全。

真空负荷开关的灭弧室在设计上要比真空断路器灭弧室简单得多。因不开断短路电流，不必像断路器那样，为形成横磁场或纵磁场而使触头结构复杂化，它只用平板对接式触头即可行了，因此它比真空断路器的灭弧室小很多。

真空负荷开关要完成三工位，起着切负荷、隔离和接地功能，在结构设计上有一定难度。它不像回转式 SF_6 负荷开关通过回转不同角度而完成三工位，一般地说，真空负荷开关的灭弧一般只能起切负荷作用。要达到隔离和接地，有两种做法：一是让真空灭弧室切负荷后随之转动，完成隔离和接地；二是真空灭弧室切负荷后不动，由与它连接的转换开关完成隔离和接地工位。在这里，真空灭弧室的动作与转换开关的动作要配合默契。关合时，首先转换开关先关合，然后真空灭弧室关合。开断时，首先真空灭弧室开断，然后转换开关开断。它们之间要有连锁。

（2）压气式负荷开关。压气式负荷开关是用空气作为灭弧介质的。它是一种将空气经压缩后直接喷向电弧断口而熄灭电弧的开关，20 世纪 50 年代我国就从苏联引进这种技术，目前尚有少数工厂经过改进设计后还在生产。有些工厂结合近几年来从国外引进的技术，自行开发了一些新型的压气式负荷开关。适用于 12kV 电网分合负荷电流、闭环电流、空载变压器和电缆充电电流，关合短路电流。配装有接地开关，具备承受短路电流的能力。

（3）产气式负荷开关。产气式负荷开关是利用触头分离，产生电弧，在电弧的作用下，使绝缘产气材料产生大量的灭弧气体喷向电弧，使电弧熄灭。

产气式负荷开关的灭弧室有狭缝式和管式。狭缝式又有板式狭缝式和环形狭缝式。图 4－19 所示为产气式灭弧室。其中，图 4－19（c）的绝缘材料内件是固定的，图 4－19（d）的绝缘材料内件是运动的。

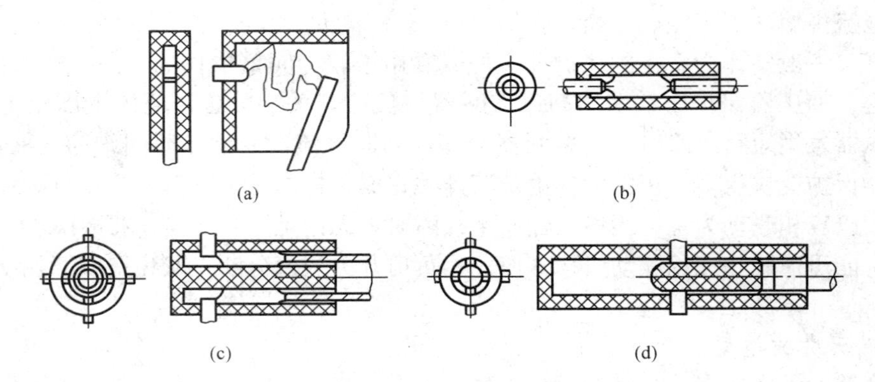

图 4－19 产气式灭弧室
（a）板式狭缝式灭弧室；（b）管式灭弧室；（c）、（d）环形狭缝式灭弧室

产气式负荷开关对绝缘材料的要求如下：能保证产生足够的气体，不形成导电残留物，烧损小且有足够的导热性。在负荷开关中，性能良好的产气材料有聚酰胺、缩醛树脂、耐热有机玻璃、含 6%硼酸的普勒克西胺、涤纶树脂、三氯氰胺、聚缩醛等。

（4）SF_6 负荷开关。SF_6 负荷开关的熄弧方式有很多，如压气式、旋弧式、热膨胀式、混合式等。在 SF_6 负荷开关中，一般用压气式，这是因为 SF_6 负荷开关仅开断负荷电流而不开断短路电流，故电流小，用压气原理只要稍有气吹就能熄弧。此时，若用旋弧式或热膨胀式，则因电流小而难以开断。

压气式负荷开关又分为移动式和回转式两种。移动式就像一般 SF_6 断路器那样，导电杆上下或左右直线运动，分合电路。回转式负荷开关就像转换开关，导电杆回转而形成气吹，一般形成双断口，故行程短。

图4-20所示为压气式SF_6负荷开关示意。图中动触头和静触头位于充SF_6气体的气缸内。当动触头回缩时，气缸后面的SF_6气体受到压缩，并当触头分离时，产生气吹，熄灭电弧。

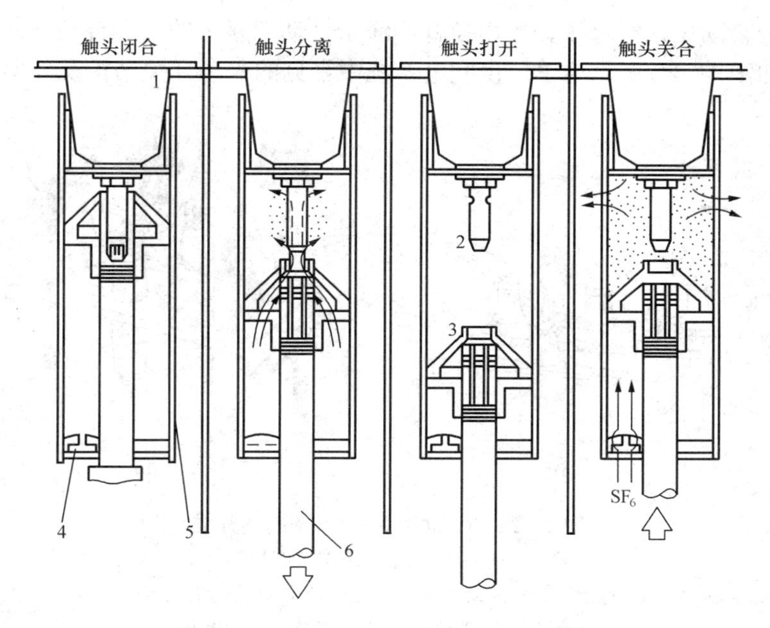

图4-20　压气式SF_6负荷开关示意

1—负荷开关套管；2—静触头；3—压气式活塞；4—阀门封闭；5—灭弧室气缸；6—动触头

4.2.3　隔离开关

隔离开关是工厂供配电系统中使用最多的一种高压开关电器。高压隔离开关是一种没有灭弧装置的控制电器，因此严禁带负荷进行分、合闸操作。在操作断路器停电后，将隔离开关拉开可以保证被检修的设备与带电部分可靠隔离，产生一个明显可见的断开点，既可缩小停电范围，又可保证人身安全。

1. 隔离开关的功能

(1) 隔离电源。将需要检修的线路或电气设备与电源隔离，以保证检修人员的安全。隔离开关的断口在任何状态下都不能发生火花放电，因此它的断口耐压一般比其对地绝缘的耐压高10%～15%。必要时应在隔离开关上附设接地刀闸，供检修时接地用。

(2) 倒闸操作。根据运行需要换接线路，在断口两端有并联支路的情况下，可带负荷进行分合闸操作，变换母线接线方式等。

(3) 投、切小电流电路。可用隔离开关开断和关合某些小电流电路。例如电压互感器、避雷器回路；励磁电流不超过2A的空载变压器和电容电流不超过5A的空载线路；变压器中性点的接地线（当中性点上接有消弧线圈时，只有在系统没有接地故障时才可进行）等。

2. 隔离开关的种类与结构

隔离开关种类很多。根据开关闸刀的运动方式，可分为水平旋转式、垂直旋转式、摆动式和插入式；根据装设地点，可分为户内式和户外式；根据绝缘支柱数目，可分为单柱式、双柱式、三柱式等。

高压隔离开关是由一动触头（活动刀片）和一静触头（固定触头或刀嘴）组成的，动静触头均由高压支撑绝缘子固定于底板上，底板用螺栓固定在构架或墙体上。

三相隔离开关是三相联动操作的，拉杆绝缘子的底部与传动杆相连，其上部与动触头相连。由传动机构带动拉杆绝缘子，再由拉杆绝缘子推动动触头的开、合动作。

图 4-21 和图 4-22 所示为工厂供配电系统中常见的隔离开关结构及外形。

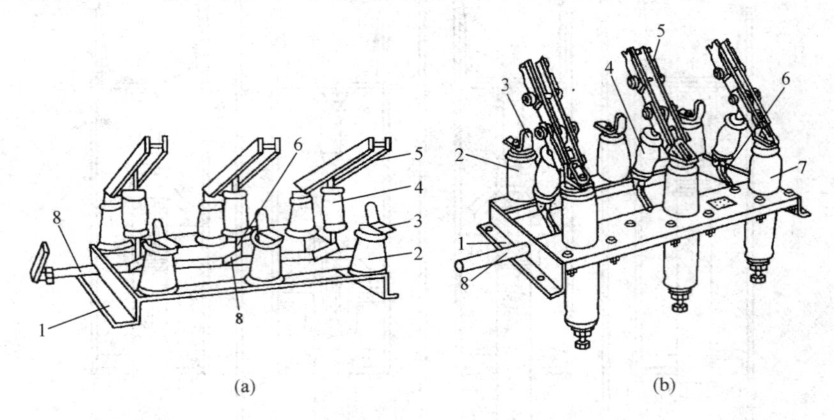

图 4-21 GN6 型和 GN8 型隔离开关

(a) GN6 型；(b) GN8 型

1—底座；2—支柱绝缘子；3—静触头；4—拉杆绝缘子；
5—闸刀；6—拐臂；7—套管绝缘子；8—转轴

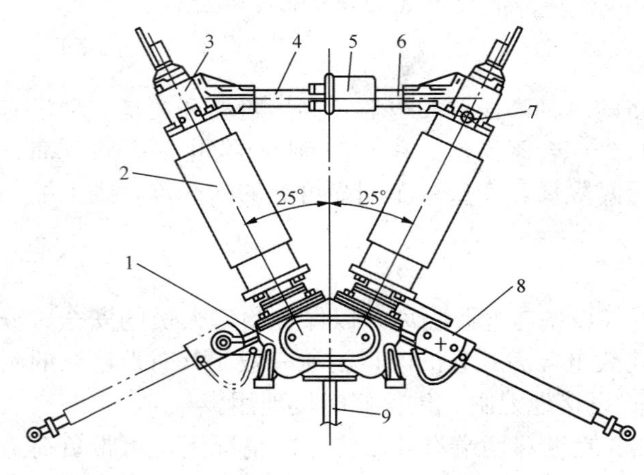

图 4-22 GW5-35D 型隔离开关外形

1—底座；2—支柱绝缘子；3—触头座；4、6—主闸刀；
5—触头及防护罩；7—接地静触头；8—接地闸刀；9—主轴

4.2.4 高压熔断器

高压熔断器是最简单的一种保护电器，串联在电路中使用。当电路中通过过负荷电流或短路电流时，利用熔体产生的热量使它自身熔断，切断电路，以达到保护的目的。

1. 熔断器的工作原理

熔断器主要由金属熔体、连接熔体的触头装置和外壳组成。金属熔体是熔断器的主要元件，熔体的材料一般有铜、银、锌、铅和铅锡合金等。熔体在正常工作时，仅通过不大于熔体额定电流值的负载电流，其正常发热温度不会使熔体熔断。当过载电流或短路电流通过熔体时，熔体便熔化断开。

熔体熔断的物理过程如下：当短路电流或过负荷电流通过熔体时，熔体发热熔化，进而汽化。金属蒸气的电导率远比固态与液态金属的电导率低，使熔体的电阻突然增大，电路中的电流突然减小，在熔体两端产生很高的电压，导致间隙击穿，出现电弧。在电弧的作用下产生大量的气体促成强烈的去游离作用而使电弧熄灭，或电弧与周围有利于灭弧的固体介质紧密接触强行冷却而熄灭。

2. 熔断器的工作性能

熔断器的工作性能，可用下面的特性和参数来表征。

（1）电流-时间特性。熔断器的电流-时间特性又称熔体的安-秒特性，用来表明熔体的熔化时间与流过熔体的电流之间的关系，如图 4－23 所示。一般来说，通过熔体的电流越大，熔化时间越短。每一种规格的熔体都有一条安-秒特性曲线，由制造厂给出。安-秒特性是熔断器的重要特性，在采用选择性保护时，必须加以考虑。

（2）熔体的额定电流与最小熔化电流。从安-秒特性曲线中可以看出，随着电流的减小，熔化时间将不断增大。当电流减小到某值时，熔体不能熔断，熔化时间将为无穷长。此电流值称为熔体的最小熔化电流 I_{min}。在 I_{min} 附近的熔体安-秒特性很不稳定，因此熔体不能长期在最小熔化电流 I_{min} 下工作。熔体允许长期工作的额定电流 I_N 应比 I_{min} 小，通常最小熔化电流为熔体的额定电流的 1.1～1.25 倍。

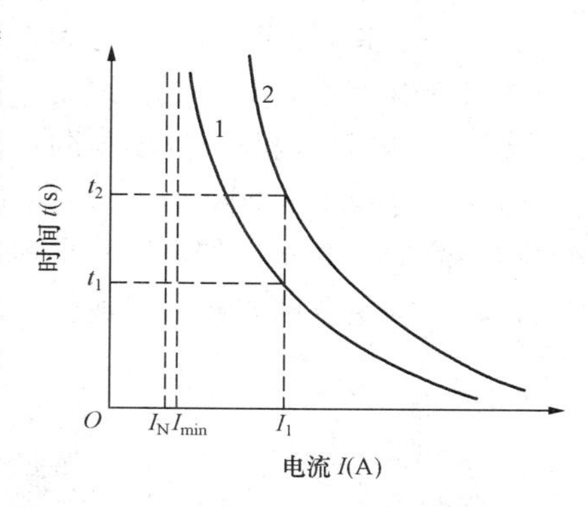

图 4－23 熔断器的安-秒特性

1—熔体截面较小；2—熔体截面较大

熔断器的额定电流与熔体的额定电流是两个不同的值。熔断器的额定电流是指熔断器载流部分和接触部分设计时所根据的电流。而熔体的额定电流是指熔体本身设计时所依据的电流。在某一额定电流的熔断器内，可安装额定电流在一定范围内的熔体，但熔体的最大额定电流不许超过熔断器的额定电流。

（3）额定开断电流。熔断器的额定开断电流主要取决于熔断器的灭弧装置。根据灭弧装置结构不同，熔断器大致分为喷逐式熔断器与硅砂熔断器两类。

喷逐式熔断器，电弧在产气材料制成的消弧管中燃烧与熄灭。开断电流越大，产气量也越大，气吹效果好，电弧也易熄灭。当开断电流很小时，由于电弧能量小，产气量也小，气吹效果差，可能出现不能灭弧的现象。因此，在喷逐式熔断器中，有时还存在一个下限开断电流的问题。故选用喷逐式熔断器时必须注意下限开断电流（由生产者提供）问题。

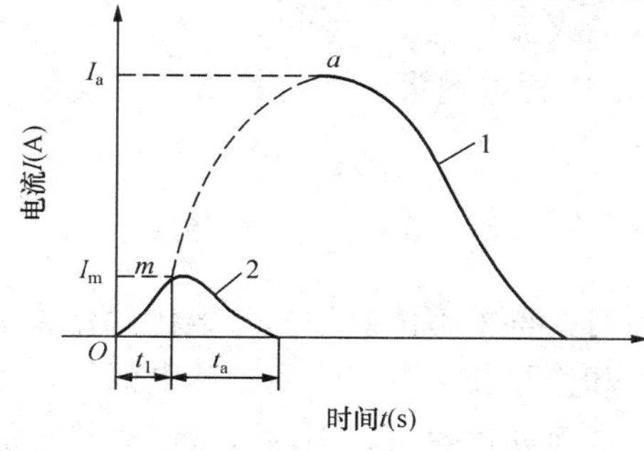

图 4－24 限流熔断器的限流效应

1—短路电流的电流波形；

2—短路电流被切断时的电流波形

硅砂熔断器，电弧在充有硅砂填料的封闭室内燃烧与熄灭。当熔体熔断时，电弧在硅砂的狭沟里燃烧。根据狭缝灭弧原理，电弧与周围填料紧密接触受到冷却而熄灭。这种熔断器具有灭弧能力强，燃弧时间短的特点，并有较大的开断能力。

（4）限流效应。当熔体的熔化时间很短，灭弧装置的灭弧能力又很强时，线路或电气设备中实际流过的短路电流最大值，将小于无熔断器时预期的短路电流最大值，这一效应称为限流效应，如图 4－24 所示。图中曲线 1 为短路电流的电流波形，曲线 2 为短路电流被切断时的电流波形。短路电流上升到 m 点时，熔体熔化产生电弧，短路电流由此值减小到零。t_a 为燃弧时间。

具有限流效应的熔断器由于弧隙中强烈的去游离，其电弧表现出高电阻值，因而抑制了短路电流中的非周期分量，使短路电流明显减小。此外强烈的去游离可使电弧电流迅速降低至很小的数值。这样对被保护线路及设备的动稳定性和热稳定性的要求均可降低，且开断过程中电弧能量小，易熄灭。但限流熔断器在熔断时刻，伴随电流迅速降低的同时，形成明显的截波现象，将出现过电压。

3. 高压熔断器的种类及结构

高压熔断器按安装地点可分为户内式和户外式，按是否有限流作用又可分为限流式、非限流式熔断器等。以下简要介绍工厂供配电系统中常见的高压户内与户外型熔断器。

(1) 户内型高压熔断器。户内型高压熔断器又称限流式熔断器，如图 4-25 和图 4-26 所示，其结构主要由 4 部分组成：

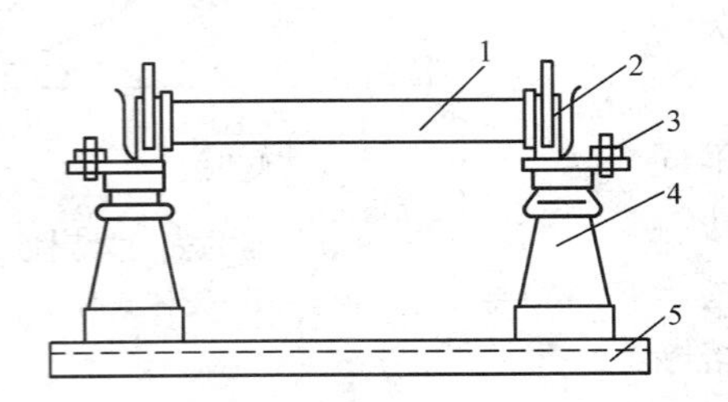

图 4-25　RN1-10 型熔断器外形图

1—熔管；2—触头座；3—接线座；4—支持绝缘子；5—底板

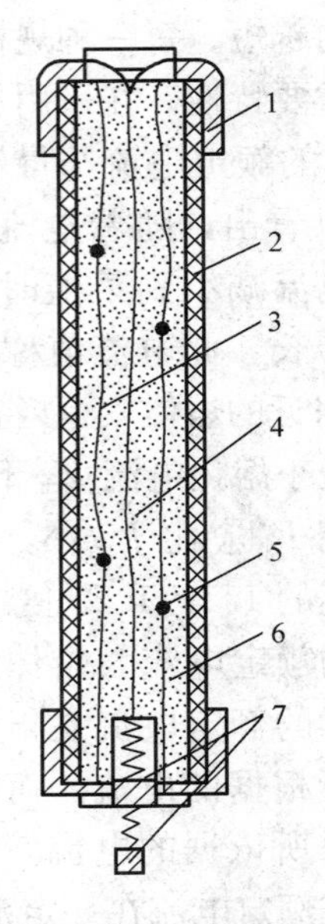

图 4-26　RN1-10 型熔断器熔管剖面

1—管帽；2—瓷管；3—工作熔体；4—指示熔体 5—锡球；6—硅砂填料；7—熔断指示器

1) 熔体管：如图 4-26 所示，7.5A 以下的熔体往往绕在截面为六角形的陶瓷骨架上，7.5A 以上的熔体则可不用骨架。采用紫铜作为熔体材料，熔体为变截面的，在截面变化处焊上锡球或搪一层锡。保护电压互感器专用的熔体，其引线采用镍铬丝，以便造成 100Ω 左右的限流电阻。

熔体管的外壳为瓷管，管内充填硅砂，以获得良好的灭弧性能。

2) 触头座：熔体管插接在触头座内，以便于更换熔体管；触头座上有接线板，以便与电路相连接。

3) 绝缘子：是基本绝缘，用于支持触头座。

4) 底板：钢制框架。

熔体管的工作原理：当过电流使熔体发热以致熔断时，整根熔体几乎同时熔化，金属微粒喷向四周，钻入硅砂的间隙中，由于硅砂对电弧的冷却作用和去游离作用，使电弧很快熄灭。由于灭弧能力强，能在短路电流未达到最大值前，电弧就被熄灭，因此可限制短路电流的数值，特别是专门用于保护电压互感器的熔断器内的限流电阻时，其限流效果更为显著。熔体熔断后，指示器即弹出，显示熔体“已熔断”。

变截面的熔体、硅砂充填、很强的灭弧能力，这都是普通熔丝管所不具备的，因而不得用普通熔体管来代替 RN 型熔体管。

(2) 户外型高压熔断器。户外型高压熔断器多为跌开式熔断器，俗称跌落保险。目前常用的有 RW3－10、RW4－10、RW9－10、RW10－10 型和 RW11－10 型等，其外形如图 4－27 所示。其结构主要由 4 部分组成：

1) 导电部分：上、下接线板，用以串接于被保护电路中；上静触头、下静触头，用来分别与熔体管两端的上、下动触头相接触，以进行合闸，接通被保护的电路；下静触头与轴架组装在一起；下动触头与活动关节在一起，活动关节下方带有半圆轴，此轴嵌入轴架槽中，活动关节靠拉紧的熔体闭锁。

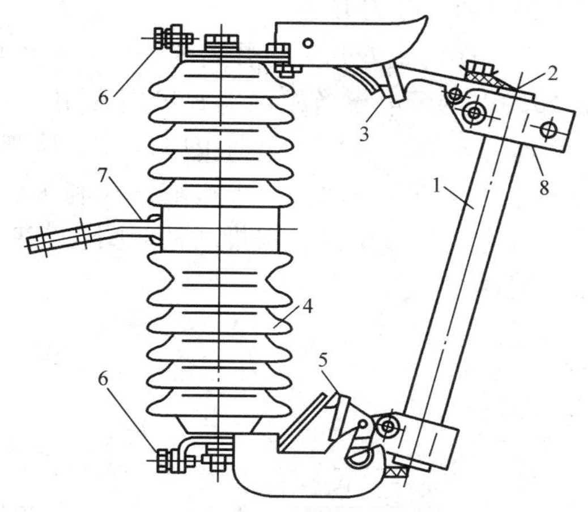

图 4－27　RW－10 型跌开式熔断器外形
1—熔管；2—熔体元件；3—上触头；
4—绝缘瓷套管；5—下触头；6—端部螺栓；
7—紧固板；8—操作环

2) 熔体管：由熔管、熔体、管帽、操作环、上动触头、下动触头、短轴等组成。熔管外层为酚纸管或环氧玻璃布管，管内壁套以消弧管，消弧管的材质是石棉，它的作用是防止熔体熔断时产生的高温电弧烧坏熔管，另一作用是产气有利于灭弧。熔体的结构如图 4－28 所示。熔体在中间，两端为软、裸、多股铜绞线作为引线，拉紧两端的引线通过螺钉分别压接在熔管两端的动触头接线端上。短轴可嵌入下静触头部分的轴架内，使熔体管可绕轴自由转动。操作环用来进行分、合闸操作。

3) 绝缘部分：绝缘子。

4) 固定部分：在绝缘子的腰部有固定安装板。

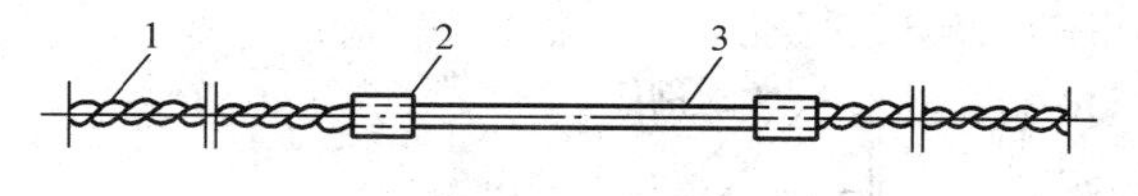

图 4－28　RW－10 型熔断器的熔体外形
1—铜绞线；2—套圈；3—熔体

跌开式熔断器的工作原理是将熔体穿入熔管内，两端拧紧，并使熔体位于熔管中间。对于 RW3－10 型来说，上动触头由于熔体拉紧的张力而垂直于熔体管向上翘起的同时，下动触头后动关节被闭锁。用绝缘拉杆将带有球面突起的上动触头推入上静触头球面坑内，呈闭合状态（合闸状态）并保持这一状态。而 RW9－10 型的动触头是固定的，它主要靠活动关节的闭锁才能合闸。

当被保护线路发生故障，故障电流使熔体熔断时，形成电弧，消弧管在电弧高温作用下分解出大量气体，使管内压力急剧增大，气体向外高速喷出，对电弧形成强有力的纵向吹弧，使电弧迅速拉长而熄灭。与此同时，由于熔体熔断，熔体的拉力消失，使活动关节释放，熔体管在上静触头的弹力及其自重的作用下，绕下轴翻转跌落，形成明显的断开距离。

4.2.5　低压一次设备

1. 刀开关

刀开关是一种结构简单，应用十分广泛的低压开关，它可以用来接通和断开小电流电路。在大电流的低压电路中可作隔离器使用。当刀开关有灭弧罩，并用杠杆操作时也可接通和分断额定电流。刀开关常与熔断器串联配合使用，当电路发生短路或严重过负荷故障时，由熔断器自动切断电路，以确保电路安全运行。

刀开关的种类繁多。根据工作条件和用途的不同可分为开启式刀开关、封闭式负荷开关（铁壳开关）、开启式负荷开关（瓷底胶盖开关）、熔断器式刀开关等。按极数可分为单极、2极、3极和4极刀开关。

(1) 开启式刀开关。开启式刀开关一般用作额定电压交流380V、直流440V，额定电流至1500A的配电设备中做电源隔离之用。带有各种杠杆操动机构及灭弧室的开关，可按其分断能力不频繁地切断负荷电路。其结构如图4-29所示。图4-29（a）所示为中央手柄式，分单投、双投两种，有板前接线和板后接线之分；图4-29（b）所示为侧方正面杠杆操动机构式，分单投、双投两种；图4-29（c）所示为中央正面杠杆操动机构式，分单投、双投两种。

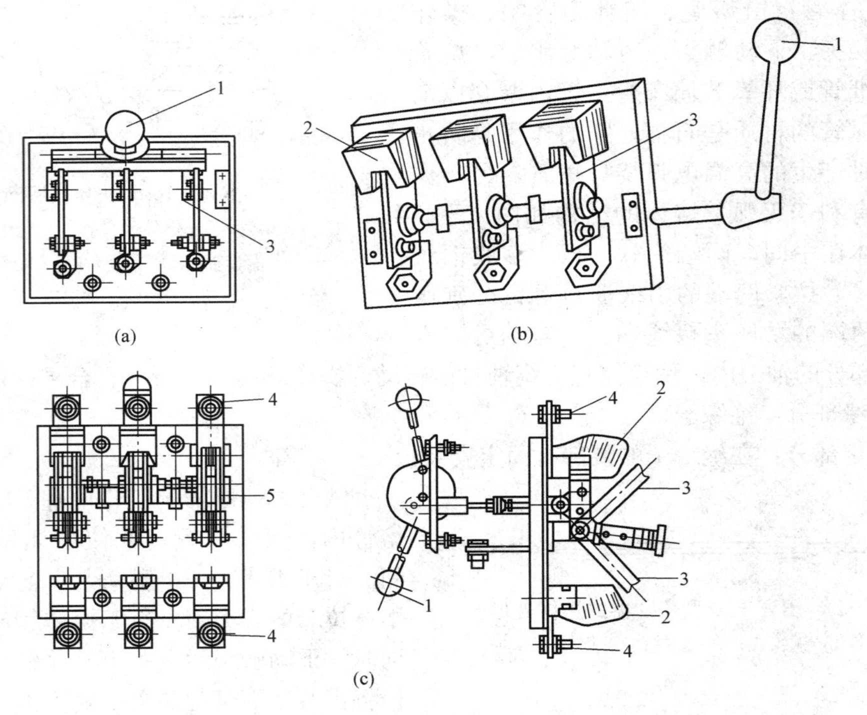

图4-29 HD、HS系列刀开关结构示意

(a) 中央手柄式；(b) 侧方正面操动机构式；(c) 中央正面操动机构式

1—手柄；2—灭弧罩；3—触刀；4—接线端子；5—触刀座

(2) 封闭式负荷开关。封闭式负荷开关俗称铁壳开关，适合在额定电压交流380V、直流440V，额定电流60A以内的电路中，作为手动不频繁地接通与分断负荷电路及短路保护之用，在一定条件下也可起过负荷保护作用，一般用于控制小容量的交流异步电动机。该开关是由刀开关及熔断器结合的组合电器，能快速接通和分断负荷电路，采用正面或侧面手柄操作，并装有连锁装置，保证箱盖打开时开关不能闭合，开关闭合时箱盖不能打开。其结构如图4-30所示。

(3) 开启式负荷开关。开启式开关俗称瓷底胶壳刀开关，是一种结构简单、应用最广泛的手动电器。常用作交流额定电压 380/220V、额定电流至 100A 的照明配电线路的电源开关和小容量电动机非频繁启动的操作开关。

开启式负荷开关由操作手柄、熔断丝、触刀、触头座和底座组成，如图 4-31 所示。胶壳的作用是防止操作时电弧飞出灼伤操作人员，并防止极间电弧造成电源短路，因此操作前一定要将胶壳安装好再操作。熔断丝主要起短路和严重过电流保护作用。

（4）熔断器式刀开关。熔断器式刀开关又称刀熔开关，有多种结构形式，一般多采用有填料熔断器和刀开关组合而成，广泛应用于开关柜或与终端电器配套的电器装置中，作为线路或用电设备的电源隔离开关及严重过载和短路保护之用，在回路正常供电的情况下接通和切断电源由刀开关来承担，当线路或用电设备过载或短路时，熔断器的熔体熔断，及时切断故障电流。其外形、结构如图 4-32 所示。

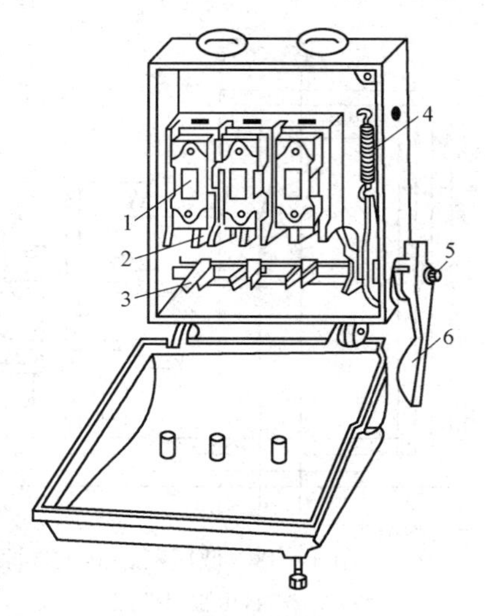

图 4-30　封闭式负荷开关
1—熔断器；2—静触头；3—动触头；4—弹簧；5—转轴；6—操作手柄

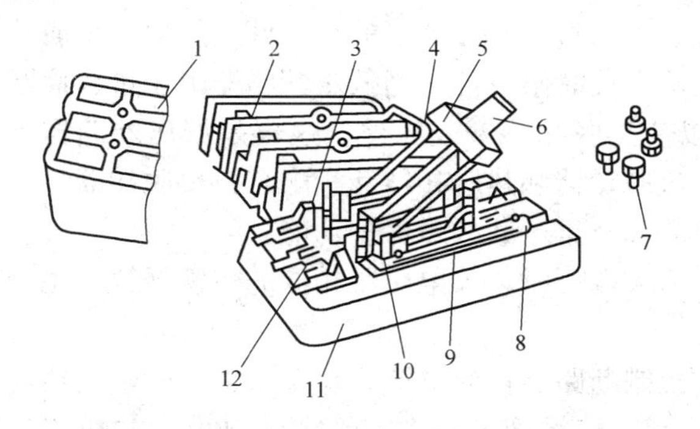

图 4-31　HK 系列开启式刀开关结构示意
1—上胶盖；2—下胶盖；3—触刀座；4—触刀；5—瓷柄；6—操作手柄；7—胶盖紧固螺帽；8—出线端子；9—熔丝；10—触刀铰链；11—瓷底座；12—进线端子

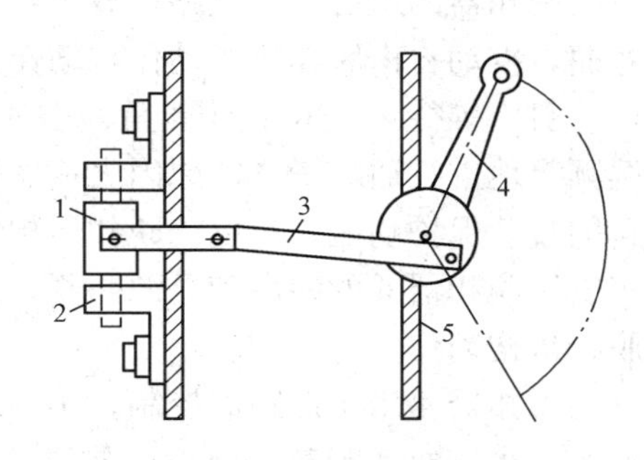

图 4-32　刀熔开关
1—RT0 型熔断器；2—触头；3—连杆；4—操作手柄；5—低压配电屏板面

2. 低压断路器

低压断路器俗称自动空气开关。它既能带负荷通断电路，又能在短路、过负荷和低电压（或失压）时自动跳闸。其工作原理如图 4-33 所示。低压断路器主要用在不频繁操作的低压配电线路或开关柜（箱）中作为电源开关使用，并对线路、电气设备实行过载、过流、欠压（失压）等保护，应用十分广泛。

低压断路器主要由三个基本部分组成：其一为触头和灭弧系统，这一部分是执行电路通断的主要部件；其二为具有不同保护功能的各种脱扣器，不同功能的脱扣器可以组合成不同性能的低压断路器；其三为自由脱扣器和操动机构，这一部分是联系以上两部分的中间传递部件。

低压断路器的主触头一般由耐弧合金（如银钨合金）制成，采用灭弧栅片灭弧。主触头

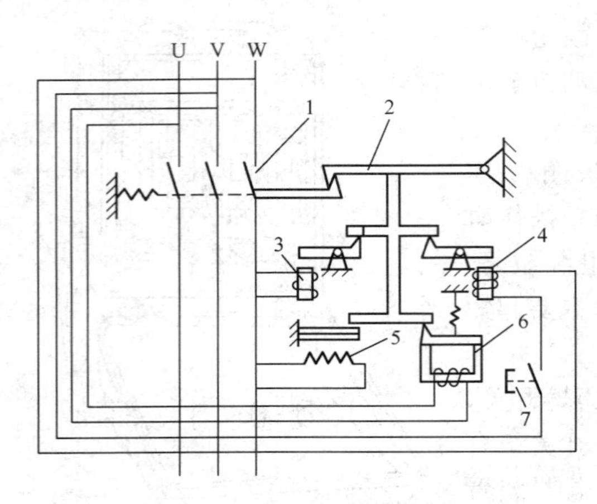

图4-33　低压断路器工作原理

1—主触头；2—自由脱扣机构；3—过电流脱扣器；4—分励脱扣器；5—热脱扣器；6—欠电压脱扣器；7—脱扣按钮

是由操动机构和自由脱扣器操纵其通断的，可用操作手柄操作，也可用电磁机构远距离操作。

在正常情况下，触头可接通、分断工作电流，当出现故障时，能快速及时地切断高达数十倍额定电流的故障电流，从而保护电路及电气设备。

自由脱扣机构2是一套连杆机构，当主触头1闭合后，自由脱扣机构将主触头锁在合闸位置上。如果电路中发生故障，自由脱扣机构就在有关脱扣器的操动下动作，使脱钩脱开。

过电流脱扣器（也称为电磁脱扣器）3的线圈和热脱扣器5的热元件与主电路串联。当电路发生短路或严重过载时，过电流脱扣器的衔铁吸合，使自由脱扣机构动作，从而带动主触头断开主电路，动作特性具有瞬动特性或定时限特性。断路器的过电流脱扣器分为瞬时脱扣器和复式脱扣器两种，复式脱扣器即瞬时脱扣器和过载脱扣器的组合。当电路过载时，热脱扣器（过载脱扣器）的热元件发热使双金属片向上弯曲，推动自由脱扣机构动作，动作特性具有反时限特性。当低压断路器由于过载而断开后，一般应等待2～3min才能重新合闸，以使热脱扣器恢复原位，这也是低压断路器不能连续频繁地进行通断操作的原因之一。过电流脱扣器和热脱扣器互相配合，热脱扣器担负主电路的过载保护功能，过电流脱扣器担负短路和严重过载故障保护功能。

欠电压脱扣器6的线圈和电源并联。当电路欠电压时，欠电压脱扣器的衔铁释放，也使自由脱扣机构动作。

分励脱扣器4用于远距离控制，实现远方控制断路器切断电源。在正常工作时，其线圈是断电的，当需要远距离控制时，按下启动按钮，使线圈通电，衔铁带动自由脱扣机构动作，使主触头断开。

低压断路器配置了某些附件后，可以扩展功能，这些附件主要是欠压脱扣器、分励脱扣器、过电流脱扣器、辅助触头、旋转操作手柄、闭锁和释放电磁铁和电动操动机构等。

低压断路器按灭弧介质分类，有空气断路器、真空断路器等；按用途分类，有配电用断路器、电动机保护用断路器、照明用断路器、漏电保护断路器等。

配电用低压断路器按保护性能分，有非选择型和选择型两类。非选择型断路器，一般为瞬时动作，只作短路保护用；也有长延时动作，只作过负荷保护用。选择型断路器，有两段保护、三段保护和智能化保护。两段保护为瞬时（或短延时）与长延时特性两种。三段保护为瞬时、短延时与长延时特性三种。其中瞬时和短延时特性适于短路保护，而长延时特性适于过负荷保护。图4-34表示低压断路器的三种保护特性曲线。而智能化保护，其脱扣器为微机控制，保护功能更多，选择性更好，这种断路器称为智能型断路器。

供配电用低压断路器按结构形式分为塑料外壳式和万能框架式两大类。

(1) 塑料外壳式低压断路器。塑料外壳式断路器的主要特征是有一个采用聚酯绝缘材料模压而成的外壳，所有部件都装在这个封闭型外壳中。接线方式分为板前接线和板后接线两

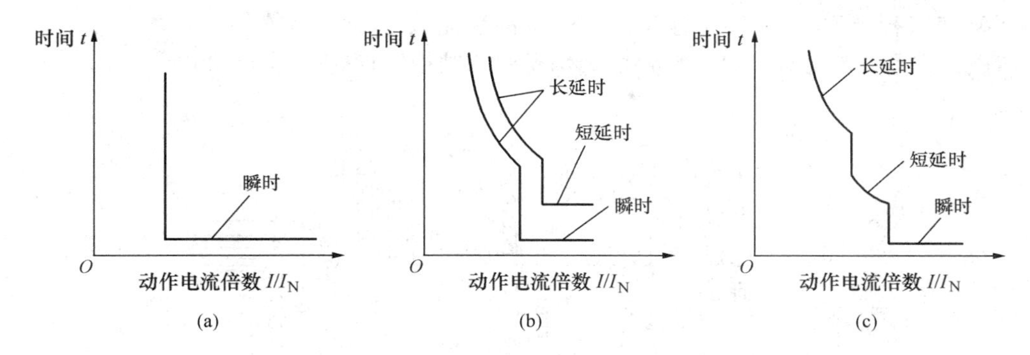

图 4－34　低压断路器的保护特性曲线

（a）瞬时动作式；（b）两段保护式；（c）三段保护式

种。大容量产品的操动机构采用储能式，小容量（50A 以下）常采用非储能式，操作方式多为手柄式。塑料外壳式断路器多为非选择型，根据断路器在电路中的不同用途，分为配电用断路器、电动机保护用断路器和其他负载（如照明）用断路器等。常用于低压配电开关柜（箱）中，作配电线路、电动机、照明电路、电热器等设备的电源控制开关及保护。在正常情况下，断路器可分别作为线路的不频繁转换及电动机的不频繁启动之用。

塑料外壳式断路器种类繁多，国产型号有 DZX10、DZ15、DZ20 等，引进技术生产的有 H、T、3VE、3WE、NZM、C45N、NS、S 等型，此外还生产有智能型塑料外壳式断路器（如 DZ40 等型）。

以 DZ20 系列塑料外壳式断路器为例，说明其基本结构特点。断路器由绝缘外壳、操动机构、灭弧系统、触头系统和脱扣器四部分组成。断路器的操动机构采用传统的四连杆结构方式，具有弹簧储能，快速“合”、“分”的功能。具有使触头快速合闸和分断功能的塑料外壳式低压断路器，其“合”、“分”、“再扣”和“自由脱扣”位置以手柄位置来区分。灭弧系统是由灭弧室和其周围绝缘封板、绝缘夹板组成的。绝缘外壳由绝缘底座、绝缘盖、进出线端的绝缘封板组成。绝缘底座和盖是断路器提高通断能力、缩小体积、增加额定容量的重要部件。触头系统由动触头、静触头组成。630A 及以下的断路器，其触头为单点式的；1250A 及以上断路器的动触头由主触头及弧触头组成。

DZ20 型断路器的脱扣器分过载（长延时）脱扣器、短路（瞬时）脱扣器两种。过载脱扣器为双金属片式，受热弯曲推动牵引杆有反时限动作特性。短路脱扣器采用电磁式结构。

（2）万能框架式断路器。万能框架式断路器一般有一个带绝缘衬垫的钢制框架，所有部件均安装在这个框架底座内。有一般式、多功能式、高性能式、智能式等几种结构形式。有固定式、抽屉式两种安装方式，手动和电动两种操作方式，具有多段式保护特性，主要用于配电网络的总开关和保护。万能框架式断路器容量较大，可装设较多的脱扣器，辅助触头的数量也较多。不同的脱扣器组合可产生不同的保护特性，有选择型或非选择型配电用断路器以及有反时限动作特性的电动机保护用断路器。容量较小（如 600A 以下）的万能框架式断路器多用电磁机构传动，容量较大（如 1000A 以上）的万能框架式断路器则多用电动机传动，无论采用何种传动机构，都装有手柄，以备检修或传动机构故障时用。极限通断能力较高的万能框架式断路器还采用储能操动机构以提高通断速度。

万能框架式断路器常用型号有 DW16（一般型）、DW15、DW15HH（多功能、高性能)、DW45(智能型),另外还有 ME、AE(高性能型)、M(智能型)等系列。

下面以多功能型 DW15HH 断路器为例说明其结构原理,如图 4-35 所示。

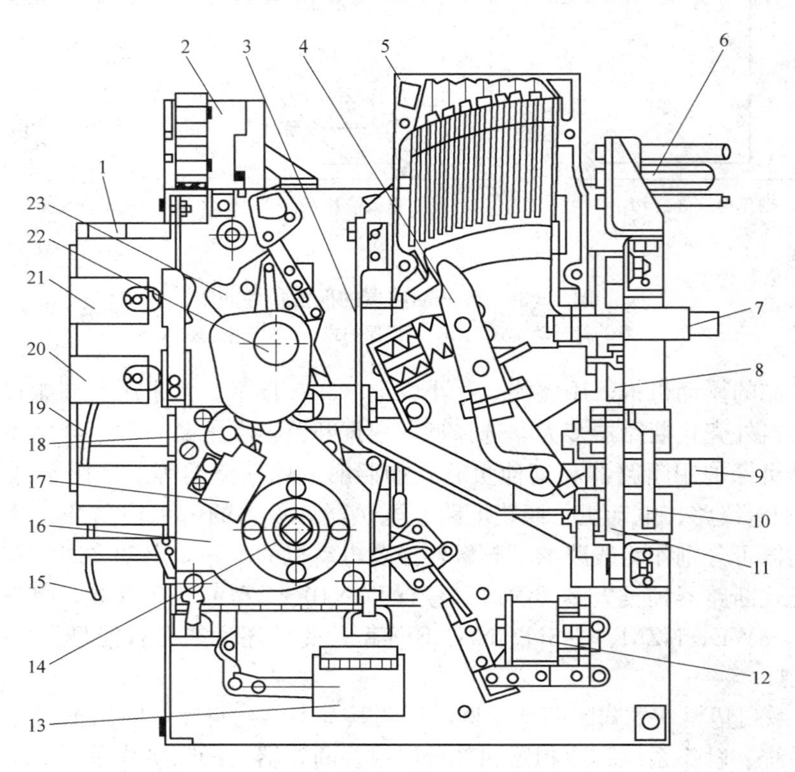

图 4-35 DW15HH-2000 系列多功能断路器内部结构示意

1—手柄;2—辅助触头;3—罩;4—动触头;5—灭弧室;6—辅助电路动隔离触头;7—上母线;8—基座;9—下母线;10—速饱和互感器;11—空心互感器;12—分励脱扣器;13—释能电磁铁;14—机构方轴;15—储能指标牌;16—机构;17—磁通变换器;18—脱扣半轴;19—分合闸指示牌;20—断开按钮;21—闭合按钮;22—主轴;23—反回弹机构

抽屉式断路器由本体及抽屉座两大部分组成,通过断路器本体和母线与抽屉座的桥式触头连接构成抽屉式断路器,采用正面面板结构,实现开关屏板外操作,开关屏板内装有以单片机为核心的脱扣控制器。断路器本体是带附件的固定式断路器,其附件包括导轨、辅助电路动隔离触头、安全隔板驱动轴等。抽屉座由带有导轨的左右侧板、底座、横梁等组成,下方装推进结构,上方装辅助电路静隔离触头,底座横梁上装位置指示,桥式触头前方装安全隔板。断路器采用储能弹簧释能的闭合方式,电动操作时,有配合电动机工作的预储能操作用释能电磁铁,手动储能时,储能手柄带动断路器方轴转动进行储能操作。

3. 接触器

接触器是一种适用于低压配电系统中远距离频繁地接通和分断交、直流电路的电器。其主要控制对象是电动机,也可用于控制如电焊机、电容器组、电热装置、照明设备等其他负载。接触器具有操作频率高、使用寿命长、工作可靠、性能稳定、维修简便等优点,是用途广泛的控制电器之一。

接触器的品种繁多,按操作方式分为电磁接触器、气动接触器和电磁气动接触器;按灭弧介质分，有空气电磁式接触器、油浸式接触器和真空接触器；按主触头控制的电路种类分，有交流接触器、直流接触器等。目前常用的交流接触器有 CJ 系列、3TB 系列、3TF 系列（国内型号为 CJX_3 系列）、B 系列、6C 系列、CKJ 和 EVS 系列等。

接触器由触头系统、电磁系统、灭弧装置等部分组成，如图 4－36 所示。

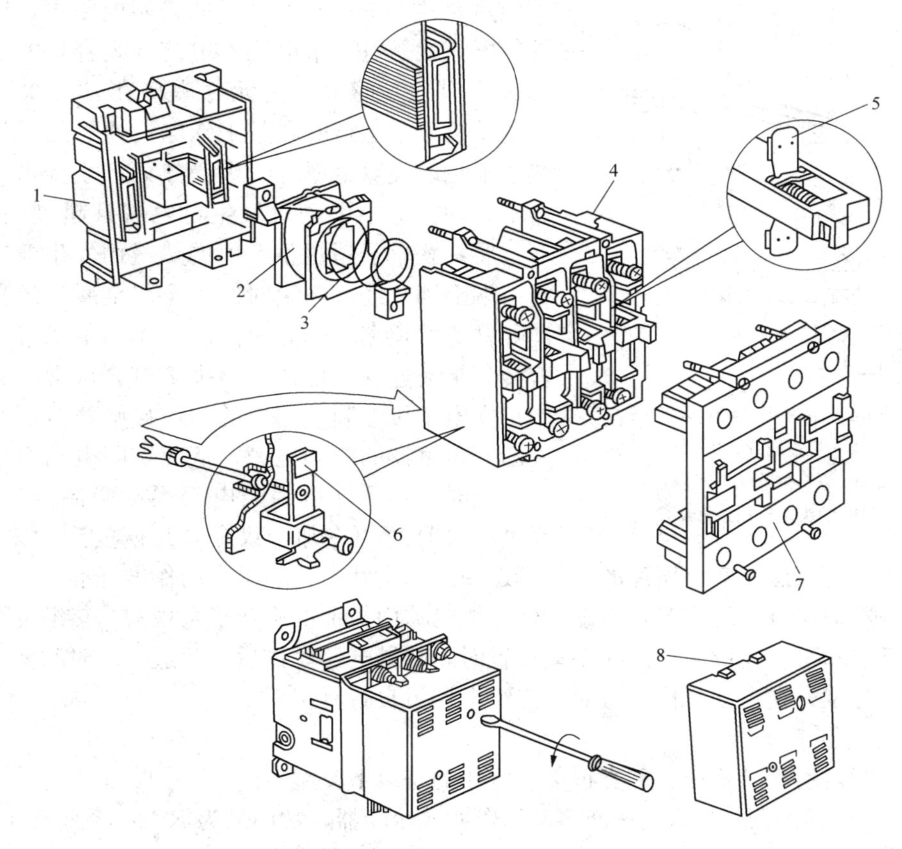

图 4－36　交流接触器的典型结构

1—底座；2—线圈；3—反作用力弹簧；4—中间部分；
5—动触头；6—静触头；7—面盖；8—灭弧罩

（1）触头系统。触头系统由主触头和辅助触头两部分组成。主触头是用来接通和断开负荷电流的触头，因为它断通的电流较大，所以放在灭弧罩内。辅助触头是用来接通和断开控制、信号电路的触头，其额定电流较小，一般为 5A。

（2）电磁系统。电磁系统由电磁线圈（又叫吸引线圈）和铁芯组成。铁芯又分为静铁芯和动铁芯。

（3）灭弧装置。灭弧罩是交流接触器的灭弧装置，它是由陶瓷或石棉水泥制成的。其内部结构可以实现纵向或横向切割电弧，并将电弧产生的高温热量传导出去。

接触器是利用电磁原理通过控制电路的控制和可动衔铁的运动来带动触头控制主电路通断的。

4. 热继电器

热继电器是一种利用电流热效应原理工作的电器，具有与电动机容许过载特性相近的反时限动作特性，主要与接触器配合使用，用于对三相异步电动机的过电流和断相保护。

图 4－37 所示为双金属片式热继电器的结构原理。由图 4－37 可见，热继电器由热元件 1、双金属片 2、复位按钮 3、导杆 4、拉簧 5、连杆 6、辅助触头 7 和接线端子 8 等组成，另外还有外壳、电流整定机构、温度补偿双金属片等部件。

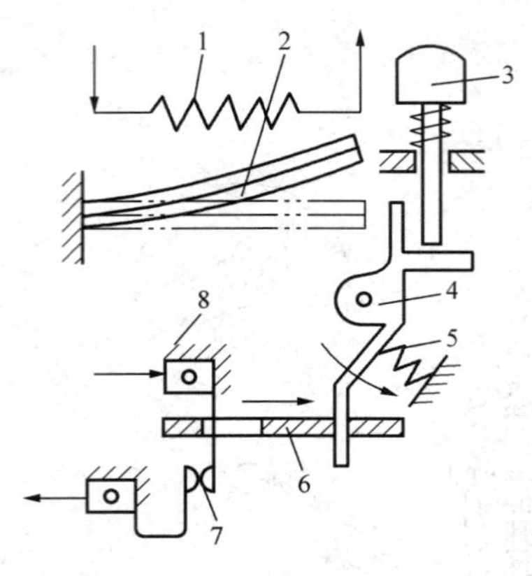

图 4－37 热继电器
1—热元件；2—双金属片；3—复位按钮；4—导杆；5—拉簧；6—连杆；7—辅助触头；8—接线端子

热元件 1 串接于电动机的控制电路中，通过热元件的电流就是电动机的工作电流（大容量的热继电器装有速饱和互感器，热元件串接在其二次回路中）。当电动机正常运行时，其工作电流通过热元件产生的热量不足以使双金属片 2 因受热而产生变形，热继电器不会动作。当电动机发生过电流且超过整定值时，双金属片获得了超过整定值的热量而发生弯曲，使其自由端上翘。经过一定时间后，双金属片的自由端脱离导杆 4 的顶端（称为脱扣）。导杆在拉簧 5 的作用下偏转，带动连杆 6 使常闭触头 7 打开（常闭触头通常串接在电动机控制电路中的相应接触器线圈回路中），并断开接触器的线圈电源，从而切断电动机的工作电源。同时，热元件也因失电而逐渐降温，热量减少，经过一段时间的冷却，双金属片恢复到原来的状态。若经自动或手动复位，双金属片的自由端返回到原来状态，为下次动作做好准备。

热继电器动作电流的调节是借助旋转热继电器面板上的旋钮来实现的。热继电器复位方式有自动复位和手动复位两挡。在手动位置时，热继电器动作后，经过一段时间才能按动手动复位按钮复位；在自动复位位置时，热继电器可自行复位。

5. 低压熔断器

低压熔断器的产品系列、种类很多，常用的有以下类型：

（1）插入式熔断器。插入式熔断器又称瓷插式熔断器，常用的为 RC1A 系列，如图 4－38 所示。它由灭弧室（由瓷底座的空腔与瓷插件凸出部分构成）、静触头、动触头、熔体等组成。60A 以上的熔断器瓷底座空腔内衬有编制石棉垫，以帮助熄弧。这种熔断器结构简单，更换熔体方便，所以广泛应用在 500V 以下的电路中，用来保护线路、照明设备及小容量电动机，其额定电流为 10～60A。

（2）螺旋式熔断器。螺旋式熔断器广泛应用于工矿企业低压配电设备、机械设备的电气控制系统中作短路和过电流保护。常用产品系列有 RL5、RL6 系列螺旋式熔断器，如图 4－39 所示。螺旋式熔断器由瓷座、熔体、瓷帽等组成。熔体是一个瓷管，内装有硅砂和熔丝，熔丝的两端焊在熔体两端的导电金属端盖上，其上端盖中有一个涂有红漆的熔断指示器，当熔体熔断时，熔断指示器弹出脱落，透过瓷帽上的玻璃孔可以看见。熔断器熔断后，只要更换熔体即可。

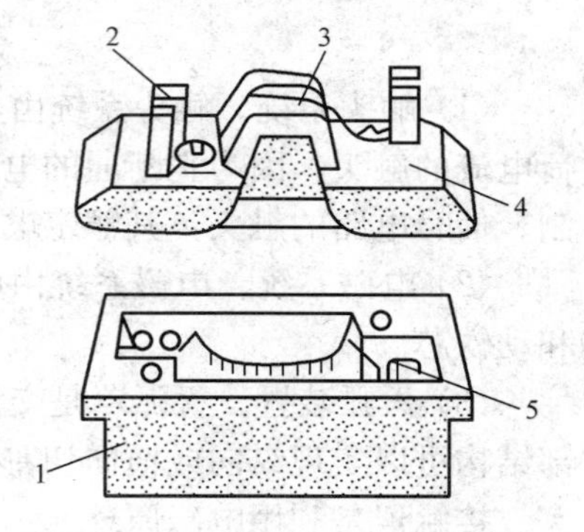

图 4－38 插入式熔断器
1—瓷底座；2—动触头；3—熔体；4—瓷插件；5—静触头

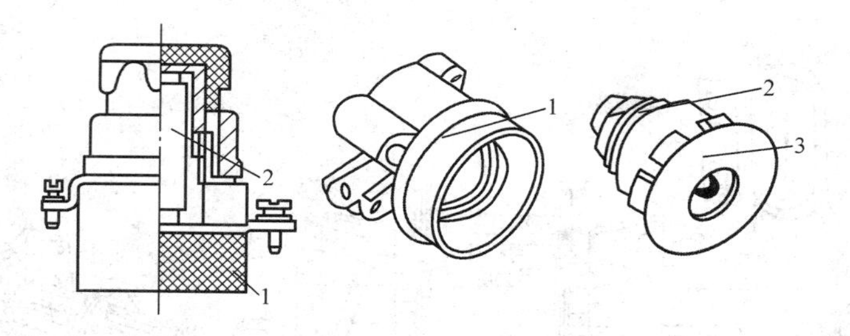

图 4-39 螺旋式熔断器

1—瓷座；2—熔体；3—瓷帽

(3) RM10 型封闭管式熔断器。RM10 型熔断器由绝缘纸管、熔体、插刀、刀座等组成，结构如图 4-40 所示。熔体由锌片冲制成变截面，在通过大电流时，熔体狭窄部分温度很快升高，熔体首先在狭窄部分熔断，此时产生金属蒸气较少。在狭窄部分熔断后，由于宽阔部分下坠造成较大弧隙，有利于灭弧。此外，在产生电弧时，纤维管在高温作用下可分解出大量气体，使管内压力迅速增高，从而也可促使电弧很快熄灭。因此，RM 型熔断器具有分断能力高、灭弧速度快的优点。

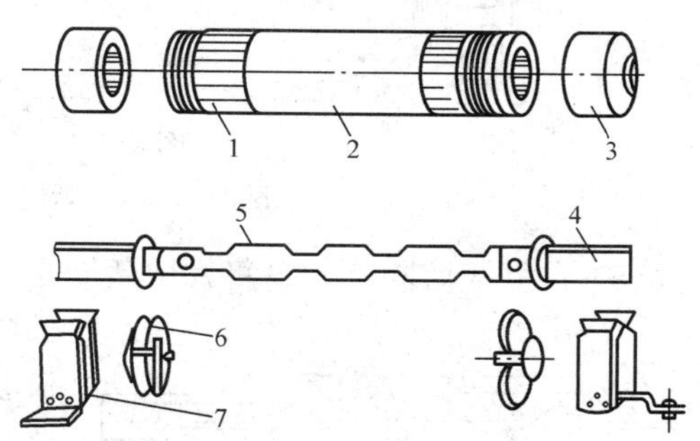

图 4-40 RM10 型封闭管式熔断器

1—黄铜圈；2—绝缘纸管；3—黄铜帽；4—插刀；5—熔体；6—特种垫圈；7—刀座

由于 RM 型熔断器的上述特点，再加上工作安全可靠，更换方便，所以它广泛用于工厂供配电中，作为电动机的保护和断路器合闸控制回路的保护等。

(4) 有填料高分断能力熔断器。有填料高分断能力熔断器广泛应用于各种低压电路作为短路和过电流保护。其结构一般为封闭管式，产品种类很多，典型产品有 NT（RT16、RT17）系列和 RT20 系列高分断能力熔断器。我国传统产品为 RT0 型熔断器，另外还有 RT14、RT15 系列有填料密封管式熔断器，也是高分段能力型。

有填料高分断能力熔断器是全范围熔断器，能分断从最小熔化电流至其额定分断能力（120kA）之间的各种电流，额定电流最大为 1250A，具有较好的限流作用。

如图 4-41 所示，熔断器由瓷底座、弹簧片、管体、绝缘手柄、熔体等组成，并有撞击器等附件。熔断器底座采用整体瓷板结构或采用两块瓷块安装于钢板制成的底板组合结构。熔断体由瓷质管体、熔体、硅砂、触刀等部分组成，有的带有熔断指示器和熔断体盖板。熔体是采用紫铜箔冲制的网状多根并联形成的熔片，中间部位有锡桥，装配时将熔片围成笼状，以充分发挥填料与熔体接触的作用。这样既可均匀分布电弧能量而提高分断能力，又可使管体受热比较均匀而不易使其断裂。熔断指示器是个机械信号装置，指示器上焊有一根很细的康铜丝，与熔体并联。在正常情况下，由于康铜丝电阻很大，电流基本上从熔体流过，只有在熔体熔断之后，电流才转到康铜丝上，使其立即熔断，而指示器便在弹簧作用下立即向外弹出，显出醒目的红色信号。RT20 系列的部分规格还设计有 3 极并列的整体结构，并备有触头罩、极间隔板等附件，以便于三相使用。绝缘手柄是用来装卸熔断体的可动部件。

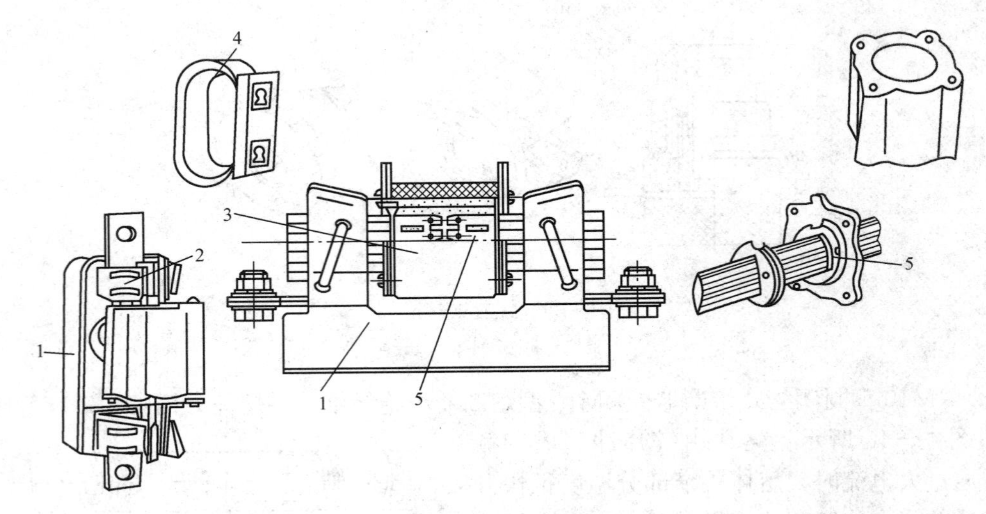

图4-41 有填料封闭管式熔断器

1—瓷底座；2—弹簧片；3—管体；4—绝缘手柄；5—熔体

（5）自复式熔断器。自复式熔断器是一种采用气体、超导材料或液态金属钠等作为熔体的限流元件。自复熔断器有限流型和复合型两种，限流型本身不能分断电路而常与断路器串联使用限制短路电流，从而提高分断能力。复合型的具有限流和分断电路两种功能。采用液态金属钠等作熔体的自复熔断器的结构原理如图4-42所示。在常温下具有高电导率，在故障电流作用下，其中的局部液态金属钠因高温迅速汽化而蒸发，形成约400MPa气压的等离子状态，呈现高阻态，从而限制了短路电流。当故障消失后温度下降，金属钠蒸气冷却并凝结，自动恢复至原来的导电状态，熔体所在电路恢复正常，又为重新动作做好准备。

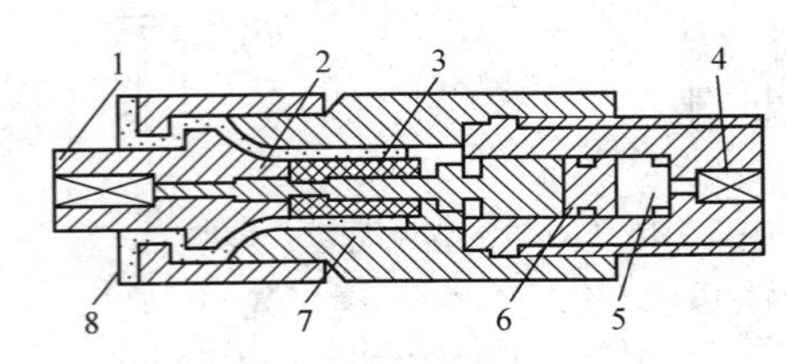

图4-42 自复熔断器结构原理

1、4—端子；2—熔体；3—绝缘管；5—氮气；6—活塞；7—钢套；8—填充剂

4.3 电力变压器

4.3.1 电力变压器的分类及特点

电力变压器是变电所中最关键的一次设备，其主要功能是将电力系统中的电能电压升高或降低，以利于电能的合理输送、分配和使用。

按功能分类，电力变压器有升压变压器和降压变压器两种。在远距离传输配电系统中，为了把发电机发出的较低电压升高为较高的电压级，需采用升压变压器，而对于直接供电给各类用户的终端变电所，则采用降压变压器。

按相数分类，电力变压器有单相变压器和三相变压器两种。其中，三相变压器广泛用于供配电系统的变电所中，而单相变压器一般供小容量的单相设备专用。

按绕组导体的材质分类，电力变压器有铜绕组变压器和铝绕组变压器两种。过去我国工厂变电所大多采用铝绕组变压器，但现在低损耗的铜绕组变压器，尤其是大容量的铜绕组变压器已得到了更为广泛的应用。

按绕组形式分类，变压器有双绕组变压器、三绕组变压器和自耦式变压器三种。双绕组变压器用于变换一个电压的场所；三绕组变压器用于需变换两个电压的场所，它有一个一次绕组和两个二次绕组；自耦式变压器大多在实验室中作调压用。

按容量系列分类，电力变压器有R8系列和R10系列。目前，我国大多采用IEC推荐的R10系列来确定变压器的容量，即容量按 $R10=\sqrt[10]{10}=1.26$ 的倍数递增，常用的有30、50、63、80、100、125、160、200、250、315、400、500、630、800、1000、1250、1600、2000、2500、3150kV·A等，其中容量在500kV·A以下为小型，630～6300kV·A的为中型，8000kV·A以上的为大型。变压器容量的等级较密，便于合理选用。

按电压调节方式分类，电力变压器有无载调压变压器和有载调压变压器两种。其中，无载调压变压器一般用于对电压水平要求不高的场所，特别是10kV及以下的配电变压器；10kV以上的电力系统和对电压水平要求较高的场所主要采用有载调压变压器。

按冷却方式和绕组绝缘分类，电力变压器有油浸式、干式和充气式（SF_6）等。其中，油浸式变压器分为油浸自冷式、油浸风冷式、油浸水冷式、强迫油循环冷却方式等，而干式变压器分为浇注式、开启式、封闭式等。

油浸式变压器具有较好的绝缘和散热性能，且价格较低，便于检修，因此得到了广泛采用；但由于油具有可燃性，因此不便用于易燃易爆和安全要求较高的场合。

干式变压器结构简单，体积小，质量轻，且防火、防尘、防潮，价格较同容量的油浸式变压器贵，主要用于在安全防火要求较高的场所，尤其是大型建筑物内的变电所、地下变电所、矿井内变电所等。

充气式变压器是利用填充的气体进行绝缘和散热，具有优良的电气性能，主要用于安全防火要求较高的场所，并常与其他充气电器配合组成成套装置。

普通中小容量的变压器采用自冷式结构，即变压器产生的损耗热经自然通风和辐射逸散；大容量的油浸式变压器采用水冷式和强迫油循环冷却方式。风冷式利用通风机来加强变压器的散热冷却，一般用于大容量变压器（2000kV·A及以上）和散热条件较差的场所。

按用途分类，电力变压器有普通变压器和防雷变压器两种。6～10kV/0.4kV的变压器常称为配电变压器，安装在总降压变电所的变压器通常称为主变压器。

4.3.2　电力变压器的结构及型号

电力变压器是利用电磁感应原理进行工作的，因此其基本的结构组成有电路和磁路两部分。变压器的电路部分就是它的绕组，对于降压变压器来说，与系统电路和电源连接的称为一次绕组，与负载连接的称为二次绕组；变压器的铁芯构成了它的磁路，铁芯由铁轭和铁芯柱组成，绕组套在铁芯柱上。为了减少变压器的涡流和磁滞损耗，一般采用表面有绝缘漆膜的硅钢片交错叠成铁芯。图4-43所示为三相树脂浇注绝缘干式电力变压器的外形结构。

电力变压器全型号的表示和含义见附录1。例如，S11-1000/10为三相铜绕组油浸式电力变压器，设计序号为11，高压绕组电压为10kV，额定容量为1000kV·A。

4.3.3　电力变压器的联结组别

电力变压器的联结组别是指变压器一、二次绕组所采用的连接方式的类型及相应的一、二次侧对应线电压的相位关系。常用的联结组别有Yyn0、Dyn11、Yzn11、Yd11、Ynd11等。

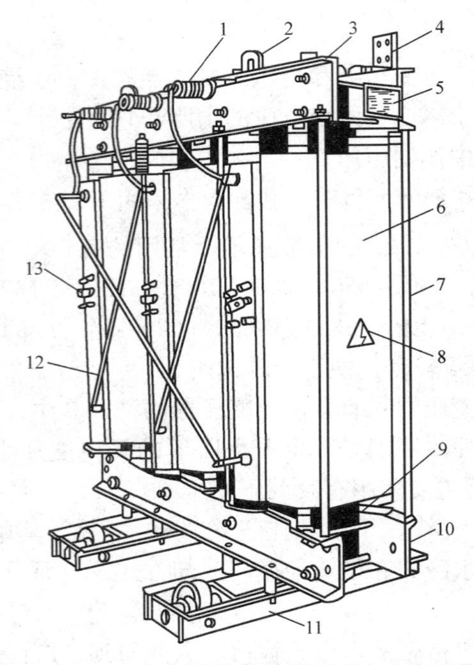

图 4-43 三相树脂浇注绝缘干式电力变压器

1—高压出线套管；2—吊环；3—上夹件；4—低压出线接线端子；5—铭牌；6—树脂浇注绝缘绕组；7—上下夹件拉杆；8—警示标牌；9—铁芯；10—下夹件；11—底座；12—高压绕组相间连接杆；13—高压分接头及连接杆

1. 配电变压器的联结组别

6～10kV 配电变压器（二次侧电压为 220/380V）有 Yyn0 和 Dyn11 两种常用的联结组别。

(1) Yyn0 联结组别的一次线电压和对应二次线电压的相位关系，与时钟在零点（12 点）时时针和分针的位置一样。Yyn0 联结组别的一次绕组为星形联结，二次绕组为带中性线的星形联结，其线路中可能有的 $3n$ 次谐波电流会注入公共的高压电网中，并且规定其中性线的电流不能超过相线电流的 25%。因此，负荷严重不平衡或 $3n$ 次谐波比较突出的场合，不宜采用这种联结。但该联结组别的变压器一次绕组的绝缘强度要求较低（与 Dyn11 比较），因而造价比 Dyn11 型的稍低。在 TN 和 TT 系统中，由单相不平衡电流引起的中性线电流不超过二次绕组额定电流的 25%，且任一相的电流在满载时都不超过额定电流，这种情况下可选用 Yyn0 联结组别的变压器。

(2) Dyn11 联结组别的一次线电压和对应二次线电压的相位关系，与时钟在 11 点时时针和分针的位置一样。配电变压器采用 Dyn11 联结与 Yyn0 联结相比具有以下优点：

1) Dyn11 联结组别一次绕组为三角形联结，$3n$ 次谐波电流在其三角形的一次绕组中形成环流，不致注入公共电网，有抑制高次谐波的作用。

2) Dyn11 联结变压器的零序阻抗较 Yyn0 联结变压器的零序阻抗小得多，从而更有利于低压单相短路故障的切除。

3) Dyn11 联结变压器的中性线电流容许达到相电流的 75%，因此其承受单相不平衡电流的能力远远大于 Yyn0 联结组别的变压器。对于现代供电系统中单相负荷急剧增加的情况，尤其在 TN 和 TT 系统中，Dyn11 联结的变压器已得到大力的推广和应用。

2. 防雷变压器的联结组别

防雷变压器通常采用 Yzn11 联结组别，其一次绕组采用星形联结，二次绕组分成两个匝数相同的绕组，并采用曲折形联结，在同一铁芯柱上的两个绕组的电流正好相反，使磁动势相互抵消。因此，如果雷电过电压沿二次侧线路侵入，则此过电压不会感应到一次侧线路上；反之，如果雷电过电压沿二次侧线路侵入，则二次侧也不会出现过电压。由此可见，Yzn11 联结的变压器有利于防雷，适用于多雷地区。但这种变压器二次绕组的用材量比 Yyn0 型的增加了 15%以上。

4.3.4 电力变压器的实际容量及过载能力

1. 电力变压器的额定容量与实际容量

电力变压器的额定容量（铭牌容量）是指它在规定的环境温度条件下（+40℃），室外安装时，在规定的使用年限（一般规定为 20 年）内所能连续输出的最大视在功率（单位为 kV・A）。

电力变压器正常使用的最高年平均气温为 +20℃。如果变压器安装地点的年平均气温 $\theta_{0,av} \neq 20$℃，则年平均气温每升高 1℃，变压器的容量就相应减小 1%。因此，变压器的实际容量应计入一个温度校正系数 K_θ。

对于室外变压器，其实际容量为

$$S_T = K_\theta S_{N,T} = \left(1 - \frac{\theta_{0,av} - 20}{100}\right) S_{N,T} \tag{4-1}$$

式中　$S_{N,T}$——变压器的额定容量。

上述年平均气温指的是室外温度，对室内运行的变压器来说，由于散热条件差，因此其运行发热的影响有所升高。一般室内运行的变压器的环境温度比户外温度高 8℃，因此其容量还要减少 8%，故室内变压器的实际容量为

$$S'_T = K'_\theta S_{N,T} = \left(0.92 - \frac{\theta_{0,av} - 20}{100}\right) S_{N,T} \tag{4-2}$$

2. 电力变压器的正常过负荷能力

电力变压器在运行中，其负荷总是在变化。就一昼夜来说，很大一部分负荷都低于最大负荷，而变压器容量又是按最大负荷来选择的，因此变压器运行时实际上并没有充分发挥其负荷能力。从维持变压器规定的使用年限来考虑，变压器在必要时完全可以过负荷运行。对于油浸式电力变压器，其允许过负荷包括以下两部分：①由于昼夜负荷不均匀而考虑的过负荷；②由于夏季欠负荷而在冬季考虑的过负荷。同时考虑以上两点，油浸式电力变压器总的正常过负荷系数不得超过下列数值：室内变压器为 20%，室外变压器为 30%。干式电力变压器一般不考虑正常过负荷。

3. 电力变压器的事故过负荷能力

电力变压器在事故情况下，由于需要保证对重要用户的连续供电，允许变压器在短时间（消除事故所必需的时间）内过负荷运行，这种过负荷称为事故过负荷。但运行人员应迅速进行事故处理，以消除事故过负荷。

事故过负荷会引起变压器绕组的绝缘温度超过允许值，使绝缘的老化速度比正常工作条件下快得多，因而会缩短变压器的使用年限。但考虑到事故发生的机会少，且变压器一般以相当大的欠负荷状态运行，所以短时的事故过负荷不会引起绝缘的显著损害。

变压器允许事故过负荷的时间参照表 4-1。超过时间后，可允许切除次要负荷以保证重要负荷运行。

表 4-1　电力变压器事故过负荷与时间允许值

油浸自然冷却变压器	过负荷百分数（%）	30	45	60	75	100	200
	过负荷时间（min）	120	80	45	20	10	1.5
干式变压器	过负荷百分数（%）	10	20	30	40	50	60
	过负荷时间（min）	75	60	45	32	16	5

4.3.5　电力变压器的选择

1. 变电所主变压器选型原则

(1) 一般应优先采用 S11、SH15、SG10 等系列的低损耗变压器。

(2) 在多尘或有腐蚀性气体以致严重影响变压器安全运行的场所，应选用 BSL1 型密闭式电力变压器。

(3) 对于高层建筑、地下建筑、机场、化工单位等对消防要求较高的场所，宜选用 SLL、SG、SGZ 等系列干式变压器。

(4) 对电网电压波动较大而不能满足用电负荷要求时，为改善电能质量应选用 SZ、SFSZ、SGZ 等系列有载调压的电力变压器。

2. 变电所主变压器台数的选择

(1) 应满足用电负荷对供电可靠性的要求。有大量一、二级负荷的变电所宜采用两台变压器，当一台变压器发生故障或检修时，另一台变压器能对一、二级负荷继续供电。只有二级负荷而无一级负荷的变电所也可以只采用一台变压器，但必须在低压侧敷设与其他变电所相连的联络线作为备用电源。

(2) 对季节性负荷或昼夜负荷变动较大且要求采用经济运行方式的变电所，可考虑采用两台变压器。

(3) 除上述情况外，一般车间变电所宜采用一台变压器。但是负荷集中而容量相当大的变电所，虽为三级负荷，也可以采用两台或两台以上变压器。

(4) 在确定变电所主变压器台数时，应适当考虑负荷的发展并留出一定的余地。

3. 变电所主变压器容量的选择

(1) 只装一台主变压器的变电所。主变压器容量 $S_{N,T}$ 应满足全部用电设备总计算负荷 S_{30} 的需要，即

$$S_{N,T} \geqslant S_{30} \tag{4-3}$$

(2) 装有两台主变压器的变电所。每台变压器的容量 $S_{N,T}$ 应同时满足以下两个条件：

1) 任一台变压器单独运行时，应满足总计算负荷 S_{30} 的 60%～70%的需要，即

$$S_{N,T} \geqslant (0.6 \sim 0.7) S_{30} \tag{4-4}$$

2) 任一台变压器单独运行时，应满足全部一、二级负荷 $S_{30(\text{I}+\text{II})}$ 的需要，即

$$S_{N,T} \geqslant S_{30(\text{I}+\text{II})} \tag{4-5}$$

(3) 车间变电所主变压器单台容量的选择。车间变电所主变压器的单台容量一方面会受到低压断路器断流能力和短路稳定度的限制，另一方面应考虑使变压器更接近于车间负荷中心，因此容量一般不宜大于 1250kV·A。

对居民小区变电所内的变压器，一般保护配置比较简单，因此单台容量不宜大于 630kV·A。

必须指出，变电所主变压器台数和容量的最后确定应结合变电所主接线方案的选择，通过对几个较合理方案的技术经济指标进行比较后择优确定，选择的变压器容量应留有一定的余地。

【例 4-1】 某企业 10/0.4kV 变电所，其总计算负荷为 1200kV·A，其中一、二级负荷为 750kV·A。当地年平均气温为+15℃，试选择其主变压器的台数和容量。

解 根据变电所的一、二级负荷情况，确定选两台主变压器，互为备用。

每台变压器容量应满足以下两个条件：

$$S_{N,T} \geqslant (0.6 \sim 0.7) S_{30} = (0.6 \sim 0.7) \times 1200\text{kV·A} = (720 \sim 840)\text{kV·A}$$

且

$$S_{N,T} \geqslant S_{30(\text{I}+\text{II})} = 750\text{kV·A}$$

综合上述情况，初步确定选择两台 800kV・A 的主变压器，具体可选为 S11－800/10 型变压器，或选 SH15－800/10 型非晶合金变压器。

4.3.6　电力变压器并联运行的条件

将两台或以上的变压器的一次绕组并联到公共电源上，二次绕组也并联在一起向负荷供电，这种运行方式称为变压器的并联运行。

从保证变电所和电力系统的安全、可靠和经济运行的角度来看，变压器的并联运行是十分必要的。因为变压器在运行中可能会发生故障，因此若干台变压器并联运行后，当一台变压器发生故障断开，其他正常运行的变压器由于在短时间内允许过负荷运行，从而保证对重要用户的连续供电。另外，在并联运行中，当系统负荷轻时，可轮流检修变压器，不致中断供电。由于电力系统的负荷随昼夜和季节的不同而有变化，若多台变压器并联运行，在负荷轻时，还可停用 1 台或 2 台变压器，以减小变压器的损耗，达到经济运行的目的。

变压器并联运行时，当带上负荷以后，其负荷的分配是按照各台变压器本身的特性（短路电压和变化）自行分配的，而不是按照各台变压器的额定容量成正比地分配的，因此，易造成各类变压器间负荷分配的不合理，使设备容量不能充分利用。为此，并列运行的变压器必须满足下列条件：

(1) 各台变压器的一次额定电压和二次额定电压应分别相等，即各台变压器的变比应相等，但可允许差值在±0.5%以内。当变比不相等时，由于循环电流的产生，不能使所有并列运行的变压器都带上额定负荷，即总容量不能充分利用，且增加了变压器的损耗。特别是当变比相差很大时，循环电流可能大得足以破坏变压器的正常工作。

(2) 各台变压器的短路电压（阻抗百分数）$U_k\%$应相等，但可允许相差在±10%以内。并列运行的变压器，其负荷分配是与短路电压成反比的。一般来说，变压器的容量大，短路电压大。所以当容量小的变压器满负荷时，则容量大的变压器欠负荷；当容量大的变压器满负荷时，则容量小的变压器过负荷。为了把这种负荷分配极不合理的现象限制在一定范围内，规定并列运行的变压器最大容量和最小容量之比不得超过 3∶1，且短路电压的相差不得超过 10%。

(3) 各台变压器的接线组别应相同。接线组别不同的变压器并列运行时，一、二次绕组线电压之间存在着相位差。在并列运行的二次绕组中，将会出现相当大的电压差，在电路中会出现很大的循环电流。由于变压器绕组的电阻和变压器的漏电抗很小，这个环流可能会达到足以烧坏变压器的程度。因此，接线组别不同的变压器是绝对不能并列运行的。

4.4　互　感　器

互感器是一种特殊用途的变压器，又称仪用互感器，是工厂供配电系统中不可缺少的重要设备。根据电气量变换的差别，可分为电压互感器（简称 TV）和电流互感器（简称 TA）两大类。它的主要用途是：与仪表配合测量线路上的电流、电压、功率和电能；与继电器配合对线路及变配电设备进行定量保护。为配合仪表测量和继电保护的需要，电压互感器将系统中的高电压变换成标准的低电压（100V 或 $100/\sqrt{3}$V）；电流互感器将系统中的大电流变换成标准的小电流（5A 或 1A）。由于采用了仪用互感器，使测量仪表或继电器均接在互感器的二次侧与系统的高电压隔离，从而保证了操作人员和设备的安全。同时，由于互感器二次电压和二次电流均为统一的标准值，使仪表和继电器制造标准化，简化制造工艺，降低成本。因此互感器在变、配电网络的测量、保护及控制系统中得到了广泛的应用。

4.4.1 电压互感器

1. 电压互感器的构造和工作原理

电压互感器按其工作原理可以分为电磁感应原理和电容分压原理（在 220kV 以上系统中使用）两类。常用的电压互感器是利用电磁感应原理工作的，它的基本构造与普通变压器相同，主要由铁芯、一次绕组、二次绕组组成，如图 4 - 44 所示。电压互感器一次绕组匝数较多，二次绕组匝数较少，使用时一次绕组与被测量电路并联，二次绕组与测量仪表或继电器等电压线圈并联。由于测量仪表、继电器等电压线圈的阻抗很大，电压互感器在正常运行中二次绕组中的电流很小，一次和二次绕组中的漏阻抗压降都很小。因此，它相当于一个空载运行的降压变压器，其二次电压基本上等于二次电动势值，且取决于恒定的一次电压值，所以电压互感器在准确度所允许的负载范围内，能够精确地测量一次电压。

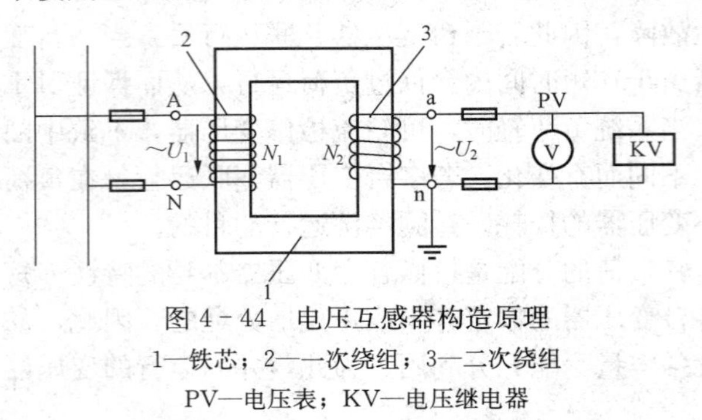

图 4 - 44 电压互感器构造原理

1—铁芯；2—一次绕组；3—二次绕组

PV—电压表；KV—电压继电器

电压互感器的一次电压 U_1 与二次电压 U_2 之间关系为

$$U_1 \approx \frac{N_1}{N_2}U_2 \approx K_u U_2 \qquad (4-6)$$

式中 N_1、N_2——电压互感器一次、二次绕组匝数；

K_u——电压互感器的变压比，一般表示为其额定一、二次电压比，即 $K_u = U_{1N}/U_{2N}$。

2. 电压互感器的接线方式

电压互感器有四种常见的接线方式，如图 4 - 45 所示。

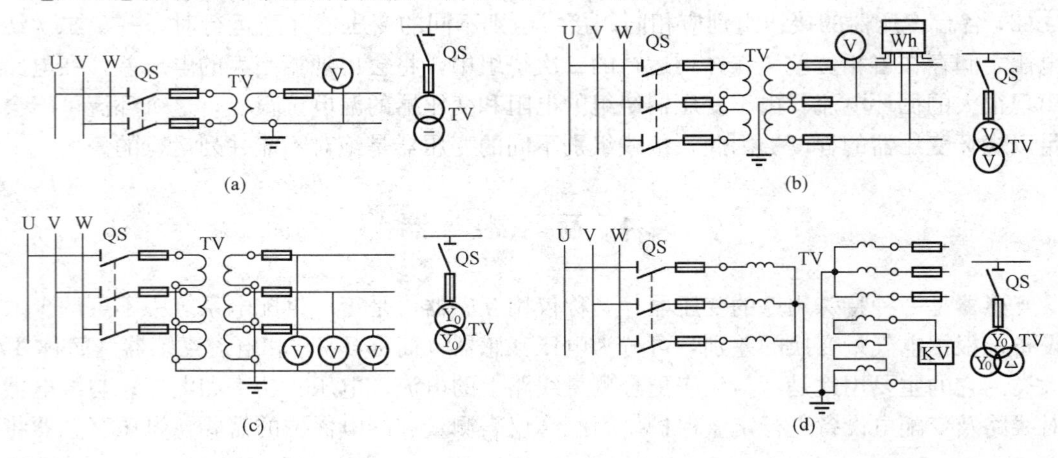

图 4 - 45 电压互感器的接线方式

(a) 一个单相电压互感器的接线；(b) 两个单相电压互感器V/V形接线；(c) 三个单相电压互感器Y₀/Y₀ 形接线；(d) 三个单相三绕组电压互感器或一个三相五芯柱电压互感器Y₀/Y₀/开口△接线

(1) 一台单相电压互感器的接线。如图 4-45 (a) 所示，这种接线在三相线路上，只能测量某两相之间的线电压，用于连接电压表、频率表、电压继电器等。为安全起见，二次绕组有一端（通常取 x 端）接地。

(2) 两个单相电压互感器V/V形接线。V/V接线又称不完全星形接线，如图 4-45 (b) 所示。它可以用来测量三个线电压，供仪表、继电器接于三相三线制电路的各个线电压。它的优点是接线简单、经济，广泛用于工厂供配电所高压配电装置中。它的缺点是不能测量相电压。

(3) 三个单相电压互感器Y_0/Y_0 接线。如图 4-45 (c) 所示，这种接线方式能满足仪表和继电保护装置取用相电压和线电压的要求。在小电流接地系统中，可供电给接相电压的绝缘监视电压表，在这种接线方式中电压表应按线电压选择。常用于三相三线及三相四线制线路。

(4) 三个单相三绕组电压互感器或一个三相五芯柱电压互感器$Y_0/Y_0/\Delta$接线。如图 4-45 (d) 所示，这种互感器接线方式，在 10kV 中性点不接地系统中应用广泛，它既能测量线电压、相电压，又能组成绝缘监察装置和供单相接地保护用。两套二次绕组中，Y_0 形接线的二次绕组称为基本二次绕组，用来接仪表、继电器及绝缘监察电压表，开口三角形（Δ）接线的二次绕组，称为辅助二次绕组，用来连接监察绝缘用的电压继电器。在系统正常运行时，开口三角形两端的电压接近于零，当系统发生一相接地时，开口三角形两端出现零序电压，使电压继电器吸合，发出接地预告信号。

3. 电压互感器的类型及型号

电压互感器按安装地点分有户内式和户外式，按相数分有单相式和三相式，按每相的绕组数分有双绕组式和三绕组式，按绝缘方式分有干式、浇注式、油浸式等。20kV 及以下的几乎全是户内型，并有单相和三相，油浸绝缘、浇注绝缘等结构形式。目前在 3～20kV 电压范围内，单相浇注绝缘的占有明显优势。35kV 及以上的制成单相油浸户外式。图 4-46 所示为应用广泛的单相三绕组，环氧树脂浇注绝缘的户内 JDZJ-10 型电压互感器外形图。

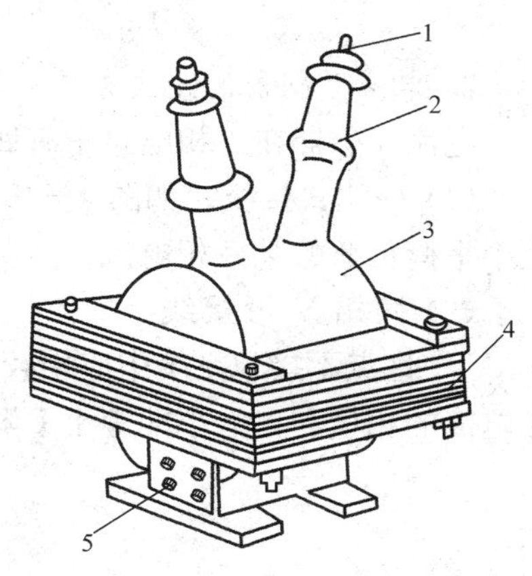

图 4-46 JDZJ-10 型电压互感器
1—一次接线端子；2—高压绝缘套管；3—一、二次绕组（环氧树脂浇注）；4—铁芯；5—二次接线端子

4. 电压互感器的使用注意事项

(1) 电压互感器二次侧不得短路。电压互感器一、二次侧都是在并联状态下工作的，如果发生短路，将产生很大的短路电流，有可能烧坏电压互感器，甚至影响一次电路的安全运行，所以工厂供配电系统中电压互感器的一、二次侧都必须装设熔断器保护。

(2) 电压互感器二次侧必须有一点接地。电压互感器二次侧一点接地，其目的是防止一、二次绕组的绝缘击穿时，一次侧的高电压窜入二次侧，危及人身和二次设备的安全。

(3) 电压互感器在接线时要注意端子极性。所谓极性就是指一次和二次绕组感应电动势之间的相位关系。在某一瞬间一次和二次绕组同时达到高电位或低电位的对应端称为同极性端或同名端。电压互感器端子上标注 A 和 a、X 和 x 为同极性端。

4.4.2 电流互感器

1. 电流互感器的构造和工作原理

电流互感器也是按电磁感应原理工作的。它的构造与普通变压器相似，主要由铁芯、一次绕组和二次绕组等几个主要部分组成，如图 4-47 所示。与电压互感器所不同的是电流互感器的一次绕组匝数很少，使用时一次绕组串联在被测电路中。而二次绕组匝数较多，与测量仪表、继电器等电流线圈串联使用。运行中电流互感器一次绕组内的电流取决于主电路的负荷电流，与二次负荷无关（与普通变压器正好相反），由于接在电流互感器二次绕组内的测量仪表和继电器的电流线圈阻抗都很小，所以电流互感器在正常运行时，接近于短路状态，相当于一个短路运行的变压器，这是电流互感器与变压器的主要区别。

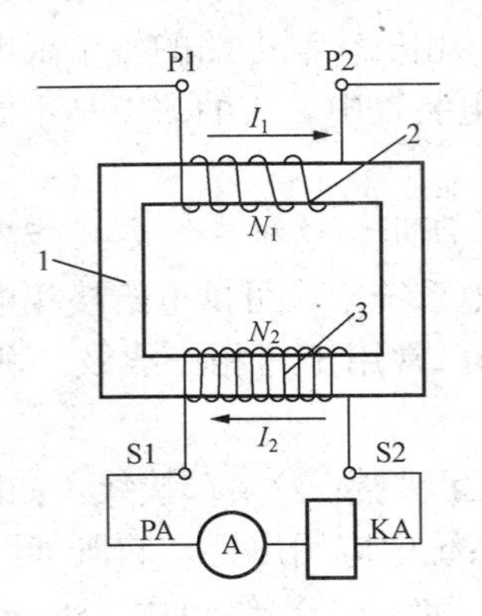

图 4-47 电流互感器构造原理图
1—铁芯；2—一次绕组；3—二次绕组
PA—电流表；KA—电流继电器

电流互感器的一次电流 I_1 与二次电流 I_2 之间有

$$I_1 \approx (N_2/N_1)I_2 \approx K_i I_2 \tag{4-7}$$

式中 N_1、N_2——电流互感器一次二次绕组匝数；

K_i——电流互感器的变流比，一般表示为额定的一次和二次电流之比，即 $K_i = I_{1N}/I_{2N}$。

2. 电流互感器的接线方式

电流互感器在三相电路中有四种常见的接线方式，如图 4-48 所示。

(1) 一相式接线。如图 4-48 (a) 所示，这种接线主要用来测量单相负荷电流或三相系统中平衡负荷的某一相电流。

(2) 两相 V 形接线。如图 4-48 (b) 所示，这种接线又称不完全星形接线，在 6～10kV 中性点不接地系统中应用较广泛。这种接线通过公共线上仪表中的电流，等于 A、C 相电流的相量和，大小即等于 B 相的电流，因为

$$\dot{I}_A + \dot{I}_B + \dot{I}_C = 0 \tag{4-8}$$

$$\dot{I}_B = -(\dot{I}_A + \dot{I}_C) \tag{4-9}$$

不完全星形接线方式组成的继电保护电路，能对各种相间短路故障进行保护，但灵敏度不尽相同，与三相星形接线比较，灵敏度较差。不完全星形接线方式比三相星形接线方式少了 1/3 的设备，节省了投资费用。

(3) 三相星形接线。如图 4-48 (c) 所示，这种接线可以用来测量负荷平衡或不平衡的三相电力系统中的三相电流。这种三相星形接线方式组成的继电保护电路，能保证对各种故障（三相、两相短路及单相接地短路）具有相同的灵敏度，因此可靠性较高。

(4) 两相电流差接线。如图 4-48 (d) 所示，这种接线方式通常应用于继电保护线路中。例如，线路或电动机的短路保护及并联电容器的横联差动保护等，它能反映各种相间短

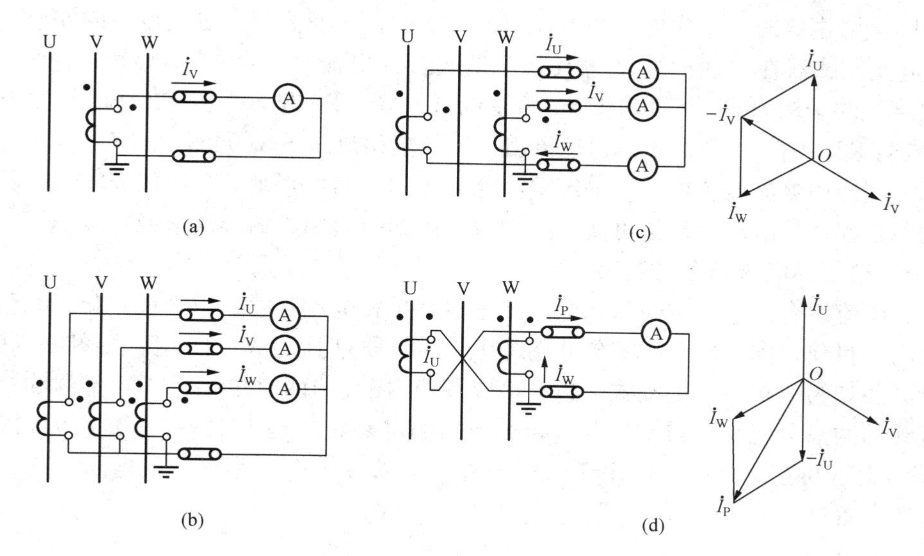

图 4-48　电流互感器的接线

(a) 一相式接线；(b) 三相星形接线；(c) 两相V形接线；(d) 两相电流差接线

路，但灵敏度各不相同。这种接线方式在正常工作时，通过仪表或继电器的电流是 C 相电流和 A 相电流的相量差，其数值为电流互感器二次电流的$\sqrt{3}$倍，即

$$\dot{I}_P = \dot{I}_C - \dot{I}_A \quad (4-10)$$

$$I_P = \sqrt{3} I_A \quad (4-11)$$

3. 电流互感器的类型

电流互感器的类型繁多。按一次绕组匝数分，有单匝式和多匝式；按一次电压分，有高压和低压两大类；按用途分，有测量用和保护用两大类；按绝缘结构分，有干式、浇注式和油浸式三类；按安装地点分有户内式、户外式和装入式三类。

4. 电流互感器使用注意事项

(1) 电流互感器二次侧不得开路。电流互感正常运行时，根据单相变压器负载运行磁势平衡关系式$\dot{I}_1 N_1 = \dot{I}_2 N_2 - \dot{I}_0 N_1$可知，由于二次绕组负荷阻抗和负荷电流均很小，也就是说二次绕组内感应的电势一般不超过几十伏，所以所需的励磁安匝 $I_0 N_1$ 及铁芯中的合成磁通很小。为了减小电流互感器的尺寸、重量和造价，其铁芯截面按正常运行时通过不大的磁通设计的。运行中的电流互感器一旦二次侧开路，$I_2=0$，则 $I_0 N_1 = I_1 N_1$，一次安匝 $I_1 N_1$ 将全部用于励磁，它比正常运行的励磁安匝大许多倍，此时铁芯将处于高度饱和状态。铁芯的饱和，一方面导致铁芯损耗加剧、过热而损坏互感器绝缘；另一方面导致磁通波形畸变为平顶波。由于二次绕组感应的电势与磁通的大小和变化率成正比，因此在磁通过零时，将感生很高的尖顶波电势，其峰值可达几千伏甚至上万伏，这将危及工作人员、二次回路及设备的安全，此外铁芯中的剩磁还会影响互感器的准确度。为此，为防止电流互感器在运行和试验中开路，规定电流互感器二次侧不准装设熔断器，如需拆除二次设备时，必须先用导线或短路压板将二次回路短接。

(2) 电流互感器二次侧有一点必须接地。电流互感器二次侧一点接地，是为了防止一、二次绕组间绝缘击穿时，一次侧的高电压窜入二次侧，危及人身和二次设备的安全。

(3) 电流互感器在接线时要注意其端子的极性。电流互感器的一次绕组端子标以 P1、P2，二次绕组端子标以 S1、S2。P1 与 S1 是同极性端，P2 与 S2 是同极性端。如果一次电流从 P1 流向 P2，则二次电流 I_2 从 S1 流出，经外电路流向 S2，如图 4-47 所示。

在安装和使用电流互感器时，一定要注意端子的极性，否则其二次仪表、继电器中流过的电流就不是预期的电流，甚至可能引起事故。诸如引起保护的误动作或仪表烧坏。

4.4.3 电压、电流组合式互感器

电压、电流组合式互感器由单相电压互感器和单相电流互感器组合成三相，并包含在同一油箱体内。目前，国产 10kV 标准组合式互感器型号为 JLSJW-10 型，如图 4-49 所示。

该产品系列为三相户外油浸式，包含接成 V/V 接线的两只单相电压互感器和接成不完全星形接线的两只电流互感器。其电压和电流的额定参数分别为 10～35/0.1kV 和 5～200/5A，准确度等级可达 0.5 级，适用于农村户外变电站和工厂小型变、配电所，既经济又简化配电装置布置。

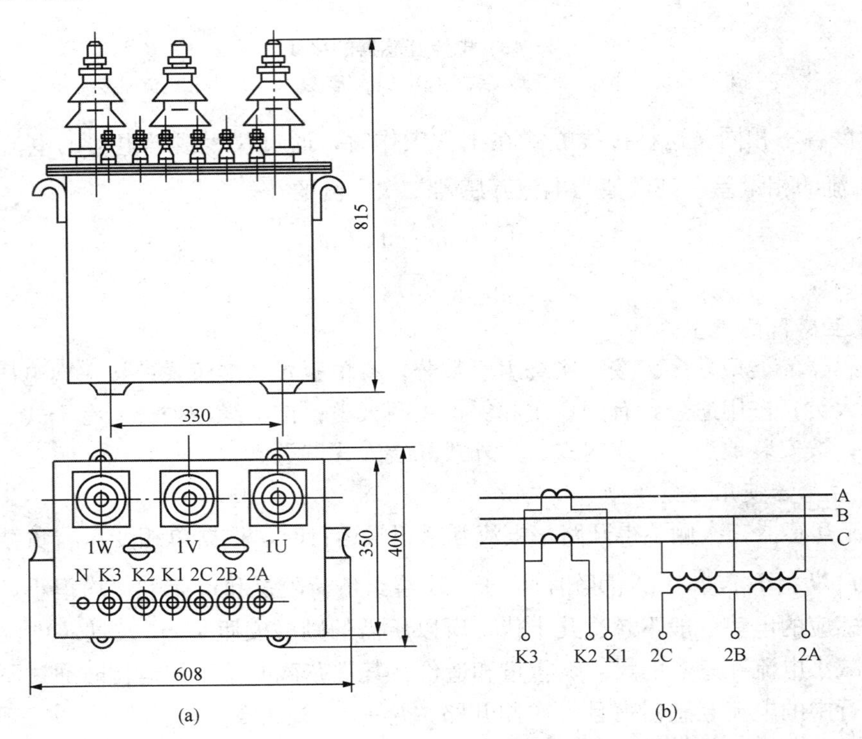

图 4-49　JLSJW-10 型电压、电流组合式互感器

(a) 外形；(b) 原理接线

该产品系列的内部结构基本一致，两只单相电压互感器安装在箱内下部，并悬挂固定在箱盖下面。两只电流互感器安装在箱内上部，其一次绕组与环形铁芯交链成 8 字形，分别固定在 A、C 两相高压套管下面的箱盖上。A、C 两相高压瓷套管采用特殊结构，它有两根相互绝缘的导电芯棒 P1 和 P2，分别与该相电流互感器一次绕组的首、尾两端相接。电压电流二次线端也从顶盖 0.5kV 套管引出，并注意与一次线端的极性关系。

这种组合式互感器，具有结构简单，安装方便、体积小的优点，通常在户外小型变电所及高压配电线路上作电能计量及继电保护用。

4.5 绝缘子和母线

4.5.1 绝缘子

1. 绝缘子的作用

在电力系统中，不论是整个配电装置还是单个的电器，都需要绝缘子对其载流导体进行悬挂、支持和固定，或将导体穿在其中通过建筑物或电器本身的壳体，保持导体对地绝缘或各导电部分之间的绝缘。由于绝缘子对导电部分同时起着绝缘和支撑的双重作用，因此，要求绝缘子不仅应具有良好的绝缘性能，还要有足够的机械强度，并具有在恶劣的环境中（高温、化学物质腐蚀、尘埃、潮湿等）长期保持其特性的能力。

电瓷材料是绝缘子的传统绝缘材料，它具有结构紧密、表面光滑、不吸收水分、不受化学物质腐蚀和绝缘度及机械强度高的优点。绝缘子也可以用钢化玻璃制成，它具有尺寸小、重量轻、耐电强度高、价格低和制造工艺简单等优点。此外还有硅橡胶绝缘子，它具有更佳的电气和机械性能，应用越来越广。

2. 绝缘子的分类

绝缘子品种系列繁多，按用途可分为电站绝缘子、电器绝缘子和线路绝缘子。由于工作环境和条件的不同，绝缘子在结构上有所差别，绝缘子分为户内式和户外式。户外式绝缘子表面具有较多较大的裙边，用于加长沿面放电的距离和阻断雨水，使其能在较恶劣的环境中可靠运行。

（1）电器绝缘子。该类绝缘子应用于各种电器产品中，成为其结构的零部件。多为专用特殊设计，且名目繁多。一般有套管式、支柱式及其他多种形式（如柱、牵杆、杠杆等）。前者一般用来将载流导体引出电器的外壳，其外露部分构成电器的外部绝缘，如变压器、断路器等的出线套管。其他则用于电器内部，构成内绝缘结构的一部分。

（2）电站绝缘子。这是指在发电厂和变电站中，用来支持和固定配电装置硬母线并使其保持对地绝缘的一类绝缘子。分为支柱绝缘子和套管绝缘子，后者用在硬母线需要穿墙过板外，特别是由屋内引出屋外时给予支持和绝缘。电站绝缘子按硬母线所处的环境分为户内式和户外式两种。在多尘埃、盐雾和腐蚀气体的污秽环境中，还需使用防污型户外绝缘子。户内绝缘子无伞裙结构，也无防污型。

（3）线路绝缘子。线路绝缘子用来固结架空输电线的导线和屋外配电装置的软母线，并使其保持对地绝缘。有针式、棒式和悬式三种结构形式，但都是户外型。线路绝缘子在变电所中主要使用的有针式和悬式两种。针式绝缘子主要用于35kV及以下的输配电线路或软母线；悬式绝缘子主要用于35kV以上的架空线路或软母线。

3. 户内支柱绝缘子

户内支柱绝缘子由瓷件和胶装在瓷件两端的金属配件组成，根据金属配件与瓷件胶装的方式不同，可分为内胶装、外胶装和复合胶装。

（1）外胶装是用水泥胶合剂，将底座、铁帽等金属配件胶装在瓷件外面，如图4－50（a）所示。

(2) 内胶装则是用水泥胶合剂，将金属配件胶装在瓷件孔的里面，如图 4-50 (b) 所示。

(3) 复合胶装是内、外胶装的组合，即绝缘子的上金属配件采用内胶装，下金属配件采用外胶装，如图 4-50 (c) 所示。

内胶装支柱绝缘子可以降低绝缘子的高度，相应可缩小电器或配电装置的体积，金属配件和胶合剂的重量减小。内胶装绝缘子的重量，一般比外胶绝缘子的重量减小一半，价格也比较便宜，但是金属配件胶装在瓷件孔内，影响整体的抗扭机械性能。因此，对机械强度要求高时，应采用外胶装或复合胶装。

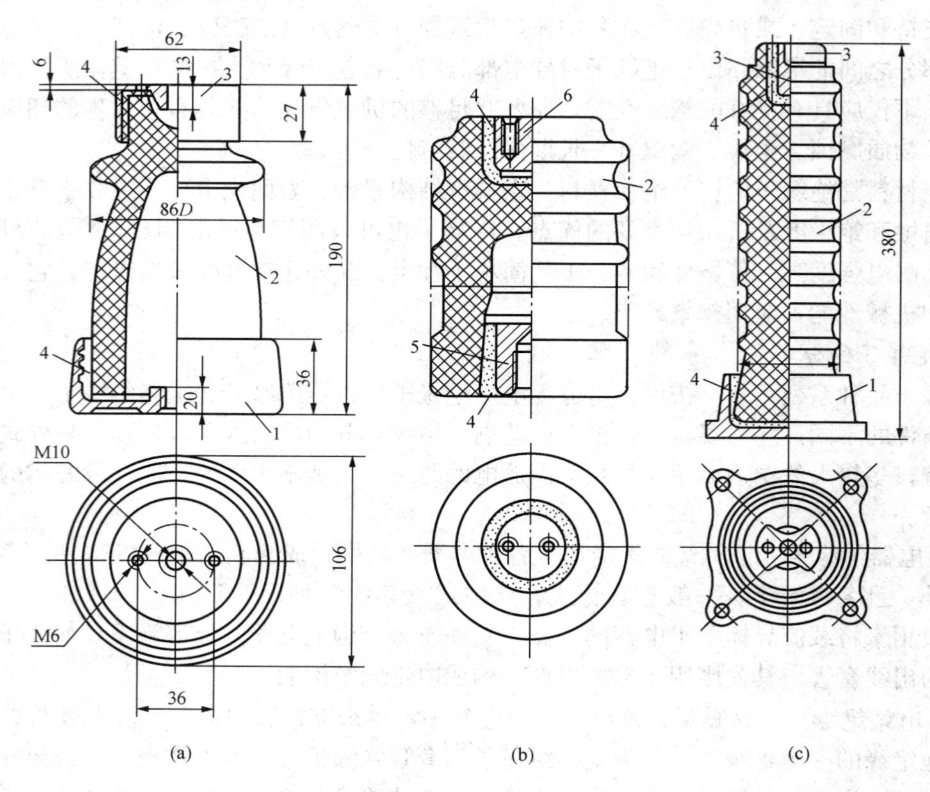

图 4-50 户内支柱绝缘子及胶装方式

(a) 外胶装 ZA10-Y 型；(b) 内胶装 ZNF-20MM 型；(c) 复合胶装 ZLB-35F 型

1—铸铁底座；2—瓷件；3—铸铁帽；4—水泥胶合剂；5—铸铁配件；6—螺孔

4. 户外支柱绝缘子

户外支柱绝缘子有针式和实心棒式两种。ZPC_1-35 型户外针式绝缘子由两个瓷件、铸铁帽和装脚用水泥胶合剂胶合而成，如图 4-51 所示。对于 6～10 kV 的针式绝缘子，只有一个瓷件。

户外实心棒式支柱绝缘子外形如图 4-52 所示。它由实心瓷件和上、下金属附件组成，瓷件采用实心不可击穿多伞形结构，电气性能好，尺寸小，不易老化，现已被广泛应用。ZSW 系列为防污型，采用防污效果好的大小伞、大倾角伞等伞棱造型，伞下表面不易受潮，泄漏比距大。

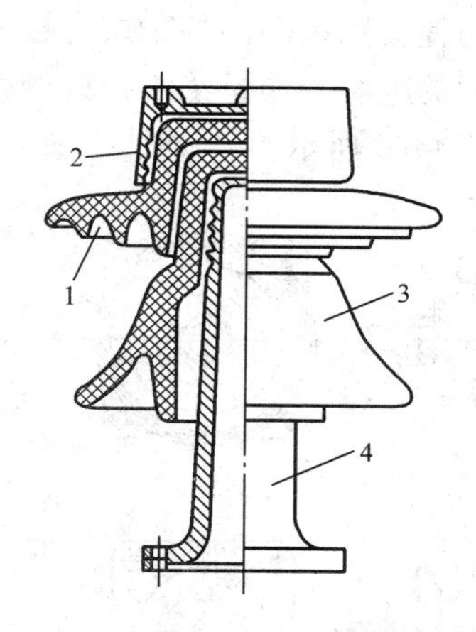

图 4-51 ZPC_1-35 型户外针式绝缘子

1、3—瓷件；2—铸铁帽；4—装脚

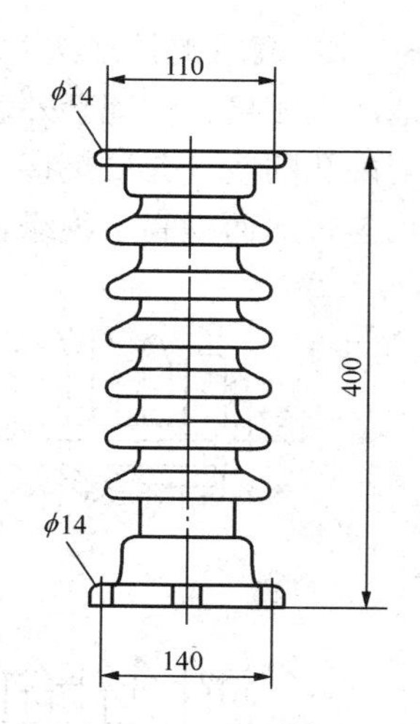

图 4-52 ZS-35/400 型户外实心棒式支柱绝缘子

5. 套管绝缘子

套管绝缘子简称套管，分为户内和户外两大系列，户内套管用于导体或母线穿过内墙或天花板，户外套管用于户内配电装置的载流导体与户外载流导体相连接处。

套管绝缘子的结构特点如下：

(1) 套管绝缘子主要由瓷套（绝缘）、接地法兰（安装、支持固定）和导体组成。

(2) 套管绝缘子分为矩形截面导体型、圆形截面导体型和母线型（套管本身无导体，而是将母线从其内孔中穿过）三种形式，如图 4-53 所示。6～10kV 套管中矩形截面导体比圆形截面的容许电流大得多，且矩形导体与矩形母线连接方便。但矩形套管的电场分布不均匀，容易产生电晕。所以，6～10kV 套管中常采用矩形截面导体，电压等级较高时则采用圆形截面导体型套管。套管的导电材料采用铜或铝。

(3) 额定电流小于 1500A 的法兰盘和额定电流小于 1000A 套管帽，用灰铁铸成，额定电流较大时，则用非磁性铸铁制成，以防止涡流和磁滞引起过热。某些套管的法兰盘由两半合成，两半之中留有空气隙增大磁阻，以减少涡流和磁滞引起的发热。

(4) 户外套管伸出户外的部分，有较大和较多的伞裙，以提高滑闪电压，如图 4-54 所示。

(5) 增大接地法兰附近瓷壁的厚度，以增强接地法兰附近电场最强处的电气强度。

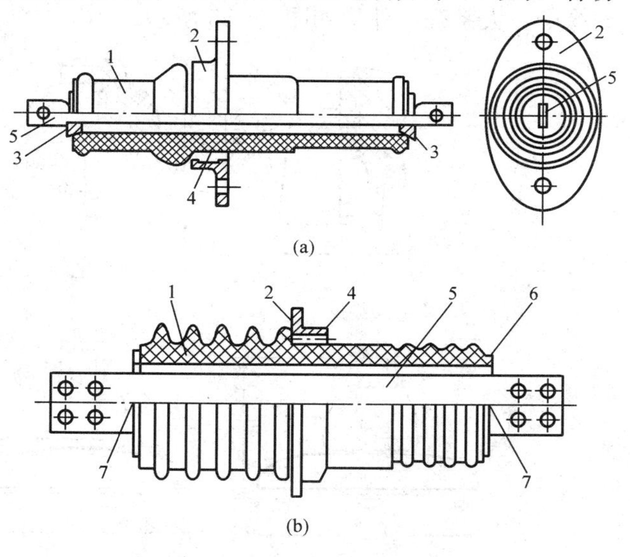

图 4-53 户内式套管绝缘子

(a) CA-6/400 型；(b) CLB-10/1000 型

1—瓷套；2—中部法兰盘；3—金属圈；4—水泥胶合剂；5—导电体；6—端帽；7—固定开口销

(6) 10～35kV套管的接地法兰处，在瓷套壁的内、外表面涂有半导体釉层，瓷套外壁的釉层与接地法兰相接，使瓷套外表面为零电位，而瓷套壁内表面的釉层经接触弹簧与导体相接，将瓷套内孔的空气介质短接，使导体与地之间的电容介质是绝缘最好的瓷介质，且电场分布较为均匀，从而提高了绝缘强度，如图4-54 (b) 所示。

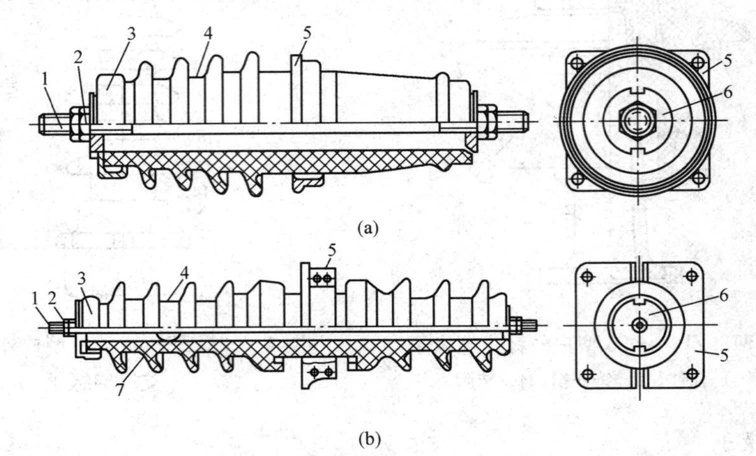

图4-54　户外式套管绝缘子

(a) CWC-10型；(b) CWB-35型

1—导电体；2—螺母；3—端帽；4—瓷套；5—法兰圈；6—垫圈；7—接触弹簧

(7) 110kV及以上电压等级的套管，为了改善载流导体与接地法兰之间的电场分布，提高绝缘子的电晕放电电压，现已广泛采用电容式套管。

6. 线路绝缘子

(1) 线路绝缘子种类。线路绝缘子的品种很多，主要有针式绝缘子、悬式绝缘子和蝶式绝缘子三大系列，外形如图4-55所示。

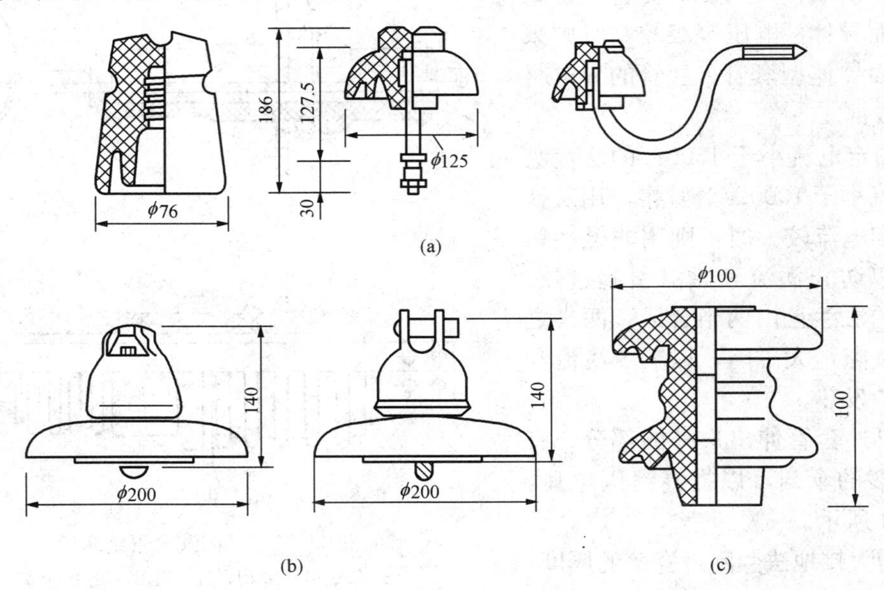

图4-55　线路绝缘子外形

(a) 针式绝缘子；(b) 悬式绝缘子；(c) 蝶式绝缘子

(2) 悬式绝缘子的特点。悬式绝缘子由瓷件、铁帽和钢脚用水泥胶合剂胶合而成。瓷件表面有一层棕色或白色的硬质瓷釉，用于提高绝缘子的电气和机械强度。金属附件全部镀锌。根据电压等级的不同，将悬式绝缘子串接起来使用。片间的连接有球形和槽形两种，如图 4-56 所示。为了保证运行中绝缘子串不会脱落，每片悬式绝缘子都有锁紧装置，球形连接结构间采用弹性销，弹性销经多次拆装后，仍应具有良好的弹性，以保证其锁紧作用；槽形连接结构中采用圆柱销，并用开口销锁紧。悬式绝缘子串片数与电压等级的关系见表 4-2。

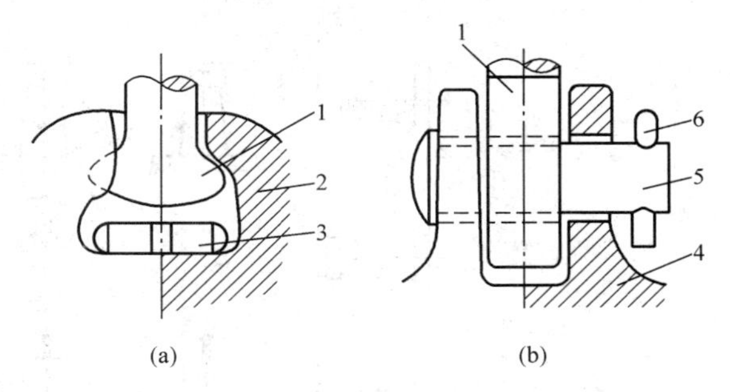

图 4-56　球形和槽形连接附件的结构

(a) 球形；(b) 槽形

1—钢脚；2、4—铁帽；3—弹性销；5—销钉；6—开口销

表 4-2　不同电压等级悬式绝缘子串的最少片数

线路额定电压 (kV)	35	(60)	110	(154)	220	330	500
片数 (X45 型)	3	5	7	10	13	19	33

注　括号内数据为我国部分地区电压等级。

4.5.2　母线

母线是汇集和分配电流的裸导体装置，又称汇流排。裸导体的散热效果好、容量大、金属材料的利用率高，具有很高的安全可靠性，但母线相间距离大，占用面积大，有时需要设置专用的母线廊道，因而使费用大增，现场安装工程也较复杂。母线在正常运行中，通过的功率大，在发生短路故障时承受很大的热效应和电动力效应，加上它处于配电装置的中心环节，作用十分重要。要合理选择母线材料、截面、截面形状及布置方式，正确地进行安装和运行维护，以确保母线的安全可靠和经济运行。

1. 母线的形状及布置

(1) 母线的形状。母线的截面形状有矩形、圆形、管形、槽形等。矩形母线散热面大，冷却条件好，同一截面的矩形母线比圆形母线的允许通过电流大，材料利用率高，但周围电场很不均匀，易产生电晕，故只用于 35kV 及以下的配电装置中。圆形母线的曲率半径均匀，无电场集中表现，不易产生电晕，但散热而积小，因此在 35kV 以上的高压配电装置中多采用圆形或管形母线。

(2) 母线的布置。母线的布置包括母线的排列、矩形母线的放置与装配以及矩形母线的弯曲方向。

母线三相导体有水平排列（平排）、竖直排列（竖排）和三角形排列三种。三角形排列仅用于某些封闭式成套配电装置或其他特殊情况。屋内外硬母线广泛采用水平排列和竖直排列。屋外软母线则只采用水平排列。

矩形母线在空间有水平放置和垂直放置两种放置法，在支柱绝缘子顶面有平装和立装两种装配法，如图 4-57 所示。母线立放时的对流散热效果较好，平放时则较差。平装时绝缘子承受的弯曲荷载较小，立装则加重绝缘子的弯曲荷载。

1) 母线竖排立放平装。如图 4-57 (a) 所示，该布置方式占用场地较少、散热好，绝

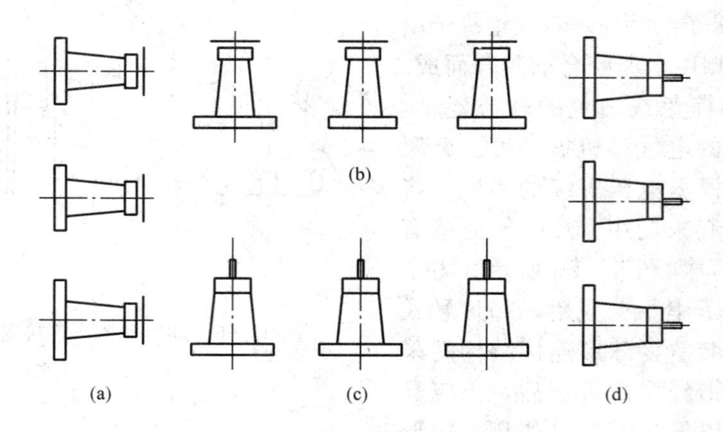

图 4-57　矩形母线的布置方式

(a) 竖排立放平装；(b) 平排平放平装；(c) 平排立放立装；(d) 竖排平放立装

缘子的电动力荷载较小，母线的抗弯强度高。该方式广泛用于母线廊道等。但设备接线端多为水平排列，故竖排不便于直接向设备引接。此外，绝缘子可能受到较大的施工弯曲荷重。

2）母线平排平放平装。如图 4-57（b）所示，该布置方式占用空间高度小，绝缘子和母线的受力情况均好，只有散热效果较差，但其母线便于和设备的水平出线端引接，应用也较广泛。

3）母线平排立放立装。如图 4-57（c）所示，其母线和绝缘子的受力情况较差，但 T 接引线方便，用于短路电流较小、电动力弯矩不大的情况。

4）母线竖排平放立装。如图 4-57（d）所示，很少应用。

2. 母线在绝缘子上的固定

矩形母线是用金具固定在支柱绝缘子上的，如图 4-58 所示。下夹板 2 由埋头螺栓 3 紧固在支柱绝缘子 7 的顶帽上。上、下平夹板两端被带套筒 4 的螺杆 6 压紧并构成牢固的框架，母线被夹持在该框架内。因套筒 4 的高度略大于母线厚度，由其承受螺杆紧固力，故母线处于松动状态。

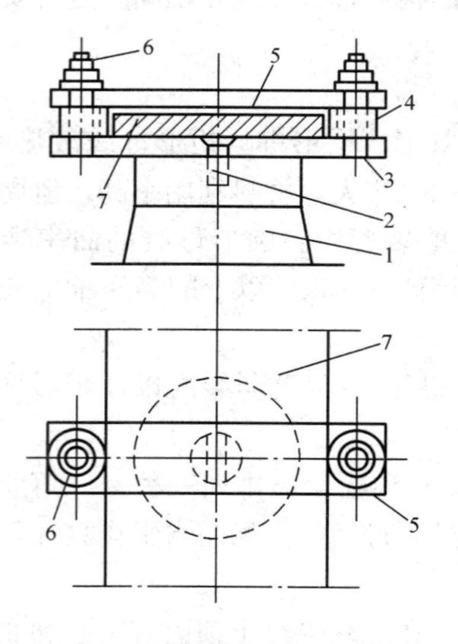

图 4-58　母线在绝缘子上的固定

1—支柱绝缘子；2—埋头螺栓；3—下夹板；4—套筒；5—上夹板；6—螺杆；7—母线

为了避免在大电流周围形成铁磁闭合回路，减少钢件中的铁损和发热，上夹板 5 宜采用非铁磁材料。其他固结件均为镀锌钢件。

为了使母线在温度变化时，能纵向自由伸缩，以免支柱绝缘子受到很大的应力，则在螺栓上套以间隔钢管，使母线与上夹板 5 之间保持 1.5～2mm 的空隙。当矩形铝母线长度大于 20m，矩形铜母线或钢母线长度大于 30～35m 时，在母线上应装设伸缩补偿器，如图 4-59 所示。图中盖板 2 上有圆孔，供螺栓 4 用；按螺栓直径在铝母线 3 上钻有长孔，供母线自由伸缩用。螺栓 4 不拧紧，仅起导向作用。

伸缩补偿器采用与母线相同的材料、厚度为0.2～0.5mm的许多薄片叠成，在实际中一般采用薄铜片较好。薄片数目应与母线截面相适应。当母线厚度在8mm以下时，允许用母线本身弯曲代替伸缩补偿器。

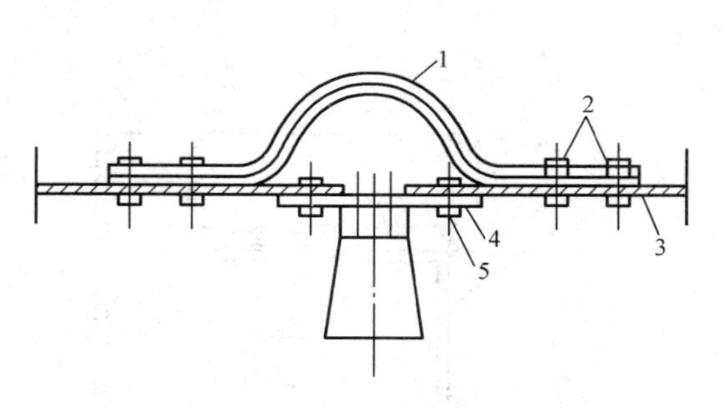

图4-59　母线伸缩补偿器
1—补偿器；2—固定螺栓；3—母线；4—盖板；5—螺栓

3. 母线着色

母线着色可以增加其热辐射能力，有利于母线散热。因此着色后的母线允许电流提高12%～15%，同时着色后，既可防止氧化，又便于工作人员识别直流极性和交流相别。

规程规定母线着色的颜色标准如下：

直流装置：正极涂红色，负极涂蓝色。

交流装置：A相涂黄色，B要涂绿色，C相涂红色。

中性线：不接地的中性线涂白色，接地中性线涂紫色。

为了容易发现接头缺陷和接触效果，所有接头部位均不着色。

4.6　成　套　装　置

4.6.1　高压成套装置

高压成套装置又称高压开关柜。它是根据不同用途的接线方案，将一、二次设备组装在柜中的一种高压成套配电装置。它具有结构紧凑、占地面积小、排列整齐美观、运行维护方便、可靠性高，以及可大大缩短安装工期等优点，所以在工厂变配电所6～10kV户内配电装置中获得广泛应用。

高压开关柜按柜内装置元件的安装方式，分为固定式和手车式（移开式）两种。按柜体结构形式，分为开启式和封闭式两类，封闭式包括防护封闭、防尘封闭、防滴封闭、防尘防滴封闭形式等。根据一次线路安装的主要电器元件和用途又可分为很多种柜，如油断路器柜、负荷开关柜、熔断器柜、电压互感器柜、隔离开关柜、避雷器柜等。从断路器在柜中放置形式有落地式和中置式，目前中置式开关柜越来越多。

为了提高高压开关柜的安全可靠性和实现高压安全操作程序化，近年来对固定式和手车式高压开关柜在电气和机械连锁上都采取了“五防”措施：①防止误合、误分断路器；②防止带负荷分、合隔离开关；③防止带电挂接地线；④防止带接地线合闸；⑤防止误入带电间隔。

1. 固定式高压开关柜

固定式高压开关柜的特点是柜内所有电器元件都固定安装在不能移动的台架上，结构简单也较经济，在一般中小型企业中，应用较为广泛。我国现在大量生产和广泛应用的主要有GG-1A（F）型固定式高压开关柜、XGN2-10箱型固定式开关柜、KGN-10型铠装金属封闭式固定开关柜等。KGN-10型开关柜外形如图4-60所示。

2. 手车式（移开式）高压开关柜

手车式（移开式）高压开关柜由固定的柜体和可移动的手车两部分组成的。手车上安装

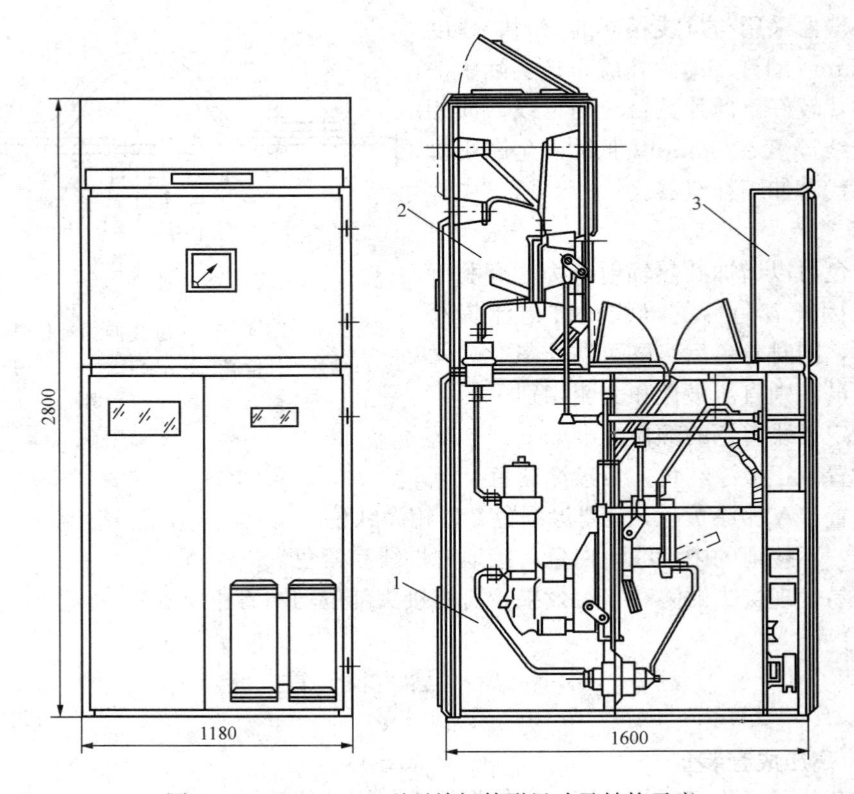

图 4-60　KGN-10 型开关柜外形尺寸及结构示意

1—本体装配；2—母线室装配；3—继电器室装配

的电器元件可随同手车一起移出柜外。为了防止误操作，柜内与手车上装有多种机械与电气连锁装置（如高压断路器柜，只有将手车推到规定位置后断路器才能合闸；断路器合闸时手车不能移动，断路器断开后手车才能拉出柜外）。与固定式开关柜相比较，手车式开关柜具有检修安全方便、供电可靠性高等优点，但价格较贵。我国现在使用的手车式高压开关柜有 GFC-10、GC-10 和 GBC-35、GFC-35、KYN-10、JYN-10、JYN-35、HXGN-12 型等。现主要生产金属铠装移开式开关柜 KYN-10 型以及金属封闭移开式开关柜 JYN-10、JYN-35 型。图 4-61 所示为 KYN-10 型移开式铠装柜的外形图。

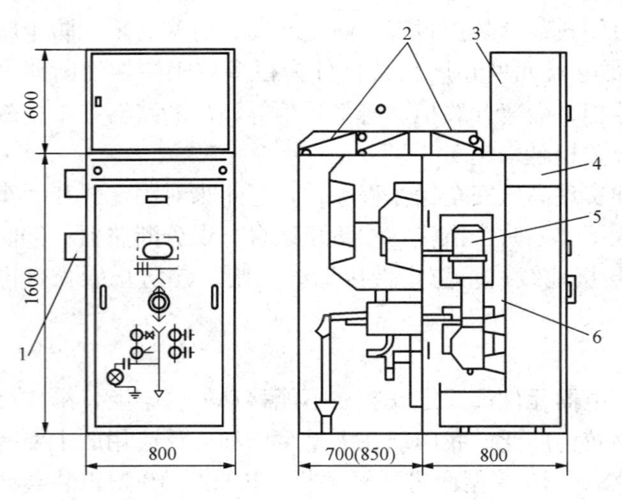

图 4-61　KYN-10 型移开式铠装柜

1—穿墙套管；2—泄压活门；3—继电器仪表箱；4—端子室；5—手车；6—手车室

生产厂家生产有各种用途的高压开关柜，如各种形式的电缆进（出）线、架空进（出）线、电压互感器与避雷器、左（右）联络等高压柜，并规定了一次线路方案编号。用户可按所设计主接线及二次接线的要求进行选择、组合，以构成所需的高压配电装置。图 4－62 所示为采用 JYN_2－10 型高压开关柜的一次线路方案组合示例。

一次线路方案编号	03	20	02　02	07	12	02　02	20	03
用途	电源(电缆)进线	电压互感器、避雷器柜	带接地刀的馈电(电缆)出线	右联络柜	隔离及联络	带接地刀的馈电(电缆)出线	电压互感器、避雷器柜	电源(电缆)进线

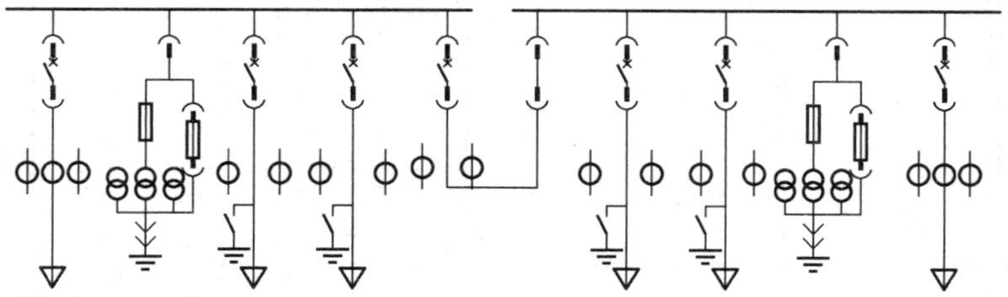

图 4－62　高压开关柜组合示例

4.6.2　低压配电屏

低压配电屏是按一定的线路方案将一、二次设备组装而成的一种低压成套配电装置。供低压配电系统中作动力、照明配电之用。

低压配电屏按结构形式分为固定式和抽屉式。固定式低压配电屏又有单面操作和双面操作两种。双面操作式为离墙安装，屏前屏后均可维修，占地面积较大，在盘数较多或二次接线较复杂需经常维修时，可选用此种形式。单面操作式为靠墙安装，屏前维护，占地面积小，在配电室面积小的地方宜选用，这种屏目前较少生产。抽屉式低压配电屏的特点是馈电回路多、体积小、检修方便、恢复供电迅速，但价格较高。一般中小型工厂多采用固定式低压配电屏。

1. 固定式低压配电屏

固定式低压配电屏主要有 PGL 型和 GGD 型。PGL 型为室内安装的开启式双面维护的低压配电屏。PGL 型比老式的 BSL 型结构设计更为合理，电路配置安全，防护性能好。例如，BSL 屏的母线是裸露安装在屏的上方，而 PGL 屏的母线是安装在屏后骨架上方的绝缘框上，母线上还装有防护罩，这样就可防止母线上方坠落金属物而导致母线短路事故。PGL 屏具有更完善的保护接地系统，提高了防触电的安全性。其线路方案也更为合理，除了有主电路外，对应每一主电路方案还有一个或几个辅助电路方案，便于用户选用。GGD 型低压配电屏是根据原能源部主管部门、广大电力用户及设计部门的要求，本着安全、经济、合理、可靠的原则，于 20 世纪 90 年代设计的新型配电屏。图 4－63 所示为 GGD 型低压配电屏外形示意。

2. 抽屉式低压配电屏

抽屉式低压配电屏是由薄钢板结构的抽屉及柜体组成的。主要电器安装在抽屉或手车内，当遇单元回路故障或检修时，将备用抽屉或小车换上便可迅速恢复供电。目前常用的低压配电屏有 BFC 型、GCS 型、GCK 型、GCL 型、UKK（DOMINO－Ⅲ）型等。图 4－64 所示为 GCS 型低压配电屏外形示意。

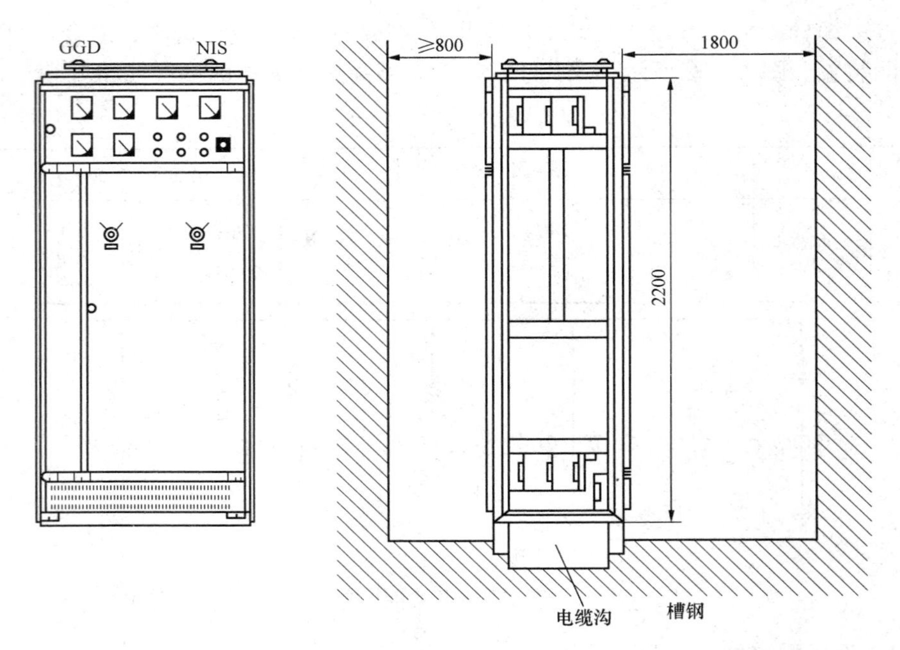

图 4－63　GGD型低压配电屏外形示意

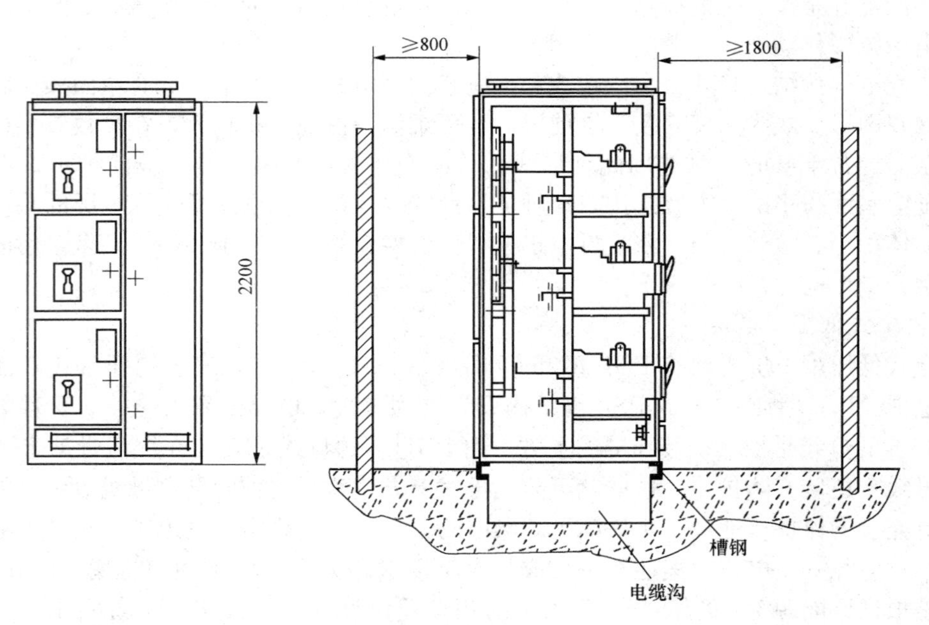

图 4－64　GCS型低压配电屏外形示意

4.6.3　低压动力和照明配电箱

从低压配电屏引出的低压配电线路一般经动力和照明配电箱接至各用电设备，它们是车间和民用建筑的供配电系统中对用电设备的最后一级控制和保护设备。

动力和照明配电箱的种类很多，按其安装方式可分为靠墙式、悬挂式和嵌入式。靠墙式是靠墙落地安装，悬挂式是挂在墙壁上明装，嵌入式是嵌在墙壁里暗装。

动力和照明配电箱全型号的一般表示和含义如下：

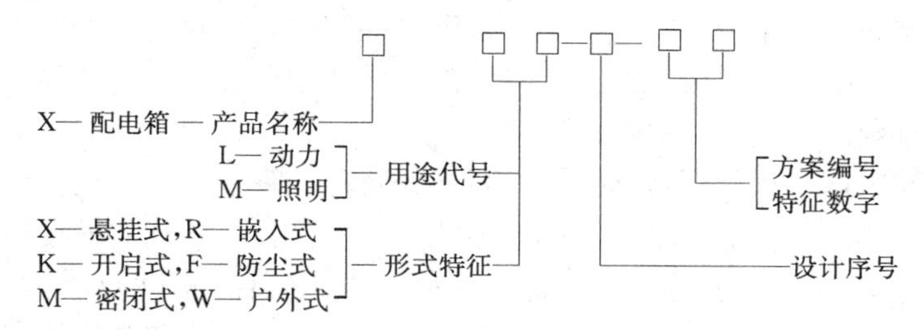

1. 动力配电箱

动力配电箱通常具有配电和控制两种功能，主要用于动力配电和控制，但也可用于照明的配电与控制。常用的动力配电箱有 XL、XF-10、BGL、BGM 型等，其中，BGL 和 BGM 型多用于高层建筑的动力和照明配电。

2. 照明配电箱

照明配电箱主要用于照明和小型动力线路的控制、过负荷和短路保护。照明配电箱的种类和组合方案繁多，其中，XXM 和 XRM 系列适用于工业和民用建筑的照明配电，也可用于小容量动力线路的漏电、过负荷和短路保护。

4.6.4 预装式变电站

预装式变电站俗称箱式变电站，简称箱变。它是由高压配电装置、电力变压器、低压配电装置等部分组成，安装于一个金属箱体内，三部分设备各占一个空间，相互隔离。早在 20 世纪 60 年代，预装式变电站已在国外崛起，国外现已大量采用预装式变电站。目前我国预装式变电站也处于大发展时期。

预装式变电站的特点是结构合理、体积小、重量轻、安装简单、土建工作量小，因此投资低，可深入负荷中心供电，占地面积小，外形美观，灵活性强，可随负荷中心的转移而移动，运行可靠，维修简单。

预装式变电站分类方法有多种，按安装场所分，有户内式和户外式；按高压接线方式分，有终端接线式、双电源接线式和环网接线式；按箱体结构分，有整体式、分体式等。

预装式变电站由于其结构的特点，应用广泛，适用于城市公共配电、高层建筑、住宅小区、公园，还适用于油田、工矿企业、施工场所等。

1. 预装式变电站的总体结构

预装式变电站的总体布置主要有组合式和一体式两种形式。组合式是指预装式变电站的高压开关设备、变压器及低压配电装置三部分各为一室而组成“目”字形或“品”字形布置，如图 4-65 所示。“目”字形与“品”字形相比，“目”字形接线较为方便，故大多数组合式变电站采用“目”字形布置，但“品”字形结构较为紧凑，特别是当变压器室布置多台变压器时，“品”字形布置较为有利。一体式箱变是指以变压器为主

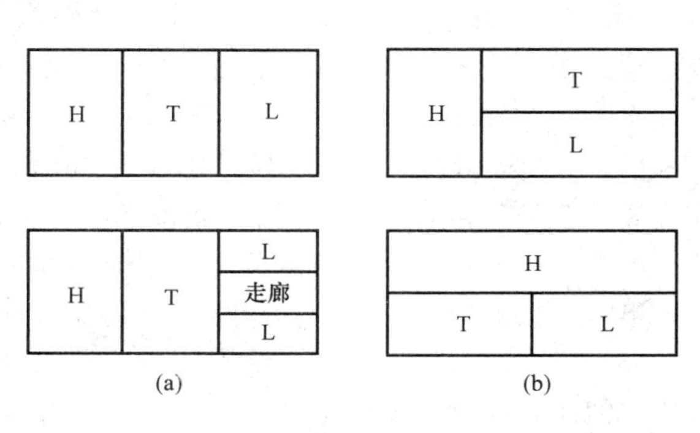

图 4-65 预装式变电站的布置

(a)“目”字形；(b)“品”字形

H—高压室；T—变压器室；L—低压室

体，熔断器及负荷开关等装在变压器箱体内，构成一体式布置。

预装式变电站一般用于户外，运行中会遇到一些问题，如凝露、发热、腐蚀、灰尘、爆炸等。这些要从结构上加以解决。此外，箱体的形状和颜色要尽量与外界环境相协调，箱体的存在不应破坏景色，而应成为景色的点缀。

预装式变电站箱体用优质钢板、型钢等材料经特殊处理后组焊而成；框架外壳采用防锈合金铝板等材料，并喷防护漆，增强了防腐蚀能力，使其具备长期户外使用的条件。预装式变电站的顶盖设计牢固、合理，并配有隔热层和气楼；箱身为防止温度急剧变化而产生凝露，装设了隔热层，并装有自动电加热器；在变压器底部和顶部安装有风扇，可由温控仪控制自动启动，形成强力排风气流；顶盖设计为可拆卸式的，当变压器需要吊芯检修时，可将顶盖卸下，有的则在变压器室底部设计有滚轮槽和泄油网，以便于变压器进出检修和变压器油泄入油坑。箱体顶部设有吊环，以便整体吊装。图 4－66 所示为配 SF_6 负荷开关设备的典型预装式变电站。

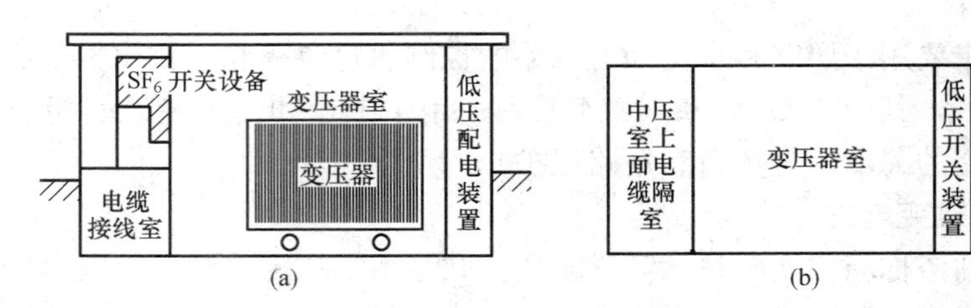

图 4－66 配 SF_6 负荷开关设备的典型预装式变电站
(a) 侧面图；(b) 平面图

2. 预装式变电站的设备选型

(1) 中压开关设备。在预装式变电站中，若为终端接线，使用负荷开关——熔断器组合电器；若为环网接线，则采用环网供电单元。

环网供电单元有空气绝缘和 SF_6 绝缘两种。我国目前大量使用的是空气绝缘式，SF_6 绝缘式早于 1978 年问世，国外大多使用 SF_6 绝缘式，SF_6 绝缘式在我国特别是在大城市也呈现出增长势头。

环网供电单元一般配负荷开关，它由两个作为进出线的负荷开关柜和一个变压器回路柜（负荷开关＋熔断器）组成。配空气绝缘环网供电单元的负荷开关主要有产气式、压气式和真空式。由于我国在城网建设和改造中，推行环网供电，以减少供电的中断，预计环网供电单元将有大的发展。

(2) 电缆插接件。电缆插接件用来连接电缆，是环网供电单元的有机组成部分，它的可靠性和安全性直接影响到环网供电单元整体。为安全起见，电缆插接件一般做成封闭式。

电缆插接件按其结构特点分为外锥插接件和内锥插接件。由于国外大力发展环网供电单元，电缆插接件应用广泛，需求量大，且都有自己的插接件标准。

(3) 变压器。预装式变电站用的变压器为降压变压器，一般将 10kV 降至 380V/220V，供用户使用，在预装式变电站中，变压器的容量一般为 160～1600kV・A，而最常用的容量为 315～630kV・A。变压器形式应采用油浸式低损耗变压器，如 S9 型产品及更新型产品。在防火要求严格的场合，应采用树脂干式变压器。

变压器在预装式变电站中的设置有两种方式：一种是将变压器外露，不设置在封闭的变压器室内，放在变压器室内因散热不好而影响变压器的出力；另一种做法也是当前采用较多的方法，将变压器设置在封闭的室内，用自然和强迫通风来解决散热问题。

自然通风散热有变压器门板通风孔间对流、变压器门板通风孔与顶盖排风扇间的对流及预装式变电站基础上设置的通风孔与门板或顶盖排风扇间的对流。当变压器容量小于315kV·A时，使用后两种方法为宜。

强迫通风也有多种方法，如排风扇设置在顶盖下面，进行抽风；排风扇设置在基础通风口处，进行送风。第一种方法是风扇搅动室内的热空气，散热效果不够理想。第二种方法是将基础下面坑道处的较冷空气送入室内，这样温差大，散热效果较好。

(4) 低压配电装置。低压配电装置装有主开关和分路开关。分路开关一般为4～8台，多达12台。因此，分路开关占了相当大的空间，缩小分路开关的尺寸，就能多装分路开关，所以在选择主开关和分路开关时，除体积要求外，还应选择短飞弧或零飞弧产品。

低压室有带操作走廊和不带操作走廊两种形式。操作走廊一般宽度为1000mm。不带操作走廊时，可将低压室门板做成翼门上翻式，翻上的面板在操作时遮阳挡雨，这在国外结构中常见。

低压室往往还装有静补装置、低压计量柜等，因此要充分利用空间。

4.7　工厂变配电所的电气主接线

4.7.1　电气主接线的作用及要求

变配电所的主接线又称为主电路，指的是变配电所中各种开关设备、变压器、母线、电流互感器、电压互感器等主要电气设备，按一定顺序用导线连接而成的，用以接受和分配电能的电路。它对电气设备选择、配电装置布置等均有较大影响，是运行人员进行各种倒闸操作和事故处理的重要依据。

主电路图中的主要电气设备应采用国家规定的图形符号和文字符号来表示。主电路图通常用单根线表示三相电路，使图示简单明了，但当三相电路中设备不对称时，则部分应用三线图表示。

对工厂变配电所主接线方案有下列基本要求：

(1) 安全性：符合国家标准和有关设计规范的要求，能充分保证在进行各种操作时工作人员的人身安全和设备安全，以及在安全条件下进行维护检修工作。

(2) 可靠性：满足各级电力负荷特别是一、二级负荷对供电可靠性的要求。

(3) 灵活性：能适应各种运行所需求的接线方式，便于检修，切换操作简便，而且适应今后的发展，便于扩建。

(4) 经济性：在满足上述要求的前提下，主接线应力求简单，使投资最省、运行费用最低，并且节约电能和有色金属消耗量，尽量减少占地面积。

4.7.2　工厂变配电所常用主接线

工厂变配电所常用主接线有单母线接线、桥式接线及线路——变压器组单元接线三种基本形式。

1. 单母线接线

单母线接线又可分为单母线不分段和单母线分段两种。

(1) 单母线不分段接线。当只有一路电源进线时，常用这种接线，如图 4－67（a）所示。

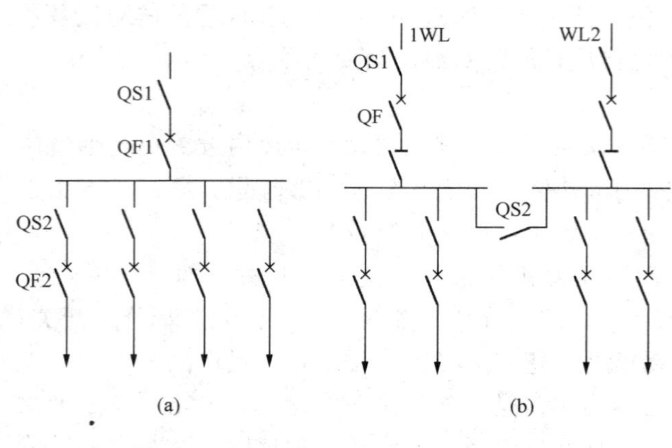

图 4－67 单母线接线
(a) 单母线不分段接线；(b) 单母线分段接线

这种接线的优点是接线简单清晰，使用设备少，经济性比较好。由于接线简单，操作人员发生误操作的可能性就小。

这种接线的缺点是灵活性、可靠性差。因为，当母线或母线隔离开关发生故障，或进行检修时，必须断开供电电源，而造成全部用户供电中断。

此接线适用于对供电连续性要求不高的三级负荷用户，或有备用电源的二级负荷用户。

(2) 单母线分段接线。当有双电源供电时，常采用高压侧单母线分段接线，如图 4－67（b）所示。

分段开关可采用隔离开关或断路器分段。当采用隔离开关分段时，如需对母线或母线隔离开关检修，可将分段隔离开关断开后分段进行检修。当母线发生故障时，经短时间倒闸操作将故障段切除，非故障段仍可继续运行，只有故障段所接用户（约 50%）将停电。

若用断路器分段时，除仍具有可分段检修母线或母线隔离开关外，还可在母线或母线隔离开关发生故障时，母线分段断路器和进线断路器同时自动断开，以保证非故障部分连续供电。

这种接线的优点是供电可靠性较高，操作灵活，除母线故障或检修外，可对用户连续供电。

这种接线的缺点是母线故障或检修时，有 50%左右的用户停电。

此接线适用于有两路电源进线的变配电所。采用单母线分段接线，可对一、二级负荷供电，特别是装设了备用电源自动投入装置后，更加提高了单母线用断路器分段接线的供电可靠性。

2. 桥式接线

为保证对一、二级负荷可靠供电，变配电所广泛采用由两回路电源供电，装设两台变压器的桥式接线。

所谓桥式接线是指在两路电源进线之间跨接一个断路器，犹如一座桥，如图 4－68 所示，主要有内桥式接线和外桥式接线。

(1) 内桥式接线。内桥式接线的“桥”断路器 2QF 装设在两回路进线断路器的内侧，犹如桥一样将两回路进线连接在一起。正常时，断路器 2QF 处于开断状态。

这种接线的运行灵活性好，供电可靠性高，适用于一、二级负荷的工厂。

如果某路电源进线侧，例如 1WL 停电检修或发生故障时，2WL 经 2QF 对变压器 1T 供电。因此这种接线适用于线路长，故障机会多和变压器不需经常投切的总降压变电所。

(2) 外桥式接线。在这种接线中，一次侧的“桥”断路器装设在两回进线断路器的外侧。

此种接线方式运行的灵活性和供电的可靠性也较好，但与内桥式适用的场合不同。外桥接线对变压器回路操作方便，如需切除变压器 1T 时，可断开 1QF，再合上 2QF，可使两条进线都继续运行。因此，外桥式接线适用于供电线路较短，工厂用电负荷变化较大，变压器需经常切换，具有一、二级负荷的变电所。

3. 线路-变压器组单元接线

在工厂变电所中，当只有一路电源供电和一台变压器时，可采用线路-变压器组单元接线，如图 4-69 所示。

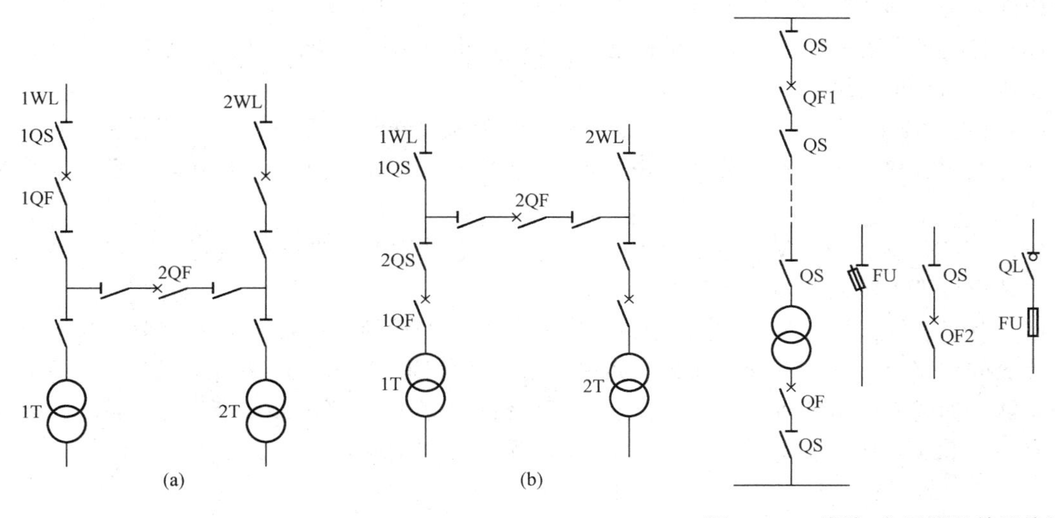

图 4-68　桥式接线

(a) 内桥式接线；(b) 外桥式接线

图 4-69　线路-变压器组单元接线

根据变压器高压侧情况的不同，也可以装设图中右侧三种开关电器中的某种。当电源侧继电保护装置能保护变压器且灵敏度满足要求时，变压器高压侧可以装设隔离开关。当变压器高压侧短路容量不超过高压熔断器断流容量，而又允许采用高压熔断器保护变压器时，变压器高压侧可装设跌落式熔断器或负荷开关-熔断器。一般情况下，在变压器高压侧装设隔离开关和断路器。

当高压侧装设负荷开关时，变压器容量不大于 1250kV·A，高压侧装设隔离开关或跌落式熔断器时，变压器容量一般不大于 630kV·A。

这种接线的优点是接线简单，所用电气设备少，配电装置简单，节约了建设投资。这种接线的缺点是该单元中任一设备发生故障或检修时，变电所全部停电，可靠性不高。

这种接线主要适用于小容量三级负荷、小型工厂或非生产性用户。

4.7.3　变配电所电气主接线实例

1. 主接线设计基本原则

工厂变配电所担负着从电力系统受电并向各车间变电所及某些高压用电设备配电的任务，设计时应遵守以下基本原则：

(1) 变电所（配电所）电气主接线，应按照电源情况、生产要求、负荷性质、用电容量、运行方式等条件确定，并应满足运行安全可靠、简单灵活、操作方便、经济等要求。

(2) 在满足上述要求时，变电所高压侧应尽量采用断路器少的或不用断路器的接线，如线路—变压器组或桥形接线等。当能满足电力网继电保护的要求时，也可采用线路分支接线。

(3) 如能满足电力网安全运行和继电保护的要求，终端变电所和分支变电所的35kV侧可采用熔断器。

(4) 35kV配电装置中，当出线为两回路时，一般采用桥形接线；当出线超过两回路时，一般采用单母线分段接线，但由一个变电所单独向一级负荷供电时，不应采用单母线接线。

(5) 变电所装有两台主变压器时，6～10kV配电装置一般可采用分段单母线接线；当该变电所向一级负荷供电时，6～10kV配电装置应采用分段单母线接线。

(6) 连接在母线上的阀型避雷器和电压互感器一般合用一组隔离开关。连接在变压器上的阀型避雷器一般不装设隔离开关。

(7) 如采用短路开关，线路上有分支变电所的终端变电所应装设快分隔离开关。短路开关与相应的快分离开关之间应装设闭锁装置。在中性点非直接接地电力网中，短路开关应采用两相式。

(8) 当需限制6～10kV出线的短路电流时，一般采用变压器分裂运行，也可在变压器回路中装设分裂电抗器或电抗器等。

(9) 当变电所有两条35kV电源进线时，一般装设两台所用变压器，并宜分别接在不同电压等级的线路上。如能从变电所外引入一个可靠的备用所用低压电源时，可只装设一台所用变压器。如能从变电所外引入两个可靠的所用低压电源时，可不装设所用变压器，当变电所只有一条35kV电源进线时，可只在35kV电源进线装设一台所用变压器。

2. 典型工厂变电所电气主接线实例

图4-70所示为一个比较典型的中型工厂供电系统中高压配电所及其附设2号车间变电所的主接线图。下面对此主接线图进行简单分析。

(1) 电源进线。该配电所有两路10kV电源进线，一路是架空线1WL，另一路是电缆线2WL。最常见的进线方案是一路电源来自发电厂或电力系统变电站，作为正常工作电源，而另一路电源则来自邻近单位的高压联络线，作为备用电源。

《供电营业规则》规定：对10kV及以下电压供电的用户，应配置专用的电能计量柜(箱)；对35kV及以上电压供电的用户，应有专用的电流互感器二次绕组和专用的电压互感器二次连接线，并不得与保护、测量回路共用。根据以上规定，因此在两路进线的主开关(高压断路器)柜之前各装设一台GG-1A-J型高压计量柜(No.101和No.112)，其中的电流互感器和电压互感器只用来连接计费的电能表。

装设进线断路器的高压开关柜(No.102和No.111)，因为需与计量柜相连，因此采用GG-1A(F)-11型。由于进线采用高压断路器控制，所以切换操作十分灵活方便，而且可配以继电保护和自动装置，使供电可靠性大大提高。

考虑到进线断路器在检修时有可能两端来电，因此为保证断路器检修时的人身安全，断路器两侧都必须装设高压隔离开关。

(2) 母线。高压配电所的母线，通常采用单母线制。如果是两路或以上电源进线时，则采用高压隔离开关或高压断路器(其两侧装隔离开关)分段的单母线制。母线采用隔离开关分段时，分段隔离开关可安装在墙上，也可采用专门的分段柜(也称联络柜)如GG-1A

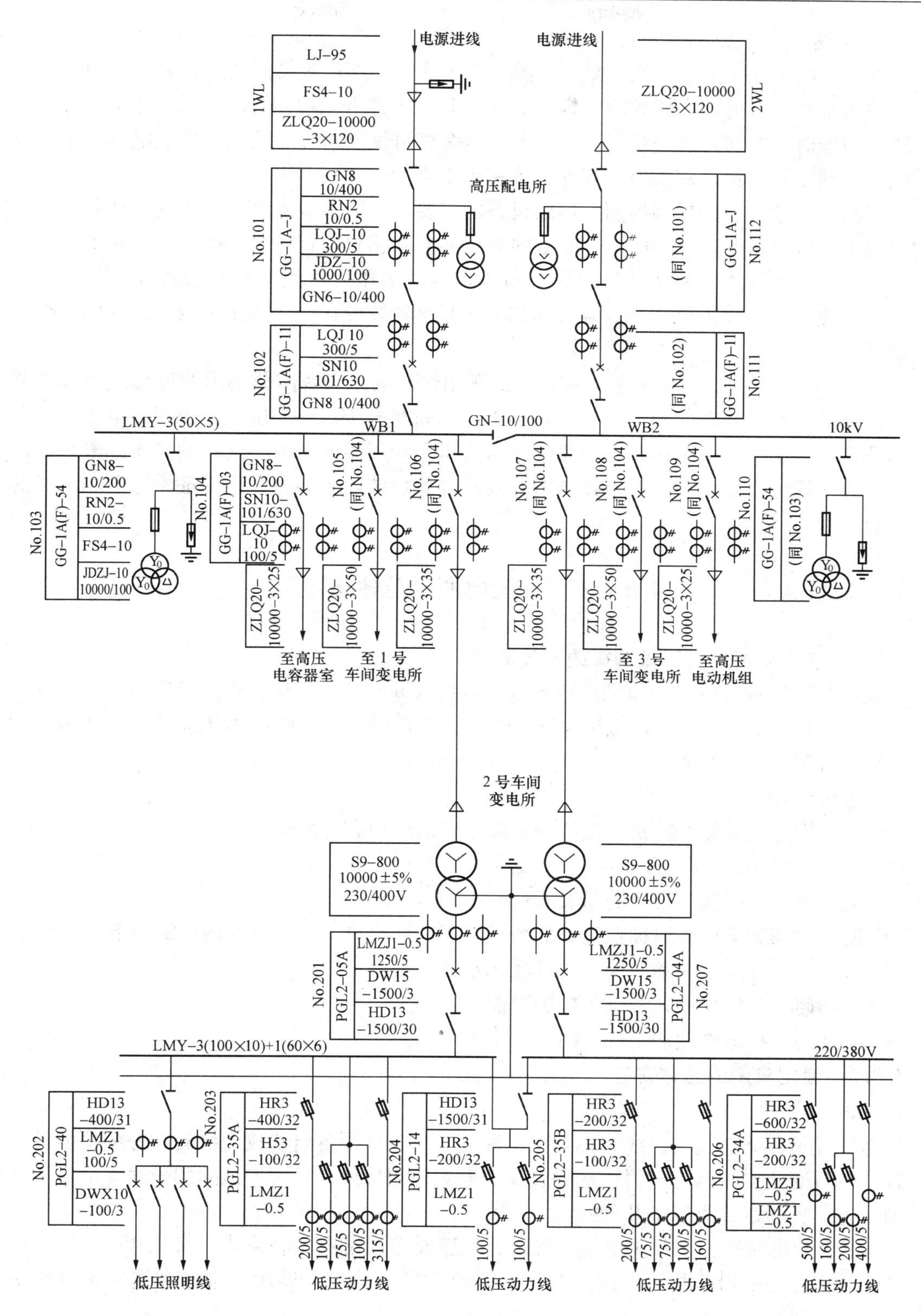

图 4-70　高压配电所及其附设车间变电所电气主接线

(F) - 119 型柜。

图 4 - 70 所示高压配电所通常采用一路电源工作、一路电源备用的运行方式，因此母线分段开关通常是闭合的，高压并联电容器对整个配电所进行无功补偿。如果工作电源发生故障或进行检修时，在切除该进线后，投入备用电源即可恢复对整个配电所的供电。如果装设备用电源自动投入装置，侧供电可靠性可进一步提高。

为了测量、监视、保护和控制主电路设备的需要，每段母线上都接有电压互感器，进线上和出线上都接有电流互感。图 4 - 70 上的高压电流互感器均有两个二次绕组，其中一个接测量仪表，另一个接继电保护装置。为了防止雷电过电压侵入配电所时击毁其中的电气设备，各段母线上都装设了避雷器。避雷器和电压互感器装设在一个高压柜内，且共用一组高压隔离开关。

(3) 高压配电出线。该配电所共有六路高压出线。其中有两路分别由两段母线经隔离开关—断路器配电给 2 号车间变电所；一路供 1 号车间变电所；一路供 3 号车间变电所；一路供无功补偿用并联电容器组；还有一路供一组高压电动机用电。由于这里的高压配电线路都是由高压母线馈电，因此其出线断路器需在其母线侧加装隔离开关，以保证断路器和出线的安全检修。

4.8 工厂变配电所的总体布置

4.8.1 工厂变配电所所址选择的一般原则

变配电所所址选择的一般原则，应根据下列要求并经技术经济分析后确定：

(1) 尽量靠近负荷中心，以减少供配电距离，降低供配电系统的电能损耗、电压损耗和有色金属消耗量。

(2) 进出线方便。

(3) 尽量靠近电源侧，特别是工厂的总降压变电所和高压配电所。

(4) 占地面积小。

(5) 交通方便，以利于设备的吊装、运输。

(6) 避免设在多尘或有腐蚀性气体的场所，无法远离时，不应设在污染源的下风侧。

(7) 避免设在有剧烈振动的地方或低洼积水处。

(8) 不妨碍工厂的发展，考虑扩建的可能。

(9) 所址的选择应方便职工的生活。

4.8.2 变配电所的总体布置

1. 配电装置的类型

配电装置是根据电气主接线方案，把各种高低压电气设备组装成为接收和分配电能的电气装置，包括变压器、开关电器、母线、保护电器、测量仪表、进出线路的导线或电缆及其他辅助设备等。通常分为以下几种：

(1) 室内配电装置。把开关电器、母线、互感器等设备布置在室内，多用于 35kV 及以下系统中。优点是占地面积小、维护与运行操作方便、不受外界污秽空气和气候条件的影响；缺点是土建投资大。

(2) 室外配电装置。把变压器、开关电器、母线、互感器、避雷器等设备安装在室外露天布置，多用于110kV及以上系统中。优点是土建投资小、建设周期短、扩建方便；缺点是占地面积大，受气候条件的直接影响，运行维护不方便。

(3) 成套配电装置。由制造厂成套供应的一种高低压配电装置，它是把开关电器、互感器、保护电器、测量仪表及自动设备等都装在一个金属柜中，运到变电所，在现场安装起来即构成成套配电装置。多用于3～35kV系统中。优点是结构紧凑、占地面积小、建设周期短、维护方便、易于扩建和搬迁；缺点是造价高，耗用钢材多。

6～10kV中小型变电所一般采用户内式。户内式变电所通常由高压配电室、电力变压器室和低压配电室三部分组成。有的还设有控制室、值班室，需要进行高压侧功率因数补偿时，还设置高压电容器室。

2. 变配电所的布置要求

(1) 室内布置应合理紧凑，便于维护和检修。有人值班的变配电所，一般应设单独的值班室，值班室应尽量靠近高低压配电室，且有门直通。如值班室靠近高压配电室有困难时，则值班室可经走廊与高压配电室相通。值班室也可与低压配电室合并，但在放置值班工作桌的一面或一端，低压配电装置到墙的距离不应小于3m。条件许可时，可单设工具材料室或维修室。昼夜值班的变配电所，宜设休息室。

(2) 应尽量利用自然采光和通风，电力变压器室和电容器室应避免太阳西晒，控制室和值班室应尽量朝南。

(3) 应合理布置变电所内各室的相对位置，高压配电室与电容器室、低压配电室与电力变压器室应相互邻近，且便于进出线，控制室、值班室及辅助房间的位置应便于运行人员的管理。

(4) 应保证运行安全。变电所内不允许采用可燃材料装修，不允许各种水管、热力管道和可燃气体管道从变电所内通过。值班室内不得有高压设备。值班室的门应朝外开。高低压配电室和电容器室的门应朝值班室开或朝外开。油量为100kg及以上的变压器应装设在单独的变压器室内，变压器室的大门应朝马路开，但应避免朝向露天仓库。变电所宜单层布置。当采用双层布置时，变压器应设在底层。高压电容器组一般应装设在单独的房间内，但数量较少时，可装在高压配电室内。低压电容器组可装设在低压配电室内，但数量较多时，宜装设在单独的房间内。所有带电部分离墙和离地的尺寸以及各室维护操作通道的宽度，均应符合规程要求，以确保运行安全。变电所内配电装置的设置应符合人身安全和防火要求，对于电气设备载流部分应采用金属网或金属板隔离出一定的安全距离。

(5) 室内布置应经济合理，电气设备用量少，节省有色金属和电气绝缘材料，节约土地和建筑费用，降低工程造价。另外还应考虑以后发展和扩建的可能。高低压配电室内均应留有适当数量开关柜（屏）的备用位置。

3. 变配电所的布置方案

变电所的布置方案应设计合理、因地制宜、符合规范要求。布置方案的最后确定，应通过几个方案的技术经济比较。图4-71所示为6～10kV变电所的几种布置方案，供设计时参考。

图4-72所示为图4-70高压配电所及其附设2号车间变电所的平面和剖面图。高压配电室中的开关柜为双列布置时，按GB 50060—2008《3～110kV高压配电装置设计规范》规定，操作通道的最小宽度为2m，这里取为2.5m，这样运行维护更为安全方便。

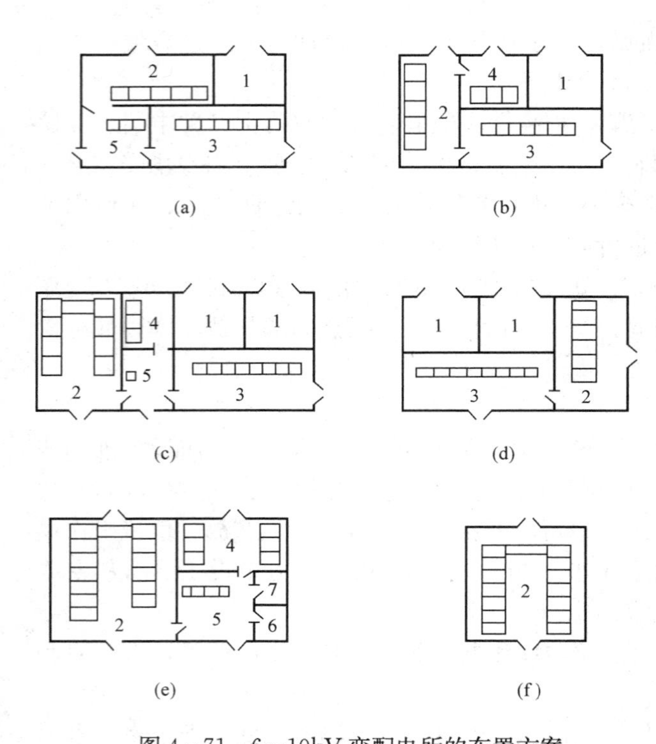

图 4-71 6～10kV 变配电所的布置方案

(a) 一台变压器有值班室；(b) 一台变压器无值班室；(c) 两台变压器有值班室；(d) 两台变压器无值班室；(e) 两台配电所有值班室；(f) 两台配电所无值班室

1—变压器室；2—高压配电室；3—低压配电室；4—电容器室；5—值班室；6—辅助间；7—厕所

这里变压器室的尺寸，按所装设变压器容量增大一级来考虑，以适应变电所在负荷增长时改换大一级容量变压器的要求。高低压配电室也都留有一定的余地，供将来增加高低压开关柜之用。

由图 4-72 所示变电所平面布置方案可以看出：值班室紧靠高低压配电室，而且有门直通，因此运行维护方便；高、低压配电室和变压器室的进出线都较方便；所有大门都按要求开设，保证运行安全；高压电容器室与高压配电室相邻，既安全且进出线方便；各室都留有一定的余地，以适应发展的要求。

4.8.3 变配电所的结构与布置

1. 电力变压器室和室外变压器台的结构与布置

(1) 电力变压器室。变压器室的结构与布局，决定于变压器的形式、容量、放置方式、主接线方案及进出线的方式、方向等诸多因素，并应考虑运行维护的安全及通风、防火等问题。一般应考虑变压器室将来更换大一级容量变压器的可能性。为保证安全，油浸式电力变压器外廓与变压器墙壁和门的最小净距，应符合表 4-3 所列数值。

表 4-3 油浸式电力变压器外廓与变压器室墙壁和门的最小净距 (m)

变压器容量 (kV·A)	≤1000	≥1250
器身外廓与后壁侧壁净距	0.6	0.8
器身外廓与门的净距	0.8	1.0

当油浸式变压器室位于容易沉积可燃粉尘和可燃纤维的场所、附近有易燃物大量集中的露天场所及变压器室下面有地下室时，变压器室应设置容量为 100%变压器油量的挡油设施，或设置容量为 20%变压器油量的挡油池并设置能将油排到安全处所的设施。

变压器室应只设通风窗而不设采光窗，进风窗设在变压器室前门的下方，出风窗设在变压器室的上方，并应有防止雨、雪和蛇、鼠类小动物从门窗、电缆沟等进入室内的设施。通风窗的面积，根据变压器的容量、进风温度及变压器中心标高至出风窗中心标高的距离等因素确定。变压器室一般采用自然通风。夏季的排风温度不宜高于 45℃，进风和排风的温差不宜大于 15℃。通风窗应采用非燃烧材料。变压器室的地坪按通风要求，分为地面抬高和不抬高两类。变压器室的地坪抬高时，通风散热更好，但建筑费用较高。630kV·A 及以下

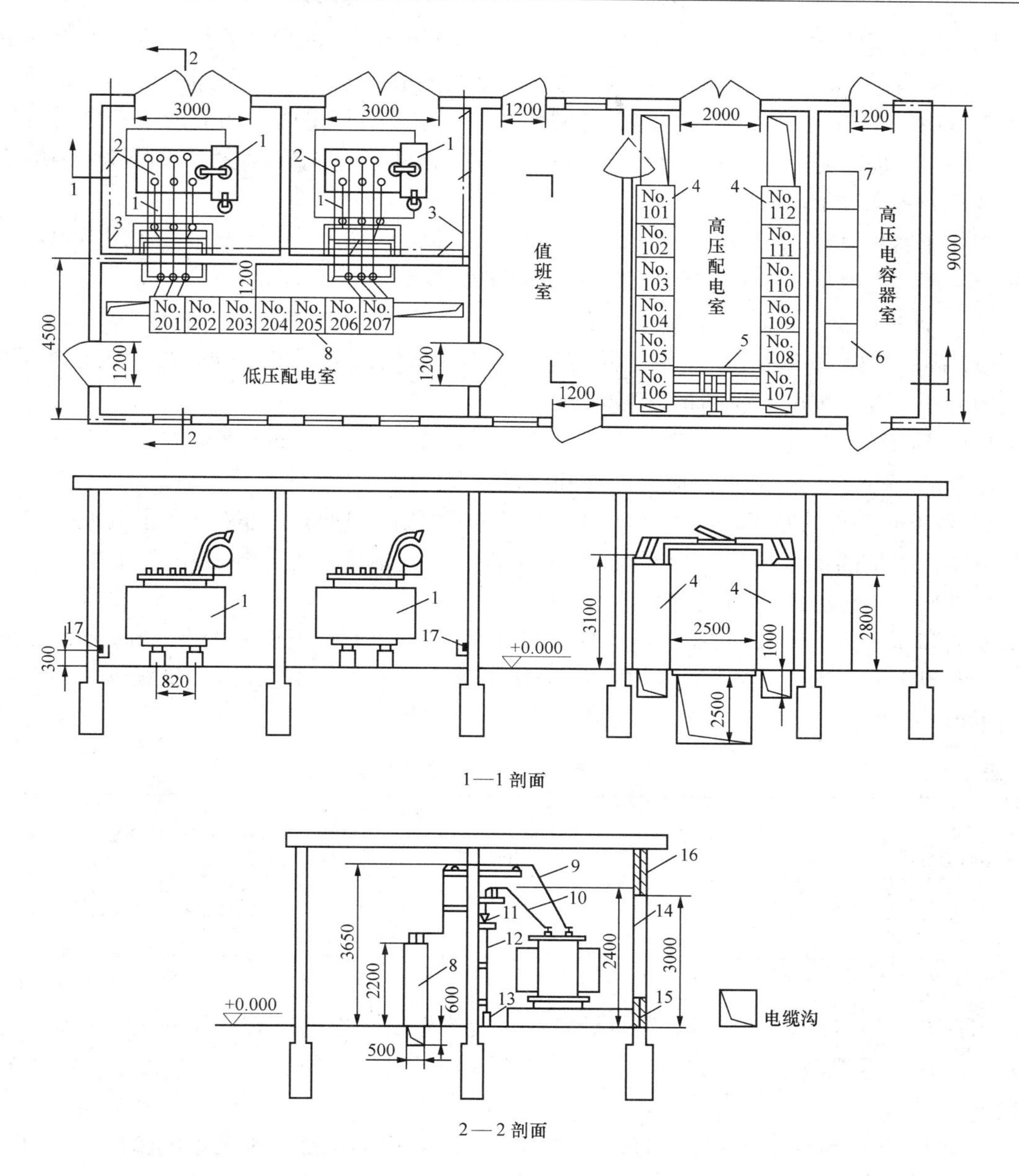

图 4-72　图 4-70 所示高压配电所及其附设 2 号车间变电所的平面图和剖面图

1—SL7-800/10 型变压器；2—PEN 线；3—接地线；4—GG-1A（F）型高压开关柜；5—GN6 型高压隔离开关；6—GR-1 型高压电容器柜；7—GR-1 型高压电容器的放电互感器柜；8—PGL2 型低压配电屏；9—低压母线及支架；10—高压母线及支架；11—电缆头；12—电缆；13—电缆保护管；14—大门；15—进风口（百叶窗）；16—出风口（百叶窗）；17—接地线及其固定钩

的变压器室，地坪一般不抬高。

变压器室的门应向外开。变压器室的布置方式，按变压器的推进方向，分为宽面推进和窄面推进两种形式，变压器室门的开度大小决定于变压器的推进方向。

（2）室外变压器台。靠近建筑物外墙安装的普通型变压器，不应设在倾斜屋面较低的一侧，以防止屋面的水或其他物体落到变压器上。

露天或半露天变电所的变压器四周应设高度不低于1.7m的固定围栏或围墙。变压器外廓与围栏的净距不应小于0.8m，变压器底部距地面不应小于0.3m，相邻变压器外廓之间的净距不应小于1.5m。当露天或半露天变压器供给一级负荷用电时，相邻的油浸电力变压器的防火净距不应小于0.5m。否则，应设置防火墙。防火墙应高出油枕顶部，且墙两端应大于挡油设施各0.5m。

当变压器容量在315kV·A及以下、环境条件正常且符合供电可靠性要求时，可考虑采用杆上变压器台的形式。杆上变压器应尽量避开车辆和行人较多的场所。

2. 高低压配电室和电容器室的结构与布置

(1) 高压配电室。高压配电室主要用于装设高压配电设备，在平面布置上应充分考虑进出线的方便。高压配电室应满足以下要求：

1) 高压配电室的长度超过7m时应设两个门，并应布置在配电室两端，其中搬运门宽1.5m，高2.5～2.8m。外墙门应为向外开启式，室内门应为双向推拉开启式。

2) 高压开关柜的布置方式主要取决于开关柜的数量。通常根据变电所主接线选定各回路的高压开关柜的型号和台数。布置高压开关柜时，应结合变电所与各用户间的相对位置，避免各高压开关柜的出线相互交叉。

如果高压开关柜台数较少时可采用单列布置，其操作通道宽度一般取2m；当高压开关柜在6台以上时，则可采用双列布置，其操作通道宽度一般取2.5m。当受场地局限时，一般也不得小于表4-4规定的最小宽度值。

表4-4　6～10kV变电所内各种通道最小宽度值　(m)

开关柜布置方式＼通道类别	维护通道	操作通道		通往防爆间隔通道
		固定式	手车式	
单列	0.8	1.5	单车长+1.2	1.2
双列	1.0	2.0	双车长+0.9	1.2

注　室内有柱子或其他局部凸出部位处的通道宽度可减少0.2m。

当只有一段母线时，为同类用电设备或车间变电所供电的所有高压开关柜宜单列相邻布置，有两段母线时，为同类用电设备或车间变电所供电的所有高压开关柜宜双列相对布置。

3) 高压开关柜有靠墙安装和离墙安装两种安装方式。若变电所采用电缆出线，可采用靠墙安装方式，以减小配电室的建筑面积；若采用架空出线，则应采用离墙安装方式，开关柜与墙面距离应大于0.6m，且单列或双列布置的开关柜的一侧应留出通往防爆间隔的通道，宽度一般取1.2m。架空线的出线套管要求至室外地面的高度应不小于4m，出线悬挂点对地面的高度不小于4.5m。高压配电室内的净高度一般为4.2～4.5m，若双列布置并有高压母线桥时，室内净高度可取4.6～5m。GG-IA(F)型固定式高压开关柜和GFC-10型手车式高压开关柜的布置方式参考图4-73，开关柜有关布置尺寸见表4-5。

4) 高压配电室的出线有架空出线和电缆出线。设计时可根据出线回路数和负荷类型来确定。如出线回路不多，可考虑采用架空出线，以节省工程费用；如出线回路数较多或为高压电动机供电的线路，宜采用电缆出线。室内外电缆沟底应有0.5%以上的坡度，并设置集水井，以便排水。相邻高压开关柜下面的检修坑之间需用砖墙分隔。

隔墙。

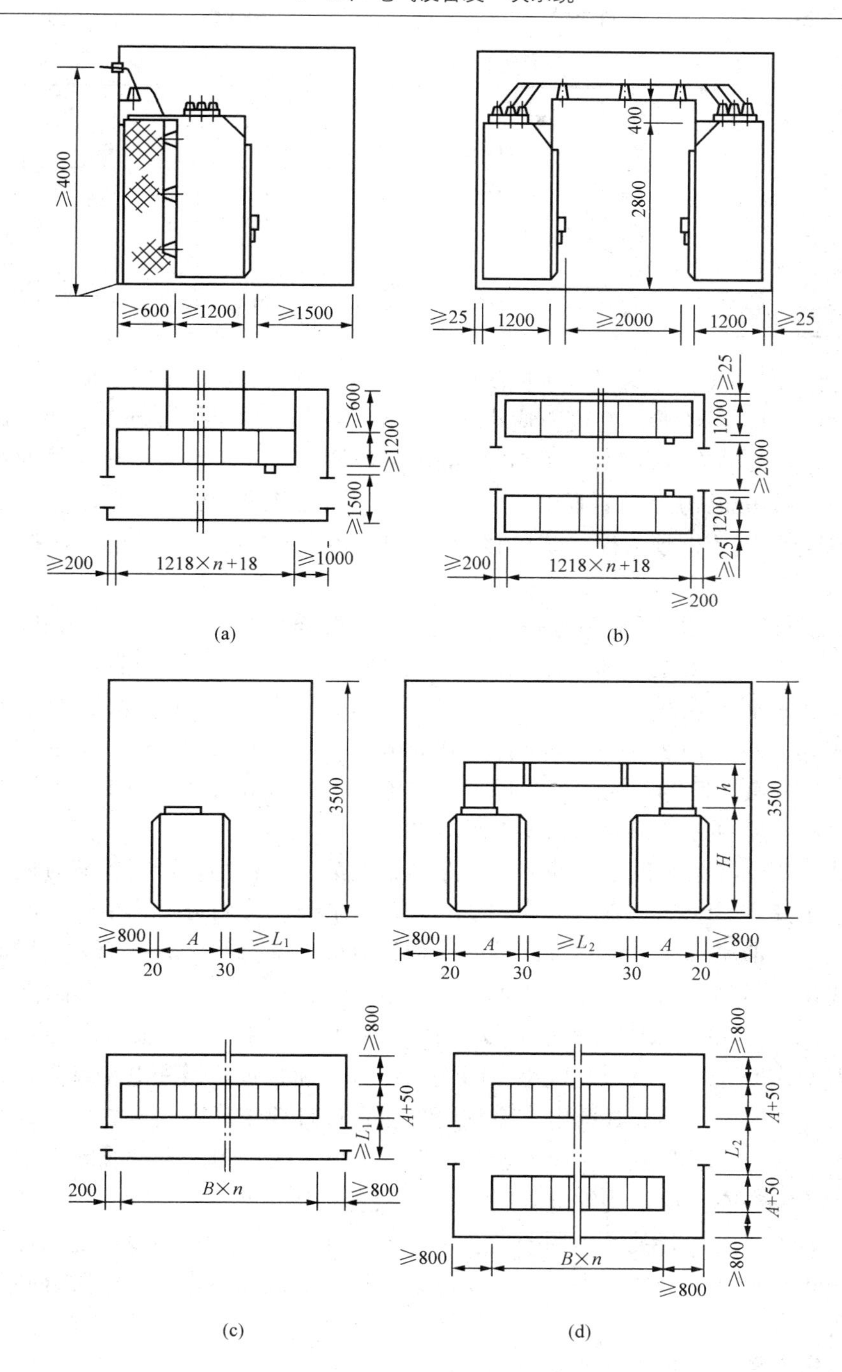

图 4－73 高压配电室的布置

(a) GG－1A (F) 型固定式高压开关柜单列布置；(b) GG－1A (F) 型固定式高压开关柜双列布置；
(c) GFC－10 型手车式高压开关柜单列布置；(d) GFC－10 型手车式高压开关柜双列布置

5) 供给一级负荷用电的高压配电装置，在母线分段处应装设防火隔板或设置有门洞的隔墙。此外，高压配电室的耐火等级应不低于二级，室内顶棚、墙壁应刷白色，地面水泥抹面处理。

表 4-5　开关柜有关布置尺寸　(mm)

开关柜型号	尺寸					
	A	B	H	h	L_1	L_2
GC-1	1400	800	2100	800	单车长+1200	双车长+900
GFC-1	1470	1000	2100	924	单车长+1200	双车长+900
GFC-10A	1200	800	2000	800	单车长+1200	双车长+900
GFC-15	1200	700	1900	924	单车长+1200	双车长+900
GFC-3A	1200	700	1900	1030	单车长+1200	双车长+900

6）配电装置中电气设备的栅状遮栏高度不应小于 1.2m，栅状遮栏最低栏杆至地面的净距不应大于 200mm。网状遮栏高度不应小于 1.7m，网状遮栏网孔不应大于 40mm×40mm。围栏门应装锁。在安装有油断路器的屋内间隔内除设置遮栏外，对就地操作的油断路器及隔离开关，应在其操动机构处设置防护隔板，宽度应满足人员操作的范围，高度不应小于 1.9m。高压配电装置的柜顶为裸母线分段时，两段母线分段处宜装设绝缘隔板，其高度不应小于 0.3m。

（2）低压配电室。低压配电装置一般采用成套式配电屏，作为三相交流电压 380V（或 660V）及以下动力、照明配电和对用电设备集中控制之用。目前我国生产的户内式低压配电屏有固定式和抽屉式两种，固定式有 PGL、GGL、GGD 型等交流低压配电屏，屏宽有 400、600、800、1000mm 四种，屏深均为 600mm，屏高均为 2200mm。其主、辅电路均采用标准化方案，并有固定的对应关系，即一个主电路方案对应着几个辅助电路方案。当主电路方案确定以后，即可选取相应的辅助电路方案。

抽屉式低压配电屏具有馈电回路多、回路组合灵活、体积小、维护检修方便、恢复供电迅速等特点，主要有 BFC-10A、BFC-20、GCS 等系列，采用封闭式结构、离墙安装，元件装配有固定式、抽屉式、手车式等几种。这种配电屏内部分为前后两部分，后面部分主要用作装设母线，前面部分用隔板分割成若干个配电小室。固定式配电小车高度有 450、600、900、1800mm 四种，抽屉式配电小室高度有 200、400mm 两种，抽屉后板上装有 6 个主触头。为了确保操作安全，抽屉与配电小室门之间装有连锁装置，当配电小室门打开时使抽屉电路不能接通。固定式或抽屉式配电小室均可按用户设计要求任意组合，但总组合高度不应超过 1800mm。手车式配电小室一般为 3 个：第一个小室在左侧，为母线室，用于安装进出母线；第二个小室在右上侧，为继电保护室，安装各种继电保护、信号、主令等电器元件；第三个小室在右下侧为主开关室，用于安装手车式主开关，并且与小室门之间也设有机械连锁机构，能防止在主开关负载时手车从工作位置上拉出，也能防止在主开关合闸状态时手车推人工作位置。

低压配电室布置应满足以下要求：

1）配电装置的布置，应考虑设备的操作、搬运、检修和试验的方便。

2）低压配电室的长与宽由低压配电屏的宽度、台数及布置方式确定。成列布置的配电屏，其长度超过 6m 时，屏后面的通道应有两个通向本室或其他房间的出口，并宜布置在通道的两端。当两出口之间的距离超过 15m 时，其间还应增加出口。低压配电室外墙门应向外开，内墙门应能两个方向开启，作为搬运设备的门宽度应不小于 1m。低压配电室内应考虑预留适当数量的低压配电屏安装位置以满足发展的需要。

3）成列布置的配电屏，其屏前和屏后的通道宽度，不应小于表 4－6 所列数值。

表 4－6　低压配电屏前后的通道宽度　(m)

装置种类 \ 布置方式	单排布置		双排对面布置		双排背对背布置		多排同向布置	
	屏前	屏后	屏前	屏后	屏前	屏后	屏前	屏后
固定式	1.50 (1.30)	1.00 (0.80)	2.00	1.00 (0.80)	1.50 (1.30)	1.50	2.00	—
抽屉式、手车式	1.80 (1.60)	0.90 (0.80)	2.30 (2.00)	0.90 (0.80)	1.80	1.50	2.30 (2.00)	—
控制屏（柜）	1.50	0.80	2.00	0.80	—	—	2.00	屏前检修时靠墙安装

注　括号内的数字为布置有困难时的最小允许宽度。

4）低压配电室通道上方裸带电体距地面的高度不应低于下列数值：屏前通道内者为 2.50m，加护网后其高度可降低，但护网最低高度为 2.20m；屏后通道内者为 2.30m，否则应加遮护，遮护后的高度不应低于 1.90m。

5）同一配电室内的两段母线，如任一段母线有一级负荷时，则母线分段处应有防火隔断措施。

6）低压配电屏一般要求离墙布置，屏后距墙净距约 1m。当屏后墙面上安装低压进线断路器时，屏后距墙净距可根据操动机构的安装位置、操作方向适当加大。

7）低压配电室内高度应结合变压器室的布置结构来确定，可参考以下尺寸范围选择：相邻变压器室地坪不抬高时，配电室高度为 3.5～4m。相邻变压器室地坪抬高时，配电室高度为 4～4.5m。如配电室采用电缆进线时，其高度可以降至 3m。

8）低压配电屏的布置宜考虑出线的方便，尤其是架空出线时应避免出线之间互相交叉。低压配电屏下方宜设电缆沟，屏后有时也需设置电缆沟，一般沟深取 600mm。当采取电缆出线时，在电缆出户处的室内外电缆沟深度应相互衔接吻合且要进行防火封堵，并采取良好的防水措施，电缆沟底面应有 0.5%的坡度并设置集水井以利于排水。室内电缆沟可采用花纹钢板盖板或混凝土盖板，室内防火等级应在 3 级以上。

9）若在同一配电室内单列布置高、低压配电装置，且高压开关柜或低压配电屏顶面有裸露带电导体时，两者之间的净距不应小于 2m，如果高压开关柜和低压配电屏的顶面封闭外壳防护等级符合 IP2X 级时，两者可靠近布置。

（3）电容器室。室内高压电容器装置宜设置在单独房间内，当电容器组容量较小时，可设置在高压配电室内，但与高压配电装置的距离不应小于 1.5m。低压电容器装置可设置在低压配电室内，当电容器总容量较大时，宜设置在单独房间内。

装配式电容器组单列布置时，网门与墙距离不应小于 1.3m；当双列布置时，网门之间距离不应小于 1.5m。

成套电容器柜单列布置时，柜正面与墙面距离不应小于 1.5m；当双列布置时，柜面之间距离不应小于 2.0m。

高压电容器室在布置时应注意以下几点：

1）电容器室通风散热条件差，是电容器损坏的重要原因之一。因此要求高压电容器室应有良好的自然通风散热条件。通常将其地坪比室外提高 0.8m，在墙下部设进风窗，上部设出风窗。通风窗的有效面积，可根据进风温度的高低，按每 100kvar 下部进风面积 0.1～0.3m^2、上部出风面积 0.2～0.4m^2 计算。如果自然通风不能保证室内温度低于 40℃时，应增设机械通风装置来强制通风。为了防止小动物进入电容器室内，进出风口应设置网孔不大于 10mm×10mm 的铁丝网。

2）高压电容器室的平面尺寸可由电力电容器的容量来确定。如采用成套式高压电容器柜，则可按电容器柜的台数来确定高压电容器室的长度，根据电容器柜的深度、单列或双列布置及维护通道宽度来确定高压电容器室的宽度。一般单列布置的高压电容器室内净宽度为 3m，双列布置的高压电容器室内净宽度为 4.2m。高压电容器室的建筑面积也可按每 100kvar 4.5m^2 来估算。如采用现场自行设计的装配式高压电容器组，电容器可分层安装，但一般不超过 3 层，层间应不加隔板以利于通风散热。下层电容器底部距地面应不小于 0.3m。上层电容器底部距地面应不大于 2.5m，电容器层间距离不小于 1m，电容器外壳之间（宽面）的净距不宜小于 0.1m。电容器的排间距离，不宜小于 0.2m。

3）高压电容器室的耐火等级应不低于 2 级。当室内长度超过 7m 时应设两个门，并且分设在电容器室两端，门向外开启，同时应尽量避免西晒。

4.9 工厂变配电所电气设备的选择与校验

高低压电器的选择，必须满足其在一次电路正常条件下和短路故障条件下工作的要求，同时设备应工作安全可靠，运行维护方便，经济合理。

高低压电器按正常工作条件下选择，就是要考虑电气设备的环境条件和电气要求。环境条件是指电器的使用场所（户内或户外）、环境温度、海拔高度，以及有无防尘、防腐、防火、防爆等要求。电气要求是指电器在电压、电流、频率等方面的要求，对一些开断电流的电器，如熔断器、断路器、负荷开关等，则还包括其断流能力的要求。高低压电器按短路故障条件下选择，就是要校验其短路时能否满足动稳定度和热稳定度的要求。

4.9.1 电气设备选择的一般条件

1. 按正常工作条件选择

正常工作条件是指按电气设备的装置地点、使用条件、检修和运行要求、环境条件等来选择导体和电器的种类和型式。

(1) 电压。电气设备所在电网的运行电压因调压或负荷的变化，可能高于电网的额定电压，这对裸铝、铜导体不会有任何影响，但对电器和电缆，则要规定其允许最高工作电压不得低于所接电网的最高运行电压。

(2) 电流。导体（或电气设备）的额定电流是指在额定环境温度 θ_0 下，长期允许通过的电流（I_N）。在额定的周围环境温度下，导体（或电气设备）的额定电流 I_N 应不小于该回路的最大持续工作电流 I_{max}。

周围环境温度 θ 和导体额定环境温度 θ_0 不等时，长期允许电流可按下式修正：

$$I_{N\theta}=I_N\sqrt{\frac{\theta_{max}-\theta}{\theta_{max}-\theta_0}} \tag{4-12}$$

式中 θ_{max}——导体或电气设备正常发热允许最高温度数值，一般可取 $\theta_{max}=70$℃。

我国生产的电气设备的额定环境温度 $\theta_0=40℃$，裸导体的额定环境温度 $\theta_0=25℃$。

(3) 环境条件。在选择电器时还要考虑电器安装地点的环境条件，一般电器的使用条件如不能满足当地气温、风速、湿度、污秽程度、海拔高度、地震强度、覆冰厚度等环境条件时，应向制造部门提出要求或采取相应的措施。

2. 按短路条件校验

(1) 热稳定校验。导体或电器通过短路电流时，各部分的温度（或发热效率）应不超过允许值。满足热稳定的条件为

$$I_t^2 t \geqslant I_\infty^2 t_{ima} \tag{4-13}$$

式中　I_t、t——导体或电器允许通过的热稳定电流和持续时间，可由产品样本查到；

I_∞——稳态短路电流；

t_{ima}——假想时间。

(2) 动稳定校验。动稳定即导体和电器承受短路电流机械效应能力。应满足的动稳定条件为

$$i_{es} \geqslant i_{sh} \tag{4-14}$$

或

$$I_{es} \geqslant I_{sh} \tag{4-15}$$

式中　i_{sh}、I_{sh}——短路冲击电流幅值及其有效值；

i_{es}、I_{es}——导体或电器允许的动稳定电流幅值及其有效值。

由于回路的特殊性，对下列几种情况可不校验热稳定或动稳定：

1) 用熔断器保护的电器，其热稳定由熔体的熔断时间保证，故可不校验热稳定。

2) 采用限流熔断器保护的设备可不校验动稳定，电缆因有足够的强度也可不校验动稳定。

3) 装设在电压互感器回路中的裸导体和电器可不校验动、热稳定。

4.9.2　电气设备选择校验项目和条件

各类高低压电气设备的选择校验项目和条件见表 4-7。

表 4-7　高低压电器的选择校验项目和条件

电器名称	电压（V）	电流（A）	断流能力（kA）	断路电流校验	
				动稳定度	热稳定度
熔断器	√	√	√	—	—
高压隔离开关	√	√	—	√	√
高压负荷开关	√	√	√	√	√
高压断路器	√	√	√	√	√
低压刀开关	√	√	√	×	×
低压负荷开关	√	√	√	—	—
低压断路器	√	√	√	×	×
电流互感器	√	√	—	√	√
电压互感器	√	—	—	—	—
并联电容器	√	—	—	—	—

续表

电器名称	电压（V）	电流（A）	断流能力（kA）	断路电流校验	
				动稳定度	热稳定度
母 线	—	√	—	√	√
绝缘导线、电缆	√	√	—	—	√
支柱绝缘子	√	—	—	√	—
套装绝缘子	√	√	—	√	√
选择校验的条件	电器的额定电压不低于所在电路的额定电压	电器的额定电流应不小于所在电路的计算电流	电器的最大开断电流应不小于它可能开断的最大电流	按三相短路冲击电流校验	按三相短路稳态电流校验

注 1. “√”表示必须校验；“—”表示不必校验；“×”表示一般可不校验。
2. 对“并联电容器”，还应按容量（μF 或 var）选择；对“互感器”，还应考虑准确度等级。
3. 表中未列“频率”项目，电器的额定频率应与所在电路的频率相适应。

复 习 思 考 题

4-1 电弧是一种什么现象？它产生的根本原因是什么？电弧产生的过程中有哪些游离方式？

4-2 灭弧的条件是什么？去游离方式有哪些？举例说明。

4-3 开关电器中常用的灭弧方式有哪些？最基本的灭弧方法是什么方法？

4-4 高压断路器的作用是什么？常用的10kV高压断路器有哪几种？各写出一种型号并解释型号的含义。

4-5 高压真空断路器及SF_6断路器、高压少油断路器，各自的灭弧介质是什么？比较其灭弧性能，各适用于什么场合？

4-6 高压隔离开关的作用是什么？为什么不能带负荷操作？

4-7 高压负荷开关有哪些功能？能否实施短路保护？在什么情况下自动跳闸？

4-8 熔断器的作用是什么？常用的高压熔断器户内和户外的型号有哪些？各用于哪些场合？低压熔断器有哪些？

4-9 电力变压器常用的联结组别有哪些？6～10kV配电变压器采用Dyn11联结组别有什么好处？

4-10 确定供配电系统中变电所变压器容量和台数的原则是什么？变压器并联运行的条件有哪些？

4-11 互感器的作用是什么？电流互感器和电压互感器在结构上各有什么特点？

4-12 电流互感器和电压互感器接线方式各有哪些？电流互感器和电压互感器在使用时各有哪些注意事项？

4-13 电流互感器有两个二次绕组时，各有何用途？在主接线图中，它的图形符号怎样表示？

4-14 常用的低压设备有哪些？它们各有何作用？

4-15 低压断路器有哪些功能？按结构类型分哪两大类？

4-16　绝缘子的作用是什么？对绝缘子的要求是什么？工厂供电系统中绝缘子的种类有哪些？

4-17　母线的作用是什么？母线的布置方式有哪些？硬母线如何着色、作用是什么？

4-18　常用的高压开关柜主要有哪些？

4-19　常用的低压配电屏主要有哪些？低压动力和照明配电箱的种类有哪些？

4-20　预装式变电站由哪几部分组成？有何特点？通常有哪些形式？

4-21　什么是电气接线？工厂供配电系统有哪几种形式？各有何特点？

4-22　变电所所址选择的一般原则有哪些？

4-23　什么是配电装置？配电装置的类型及特点有哪些？工厂变配电所的布置要求有哪些？

4-24　电气设备选择的一般条件是什么？工厂变配电所电气设备的选择与校验条件有哪些？

4-25　某10/0.4kV变电所，其总计算负荷为1400kV·A，其中一、二级负荷为730kV·A。试初步选择主变压器的台数和容量。

4-26　某企业总降压变电所的变压器容量为1万kV·A，变压比为35kV/10kV，变压器所配置的定时限过电流保护装置的动作时间为1.5s，10kV母线上最大短路电流为$I''=I_{\infty}=7kA$，环境温度$\theta_0=35℃$，试选择变压器10kV出线的高压断路器和隔离开关。

5 工厂电力线路

工厂电力线路是工厂供配电系统的重要组成部分，可分为架空线路和电缆线路两大类。架空线路是将导线架设在杆塔上；电缆线路是将电缆敷设在地下（埋入土中或电缆沟、管道中）或水底。

架空线路是利用杆塔架空敷设裸导线或绝缘线的户外线路。其特点是投资少、易于架设，维护检修方便，易于发现和排除故障；但它要占用地面位置，有碍交通和观瞻，且易受环境影响，安全可靠性较差。

电力电缆线路与架空电力线路比较具有如下特点：①受外界因素（如雷电、风害、鸟害、人为故障等）的影响小；②直埋电缆及沟、隧道敷设电缆，工程隐蔽，不影响环境、市容，不影响人身安全；③电缆的分布电容较大；④电缆线路的维修工作量比架空电力线路小；⑤从电缆线路上引出分支线路比较困难；⑥电缆线路施工建设工艺较复杂；⑦建设投资较大。在现代城市及工厂内部电气线路的建设及改造中，电力电缆线路被广泛用来代替架空线路。

5.1 架空线路

5.1.1 架空线路的结构

架空线路主要由导线、杆塔、绝缘子、金具、横担、拉线、基础等组成，如图 5-1 所示。

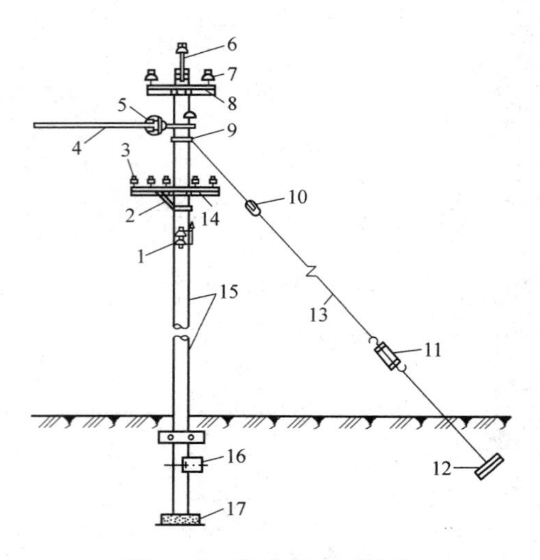

图 5-1 架空线路的结构

1—低压蝶式绝缘子；2—横担支撑；3—低压针式绝缘子；4—导线；5—悬式绝缘子；6—高压杆头；7—高压针式绝缘子；8—高压横担；9—拉线抱箍；10—拉紧绝缘子；11—花篮螺栓；12—地锚；13—拉线；14—低压横担；15—杆塔；16—卡盘；17—底盘

1. 导线

导线是架空线路的主要组成部分，用以传输电能。架空线路一般采用裸导线，为提高供电可靠性，也可采用架空绝缘导线。截面 $10mm^2$以上的导线都是多股绞合的，称为绞线。工厂里最常用的是 LJ 型铝绞线。在机械强度要求较高和 35kV 及以上的架空线路上，多采用 LGJ 型钢芯铝绞线，其断面如图 5-2 所示。其中的钢芯主要承受机械载荷，外围的铝线部分用于载流。钢芯铝绞线型号（如 LGJ-95）中表示的截面积（$95mm^2$）就是指铝线部分的截面积。

2. 杆塔

杆塔是用来支持或悬吊导线并使导线对地面或其他建筑物之间保持一定的安全距离。

杆塔按其采用的材料分类，有木杆、水泥杆、铁塔等。现在厂区杆塔最常用的是水泥杆。因为采用水泥杆可大量节约木材和钢材，而且经久耐用，维护简单，也比较经济。

杆塔按其在线路中的地位和作用分类，有直线杆、耐张杆、转角杆、终端杆、跨越杆、分支杆等。各种杆型在低压架空线路上的应用如图 5－3 所示。

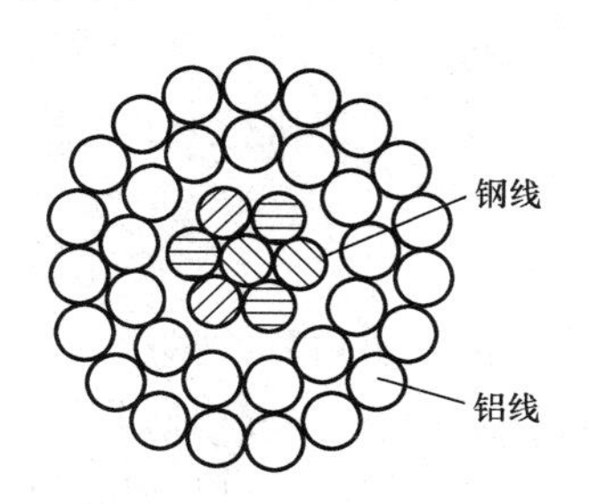

图 5－2 钢芯铝绞线的截面

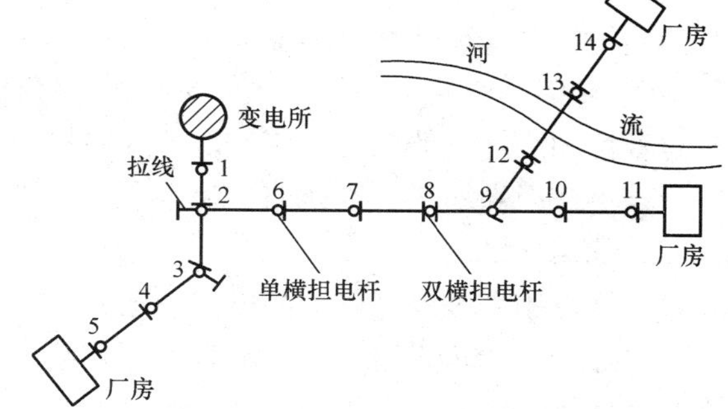

图 5－3 各种杆型在低压架空线路上的应用

1、5、11、14—终端杆；2、9—分支杆；

3—转角杆；4、6、7、10—直线杆；

8—耐张杆（分段杆）；12、13—跨越杆

3. 绝缘子和金具

绝缘子用来支承或悬吊导线并使导线与杆塔绝缘，它应保证有足够的电气绝缘强度和机械强度。

金具是用来把导线连接在绝缘子串上，并将绝缘子串固定在杆塔上的金属零件。架空线路常用金具如图 5－4 所示。

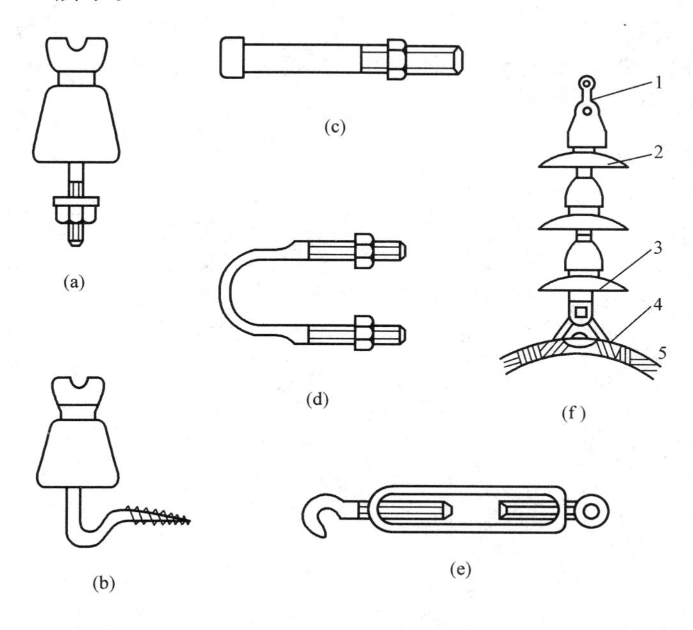

图 5－4 线路用金具

(a) 直脚及绝缘子；(b) 弯脚及绝缘子；(c) 穿心螺栓；

(d) U 形抱箍；(e) 花篮螺栓；(f) 悬式绝缘子串及金具

1—球形挂环；2—绝缘子；3—碗头挂板；4—悬垂线夹；5—导线

4. 横担

横担定位在杆塔上，用以支持绝缘子、导线、跌落式熔断器、隔离开关、避雷器等设备，并使导线间、设备间有规定的距离。因此，横担要有足够的强度和长度。

常用的横担有铁横担和瓷横担。铁横担由角钢制成，10kV 线路多采用∟ 63mm×6mm 的角钢，380V 线路多采用∟ 50mm×5m 的角钢。铁横担的机械强度高，应用广泛。瓷横担兼有横担和绝缘子的双重作用，能节约钢材并提高线路绝缘水平，但机械强度较低，一般仅用于较小截面导线的架空线路。

5. 拉线和基础

拉线可用来平衡杆塔可能出现的侧向拉力，一般用在耐张、转角、终端、分支等承力杆上。另外，为了防止强大风力刮倒和覆冰载荷的破坏影响，或在土质松软地区，为了增强线路杆塔的稳定性，应在直线杆上每隔一定距离（一般每项隔 10 根杆塔）装设抗风拉线或增强线路稳定性的拉线。如果由于地形限制不能装设拉线时，可使用撑杆代替。普通拉线主要由上把、中（腰）把及下（底）把三部分组成。上把与杆塔上的拉线抱箍相连或直接固定在杆塔上，中把用于连接上把与下把，下把在地下通过拉线基础固定，中把与下把之间装有调节机构，如花篮螺栓等，可用其调节拉线的松紧。在杆塔稳定，土质坚实，不需要调整拉线时，可不装设花篮螺栓。

拉线的种类有普通拉线、两侧拉线（或称人字拉线）、四方拉线、过道拉线、自身拉线等。

架空线路的杆塔基础是建筑在土壤里面的杆塔地下部分，一般采用底盘及卡盘稳固。其作用是防止杆塔因受垂直荷重、水平荷重、事故荷重等而产生的上拔、下压甚至倾倒。

当线路通过地质较差的地带时，为便于施工，减少杆塔基础的土方量，可采用灌注桩基础，待灌注桩达到一定强度后，于地面处将杆塔与基础连接。

5.1.2 架空线路的施工

1. 导线在杆塔上的排列方式

导线在杆塔上有水平、三角形、垂直等排列方式，如图 5-5 所示。单回线路一般采用

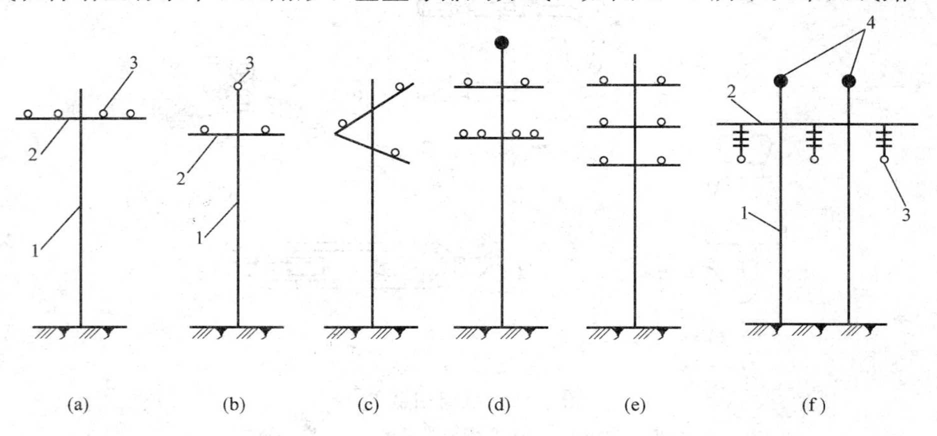

图 5-5 导线在杆塔上的排列方式

(a)、(f) 水平排列；(b)、(c) 三角形排列；(d) 双回路三角形排列；(e) 双回路垂直排列

1—杆塔；2—横担；3—导线；4—避雷线

三角形或水平排列，三角形排列较为经济。垂直排列方式的可靠性较差，特别是重冰区，原因是下层导线在冰层突然脱落时，上下跳跃，易发生相间闪络。水平排列杆塔结构比垂直排列复杂，投资也大。

导线在杆塔上按相序的排列方式如下：

(1) 高压电力线路，面向负荷从左侧起 L1、L2、L3。

(2) 低压线路在同一横担架设时，导线的相序排列，面向负荷从左侧起 L1、N、L2、L3。

(3) 有保护零线在同一横担架设时，导线的相序排列，面向负荷从左侧起 L1、N、L2、L3、PE。

(4) 动力线照明线，在两个横担上分别架设时，动力线在上，照明线在下。

上层横担：面向负荷，从左侧起为 L1、L2、L3；

下层横担：面向负荷，从左侧起为 L1、(L2、L3) N、PE；

在两个横担上架设时，最下层横担，面向负荷，最右边的导线为保护线（PE 线）。

2. 架空线路的安全距离

架空线路的安全距离包括很多方面。架空线路的档距是同一线路上相邻两杆塔之间的水平距离，导线的弧垂则是导线的最低点与档距两端杆塔上的导线悬挂点之间的垂直距离，如图 5-6 所示。对于各种架空线路，有关规程对其档距、弧垂和对地最小距离都有一些具体的规定。

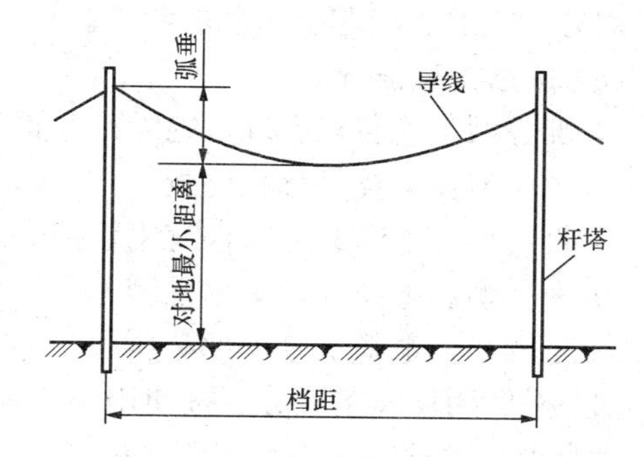

图 5-6 架空线路的档距、弧垂和对地最小距离

为了保证线路具有一定的绝缘水平，导线和导线间、导线和杆塔间应保持一定的距离。线间距离与线路额定电压的高低及档距的大小有关。在线路的常用档距中，电压与线间距离的关系见表 5-1。

表 5-1　架空电力线路最小线间距离

档距（m） 线路电压（kV）	<40	40～50	50～60	60～70	70～80
3～10	0.6	0.65	0.7	0.75	0.85
≤1	0.3	0.4	0.45	0.5	—

上、下横担之间也要满足最小垂直距离要求，见表 5-2。

表 5-2　横担间最小垂直距离　(m)

导线排列方式	直线杆	分支或转角杆
高压与高压	0.8	0.6
高压与低压	1.2	1
低压与低压	0.6	0.3

5.2 电缆线路

5.2.1 电缆的种类与结构

1. 电缆的种类

电力电缆的品种较多，根据绝缘材料、线芯材料和芯线数量、护层结构特征、使用环境等分为以下几类：

(1) 按使用绝缘材料分。

1) 油浸纸绝缘电缆。油浸纸绝缘电缆又分为黏性浸渍纸绝缘型、不滴流浸渍纸绝缘型、油压/油浸渍纸绝缘型、气压黏性浸渍纸绝缘型等。

2) 塑料绝缘电缆。塑料绝缘电缆分为聚氯乙烯绝缘型、交联聚乙烯绝缘型、聚乙烯绝缘型等。

3) 橡胶绝缘电缆。橡胶绝缘电缆分为天然橡胶绝缘型、乙丙橡胶绝缘型等。

(2) 按缆芯材料和缆芯数分。按缆芯材料分有铜芯、铝芯电缆两种；按缆芯数分有单芯、双芯、三芯、四芯、五芯电缆等。

(3) 按结构特征分。

1) 统包型。缆芯外层统包绝缘，并置于同一护套内。

2) 分相型。主要是分相屏蔽。

3) 管钢型。电缆绝缘层外有钢管护套。

4) 扁平型。电缆外形呈扁平型。

5) 自容型。电缆护套内部有压力。

(4) 按使用环境条件分。按使用环境条件分为地下直埋、地下管道、水下、矿井、高海拔、大高差、多移动、湿热带等多种。

2. 电缆型号的说明及表示

电缆的型号由 8 个部分组成。拼音字母表明电缆的用途、绝缘材料及线芯材料；数字表明电缆外护层材料及铠装包层方式。

电缆型号的字母、数字含义详见表 5-3。

表 5-3 电力电缆型号中各符号的含义

项目	型号	含义	旧型号	项目	型号	含义	旧型号
类别	Z	油浸纸绝缘	Z	外护套	30	裸细钢丝铠装	3，13
	V	聚氯乙烯绝缘	V		31	细圆钢丝铠装纤维外被	23，29
	YJ	交联聚乙烯绝缘	YJ		32	细圆钢丝铠装聚氯乙烯套	50，150
	X	橡皮绝缘	X		33	细圆钢丝铠装聚乙烯套	5，15
导体	L	铝芯	L	特征	P	滴干式	P
	T	铜芯（一般不注）	T		D	不滴流式	D
内护套	Q	铅包	Q		F	分相铅包式	F
	L	铝包	L	外护套	02	聚氯乙烯套	—
	V	聚氯乙烯护套	V				

续表

项目	型号	含义	旧型号	项目	型号	含义	旧型号
外护套	03	聚乙烯套	1，11	外护套	40	裸粗圆钢丝铠装	59，25
	20	裸钢带铠装	20，120		41	粗圆钢丝铠装纤维外被	
	21	油浸纸绝缘	2，12		42	粗圆钢丝铠装聚乙烯套	
	22	钢带铠装聚乙烯套	22，29		43	粗圆钢丝铠装聚乙烯套	
	23	钢带铠装聚乙烯套	30，130		441	双粗圆钢丝铠装纤维外被	—

3. 电缆的结构

电力电缆主要由导体（线芯）、绝缘层和保护层三部分组成。图 5－7 所示为聚氯乙烯电缆结构。

(1) 导体。导体即电缆线芯，一般由多根铜线或铝线绞合而成。它的截面形状有圆形、弓形、扇形等。一般截面积较小时为圆形线芯，截面积较大时为扇形或弓形线芯。在线芯截面积相同的情况下，采用扇形或弓形线芯比采用圆形线芯的外径小，降低了线芯绝缘材料和保护层金属的消耗量，散热性也较好。

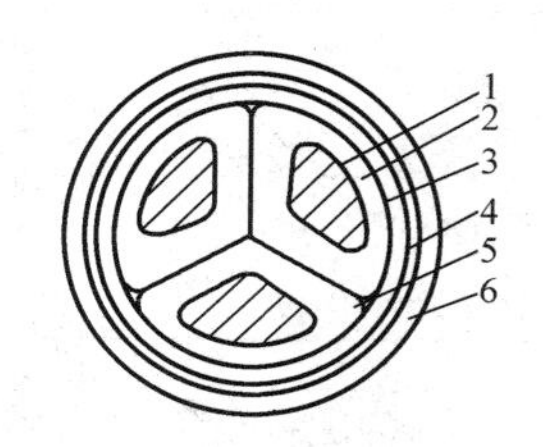

图 5－7　聚氯乙烯绝缘电缆结构
1—导线；2—聚氯乙烯绝缘；3—聚氯乙烯内护套；4—铠装层；5—填料；6—聚氯乙烯外护套

(2) 绝缘层。绝缘层包在线芯外面，起绝缘（相与相间、相与地间绝缘）作用。按使用材料不同，通常有纸绝缘、橡胶绝缘和塑料绝缘三种。

(3) 保护层。保护层分为内护层和外护层。内护层起保护绝缘层的作用，可分为铅包、铝包、铜包、不锈钢包、综合护套等，铅内护层耐腐蚀、易弯曲、质软和易于铅封，铝内保护层机械强度高、成本低、重量轻、耐振性能好。外护层保护内护层不受机械损伤和化学腐蚀，由内衬垫层、铠装层、外皮层组成。一般起承受机械外力或拉力的作用，以免电缆受损。铠装层主要有钢带和钢丝两种。

(4) 电缆头。电缆头包括连接两条电缆的中间接头和电缆终端的终端头（封端头）。电缆头是电缆线路的薄弱环节，在施工和运行中应特别注意。电缆头的制作工艺要求很严，其制作应由经过培训并考试合格的人员进行。电缆头的制作方法很多，目前热缩式工艺较简单，性能也好，价格低廉，所以在工程中应用广泛。

5.2.2 电缆线路的敷设

1. 电缆线路敷设的一般要求

(1) 电缆敷设前必须检查电缆表面有无损伤，并测量电缆绝缘电阻，检查是否受潮。低压电缆用 1000V 兆欧表测试绝缘电阻，合格后方可使用。还可将电缆绝缘纸点燃，若纸的表面有泡沫并发出嘶嘶声，即表明有潮气存在，称为火燃法。

(2) 严格防止电缆扭伤和过分弯曲，电缆弯曲半径与电缆外径的比值不得小于表 5－4 中的倍数。

(3) 垂直或沿陡坡敷设的电缆，在最高点与最低点之间的最大允许高差规定见表 5－5。

(4) 厂房内电缆沿支持物敷设时，其固定点间距离不应大于表 5－6 的规定。

表 5-4 电缆弯曲半径与电缆外径比的规定

名称	倍数	名称	倍数
油浸纸绝缘多芯电缆（铅包铠装）	15	干绝缘油质铅包多芯电缆	25
油浸纸绝缘多芯电缆（铝包铠装）	30	塑料、橡胶绝缘电缆（有铠装、无铠装）	15、10
油浸纸绝缘多芯电缆（裸铅包或铝包）	20	油浸纸绝缘多芯控制电缆	10

表 5-5 电缆最大允许高差

电压等级		铅护套（m）	铝护套（m）
35kV 及以下	铠装无铠装	25 20	25 25
干绝缘铜铅包		100	—

表 5-6 电缆支持点间最大距离

敷设方式 \ 电缆类型	塑料护套、铅包、铝包、钢带铠装（m）		钢丝铠装电缆（m）
	电力电缆	控制电缆	
水平敷设	1.0	0.8	3.0
垂直敷设	1.5	1.0	6.0

(5) 在电缆的两端、电缆接头处、隧道及竖井的两端、人井内、交叉拐弯处、穿越铁路，公路、道路的两侧、进出建筑物处应设置标志桩（牌）；标志桩（牌）应规格统一、牢固、防腐；标志桩应注明线路编号、型号、规格、电压等级、起始点等内容，字迹应清晰，不易脱落。

(6) 有黄麻保护层的电缆，敷设在电缆沟、隧道、竖井内应将麻护层剥掉，然后涂防腐漆。敷设时不应破坏电缆沟、隧道的防水层。

(7) 电缆通过下列地段时，应采用一定机械强度的保护措施，以防电缆受到损伤，一般用钢管保护：①引入/引出建筑物、隧道，穿过楼板及墙壁处；②通过道路、铁路及可能受到机械损伤的地段；③从沟道或地面引至杆塔、设备，墙外表面或室内人容易碰触处，从地面起，保护高度为 2m。保护管埋入地面的深度不应小于 150mm，埋入混凝土内的不做规定，伸出建筑物散水坡的长度不应小于 250mm。

(8) 电缆支架的层间允许最小距离应符合表 5-7 的规定，其净距不应小于两倍电缆外径加 100mm，35kV 及以上不应小于两倍电缆外径加 50mm。

表 5-7 电缆支架的层间允许最小距离值

电缆类型和敷设特征		支（吊）架（mm）	桥架（mm）
控制电缆		120	200
电力电缆	10kV 及以下（除 6～10kV 交联聚乙烯绝缘外）	150～200	250
	6～10kV 交联聚乙烯绝缘	200～250	300
	35kV 单芯		
	35kV 三芯 110kV 及以上，每层多于 1 根	300	350
	110kV 及以上，每层 1 根	250	300
电缆敷设于槽盒内		$h+80$	$h+100$

注 h 为槽盒外壳高度。

(9) 日平均气温低于下列数值时，敷设前应采用提高周围温度或通过电流法使其预热，但严禁用各种明火直接烘烤，否则不宜敷设。电缆敷设最低允许温度见表 5-8。冬季电缆安装敷设的时间最好选在无风或小风天气的 11：00～15：00 进行。

表 5-8　电缆最低允许敷设温度

电缆类型	电缆结构	最低允许敷设温度（℃）
油浸纸绝缘电力电缆	充油电缆	−10
	其他油纸电缆	0
橡胶绝缘电力电缆	橡胶或聚氯乙烯护套	−15
	裸铅套	−20
	铅护套钢带铠装	−7
塑料绝缘电力电缆	—	0
控制电缆	耐寒护套	−20
	橡胶绝缘聚氯乙烯护套	−15
	聚氯乙烯绝缘聚氯乙烯护套	−10

(10) 电缆在下列位置时应留有适当的裕度：由垂直面引向水平面处，保护管引入口或引出口处，引入或引出电缆沟、电缆井、隧道处，建筑物的伸缩缝处，过河的两侧，接头处，架空敷设到杆塔处，电缆头处。裕度的方式一般应使电缆在该处形成倒 Ω 形或 O 形，使电缆能伸缩或者电缆击穿后锯断重作接点。

(11) 电缆保护管在 30m 以下者，管内径不应小于电缆外径的 1.5 倍；超过 30m 以上者不应小于 2.5 倍。埋于地下的管道或保护管，预埋时应将管口用木塞堵严，以防水泥浆流入；敷设后应用沥青膏将管口封住，以便检修或更换电缆。

(12) 在三相四线制系统中使用的电力电缆，不能采用三芯电缆另加一根单芯电缆或导线，也不能用电缆金属护套等作中性线的方式，必须使用四芯或五芯电缆。在三相三线系统中，不得将三芯电缆中的一芯接地运行。

(13) 拖放电缆时，一般应从木盘上端引出，否则应有措施。避免在支架上、地面上摩擦拖拉。拖放速度不宜太快，同时应仔细检查电缆有无机械损伤，如铠装压扁、电缆绞拧、护层拆裂等不妥。凡有不妥处应标好记号，以便处理。

(14) 用机具拖放电缆时，其牵引强度不宜大于表 5-9 中的数值，以免拉伤电缆，牵引速度不宜超过 15m/min。

表 5-9　电缆最大允许牵引强度　（N/mm^2）

牵引方式	牵引头		钢丝网套		
材质或受力部位	铜芯	铝芯	铅套	铝套	塑料护套
允许牵引强度	70	40	10	40	7

(15) 电力电缆接头盒的布置，应符合以下要求：

1) 并列敷设时，接头盒的位置应前后错开，错开距离一般为 1m。

2）明敷时，接头盒应使用强度较高的绝缘板托置，不得使电缆受到应力。若与其他电缆并列敷设，应用耐电弧板予以隔离。绝缘板、电弧板应伸出接头盒两端的长度各不小于600mm。

3）直埋时，接头盒的外面应有防止机械损伤的保护盒，一般用铸铁盒，同时盒内注以沥青，以防水分潮气侵入或冻胀损坏电缆接头；然后再用槽形混凝土板盖在保护盒上，使之不受压力，或者在该处设置电缆井。

（16）电缆敷设后，下列地方应予以固定：

1）垂直敷设或超过45°倾斜敷设的电缆，应在每一个支架上固定。

2）水平敷设的电缆，应在首尾两端、转弯两侧、接头两侧固定。

（17）电缆的固定夹具的形式应统一；固定交流单芯电缆或分相铅套电缆在分相后固定，使用的固定夹具不应有铁件构成的闭合磁路，通常使用尼龙卡子；裸铝（铅）套电缆的固定处，应加橡胶软垫保护。

（18）电缆进入电缆沟、隧道、竖井、建筑物、盘柜及穿入管子时，出入管口应封闭，一般用沥青膏浇注。

2. 电缆的敷设方式

电缆敷设的方法有以下四种。各种方法都有它的优缺点，应根据电缆数量、周围环境条件等具体情况决定敷设方法。

（1）直接埋地敷设。这种方法是沿已选定的线路挖掘壕沟，然后把电缆埋在里面。电缆根数较少、敷设距离较长时多采用此法。

将电缆直接埋在地下，不需要其他结构设施，施工简单、造价低、土建材料也省。同时，埋在地下，电缆散热也好。但挖掘土方量大，尤其冬季挖掘冻土较为困难，而且电缆还可能受土中酸碱物质的腐蚀等，这是它的缺点。具体施工方法如图5－8所示。

（2）电缆沟或隧道敷设。这种方法是在电缆沟或隧道中敷设电缆，电缆根数较多，且敷设距离不长时，多采用此法，如室内电缆工程。电缆沟内电缆架设的情况如图5－9所示。支架的地脚螺栓应在电缆沟搭模时预先埋好，以免损坏防水层。沟内不应浸水和油污，支架应刷防腐油漆。

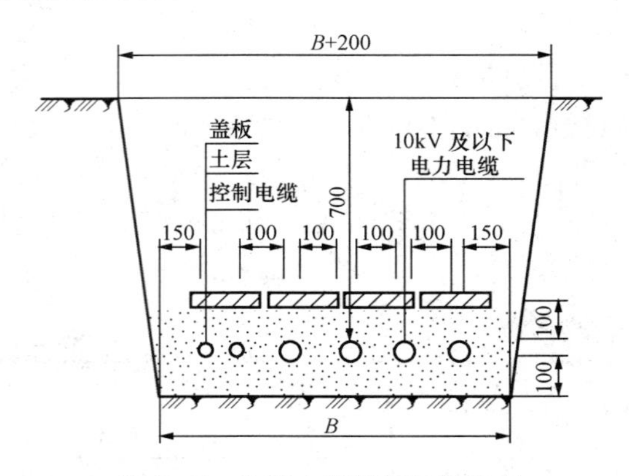

图5－8 直埋电缆的间距及沟宽

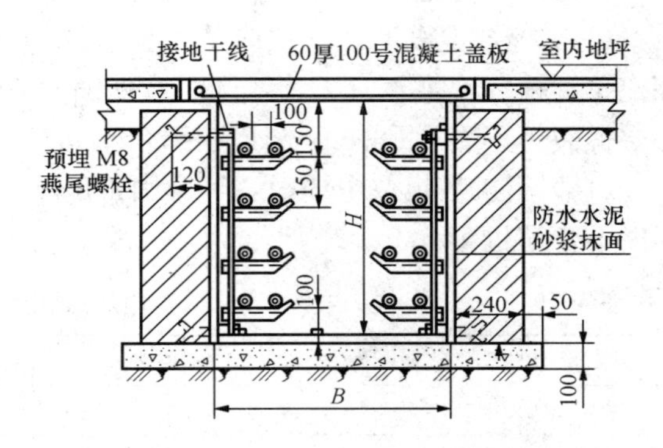

图5－9 八条以上的电缆沟剖面

电缆沟两侧安装支架时，控制电缆和1kV及以上的电力电缆，应尽可能在两面分开敷设。电缆沟单面支架时，电力电缆应在控制电缆的上方，并且用石棉水泥板隔开。

电缆沟及隧道中敷设的电缆，应在引出端、终端以及中间接头和走向有变化处挂标示牌，注明电缆规格、型号、回路及用途，以便维修。当电缆进入室内沟道时，应将防腐麻层剥去（穿管保护除外），以防着火。

（3）排管敷设。排管一般用在与其他建筑物、公路或铁路相交叉的处所。此种方法优点是：当电缆发生故障时，在人孔内即能修理，既方便又迅速；利用备用的管孔随时可以增设电缆，不需挖开路面；减少外力破坏和机械损伤。其缺点是：工程费用高，需要建筑材料较多；散热不良需降低截流量（降低15%）；施工复杂。

排管敷设可用陶土管、石棉水泥管、混凝土管等，管子的内部必须光滑。将管子按需要的孔数排成一定形式，排列管子接头应错开，用水泥浇成一整体，如图5-10所示。决定排管的孔数时，应考虑到将来发展的需要，可以是2孔、4孔、6孔、9孔等几种形式。

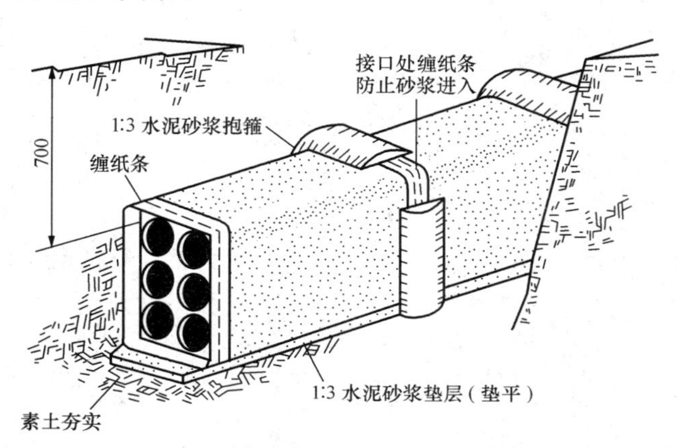

图5-10 电缆管块敷设做法示意（普通型）

（4）电缆桥架敷设。电缆桥架是指金属材料制作的金属桥架、金属托盘和金属线槽的统称。以往大都采用固定现场制作，拆装改造很不方便。而现在采用标准化的组合件，根据电缆线路的根数、电缆线路的走向，选用定型部件组装而成，如图5-11所示。

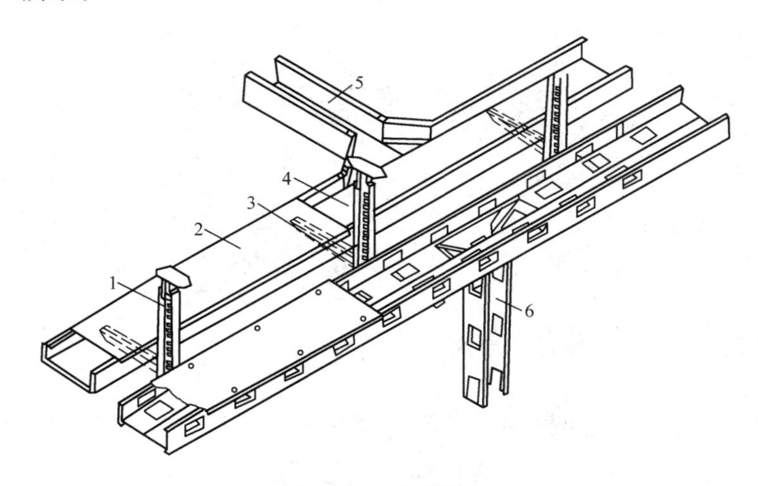

图5-11 电缆桥架

1—支架；2—盖板；3—支臂；4—线槽；5—水平分支线槽；6—垂直分支线槽

电力电缆采用金属桥架敷设是一种新的电缆敷设方式。电力电缆的使用发展较快，尤其对电缆线路多回路、大截面的情况，原有的敷设方式已不能适应发展的需要。金属桥架具有承受力大、外形美观、组装和维护简便等优点。因此，近年来广泛应用于各类工矿企事业室内、外全塑明敷的电缆线路，线路过涵洞、桥梁及地下变配电室内的电缆线路大都采用桥架托放敷设。

(5) 电缆悬挂（吊）式敷设。电缆悬挂（吊）式敷设是用挂架悬吊，是电力电缆在室内外明敷及地下室、地下通道敷设中常用的方式之一。有架空悬吊和沿墙挂架悬挂两种。电缆悬挂敷设具有结构简单、装置周期短、维护更换方便等优点；缺点是影响周围环境。

电力电缆线路的敷设方式有多种，具体选用何种敷设方式，需要根据电缆线路的长、短、电缆根数、环境许可及投资承受力等条件所决定。电力电缆各种敷设方式适用范围见表 5－10。

表 5－10　　电力电缆敷设方式适用范围

敷设场所	敷设方式								
	直埋	沟道	隧道	排管	穿管	索吊	吊架	挂架	桥架
厂区外	√	√		√					
厂区外	√	√	√	√		√			
通道路面下	√	√		√	√				
户外变配电所	√	√		√	√				
户内变配电所		√					√	√	√
设备层（间）					√		√		√
地下坑道					√		√	√	
加工车间		√			√	√	√	√	√

注　表中“√”为适用方式。

5.3　车间线路的结构和敷设

车间线路包括室内配电线路和室外配电线路。室内（厂房内）配电线路大多采用绝缘导线，但配电干线则多采用裸导线（母线），少数采用电缆。室外配电线路指沿车间外墙或屋檐敷设的低压配电线路，也包括车间之间用绝缘导线敷设的短距离低压架空线路，都采用绝缘导线。

5.3.1　车间线路的导线种类和结构

1. 绝缘导线

按芯线材料分，有铜芯和铝芯两种。重要线路如办公楼、实验室、图书馆、住宅等的导线以及高温、剧烈振动和有腐蚀性气体的场所，应采用铜芯绝缘导线。

绝缘导线按绝缘材料分，有橡皮绝缘导线和塑料绝缘导线两种。塑料绝缘导线的绝缘性能好，耐油和酸碱腐蚀，且价格较低，又可节约大量橡胶和棉纱，因此，在室内明敷和穿管敷设中应优先选用塑料绝缘导线；但塑料在低温下易变硬发脆，高温时又易软化老化，因此，室外敷设应优先选用橡皮绝缘导线。

常用的绝缘导线型号有 BX（铜芯橡胶绝缘导线）、BLX（铝芯橡胶绝缘导线）、BV（铜芯塑料绝缘导线）、BLV（铝芯塑料绝缘导线）。

2. 裸导线

车间内的配电裸导线大多采用硬母线的结构，其截面形状有圆形、管形、矩形等，其材质有铜、铝和钢。常用的有矩形硬铝母线（LMY）和硬铜母线（TMY）。

现在是在导线上刷不同颜色的油漆来代表其相序。例如，三相交流系统中的（Ll、L2、L3）分别用黄、绿、红表示，PEN 和 N 线用淡蓝表示，PE 线用黄绿双色表示。在直流系统中，正极用褚色，负极用蓝色。

5.3.2 车间线路的敷设

车间线路的敷设包括绝缘导线的敷设和裸导线的敷设。

1. 绝缘导线的敷设注意事项

（1）绝缘导线的敷设方式分明敷和暗敷两种。在明敷情况下，导线每隔一定距离，固定在夹持件上，或者穿过硬塑料管、钢管、线槽等保护体内，再直接固定在建筑物的墙壁上、顶棚的表面或支架上。这种敷设方式广泛用于潮湿的房间、地下室和过道内。而暗敷是导线直接或者穿在保护它的管子、线槽内，敷设在墙壁、顶棚、地坪、楼板等的内部或水泥板孔内。

按照绝缘导线在敷设时是否穿管或线槽又有以下几种方式：①塑料护套绝缘导线的直敷布线（建筑物顶棚内不得采用）；②绝缘导线穿金属管（钢管）、电线管的明敷和暗敷（不宜用在有严重腐蚀的场所）；③绝缘导线穿塑料管的明敷、暗敷（不宜用在易受机械损伤的场所）；④穿金属线槽的明敷（适用于无严重腐蚀的室内）和地面内暗装金属线槽布线（适用于大空间且隔断变化多、用电设备移动多或同时敷设有多种功能线路的室内，一般暗敷在水泥地面、楼板或楼板垫层内）。

（2）绝缘导线的敷设要求应符合有关规程的规定，其中要特别注意以下几点：

1）线槽布线和穿管布线的导线，在中间不许直接接头，接头必须经专门的接线盒。

2）穿金属管和穿金属线槽的交流线路，应将同一回路的所有相线和中性线（如有中性线时）穿于同一管、槽内；如果只穿部分导线，则由于线路电流不平衡而产生交变磁场作用于金属管、槽，导致涡流损耗的产生，对钢管还将产生磁滞损耗，使管、槽发热，而导致其中的绝缘导线过热甚至可能烧毁。

3）导线管槽与热水管、蒸汽管同侧敷设时，应敷设在水、汽管的下方。有困难时，可敷设在其上方，但相互间的距离应适当增大，或采取隔热措施。

2. 裸导线的敷设

在现代化的生产车间内，裸导线大多采用封闭式母线（又称母线槽）布线。封闭式母线安全、灵活、美观、容量大，但耗用金属材料多，投资大。

封闭式母线适用于干燥和无腐蚀性气体的场所。

封闭式母线水平敷设时，母线至地面的距离不应小于 2.2m；垂直敷设时，距地面 1.8m 以下部分应采取防止机械损伤的措施。但敷设在电气专用房间内如配电室、电机室时除外。

封闭式母线槽常采用插接式母线槽。其特点为容量大、绝缘性能好、通用性强、拆装方便、安全可靠、使用寿命长等，并且可通过增加母线槽的数量来延伸线路。插接式母线槽在车间内的敷设方式如图 5 - 12 所示。

3. 竖井内布线

该方式适用于多层和高层建筑物内垂直配电干线的敷设，可采用金属管、金属线槽、电

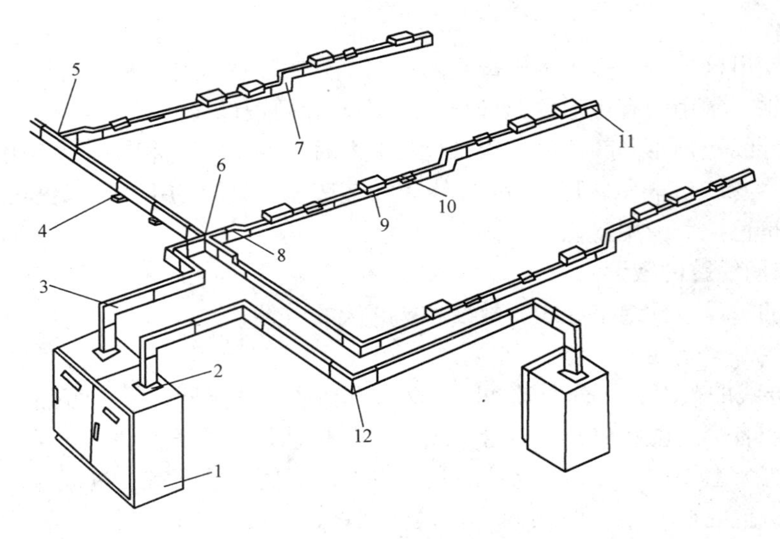

图 5-12 插接式母线槽在车间内的敷设方式

1—低压配电屏；2—接线节；3—垂直L形弯头；4—吊装支架；5—水平T形弯头；6—水平十字弯头；7—垂直Z形接头；8—变容节；9—分线箱；10—出线口；11—端封；12—水平L形弯头

缆、电缆桥架、封闭式母线等敷设方式。

由于竖井内布线是垂直布线，应考虑顶部垂直变位和层间垂直变位对干线的影响，以及导线对金属保护管自重产生的影响。具体要求如下：

(1) 竖井位置的选择。竖井位置和数量根据用电负荷性质、供电半径、建筑物沉降缝设置、防火区划等因素确定。此外，尽量不和电梯间、管道间共用一个竖井，且避免邻近烟囱、热力管道及其他散热量大或潮湿的设施，还要尽可能靠近负荷中心，减小干线长度。

(2) 导体选用及防火。在竖井内布线的导体宜采用低烟无卤阻燃耐火电缆。无卤电缆是一种符合现代安全要求的环保产品，一旦发生火灾，电缆燃烧时释放出来的烟雾不带毒性及腐蚀性，因此人体及物件的损害可大大降低。阻燃电缆在火灾发生时，其阻燃成分可有效发挥阻燃作用，不会使电缆成为火焰蔓延的通道。耐火电缆在发生火灾时仍能在一定时间内继续安全运行，为人员及设备的抢救提供电能。电缆截面选择应考虑多根并列敷设时的校正系数，防止电缆过热。竖井井壁采用耐火极限不低于1h的非燃烧体。竖井在每层楼设维护检修门，该门开向公共走廊，耐火等级不低于三级。楼层间穿钢管时，两端管口空隙做密封隔离。

(3) 敷设要求。

1) 竖井内的高、低压和应急电源回路相互距离不小于300mm，如有困难可采取隔离措施，高压线回路设置标志。

2) 回路数及种类较多的电力和通信线路最好分别设置在不同的竖井内，如回路少，设置在同一竖井内时，应分别设置在竖井两侧，或采取屏蔽措施，防止电力线路对通信线路的干扰。

3) 为了保证垂直敷设导线不因自重而折断，当导线截面在$50mm^2$以上，长度大于20m

时或导线截面积在 $50mm^2$ 及以下，长度大于 30m 时装设接线盒，接线盒内用线夹将导线固定。

5.4 工厂电力线路的接线方式

5.4.1 高压电力线路的接线方式

高压电力线路的接线方式，主要有单电源供电、双电源供电、环形供电等几种接线形式。

1. 单电源供电的接线

单电源供电的接线主要有放射式和树干式两种。这两种接线方式的对比分析见表 5-11。

表 5-11 放射式接线与树干式接线对比

名　称	放射式接线	树干式接线
接线图	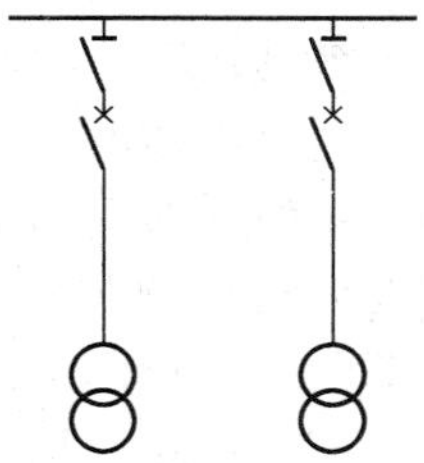	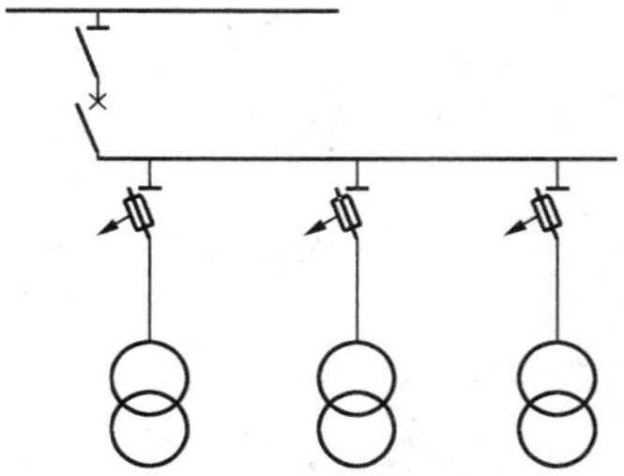
特点	每个用户由独立线路供电	多个用户由一条干线供电
优点	可靠性高，线路故障时只影响一个用户；操作、控制灵活	高压开关设备少，耗用导线也较少，投资省；易于适应发展，增加用户时不必另增线路
缺点	高压开关设备多，耗用导线也多，投资大；不易适应发展，增加用户时，要增加较多线路和设备	可靠性较低，干线故障时全部用户停电；操作、控制不够灵活
适用范围	离供电点较近的大容量用户；供电可靠性要求高的重要用户	离供电点较远的小容量用户；不太重要的用户
提高可靠性的措施	改为双放射式接线，每个用户由两条独立线路供电；或增设公共备用干线	改为双树干式接线，重要用户由两路干线供电；或改为环形供电

2. 双电源供电的接线

双电源供电的接线主要有双放射式、双树干式、公共备用干线式接线等。

(1) 双放射式接线。即一个用户由两条放射式线路供电，如图 5-13 (a) 所示。当一条线路故障或失电时，用户可由另一条线路保持供电，多用于容量较大的重要负荷。

(2) 双树干式接线。即一个用户由两条不同电源的树干式线路供电，如图 5-13 (b) 所示。供电可靠性高于单电源供电的树干式，而投资又低于双电源供电的放射式，多用于容量不太大且离供电点较远的重要负荷。

(3) 公共备用干线式接线。即各个用户由单放射式线路供电，而从公共备用干线上取得备用电源，如图 5-13 (c) 所示。每个用户都可获得双电源，又能节约投资和有色金属，可用于容量不太大的多个重要负荷。

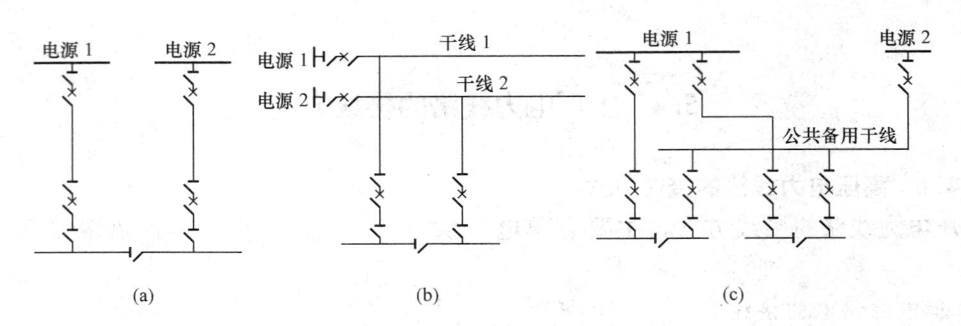

图 5 - 13　双电源供电的接线方式

(a) 双放射式；(b) 双树干式；(c) 公共备用干线式

3. 环形供电接线

如图 5 - 14 所示环式接线电路实质上是树干式接线的改进，即把两路树干式线路连接起来就构成了环式接线。其优点是所用设备少；各线路途径不同，不易同时发生故障，故可靠性较高且运行灵活；因负荷由两条线路负担，故负荷波动时电压比较稳定。缺点是故障时线路较长，电压损耗大（特别是靠近电源附近段故障时）。因环式线路导线截面应按故障情况下能担负环网全部负荷考虑，使有色金属增加，两个负荷大小相差越悬殊，其消耗就越大，所以环式接线适合用电负荷容量相差不大，所处地位离电源都较远而彼此较近，及设备较重要的用户。由于闭环运行时继电保护整定较复杂，所以正常运行时一般均采用开环运行方式。

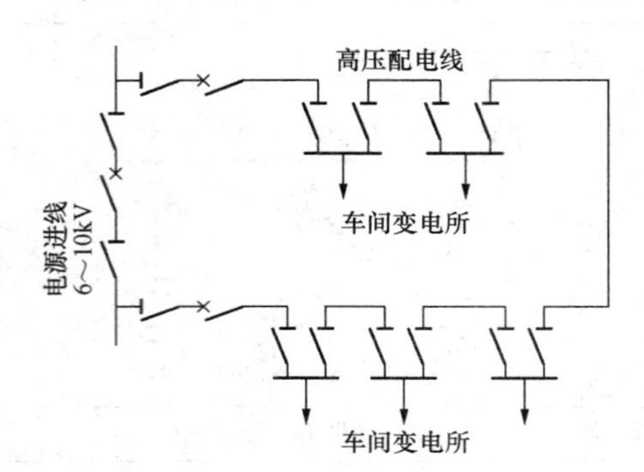

图 5 - 14　环形供电接线方式

应当指出，供配电系统高压线路的接线方式并不是一成不变的，可根据具体情况在基本类型接线的基础上进行演变，以期达到最佳的技术经济指标。对大中型工厂，一般多采用双回路放射式或环式接线。

5.4.2　低压电力线路的接线方式

工厂低压供配电线路的基本接线方式可分为放射式、树干式和链式三种，各自的接线特点和适用范围见表 5 - 12。在工程实际中，应当综合分析，根据具体情况进行选择，需要注意以下几点：

（1）三种低压线路的基本接线方式各有优缺点，选用时往往不是单纯地采用哪一种，而是几种接线方式组合，力求接线简单。运行经验证明，供配电系统如果接线复杂，层次过多，不仅浪费投资，维护不便，还会使故障增多。GB 50052—2009《供配电系统设计规范（附条文说明）》中规定，供电系统应简单可靠，同一电压供电系统的变配电级数不宜多于两级。

（2）在低压 220/380V 配电系统中，通常是采用放射式和树干式相组合的混合式接线。

（3）当动力、照明等单相用电负荷共用一台配电变压器时，其线路应分开，以免影响正常用电和电能计量。

表 5-12　　低压电力线路常用的接线方式

名 称	放射式	树干式	链 式
接线图			
特 点	每个负荷由单独线路供电	多个负荷由一条干线供电	后面设备的电源引自前面设备的端子
优 点	线路故障时影响范围小，因此可靠性较高；控制灵活，易于实现集中控制	线路少，因此有色金属消耗量少，投资省；易于适应发展	线路上无分支点，适合穿管敷设或电缆线路；节省有色金属消耗量
缺 点	线路多，有色金属消耗量大；不易适应发展	干线故障时影响范围大，因此供电可靠性较低	线路检修或故障时，相连设备全部停电，因此供电可靠性较低
适用范围	供大容量设备、要求集中控制的设备，或供要求可靠性高的重要设备	适于明敷线路，也适于供可靠性要求不高的或较小容量的设备	适于暗敷线路，也适于供电可靠性要求不高的小容量设备；链式相连的设备不宜多于 5 台，总容量不宜超过 10kW

5.5 导线截面的选择

5.5.1 导线截面应满足的条件

为了保证供配电系统安全、可靠、优质、经济地运行，选择导线和电缆截面时必须满足下列条件：

(1) 发热条件。导线在通过正常最大负荷电流（即计算电流）时产生的发热温度，不应超过正常运行时的最高允许温度，以防止因过热而引起导线绝缘损坏或加速老化，见附表 8-3、附表 8-5、附表 8-6、附表 8-7、附表 8-11、附表 8-16 等。

(2) 允许电压损耗。导线在通过计算电流时产生的电压损耗，不应超过正常运行时允许的电压损耗值。对于工厂内较短的高压线路，可不进行电压损耗的校验。

(3) 经济电流密度。35kV 及以上的高压线路，规定宜选“经济截面”，即按国家规定的经济电流密度来选择导线和电缆的截面，达到“年费用支出最小”的要求。一般 10kV 及以下的线路，可不按经济电流密度选择。但长期运行的低压特大电流线路（如电解槽的母线）仍应按经济电流密度选择。

(4) 机械强度。导线的截面应不小于最小允许截面，见表 5-13。由于电缆的机械强度很好，因此电缆不校验机械强度，但需校验短路热稳定度。

(5) 短路时的动稳定度和热稳定度。导线的截面应满足短路时的动稳定度和热稳定度，以保证短路时不致损坏。

(6) 导体与保护电器的配合。导线的截面应与熔断器、低压断路器等保护电器配合，以保证当线路上出现过负荷或短路时保护电器能可靠动作。

表 5-13 导线的最小截面

导线种类	35kV 线路 (mm^2)	3～10kV 线路 (mm^2)		0.4kV 线路 (mm^2)	接户线 (mm^2)
		居民区	非区民区		
铝绞线及铝合金线	35	35	25	16	绝缘线 4.0
钢芯铝绞线	35	25	16	16	—
铜 线	35	16	16	ϕ3.2mm	绝缘铜线 2.5

根据设计经验，低压动力线和 10kV 及以下的高压线，一般先按发热条件来选择截面，然后校验机械强度和电压损耗。低压照明线，由于照明对电压水平要求较高，一般先按允许电压损耗来选择截面，然后校验发热条件和机械强度。而 35kV 及以上的高压线，则可先按经济电流密度来选择经济截面，再校验发热条件、允许电压损耗、机械强度等。按以上经验进行选择，通常较易满足要求，较少返工。

5.5.2 按发热条件选择导线截面

电流通过导线时，由于导线存在电阻，必然产生电能损耗，使导体发热。裸导体的温度升高时，会使接头处氧化加剧，增大接触电阻，使之进一步氧化，如此恶性循环，甚至可引发断线事故；绝缘导线和电缆的温度过高时，可使绝缘损坏，甚至引起火灾。

1. 按发热条件选择相线截面

按发热条件选择三相线路中的相线截面 A_φ 时，应使其允许载流量 I_{al}不小于通过相线的计算电流 I_{30}，即

$$I_{al} \geqslant I_{30} \tag{5-1}$$

所谓导体的允许载流量，就是在规定的环境温度条件下，导体能够连续承受而不致使其稳定温度超过规定值的最大电流。如果导体敷设地点的环境温度与导体允许载流量所采用的环境温度不同时，则导体的允许载流量应乘以温度校正系数

$$K_\theta = \sqrt{\frac{\theta_{al} - \theta'_0}{\theta_{al} - \theta_0}} \tag{5-2}$$

式中 θ_{al}——导体正常工作时的最高允许温度；

θ_0——导体允许载流量所采用的环境温度；

θ'_0——导体敷设地点实际的环境温度。

在实际工作中，所用的环境温度应是一年之中较高的温度。通常，在室外用当地最热月份每天最高温度的平均值作为环境温度（5 年一遇）。在室内，应在室外环境温度基础上再加 5℃；对土中直埋电缆，则取当地最热月地下 0.8～1m 的土壤平均温度。

【例 5-1】 有一条 380V 三相架空线路，长 100m，所带负荷 P＝60kW，$\cos\varphi$＝0.8，环境温度为 35℃，根据允许载流量选择铝导线截面。

解 首先计算最大负荷电流

$$I_{30} = \frac{P10^3}{\sqrt{3}U_N\cos\varphi} = \frac{60 \times 10^3}{\sqrt{3} \times 380 \times 0.8} = 113.95(\text{A})$$

其次，根据 I_{30}＝113.95A，计算 I_{al}，由环境温度为 35℃，由式（5-1）计算出 K_θ＝0.88，则

$$I_{al} \geqslant \frac{I_{30}}{K_\theta} = \frac{113.95}{0.88} = 129.5(\text{A})$$

最后，由附表 8－3 查得，LJ－25 导线在标准温度＋25℃下允许载流量 $I_{al}=135\text{A}>129.5\text{A}$。所以选择的导线截面满足要求。

2. 中性线截面的选择

选择三相四线制系统的中性线截面所考虑的因素如下：

(1) 不平衡电流。因中性线要通过系统的不平衡电流和零序电流，所以中性线的允许载流量不应小于三相系统的最大不平衡电流。据此，中性线截面 A_0 应不小于相线截面 A 的 50%，即

$$A_0 \geqslant 0.5A_\varphi \tag{5-3}$$

(2) 谐波。由于各相的三次谐波电流要通过中性线，所以当三次谐波突出时，可能使中性线电流接近或超过相线中电流，此时中性线的截面 A_0 宜等于或大于相线截面 A_φ，即

$$A_0 \geqslant A_\varphi \tag{5-4}$$

(3) 接线方式。若由三相四线制线路引出的两相三线线路和单相线路，因其中性线电流与相线电流相等，所以中性线截面 A_0 应与相线截面 A_φ相同，即

$$A_0 = A_\varphi \tag{5-5}$$

鉴于目前供配电系统谐波比较突出以及中性线断线事故较多，所以选择中性线截面时，采用 $A_0 \geqslant A_\varphi$的条件较为安全。

3. 保护线（PE 线）截面的选择

由于三相系统发生单相接地时，单相短路电流要通过保护线，因此保护线要满足短路热稳定度的要求，根据 GB 50054—2011《低压配电设计规范（附条文说明）》的规定，保护线截面选择如下：

(1) 当 $A_\varphi \leqslant 16\text{mm}^2$ 时

$$A_{PE} \geqslant A_\varphi \tag{5-6}$$

(2) 当 $16\text{mm}^2 < A_\varphi \leqslant 35\text{mm}^2$ 时

$$A_{PE} \geqslant 16\text{mm}^2 \tag{5-7}$$

(3) 当 $A_\varphi > 35\text{mm}^2$ 时

$$A_{PE} \geqslant 0.5A_\varphi \tag{5-8}$$

4. 保护中性线（PEN 线）截面的选择

保护中性线（PEN 线）兼有保护线（PE 线）和中性线（N 线）的双重功能，因此其截面选择应同时满足上述保护线和中性线的要求，取其中的最大值。

按 GB 50054—2011 规定，采用单芯导线为 PEN 干线时，铜芯截面积不应小于 10mm^2，铝芯截面积不应小于 16mm^2；采用多芯电缆的芯线为 PEN 干线时，截面积不应小于 4mm^2。

【例 5－2】 有一条采用 BLV 型铝芯塑料线明敷的 220/380V 的 TN－S 线路，计算电流为 86A，敷设地点的环境温度为 35℃。试按发热条件选择此线路的导线截面。

解 此 TN－S 线路为具有单独 PE 线的三相四线制线路，包括相线、N 线和 PE 线。

(1) 相线截面的选择。查附表 8－6 得，35℃时明敷的 BLV－500 型铝芯塑料线 $A=25\text{mm}^2$，$I_{al}=90\text{A}>I_{30}=86\text{A}$，满足发热条件，故选 $A=25\text{mm}^2$。

(2) N 线截面的选择。按式（5－3），选 $A_0=16\text{mm}^2$。

(3) PE线截面的选择。按式(5-7)，选 $A_{PE}=16mm^2$。

该线路所选的导线型号规格可表示为BVL-500-(3×25+1×16+PE16)。

5.5.3 按电压损耗条件选择

1. 线路的允许电压损耗

由于线路存在着阻抗，所以在负荷电流通过线路时要产生电压损耗。按规定，高压供配电线路的电压损耗，一般不超过线路额定电压的5%；从变压器低压母线到用电设备受电端上的低压配电线路的电压损耗，一般不应超过用电设备额定电压的5%；对视觉要求较高的照明线路，则为2%～3%。如果线路的电压损耗值超过了允许值，应适当加大导线的截面，使之满足允许的电压损耗要求。

2. 线路电压损耗的计算

图5-15所示为带有两个集中负荷的三相线路电路图。其中，负荷电流都用小写 i 表示，各线段电流都用大写 I 表示，各线段的长度、每相电阻和电抗分别用小写 l、r 和 x 表示，各负荷点至线路首端的长度、每相电阻和电抗分别用大写 L、R 和 X 表示。

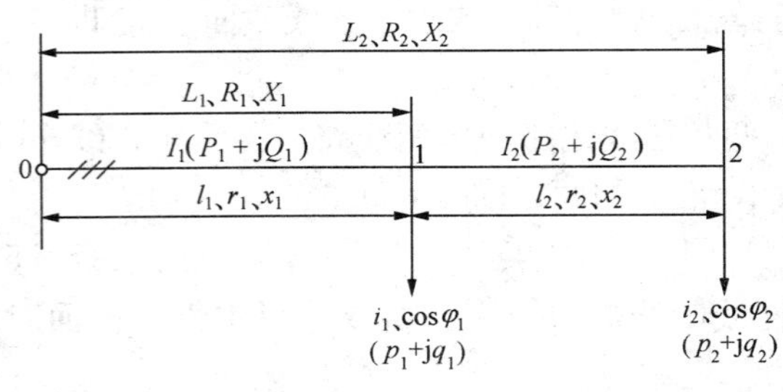

图5-15 带有两个集中负荷的三相线路电路

若电压损耗用各线段中的负荷电流、线段功率、负荷功率来表示，其计算公式如下：

(1) 用各线段中的负荷电流表示，则

$$\Delta U=\sqrt{3}\sum(Ir\cos\varphi+Ix\sin\varphi)=\sqrt{3}\sum(I_a r+I_r x) \tag{5-9}$$

式中 I_a——线段电流的有功分量；

I_r——线段电流的无功分量。

(2) 用线段功率 P、Q 表示，因

$$I=P/(\sqrt{3}U_N\cos\varphi)=Q/(\sqrt{3}U_N\sin\varphi) \tag{5-10}$$

所以
$$\Delta U=\frac{\sum(Pr+Qx)}{U_N}$$

(3) 用负荷功率 p、q 表示，因

$$i=p/(\sqrt{3}U_N\cos\varphi)=q/(\sqrt{3}U_N\sin\varphi) \tag{5-11}$$

所以
$$\Delta U=\frac{\sum(pR+qX)}{U_N}$$

电压损耗通常用百分数表示，其值为

$$\Delta U\%=\frac{\Delta U}{U_N}\times 100 \tag{5-12}$$

(4) 特例。线路实际上是有感性的，若线路的感抗可以忽略不计或线路负荷的功率因数接近于1，则称为无感线路。其电压损耗的计算公式可以简化为

$$\Delta U=\sqrt{3}\sum(iR)=\sqrt{3}\sum(Ir)=\frac{\sum(pR)}{U_N}=\frac{\sum(Pr)}{U_N} \tag{5-13}$$

对全线的导线型号规格一致的无感线路称为均一无感线路，其电压损耗的计算分式为

$$\Delta U = \frac{\sum(pL)}{\gamma A U_N} = \frac{\sum(Pl)}{\gamma A U_N} = \frac{\sum M}{\gamma A U_N} \tag{5-14}$$

式中 γ——导线的电导率；

A——导线的截面积；

$\sum M$——线路的所有功率矩之和，$\sum M = \sum(pL) = \sum(Pl)$。

均一无感的三相线路电压损耗百分数为

$$\Delta U\% = \frac{100\sum M}{\gamma A U_N^2} = \frac{\sum M}{CA} \tag{5-15}$$

式中 C——计算系数，其值见表 5-14。

表 5-14 式（5-15）计算系数 C 值

线路额定电压（V）	线路接线及电流类别	C 的计算式	计算系数 C（$kW \cdot m/mm^2$）	
			铜线	铝线
220/380	三相四线	$\gamma U_N^2/100$	76.5	46.2
	两相三线	$\gamma U_N^2/225$	34.0	20.5
220	单相及直流	$\gamma U_N^2/200$	12.8	7.74
110			3.21	1.94

对于均一无感的单相线路及直流线路，由于其负荷电流（或功率）要通过来回两根导线，所以总的电压损耗为一根导线电压损耗的 2 倍，而三相线路的电压损耗实际上就是一根相线的电压损耗，因此这种单相和直流线路的电压损耗百分值为

$$\Delta U\% = \frac{200\sum M}{\gamma A U_N^2} = \frac{\sum M}{CA} \tag{5-16}$$

对于均一无感的两相三线线路，经过推证可得电压损耗百分值为

$$\Delta U\% = \frac{225\sum M}{\gamma A U_N^2} = \frac{\sum M}{CA} \tag{5-17}$$

对于均一无感线路，由式（5-15）可得按允许电压损耗 $\Delta U_{al}\%$ 选择导线截面的公式为

$$A = \frac{\sum M}{C\Delta U_{al}\%} \tag{5-18}$$

式（5-18）常用于照明线路导线截面的选择。

【例 5-3】 某 6kV 三相架空线路，采用 LJ-50 型铝绞线，水平等距排列，线距为 0.8m。该线路负荷 $P_{30}=846kW$，$Q_{30}=406kvar$，线路长 2.5km。试计算其电压损耗百分值。

解 查附表 8-1，得线路的 $R_0=0.66\Omega/km$，$X_0=0.36\Omega/km$，故线路的电压损耗为

$$\Delta U = (P_{30}R + Q_{30}X)/U_N = \frac{846\times 0.66\times 2.5 + 406\times 0.3\times 2.5}{6} = 294(V)$$

因此，线路的电压损耗百分值为

$$\Delta U\% = 100\Delta U/U_N = 100\times 294/6000 = 4.9$$

小于允许电压损耗5%，满足要求。

【例5-4】 某220/380V线路，采用BLX-500-(3×25+1×16)mm^2的四根导线明敷，在距线路首端60m处，接有10kW的电阻性负荷，在末端（线路全长85m）接有18kW的电阻性负荷，试计算全线路的电压损耗百分值。

解 查表5-14得，$C=46.2kW\cdot m/mm^2$。

而 $$\sum M=\sum pL=10\times 60+18\times 85=2130(kW\cdot m)$$

故 $$\Delta U\%=\sum M/(CA)=2130/(46.2\times 25)=1.84$$

完全满足要求。

5.5.4 按经济电流密度选择

经济电流密度就是能使线路的“年费用支出”接近于最小，又适当考虑节约有色金属条件的导线和电缆的电流密度值。

导线（含电缆，下同）的截面越大，电能损耗越小，但线路投资、维修费用和有色金属消耗量要增加。因此从经济方面考虑，导线应选择一个比较经济合理的截面，既能降低电能损耗，又不致过分增加线路投资、维修管理费用和有色金属消耗量。

图5-16所示为线路年费用C与导线截面A的关系曲线。其中，曲线1表示线路的年折旧费（即线路投资除以折旧年限之值）和线路的年维修管理费之和与导线截面的关系曲线；曲线2表示线路的年电能损耗费与导线截面的关系曲线；曲线3为曲线1与曲线2的叠加，表示线路的年运行费用（含线路的折旧费、维修费、管理费和电能损耗费）与导线截面的关系曲线。

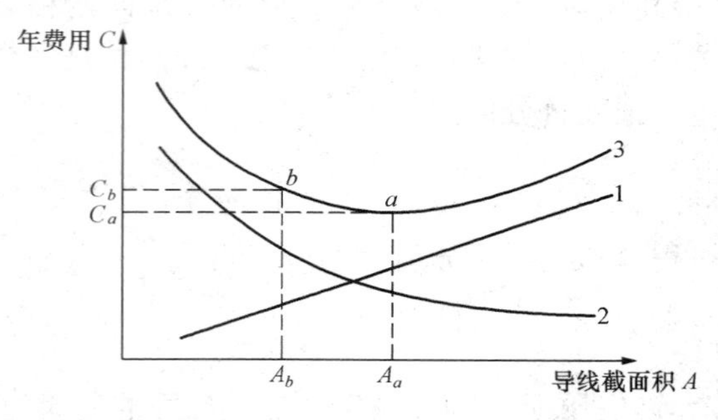

图5-16 线路年费用与导线截面的关系曲线

由图5-16的曲线3可以看出，与年运行费最小值C_a（a点）相对应的导线截面A_a不一定是经济合理的导线截面，因为a点附近，曲线3比较平坦。如果将导线截面再选小一些，如选为A_b（b点），年运行费用C_b增加不多，而导线截面即有金属消耗量却显著减小。因此从全面的经济效益来考虑，导线截面选为A_b看来比选A_a更为经济合理。这种从全面的经济效益考虑，既使线路的年运行费用接近于最小，又适当考虑有色金属节约的导线截面，称为经济截面，用符号A_{ec}表示。

我国规定的经济电流密度规定见表5-15。

表5-15 我国规定的经济电流密度j_{ec}

线路类别	导体材料	年最大负荷利用小时T_{max}(h)		
		<3000	3000～5000	≥5000
		经济电流密度j_{ec}(A/mm²)		
架空线路	铜	3.00	2.25	1.75
	铝	1.65	1.15	0.90
电缆线路	铜	2.50	2.25	2.00
	铝	1.92	1.73	1.54

按经济电流密度选择的导线经济截面A_{ec}的计算分式为

$$A_{ec} = I_{30}/j_{ec} \tag{5-19}$$

式中 I_{30}——线路计算电流。

按上式计算出A_{ec}后，应选最接近的标准截面，但有时为了安全或考虑今后的发展需要，也可选择稍大的截面。然后校验其他条件，通常校验发热条件和机械强度条件。

【例5-5】 某35kV变电所经20km的LJ型架空铝绞线路向工厂的3000kW负荷供电，$\cos\varphi=0.8$，该工厂的年最大负荷利用小时数为5400h，试选择其经济截面。

解 (1) 线路计算电流为

$$I_{30} = P_{30}/\sqrt{3}U_N\cos\varphi = 3000/(\sqrt{3}\times 35\times 0.8) = 61.8(\mathrm{A})$$

(2) 确定经济电流密度。由表5-15查得$j_{ec}=0.9\mathrm{A/mm^2}$。

(3) 计算经济截面为

$$A_{ec} = \frac{I_{30}}{j_{ec}} = \frac{61.8}{0.9} = 68.7(\mathrm{mm^2})$$

(4) 确定标准截面。由上述计算确定标准截面为$70\mathrm{mm^2}$，即选LJ-70型铝绞线。

(5) 按发热条件校验。由附表8-3查得LJ-70型铝绞线在25℃时的允许载流量$I_{al}=265\mathrm{A}>I_{30}=61.8\mathrm{A}$，因此满足发热条件。

(6) 按机械强度条件校验。由表5-13查得35kV及以上架空铝绞线的最小截面$A_{min}=35\mathrm{mm^2}<A=70\mathrm{mm^2}$，因此所选LJ-70型铝绞线也满足机械强度要求。

复习思考题

5-1 高低压电力线路的接线方式有哪几种？各有何特点？

5-2 架空线路由哪些部分组成？说明各部分的作用。

5-3 架空线路导线的排列方式有哪些？高压和低压常采用哪种排列方式？

5-4 什么是档距和弧垂？其值大小有何利弊？

5-5 电缆线路由哪儿部分组成？电缆线路适用于什么场合？简要说明油浸纸电缆和交联聚乙烯电缆的结构。

5-6 简要说明电缆敷设的一般要求和敷设方式。

5-7 选择导线截面时应满足哪些条件？通常动力线路宜按什么条件选择？照明线路宜按什么条件选择？各按什么条件校验？为什么？

5-8 导线选择的一般原则和要求是什么？导线型号的选择主要取决于什么？而截面大小的选择又取决于什么？

5-9 选择三相四线制系统的中性线、保护线时，应考虑哪些因素？目前哪种因素起主导作用？

5-10 什么是电压降和电压损耗？在企业供配电系统中一般可用电压降纵向分量来计算，为什么？

5-11 什么是经济电流密度？如何利用经济电流密度计算经济截面？这种计算方法适用于什么情况？

5-12 某10kV变电所采用长3km的LJ型铝绞线架空线路向企业负荷供电，其线路图如图 5－17 所示。已知该地区最热月平均温度为 35℃，允许电压损耗为 5%，试选择导线截面并校验。

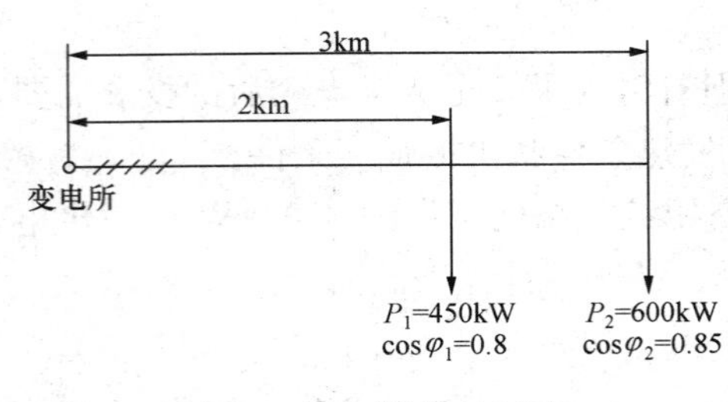

图 5－17 题 5－12 图

5－13 某 35kV 变电所采用长 20km 的 LGJ 型钢芯铝线架空线路为某企业供电，企业的计算负荷为 5000kW，$\cos\varphi=0.8$，年最大负荷利用小时为 4000h，试选择导线截面并校验。

5－14 某 220/380V 动力负荷，其计算电流为 200A，安装地点的环境温度为 35℃，拟采用 BLV 型铝芯塑料线穿钢管埋地敷设。试计算 TN－S 系统的相线和 PE 线截面及穿线钢管的直径。

6 工厂供配电系统的过电流保护

6.1 过电流保护的基本知识

6.1.1 工厂供配电系统过电流原因及防护要求

当工厂供配电系统的电气线路或电气设备中的电流超过规定的允许值时，称为过电流，为保证电气线路或设备的安全可靠运行，一般采用报警与自动断开电源等技术措施进行防护。下面简要介绍常见的电流原因及防护要求。

1. 短路及其防护要求

短路将会给供电系统带来严重的后果，因此要求保护装置应能迅速动作，切除短路故障，并发出事故报警信号，便于运行维修人员进行事故分析及故障的查找与排除。

2. 过负荷及其防护要求

引起电气线路或设备过负荷的原因较多，一般根据线路与设备的过负荷能力确定是否切断工作电源。有的设备过负荷能力很差，如低压电动机，其过负荷时要求保护装置动作，自动切断电源，防止电动机因长期过热而烧毁；有的设备过负荷能力比较强，如油浸式变压器，在规定的过负荷范围内允许长期连续运行，此时保护装置不应动作于断路器跳闸，但应发出预告报警信号，提醒运行值班人员注意，以便采取相应的措施。对过负荷断电将引起严重后果的线路，其过负荷保护不应切断线路，可作用于信号。

为防止短暂时间的过负荷造成不必要的停电，过负荷保护装置动作于跳闸时一般带有一定的延时。

3. 设备启动或空载投入及其防护要求

设备启动或空载投入时可能会造成短暂时间内的过电流，此时保护装置不应当动作。这一点在整定保护装置的动作阈值时需注意，必须要考虑如何躲过设备启动或空载投入电流。

6.1.2 对过电流保护装置的基本要求

1. 选择性

当供电系统发生故障时，应当由离故障点最近的保护装置动作，切除故障，而供电系统其他部分仍能正常运行，把保护装置应满足的这一要求称为选择性；当供电系统发生故障时，若造成上一级保护装置动作，使停电范围扩大，则称为失去选择性。

2. 可靠性

保护装置在应该动作时就应当动作，不能拒动作；在不应该动作时就不应当动作，不能误动作。前者体现信赖性，后者体现安全性。为保证保护装置动作的可靠性，接线方案应力求简单，触点回路数少。

3. 速动性

当供电系统发生故障时，为了减轻故障电流对线路和设备的冲击，要求保护装置应能迅速动作，切除故障。这也有利于非故障线路电压的恢复，提高电力系统运行的稳定性。

4. 灵敏性

灵敏性是指保护装置对其保护区域内最小的故障电流反应的灵敏程度。保护装置灵敏性

的高低用灵敏系数来衡量，灵敏系数的定义为

$$S_p = \frac{I_{k,min}}{I_{op,1}} \tag{6-1}$$

式中 S_p——保护装置的灵敏系数；

$I_{k,min}$——保护区域内最小的故障电流；

$I_{op,1}$——保护装置的启动电流折算至一次回路的值。

注意，对同一保护装置而言，以上四项基本要求往往是相互矛盾的，要想满足选择性，有时需要牺牲速动性，反之亦然；而灵敏性的提高又可能会带来可靠性的下降。因此，在实际运行中应根据被保护对象的具体要求而统筹兼顾。对于电力线路，若其保护装置误动作而引起越级跳闸，有可能会造成大面积的停电或拉闸限电，因此对选择性要求比较高，而速动性要求可低一些；对于电力变压器，由于它是变电所中最为关键的一次设备，对其保护装置的要求则更侧重于速动性与灵敏性。

6.1.3 常用过电流保护装置的类型

1. 高低压熔断器保护

无论是高压熔断器还是低压熔断器，都具有结构简单、价格低廉等优点，因此广泛应用于工厂高、低压配电系统中，作线路或设备的短路保护。但熔断器的断流能力低，选择性差，熔体熔断后更换熔体需要时间，恢复供电速度慢，所以在对供电可靠性要求较高的场所不宜采用。

2. 低压断路器保护

低压断路器操作方便，保护功能多，可靠性高，既作开关电器又作保护电器，广泛应用于低压配电系统中。

3. 高压断路器保护

当电力系统发生故障时，总伴随着一些物理量的变化，如线路电流的增加、母线电压的下降、设备温度的升高等。高压断路器保护就是利用故障时系统物理量与正常运行时的差别，构成不同类型的保护装置。其基本结构一般由信号检测与变换环节、逻辑比较与处理环节、延时与放大环节和输出执行环节四部分组成，如图 6-1 所示。

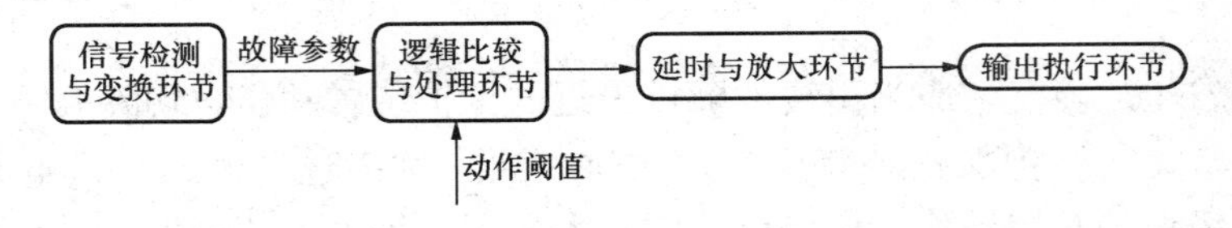

图 6-1 高压断路器保护装置的组成环节

按保护装置构成的元器件不同，高压断路器保护分为以下两类：

(1) 继电器保护。简称继电保护，相当长一段时间内广泛应用于工厂高压断路器保护中。继电保护装置由各种不同的继电器构成，元器件多，接线较为复杂，动作阈值整定不方便，精度也不高，目前正逐步被数字保护所取代。

(2) 数字保护。数字保护的保护逻辑与继电保护没有什么区别，其核心就是用“无形”的程序来取代“有形”的继电器及其连接，来实现保护装置的各种功能。数字保护的优点是保护性能好，集成度高，动作特性与整定值调整较为方便等。

大型数字保护装置采用计算机作为控制中心，将计算机控制技术与通信技术应用于高压

断路器保护装置中，与变电所远动装置综合在一起，组成微机保护测控系统，大大提高了变电所运行与管理的自动化水平。

6.2　高低压熔断器保护

6.2.1　熔断器保护的基本原理及其动作特性

1. 熔断器的保护功能

熔断器的结构一般由熔体、熔管（或熔体基座）和灭弧装置三部分组成。当电气线路或设备发生过电流时，依靠电流的热效应使熔体熔断，灭弧装置将熔体熔断时产生的电弧迅速熄灭，从而彻底切断线路。熔断器一般用于短路保护，个别高压熔断器因其特殊结构，具有隔离开关功能或自动重合闸功能等。

2. 熔断器保护的动作特性

熔断器保护具有反时限特性，短路电流越大，熔断的时间越短，短路电流越小，熔断的时间越长。熔断器保护的反时限特性曲线，又称熔断器保护的 A - s 特性曲线。

熔断器保护的 A - s 特性曲线一般由生产厂家提供，附表 7 - 9、附表 7 - 10 列出了 RM10 型和 RT0 型熔断器的 A - s 特性曲线，可供查阅。由于生产上的原因，即使是同型号、同批次的产品，它们的特性也存在差异，因此熔断器保护特性曲线上的熔断时间应是对应于某一电流下的平均熔断时间，而实际熔断时间与平均值之间最大误差可达±30%～±50%，这一点在校验前后级熔断器之间选择性配合时要特别注意。

如图 6 - 2（a）所示，当支线 WL2 发生短路故障时，按保护选择性的要求，应当是 FU2 熔断，而 FU1 不应当熔断。但短路电流既流过 FU2 的熔体，也流过 FU1 的熔体，且熔断器保护的动作电流是按照躲过设备正常工作电流和启动电流来整定的，没有考虑前、后级之间选择性配合方面的要求，这使得短路电流可能远大于 FU1 和 FU2 的动作电流。那怎样保证前后级熔断器之间选择性配合呢？见图 6 - 2（b），曲线 1 为 FU1 的 A - s 特性曲线，曲线 2 为 FU2 的 A - s 特性曲线。考虑最严重情况，即曲线 1 有 -50% 的误差，曲线 2 有

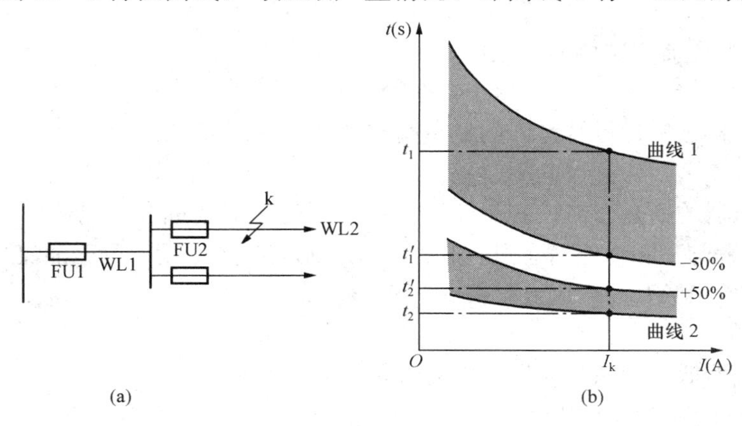

图 6 - 2　前后级熔断器保护之间的选择性配合

（a）前后级熔断器保护的电力线路；（b）利用熔断器的反时限特性校验保护的选择性配合

+50%的误差，这样将形成两块条形区域。当曲线1条形区域完全位于曲线2条形区域的上方，中间没有交叠，表明无论短路电流是多大，在计及最大误差后，FU2的熔断时间总是比FU1熔断时间短，因此当WL2线路发生短路故障时，FU2先熔断，切除短路故障，FU1将不再熔断，从而实现前、后级之间选择性配合。

6.2.2 熔断器保护的动作电流整定

熔断器保护的动作电流即熔断器熔体的额定电流，其整定原则为满足保护装置动作的可靠性。

1. 熔断器动作电流整定

为保证设备或线路在满负荷运行时与启动时熔体不熔断，整定公式为

$$I_{N,FE} \geqslant KI \tag{6-2}$$

式中　$I_{N,FE}$——熔体的额定电流；

K——可靠系数；

I——线路与设备的计算电流或尖峰电流。

(1) 对设备不频繁启动、尖峰电流不突出的线路：

$$I_{N,FE} \geqslant I_{30} \tag{6-3}$$

(2) 对尖峰电流比较突出的线路：

$$I_{N,FE} \geqslant KI_{pk} \tag{6-4}$$

考虑到尖峰电流维持时间较短，因此K一般小于1，具体取值大小可根据实际运行时设备的启动情况及熔断器的保护特性来定。

由于熔断器品种繁多，特性各异，式(6-4)整定原则在实际操作中K值难以把握，因此GB 50055—2011《通用用电设备配电设计规范(附条文说明)》规定：保护交流电动机的熔断器熔体额定电流应大于电动机的额定电流，且其A-s特性曲线计及偏差后，略高于电动机启动电流时间特性曲线。当电动机频繁启动和制动时，熔体的额定电流应再加大1～2级。

(3) 对电力变压器：

$$I_{N,FE} \geqslant (1.5 \sim 2.0) I_{1N,T} \tag{6-5}$$

式中　$I_{1N,T}$——变压器一次侧的额定电流。

按式(6-5)整定，主要考虑以下几个因素：

1) 躲过变压器正常运行时允许的过负荷电流；油浸式变压器正常运行时允许过负荷为20%～30%。

2) 躲过变压器的励磁涌流；变压器励磁涌流即变压器空载合闸电流，变压器空载合闸时其暂态物理过程与三相短路暂态过程相似，在合闸后半个周期时励磁涌流达到峰值，该峰值最高能达到$(8\sim10)I_{1N,T}$，因此，按式(6-5)整定能否躲过励磁涌流还需在实践中进行空载合闸试验。

3) 躲过变压器低压侧因电动机自启动引起的尖峰电流。

2. 与被保护线路相配合

熔断器保护还应与被保护线路相配合，防止线路因短路或过载导致线芯烧断或绝缘层过热软化甚至起火而熔体不熔断的事故，整定公式为

$$I_{N,FE} \leqslant K_{OL} I_{al} \tag{6-6}$$

式中 K_{OL}——线路允许过负荷系数；

I_{al}——导线的允许载流量。

当熔断器只做短路保护时，对电缆和穿管绝缘导线，K_{OL}取 2.5，对明敷绝缘导线，K_{OL}取 1.5；当熔断器还兼作过载保护时，一般情况下 K_{OL}取 1，但在因线路起火会引发火灾或爆炸等恶性事故的场所，为提高熔断器保护的灵敏性，K_{OL}应取 0.8。

整定原则 1 与整定原则 2 分别确定了熔断器熔体规格的下限与上限。在满足要求的情况下，熔体的规格应越小越好，以保证熔断器保护具有足够的灵敏系数。

6.2.3 熔断器额定电流的选择

熔断器的额定电流指的是熔断器熔管、基座、接插件、接触簧片等构件的额定电流，熔断器熔体规格确定之后，熔断器的额定电流按下式确定：

$$I_{N,FU} \geqslant I_{N,FE} \tag{6-7}$$

式中 $I_{N,FU}$——熔断器的额定电流。

6.2.4 熔断器额定电压的选择

熔断器的额定电压不得小于使用地点处线路的额定电压，即

$$U_{N,FU} \geqslant U_N \tag{6-8}$$

式中 $U_{N,FU}$——熔断器的额定电压；

U_N——使用地点处线路的额定电压。

实际上，熔断器生产厂家已经根据我国电网电压等级配套生产出额定电压相适应的熔断器。

6.2.5 熔断器保护的灵敏性校验

为了保证熔断器在其保护区域内发生最轻微的短路故障时能可靠地熔断，熔断器保护需有足够的灵敏性，熔断器保护的灵敏系数为

$$S_p = \frac{I_{k,min}}{I_{N,FE}} \tag{6-9}$$

式中 $I_{k,min}$——被保护线路最末端的两相短路电流（小电流接地的电力系统）或单相短路电流（大电流接地的电力系统），一般情况下可取 $S_p \geqslant 4 \sim 7$。

在低压 TN、TT 系统中，若发生单相接地故障，有可能造成人身间接电击、电气线路损坏甚至引发电气火灾等安全事故，因此熔断器一般还兼作单相接地故障保护，此时 $I_{k,min}$应取单相接地故障电流。为确保单相接地故障时熔断器能可靠熔断，保障人身与设备的安全，要求此时最低灵敏系数见表 6-1（按 GB 50054—2011《低压配电设计规范》规定）。

表 6-1 熔断器作单相接地故障保护时的最低灵敏系数

熔体额定电流		4～10A	12～32A	40～63A	80～200A	250～500A
切除故障回路时间	5s①	4.5	5		6	7
	0.4s②	8	9	10	11	

① 配电线路或仅供给固定式电气设备用电的末端线路，不宜大于 5s。

② 供电给手持式和移动式电气设备的末端线路或插座回路，不应大于 0.4s。

【例 6-1】 某配电线路采用熔断器实现短路保护，由于熔体规格选择不当，造成负荷高峰时熔体经常熔断。电工维修时因嫌频繁更换熔体麻烦，直接用铜丝取代保险丝，试分析

这样做有哪些危害性?

解 用铜丝取代保险丝，大大提高了熔体的规格，这样做的危害性如下：

(1) 从式 (6-6) 看，这有可能使得线路长期过载甚至短路时熔断器不熔断，从而使线路或设备烧毁，甚至会引发火灾、爆炸等恶性事故。

(2) 从式 (6-7) 看，这有可能造成熔断器的接插件（铜片）和接线端子烧坏而熔体不熔断，使得整个熔断器报废。

(3) 从式 (6-9) 看，这使得保护的灵敏系数降低。当熔断器兼作单相接地故障保护时，有可能发生人身触电等电气安全事故。

6.2.6 熔断器断流能力的校验

熔断器的断流能力衡量的是熔断器的灭弧能力，熔断器的灭弧能力越强，其断流能力就越大。为保证短路时电弧可靠熄灭，迅速开断电路，熔断器需按下列条件校验其断流能力：

$$I_{oc,max} \geqslant I_{k,max} \tag{6-10}$$

式中 $I_{oc,max}$——熔断器最大允许开断电流；

$I_{k,max}$——熔断器实际开断电路时所能遇到的最大短路电流（有效值）。

其中，对限流式熔断器，取安装地点处三相短路次暂态电流 $I''^{(3)}$；对非限流式熔断器，取安装地点处三相短路冲击电流 $I_{sh}^{(3)}$。

对具有断流能力上下限的熔断器，如 RW4 型跌落式熔断器，若短路电流过小会造成灭弧能力下降，进而导致电弧无法及时熄灭，因此除了要按式 (6-10) 校验其上限条件是否满足外，还需按下式校验其下限是否符合要求：

$$I_{oc,min} \leqslant I_{k,min} \tag{6-11}$$

式中 $I_{oc,min}$——熔断器最小允许开断电流；

$I_{k,min}$——被保护线路最末端的两相短路电流（小电流接地的电力系统）或单相短路电流（大电流接地的电力系统），当熔断器兼作单相接地故障保护时，为单相接地故障电流。

6.3 低压断路器保护

6.3.1 低压断路器的脱扣装置及其保护特性

1. 低压断路器的脱扣装置

低压断路器作保护电器时，它的保护功能是通过所装设的脱扣装置来实现的。低压断路器的脱扣装置按功能，可分为过流脱扣器、热脱扣器、欠压脱扣器和分励脱扣器；按脱扣的动作原理，可分为电磁脱扣、热脱扣、电子脱扣等。

(1) 电磁脱扣、热脱扣。电磁脱扣的脱扣线圈和热脱扣的发热电阻直接串联于一次电路中，具有装置简单经济、动作可靠的特点，广泛应用于低压配电电器以及控制电器中，是目前我国低压断路器普遍采用的脱扣方式。缺点是装置灵敏度低，保护性能不够理想。电磁脱扣一般用于短路保护，动作特性为瞬时动作，选择性差，是低压断路器保护难以实现选择性配合的主要原因；热脱扣为反延时动作，用于过载保护，但它的动作特性与电动机过载时的热特性并不完全一致，保护性能也难随人意。

(2) 电子脱扣。主要由信号检测与转换环节、逻辑比较与处理环节、输出执行环节三部分组成。当一次电路发生故障时，首先检测一次电路中过电流、欠电压等故障信号，然后将其转换成电子电路能够处理的物理量，经过逻辑比较与处理后，输出开关信号，驱动执行元件。目前，电子脱扣普遍采用微处理器作为控制元件，具有智能化过电流保护功能。装设有电子脱扣器的低压断路器保护功能完善，动作特性多样，容易实现选择性配合，是低压断路器的发展方向。

2. 低压断路器保护的动作特性

影响低压断路器动作特性的因素很多，即使是型号规格完全相同的低压断路器，生产厂家不同，特性往往差异很大。因此，低压断路器保护的动作特性曲线一般以生产厂家提供的产品说明为准。同熔断器保护一样，可以利用低压断路器保护的动作特性曲线进行前后级断路器之间以及断路器与熔断器之间选择性配合的校验，此处不再赘述。由于低压断路器保护实现选择性配合有时有一定困难，因此 GB 50054—2011 规定：对于非重要负荷，允许部分选择性或无选择性切断。

6.3.2 低压断路器额定电流的选择

1. 脱扣装置额定电流的选择

脱扣装置规格的确定与脱扣器类型有关。对直接串联于一次电路的过流脱扣器与热脱扣器，确定其规格时，应使其额定电流不低于线路的计算电流，以保证长期通过最大负荷电流时脱扣装置不至于因过热而损坏，即

$$I_{N,OR} \geqslant I_{30} \tag{6-12}$$

$$I_{N,TR} \geqslant I_{30} \tag{6-13}$$

式中 $I_{N,OR}$——过流脱扣器额定电流；

$I_{N,TR}$——热脱扣器额定电流。

2. 低压断路器额定电流的选择

低压断路器的额定电流不得低于其所装设的脱扣器的额定电流，即

$$I_{N,QF} \geqslant I_{N,OR} \tag{6-14}$$

$$I_{N,QF} \geqslant I_{N,TR} \tag{6-15}$$

式中 $I_{N,QF}$——低压断路器额定电流。

6.3.3 低压断路器保护的动作电流整定

低压断路器保护的动作电流包括过流脱扣器与热脱扣器的动作电流，总的整定原则为满足保护装置动作的可靠性。

1. 低压断路器动作电流整定

应保证设备或线路在正常工作和设备启动时低压断路器不跳闸，整定公式为

$$I_{op} \geqslant KI \tag{6-16}$$

式中 I_{op}——低压断路器动作电流；

K——可靠系数；

I——线路与设备的计算电流或尖峰电流。

(1) 过流脱扣器动作电流的整定。过流脱扣器按动作时间可分为瞬时动作、短延时动作与长延时动作三类，整定时应注意动作时间长短对动作电流的影响。

1) 瞬时动作的过流脱扣器。其动作电流应躲过线路的尖峰电流，即

$$I_{op(0)} \geqslant KI_{pk} \tag{6-17}$$

式中 $I_{op(0)}$——瞬时过流脱扣器的动作电流；

K——计算系数。

K 的取值需考虑保护动作的可靠性，并计入电动机的启动电流非周期分量对尖峰电流造成的影响。一般宜取 2～2.5。

2）短延时动作的过流脱扣器。其动作电流也应躲过线路上的尖峰电流，即

$$I_{op(s)} \geqslant KI_{pk} \tag{6-18}$$

式中 $I_{op(s)}$——短延时过流脱扣器的动作电流。

短延时过流脱扣器的动作时间有 0.2、0.4、0.6s 三级，K 的取值只需考虑保证动作的可靠性，无需计入电动机启动电流非周期分量对尖峰电流造成的影响，一般取 $K=1.2$。

3）长延时动作的过流脱扣器。其动作电流只需躲过线路的计算电流，即

$$I_{op(l)} \geqslant KI_{30} \tag{6-19}$$

式中 $I_{op(l)}$——短延时过流脱扣器的动作电流。

为保证动作的可靠性，K 可取 1.1。

（2）热脱扣器动作电流的整定。热脱扣器用于过载保护，其动作电流按下式整定

$$I_{op,TR} \geqslant KI_{30} \tag{6-20}$$

式中 $I_{op,TR}$——热脱扣器的动作电流。

为保证动作的可靠性，K 可取 1.1。

2. 过流脱扣器与被保护线路的配合要求

过流脱扣器还应与被保护线路相配合，防止线路因短路或过载导致线芯烧断，或绝缘层过热软化，甚至起火而断路器不跳闸的事故，整定公式为

$$I_{op} \leqslant K_{OL} I_{al} \tag{6-21}$$

式中 K_{OL}——线路允许短时过负荷系数。

对瞬时和短延时过流脱扣器 K_{OL} 一般取 4.5；对长延时过流脱扣器 K_{OL} 取 1；对有爆炸性气体区域内的线路，K_{OL} 应取 0.8。

同熔断器保护类似，整定原则 1 确定了脱扣器动作电流的下限，整定原则 2 确定了脱扣器动作电流的上限。在满足要求的情况下，脱扣器动作电流应越小越好，以保证低压断路器保护具有足够的灵敏系数。

【例 6-2】 某生产车间一台设备采用熔断器进行短路保护，该设备运行时主拖动电机经常处于正反转切换状态，偶尔会造成车间总断路器电磁脱扣器动作，使得整个车间停电。问如何处理？

解 设备工作时主拖动电机经常处于正反转切换状态，切换电流大，给保护装置动作电流的整定，以及前、后级之间选择性配合带来一定困难。从动作特性上看，熔断器保护具有反时限特性，因此有可能从时间上躲过设备的主拖动电机正反转切换电流；而低压断路器电磁脱扣器为瞬时动作，其动作电流必须躲过切换电流的峰值，再加上保护装置的分散性，这就有可能造成断路器误跳闸。处理措施可以将车间总断路器改为选择型，通过整定脱扣器的动作时间来躲过设备正反转切换电流，从而保证保护装置动作的可靠性，以及前、后级之间选择性配合。

6.3.4 低压断路器保护的灵敏性校验

为了保证低压断路器的瞬时脱扣器或短延时脱扣器在其保护区域内发生最轻微的短路故

障时能可靠地动作，低压断路器保护需有足够的灵敏性，低压断路器保护的灵敏系数应满足下列要求：

$$S_p=\frac{I_{k,min}}{I_{op}}\geqslant 1.3 \tag{6-22}$$

式中　$I_{k,min}$——被保护线路最末端的两相短路电流（IT 系统）或单相短路电流（TN、TT 系统）；

I_{op}——瞬时或短延时过流脱扣器的动作电流。

其中，当低压断路器仅作电动机短路保护时，$I_{k,min}$应取电动机绕组两相短路电流，当低压断路器兼作单相接地故障保护时，$I_{k,min}$为单相接地故障电流。

6.3.5　低压断路器断流能力的校验

为保证低压断路器在开断电路时电弧能可靠地熄灭，需按下列条件校验其断流能力

$$I_{oc,max}\geqslant I_{k,max} \tag{6-23}$$

式中　$I_{oc,max}$——低压断路器最大允许开断电流；

$I_{k,max}$——断路器实际开断电路时可能遇到的最大短路电流（有效值）。

其中，对动作时间在 0.02s 以上的万能式（DW 型）断路器，$I_{k,max}$取三相短路电流周期分量有效值 $I_k^{(3)}$，对动作时间在 0.02s 及以下的塑料外壳式（DZ 型）断路器，$I_{k,max}$取三相短路冲击电流有效值 $I_{sh}^{(3)}$。

6.4　继　电　保　护

6.4.1　保护继电器与保护装置的接线方式

1. 继电器简介

继电保护的功能是通过继电器来实现的，按在继电保护中所起作用可分为启动继电器、时间继电器、信号继电器、中间（亦称出口）继电器等。当工厂供配电系统发生故障或处于不正常运行状态时，大都伴随着电流的增大，所以经常采用过电流继电器进行阈值判断，确定保护装置是否启动。电流继电器启动后，接通时间继电器，经过整定的延时，时间继电器延时闭合的常开触点闭合，再接通信号继电器和中间继电器，信号继电器驱动信号电路发信号，中间继电器驱动断路器跳闸。

电流继电器作为启动元件，在过电流保护中作用最为关键，要求它动作可靠，并有较高的灵敏度。按工作原理分，电流继电器有电磁式和感应式两类。

（1）电磁式电流继电器。图 6-3 所示为 DL-10 型电磁式电流继电器，其基本结构由绕有电流线圈的开口电磁铁、Z 形钢舌片、传动机构、触头系统、阻尼弹簧等部分组成。电流线圈接至电流互感器二次侧，用以反映一次线路电流的变化；开口电磁铁的端面切成斜坡状，用以改变间隙中磁通分布，便于产生偏转力矩。

电磁式电流继电器的工作原理如下：当一次线路正常运行时，线圈中反映的是正常工作电流，该电流在间隙中产生磁通，使 Z 形钢舌片有向凸出磁极偏转的趋势，但受到阻尼弹簧的反作用力，此时继电器触点不动作；当一次线路发生短路时，由于电流的增大，使得 Z 形钢舌片受到的偏转力矩也增大，从而克服阻尼弹簧的反作用力，Z 形钢舌片偏转，通过传动机构使继电器的常开触点闭合，常闭触点断开，即继电器动作。

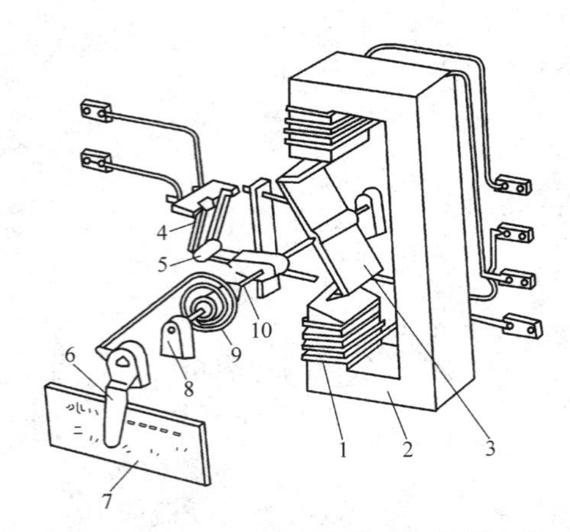

图 6－3 DL－10 系列电磁式电流继电器

1—线圈；2—电磁铁；3—钢舌片；4—静触点；5—动触点；6—启动电流调节转杆；7—标度盘（铭牌）；8—轴承；9—阻尼弹簧；10—轴

使过电流继电器能够动作的线圈中通过的最小电流称为继电器的启动电流，也称动作电流，记作 I_{op}。

当过电流继电器动作后，要使它返回起始位置，必须减小线圈中的电流。使继电器能够返回起始位置时线圈中所通过的最大电流，称为继电器的返回电流，记作 I_{re}。继电器返回电流与启动电流电流的比值，称为继电器的返回系数，用 K_{re} 表示，即

$$K_{re}=\frac{I_{re}}{I_{op}} \tag{6-24}$$

返回系数反映了继电器的灵敏程度，返回系数越接近于 1，表明继电器越灵敏。

继电器动作电流可以通过改变阻尼弹簧的松紧来调节。阻尼弹簧越紧，反作用力越大，动作电流就越大；反之，动作电流就越小。这种调节方式可以平滑地改变启动电流，但调节范围有限。

为了使继电器的动作电流能在更大范围内得到调节，继电器铁芯上一般绕有两组线圈，通过改变线圈的串并联来改变线圈的有效匝数，从而使动作电流成倍的增加或减少。这是因为，要使 Z 形钢舌片偏转，所需最小偏转力矩是固定不变的，即要求间隙中的磁通分布是固定不变的，因此激磁磁动势（IN）也应当是固定不变的。当两组线圈由串联连接改为并联连接时，匝数减少一半，因此动作电流将增加一倍。

这种继电器消耗功率小，动作迅速且准确可靠，灵敏度高，缺点是触点容量小，不能直接用来驱动断路器跳闸。

(2) 感应式电流继电器。图 6－4 所示为 GL－10、20 系列感应式电流继电器，其基本结构由感应元件和电磁元件两部分组成。感应元件包括绕有电流线圈的开口电磁铁、可旋转的铝盘、偏转框架、作阻尼用的永久磁铁、调节弹簧、传动机构、触头系统等。电流线圈接至电流互感器二次侧，用以反映一次线路电流的变化；开口电磁铁端面的半边包上铜皮，俗称短路环，其目的是在间隙中产生相位上一前一后的磁通；电磁元件主要由上述开口电磁铁和可动衔铁组成。

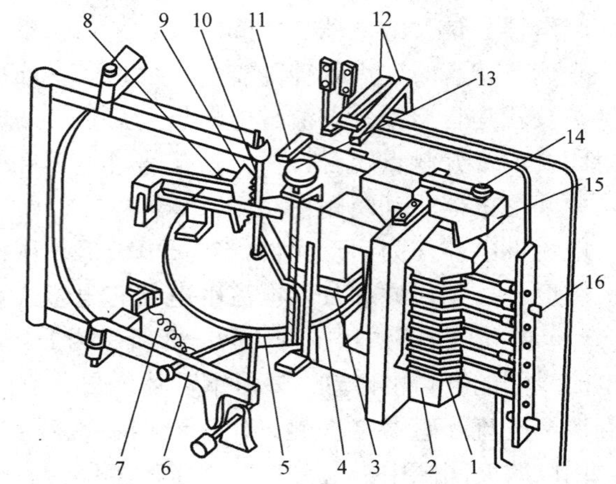

图 6－4 GL－10、20 系列感应式电流继电器

1—线圈；2—电磁铁；3—短路环；4—铝盘；5—钢片；6—铝框架；7—调节弹簧；8—永久磁铁；9—扇形齿轮；10—蜗杆；11—扁杆；12—继电器触点；13—时限调节螺杆；14—速断电流调节螺钉；15—可动衔铁；16—动作电流调节插销

下面来说明感应式电流继电器的基本工作原理。

当线圈中流过电流时，在间隙中产生

相位上一前一后的磁通 Φ_1、Φ_2，Φ_1、Φ_2 穿过可动铝盘，在铝盘上感应涡流，涡流与磁通发生作用，产生旋转力矩，使铝盘旋转。旋转力矩的大小与 Φ_1 和 Φ_2 的乘积成正比，并与 Φ_1 和 Φ_2 间夹角的正弦成正比，即

$$M_1 \propto \Phi_1 \Phi_2 \sin\varphi \tag{6-25}$$

式中 M_1——铝盘受到的旋转力矩；

φ——磁通 Φ_1 与 Φ_2 之间的夹角。

假设线圈中的电流为 I_{KA}，由于 $\Phi_1 \propto I_{KA}$，$\Phi_2 \propto I_{KA}$，且 φ 为常数，因此

$$M_1 \propto I_{KA}^2 \tag{6-26}$$

为限制铝盘的最高转速，设置一个阻尼用的永久磁铁。当铝盘在 M_1 作用下加速旋转时，同时切割永久磁铁的磁通，产生一个与 M_1 反方向的制动力矩 M_2，M_2 与铝盘转速 n 成正比，即

$$M_2 \propto n \tag{6-27}$$

随着转速越来越快，M_2 逐渐增大，最后 $M_1 = M_2$，铝盘达到最高转速 n_{max}，并以 n_{max} 匀速旋转。

继电器的铝盘在 M_1、M_2 的共同作用下，铝盘受力有使框架绕轴偏转的趋势，但受到阻尼弹簧的反作用力。当继电器线圈中电流增大到继电器的动作电流时，铝盘受到的力可以克服弹簧的阻力，使铝盘带动框架前偏，扇形齿轮与蜗杆啮合，由于铝盘的继续转动，使扇形齿轮沿着蜗杆上升，最后使触点动作，同时信号牌掉下。继电器线圈中的电流越大，铝盘转得就越快，扇形齿轮沿着蜗杆上升的速度也就越快，因此动作时间就越短。由于该继电器触点容量可以造得相当大，因此可用来直接驱动断路器跳闸电路。

当继电器线圈中的电流增大到一定程度时，电磁铁将可动衔铁瞬间吸下，令触点动作，同时使信号牌掉下。使继电器能够瞬间动作的线圈中流过的最小电流称为继电器的速断电流，记作 I_{qb}。

速断电流 I_{qb} 与感应元件动作电流的比值称为速断电流倍数，记作 n_{qb}，即

$$n_{qb} = \frac{I_{qb}}{I_{op}} \tag{6-28}$$

由上述可知，GL 型感应式电流继电器的感应元件使继电器具有反时限特性，电磁元件使继电器具有速断特性。图 6-5 所示为感应式电流继电器的动作特性曲线。

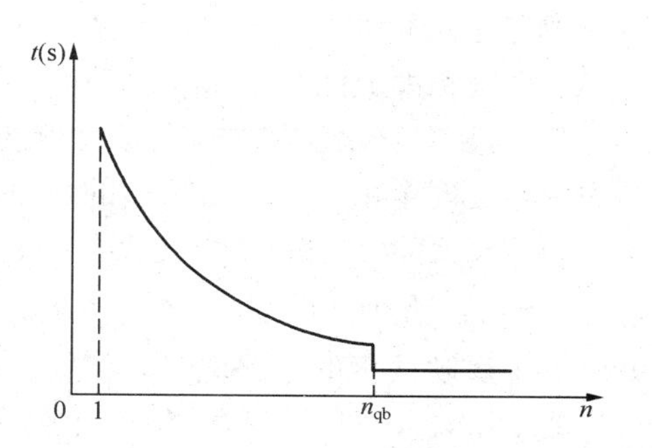

图 6-5 感应式电流继电器动作特性曲线

感应式电流继电器的主要技术数据和动作特性曲线，可查阅相关手册。

继电器动作电流可利用插销来改变线圈的匝数进行级进调节，也可以利用阻尼弹簧进行平滑调节。继电器速断电流倍数可利用螺钉来改变衔铁与电磁铁之间的气隙来调节，气隙越大，速断电流就越大，n_{qb} 就越大。

继电器感应元件的动作时间，可利用时限调节螺杆来改变扇形齿轮顶杆行程的起点，以使动作特性曲线上下移动。需要注意的是，继电器动作时限调节螺杆的标尺度，是以 10 倍

动作电流的动作时间来标度的。因此，继电器实际动作时间与实际通过继电器线圈中的电流大小有关，需从相应的动作特性曲线查得。

GL型感应式电流继电器机械结构较复杂，精确度不高，特别是动作时间的整定比较困难，误差较大。但由于它在继电保护中既可以作启动元件，还可以兼作时限元件、信号元件和出口元件，接线简单，投资少，因此广泛应用于中小型工厂变配电所中。

2. 保护装置的接线方式

继电保护装置的接线方式，是指作为检测元件的电流互感器与作为启动元件的电流继电器之间的连接方式。对接线方式的基本要求是能正确地反映一次回路的故障信号，并有足够的灵敏性。为了分析方便，引入接线系数K_W概念，它表示实际流入继电器的电流I_{KA}与电流互感器二次侧电流I_{TA2}之比，即

$$K_W = \frac{I_{KA}}{I_{TA2}} \tag{6-29}$$

工厂常用的接线方式有三相星形接线、两相不完全星形接线和电流差接线三种。

(1) 三相星形接线。在A、B、C三相上各串一个电流互感器，每个互感器二次侧分别接入一个电流继电器，如图6-6 (a) 所示。由于每相均装设有电流继电器，因此它不但可以反映各种不同的相间短路，还可以反映中性点直接接地电网的单相短路。这种接线方式主要应用于高压中性点直接接地的电力系统作相间短路保护，以及单相接地短路保护，其接线系数$K_W=1$。

(2) 两相不完全星形接线。如图6-6 (b) 所示，在A、C两相上各串一个电流互感器，每个电流互感器二次侧分别接一个电流继电器。与星形接线相比，区别在于B相上不装设电流互感器和电流继电器。当一次回路无论发生何种形式的相间短路，电流继电器KA1、KA2至少有一个能够反映短路电流，因此这种接线方式能保护所有形式的相间短路，但当B相发生接地故障时，保护装置将无能为力，因此不能作中性点直接接地的电力系统单相接地短路保护。对中小型工厂而言，由于高压侧大都为小电流接地的电力系统，发生单相接地时可允许暂时继续运行2h，因此广泛采用这种接线方式，其接线系数$K_W=1$。

(3) 电流差接线。如图6-6 (c) 所示，在A、C两相上各装设一个电流互感器，将电流互感器二次侧端子按反极性两两相并后接入一个电流继电器，因此继电器中反映的电流应为A、C两相电流的相量差。这种接线方式能够反映所有形式的相间短路，具体分析如下：

1) 当装有互感器相与没装互感器相之间发生两相短路时，即A、B相间短路或B、C相间短路，此时继电器中反映一倍的短路电流，接线系数$K_W=1$。

2) 当装有互感器的两相之间发生短路时，即A、C相间短路，此时A相电流与C相电流大小相等，方向相反。在图示参考方向下，$\dot{I}_c=-\dot{I}_a$，于是有$\dot{I}_{KA}=\dot{I}_a-\dot{I}_c=2\dot{I}_a$，因此继电器中反映两倍的短路电流，接线系数$K_W=2$。

3) 当A、B、C三相短路时。由于三相短路电流彼此大小相等，方向相差120°，因此继电器中反映$\sqrt{3}$倍的短路电流，接线系数$K_W=\sqrt{3}$。

由上述分析可知，该接线方式对不同形式的相间短路，接线系数不同，因此保护装置的灵敏系数也不同，不利于保护装置的整定。然而由于这种接线最为简单经济，因此在中小型工厂高压继电保护中也有所应用。

需要注意的是，在同一网络中，无论是采用不完全星形接线还是电流差接线，所有保护

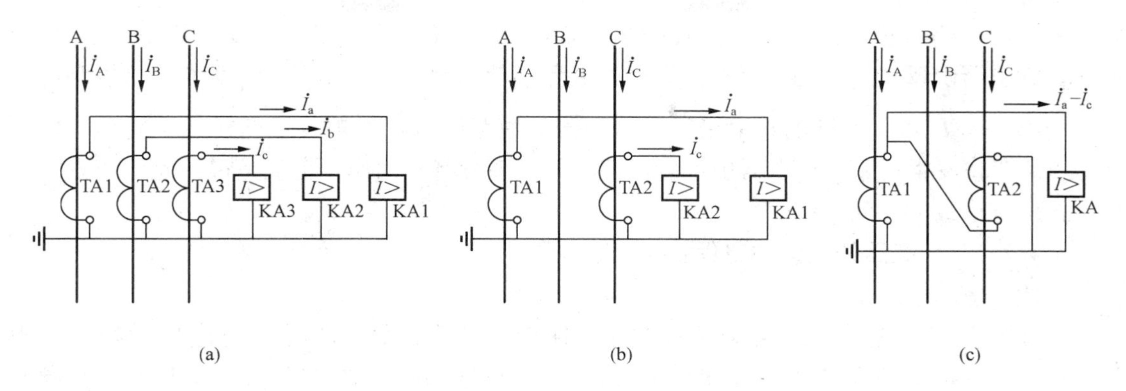

图 6-6 继电保护装置的接线方式

(a) 星形接线；(b) 不完全星形接线；(c) 电流差接线

TA—电流互感器；KA—电流继电器

装置的电流互感器必须装设在相同的两相上，否则有可能造成越级跳闸事故。如图 6-7 所示，WL1 线路过流保护装置的电流互感器装设在 A、B 两相上，WL2 线路过流保护装置的电流互感器装设在 B、C 两相上。若 WL1 线路的 C 相与 WL2 线路的 A 相同时发生单相接地故障，两条线路的保护装置因检测不到短路信号而拒动，但其上一级保护装置检测到短路信号而动作于跳闸，使完好的 WL3 线路停电。如果各条线路的保护装置的电流互感器都装设在 A、C 两相上，当两条线路上发生不同相的接地故障时，只有 A、C 相相间接地故障时跳开两条线路，而 A、B 或 B、C 相间接地故障时只跳开 A 相或 C 相接地的那条线路，并且对其他完好线路没有影响，使停电范围减至最小。

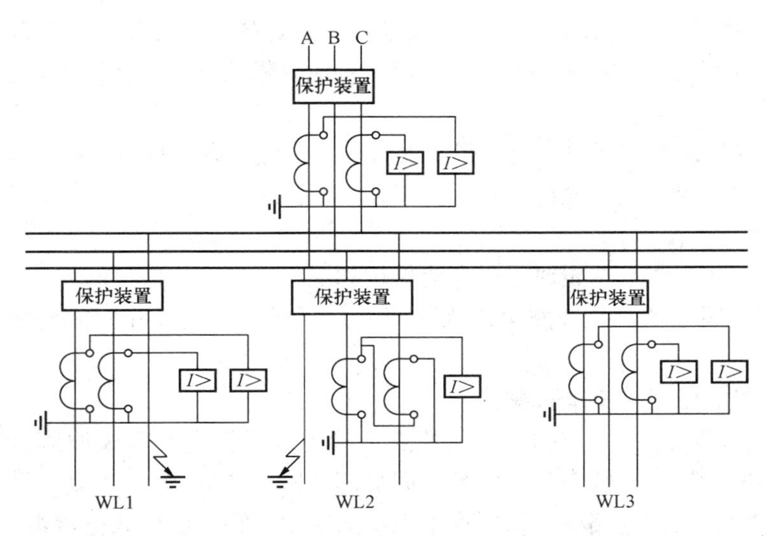

图 6-7 过流保护装置的电流互感器装设在不同两相上造成越级跳闸示意

【例 6-3】 某水泥厂 10kV 高压电动机的继电保护装置拟采用电流差接线，由于安装技术人员的疏忽，施工时误将 C 相电流互感器的极性接反，问该保护装置能可靠动作吗？为什么？

解 该保护装置不能可靠动作。这是因为当 C 相电流互感器的极性接反时，流入继电器中的电流反映的是A、C两相电流的相量和，即$\dot{I}_{KA}=\dot{I}_a+\dot{I}_c$。若A、B或B、C发生相间短路，继电器中反映一倍的短路电流，保护装置能够启动；若A、B、C发生三相短路，由于$\dot{I}_A+\dot{I}_C=-\dot{I}_B$，因此继电器中仍然反映一倍的短路电流，保护装置同样能够启动；但若是A、C两相发生短路，继电器中没有电流，保护装置将不动作。也就是说，此接线方式不能保护所有形式的相间短路。

6.4.2 工厂高压线路的继电保护

1. 保护的配置

按GB/T 50062—2008《电力装置的继电保护和自动装置设计规范（附条文说明）》规定，对3～66kV线路的下列故障或异常运行——相间短路、单相接地和过负荷，应装设相应的保护装置。中小型工厂高压供电线路一般不是很长，回路数少，因此其继电保护装置比较简单。

(1) 相间短路保护。对3～10kV线路，可装设两段电流保护，第一段应为瞬时电流速断保护，第二段应为限时电流速断保护；对35～66kV线路，可采用一段或两段电流速断或电压闭锁过电流保护作主保护，并应以带时限的过电流保护作后备保护。相间短路保护不但动作于发信号，还应动作于断路器跳闸。

(2) 单相接地保护。小电流接地的电力系统发生单相接地故障时，只有接地电容电流，能暂时继续运行，但必须通过系统所装设的保护装置发出报警信号。单相接地保护有两种：

1) 绝缘监视装置。装设在变配电所高压母线上，动作于发信号。它能判断出系统哪一相发生了接地，但无法判断是哪一条出线发生了接地，缺乏选择性，主要应用于工厂高压出线较少的场合。

2) 零序电流保护。装设在高压线路出线端，具有选择性，应用于工厂高压出线比较多的场合。零序电流保护一般动作于发信号，但当接地故障危及人身和设备安全时，保护装置应动作于跳闸。

(3) 过负荷保护。电缆线路或电缆架空混合线路，应装设过负荷保护。保护装置宜带时限动作于信号；当危及设备安全时，可动作于跳闸。

2. 带时限的过电流保护

带时限的过电流保护分为定时限过电流保护和反时限过电流保护两种。定时限就是保护装置的动作时间是固定的，与短路电流大小无关；反时限就是动作时间与短路电流大小成反比。

(1) 保护装置的接线与工作原理。

1) 定时限过电流保护。10～35kV中性点不接地或中性点经消弧线圈接地的电力系统中，广泛采用不完全星形接线来反应各种相间短路故障。图6-8(a)所示为这种接线方式的定时限过电流保护原理电路图，采用集中表示法绘制。它由电磁式电流继电器KA、时间继电器KT、信号继电器KS和中间继电器KM四部分组成。其中，YR为跳闸线圈，QF为断路器操动机构的辅助触点。操作电源采用直流操作电源。

当一次回路正常运行时，KA1与KA2不启动，保护装置不动作；当一次回路发生相间短路时，KA1与KA2至少有一个要启动，其常开触点闭合，接通时间继电器KT线圈，经过整定的延时后，时间继电器KT延时闭合的常开触点闭合，接通信号继电器和中间继电器。信号继电器 KS 动作，其信号指示牌掉下，同时接通音响和灯光信号；中间继电器 KM 动作，接通断路器跳闸线圈 YR，使断路器跳闸。

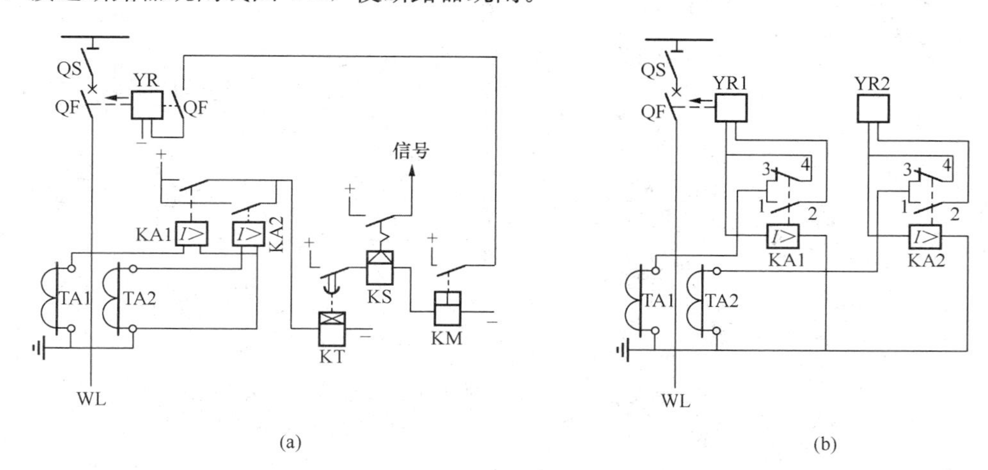

图 6－8 带时限过电流保护的原理电路（按集中表示法绘制）
(a) 定时限过电流保护；(b) 反时限过电流保护

由于断路器跳闸线圈感抗很大，突然断电时会产生很大的自感电动势，为减轻中间继电器触点的负担，在跳闸回路中串联断路器操动机构的常开触点 QF。当断路器跳闸切除短路故障后，除信号继电器 KS 外，其余继电器逐级开始返回（KS 需手动复位），断路器操动机构的常开触点 QF 先于中间继电器 KM 触点打开，切除自感电动势。

2）反时限过电流保护。反时限过电流保护由 GL 型感应式电流继电器组成，由电流互感器二次侧直接提供操作电源。图 6－8（b）所示为集中表示法绘制的反时限过电流保护原理电路图。当一次回路发生相间短路时，电流继电器 KA1 与 KA2 至少有一个要启动。经过一定延时后（延时长短与短路电流大小成反比），其常开触点先闭合，紧接着常闭触点断开。这时断路器跳闸线圈因去分流而得电，从而使断路器跳闸，同时信号牌掉下，指示保护装置已经动作。在短路故障被切除后，继电器自动返回，信号牌则需手动复位。

图 6－8（b）所示的电流继电器增加了一对常开触点，从而使电路具有断线防护功能，防止系统正常运行时由于某些意外原因使分流电路断开（如继电器常闭触点由于外界振动等偶然因素松开）造成断路器误跳闸事故。

按集中表示法绘制的原理电路图又称为归总式电路图，这种图所有电器的组成部件各自归总在一起，适用于电路元件较少的简单电路；当电路元件较多、电路复杂时，宜将所有电器的组成部件按各部件所属回路分开来绘制，这样图面清晰，读图容易。这种电路图称为分开表示原理电路图，又称为展开式电路图，简称展开图。展开图广泛应用于继电保护回路及其他二次系统。图 6－9 所示为分开表示法绘制的带时限过电流保护的展开图。

（2）保护装置的整定。

1）动作时间的整定。带时限过电流保护动作时间的整定，应满足阶梯性原则，来保证前后级保护装置之间选择性配合的需要。如图 6－10 所示单方向供电辐射式电力线路，当后一级线路 WL2 发生三相短路时，前一级线路 WL1 保护的动作时间 t_1 应比后一级保护的动作时间 t_2 大一个时间级差 Δt，即

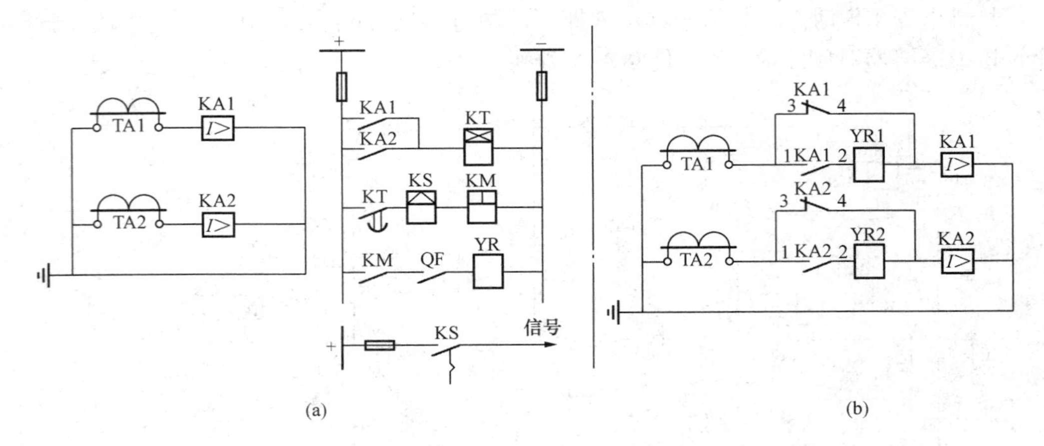

图 6-9 带时限过电流保护的原理电路（按分开表示法绘制）

(a) 定时限过电流保护；(b) 反时限过电流保护

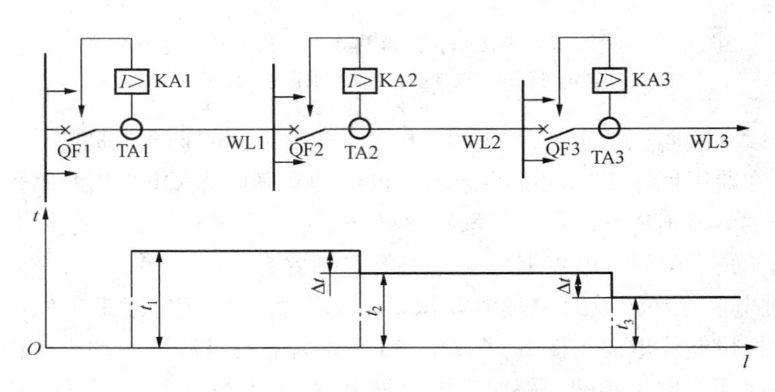

图 6-10 带时限过电流保护装置整定说明图

$$t_1 \geqslant t_2 + \Delta t \tag{6-30}$$

时间级差 Δt 应越小越好，它包括断路器的动作时间（固有分闸时间＋灭弧时间），保护装置中时间继电器可能提前动作的负偏差时间和上一级保护中时间继电器可能滞后动作的正偏差时间，另外，为确保选择性，还应留有一定的裕度。对于定时限过电流保护，可取 $\Delta t=0.5\text{s}$；对于反时限过电流保护，可取 $\Delta t=0.7\text{s}$。

2）动作电流的整定。整定带时限过电流保护的动作电流时，不但要求动作电流应躲过线路上最大负荷电流（包括正常过负荷电流和尖峰电流）$I_{\text{L,max}}$，以保证线路上设备在正常运行及启动时保护装置不至于误动作，而且要求保护装置的返回电流也要躲过线路上的最大负荷电流 $I_{\text{L,max}}$，否则有可能造成越级跳闸事故。

如图 6-10 所示，假设该电路前后级都装设了带时限的过电流保护。当 WL2 线路发生相间短路时，按保护选择性的要求，应当是断路器 QF2 跳闸而 QF1 不跳闸。但短路电流既流过 KA2，也流过 KA1，且短路电流远大于电流继电器的启动电流，这使得 KA1 与 KA2 同时启动，接通各自的时限元件。由于保护装置 2 动作时间整定得短，保护装置 1 动作时间整定得长（它们之间相差一个级差 Δt），因此保护装置 2 的出口电路先接通，断路器 QF2 跳闸，切除短路故障。这时要求 KA1 应迅速返回，否则再经过时间 Δt 后，保护装置 1 的出口电路也被接通，将使 QF1 误跳闸。考虑最严重情况，即 QF2 跳闸时，线路上其他负荷处于最大负荷运行状态，电流继电器 KA1 也应当可靠地返回，即返回电流应躲过线路上最大负荷电流。

由此可知，过电流保护装置动作电流的整定公式为

$$I_{op}=\frac{K_{rel}K_{W}}{K_{re}K_{i}}I_{L,max} \tag{6-31}$$

式中 I_{op}——保护装置的动作电流；

K_{rel}——保护装置的可靠系数，对电磁式电流继电器取 1.2，对感应式电流继电器取 1.3；

K_{W}——保护装置的接线系数，对不完全星形接线为 1，对电流差接线为$\sqrt{3}$；

$I_{L,max}$——线路上最大负荷电流，可取（1.5～2.0）I_{30}，I_{30}为线路计算电流；

K_{re}——电流继电器的返回系数；

K_{i}——电流互感器的变流比。

由上述可知，带时限的过电流保护装置前、后级之间选择性配合是依靠动作电流的整定，以及前、后级动作时间的匹配这两方面来联合保证的。换一个角度看，它实质上是牺牲了保护装置的速动性，来换取保护装置的选择性。

（3）保护装置的灵敏性校验。按式（6－1）定义，过电流保护的灵敏系数为

$$S_{p}=\frac{K_{W}I_{k,min}}{K_{i}I_{op}} \tag{6-32}$$

式中 $I_{k,min}$——被保护线路最末端两相短路电流。

按 GB/T 50062—2008 规定，电力线路过电流保护的最小灵敏系数作主保护时，为 1.5；作后备保护时，为 1.2。

当过电流保护的灵敏系数达不到要求时，可采用下述低电压闭锁的过电流保护。如图 6－11 所示，在母线上并联接入一个电压互感器 TV，电压互感器二次侧接一个欠电压继电器 KV，将欠电压继电器的常闭触点与过流保护装置中电流继电器的常开触点串联接入过流保护电路中。采用低电压闭锁的过电流保护，只有在线路过电流和母线低电压这两种状态同时存在，即触点 KA、KV 皆闭合时，保护装置才能够动作。因此，保护装置的动作电流无需按返回电流躲过线路上的最大负荷电流来整定，只需按返回电流躲过线路上的计算电流整定即可。这是因为，即使返回电流没有躲过线路上的最大负荷电流，继电器 KA 未能返回，但由于最

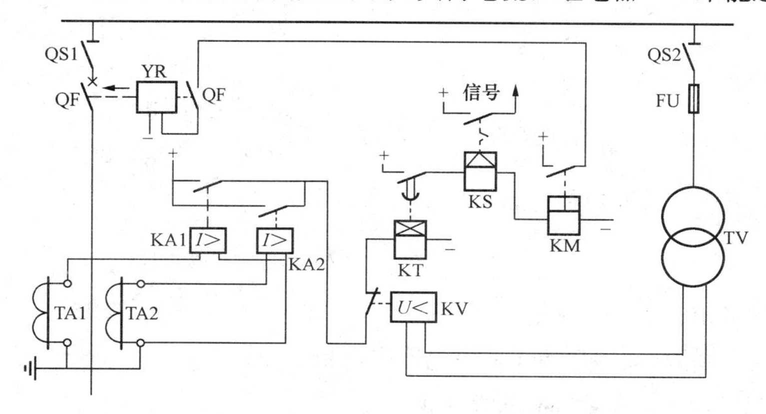

图 6－11 低电压闭锁的过电流保护电路图

大负荷时母线电压是正常的，因此触点 KV 是断开的，保护装置不会动作。

所以低电压闭锁的过电流保护动作电流整定公式，与普通过电流保护动作电流整定公式是类似的，只需将式中的最大负荷电流 $I_{L,max}$ 换成计算电流 I_{30} 即可，即

$$I_{op}=\frac{K_{rel}K_W}{K_{re}K_i}I_{30} \tag{6-33}$$

按式（6－33）整定减小了动作电流，进而使保护装置的灵敏性得到提高。

电压继电器的启动值应按躲过正常运行时母线的最低工作电压来整定。

3. 瞬时电流速断保护

为保证选择性配合，带时限过电流保护前、后级之间相差一个时间级差 Δt，这使得越靠近电源端，保护的动作时间越长，而越靠近电源端，短路容量越大，后果也越严重。为解决这一矛盾，GB/T 50062—2008 规定，当过电流保护动作时间超过 0.5～0.7s 时，应装设瞬时电流速断保护，简称速断保护。

（1）保护装置的接线及工作原理。速断保护的接线相当简单，就是将定时限过电流保护中的时间继电器去掉，即电流继电器启动后，其常开触点直接接通信号继电器和中间继电器，信号继电器触点闭合，发速断保护动作的信号；中间继电器触点闭合，接通断路器的跳闸电路。

对反时限过电流保护，由于采用 GL 型电流继电器，则可利用该继电器的电磁元件来实现速断保护，非常简单经济。

（2）保护装置的整定。

1）速断电流的整定。速断保护的动作电流简称速断电流，由于前、后级速断保护之间不存在时限上的配合，因此速断保护的选择性只能从动作电流的整定上单方面来保证。即当下一级线路无论产生多大的短路电流，上一级线路的速断保护都不应当动作。下一级线路最大的短路电流为线路首端的三相短路电流，也就是被保护线路末端的三相短路电流。如图 6－12 所示，WL2 线路首端（相当于 WL1 线路末端）k 处发生三相短路时，前一级线路 WL1 的速断保护装置 KA1 不应当启动，因此速断保护的动作电流应按躲过被保护线路最末端的三相短路电流来整定，整定公式为

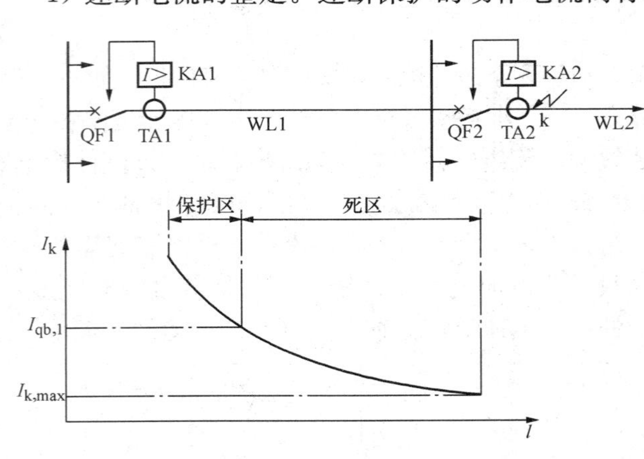

图 6－12　速断保护的整定说明及保护区与死区

$$I_{qb}=\frac{K_{rel}K_W}{K_i}I_{k,max} \tag{6-34}$$

式中　I_{qb}——速断电流；

K_{rel}——可靠系数，对 DL 型电流继电器取 1.2～1.3，对 GL 型电流继电器取 1.4～1.5；

$I_{k,max}$——被保护线路末端三相短路电流。

2）速断保护的死区。事物总是辩证的，系统某一项性能的提高必然是依靠牺牲其他性

能指标为代价的。速断保护虽然满足了保护速动性的要求，但由于速断保护的动作电流是按躲过系统被保护线路最末端三相短路电流来整定的，当线路末端发生两相短路时，速断保护将不动作。因此，线路末端存在一段速断保护所保护不到的区域，该区域称为速断保护的死区，也就是说，速断保护不能保护线路的全长。

在中小型工厂，高压线路的距离一般都不长，即使是同一级线路首、末两端的三相短路电流，差别也不是很大。这样按式（6-34）整定，速断保护的保护范围极其有限。因此，速断保护一般只用作线路首端的短路保护，如对电缆出线的电缆头实施短路保护。

为了弥补死区得不到保护的缺陷，凡是装设有电流速断保护的线路，必须配备带时限的过电流保护。在速断保护区内，速断保护作为主保护，过电流保护作为后备保护；在速断保护的死区内，过电流保护为基本保护。

（3）保护装置的灵敏性校验。一般情况下，保护装置的灵敏性应以故障参数最小值来校验。由于速断保护存在死区，最小的短路电流应为线路非死区段末端两相短路电流。但是这需要计算速断保护的保护范围，计算繁杂，且速断保护主要任务是作线路首端的短路保护，因此规定，速断保护的灵敏性以保护安装处（即线路首端）最小的短路电流来校验。速断保护的灵敏系数为

$$S_p = \frac{K_W I_{k,min}}{K_i I_{qb}} \tag{6-35}$$

式中　$I_{k,min}$——线路首端在系统最小运行方式下的两相短路电流。

速断保护要求最低灵敏系数：对电力线路，取1.25；对线路-变压器组，取1.5。

（4）电流速断保护与过电流保护的比较。二者相同点都是依靠反映故障电流而动作，保护装置的整定以满足选择性为前提。接线方式通常采用不完全星形接线，共用一套测量元件（电流互感器）和出口元件（中间继电器）。下面从选择性、可靠性、速动性和灵敏性四项基本要求上比较二者之间的不同点，见表6-2。

表6-2　过电流保护与电流速断保护特点的比较

保护装置基本要求	过电流	电流速断
选择性	返回电流按躲过线路最大负荷电流整定，即 $I_{op}=K_{rel}K_W I_{L,max}/(K_{re}K_i)$	启动电流按躲过线路末端最大短路电流整定，即 $I_{qb}=K_{rel}K_W I_{k,max}/K_i$
	装置做无选择性启动，外部故障切除后保护装置应返回，需考虑返回系数	装置做有选择性启动，只有内部故障时保护装置才动作于跳闸，不需考虑返回系数
	为保证选择性，前、后级保护之间应有时限配合	无时限配合，只能靠整定启动电流保证选择性
可靠性	保护区域可延伸至下一级线路	不能保护线路全长，即存在死区
	保护范围不受系统运行方式的影响	系统运行方式的改变，会引起保护区域长度的变化
	可靠系数 K_{rel}：对DL型电流继电器，取1.2；对GL型电流继电器，取1.3。	可靠系数 K_{rel}：对DL型电流继电器，取1.2～1.3；对GL型电流继电器，取1.4～1.5。
速动性	保护装置带时限（定时限或反时限）动作，越靠近电源端，动作时间越长	瞬时动作，只有断路器固有分闸时间和灭弧时间
灵敏性	按被保护线路末端二相短路电流来校验，要求最低灵敏系数：作主保护，取1.5；作后备保护，取1.2	按保护安装处二相短路电流来校验，要求最低灵敏系数：对电力线路取1.25；对线路-变压器组取1.5

4. 限时速断保护

过电流保护能够保护线路全长，甚至能延伸至下一级线路，但动作有延时。速断保护动作无时限，但不能保护线路全长。为兼顾速动性与保护范围两方面需要，可采用折中方案，即采用带时限的电流速断保护，简称限时速断保护。

(1) 工作原理。限时速断保护原理接线与定时限过电流保护完全一样，只是启动电流与动作时间整定不同。那限时速断与瞬时速断又有什么区别呢？为了延长保护范围且要满足选择性，限时速断保护必须有动作延时 Δt；为满足速动性，需尽量缩短 Δt，因此限时速断保护的保护范围只延伸至下一级线路瞬时速断保护区域。

如图 6-13 所示单方向供电辐射式电力线路，前后两级线路（WL1 与 WL2）都配置了瞬时速断和限时速断保护。当 K1 处短路时，WL2 的瞬时速断，WL1 与 WL2 的限时速断均启动，但 WL2 的瞬时速断出口电路立即接通，QF2 跳闸切除故障，WL1 与 WL2 的限时速断返回，也就是说在瞬时速断保护区域内发生短路靠动作延时保证选择性。当 K2 处短路时，只能是 WL2 的限时速断启动，因此 WL1 限时速断的启动电流必须躲过下一级瞬时速断保护区域末端最大的短路电流，也就是说在瞬时速断保护区域外（死区）发生短路是靠电流的整定保证选择性。

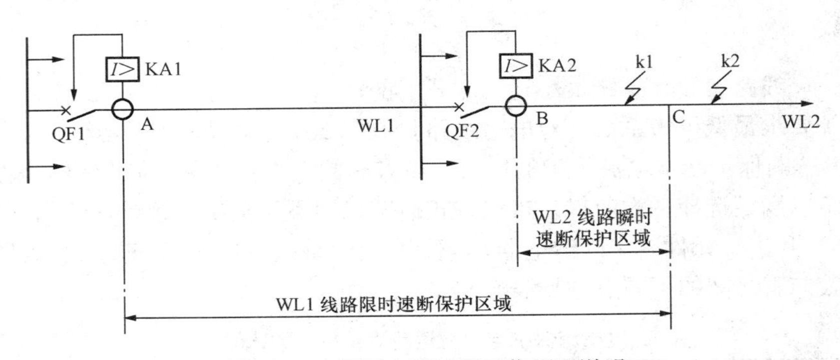

图 6-13 限时电流速断工作原理说明

(2) 保护的整定。限时速断保护的启动电流必须躲过下一级瞬时速断保护区域末端最大的短路电流，或按躲过下一级瞬时速断的启动电流整定，即

$$I_{qb1(s)} = K_{rel} I_{qb2} \tag{6-36}$$

式中 $I_{qb1(s)}$——前一级限时速断的启动电流；

I_{qb2}——后一级瞬时速断的启动电流；

K_{rel}——可靠系数，可取 1.1。

限时速断保护动作时间 Δt 需考虑断路器跳闸时间、继电器启动与返回的惯性时间等因素，一般取 Δt=0.5s。

限时速断既可作线路主保护，又可作瞬时速断保护的后备。瞬时速断保护、限时速断保护和带时限过电流保护三者之间相互配合相互补充，构成完整的电力线路Ⅲ段式电流保护。

5. 零序电流保护

零序电流保护为小电流接地的电力系统发生单相接地故障时的一种保护措施，应用于工厂高压出线比较多的场合。它利用故障线路的零序电流较非故障线路大的特点，实现有选择性地动作于信号，当单相接地故障危及人身和设备安全时，则动作于跳闸，因此又称选择性单相接地保护。

（1）保护装置的接线与工作原理。零序电流保护一般应用于电缆出线，主要元件是零序电流互感器。装设零序电流互感器时应特别注意，应将电缆头的接地线穿过零序电流互感器，使其二次侧所接继电器能够正确地反映接地故障信号，如图 6－14 所示。

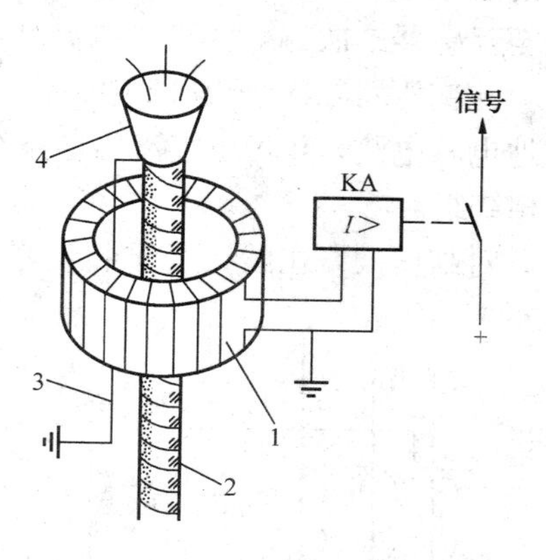

图 6－14　零序电流保护的接线

1—零序电流互感器；2—电缆；3—接地线；4—电缆头

如图 6－15 所示供电系统，T2 为工厂电源（主变压器二次侧），WB 为工厂高压母线，母线上接有多条高压出线（图中仅画三条——WL1、WL2、WL3）。假设 WL1 线路 C 相发生了接地故障（C 相线芯与电缆金属外皮相碰），忽略负荷电流及电容电流在线路上产生的压降，认为全网络 C 相对地电压均为零，则各条线路 C 相对地电容电流也等于零，下面来仔细研究各条线路电容电流的分布。

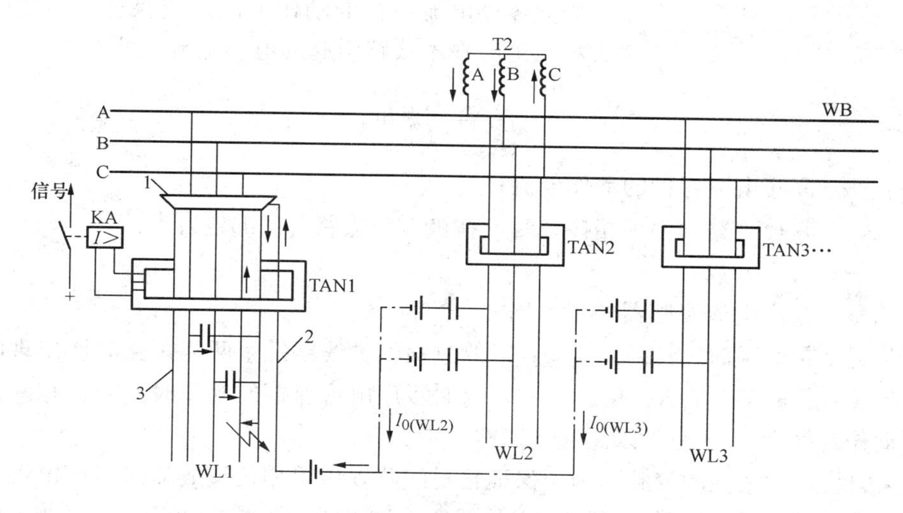

图 6－15　单相接地时接地电容电流的分布

1—电缆头；2—接地线；3—电缆金属外皮；T2—变压器二次绕组；WB—母线；TAN—零序电流互感器；KA—电流继电器

对非故障线路（如 WL2）而言，C 相电容电流为零，A、B 两相流过自身的电容电流。因此，该线路首端所装设的零序电流互感器一次侧流过的零序电流，为该线路 A、B 两相对地电容电流的相量和。也就是说，对非故障线路而言，保护装置反映的是自身的电容电流。根据 1.33 节分析，此零序电流为正常运行时该线路对地电容电流的 3 倍。

对于发生接地故障的 WL1 线路，情况有所变化。由于所有非故障线路电容电流的和并不等于零，即彼此不能互为回路，根据电流连续性原理，这些不平衡的电容电流只能通过故障线路电缆头的接地线，流经故障电缆金属外皮，从故障点再流回系统。由于故障电缆自身电容电流总是由非故障相（图 6－15 中 A、B 相）流向接地点，再从接地点通过故障相（图 6－15 中 C 相）流回系统，对零序电流互感器而言，其作用相互抵消。这样，装设于故障电缆的零序电流互感器一次侧流过的零序电流，为所有非故障线路的电容电流之和。该电流反映至互感器二次侧，并流入电流继电器，使其动作发出信号。

在变压器二次绕组 T2 中，作为提供系统电容电流的电源，A 相绕组流出各条线路 A 相对地电容电流，B 相绕组流出各条线路 B 相对地电容电流，这些电容电流经故障点后再流回 C 相绕组。

对高压架空出线，若需装设零序电流保护，可采用三个电流互感器组成零序电流过滤器，如图 6－16 所示。其基本工作原理与电缆出线类似。当某条出线发生单相接地故障时，非故障线路的不平衡电容电流总是由接地故障点，通过故障相，流回系统。这样零序电流过滤器二次侧将反映所有非故障线路的电容电流和，电流继电器启动，驱动电路发信号。

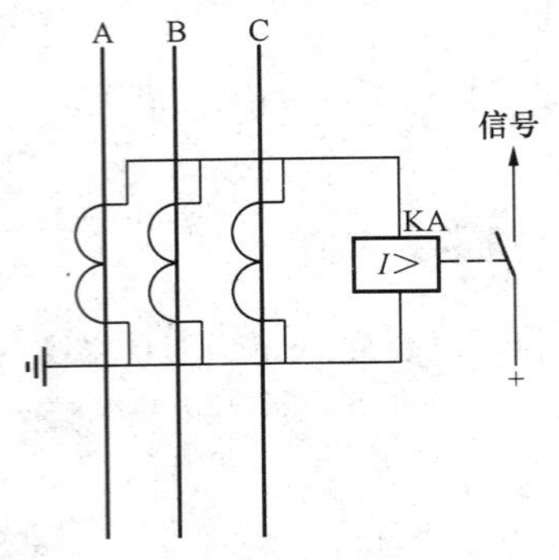

图 6－16 零序电流过滤器的接线

(2) 保护装置动作电流的整定。零序电流保护的动作电流一般按选择性要求来整定。即当其他线路发生接地故障时，对完好线路而言，其零序电流保护不能动作。因此零序电流保护的动作电流，应躲过其他线路发生单相接地时在本线路引起的电容电流，即

$$I_{op(E)} = \frac{K_{rel}}{K_i} I_C \tag{6-37}$$

式中 $I_{op(E)}$——零序电流保护的动作电流；

I_C——其他线路发生单相接地时，在被保护线路产生的电容电流；

K_{rel}——可靠系数；

K_i——零序电流互感器的变流比。

保护装置不带时限时，K_{rel}取 4～5，以躲过被保护线路发生两相短路时所出现的不平衡电流；保护装置带时限时，K_{rel}取 1.5～2，这时零序电流保护的动作时间应比相间短路的过电流保护动作时间大一个 Δt，以保证选择性。

(3) 保护装置灵敏性的校验。为了保证自身线路发生单相接地故障时零序电流保护能可靠地动作，保护装置的灵敏性，应按被保护线路末端发生单相接地故障时流过接地线的不平衡电容电流作最小故障电流来校验。而这一电容电流为与被保护线路有电联系的所有线路电容电流 $I_{C,\Sigma}$ 与被保护线路自身电容电流 I_C 之差。即保护装置的灵敏系数为

$$S_p = \frac{I_{C,\Sigma} - I_C}{K_i I_{op(E)}} \tag{6-38}$$

一般要求 S_p 不得低于 1.5。

6. 过负荷保护

按 GB 50062—2008 的要求，对可能时常出现过负荷的电缆线路，应装设过负荷保护。保护装置应带时限动作于发信号；当危及设备安全时，可动作于跳闸。

过负荷保护的接线十分简单，一般采用一相式接线，当一次线路过负荷时，延时动作于发信号，如图 6－17 所示。

过负荷保护的动作电流 $I_{op(OL)}$ 按躲过线路的计算电流来整定，即

$$I_{op(OL)}=\frac{(1.2\sim1.3)I_{30}}{K_i} \tag{6-39}$$

动作时间一般取10～15s。

【例 6-4】 某工厂总降压变电所（35kV）至NO.1车间变电所（10kV）采用电缆线路供电，如图6-18所示。已知该电缆线路运行参数：线路长期通过的最大负荷电流（即计算电流）$I_{30}=148A$；线路由于设备启动等原因引起的短时最大负荷电流$I_{L,max}=243A$；线路运行中有时处于过载状态，最大过负荷电流$I_{OL,max}=186A$。总降压变电所10kV母线三相短路电流：最大运行方式下$I_{k1,max}^{(3)}=3.2kA$，最小运行方式下$I_{k1,min}^{(3)}=2.8kA$；车间变电所10kV母线三相短路电流：最大运行方式下$I_{k2,max}^{(3)}=2.5kA$，最小运行方式下$I_{k2,min}^{(3)}=2.2kA$。下级过电流保护装置的动作时间已整定为0.5s。试为该电缆线路配置继电保护装置，并绘出保护接线的展开图；整定保护装置的动作值；校验保护装置的最低灵敏系数是否满足要求。

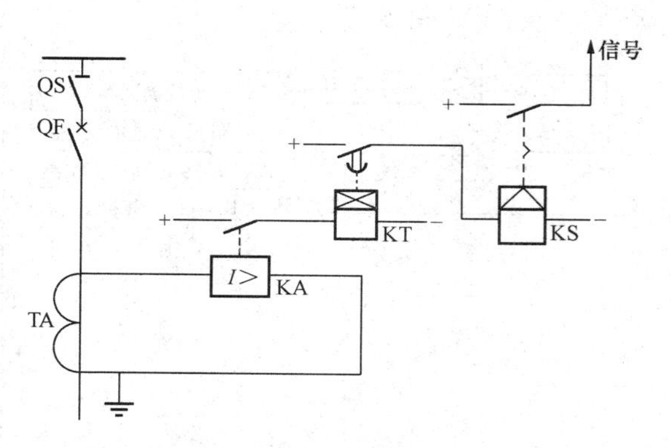

图6-17　线路过负荷保护接线

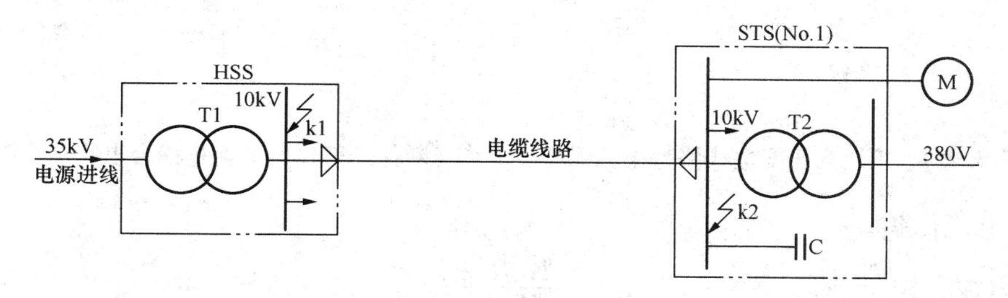

图6-18　工厂高压配电线路示意

HSS—总降压变电所；STS—车间变电所；M—高压电动机；C—高压电容器组

注意，所谓最大运行方式，指的是系统等值阻抗最小，能产生最大短路电流的运行方式；所谓最小运行方式，指的是系统等值阻抗最大，能产生最小短路电流的运行方式。

解　(1) 给该电缆线路配置下列继电保护装置。

1) 过电流保护和电流速断保护。用于保护线路的相间短路。两套保护装置共用一组电流互感器，采用不完全星形接线，电流继电器拟选DL型。

2) 过负荷保护。该电缆线路最大过负荷系数

$$K_{OL,max}=1+(186-148)/148\approx1.26$$

由计算知，过负荷部分最多占额定负荷的26%，设定过负荷时保护装置带时限动作于信号，值班人员可根据线路实际运行情况采取断开部分次要负荷等措施。

3) 单相接地故障保护。视工厂高压出线的多少，装设有选择性的零序电流保护。

图6-19所示为该电缆线路过电流保护、电流速断保护和过负荷保护原理接线的展开图（零序电流保护接线图略）。

(2) 保护装置的整定。互感器变流比拟选取300/5A。

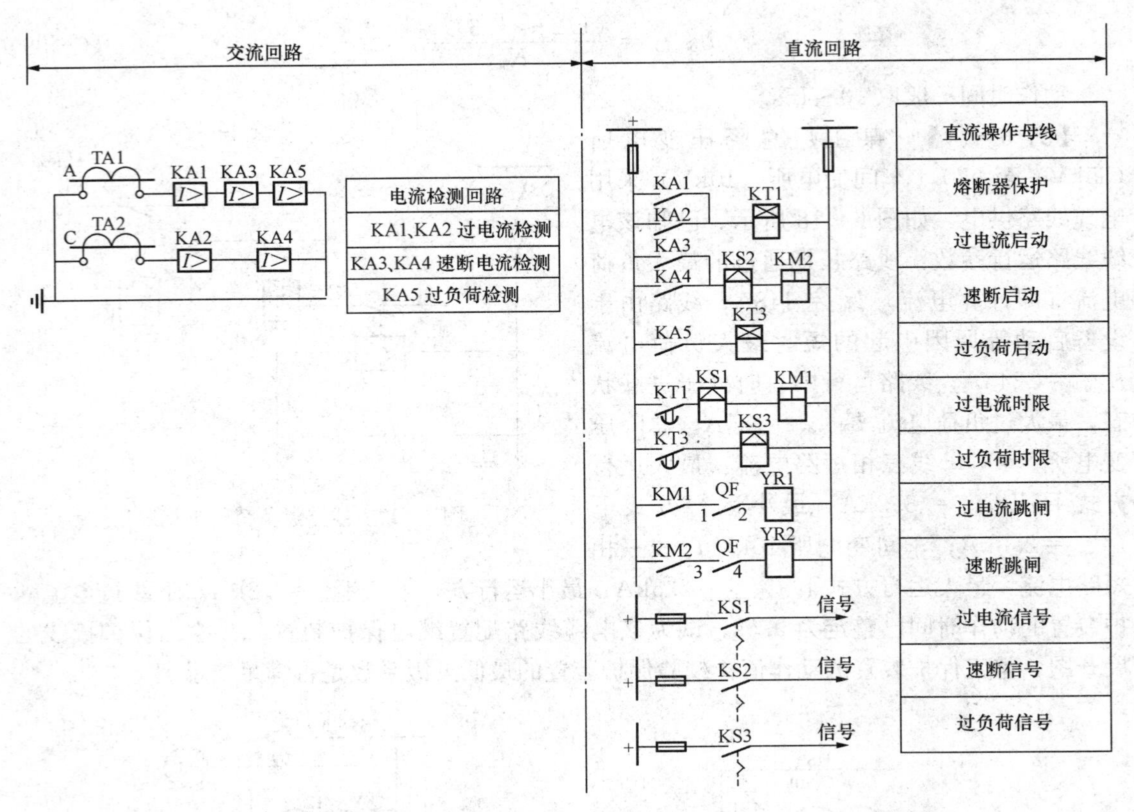

图 6-19 工厂高压配电线路过电流保护、电流速断保护和过负荷保护综合电路展开图

1）过电流保护。

启动电流整定
$$I_{op}=\frac{K_{rel}K_W}{K_{re}K_i}I_{L,max}$$

其中 $K_{rel}=1.2, K_W=1, K_{re}=0.8, K_i=300/5, I_{L,max}=243A$

代入数据并计算得 $I_{op}\approx 6.08A$

取整定值 $I_{op}=6A$。

动作时间整定：考虑与下一级保护装置的配合，动作时间可整定为

$$t=0.5+0.5=1.0(s)$$

2）电流速断保护。

启动电流整定
$$I_{qb}=\frac{K_{rel}K_W}{K_i}I_{k,max}$$

其中 $K_{rel}=1.3$，$I_{k,max}=I_{k2,max}^{(3)}=2.5kA=2500A$

代入数据并计算得 $I_{qb}\approx 54.17A$

取整定值 $I_{qb}=54A$。

速断电流倍数

$$n_{qb}=\frac{I_{qb}}{I_{op}}=9$$

3）过负荷保护。

启动电流整定 $I_{op(OL)}=\frac{1.2I_{30}}{K_i}$

代入数据并计算得 $I_{op(OL)}\approx 2.96A$

取整定值 $I_{op(OL)}=3A$

动作时间可整定为10s。

(3) 灵敏性校验。在最小运行方式下，该线路首、末端两相短路电流 $I_{k1,min}^{(2)}$ 和 $I_{k2,min}^{(2)}$ 分别为

$$I_{k1,min}^{(2)}=\frac{\sqrt{3}}{2}\times 2.8\times 10^3\approx 2425(A)$$

$$I_{k2,min}^{(2)}=\frac{\sqrt{3}}{2}\times 2.2\times 10^3\approx 1905(A)$$

1) 过电流保护的灵敏系数

$$S_p=\frac{K_W I_{k,min}}{K_i I_{op}}$$

其中 $I_{k,min}=I_{k2,min}^{(2)}\approx 1905A$

代入数据并计算得 $S_p\approx 5.3>1.5$

满足要求。

2) 速断保护的灵敏系数

$$S_p=\frac{K_W I_{k,min}}{K_i I_{qb}}$$

其中 $I_{k,min}=I_{k1,min}^{(2)}\approx 2425A$

代入数据并计算得 $S_p\approx 0.75<1.25$

由校验知，速断保护的灵敏系数达不到要求，造成这种情况的原因有两个：一是速断保护的启动电流按线路末端三相短路电流整定，而灵敏系数按首端两相短路电流校验，工厂高压配电线路本身就比较短，首末两端三相短路电流相差不大（3.2kA、2.5kA）；二是在速断电流整定时考虑了一个可靠系数 $K_{rel}=1.3$，但根据规定，速断保护的保护范围若能达到线路全长的15%～20%即可装设，即使灵敏系数达不到要求也无妨，更何况灵敏系数是按最小短路电流来校验的，在其他运行状态下，电流速断还是有保护作用的。

6.4.3 工厂电力变压器的继电保护

1. 保护的配置

变压器是工厂供电系统中最重要的一次设备，若发生故障将严重影响供电的可靠性，导致工业生产无法正常进行。

按GB/T 50062—2008规定，电压为3～110kV，容量为63MV·A及以下的电力变压器，对下列故障及异常运行方式，应装设相应的保护装置：

(1) 绕组及其引出线的相间短路和在中性点直接接地或经小电阻接地侧的单相接地短路。

(2) 绕组的匝间短路。

(3) 外部相间短路引起的过电流。

(4) 中性点直接接地或经小电阻接地的电力网中外部接地短路引起的过电流及中性点过电压。

(5) 过负荷。

(6) 油面降低。

(7) 变压器油温过高，绕组温度过高，油箱压力过高，产生瓦斯或冷却系统故障。

针对上述变压器的故障及不正常运行方式，工厂供电系统中一般配置下列保护：

(1) 纵差动保护或电流速断保护。并联运行的变压器容量在 6300kV·A 及以上，或单台运行的变压器容量在 10000kV·A 及以上，以及容量在 6300kV·A 及以下单独运行的重要变压器，均应装设纵差动保护；对容量在 2000kV·A 及以上的变压器，若装设电流速断保护灵敏系数不满足要求，宜装设纵差动保护。当变压器容量小于上述容量界限时，可用电流速断保护代替纵差动保护。

(2) 气体保护。容量为 400kV·A 及以上的车间内油浸式变压器、容量为 800kV·A 及以上的油浸式变压器，以及带负荷调压变压器的充油调压开关，均应装设气体保护。当壳内故障产生轻微气体或油面下降时，应瞬时动作于信号；当产生大量气体时，应动作于断开变压器各侧断路器。

气体保护应采取防止因振动、气体继电器的引线故障等引起气体保护误动作的措施。

(3) 带时限的过电流保护。对于由变压器外部故障引起的过电流，差动保护或电流速断保护不起作用，应装设带时限的过电流保护作为后备，延时动作于断路器跳闸。

(4) 零序电流保护。对容量在 400kV·A 及以上、联结组别为 Yyn0 型变压器，可在变压器低压侧中性线上装设零序电流保护，用于保护变压器低压侧单相接地短路，保护装置应带时限动作于跳闸。

(5) 过负荷保护。在正常运行情况下变压器有可能过负荷时，应根据过负荷的大小拟装过负荷保护。过负荷保护一般带时限动作于信号，在无经常值班人员的变电所，可动作于跳闸或断开部分负荷。

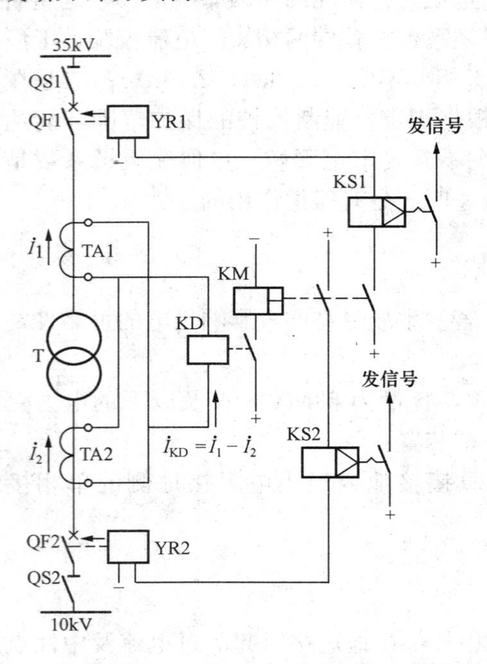

图 6-20 变压器纵差动保护单相原理电路

2. 纵差动保护

变压器纵差动保护装置灵敏性高，动作迅速，主要用作大容量变压器绕组、绝缘套管及引出线相间短路主保护，还可用来保护绕组匝间短路，但对变压器外部故障不起保护作用。

(1) 保护装置的接线与工作原理。如图 6-20 所示的变压器差动保护最基本的原理接线图(图中只画出一相)，在变压器一、二次侧装设电流互感器 TA1、TA2，电流互感器与差动继电器 KD 构成“电流差”接线。其工作原理说明如下：当一次电路正常运行时，TA1 与 TA2 的二次侧分别流过负荷电流 $\dot{I}_1$ 与 $\dot{I}_2$，差动继电器中的流过的电流为 $\dot{I}_{KD}=\dot{I}_1-\dot{I}_2$，恰当地选择 TA1 与 TA2 的变流比，可使 $\dot{I}_1\approx\dot{I}_2$，于是 $\dot{I}_{KD}\approx0$，此时继电器不启动；当变压器外部发生短路故障，情况分析与正常运行时一样，继电器也不启动。但当变压器内部绕组或引出线发生短路时，TA1 二次侧流过短路电流，而 TA2 二次侧电流为零，此时继电器中的电流（称为差动电流）很大，从而使继电器启动，差动保护装置动作，发信号并动作于断路器跳闸。

此种差动保护称为纵差动保护，保护范围为变压器一、二次侧所装设的电流互感器之间。

对两路 35kV 或以上进线的大型工厂，其总降压变电所（HSS）经常采用内桥形接线。为了实现差动保护，应在“桥臂”分段断路器的两侧增设电流互感器，如图 6－21 所示。

假设系统的运行方式如下：电源 1 工作，电源 2 备用，“桥臂”分段断路器 QFL 处于合闸状态，主变压器 1 与主变压器 2 同由电源 1 供电，变压器低压侧无电源。为分析方便，将差动继电器 KD1 的启动回路单独画出，如图 6－22 所示，其中$\dot{I}_1$为电源 1 进线电流，$\dot{I}_L$为联络桥臂通过的电流，$\dot{I}_{T1}$为变压器 T1 通过的电流（归算至一侧），$\dot{I}'_1$、$\dot{I}'_L$、$\dot{I}'_{T1}$为对应的电流互感器二次侧电流，所有电流参考方向按“电工惯例”给出。这样差动继电器 KD1 中的电流为

$$\dot{I}_{KD1}=\dot{I}'_1-\dot{I}'_L-\dot{I}'_{T1} \tag{6-40}$$

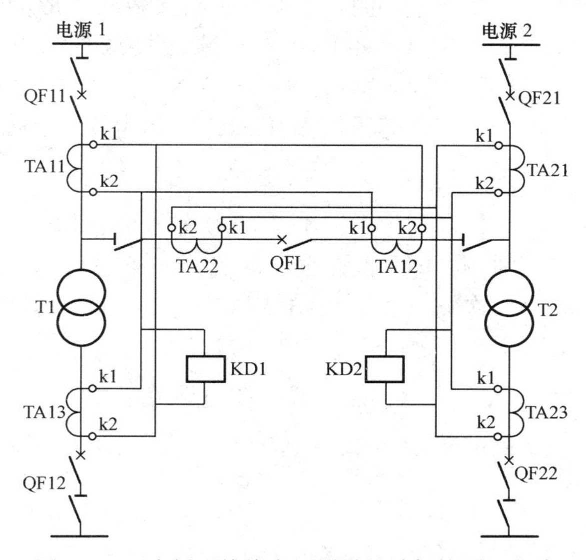

图 6－21 内桥型接线变压器纵差动保护原理电路

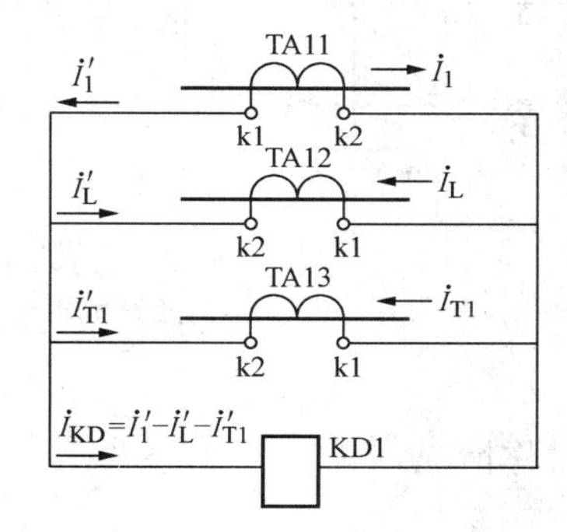

图 6－22 差动继电器启动电路

当系统正常运行或变压器外部发生故障时，总有

$$\dot{I}_1=\dot{I}_L+\dot{I}_{T1} \tag{6-41}$$

于是

$$\dot{I}_{KD1}=\dot{I}'_1-\dot{I}'_L-\dot{I}'_{T1}=0 \tag{6-42}$$

不难分析此时

$$\dot{I}_{KD2}=0 \tag{6-43}$$

但当变压器内部发生故障时，情况就不一样了。若 T1 内部发生短路，由于 TA_{13} 检测不到短路电流，KD1 中将反映很大的不平衡电流（变压器 T1 的短路电流），KD1 将启动，而 KD2 不动作，此时断路器 QF11、QF12 和 QFL 跳开，主变压器 T1、T2 同时断电。若 T2 内部发生短路，KD1 不启动，KD2 启动，跳开 QF22 和 QFL，主变压器 T2 断电，而 T1 正常运行，原因可自行分析。

系统在其他运行方式下差动保护工作原理分析类似，此处不再赘述。

由上述可知，纵差动保护的工作原理是依靠反映变压器高、低压侧电流的相量差，来实现变压器内部发生故障时保护装置动作于断路器跳闸，切除故障变压器；变压器正常运行或是外部发生故障时，保护装置不动作。

(2) 变压器高、低压侧电流相位的校正。为抑制3倍和3的整数倍的高次谐波，工厂供配电系统中常采用Yd11型变压器（总降压变电所）或Dyn11型变压器（车间变电所）。以Yd11型变压器为例，由于变压器高压侧（Y侧）的电流滞后低压侧（d侧）电流30°，此时如果两侧的电流互感器仍采用通常的接线方式，则二次电流由于相位不同，会产生差电流流入继电器，这使得变压器正常运行或外部发生故障时，差动保护误动作。为了避免发生这种情况，可将高压侧（Y侧）电流互感器接成三角形，低压侧（d侧）电流互感器接成星形，如图6-23所示。

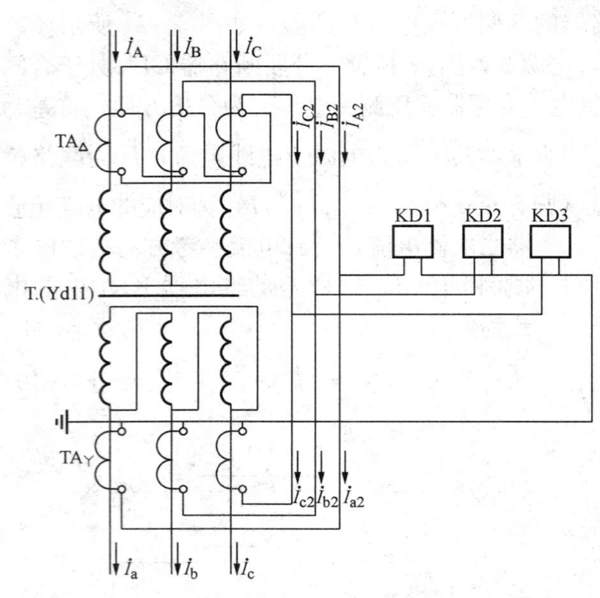

图6-23 YD11变压器高、低压侧电流相位的校正

假设变压器高压侧的三相电流分别为$\dot{I}_A$、$\dot{I}_B$、$\dot{I}_C$，低压侧的三相电流分别为$\dot{I}_a$、$\dot{I}_b$、$\dot{I}_c$。电流的参考方向按电工惯例，即一次侧电流取流进变压器为正，二次侧电流取流出变压器为正。高压侧电流互感器二次侧的输出电流分别为$\dot{I}_{A2}$、$\dot{I}_{B2}$、$\dot{I}_{C2}$，低压侧电流互感器二次侧的输出电流分别为$\dot{I}_{a2}$、$\dot{I}_{b2}$、$\dot{I}_{c2}$。考虑三相对称情况，有

$$\left.\begin{aligned}\dot{I}_{A2}&=\frac{\dot{I}_A-\dot{I}_B}{K_{i1}}=\frac{\sqrt{3}\,\dot{I}_A}{K_{i1}}\angle 30^\circ\\ \dot{I}_{B2}&=\frac{\dot{I}_B-\dot{I}_C}{K_{i1}}=\frac{\sqrt{3}\,\dot{I}_B}{K_{i1}}\angle 30^\circ\\ \dot{I}_{C2}&=\frac{\dot{I}_C-\dot{I}_A}{K_{i1}}=\frac{\sqrt{3}\,\dot{I}_C}{K_{i1}}\angle 30^\circ\end{aligned}\right\}\qquad(6-44)$$

由式(6-44)可见，高压侧电流互感器的输出电流超前变压器高压侧电流30°，恰好与变压器低压侧电流互感器输出电流方向相同，由此将电流的相位校正过来。

此时，变压器高、低压侧电流互感器的变流比K_{i1}、K_{i2}应满足：

$$\frac{KK_{i1}}{K_{i2}}=\sqrt{3}\qquad(6-45)$$

式中 K——变压器一、二次侧额定电压之比。

(3) 纵差动保护中的不平衡电流及对策。

1) 电流互感器变流比选择引起的不平衡电流。电流互感器的变流比是按标准系列生产的，不一定能满足式(6-45)的要求，因此将会有不平衡电流流过差动继电器。对此不平

衡电流，可通过调节差动继电器内平衡线圈的匝数来有效抑制。

2）变压器励磁涌流产生的不平衡电流。变压器的励磁电流仅流过变压器一次绕组，因此将被反映到差动回路中而产生不平衡电流。在正常运行情况下，此电流很小。当外部发生故障时，由于电压的下降，导致励磁电流下降，此时它的影响将更小。

但当变压器空载投入或外部故障切除后电压突然恢复时，情况就不一样了。变压器突加电压时，外加电压被两个量平衡：一是铁芯磁通在绕组中所产生的感应电动势，它与磁通的变化率成正比；一是励磁电流在绕组电阻上的压降，它与励磁电流成正比，也就是与铁芯磁通成正比。考虑最严重情况，即突加电压一瞬间（$t=0$ 时），电压瞬时值 $u=0$，因此磁通的初始值为零。所以此暂态过程中磁通的变化规律与三相短路暂态过程中短路电流的变化规律是一样的。这时铁芯磁通包含周期分量 Φ_{p} 和非周期分量 Φ_{np}，两个分量在 $t=0$ 时大小相等、方向相反，使合成磁通 $\Phi=0$，保持磁通的连续性。经过半个周期即 0.01s 后，Φ 达到最大值。这使得铁芯严重饱和，励磁电流急剧增大，可达变压器额定电流的 8～10 倍，此电流称为变压器的励磁涌流，如图 6-24 所示。

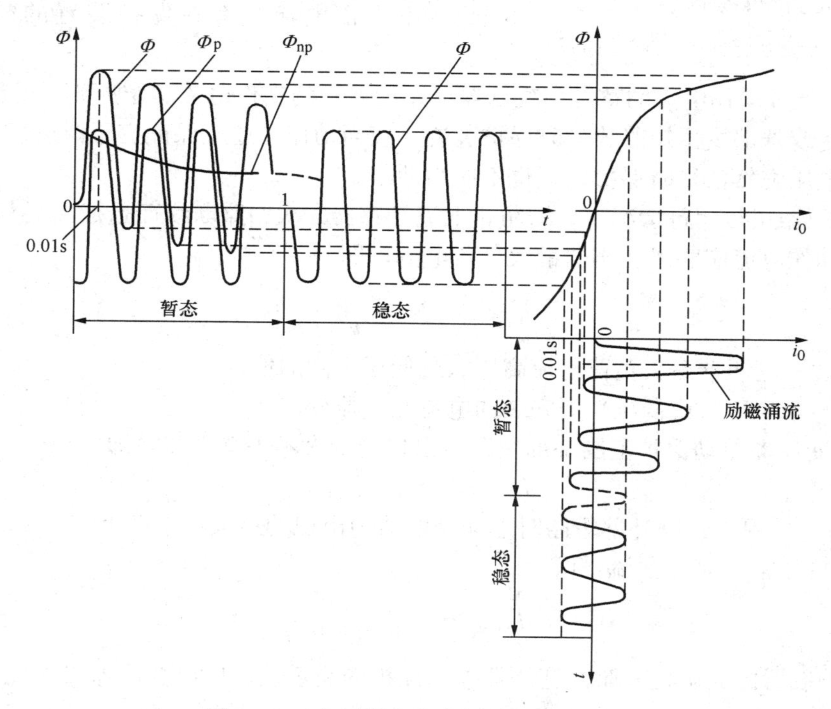

图 6-24　变压器空载合闸时的励磁涌流

励磁涌流经过电流互感器后，将完全流入差动继电器，若不采取措施，将导致保护装置误动作。

为消除励磁涌流的影响，差动继电器铁芯上绕有短路线圈。由于励磁涌流非周期分量可近似看作直流电，能够被短路线圈有效抑制，因此差动线圈中的电流只剩下励磁涌流周期分量，其数值将大为减小。

3）变压器高、低压侧电流互感器型号不同产生的不平衡电流。由于变压器高、低压侧的电压和电流均不相等，因此所选用的电流互感器型号也不一样，其饱和特性、励磁电流也不同，故在差动回路中将引起不平衡电流。对此不平衡电流，可以通过电流互感器的10%误差曲线，合理确定互感器二次侧负荷，将误差控制在一定范围内。

下面简单介绍电流互感器10%误差曲线。严格地说，电流互感器的二次侧电流并不是与一次侧电流成正比，它们之间总存在一定的误差，该误差的大小不但与电流互感器的饱和程度、即一次侧电流倍数 n 有关（$n=I_1/I_{1N}$），还与互感器二次侧负荷 Z_{2L} 有关。所谓电流互感器的10%误差曲线，是指将误差控制在10%时，电流互感器一次侧电流倍数与二次负荷之间的关系，如图6-25所示。

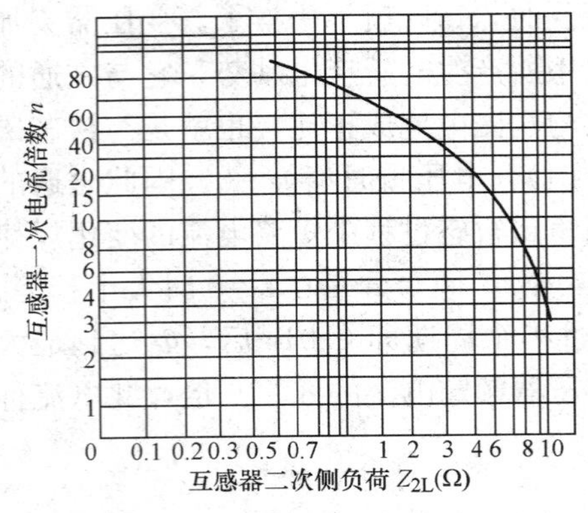

图6-25 电流互感器10%误差曲线

4）调压型变压器调整分接开关时引起的不平衡电流。采用分接开关调压时，实际上是改变变压器的变压比 K。由于差动保护已按照某一变比调整完毕，且差动继电器平衡线圈的匝数在运行时不可能改变，因此该不平衡电流只有在保护装置的整定时予以考虑。

（4）保护装置动作电流的整定。变压器纵差动保护的动作电流整定原则，除了要满足变压器正常运行或外部发生短路故障时保护装置不应当动作，还应保证变压器空载投入或外部故障切除后电压突然恢复时保护装置也不应当动作。

1）在变压器正常运行情况下，为防止电流互感器二次回路断线而造成差动保护误动作，保护装置的动作电流应躲过变压器最大负荷电流，即

$$I_{op,KD}=K_{rel}\frac{I_{L,max}}{K_i} \tag{6-46}$$

式中 $I_{L,max}$——变压器最大负荷电流高压（或低压）侧的值；

K_i——高压（或低压）侧安装的电流互感器变流比。

2）躲过变压器差动保护范围外部短路时出现的最大不平衡电流，即

$$I_{op,KD}=K_{rel}I_{dsq,max} \tag{6-47}$$

式中 $I_{dsq,max}$——保护范围外部短路时差动继电器中出现的最大不平衡电流。

3）躲过变压器的励磁涌流，即

$$I_{op,KD}=K_{rel}\frac{I_{1N,T}}{K_{i1}} \tag{6-48}$$

（5）保护装置的灵敏性校验。变压器差动保护的灵敏性，应以变压器二次侧两相短路电流来校验，即

$$S_p=\frac{I'^{(2)}_k}{K_{i1}I_{op,KD}} \tag{6-49}$$

式中 $I'^{(2)}_k$——变压器低压侧两相短路时高压侧线电流的值。

要求其最小灵敏系数为2。

3. 电流速断保护

对大型工厂的车间变电所或中小型工厂变电所，变压器容量一般都不大，可以在其一次侧装设电流速断保护取代纵差动保护，作变压器一次绕组及其引出线短路的主保护。

若工厂高压配电线路距离很短，则车间变压器一般不再单独装设继电保护装置，而由高

压线路继电保护装置兼任。

变压器速断保护的原理接线与电力线路速断保护的原理接线完全一样，但若电源进线为中性点直接接地的电力系统，则保护装置的接线方式应采用三相星形接线。

变压器速断保护的启动电流一般按躲过变压器低压侧三相短路电流来整定，即

$$I_{qb(T)} = \frac{K_{rel}K_W}{K_i}I_k'^{(3)} \tag{6-50}$$

式中　$I_k'^{(3)}$——变压器低压绕组或引出线发生三相短路时高压侧的线电流值。

变压器速断保护的启动电流还应当躲过变压器空载合闸时的励磁涌流，按式（6-50）整定能否满足这一要求，需在实践中加以检验。若不满足，则需对启动电流进行适当的调整。

变压器速断保护的灵敏性以保护安装处两相短路电流来校验，要求灵敏系数 $S_p \geqslant 1.5 \sim 2$。

变压器电流速断保护的整定值要求较高，它既要躲过变压器低压侧最大的短路电流，又要躲过变压器空载投入时的励磁涌流，所以其保护范围很小，一般只能保护到变压器高压绕组，变压器低压绕组及其引出线保护不到，即存在“死区”，这是电流速断保护的缺点。但因其接线简单、动作迅速，在过电流保护及气体保护相配合的情况下，可以很好地作为中小容量变压器的保护。

4. 过电流保护

为了反应变压器外部故障引起的过电流，并作变压器主保护的后备保护，变压器还要装设过电流保护。

（1）保护装置的接线原理。

1）对工厂总降压变电所，主变压器大都为 Yd11 型，其过电流保护装置通常采用三相星形接线，这样可以提高保护装置的灵敏性。图 6-26 所示为 Yd11 型变压器低压侧 a、b 两相短路时高压侧的电流分布。从图 6-26 可以看出，B 相的短路电流为 A、C 相的两倍，因此采用星形接线与采用不完全星形接线相比，保护的灵敏系数提高了一倍。图 6-27 所示为单电源供电的 Yd11 型变压器过电流保护原理接线，电流互感器装设在变压器一次侧，当变压器内部或二次侧发生短路故障时，保护装置带时限动作于断路器跳闸。

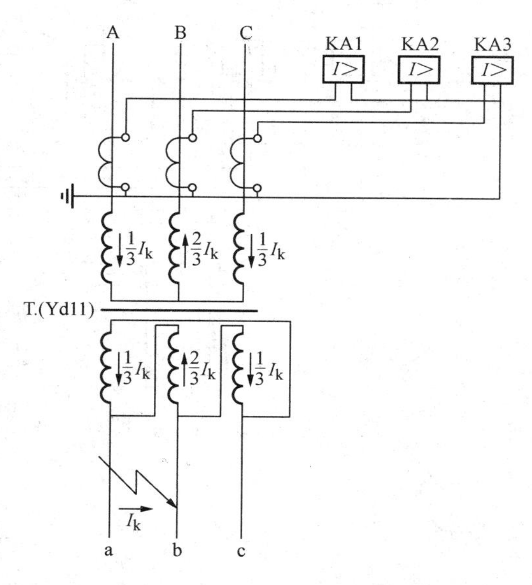

图 6-26　Yd11 型变压器低压侧两相短路时高压侧各相电流分布
（假设变压器高、低压每相绕组匝数比为 1∶1）

对具有两路电源进线的工厂总降压变电所，常采用“内桥形”接线。它的过电流保护可采用“和电流”接线方式，即电源侧断路器的电流互感器中的电流与分段断路器的电流互感器中的电流相加后，接入电流继电器，其原理电路如图 6-28 所示。具体工作原理说明如下：当分断断路器 QF3 处于打开状态时，电源 1 供电

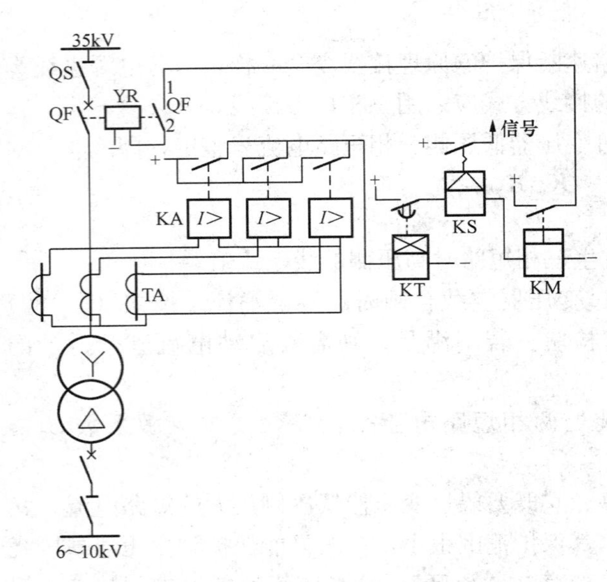

图 6-27　单电源供电的 Yd11 型变压器过电流保护原理接线

给主变压器 T1，电源 2 供电给主变压器 T2，“桥臂”上没有电流，此时工作原理与图 6-27 一样。

当电源 2 因检修而停电时，分段断路器 QF3 闭合，电源 1 同时向主变压器 T1 与 T2 供电。若主变压器 T2 发生短路故障，短路电流流经 TAⅠ、TAⅢ和 TAⅣ，由于 TAⅡ中没有电流，TAⅣ二次侧电流将全部通过 KA2，使保护装置Ⅱ启动，分段断路器 QF3 跳闸，切除故障变压器。而此时 TAⅠ和 TAⅢ二次侧电流大小相等、方向相反，所以保护装置Ⅰ不启动，QF1 不跳闸，保证对 T1 的可靠供电。

由此可知，上述接线不但可以满足保护选择性的要求，还省去了分段断路器的过流保护装置，从而省去一级整定值，使上、下级过电流保护更容易相互配合。

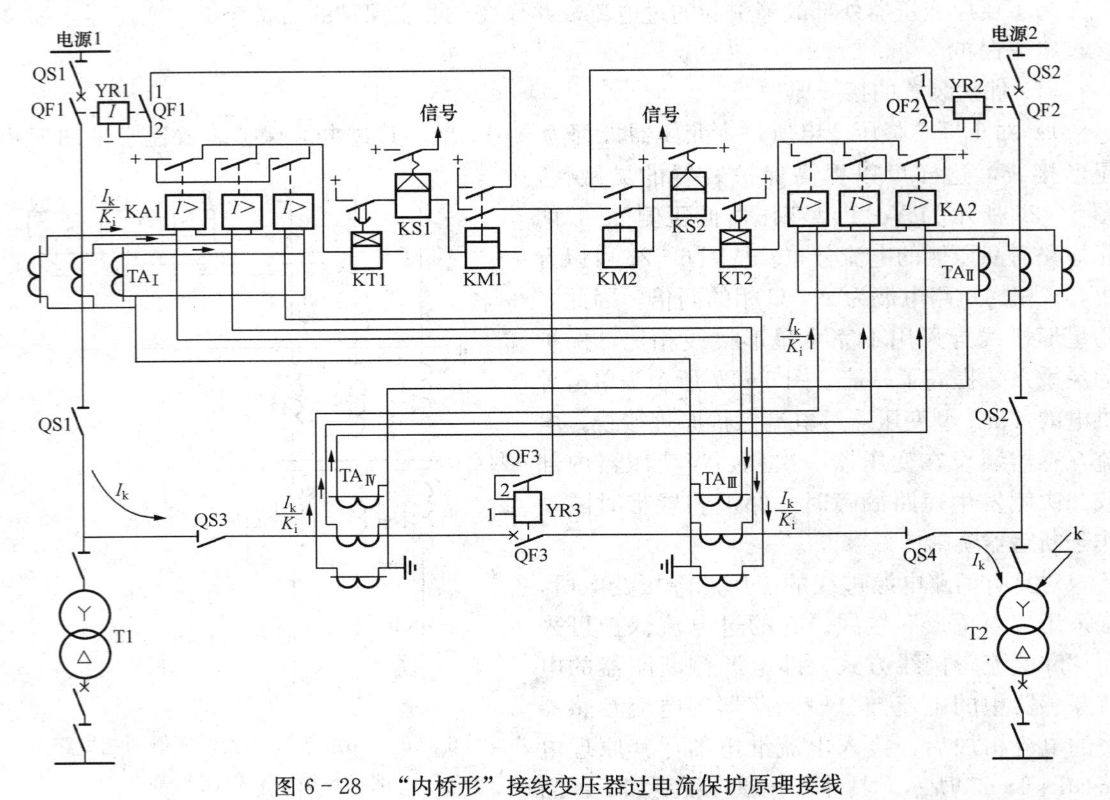

图 6-28　“内桥形”接线变压器过电流保护原理接线

T1、T2—主变压器；TAⅠ、TAⅡ、TAⅢ、TAⅣ—电流互感器组；I_k—短路电流；K_i—电流互感器变流比

2）对车间变电所或小型工厂变电所，变压器容量一般不大，电压等级也不高，其过电流保护一般采用不完全星形接线，原理电路与电力线路过电流保护一样。但在下列两种情况下，可采用两相三继电器接线，来提高保护装置的灵敏系数：①过电流保护兼作变压器低压侧单相短路保护时；②电压等级不超过 10kV、容量达 400kVA 及以上、联结组别为 Dyn11 型变压器。

由图 6-29 中的电流分布可知，采用两相三继电器接线与不完全星形接线相比，灵敏系数提高了一倍。

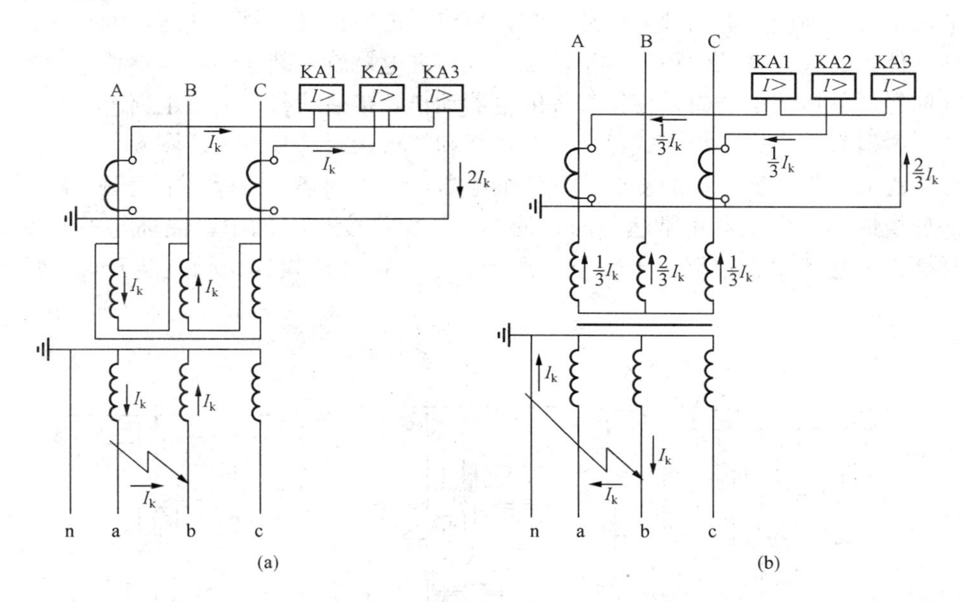

图 6-29 采用两相三继电器接线提高保护装置的灵敏系数（忽略变压器与电流互感器变比）

(a) Dyn11 型变压器低压侧 a、b 两相短路；(b) Yyn0 型变压器低压侧 b 相单相短路

(2) 保护装置的整定。

1）动作时间的整定。对车间变电所，它已是电力系统终端变电所，动作时间可整定为最低值 0.5s；对总降压变电所，考虑选择性，其变压器过电流保护的动作时间应比车间变电所高一个时间级差 Δt，Δt 取 0.5～0.7s。

2）启动电流的整定。按返回电流躲过变压器正常运行时允许通过的最大负荷电流来整定，即

$$I_{op}=\frac{K_{rel}K_{W}}{K_{re}K_{i}}I_{T,max} \tag{6-51}$$

式中 $I_{T,max}$——变压器正常运行时允许通过的最大负荷电流；

K_{rel}——可靠系数，对电磁式电流继电器取 1.2，对感应式电流继电器取 1.3；

K_{re}——返回系数，取 0.8。

(3) 灵敏性的校验。变压器过电流保护的灵敏性按变压器二次侧两相短路电流来校验，要求最小灵敏系数为 1.5。当最小灵敏系数达不到要求时，可采用低电压闭锁的过电流保护。

5. 过负荷保护

变压器过负荷保护采用一相式接线，可与过电流保护合用一组电流互感器。

为防止变压器短时过负荷或外部短路时发出不必要的信号，过负荷保护应带时限动作于发信号。对无经常值班人员的变电所，可动作于跳闸或断开部分负荷。

变压器过负荷保护的动作电流，按躲过变压器一次侧额定电流 $I_{1N,T}$ 来整定。

$$I_{op(OL)}=\frac{(1.2\sim1.3)I_{1N,T}}{K_i} \tag{6-52}$$

6. 气体保护

气体保护旧称瓦斯保护，是变压器主保护之一，用来反映油浸式变压器内部故障，具有相当高的灵敏性。当变压器内部发生故障时，短路电流使绝缘材料和变压器油受热分解，产生挥发性气体，这些气体从油箱上浮至油枕。气体继电器就安装在油箱与油枕之间的连通管上，当气体经过气体继电器时，使得气体继电器动作，接通信号或跳闸电路。

气体继电器有浮筒式、挡板式以及由开口杯和挡板构成的复合式。图 6－30 所示为目前使用比较广泛的、带干簧触点的复合式气体继电器，它由油杯、挡板、平衡锤、磁钢、干簧触点等部分组成。当变压器正常运行时，油杯整体浸在变压器油中，油杯与平衡锤保持平衡，此时挡板也处于垂直位置，干簧触点离上、下磁钢都比较远，触点断开，保护装置不动作。

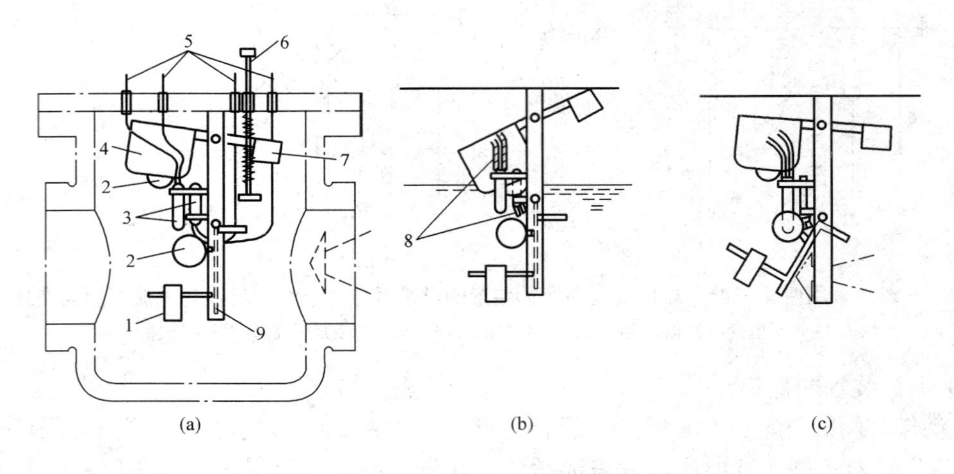

图 6－30 FJ3－80 型干簧式气体继电器

(a) 正常工作状态；(b) 轻气体动作；(c) 重气体动作

1—重锤；2—上、下磁钢；3—干簧触点；4—油杯；5—引出线；

6—探针；7—平衡锤；8—触点引出线；9—挡板

当变压器内部发生轻微故障时，变压器油分解产生少量的气体，这些气体淤积在气体继电器上方，使得油杯逐渐从油中露出，在平衡锤的作用下，油杯跌落，上磁钢靠近干簧触点，使触点闭合，这时称为轻气体动作。轻气体只动作于发信号，不动作于断路器跳闸。

当变压器内部发生严重的短路故障时，变压器油温迅速升高，油箱内产生大量的气体，使得油箱内压力剧增。油流与气体从油箱冲向油枕，将气体继电器的挡板掀起，带动下磁钢靠近干簧触点，使触点闭合，这时称为重气体动作。重气体不但动作于发信号，还应动作于断路器跳闸。

变压器气体保护的原理接线如图 6－31 所示。其中，KG 为气体继电器，上触点 1、2 为轻气体触点，它闭合发轻气体信号；下触点 3、4 为重气体触点，它闭合接通信号继电器

KS和中间继电器KM。KS触点闭合发重气体信号，KM触点闭合启动断路器跳闸。由于重气体触点是依靠油流冲动挡板使之动作的，触点接触不稳定，因此电路中应有自保持环节，图中KM常开触点1、2的作用正在于此。连接片XB有信号与跳闸两个位置，当处于信号位置时，重气体状态下只发信号不跳闸；当处于跳闸位置时，不但发信号，而且断路器跳闸。电阻R起限流作用。

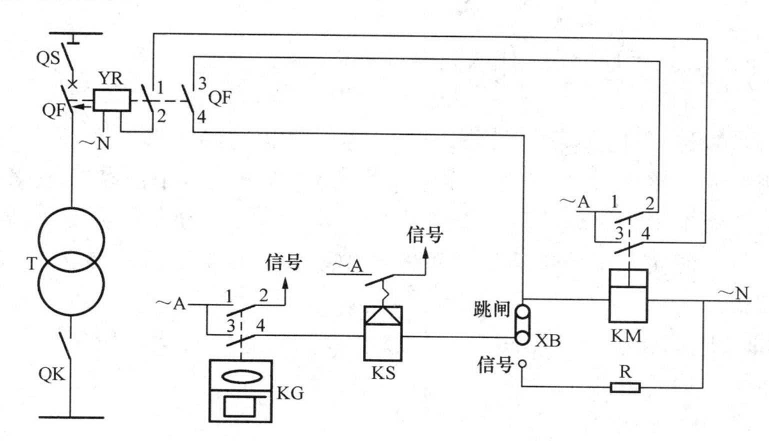

图6-31 变压器气体保护的原理接线

KG—气体继电器；XB—切换片；R—限流电阻；~A、~N—交流操作电源

【例6-5】 试为例6-4中NO.1车间变电所主变压器配置继电保护并加以整定。已知变压器型号为S9-2000/10，联结组别为Dyn11。变压器380V母线侧三相短路电流：在系统最大运行方式下，$I_{k,max}^{(3)}=45kA$；在系统最小运行方式下，$I_{k,min}^{(3)}=36kA$。其他参数同例6-4。

解 1. 保护的配置

根据规程，拟给变压器装设下列保护装置：①电流速断保护，用于保护变压器绕组及引出线的相间短路；②过电流保护，对变压器外部故障引起的过电流进行保护，并作速断保护的后备；③气体继电保护，用来反应变压器各种内部故障。

2. 保护的整定

变压器一次侧的额定电流为

$$I_{1N,T}=\frac{2000}{\sqrt{3}\times 10}\approx 115.5(A)$$

速断保护与过电流保护拟共用一套电流互感器，互感器变流比K_i拟取200/5。

(1) 速断保护。保护装置采用不完全星形接线，启动元件选用电磁式电流继电器。速断电流按躲过系统在最大运行方式下变压器低压侧的三相短路电流来整定，即

$$I_{qb(T)}=\frac{K_{rel}K_W}{K_i}I'^{(3)}_k=\frac{K_{rel}K_W}{K_iK}I_{k,max}$$

其中，K_{rel}取1.3，K_W为1，K为变压器一、二次侧额定电压比，$K=10/0.4=25$，$I_{k,max}=45kA=45000A$。

代入数据计算得

$$I_{qb}=\frac{K_{rel}K_W}{KK_i}I_{k,max}=58.5A$$

取整定值 $I_{qb}=60A$。

校验启动值是否躲过变压器励磁涌流：取励磁涌流为 $10I_{1N,T}$，即为1155A，归算至继电器中的值为1155A/40=28.875A<60A，速断保护躲过了变压器的励磁涌流。

灵敏性校验：按最小运行方式下保护安装处的两相短路电流进行校验，即

$$S_p=\frac{K_W I_{k,min}}{K_i I_{qb}}$$

由例6-4知，$I_{k,min}=1905A$，代入数据计算得

$$S_p=0.8$$

显然，灵敏系数达不到要求。究其原因是：速断保护为满足选择性，其动作电流需按躲过变压器低压侧最大短路电流来整定，而灵敏性却以高压侧最小短路电流来校验。变压器高、低压侧短路电流本来相差就不大（归算至同一侧的值），对大容量变压器，情况更是如此。这就形成矛盾，使实际工作中速断保护的灵敏系数有时很难满足要求。

相应补救措施：

1）带时限的过电流保护——车间变电所过电流保护动作时间比较短，一般为0.5s，可以很好地作速断保护的后备。

2）依靠气体继电保护配合动作。

3）若以上两种措施不满足要求时，可采用差动保护取代速断保护。

（2）过电流保护。保护装置拟采用不完全星形接线，若校验灵敏系数不满足要求时，再改为两相三继电器接线。

动作电流整定

$$I_{op}=\frac{K_{rel}K_W}{K_{re}K_i}I_{T,max}$$

其中 $K_{rel}=1.2$，$K_w=1$，取 $I_{T,max}=2I_{1N,T}=231A$，$K_{re}=0.8$，$K_i=200/5=40$

代入数据计算得

$$I_{op}\approx 8.7A$$

取整定值 $I_{op}=9A$。

动作时间整定为0.5s。

灵敏性校验：对变压器低压侧单相接地短路引起的过电流，可在变压器低压出线总柜上装设低压断路器实行短路保护，在高压侧保护的整定中将不予以考虑。所以，保护装置的灵敏性可以最小运行方式下低压侧两相短路电流来校验。

系统在最小运行方式下变压器低压侧两相短路电流

$$I_{k,min}^{(2)}=\frac{\sqrt{3}}{2}\times 36\approx 31.2(kA)$$

当Dyn11型变压器低压侧a、b两相短路时，高压A、C两相线电流 I_k 为［参见图6-29（a）］

$$I_k=\frac{31.2}{\sqrt{3}\times 10/0.4}\approx 0.72(kA)$$

灵敏系数

$$S_p=\frac{K_W I_k}{K_i I_{op}}$$

代入数据计算得

$$S_p = 2$$

满足要求，无需采用两相三继电器接线。

(3) 气体继电保护。采用带干簧触点的气体继电器，重气体设定为动作于跳闸。保护装置的接线见图 6-31。

6.4.4　高压电动机的继电保护

1. 保护的配置

在工厂供配电系统中常采用高压电动机作为动力设备，它们在运行中可能发生各种故障或不正常工作状态。为避免造成电动机损坏，对电压为 3kV 及以上的高压电动机，应装设以下保护装置：

(1) 电流速断保护或纵联差动保护。用来保护电动机绕组及其引出线的相间短路。对容量在 2000kW 以下的电动机，应装设电流速断保护；对容量在 2000kW 及以上的电动机，应装设纵联差动保护；对容量虽在 2000kW 以下但具有 6 个引出端子的重要电动机，当其电流速断保护灵敏性不满足要求时，也应装设差动保护。

(2) 过负荷保护。对在生产过程中易发生过载或启动、自启动条件严重的电动机，应装设过负荷保护。由于电动机过载能力具有反时限特性，故过负荷保护一般采用 GL 型感应式电流继电器。

(3) 单相接地保护。当电动机绕组发生单相接地故障时，整个系统的接地电容电流将流经接地故障点，导致电动机铁芯烧损，为此应装设单相接地故障保护。

另外，按规定电动机有时还需装设低电压保护；对同步电动机，应装设失磁保护以及转子失步保护、非同步冲击电流保护等。

2. 相间短路保护

(1) 电流速断保护。当电动机容量不大时，一般装设电流速断保护来作电动机的相间短路保护。保护装置可采用电流差接线，若灵敏性不满足要求，可采用不完全星形接线。保护装置应动作于断路器跳闸。

速断保护的动作电流 I_{qb} 按躲过电动机的最大启动电流 $I_{st,max}$ 来整定，即

$$I_{qb} = \frac{K_{rel}K_W}{K_i}I_{st,max} \tag{6-53}$$

式中　K_{rel}——可靠系数，采用 DL 型电流继电器时取 1.4～1.6，采用 GL 型电流继电器时取 1.8～2.0。

速断保护的灵敏性以电动机端子处两相短路电流来校验，最小灵敏系数为 2。

(2) 纵差动保护。纵差动保护灵敏性高，保护装置采用不完全星形接线，启动元件既可用差动继电器，也可用 DL 型电流继电器。图 6-32 所示为高压电动机纵差动保护的原理接线。

差动保护的动作电流应按躲过电动机的额定电流来整定，以防止电动机正常工作时电流互感器二次侧断线而导致差动保护误动作。整定公式为

$$I_{op,KD} = \frac{K_{rel}}{K_i}I_{N,M} \tag{6-54}$$

式中　K_{rel}——可靠系数，对 BCH 型差动继电器取 1.3，对 DL 型电流继电器取 1.5～2.0；

$I_{N,M}$——电动机的额定电流。

3. 过负荷保护

过负荷保护可采用一相式接线，若电动机速断保护采用GL型电流继电器，则可利用其感应元件实现过负荷保护，保护装置大为简化。过负荷保护应根据负荷特性带时限动作于信号或跳闸。

过负荷保护的动作电流，按躲过电动机额定电流来整定，即

$$I_{op(OL)}=\frac{K_{rel}}{K_i}I_{N,M} \tag{6-55}$$

过负荷保护的动作时间，按躲过电动机启动时间来整定，通常取10～16s。

4. 单相接地保护

按GB/T 50062—2008规定，当高压电动机接地电容电流达5A以上时，应装设选择性单相接地保护。若接地电容电流达10A及以上时，保护装置应动作于跳闸。电动机的单相接地保护（零序电流保护），可由一个电流继电器接于零序电流互感器TAN上构成。其原理接线，如图6-33所示。

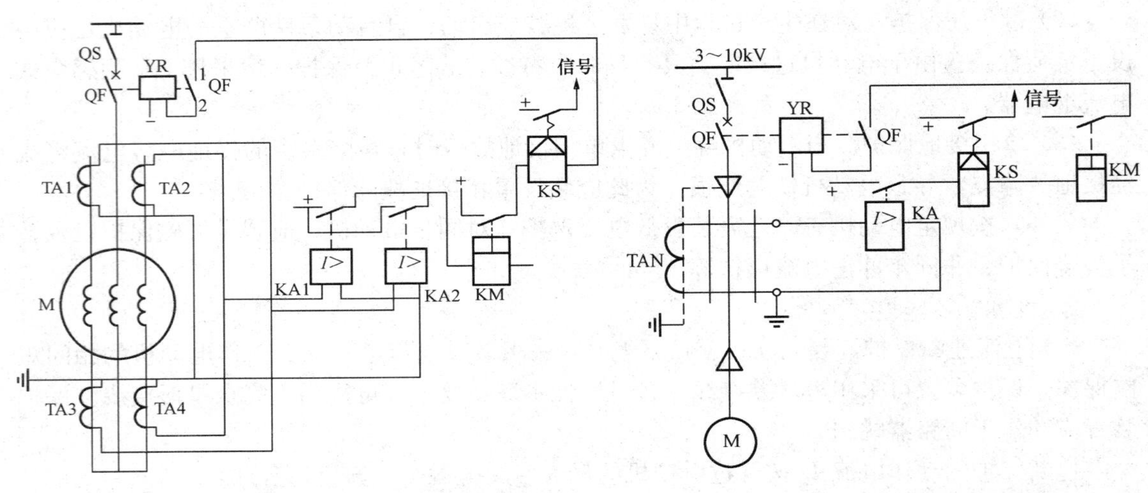

图6-32 高压电动机纵差动保护原理接线　　图6-33 高压电动机的单相接地保护

单相接地保护的动作电流 $I_{op(E)}$，按躲过保护区域外（TAN之前）发生故障时流过TAN的电动机本身及其配电电缆的电容电流 $I_{C,M}$来整定，即

$$I_{op(E)}=\frac{K_{rel}}{K_i}I_{C,M} \tag{6-56}$$

式中 K_{rel}——可靠系数，取4～5；

K_i——TAN的变流比。

保护装置灵敏性，以电流 I_C 来校验。I_C 为电动机发生单相接地时，在与电动机定子绕组有电联系的所有线路的电容电流总和。最低灵敏系数一般要求为1.5。

6.4.5 并联电容器的保护

1. 并联电容器保护的一般要求

并联电容器的主要故障形式是短路故障，它可造成电网的相间短路。对于低压并联电容

器和容量不超过450kvar的高压并联电容器，可装设熔断器作为相间短路保护。对于容量较大的高压并联电容器组，则需采用高压断路器控制，并装设瞬时或短延时过电流保护作为相间短路保护。

如果电容器组装设在含有大型整流设备或电弧炉等“谐波源”的电网上时，电容器组宜装设过负荷保护，带时限动作于信号或跳闸。

电容器对电压十分敏感，一般规定电网电压不得超过电容器额定电压10%。因此，凡电容器安装处的电网电压可能超过其额定电压10%时，应装设过电压保护。过电压保护装置可发出报警信号，或带时限动作于跳闸。

2. 并联电容器短路保护的整定

(1) 熔断器保护的整定。采用熔断器来保护并联电容器时，按GB 50227—2008《并联电容器装置设计规范（附条文说明）》规定，其熔体额定电流$I_{N,FE}$不应小于电容器额定电流$I_{N,C}$的1.43倍，并不宜大于其额定电流的1.55倍，而按IEC规定，不宜大于其额定电流的1.65倍，因此取

$$I_{N,FE}=(1.43\sim1.65)I_{N,C} \tag{6-57}$$

(2) 电流继电器的整定。采用电流继电器作相间短路保护时，电流继电器的动作电流I_{op}应按下式计算

$$I_{op}=\frac{K_{rel}K_w}{K_i}I_{N,C} \tag{6-58}$$

式中 K_{rel}——保护装置的可靠系数，取2～2.5；

K_w——保护装置的接线系数；

K_i——电流互感器的电流比，考虑到电容器的合闸涌流，互感器一次额定电流宜选为电容器组额定电流的1.5～2倍。

(3) 保护灵敏度的校验。并联电容器过电流保护的灵敏度，应按电容器端子上在系统最小运行方式下发生两相短路的条件来校验，即

$$S_p=\frac{K_w I_{k,min}^{(2)}}{K_i I_{op}}\geqslant1.5 \tag{6-59}$$

式中 $I_{k,min}^{(2)}$——在系统最小运行方式下电容器端子上的两相短路电流。

复习思考题

6-1 过电流保护装置的基本要求是什么？

6-2 高压断路器保护基本结构包括哪四个部分？按构成的元器件不同分为哪两大类？

6-3 何谓熔断器反时限特性曲线？如何利用熔断器的特性曲线校验前后级熔断器保护之间的选择性配合？

6-4 熔断器熔体规格的确定原则有哪几点？熔断器的规格又如何确定？

6-5 熔断器保护的灵敏系数是如何校验的？当熔断器仅作线路和设备的过电流保护时，要求最低灵敏系数为多少？当熔断器兼作单相接地故障保护时，对最低灵敏系数又有何要求？

6-6 熔断器的断流能力是如何校验的？对限流式熔断器与对非限流式熔断器，校验条

件有何不同？为什么？

6－7　低压断路器过流脱扣器的动作电流是如何整定的？热脱扣器的动作电流又是如何整定的？

6－8　为什么熔断器保护的动作电流躲过尖峰电流时需乘以一个小于1的系数？而低压断路器保护的动作电流躲过尖峰电流时需乘以一个大于1的系数？

6－9　低压断路器保护的最低灵敏系数要求为多少？如何校验低压断路器的断流能力？

6－10　何谓继电器的启动电流？何谓继电器的返回电流？分别以电磁式与感应式电流继电器为例，说明启动电流是如何调节的？

6－11　从动作原理上看，GL型感应式电流继电器由哪两种元件组成？它使得继电器具有何种动作特性？

6－12　工厂供电系统继电保护装置的接线方式有哪几种？各用于什么场合？

6－13　试说明定时限过电流保护与反时限过电流保护的工作原理。

6－14　试从动作时间与动作电流的整定上说明，带时限的过电流保护是如何满足前、后级之间选择性配合的？

6－15　带低电压闭锁的过电流保护为什么能够提高保护的灵敏性？

6－16　速断保护的启动电流是如何整定的？什么是速断保护的“死区”？如何弥补？

6－17　过电流保护的保护范围可以延伸至下一级线路，而速断保护不能保护线路全长，为什么电力线路仍然用速断保护作为主保护，而过电流保护只能作其后备？

6－18　什么是限时速断保护？为什么有了瞬时速断和过电流保护，还需采用限时速断保护？

6－19　总结比较电力线路Ⅲ段式电流保护的整定原则与保护范围。

6－20　简要说明选择性单相接地保护的工作原理。

6－21　变压器纵差动保护的原理是什么？保护范围是什么？与速断保护相比，它有何特点？

6－22　对Yd11型变压器的差动保护，为何要进行高、低压侧电流相位的校正？

6－23　哪些因素会造成差动回路中出现不平衡电流？如何抑制？

6－24　如何整定差动保护的启动电流？

6－25　在工厂供电系统中，是什么原因造成变压器速断保护的灵敏系数难以满足要求？为什么还需要装设？什么时候需用差动保护取代速断保护？

6－26　工厂总降压变电所主变压器的过电流保护一般采用什么接线方式？

6－27　车间变电所主变压器的过电流保护一般采用什么接线方式？什么情况下可采用“两相三继电器”接线来提高保护的灵敏系数？

6－28　如何整定工厂供电变压器过电流保护的启动电流？

6－29　变压器气体保护是如何动作的？气体继电器安装在变压器什么位置？

6－30　一台新换油的变压器，投入运行时其“轻气体”保护经常动作的原因极有可能是什么？

6－31　高压电动机的电流速断保护与纵联差动保护各适用于什么场合？

6－32　并联电容器需装设哪些保护装置？

6－33　某中型工厂NO.2车间变电所主变压器型号为S9－1000－10/0.4kV，联结组别为 Yyn0。工厂高压配电所至该车间变电所采用电缆线路供电，距离不足 100m，如图 6－34 所示。由于高压配电线路较短，车间变电所不再单独另设继电保护装置，拟在高压配电所出线侧装设继电保护，对高压电缆线路兼对车间变电所主变压器（线路—变压器组）实行保护。已知系统运行参数：高压配电所 10kV 母线侧三相短路电流为 2kA；车间变电所 10kV 母线侧三相短路电流为 1.6kA，380V 母线侧三相短路电流为 25kA；线路运行时无过负荷现象。

（1）按规定，该“线路—变压器组”需配备哪些保护装置？

（2）对所配置的保护进行整定。（过流保护的启动元件拟采用 GL 型感应式电流继电器）

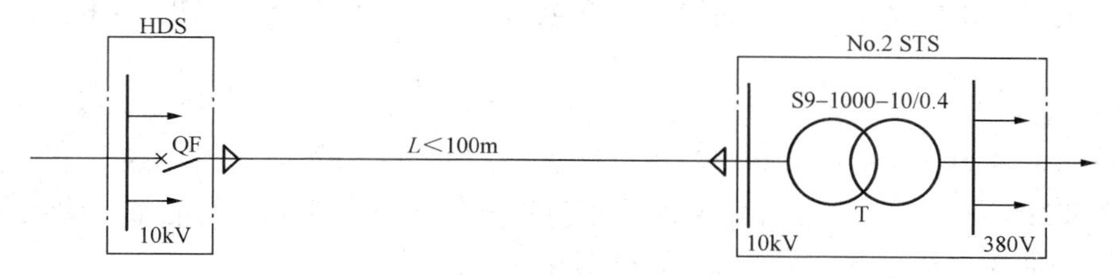

图 6－34　工厂“线路—变压器组”接线示意

7　防雷、接地及电气安全

7.1　防　　雷

7.1.1　过电压及雷电有关概念

1. 过电压的概念

过电压是指在供电系统的运行过程中，在电气线路或电气设备上出现的超过正常工作要求的电压。

2. 过电压种类

过电压可分为内部过电压和雷电过电压两大类。

(1) 内部过电压。由于供、用电系统内部进行操作或发生故障，使能量转化或传递而引起的过电压，称为内部过电压，或称为操作过电压。

内部过电压又分为操作过电压、谐振过电压等形式。内部过电压一般不会超过系统正常运行时相电压的3～4倍，因此对电力线路和电气设备绝缘的威胁不是很大。

(2) 雷电过电压。即由于大气中雷击放电引起的过电压，又称外部过电压或大气过电压。

工厂企业中电气设备的安全运行，主要取决于电气设备的绝缘水平和作用于绝缘上的电压。雷云放电能引起变电所母线短路，从而造成重大事故。大气过电压使变电所的设备，特别是变压器"内绝缘"损坏，甚至烧毁变压器，烧毁架空线路的导线，造成供配电系统长时间停电的重大事故，影响整个电力系统稳定运行。同时，雷电流通过物体和土壤时产生的电压降还会对周围的人、物造成严重的损害。对于10kV以下工厂企业的配电系统，因为电压等级低，防雷措施简单，遭受雷击时就更加危险。

雷电过电压的基本形式有三种：直击雷过电压、感应雷过电压和雷电侵入波过电压。

1) 直击雷过电压。雷电直接对输电线路或电气设备放电，引起强大的雷电流通过线路或设备导入大地，从而产生破坏性很大的热效应和机械效应，这就是直击雷过电压。

2) 感应雷过电压。感应雷过电压是雷电未直接击中电力系统中的任何部分，而由雷电对设备、线路或其他物体的静电感应或电磁感应所产生的过电压。

3) 雷电侵入波过电压。由于雷击，在架空线路或金属管道上产生高压冲击波，沿线路或管道的两个方向迅速传播，侵入室内，称为雷电侵入波或高电位侵入。

3. 雷电的基本知识

(1) 雷电的形成。大气过电压产生的根本原因是雷云放电。雷雨季节里，太阳把地面一部分水分蒸发为蒸汽，向上升起。由于太阳不能直接使空气变热，所以上部空气仍为冷空气。上升的蒸汽遇到冷空气，凝成水滴，大、小水滴在气流的吹袭下产生摩擦和碰撞，形成带正、负不同电荷的雷云。当带电的雷云块临近地面时，由于静电感应，大地感应出与雷云极性相反的电荷，两者组成了一个巨大的电容器。电荷在雷云中的分布不是均匀的，当云中电荷密集处的电场强度达到25～30kV/cm时，就会使附近的空气电离形成导电通道。电荷就沿着这个通道由电荷密集中心向地面发展，称先导放电。当先导放电通道到达地面时，大地的电荷与雷云中的电荷产生强烈的中和，出现了极大的电流，伴随着雷鸣和闪光，这就是主放电阶段。主放电存在时间极短，约为 50～100μs，电流可达数千安～数百千安，是全部雷电流的最主要部分。主放电的过程是逆着先导通路发生的，其速度约为光速的 1/20～1/2，当主放电到达云端时，主放电就结束。主放电结束后，云中的残余电荷还会沿着主放电通道进入地面，称为余光放电。此阶段为 0.03～0.15s，余光放电电流是雷电流的一部分，约为数百安。雷云中可能存在几个电荷密集中心，当第一个电荷密集中心的上述放电完成之后，可能引起第二、第三个中心向第一个中心形成的通道放电。因此，雷电往往是多重性的，称为重复雷击。每次放电相隔 0.6～0.8s，放电数目平均为 2～3 次，最多曾记录到 42 次。但第二次及以后的放电电流一般较小，不超过 30kA。雷电形成原理，如图 7－1 所示。

(2) 雷电参数。

1) 波阻抗。在主放电时，雷电通道充满带电离子，像导体一样，对电流波成一定的阻抗，称为波阻抗。波阻抗为主放电通道的电压波和电流波的幅值之比。其表达式为

$$Z = U/I \qquad (7-1)$$

式中 U——电压波幅值；

I——电流波幅值；

Z——波阻抗。

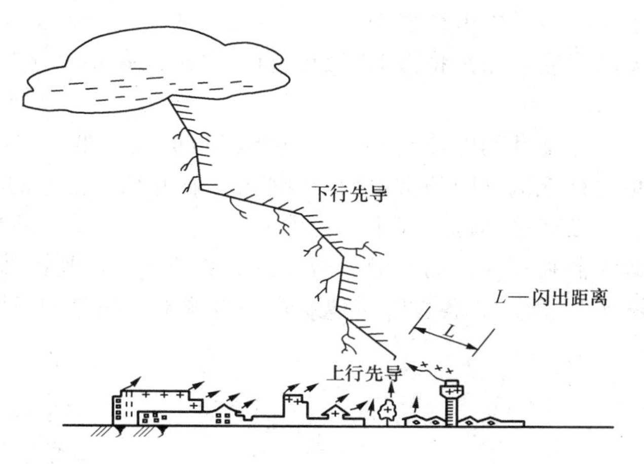

图 7－1 雷电形成原理图

2) 雷电波的陡度。主放电时雷电流中由零开始到达幅值所用的时间为 2～6μs。由零开始经过电流幅值后，降到电流幅值一半共需用的时间为 40～50μs。

3) 雷电流的幅值。雷电流一般是指雷击于接地电阻小于 30Ω 的物体时流过物体的电流。当雷直接击中地面时，由于没有人为的接地体，故被击点的电阻很高，约达 100Ω。此时雷电流只有低接电阻时的 70%或更低些。但击中接地电阻小于 30Ω 的物体时，雷电流的幅值超过 200kA 的很少，故雷击地面时的雷电流幅值可按 200kA 的 50%，即 100kA 考虑。

4) 雷暴日（小时）。为了统计雷电的活动情况，我们常采用雷暴日或雷暴小时来表示。通常将工矿企业所在地区及输电线路所通过的地面每年打雷的日数，称为雷暴日，即在一天内只要听到雷声就算作一个雷暴日。雷暴小时，就是在一个小时内只要听到雷声就算作一个雷暴小时。据统计，我国大部分地区一个雷暴日约为 3 个雷暴小时。

雷暴日的多少和纬度有关。北回归线（北纬 23.5°）以南是雷电活动最强烈的地区，平均雷暴日达 80～133 日；北纬 23.5°到长江一带为 40～80 日；长江以北大部分地区多在20～40 日。对于北京、上海、武汉约为 40 日，沈阳为 30 日，重庆约 50 日，广州为70～80 日。我们把平均雷暴日少于 15 日的地区称为少雷区，超过 40 日的称为多雷区。

7.1.2 防雷设备

1. 避雷针和避雷线

(1) 避雷针。避雷针由接闪器、引下线和接地体三部分组成。独立避雷针还需要支持

物，后者可以是混凝土杆，木杆或由角钢、圆钢焊接而成。接闪器是避雷针的最重要部分，专用来接受雷云放电，一般用镀锌圆钢或焊接钢管制成，圆钢截面不得小于 $100mm^2$，钢管厚度不得小于 3mm。

引下线是接闪器与接地体之间的连接线，它将接闪器上的雷电流安全引入接地体，所以应保证雷电流通过时不致熔化。引下线一般采用直径为 8mm 的圆钢或截面不小于 $25mm^2$ 的镀锌钢绞线。如果避雷针本体是采用铁管或铁塔形式，则可以利用其本体作引下线，还可采用预应力钢筋混凝土杆的钢筋作引下线。接地体是避雷针的地下部分，其作用是将雷电流直接泄入大地。接地体埋设深度不应小于 0.6m，垂直接地体的长度不应小于 2.5m，垂直接地体之间的距离一般不小于 5m。

避雷针是防直击雷的有效措施。过去有人认为避雷针的作用是利用它的尖端放电使大地电荷和雷云中电荷悄悄中和而避免形成雷电。但实际运行经验证明，避雷针一般不能阻止雷电的形成，而是将雷电吸引到自己身上来并安全导入地中，从而保护附近的建筑和设备免受雷击。

避雷针的保护范围，以它能够防护直击雷的空间来表示。GB 50057—2010《建筑物防雷设计规范（附条文说明）》则规定采用 IEC 推荐的"滚球法"来确定。

滚球法即选择一个半径为 h_r 的球体，沿需要防护直击雷的部分滚动；如果球体只触及接闪器和地面，而不触及需要保护的部位时，则该部位就在这个接闪器的保护范围之内，如图 7-2 所示。各类防雷建筑物的滚球半径和避雷网格尺寸见表 7-1。

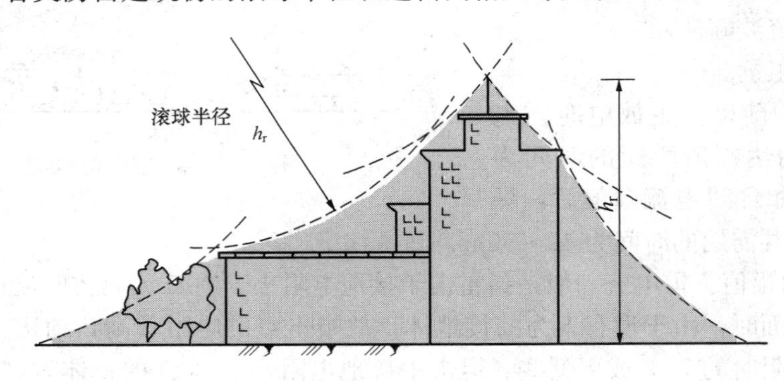

图 7-2 滚球法示意

表 7-1 各类防雷建筑物的滚球半径和避雷网格尺寸

建筑物防雷类别	第一类	第二类	第三类
滚球半径 h_r(m)	30	45	60
避雷网格尺寸（不大于）(m×m)	5×5 或 6×4	10×10 或 12×8	20×20 或 24×16

如图 7-3 所示，单支避雷针保护范围确定方法如下：

1）当避雷针高度 $h \leqslant h_r$ 时：

a. 距地面 h_r 处作一平行于地面的平行线。

b. 以避雷针的针尖为圆心，h_r 为半径，作弧线交平行线于 A、B 两点。

c. 以 A、B 为圆心，h_r 为半径作弧线，该弧线与针尖相交，并与地面相切。由此弧线起到地面上的整个锥形空间就是避雷针的保护范围。

d. 避雷针在被保护物高度 h_x 的 xx' 平面上的保护半径 r_x 按下式计算：

$$r_x=\sqrt{h(2h_r-h)}-\sqrt{h_x(2h_r-h_x)} \qquad (7-2)$$

2）当避雷针高度 $h>h_r$ 时，在避雷针上取高度为 h_r 的一点代替避雷针的针尖作为圆心。其余的作法同上。

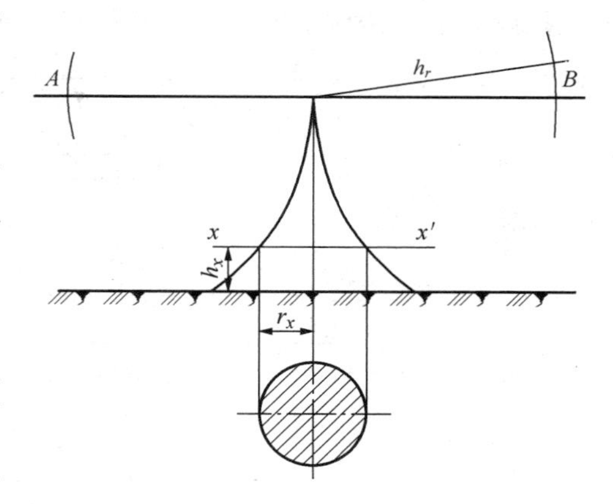

图 7－3　单根避雷针保护范围

（2）避雷线。避雷线主要用来保护架空线路，它由悬挂在空中的接地导线，接地引下线和接地体组成。避雷线又称架空地线，它一般采用截面不小于 35mm² 的镀锌钢绞线，架设在架空线路上边，接地引下线与接地装置相连接，用于保护架空线路或其他物体免遭直接雷击。避雷线的原理、功能与避雷针基本相同。

（3）避雷带和避雷网。避雷带和避雷网主要用来保护高层建筑物免遭直击雷和感应雷。避雷带和避雷网宜采用圆钢和扁钢，优先采用圆钢。圆钢直径应不小于 8mm；扁钢截面应不小于 48mm²，其厚度应不小于 4mm。当烟囱上采用避雷环时，其圆钢直径应不小于 12mm；扁钢截面应不小于 100mm²，其厚度应不小于 4mm。

以上接闪器均应经引下线与接地装置连接。引下线宜采用圆钢或扁钢，优先采用圆钢，其尺寸要求与避雷带（网）采用相同。引下线应沿建筑物外墙明敷，并经最短的路径接地，建筑艺术要求较高的可暗敷，但其圆钢直径应不小于 10mm，扁钢截面应不小于 80mm²。

2. 避雷器

避雷器是用来防止雷电产生的过电压波沿线路侵入变配电所或其他建筑物内，以免危及被保护设备的绝缘。避雷器应与被保护设备并联，装在被保护设备的电源侧，如图 7－4 所示。当线路上出现危及设备绝缘的雷击过电压时，避雷器的火花间隙就被击穿，或由高阻变为低阻，使过电压对大地放电，从而保护设备的绝缘。

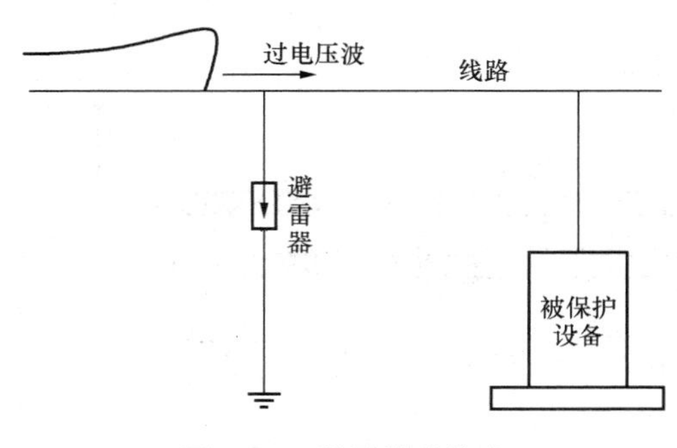

图 7－4　避雷器的接法

（1）阀式避雷器。阀式避雷器又称为阀型避雷器，它由火花间隙和阀片组成，装在密封的磁套内。火花间隙用铜片冲制而成，每对间隙之间用厚 0.5～1mm 的云母垫圈隔开，如图 7－5（a）所示。正常情况下，火花间隙阻断工频电流通过，但在雷电过电压作用下，火花间隙被击穿放电。阀片是用陶料粘固的电工用金刚砂（碳化硅）颗粒制成的，如图 7－5（b）所示。这种阀片具有非线性特性，正常电压时，阀片电阻很大，过电压时，阀片电阻变得很小，如图 7－5（c）所示。因此阀式避雷器在线路上出现雷电过电压时，其火花间隙被击穿，阀片能使雷电流顺畅地向大地泄放。当雷电过电压消失、线路上恢复工频电压时，阀片呈现很大的电阻，使火花间隙绝缘迅速恢复而切断工频续流，从而保证线路恢复正常运行。

注意：雷电流流过阀片电阻时要形成电压降，即线路在泄放雷电流时有一定的残压加在被保护设备上。残压不能超过设备绝缘允许的耐压值，否则设备绝缘仍要被击穿。

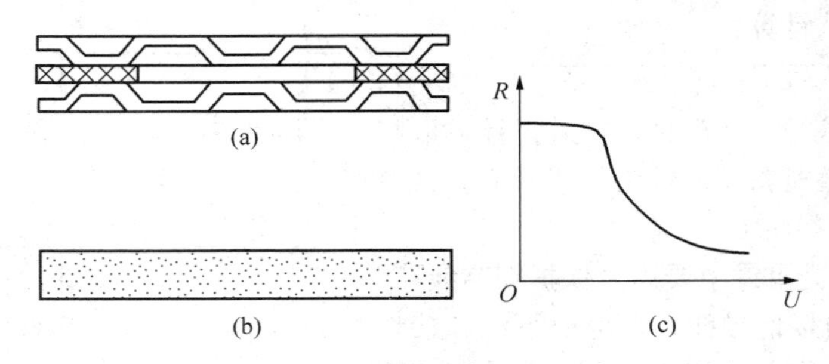

图 7 - 5 阀式避雷器的组成部件及特性

(a) 单元火花间隙；(b) 阀片；(c) 阀电阻特性曲线

阀式避雷器中火花间隙和阀片的多少与工作电压高低成比例。高压阀式避雷器串联很多单元火花间隙，目的是将长弧分割成多段短弧，以加速电弧的熄灭。阀片电阻的限电流作用也是加速灭弧的主要因素。

阀式避雷器除普通型高压阀式避雷器和低压阀式避雷器外，还有一种磁型，即磁吹式避雷器，内部附有磁吹装置来加速火花间隙中电弧的熄灭，从而进一步降低残压，专门用来保护重要的或绝缘较为薄弱的设备如高压电动机等。

(2) 排气式避雷器。排气式避雷器也称为管型避雷器，由产气管、内部间隙和外部间隙三部分组成，如图 7 - 6 所示。产气管由纤维、有机玻璃或塑料制成。内部间隙装在产气管内。一个电极为棒形，另一个电极为环形。

当线路上遭到雷击或感应雷时，雷电过电压使排气式避雷器的内、外间隙击穿，强大的雷电流通过接地装置入地。由于避雷器放电时内阻接近于零，所以其残压极小，但工频续流极大。雷电流和工频续流使管子内壁材料燃烧产生大量灭弧气体，由管口喷出强烈吹弧，使电弧迅速熄灭，全部灭弧时间最多 0.01s（半个周期）。这时外部间隙的空气恢复绝缘，使避雷器与系统隔离，恢复系统正常运行。

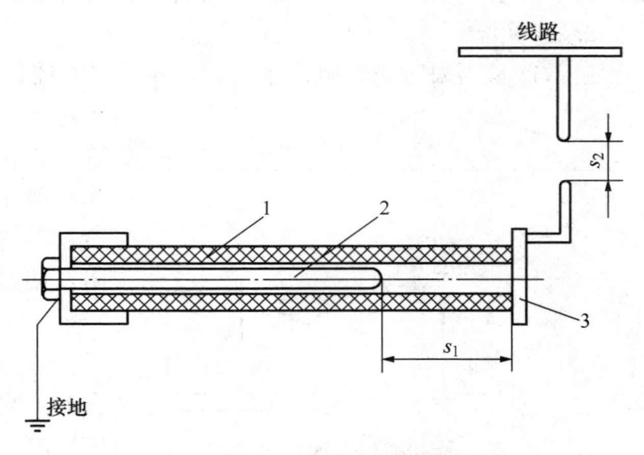

图 7 - 6 排气式避雷器

1—产气管；2—胶木管；3—棒电极；

s_1—内部间隙；s_2—外部间隙

为了保证避雷器可靠工作，在选择排气式避雷器时，开断电流的上限应不小于安装处短路电流的最大有效值（考虑非周期分量），开断电流的下限应不大于安装处短路电流可能的最小值（不考虑其非周期分量）。

排气式避雷器具有简单经济、残压小的优点，但动作时有电弧和气体从管中喷出，因此它只能用于室外架空场所，主要是架空线路上。

(3) 保护间隙。保护间隙又称为角型避雷器，其结构如图 7 - 7 所示。它简单经济，维修方便，但保护性能差，灭弧能力小，容易造成接地或短路故障，引起线路开关跳闸或熔断器熔断，使线路停电。因此对于装有保护间隙的线路，一般要求装设自动重合闸装置，以提高供电可靠性。

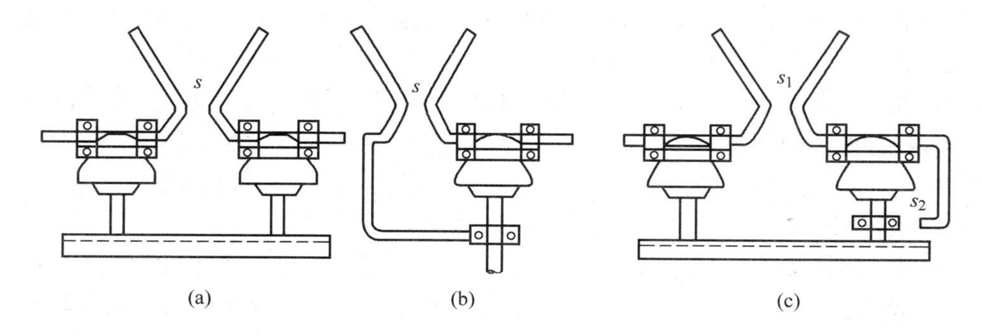

图 7-7　保护间隙

(a) 双支持绝缘子单间隙；(b) 单支持绝缘子单间隙；(c) 双支持绝缘子双间隙

s—保护间隙；s_1—主间隙；s_2—辅助间隙

保护间隙的安装是一个电极接线路，另一个电极接地。但为了防止间隙被外物（如鼠、鸟、树枝等）短接而造成接地或短路故障，对于没有辅助间隙的保护间隙，必须在其公共接地引下线中间串入一个辅助间隙。这样既使主间隙被外物短接，也不致造成接地或短路。保护间隙只用于室外且负荷不重要的线路上。

(4) 金属氧化物避雷器。金属氧化物避雷器又称为压敏避雷器。它是一种没有火花间隙只有压敏电阻片的阀式避雷器。压敏电阻片是由氧化锌、氧化铋等金属氧化物烧结而成的多晶半导体陶瓷元件，具有理想的阀特性。在工频电压下，它呈现极大的电阻，能迅速有效地阻断工频续流，因此无需火花间隙来熄灭由工频续流引起的电弧；而且在雷电过电压作用下，其电阻又变得很小，能够很好地泄放雷电流。目前，金属氧化物避雷器已广泛用于高低压设备的防雷保护。

(5) 电涌保护器。电涌保护器又称为浪涌保护器（SPD），是用于低压配电系统中电子信号设备上的一种雷电电磁脉冲（浪涌电压）保护设备。它的连接与一般避雷器一样，也与被保护设备并联，接于被保护设备的电源侧。按工作原理分，电涌保护器有电压开关型、限压型和复合型。电压开关型 SPD 是在没有浪涌电压时具有高阻抗，而一旦出现浪涌电压即变为低阻抗，其常用元件有放电间隙或晶闸管、气体放电管等。限压型 SPD 是在没有浪涌电压时为高阻抗，而出现浪涌电压时，则随着浪涌电压的持续升高，其阻抗也持续降低，以抑制加在被保护设备上的电压，其常用元件为压敏电阻。复合型 SPD 是开关型和限压型两类元件的组合，因此兼有两种 SPD 的性能。

7.1.3　防雷措施

1. 架空线路的防雷措施

(1) 装设避雷线。装设避雷线是用来防止线路遭受直接雷击的有效方法。一般 63kV 及以上的架空线路需沿全线装设避雷线。35kV 的架空线路一般只在经过人口稠密区或进出变电所的一段线路上装设，而 10kV 及以下线路上一般不装设避雷线。

(2) 加强线路绝缘或装设避雷器。为使杆塔或避雷线遭受雷击后线路绝缘不致发生闪络，应设法改善避雷线的接地，或适当加强线路绝缘，或在绝缘薄弱点装设避雷器，这是第二道防线。例如采用木横担、瓷横担，采用高一级电压的绝缘子，或顶相用针式而下面两相改用悬式绝缘子（一针二悬），以提高 10kV 架空线路的防雷水平。

(3) 利用三角形排列的顶线兼作防雷保护线。在线路上遭受雷击并发生闪络时也要不使它发展为短路故障而导致线路跳闸，这是第三道防线。例如，对于 3～10kV 线路，可利用三角形排列的顶线兼作防雷保护线，在顶线绝缘子上加装保护间隙，当雷击时，顶线承受雷击，击穿保护间隙，对地泄放雷电流，从而保护了下面两相导线。

(4) 装设自动重合闸装置（ARD）。为使架空线路在因雷击而跳闸时也能迅速恢复供电，可装设自动重合闸装置（ARD），这是第四道防线。

必须说明：并不是所有架空线路都必须具备以上四道措施。在确定架空线路的防雷措施时，要全面考虑线路的重要程度、沿线地带雷电活动情况、地形地貌特点、土壤电阻率高低等条件，进行经济技术比较，因地制宜，采取合理的防雷保护措施。

为了防止雷击低压架空线路时雷电波侵入建筑物，对低压架空进出线，应在进出处装设避雷器并与绝缘子铁脚、金具连在一起接到电气设备的接地装置上。当多回路进出线时，可仅在母线或总配电箱处装置一组避雷器或其他形式的过电压保护设备，但绝缘子铁脚、金具仍接到接地装置上。进出建筑物的架空金属管道，在进出处应就近接到接地装置上或者单独接地，其冲击接地电阻不宜大于 30Ω。以上规定是针对第三类防雷建筑物而言的。对第二类防雷建筑物另有更严格的规定。

2. 变配电所的防雷措施

(1) 在电源进线处装设避雷器。主变压器高压侧装设避雷器，要求避雷器与主变压器尽量靠近安装，相互间最大电气距离不超过表 7-2 的规定。同时，避雷器的接地端与变压器的低压侧中性点及金属外壳均应可靠接地。

表 7-2　阀式避雷器至 3～10kV 主变压器的最大电气距离

雷雨季节经常运行的进线路数	1	2	3	≥4
避雷器至主变压器的最大电气距离（m）	15	23	27	30

(2) 3～10kV 高压配电装置及车间变配电所的变压器。要求它在每路进线终端和各段母线上都装有避雷器。避雷器的接地端与电缆头的外壳相连后须可靠接地。图 7-8 所示为 3～10kV 高压配电装置避雷器的装设。

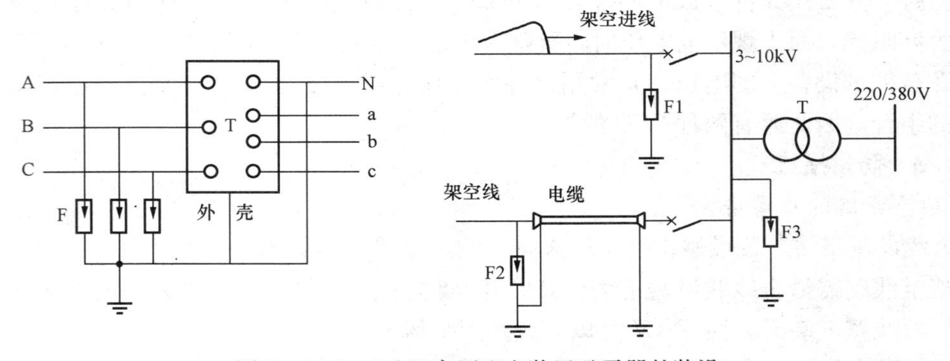

图 7-8　3～10kV 高压配电装置避雷器的装设

(3) 在低压侧装设避雷器。在多雷区、强雷区及向一级防雷建筑供电的 Yyn0 和 Dyn11 联结的配电变压器，应装设一组低压避雷器。

3. 高压电动机的防雷措施

高压电动机的绝缘水平比变压器低。因此，高压电动机对雷电波侵入的防护应使用性能较好的 FCD 型磁吹阀式避雷器或金属氧化物避雷器，并尽可能安装在靠近电动机处。也要根据电动机容量大小、雷电活动强弱和运行可靠性要求等确定保护。

4. 建筑物的防雷措施

建筑物按其重要性、使用性质、发生雷击事故的可能性及其后果分为三类。

第一类防雷建筑物：是指因电火花而引起爆炸，造成巨大破坏和人身伤亡的建筑物。如制造、使用或储存大量爆炸物质（如炸药、火药等）建筑物。

第二类防雷建筑物：是指电火花不易引起爆炸或不致造成巨大破坏和人身伤亡的建筑物。

第三类防雷建筑物：一般是指高度在 15m 及以上的烟囱、水塔等孤立的高耸建筑物，如年平均雷暴日数不超过 15 的地区，高度可为 20m 及以上。

按 GB 50057—2010 规定，各类防雷建筑物应在建筑物上装设防直击雷的接闪器，避雷带、网应沿表 7－3 所示的屋角、屋脊、屋檐和屋角等易受雷击的部位敷设。

表 7－3　　建筑物易受雷击的部位

序号	屋面情况	易受雷击的部位	备　注
1	平屋面	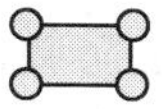	1. 图上圆圈“○”表示雷击率最高的部位，实线“____”表示易受雷击部位，虚线“- - - - -”表示不易受雷击部位 2. 对序号 3、4 所示屋面，在屋脊有避雷带的情况下，当屋檐处于屋脊避雷带的保护范围内时，屋檐上可不再装设避雷带
2	坡度不大于 1/10 的屋面	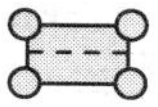	
3	坡度大于 1/10 且小于 1/2 的屋面	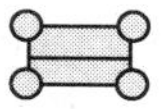	
4	坡度不小于 1/2 的屋面	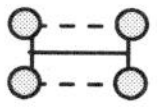	

(1) 第一类防雷建筑物的防雷措施。

1) 防直击雷。装设独立避雷针或架空避雷线（网），使被保护建筑物及其风帽、放散管等突出屋面的物体均处于接闪器的保护范围内。避雷网格尺寸不应大于 5m×5m 或 6m×4m。独立避雷针和架空避雷线（网）的支柱及其接地装置，至被保护建筑物及与其有联系的管道、电缆等金属物之间的距离，架空避雷线（网）至被保护建筑物屋面和各种突出屋面物体之间的距离，均不得小于 3m。接闪器接地引下线的冲击接地电阻 $R_{sh} \leqslant 10\Omega$。当建筑物高于 30m 时，还应采取防侧击雷的措施。

2) 防雷电感应。建筑物内外的所有可产生雷电感应的金属物件均应接到防雷电感应的接地装置上，其工频接地电阻 $R_E \leqslant 10\Omega$。

3) 防雷电波侵入。低压线路宜全线采用电缆直接埋地敷设。在入户端，应将电缆的金属外皮、钢管接到防雷电感应的接地装置上。当全线采用电缆有困难时，可采用水泥电杆和铁横担的架空线，并使用一段电缆穿钢管直接埋地引入，其埋地长度不应小于15m。在电缆与架空线连接处，还应装设避雷器。避雷器、电缆金属外皮、钢管及绝缘子铁脚、金具等均应连接在一起接地，其冲击接地电阻$R_{sh}\leqslant 10\Omega$。

(2) 第二类防雷建筑物的防雷措施。

1) 防直击雷。宜采取在建筑物上装设避雷网（带）或避雷针或由其混合组成的接闪器，使被保护的建筑物及其风帽、放散管等突出屋面的物体均处于接闪器的保护范围内。避雷网格尺寸不应大于10m×10m或12m×8m。接闪器接地引下线的冲击接地电阻$R_{sh}\leqslant 10\Omega$。当建筑物高于45m时，还应采取防侧击雷的措施。

2) 防雷电感应。建筑物内的设备、管道、构架等主要金属物，应就近接至防直击雷的接地装置或电气设备的保护接地装置上，可不另设接地装置。

3) 防雷电波侵入。当低压线路全长采用埋地电缆或敷设在架空金属线槽内的电缆引入时，在入户端应将电缆金属外皮和金属线槽接地。低压架空线改换一段埋地电缆引入时，埋地长度也不应小于15m。位于平均雷暴日小于30日/年地区的建筑物，可采用低压架空线直接引入建筑物内，但在入户处应装设避雷器，或设2～3mm的保护间隙，并与绝缘子铁脚、金具连接在一起接到防雷装置上，其冲击接地电阻$R_{sh}\leqslant 10\Omega$。

(3) 第三类防雷建筑物的防雷措施。

1) 防直击雷。也宜采取在建筑物上装设避雷网（带）或避雷针或由其混合组成的接闪器。避雷网格尺寸不应大于20m×20m或24m×16m。接闪器接地引下线的冲击接地电阻$R_{sh}\leqslant 30\Omega$。当建筑物高于60m时，还应采取防侧击雷的措施。

2) 防雷电感应。为防止雷电流流经引下线和接地装置时产生的高电位对附近金属物或电气线路的反击，引下线与附近金属物和电气线路的间距应符合规范的要求。

3) 防雷电波侵入。对电缆进出线，应在进出端将电缆的金属外皮、钢管等与电气设备的接地相连接。当电缆转换为架空线时，应在转换处装设避雷器。电缆金属外皮和绝缘子铁脚、金具等应连接在一起接地，其冲击接地电阻$R_{sh}\leqslant 30\Omega$。进出建筑物的架空金属管道，在进出处应就近连接到防雷或电气设备的接地装置上或单独接地，其冲击接地电阻$R_{sh}\leqslant 30\Omega$。

7.2 电气装置的接地

7.2.1 接地的有关概念

1. 接地和接地装置

电气设备的某金属部分与土壤之间做良好的电气连接，称为接地。与土壤直接接触的金属物体，称为接地体或接地极。专门为接地而装设的接地体，称为人工接地体。兼作接地体用的直接与大地接触的各种金属构件、金属管道及建筑物的钢筋混凝土基础等称为自然接地体。

(1) 接地的类型。接地的类型有保护接地和工作接地两种。

保护接地是将电气设备中平时不处在电压下，但可能因绝缘损坏而呈现电压的所有部分接地，如图7-9所示。人若触及带电的外壳，人体电阻和接地电阻相互并联，再通过另外两相对地的漏电阻形成回路。因为人体电阻比接地电阻大得多，所以流过人体的电流小得多，通常小于安全电流 0.01A，保证了安全用电。这种接地是保护人身安全的，故而称为保护接地，也称安全接地。保护接地适用于中性点不接地的供电系统，根据规定在电压低于 1kV 而中性点不接地的电力网中，或电压高于 1kV 的电力网中均应采用保护接地。

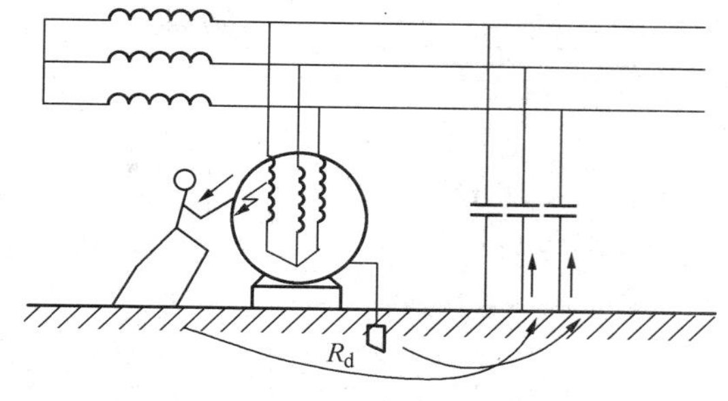

图 7－9 保护接地的作用

在供电系统中，凡运行所需的接地称为工作接地，如电源中性点的直接接地或经消弧线圈的接地、防雷设备的接地等。各种工作接地都有各自的功能，如电源中性点的直接接地，能在运行中维持三相系统中相线对地电压不变；电源中性点经消弧线圈接地，能在系统单相接地短路时消除接地点的断续电弧，防止系统出现过电压；而防雷设备的接地，为实现对雷电流的泄放等。此外，还有为进一步确保保护接地可靠性而设置的重复接地。

（2）接地装置。埋入地中与大地土壤直接接触的金属物体，称为接地体或接地极。连接接地体及电气设备接地部分的导线，称为接地线。接地体和接地线总称为接地装置。由若干接地体在大地中互相连接而组成的总体，称为接地网。

2. 接地保护

接地的主要目的是保护人身安全。

（1）接触电压与跨步电压。人站在发生接地故障的电气设备旁边，手触及设备的外露可导电部分，则人所接触的两点（如手和脚）之间所呈现的电位差，称为接触电压 U_{tou}，如图 7－10 所示。人在接地故障点周围行走，两脚之间所呈现的电位差，称为跨步电压 U_{step}，如图 7－10 所示。

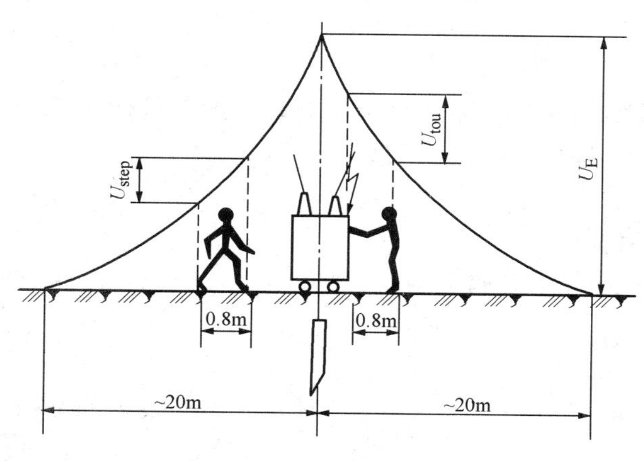

图 7－10 接触电压和跨步电压

（2）保护接地的形式。保护接地的形式有如下两种：

1）设备的外露可导电部分经各自的 PE 线分别直接接地，如 TT 系统和 IT 系统，称为保护接地，如图 7－11（a）所示。

2）设备的外露可导电部分经公共的 PE 线或 PEN 线接地，如 TN 系统，称为保护接零，如图 7－11（b）所示。

（3）重复接地。在电源中性点直接接地的 TN 系统中，为确保公共 PE 线或 PEN 线安全可靠，除在电源中性点进行工作接地外，还必须在 PE 线或 PEN 线的一些地方进行必要的重复接地，如图 7－11（c）所示。

当未进行重复接地时，在 PE 线或 PEN 线发生断线并有设备发生一相接地故障时，接在断线后面的所有设备外露可导电部分都将呈现接近于相电压的对地电压，这是很危险的。

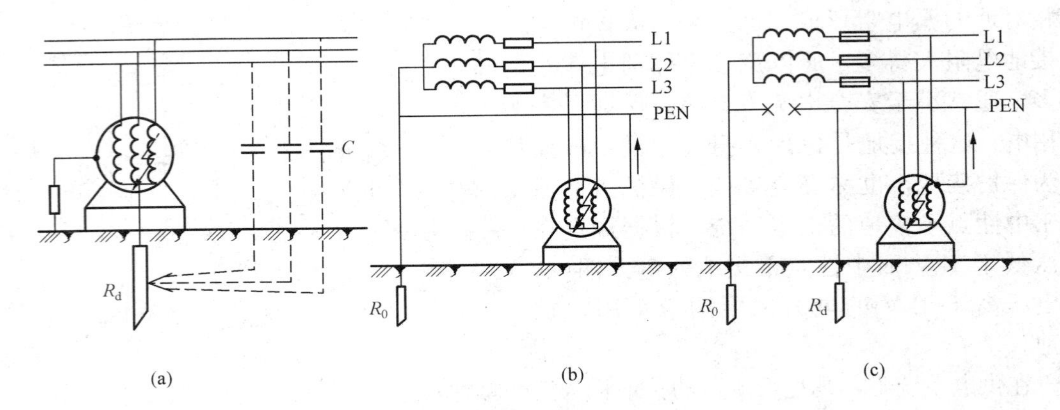

图 7－11 保护接地与重复接地

(a) 保护接地；(b) 保护接零；(c) 重复接地

7.2.2 电气装置的接地和接地电阻

1. 电气装置的接地

(1) 电气装置应该接地或接零的金属部分：GB 50169—2006《电气装置安装工程接地装置施工及验收规范》规定，电气装置的下列金属部分应予接地或接零：

1) 电动机、变压器、电器、携带式或移动式用电器具等的金属底座和外壳。

2) 电气设备的传动装置。

3) 室内外配电装置的金属或钢筋混凝土构架以及靠近带电部分的金属遮栏和金属门。

4) 配电、控制、保护用的屏（柜、箱）及操作台等的金属框架和底座。

5) 交、直流电力电缆的接头盒、终端头和膨胀器的金属外壳和电缆的金属护层、可触及的电缆金属保护管和穿线的钢管。

6) 电缆桥架、支架和井架。

7) 装有避雷线的电力线路杆塔。

8) 装在配电线路杆上的电力设备。

9) 在非沥青地面的居民区内，无避雷线的小接地电流架空电力线路的金属杆塔和钢筋混凝土杆塔。

10) 电除尘器的构架。

11) 封闭母线的外壳及其他裸露的金属部分。

12) 六氟化硫封闭式组合电器和箱式变电站的金属箱体。

13) 电热设备的金属外壳。

14) 控制电缆的金属护层。

(2) 电气装置可不接地或接零的金属部分。GB 50169—2006 规定，电气装置的下列金属部分可不接地或不接零：

1) 在木质、沥青等不良导电地面的干燥房间内，交流额定电压为 380V 及以下或直流额定电压为 440V 及以下的电气设备的外壳；但当有可能同时触及上述电气设备外壳和已接地的其他物体时，则仍应接地。

2) 在干燥场所，交流额定电压为 127V 及以下或直流额定电压为 110V 及以下的电气设备的外壳。

3）安装在配电屏、控制屏和配电装置上的电气测量仪表、继电器和其他低压电器等的外壳，以及当发生绝缘损坏时，在支持物上不会引起危险电压的绝缘子的金属底座等。

4）安装在已接地金属构架上的设备，如穿墙套管等。

5）额定电压为220V及以下的蓄电池室内的金属支架。

6）由发电厂、变电所和工业企业区域内引出的铁路轨道。

7）与已接地的机床、机座之间有可靠电气接触的电动机和电器的外壳。

2. 接地装置的装设

（1）接地装置装设的一般要求。在设计和装设接地装置时，首先应充分利用自然接地体，以节约投资，节约钢材，但输送易燃易爆物质的金属管道除外。如果实地测量所利用的自然接地体电阻已能满足要求而且又满足热稳定条件时，可不必再装设人工接地装置（发电厂、变电所除外），否则应装设人工接地装置作为补充。

电气设备的人工接地装置的布置，应使接地装置附近的电位分布尽可能均匀，以降低接触电压和跨步电压，保证人身安全。若接触电压和跨步电压过大，应采取措施。

（2）自然接地体的利用。建筑物的钢结构和钢筋、行车的钢轧、埋地的金属管道以及敷设于地下而数量不少于两根的电缆金属外皮等，均可作为自然接地体。变配电所则利用它的建筑物钢筋混凝土基础作为自然接地体。利用自然接地体时，一定要保证良好的电气连接。

（3）人工接地体的装设。人工接地体有垂直埋设和水平埋设两种基本结构形式。

最常用的垂直接地体为直径50mm、长2.5m的钢管。如果采用直径小于50mm的钢管，则机械强度较小，易弯曲，不适于采用机械方法打入土中；如果采用直径大于50mm的钢管，例如直径由50mm增大到125mm时，流散电阻仅减少15%，而钢材消耗则大幅增加，不符合经济性的要求。如果采用的钢管长度小于2.5m时，流散电阻增加很多；而钢管长度大于2.5m时，则难于打入土中，而流散电阻减小也不显著。由此可见，采用上述直径为50mm、长度为2.5m的钢管是最为经济合理的。为了减少外界温度变化对流散电阻的影响，埋入地下的垂直接地体上端距地面应不小于0.5m。

为了减小建筑物的接触电压，接地体与建筑物的基础间应保持不小于1.5m的水平距离，一般取2～3m。

（4）防雷装置的接地要求。避雷针宜装设独立的接地装置，而且避雷针及其接地装置，与被保护的建筑物和配电装置之间应保持足够的安全距离，以免雷击时发生反击闪络事故，安全距离的要求与建筑物的防雷等级有关，但最小间距一般不应小于3m。

为了降低跨步电压，防护直击雷的接地装置距离建筑物出入口及人行道，应不小于3m。当小于3m时，应采取下列措施之一：

1）水平接地体局部埋深不小于1m。

2）水平接地体局部包以绝缘体，如涂厚50～80mm的沥青层。

3）采用沥青碎石路面，或在接地装置上面敷设厚50～80mm的沥青层，其宽度超过接地装置2m。

4）采用“帽檐式”或其他形式的均压带。

3. 接地电阻及其要求

接地电阻是指接地体电阻、接地线电阻和土壤流散电阻三部分之和，其中主要是土壤流散电阻。接地电阻的数值等于接地装置对地电压与通过接地体流入地中电流的比值。

接地电阻按其通过电流的性质分以下两种：

(1) 工频接地电阻：是工频接地电流流经接地装置入地所呈现的接地电阻，用 R_E（或 $R\sim$）表示。

(2) 冲击接地电阻：是雷电流流经接地装置入地所呈现的接地电阻，用 R_{sh}（或 R_i）表示。

部分电力装置要求的工作接地电阻值见附表 10－1。

4. 接地电阻的测量

接地装置敷设后应进行接地电阻的测量，工厂动力单位也应当在运行中经常进行接地电阻的检查和测定。接地电阻的大小是决定接地装置是否合乎要求的重要条件。

测量接地电阻的方法很多，有电流表电压表测量法和专用仪器测量法。

(1) 用电流表及电压表测量。如图 7－12 所示，这种接地电阻测量的方法，准确度高，测量时接通电源，接地电流沿被测接地体和辅助接地体构成回路，电流表的读数可近似看作通过被测接地装置的对地电流，因此被测接地电阻为

$$R_E = U/I_E \tag{7-3}$$

这种方法的缺点是准备工作和测量工作比较麻烦，需要独立的交流电源，需要装设辅助接地体。

(2) 接地电阻测量仪。接地电阻测量仪的种类很多，有电桥型、电位计型、晶体管型等，这些测量仪器使用简单，携带方便，所受干扰较小，测量过程安全可靠，因而应用很广。

图 7－13 所示为 ZC－8 型接地电阻测量仪。其结构由手摇发电机、电流互感器、滑线电阻和检流计组成，由于 ZC－8 型仪表不需外加电源，通过本身的手摇发电机就能产生交变的接地电流，所以又称接地欧姆表。接地电阻测量仪本身备有三根测量用的软导线，可接在仪器上的 E、P、C 三个接线端钮上。测量时，E 端钮的导线连接在被测量的接地体上，P 端钮的导线接在接地棒上（P 端钮常称为电压极，接地棒又称探针），C 端钮与辅助接地体相连（C 端钮常称为电流极），可以根据具体情况，将接地棒和辅助接地体插到远离接地体一定距离的土壤中，三者可为直线，也可以为三角形。将倍率转换到所需要的量程上，用手摇发电机以 120r/min 的速度转动手柄时，欧姆表的指针趋于平衡，读取到刻度盘上的数值乘以倍率即为实测的接地电阻值。

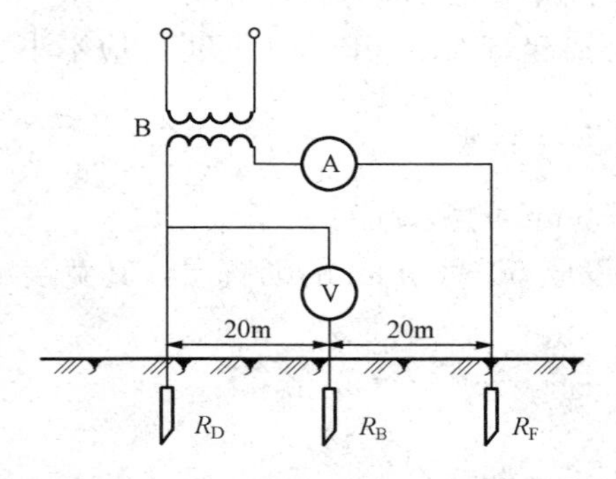

图 7－12　电流表-电压表测量接地电阻

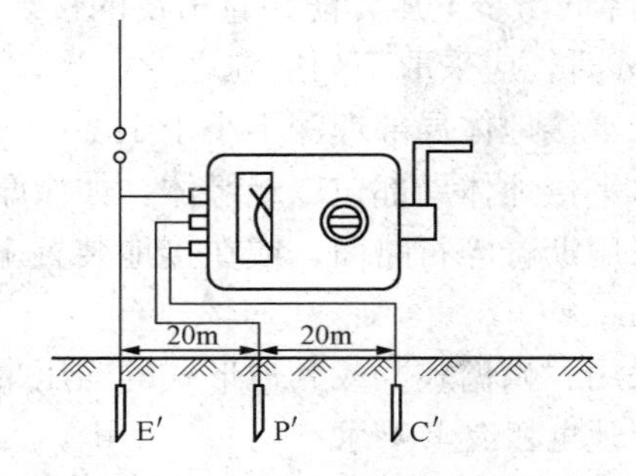

图 7－13　ZC－8 型接地电阻测量仪

5. 接地电阻的计算

(1) 人工接地体工频接地电阻的计算。在工程设计中，人工接地体的工频接地电阻可采用下列简化公式计算。

1) 单根垂直管形或棒形接地体的接地电阻（单位 Ω）

$$R_{E(l)} \approx \frac{\rho}{l} \tag{7-4}$$

式中 ρ——土壤电阻率，Ω·m；

l——接地体长度，m。

2) n 根垂直接地体通过连接扁钢（或圆钢）并联时，由于接地体间屏蔽效应的影响，使得总的接地电阻 $R_E > R_{E(l)}$ 因此实际总的接地电阻为

$$R_E = \frac{R_{E(l)}}{n\eta_E} \tag{7-5}$$

式中 $R_{E(l)}$——单根接地体的接地电阻，Ω；

η_E——多根接地体并联时的接地体利用系数。

3) 单根水平带形接地体的接地电阻

$$R_E \approx \frac{2\rho}{l} \tag{7-6}$$

4) n 根放射形水平接地带（$n \leqslant 12$，每根长度 $l \approx 60$m）的接地电阻

$$R_E \approx \frac{0.062\rho}{n+1.2} \tag{7-7}$$

5) 环形接地网（带）的接地电阻

$$R_E \approx \frac{0.6\rho}{\sqrt{A}} \tag{7-8}$$

式中 A——环形接地网（带）所包围的面积，m^2。

(2) 自然接地体工频接地电阻的计算。部分自然接地体的工频接地电阻可按下列简化计算公式计算。

1) 电缆金属外皮和水管等的接地电阻

$$R_E \approx \frac{2\rho}{l} \tag{7-9}$$

2) 钢筋混凝土基础的接地电阻

$$R_E \approx \frac{0.2\rho}{\sqrt[3]{V}} \tag{7-10}$$

式中 V——钢筋混凝土基础的体积，m^3。

(3) 冲击接地电阻的计算。冲击接地电阻是指雷电流经接地装置泄放入地所呈现的电阻，包括接地线、接地体电阻和地中散流电阻。由于强大的雷电流泄放入地时，当地的土壤被雷电波击穿并产生火花，使散流电阻显著降低。当然，雷电波的陡度很大，具有高频特性，同时会使接地线的感抗增大；但接地线阻抗较之散流电阻毕竟小得多，因此冲击接地电阻一般是小于工频接地电阻的。按 GB 50057—2010 规定，冲击接地电阻为

$$R_{sh} \approx \frac{R_E}{\alpha} \tag{7-11}$$

式中 R_E——工频接地电阻；

α——换算系数，为 R_E 与 R_{sh} 的比值，由图 7－14 确定。

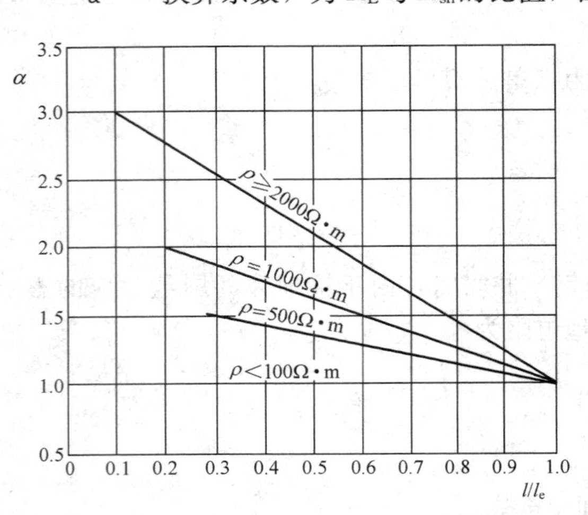

图 7－14 确定换算系数 $\alpha=R_E/R_{sh}$ 的计算曲线

图 7－14 中，横坐标的 l_e 为接地体的有效长度（m），应按下式计算：

$$l_e = 2\sqrt{\rho} \tag{7-12}$$

横坐标的 l：对单根接地体，为其实际长度；对有分支线的接地体，为其最长分支线的长度；对环形接地网，为其周长的一半。

（4）接地装置的计算程序。接地装置的计算程序如下：

1）按设计规范的要求确定允许的接地电阻 R_E 值。

2）实测或估算可以利用的自然接地体的接地电阻 $R_{E(net)}$ 值。

3）计算需要补充的人工接地体的接地电阻

$$R_{E(man)} = \frac{R_{E(net)}R_E}{R_{E(net)}-R_E} \tag{7-13}$$

如果不考虑利用自然接地体，则 $R_{E(man)}=R_E$。

4）在装设接地体的区域内初步安排接地体的布置，并按一般经验试选，初步确定接地体和接地线的尺寸。

5）计算单根接地体的接地电阻 $R_{E(l)}$。

6）用逐步渐近法计算接地体的数量：

$$n = \frac{R_{E(l)}}{\eta_E R_{E(man)}} \tag{7-14}$$

7）校验短路热稳定度。对于大接地电流系统中的接地装置，可进行单相短路热稳定度的校验。由于钢线的热稳定系数 $C=70$，因此满足单相短路热稳定度的钢接地线的最小允许截面（mm^2）为

$$A_{min} = \frac{I_k^{(1)}\sqrt{t_k}}{70} \tag{7-15}$$

式中 $I_k^{(1)}$——单相接地短路电流，A，为计算简便，并使热稳定度更有保障，可取为 $I_k^{(3)}$；

t_k——短路电流持续时间，s。

7.3 电 气 安 全

7.3.1 电流对人体的伤害

1. 触电原因

人体造成触电事故，往往是由于操作人员麻痹大意，违反电气操作规程；或是电气设备绝缘损坏、接地不良；或是进入高压线路的接地短路点以及遭雷击等原因。

2. 电流对人体伤害的影响因素

电流对人体的伤害与许多因素有关。通过人体的电流与通电时间的乘积不超过 30mAs 时，一般不致引起心室纤维性颤动和器质性损伤。我国规定安全电流为 30mA（50Hz 交流），这是触电时间不超过 1s 的电流值。安全电流主要与下列因素有关。

（1）触电时间。触电时间超过 0.2s 时，致颤电流值急剧降低。人的心脏每收缩、扩张一次，中间约有 0.1s 的间歇，在这个间歇内心脏对电流最为敏感。

（2）电流性质。目前世界上通常采用 50Hz 和 60Hz 的工频交流电。这个频率区间对于设计电气设备比较合理，但从安全角度看，50～100Hz 的电流对人体危害最为严重。

（3）电流路径。电流对人体的伤害程度主要取决于心脏受损的程度，而这与电流流过人体的路径有关，电流从手到脚特别是从手到胸对人最为危险。

（4）健康状况。人体的健康状况和精神正常与否，是决定触电伤害程度的内在因素。

3. 安全电压和人体电阻

安全电压是指人体不戴任何防护设备时，触及带电体而不受电击或电伤，这个带电体的电压就是安全电压。严格地讲，安全电压是因人而异的，与触碰带电体的时间长短、带电体接触的面积和压力等均有关系。

一般而言，工频 30mA 电流对人体是个临界值，当人体内通过 30mA 以上的交流电，将引起呼吸困难，自己已不能摆脱电源，有生命危险。从触电安全角度考虑，人体电阻一般取 1700Ω 左右。因此，人体允许持续接触的安全电压为 U_{saf}＝30mA×1700Ω≈50V。

7.3.2　人体触电形式

根据人体触电的情况将触电分为三类。

（1）单相触电。人体的一部分在接触一相带电体的同时，另一部分又与大地接触，电流从相线流经人体到地（或零线）形成回路，称为单相触电，如图 7－15（a）所示。

（2）两相触电。人体的不同部位同时接触电气设备的两相带电体而引起的触电事故，称为两相触电，如图 7－15（b）所示。

图 7－15　单相触电与两相触电

（a）单相触电；（b）两相触电

（3）跨步电压触电。雷电流入地、载流电力线（特别是高压线）断落到地以及电器故障接地时，会在接地点周围形成强电场，其电位分布以接地点为中心向周围扩散，电位值逐步降低而在不同位置之间形成电位差。当人跨进这个区域时，分开的两脚间所承受的电压为跨步电压。在跨步电压作用下，电流从人的一只脚流进，从另一只脚流出，造成的触电称跨步电压触电。

7.3.3 脱离电源的方法

脱离电源就是要把触电者接触的那一部分带电设备的开关、刀闸或其他断路设备断开；或设法将触电者与带电设备脱离。触电急救的关键是首先要使触电者迅速脱离电源。在脱离电源中，救护人员既要救人，也要注意保护自己。

触电者未脱离电源前，救护人员不准直接用手触及伤员，可根据具体情况，选用下述方法使触电者脱离电源：

(1) 触电者触及低压带电设备，救护人员应设法迅速切断电源，如拉开电源开关或刀闸，拔除电源插头等；或使用绝缘工具、干燥的木棒、木板、绳索等不导电的东西解脱触电者；也可抓住触电者干燥而不贴身的衣服，将其拖开，切记要避免碰到金属物体和触电者的裸露身躯；也可戴绝缘手套或将手用干燥衣物等包起绝缘后解脱触电者；救护人员也可站在绝缘垫上或干木板上，绝缘自己，进行救护。

(2) 触电者触及高压带电设备，救护人员应迅速切断电源，或用适合该电压等级的绝缘工具并戴手套（穿绝缘靴并用绝缘棒）解脱触电者。救护人员在抢救过程中应注意保持自身与周围带电部分必要的安全距离。

(3) 触电者触及断落在地上的带电高压导线，如尚未确认线路无电，救护人员在未做好安全措施（如穿绝缘靴或临时双脚并紧跳跃地接近触电者）前，不能接近断线点至 8～10m 范围内，防止跨步电压伤人。触电者脱离带电导体后，应迅速带至 8～10m 以外的地方，立即开始触电急救。只有在确证线路已经无电，才可在触电者离开触电导线后，立即就地进行急救。

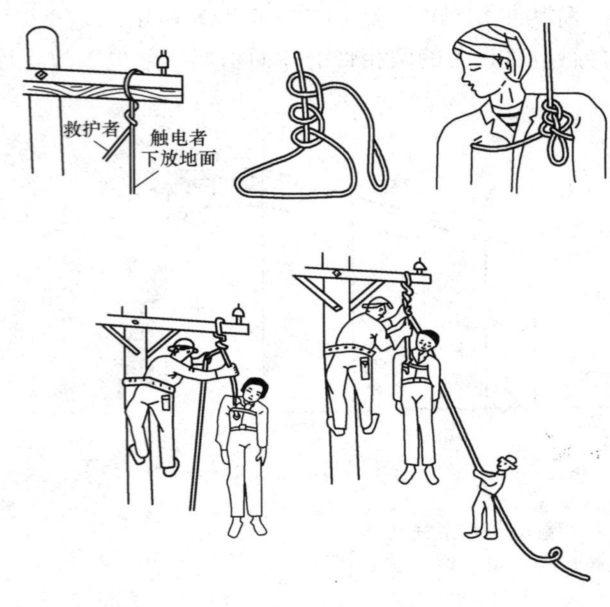

图 7-16 杆塔上或高处触电者放下方法

(4) 如果触电发生在架空线杆塔上（见图 7-16），则对于低压带电线路，能立即切断线路电源的，应迅速切断电源，或者由救护人员迅速登杆，束好自己的安全皮带后，用带绝缘胶柄的钢丝钳、干燥的不导电物体或绝缘物体将触电者拉离电源。如果是高压带电线路，又不可能迅速切断电源开关的，可采用抛挂足够截面的适当长度的金属短路线方法，使电源开关跳闸。抛挂前，将短路线一端固定在铁塔或接地引下线上，另一端系重物，但抛掷短路线时，应注意防止电弧伤人或断线危及人员安全。不论是在何级电压线路上触电，救护人员在使触电者脱离电源时要注意防止发生高处坠落的可能和再次触及其他有电线路的可能。

(5) 如果电流通过触电者入地，并且触电者紧握电线，可设法用干木板塞到其身下，与地隔离，也可用干木把斧子或有绝缘柄的钳子等将电线剪断。剪断电线要分相，一根一根地剪断，并尽可能站在绝缘物体或干木板上。

7.3.4 触电急救

触电者的现场急救，是抢救过程中最关键的一步。如处理及时和正确，就可能使因触电而呈假死的人获救；反之，则可能带来不可弥补的后果。因此，从事电气工作人员必须熟悉和掌握触电急救技术。

1. 急救处理

当触电者脱离电源后，应立即根据具体情况，迅速对症救治，同时尽快请医生前来抢救，如需要时也可报 120 急救中心协助救护。触电者脱离电源后正确的急救方法如下：

（1）如果触电者的伤害并不严重，神志尚清醒，只是有些心慌，四肢发麻，全身无力，或者虽一度昏迷，但未失去知觉时，都要使之安静休息，不要走路，并密切观察其病变。

（2）触电伤员如神志不清者，应就地仰面躺平，且确保气道通畅，并用 5s 时间，呼叫伤员或轻拍其肩部，以判定伤员是否丧失意识。禁止摇动伤员头部呼叫伤员。

（3）如果触电者的伤害较严重，失去知觉，应在 10s 内用看、听、试的方法（见图 7－17），判定伤员呼吸心跳情况。

看——看伤员的胸部、腹部有无起伏动作；

听——用耳贴近伤员的口鼻处，听有无呼气声音；

试——试测口鼻有无呼气的气流，再用两手轻试一侧（左或右）喉结旁凹陷处的颈动脉有无搏动。

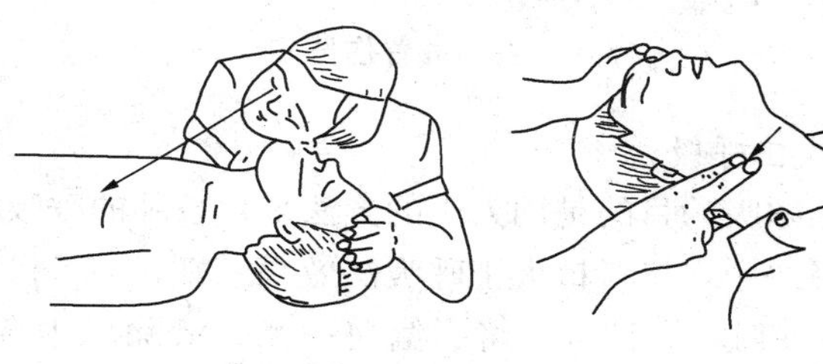

图 7－17 看、听、试

当判定触电者呼吸和心跳停止时，应立即按心肺复苏法就地抢救。心肺复苏法的操作步骤如下：①通畅气道；②口对口（鼻）人工呼吸；③胸外心脏按压。

如果触电者呼吸微弱或停止，应立即通畅触电者的气道以促进触电者呼吸或便于抢救；如果停止呼吸，但心脏微有跳动时，应采取口对口人工呼吸法；如果虽有呼吸，但心脏停搏，应采取人工胸外挤压心脏法抢救。

（4）如果触电者伤害得相当严重，心跳和呼吸都已停止，人完全失去知觉时，则需要采用口对口（鼻）人工呼吸和胸外心脏按压两种方法同时进行。如果现场仅有一人抢救时，可交替使用这两种方法，先胸外挤压心脏 4～8 次，然后口对口吹气 2～3 次，再挤压心脏，又口对口吹气，如此循环往复地进行操作。

人工呼吸和胸外挤压心脏，应尽可能在现场就地进行，只有在现场危及安全时，才可将触电者移到安全地方进行急救。在运送医院途中，也应不间断地进行人工呼吸或心脏按压，直到触电者复苏或医护人员前来救治为止。

2. 通畅气道

（1）使触电者仰面躺在平硬的地方，迅速解开其领扣、围巾、紧身衣和裤带。如果发现触电者口内有食物、假牙、血块等异物，可将其身体及头部同时侧转，迅速用一个手指或两个手指交叉从口角处插入，从中取出异物，操作中要注意防止将异物推到咽喉深处（见图 7－18）。

（2）通畅气道可采用仰头抬颏法（见图 7－19）。用一只手放在触电者前额，另一只手的手指将其下颌骨上抬起，两手协同将头部推向后仰，舌根随之抬起，气道即可通畅。严禁用枕头或其他物品垫在伤员头下头部抬高前倾，会更加重气道阻塞，且使胸外按压时流向脑部的血流减少，甚至消失。

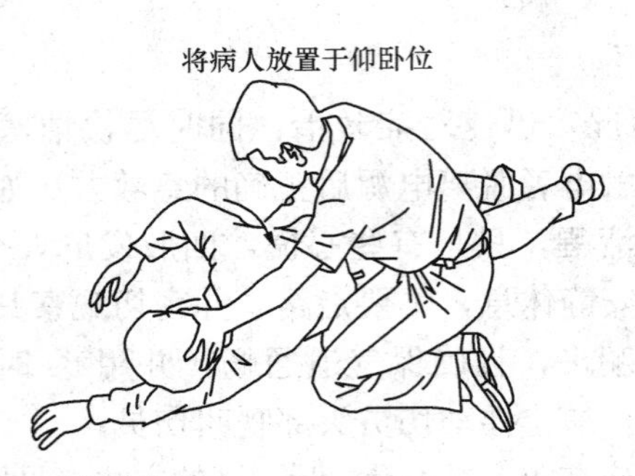

[注意点]
抢救者跪于病人颈侧。将病人手臂举过头，拉直双腿，注意保护颈部。最好能解开病人上衣。

图 7－18　放置伤员

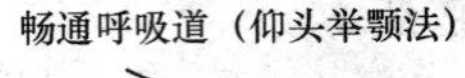

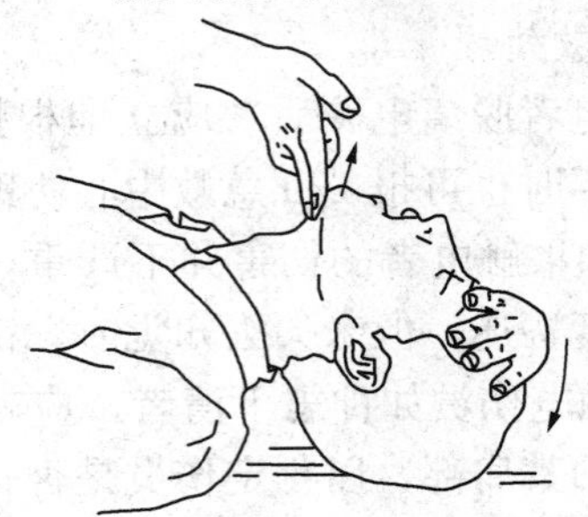

[注意点]
手指不要压迫病人颈前部、颏下软组织，以防压迫气道，不要使颈部过度伸展。

图 7－19　仰头抬颏法

3. 人工呼吸法

人工呼吸的目的是用人工的方法来代替肺的呼吸活动，供给氧气，排出二氧化碳。各种人工呼吸法中，口对口人工呼吸法效果最好，而且操作简单，易于掌握。步骤如下：

（1）使触电者仰卧，将头偏向一侧，清除口中杂物，从而使呼吸道畅通，同时松开衣服、裤子，尤其是紧身衣物，以免影响呼吸时的胸廓及腹部自由扩张。然后使触电者颈部伸直，头部尽量后仰，鼻孔朝上，使舌根不致阻塞气流，如果舌头后缩，应拉出舌头；如果触电者牙关紧闭，可用木片、金属片从嘴角处伸入牙缝，慢慢撬开。

（2）救护者位于触电者头部一侧，一只手捏紧触电者的鼻孔（防止漏气），并用这只手的外缘压住额部，另一只手托住其颈部，将颈上抬。使头部自然后仰，解除舌根后缩造成的呼吸困难，如图 7－20（a）所示。

（3）救护者做深呼吸后，用嘴紧贴触电者的嘴（中间可垫一层纱布或薄布）大口吹气，约持续 2s，同时观察触电者胸部的隆起程度，以确定吹气量的大小，一般以胸部略有起伏为宜，如图 7－20（b）所示。如果胸腹起伏过大，说明吹气太多，容易吹破肺泡；如果胸腹无起伏或起伏太小，则吹气不足，应适当加大吹气量。

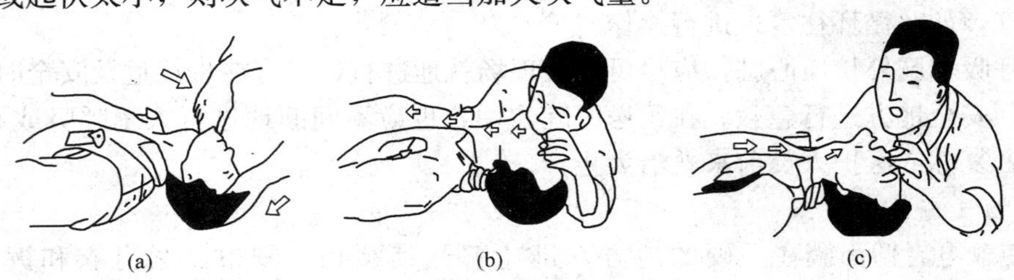

图 7－20　人工呼吸法

（a）解除呼吸困难；（b）确定吹气量；（c）判断呼吸道是否阻塞

(4) 吹气完毕换气时，应立即离开触电者的嘴，并放开捏紧的鼻孔，让其自动向外呼气，约持续3s，如图7-20(c)所示。这时应注意观察触电者胸部的复原情况，侧听口鼻处有无呼气声，从而判断呼吸道是否阻塞。

按照上述步骤连续不断地进行抢救，直到触电者恢复自主呼吸为止。对成年人每分钟吹气14～16次，大约5s一个循环。对儿童每分钟吹气18～24次，不必捏紧鼻孔，可以使一部分空气漏掉，吹气量要减少，防止肺泡破裂。也可采用口对鼻吹气，方法与口对口吹气相似，只是此时应使触电者嘴唇紧闭，防止漏气。

4. 胸外心脏按压法

(1) 使触电者仰卧在硬板或平整的硬地面上，松开衣裤。救护者跪跨在触电者腰部两侧。

(2) 救护者将一只手的掌根按于触电者前胸，中指指尖对准颈根凹陷下边缘，另一只手压在该手背上呈交叠状，肘关节伸直，靠体重和臂与肩部的用力，向触电者脊柱方向慢慢压迫胸骨，令胸廓下陷3～4cm，使心脏受压，心室的血液被压出，流至触电者全身各部，如图7-21(a)、(b)所示。

(3) 双掌突然放松，依靠胸廓自身的弹性，使胸腔复位，让心脏舒张，血液流回心室。放松时，交叠的两掌不要离开胸部，只是不加力而已，如图7-21(c)、(d)所示。重复(c)、(d)步骤，每分钟60次左右。在做胸外心脏按压时，位置必须准确，接触胸部只限于手掌根部，手指应向上，不可全掌着力。

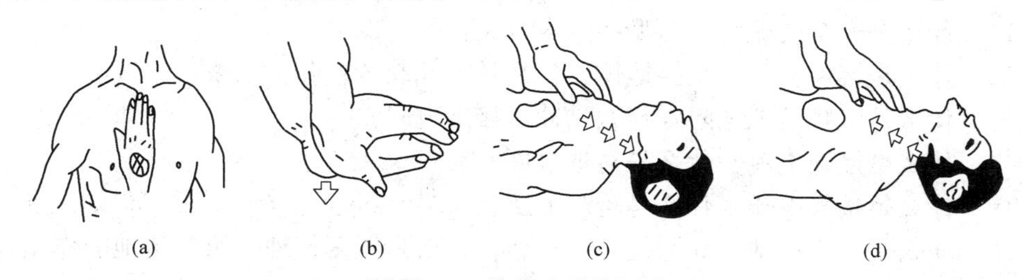

图7-21 胸外心脏按压法

(a) 手掌根按于触电者前胸；(b) 挤压手势；(c) 胸外心脏按压；(d) 胸腔复位

正确的按压姿势是达到胸外按压效果的基本保证。正确的按压姿势如下：

1) 使触电伤员仰面躺在平硬的地方，救护人员立或跪在伤员一侧肩旁，救护人员的两肩位于伤员胸骨正上方，两臂伸直，肘关节固定不屈，两手掌根相叠，手指翘起，不接触伤员胸壁。

2) 以髋关节为支点，利用上身的重力，垂直将正常成人胸骨压陷3～5cm（儿童和瘦弱者酌减）。

3) 压至要求程度后，立即全部放松，使放松时救护人员的掌根不得离开胸壁（见图7-22）。

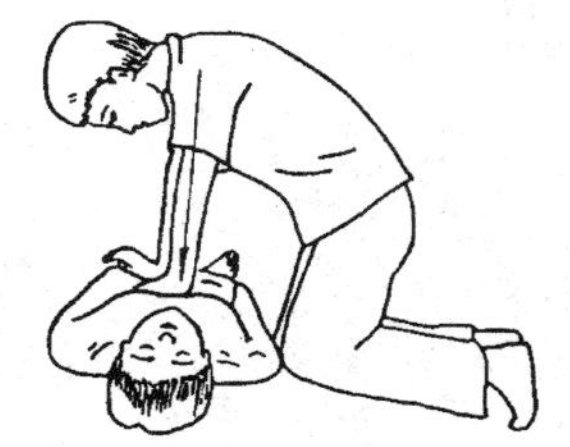

图7-22 按压正确姿势

按压必须有效，有效的标志是按压过程中可以触及颈动脉搏动。

实施人工呼吸、胸外心脏按压等抢救方法，要坚持不断，即使在送往医院的途中也不能停止。抢救过程中，要不断观察触电者，如触电者皮肤由紫变红，瞳孔由大变小，说明救治收到效果；如触电者嘴唇、眼皮会动，或喉嗓间有吞咽东西的动作，说明触电者已经有一定的呼吸能力，这时应暂时停止几秒钟，观察其是否能自主呼吸和心脏是否跳动；如果触电者不能自主进行呼吸或者呼吸很微弱，应继续进行人工呼吸和胸外心脏按压，直到能正常呼吸为止。在触电者呼吸未恢复正常以前，无论什么情况，都不能中止抢救。

复习思考题

7-1　什么是内部过电压和大气过电压？

7-2　什么是直接雷过电压和感应雷过电压？什么是雷电波侵入？

7-3　内部过电压产生的原因有哪些？

7-4　避雷针有什么作用？什么是接闪器？为什么说避雷针实质上就是引雷针？

7-5　叙述阀式避雷器的主要构件和工作原理，管式避雷器的工作原理。

7-6　雷电危害对供电系统主要表现在哪几个方面？

7-7　避雷器的主要功能是什么？阀式避雷器由哪些基本部件组成？它的阀片特性是怎么样的？

7-8　一般工厂6～10kV高压架空线路有哪些防雷措施？

7-9　一般工厂变配电所有哪些防雷措施？

7-10　建筑物按防雷要求分哪几类？各类防雷建筑物各应采取哪些防雷措施？

7-11　什么是安全电流？它与哪些因素有关？

7-12　什么是接地？什么是接地体？什么是接地装置？

7-13　什么是工频接地电阻？什么是冲击接地电阻？

7-14　什么是接地电流？什么是对地电压？

7-15　什么是接触电压？什么是跨步电压？

7-16　什么是工作接地？什么是保护接地？什么是重复接地？重复接地的作用是什么？为什么同一低压供电系统中不能同时采用保护接地和保护接零？

7-17　人工接地的接地电阻主要指哪部分电阻？

7-18　发现触电者，首先要脱离电源，脱离电源要注意哪些事项？

7-19　有人触电，发现后如何急救处理？什么是心肺复苏法？

8 工厂供配电系统的二次回路和自动装置

8.1 二次回路概述

随着电子技术、微机技术、通信技术的广泛应用，工厂供配电系统的二次回路和自动装置已发生了革命性的变革，在电力运行和安全中变得越来越重要。1998年以来我国没有发生大电网稳定破坏、大面积停电事故，这标志着我国供配电系统的二次回路和自动装置已达到国际先进水平。

二次回路是指用来控制、指示、监测和保护一次电路运行的电路。二次回路又称二次系统。按功能二次回路可分为断路器控制回路、信号回路、保护回路、监测回路和自动化回路，为保证二次回路的用电，还有相应的操作电源回路等。二次回路与继电保护一样，要求有良好选择性，反应迅速，灵敏度高，稳定可靠。

二次回路图主要有二次回路原理图、二次回路原理展开图、二次回路安装接线图。二次回路原理图主要是用来表示继电保护、断路器控制、信号等回路的工作原理，如图8-1所示。二次回路原理展开图是将二次回路中的交流回路与直流回路分开来画。二次回路安装接线图画出了二次回路中各设备的安装位置及控制电缆和二次回路的连接方式，是现场施工安装、维护必不可少的图纸。

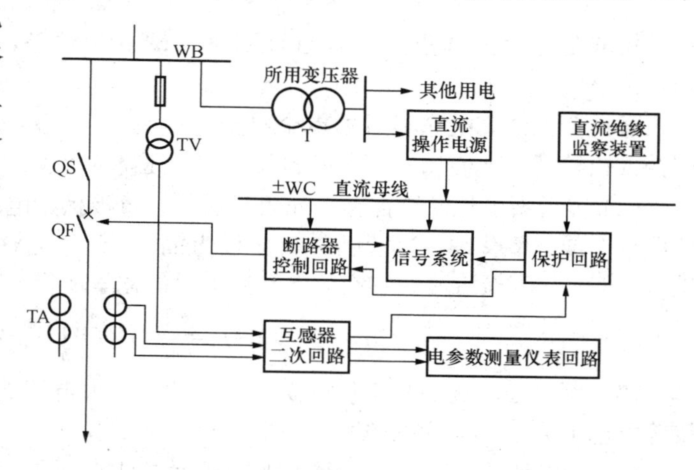

图8-1 供配电系统的二次回路功能示意

原理图或原理展开图通常是按功能电路如控制回路、保护回路、信号回路来绘制的，而安装接线图是按设备如开关柜、继电器屏、信号屏为对象绘制的。

二次回路布线应符合下列要求：

(1) 按图施工接线正确。

(2) 导线与电气元件间采用螺栓连接、插接焊接或压接等，均应牢固可靠。

(3) 盘柜内的导线不应有接头导线，芯线应无损伤。

(4) 电缆芯线和所配导线的端部均应标明其回路编号，编号应正确、字迹清晰且不易脱色。

(5) 配线应整齐清晰、美观，导线绝缘应良好、无损伤。

(6) 每个接线端子的每侧接线宜为1根，不得超过2根，对于插接式端子不同截面的两根导线不得接在同一端子上。对于螺栓连接端子当接两根导线时中间应加平垫片。

(7) 二次回路接地应设专用螺栓。

8.2 二次回路操作电源

二次回路的操作电源主要有直流操作电源（DC）和交流操作电源（AC）两大类。

直流操作电源主要有蓄电池和硅整流直流操作电源两种。对采用交流操作的断路器应采用交流操作电源，对应的所有二次回路如保护回路继电器、信号回路设备、控制设备等均采用交流形式。

8.2.1 直流操作电源

1. 蓄电池组供电的直流操作电源

在一些大中型变电所中，可采用蓄电池组作直流操作电源。容量和寿命是衡量蓄电池的主要指标，容量单位安·时（A·h），表示蓄电池储备能量的能力。蓄电池主要有铅酸蓄电池和镉镍蓄电池两种。

(1) 铅酸蓄电池。铅酸蓄电池是由二氧化铅（PbO_2）的正极板、铅的负极板和密度为 1.2～1.3g/cm^3 的稀硫酸电解液组成。标称电压 2V，它在放电和充电时的化学反应式为

$$PbO_2+Pb+2H_2SO_4 \underset{\text{充电}}{\overset{\text{放电}}{\rightleftharpoons}} 2PbSO_4+2H_2O$$

铅酸蓄电池的优点是工作性能可靠；缺点是危险，具有腐蚀性，维护量大，占用空间等。

酸性蓄电池充电完毕后的单个电池电压约为 2.7V，可以使用串联二极管降压。目前，阀控式铅酸蓄电池使用较多（硅整流二极管压降为 0.7V）。

(2) 镉镍蓄电池。镉镍蓄电池由正极板、负极板、电解液组成。正极板为氢氧化镍 [$Ni(OH)_3$] 或三氧化镍（Ni_2O_3），负极板为镉（Cd），电解液为氢氧化钾（KOH）或氢氧化钠（NaOH）等碱溶液。它在放电和充电时的化学反应式为

$$Cd+2Ni(OH)_3 \underset{\text{充电}}{\overset{\text{放电}}{\rightleftharpoons}} Cd(OH)_2+2Ni(OH)_2$$

镉镍蓄电池的优点是工作可靠，腐蚀性小，大电流放电性能好，体积小，维护简单等。镉镍蓄电池充电完毕后的单个电池电压约为 1.2V。

(3) 蓄电池的运行方式。蓄电池的运行方式有两种：充电-放电运行方式和浮充电运行方式。

2. 硅整流直流操作电源

硅整流直流电源在工厂变配电所应用较广，按断路器的操动机构的要求有电容储能（电磁操动）、电动机储能（弹簧操动）等类型。图 8-2 所示为硅整流电容储能直流系统原理图。

为了避免交流供电系统运行的影响，不单独使用硅整流器作为直流操作电源，而是配合以电容储能。当交流供电系统电压降低或消失时，由储能电容器对继电器和跳闸回路供电，使之能正常动作，切除故障。

硅整流电容储能直流系统的优点是价格便宜，与铅酸蓄电池比较占地面积小，维护工作量小，体积小，不需充电装置。其缺点是电源独立性差，可靠性受交流电源影响，需加装补偿电容和交流电源自动投切装置，二次回路复杂。

U1 硅整流器主要作用于断路器合闸，并可向控制、信号和保护回路供电。U2 硅整流器的容量较小，作为 U1 硅整流器的备用电源，只向控制、信号和保护回路供电。储能电容

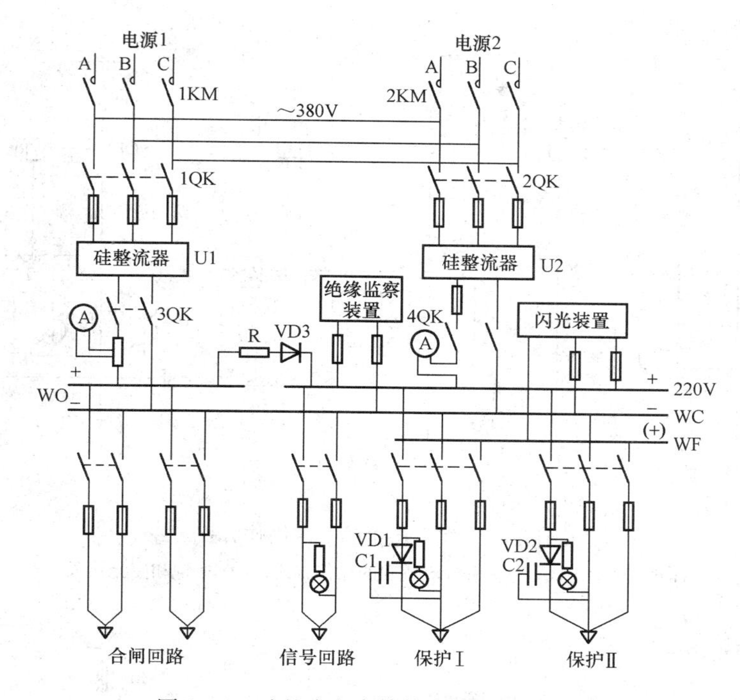

图 8-2 硅整流电容储能直流系统原理图

C1、C2—储能电容器；WC—控制小母线；WF— 闪光信号小母线；WO—合闸小母线

器多采用大容量的电解电容器，其容量应能保证继电保护和跳闸回路可靠动作。

在直流母线上还接有绝缘监察装置和闪光装置，绝缘监察装置采用电桥结构，用以监测正负母线或直流回路对地绝缘电阻。当某一母线对地绝缘电阻降低时，电桥不平衡，检测继电器中有足够的电流流过，继电器动作发出信号。闪光装置主要提供灯光闪光电源。

8.2.2 交流操作电源

交流操作电源可有两种途径获得：①取自所用电变压器；②当保护、控制、信号回路的容量不大时，可取自电流互感器、电压互感器的二次侧。

交流操作电源的优点是接线简单，投资低廉，维修方便；缺点是交流继电器性能没有直流继电器完善，不能构成复杂的保护。

交流操作电源在小型变配电所中应用较广，而对保护要求较高的中小型变配电所采用直流操作电源。

1. 继电保护的交流操作方式

继电保护的交流操作方式有直接动作式、去分流跳闸的操作方式、速饱和变流器式，如图 8-3 所示。

2. 控制回路、信号回路的交流操作电源

(1) 交流操作系统的闪光装置。交流操作系统的闪光装置原理如图 8-4 所示。

(2) 交流操作系统中央信号装置。中央信号装置分事故信号和预告信号，事故信号是用于故障跳闸时的报警信号，预告信号是用于不跳闸故障的报警信号，如图 8-5 所示。

8.2.3 所用变压器

变电所的用电一般应设置专门的变压器供电，称为所用变压器。变电所的用电主要有室

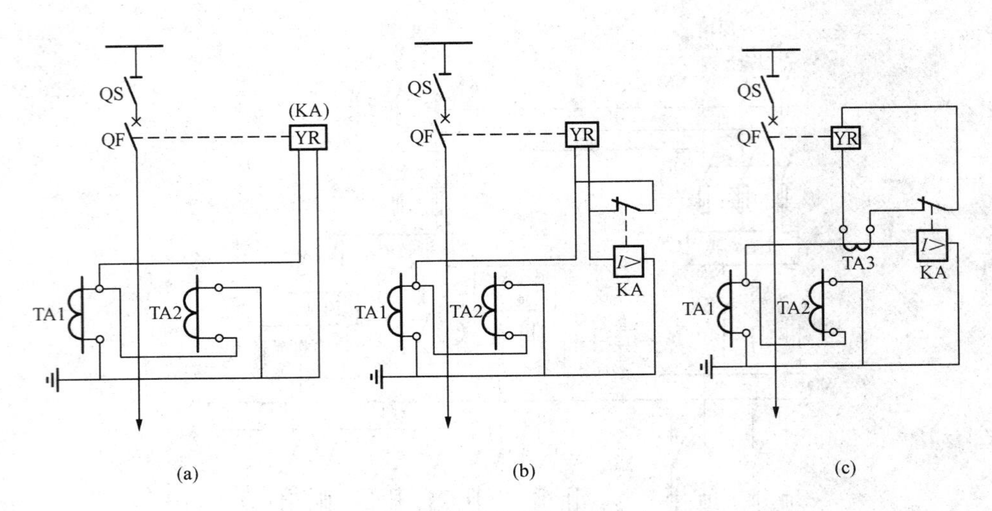

图 8-3 继电保护的交流操作方式

(a) 直接动作式；(b) 去分流跳闸的操作方式；(c) 速饱和变流器式

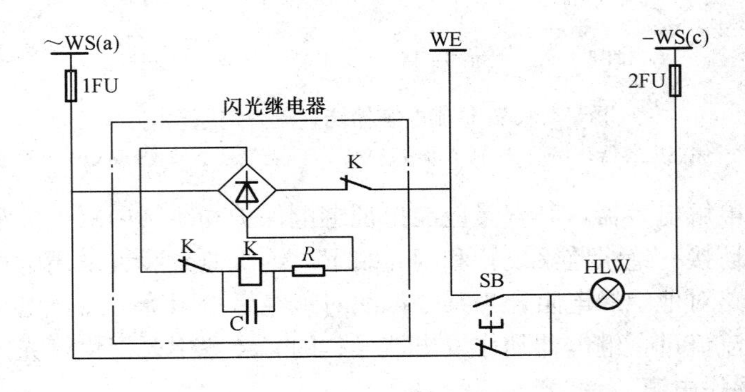

图 8-4 交流系统闪光继电器原理接线图

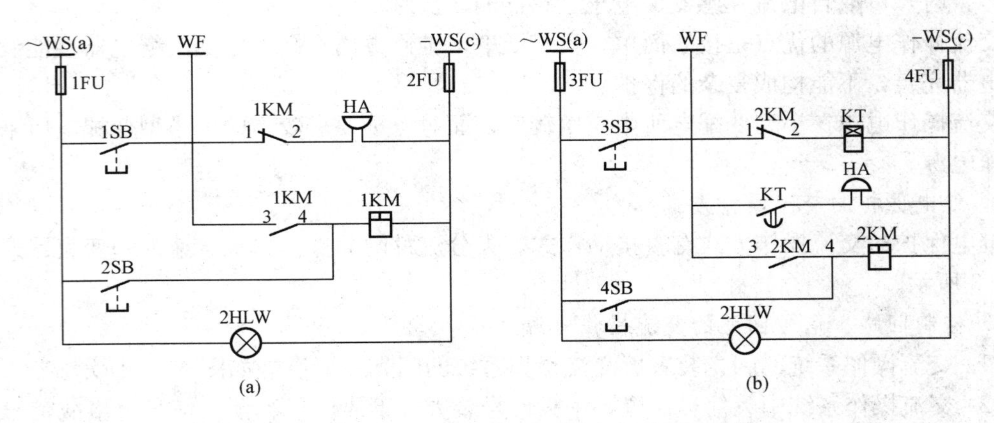

图 8-5 中央复归式不重复动作中央信号原理接线图

(a) 事故信号；(b) 预告信号

外照明、室内照明、生活区用电、事故照明、操作电源用电等，为保证操作电源的用电可靠性，所用变压器一般都接在电源的进线处。对一些重要的变电所，一般应设有两台互为备用的所用变压器，如图 8－6 所示。

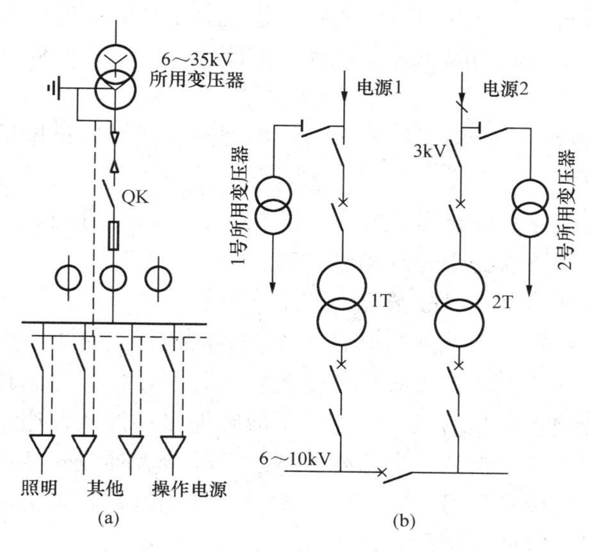

图 8－6 所用变压器供电

8.3 高压断路器控制回路

8.3.1 概述

高压断路器的控制回路就是控制（操作）断路器分、合闸的回路。断路器控制回路直接控制对象为断路器的操动（作）机构，操动机构主要有手动操作、电磁操动机构（CD）、弹簧操动机构（CT）、液压操动机构（CY）等。电磁式操动机构只能采用直流操作电源，手力式和弹簧储能式可交直流两用，但一般采用交流操作电源。

断路器控制回路的基本要求如下：

(1) 能手动和自动合闸与跳闸。

(2) 能监视控制回路操作电源及跳、合闸回路的完好性；应对二次回路短路或过负荷进行保护。

(3) 断路器操动机构中的合、跳闸线圈是按短时通电设计的，在合闸或跳闸完成后，应能自动解除命令脉冲，切断合闸或跳闸电源。

(4) 应具有防止断路器多次合、跳闸的“防跳”措施。

(5) 应具有反映断路器状态的位置信号和手动或自动合、跳闸的显示信号，断路器的事故跳闸回路，应按“不对应原理”接线。当断路器采用手动操动机构时，利用手动操纵机构的辅助触点与断路器的辅助触点构成“不对应”关系，即操动机构（手柄）在合闸位置而断路器已跳闸时，发出事故跳闸信号。当断路器采用电磁操动机构时，则利用控制开关的触点与断路器的辅助触点构成“不对应”关系，即控制开关（手柄）在合闸位置而断路器已跳闸时，发出事故跳闸信号。

(6) 对于采用气压、液压和弹簧操动机构的断路器，应有压力是否正常、弹簧是否拉紧到位的监视和闭锁回路。

高压断路器的控制回路由传统的继电保护装置或微机保护装置（PLC）对采集的电流量、开关量进行逻辑判断。若有两回跳闸回路，也应分别从直流屏引出两回直流电源，以保证可靠地跳闸，还要考虑两侧的隔离开关联动及其闭锁。若是线路侧的高压断路器，还应考虑重合闸的问题。

信号回路是用来指示一次回路运行状态的二次回路。信号回路按用途分，有断路器位置信号、事故信号、预告信号等。

断路器位置信号用来显示断路器正常工作的位置状态。红灯亮，表示断路器处于合闸通电状态；绿灯亮，表示断路器处于分闸断电状态。

事故信号用来显示断路器在事故情况下的工作状态。红灯闪光，表示断路器自动合闸通电；绿灯闪光，表示断路器自动跳闸断电。此外，事故信号还有事故音响信号、光字牌等。

对有可能出现不正常工作状态或故障的设备，应装设预告信号。预告信号应能使控制室的中央信号装置发出音响和灯光信号，并能指示故障地点和性质。通常用电铃作预告音响信号，用电笛作事故音响信号。例如，电力变压器过负荷或者油浸式变压器轻气体动作时，就发出区别于上述事故音响信号的另一种预告音响信号（用电铃、电笛区别），同时光字牌亮，指示出故障性质和地点，以便值班员及时处理。

8.3.2 手动操作的断路器控制回路

图 8-7 所示为手动操作的断路器控制回路和信号回路原理。

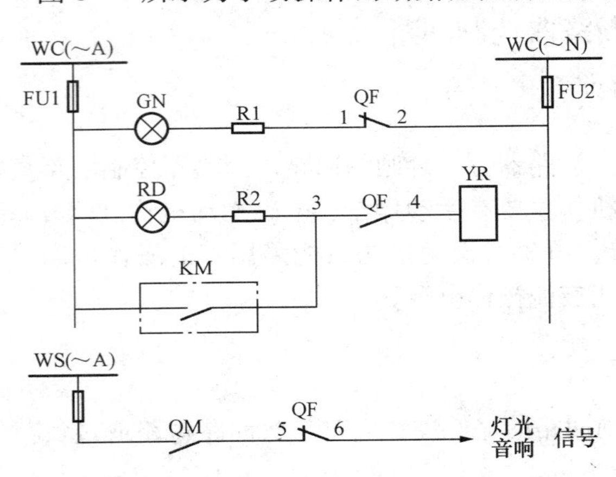

图 8-7 手动操作的断路器的控制回路和信号回路原理

WC—控制小母线；WS—信号小母线；R1、R2—限流电阻；QM—手动操动机构辅助触点；YR—跳闸线圈；KM—出口继电器触点；QF1～6—断路器 QF 的辅助触点；GN—绿色指示灯；RD—红色指示灯

合闸时，推上操动机构手柄使断路器合闸。这时断路器的辅助触点 QF3-4 闭合，红灯 RD 亮，指示断路器已经合闸。由于该回路有限流电阻 R2，跳闸线圈 YR 虽有电流通过，但电流很小，不会动作。红灯 RD 亮，还表明跳闸回路及控制回路的熔断器 FU1、FU2 是完好的，即红灯 RD 同时起着监视跳闸回路完好性的作用。

分闸时，扳下操动机构手柄使断路器分闸。断路器的辅助触点 QF3-4 断开，切断跳闸回路，同时辅助触点 QF1-2 闭合，绿灯 GN 亮，指示断路器已经分闸。绿灯 GN 亮，还表明控制回路的熔断器 FU1、FU2 是完好的，即绿灯 GN 同时起着监视控制回路完好性的作用。

在正常操作断路器分、合闸时，由于操动机构辅助触点 QM 与断路器辅助触点 QF5-6 是同时切换的，所以事故信号回路（信号小母线 WS 所供的回路）总是断路的，不会错误地发出灯光、音响信号。

当一次电路发生短路故障时，继电保护装置动作，其出口继电器触点 KM 闭合，接通跳闸回路（QF3－4 原已闭合），使断路器跳闸。随后 QF3－4 断开，红灯 RD 灭，并切断 YR 的电源；同时 QF1－2 闭合，绿灯 GN 亮。这时操动机构的操作手柄虽然在合闸位置，但其黄色指示牌掉下，表示断路器自动跳闸。在信号回路中，由于操作手柄仍在合闸位置，其辅助触点 QM 闭合，而断路器已事故跳闸，QF5－6 返回闭合，因此事故信号接通，发出灯光和音响信号。当值班员得知事故跳闸信号后，可将断路器操作手柄扳下至分闸位置，这时黄色指示牌随之返回，事故灯光、音响信号也随之解除。

控制回路中分别与指示灯 GN 和 RD 串联的电阻 R1 和 R2，除了具有限流作用外，还有防止指示灯座短路时造成控制回路短路或断路误跳闸的作用。

8.3.3　采用电磁操动机构的断路器控制回路

电磁操作回路的控制开关采用双向自复式并具有保持触点的 LW5 型万能转换开关，其手柄正常为垂直位置（0°）。顺时针扳转 45°为合闸操作（ON），手松开即自动返回（复位），保持合闸状态。反时针扳转 45°为分闸操作（OFF），手松开也自动返回，保持分闸状态。图 8－8 所示为电磁操动机构断路器的控制和信号回路原理图。图中控制开关 SA 两侧虚线上打黑点（●）的触点，表示该触点在此接通；SA 两侧的箭头（→），指示 SA 手柄自动返回的方向。

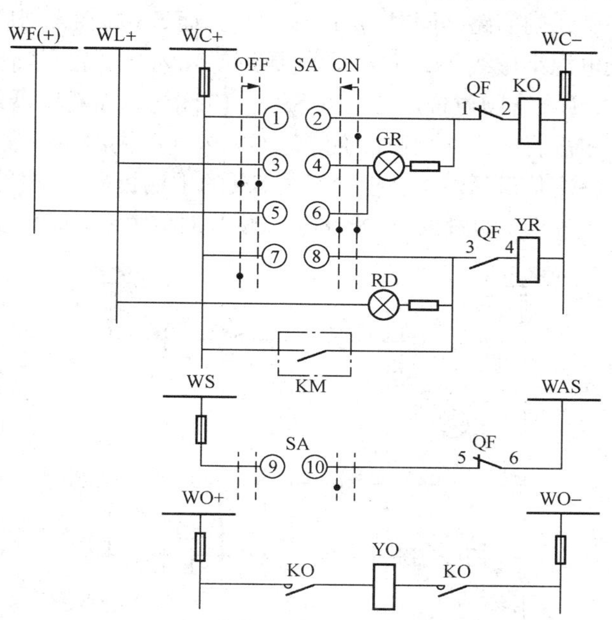

图 8－8　电磁操动机构断路器的控制和信号回路原理

WC—控制小母线；WL—灯火指示小母线；WF—闪光信号小母线；WS—信息小母线；WAS—事故音响信号小母线；WO—合闸小母线；SA—控制开关；KO—合闸接触器；YO—电磁合闸线圈；YR—跳闸线圈；KM—出口继电器触点；QF1～6—断路器 QF 的辅助触点；GR—绿色指示灯；RD—红色指示灯；ON—合闸操作方向；OFF—分闸操作方向

图 8－8 所示控制开关 SA 的触点图表见表 8－1。

合闸时，将控制开关 SA 的手柄顺时针扳转 45°。这时触点 SA1－2 接通，合闸接触器 KO 通电（其中 QF1－2 原已闭合），其主触点闭合，使电磁合闸线圈 YO 通电动作，使断路器合闸。合闸完成后，控制开关 SA 自动返回，其触点 SA1－2 断开，切断合闸回路；同时 QF3－4 闭合，红灯 RD 亮，指示断路器已经合闸，并监视着跳闸线圈 YR 回路的完好性。

表 8－1　　图 8－8 所示控制开关 SA 的触点图表

SA 触点编号			1－2	3－4	5－6	7－8	9－10
手柄位置	分闸后	↑		×			
	合闸操作	↗	×		×		
	合闸后	↑			×		×
	分闸操作	↖		×		×	

注　×表示触点接通。

分闸时，将控制开关SA的手柄反时针扳转45°，这时其触点SA7－8接通，跳闸线圈YR通电（其中QF3－4原已闭合），使断路器分闸。分闸完成后，控制开关SA自动返回，其触点SA7－8断开，断路器辅助触点QF3－4这时也断开，切断跳闸回路；同时触点SA3－4闭合，QF1－2也闭合，绿灯GN亮，指示断路器已经分闸，并监视着合闸接触器KO回路的完好性。

由于红绿指示灯兼有监视分、合闸回路完好性的作用，长时间运行，耗能较多。因此，为减少操作电源中储能电容器能量的过多消耗，故另设灯光指示小母线WL（＋），专用来接入红绿指示灯。储能电容器的能量只用来供电给控制小母线WC。

当一次电路发生短路故障时，继电保护动作，其出口继电器触点KM闭合，接通跳闸线圈YR回路（其中QF3－4原已闭合），使断路器跳闸。随后QF3－4断开，使红灯RD消灭，并切断跳闸回路。同时QF1－2闭合，而SA尚在合闸后位置，其触点SA5－6闭合，从而接通闪光电源小母线WL（＋），使绿灯GN闪光，表示断路器已自动跳闸。由于断路器自动跳闸，SA仍在合闸位置，其触点SA9－10闭合，而断路器却已跳闸，其触点QF5－6返回闭合，因此事故音响回路接通，在绿灯GN闪光的同时，并发出音响信号（电笛响）。当值班员得知事故跳闸信号后，可将控制开关SA的手柄扳向分闸位置，即反时针扳转45°后松开让其自动返回，使SA的触点与QF的触点恢复对应关系，这时全部事故信号立即解除。

8.3.4 弹簧操动机构的断路器控制回路

弹簧机构是利用预先储能的合闸弹簧释放能量，使断路器合闸。合闸弹簧由交直流两用电动机拖动储能，也可手动储能。因其具有能量消耗低，无渗漏，环境适应性强等特点，近年来得到了广泛应用，尤其在126kV及以下电压等级的高压断路器中应用较多，252kV断路器中的使用量也在不断增加，550kV断路器也早有应用。

图8－9所示为采用CT7型弹簧操动机构的断路器控制和信号回路原理图，其控制开关采用LW2或LW5型万能转换开关，操作过程如下所述。

合闸前，先按下按钮SB，使储能电动机M通电（位置开关SQ3原已闭合），从而使合闸弹簧储能。储能完成后，SQ3自动断开，切断M的回路，同时位置开关SQ1和SQ2闭合，为分合闸做好准备。

合闸时，将控制开关SA手柄扳向合闸（ON）位置，其触点SA3－4接通，合闸线圈YO通电，使弹簧释放，通过传动

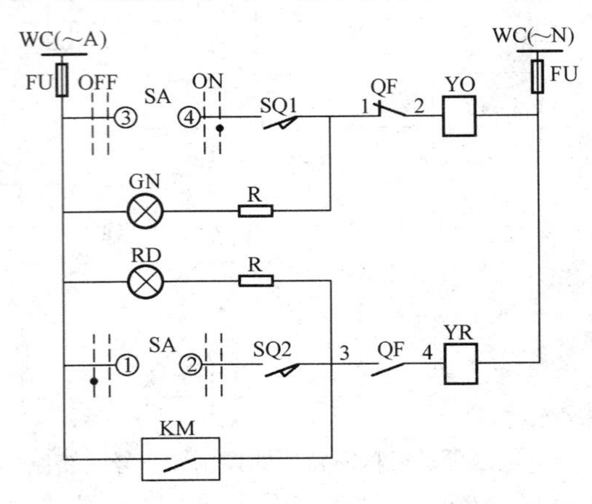

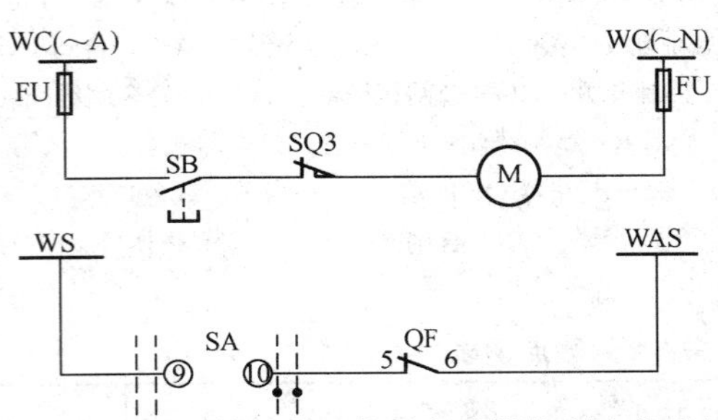

图8－9 采用弹簧操动机构的断路器控制和信号回路

WC—控制小母线；WS—信息小母线；

WAS—事故音响信号小母线；SA—控制开关；SB—按钮；

SQ—储能位置开关；YO—电磁合闸线圈；YR—跳闸线圈；

QF1～6—断路器辅助触点；M—储能电动机；GN—绿色指示灯；

RD—红色指示灯；KM—继电保护出口触点

机构使断路器 QF 合闸。合闸后，其辅助触点 QF1－2 断开，绿灯 GN 灭，并切断合闸电源；同时 QF3－4 闭合，红灯 RD 亮，指示断路器在合闸位置，并监视跳闸回路的完好性。

分闸时，将控制开关 SA 手柄扳向分闸（OFF）位置，其触点 SA1－2 接通，跳闸线圈 YR 通电（其中 QF3－4 原已闭合），使断路器 QF 分闸。分闸后，QF3－4 断开，红灯 RD 灭，并切断跳闸回路；同时 QF1－2 闭合，绿灯 GN 亮，指示断路器在分闸位置，并监视合闸回路的完好性。

当一次电路发生短路事故时，保护装置动作，其出口继电器 KM 触点闭合，接通跳闸线圈 YR 回路（其中 QF3－4 原已闭合），使断路器 QF 跳闸。随后 QF3－4 断开，红灯 RD 灭，并切断跳闸回路；同时，由于断路器是自动跳闸，SA 手柄仍在合闸位置，其触点 SA9－10 闭合，而断路器 QF 已经跳闸，QF5－6 闭合，因此事故音响信号回路接通，发出事故跳闸音响信号。值班员得知此信号后，可将 SA 手柄扳向分闸位置（OFF），使 SA 触点与 QF 的辅助触点恢复对应关系，从而使事故跳闸信号解除。

储能电动机 M 由按钮 SB 控制，从而保证断路器合在发生持续短路事故的一次电路上时，断路器自动跳闸后不会重复地误合闸，因而不需另设电气“防跳”（防止反复跳、合闸）的装置。

8.3.5　低压断路器微机保护装置

低压断路器微机保护装置（又称智能脱扣器），可取代/升级老的脱扣器，或直接安装在断路器内成为一体。主要功能包括过流速断保护、过流保护、接地保护、相序不平衡、事件记录、RS485 通信接口、通信规约 MODBUS RTU、电力参数测量等。

采用断路器微机保护装置的断路器又称为智能型断路器，如图 8－10（a）所示。智能脱扣器使断路器实现了遥测、遥控、遥信、遥调等功能。现在智能脱扣器都采用单片机、DSP 等微处理器作为逻辑处理的基础，其发展趋势之一是功能越来越多，除了传统的脱扣功能外，还有脱扣前报警功能、线路参数检测功能及试验功能；另外一种趋势是采用现场总线技术，把设备的网络化作为目标。

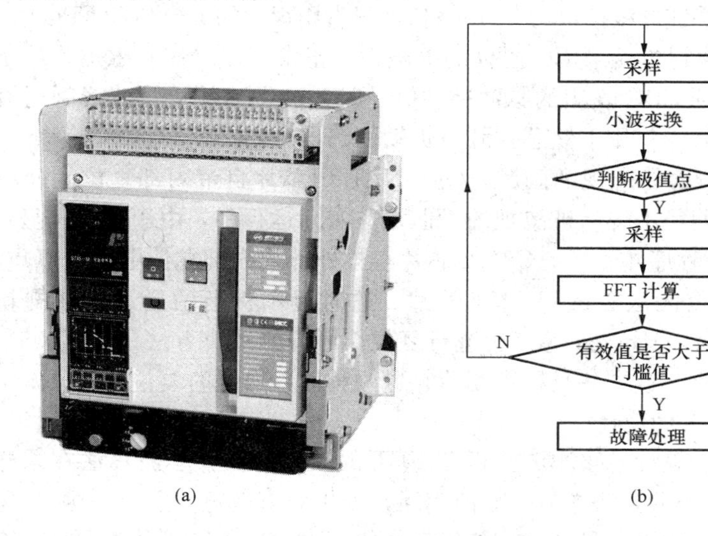

采样

小波变换

判断极值点

N

Y

采样

FFT 计算

有效值是否大于门槛值

N

Y

故障处理

(a)　　(b)

图 8－10　断路器微机保护装置

(a) 外形图（左侧黑色部分为智能脱扣器）；(b) 智能脱扣器数据处理流程图

1. 智能脱扣器的组成原理

根据智能脱扣器所要实现的功能，硬件可以分为采样电路、中央处理单元（微处理器及其外围电路）、按键显示电路、通信电路、执行机构等几个部分。

(1) 采样电路。采样电路实现的功能是将外部的电流、电压信号经过互感器、滤波、幅值调整环节后送到微处理器 A/D 采样通道口。在这些环节要注意以下几个问题：

1）互感器的选择。互感器的作用是将线路中幅值很大的电信号线性地转换成可以处理的电信号，其转换的线性和精度将直接影响关键数据的可信度，这些数据是智能脱扣器工作的基础。常用的电流互感器有铁芯和空心两种，铁芯型互感器在处理小电流时线性度很好，但大电流时铁芯容易饱和，从而出现线性失真，测量范围小；空心型在处理大电流时线性度好，测量范围广，但小电流时易受干扰，也会出现线性失真，测量误差大。然而智能脱扣器电流测量范围从几百安到几十千安，变化范围很大，要想在整个测量范围内不失真，线性度好，最好采用两种类型互感器相互结合的方法。

2）幅值调整环节。由于电流的测量范围很大，而微处理器 A/D 转换参考电压一般很小，我们采用多量程转换的方法，每一种量程中信号送到 A/D 转换口的幅值最大值都稍小于 3.3V，硬件上根据信号幅值的大小采用不同的输送通道，当然实现这个功能还要软件上面的判断。

(2) 中央处理单元。CPU 芯片采用 CYGNAL 公司的 C8051，这是一种新型高速集成芯片，拇指盖大小的体积内集成了 8 路 A/D 转换通道、温度传感器、32KB 的 FLASH 存储器，WATCHDOG 监视器、通信接口和标准的 JTAG 程序烧写口。这使控制系统的外围元器件少、电路简单，从而提高了稳定性和抗干扰能力。

(3) 键盘显示电路。键盘显示电路采用串行接口的 7281 芯片，该芯片通过外接移位寄存器 74HC164，最多可以控制 16 位数码管或 128 只独立 LED，其驱动输出极性和输出时序均为软件可控，从而可以和各种驱动电路配合。同时，7281 芯片不仅可以控制各显示位闪烁属性和闪烁频率，而且可以最多连接 64 键的键盘矩阵，键盘为互锁式，内部具有消去抖动功能。此外，7281 芯片采用高速二线接口与 CPU 通信，只占用很少的 I/O 口和 CPU 时间。

(4) 执行单元。执行单元采用永磁体的电磁铁，正常工作时在永磁体作用下保持吸合状态，当执行电路接收到 CPU 发出的脉冲控制信号时，触发达林顿管使线圈通有电流而产生反向磁通，在反力弹簧的作用下铁芯打开，带动断路器分断。

(5) 硬件设备比较容易忽视的问题。CYGNAL51 芯片自带内部复位和简单的外部复位电路，这部分复位电路是不容易被忽视的。但是在实际运行中，由于键盘和显示是由管理芯片 7281 所控制的，当程序跑飞后，C8051 芯片经过外部或内部复位电路可以重新复位运行，但是 C8051 芯片的复位无法传送到 7281 芯片，这时显示板上的显示不会刷新，因此要在 C8051 芯片复位的同时，让 7281 芯片也进行复位，可行的解决方法是让 C8051 芯片和 7281 芯片共用相同的复位源，这样一旦程序死掉，这两种芯片会同时复位。

2. 智能脱扣器的软件设计

智能脱扣器的软件设计基于小波分析和 FFT 的改进算法，小波算法在采样过程中检测到可疑信号点后，由 FFT 算法进行有效值判断，如果没有超过门槛值，则可疑信号点无效，回到小波算法中继续寻找采样可疑点；如果有效值超过门槛值，则认为可疑点有效，根据保护条件输出相应信号。其算法的流程如图 8－10（b）所示。

脱扣器的设计难点将体现在：电磁兼容性设计；短路时瞬时动作出口时间的要求；工作电源的获取及分闸电磁铁的驱动；软件平台的设计；适应小型化结构的设计。

随着高性能、低价格芯片的不断涌现，在保留传统设备优点的基础上，智能脱扣器在保护的多样性、判断准确性和抗干扰性、自诊断保护、实时通信、显示等方面将有较大的改进。

3. 智能脱扣器举例

KT5/40 型智能脱扣器是为我国自行研制的第三代万能式低压断路器 DW45 和 MA40 配套的核心测控部件。通过它断路器可以实现配电保护和电动机保护；使电力线路和电源设备免受过载、短路、接地等故障的危害。产品符合 GB 14048.2—2008 规定，等效于 IEC947-2 标准。产品采用微处理器进行数字控制，不仅能精确地实现各种特性的过电流保护，并且还具 IEC947-2 标准。具有显示、指示、记忆、报警等功能，性能稳定可靠。产品智能化程度高，可配有串行接口与上位机通信，实现无人值班，提高供电可靠性。

KT5/40 型智能脱扣器主要用于检测断路器母排的电流、电压等基本参数，并根据不同的情况提供相应的保护特性，保护主电路免受短路、过载、接地（漏电）等故障的危害。单价在 2000 元以内，主要技术指标如下：电流检测精度±2.5%；短延时延时精度±10%；长延时延时精度±5%；接地延时精度±10%。

8.4 电气测量仪表与绝缘监察装置

8.4.1 电气测量仪表

为了监视供配电系统一次设备（电力装置）的运行状态和计量供配电系统消耗的电能，保证供配电气系统安全、可靠、优质和经济合理地运行，供配电系统的电力装置中必须装设一定数量的电测量仪表。

电气测量仪表按其用途分，有常用测量仪表和电能计量仪表两类。前者是对一次电路的电力运行参数进行经常测量、选择测量和记录的仪表，后者是对供配电系统进行技术经济考核分析和对电力用户电量进行测量、计量的仪表，即各种类型的电能表（又称电度表）。

1. 变配电装置中测量仪表的配置

(1) 在工厂供配电系统每一条电源进线上，必须装设计费用的有功电能表和无功电能表及反映电流大小的电流表。通常采用标准计量柜，计量柜内有专用电流、电压互感器。

(2) 在变配电所的每一段母线上（3～10kV），必须装设电压表 4 只，其中一只测量线电压，其他三只测量相电压。中性点非直接接地的系统中，各段母线上还应装设绝缘监察装置，绝缘监察装置所用的电压互感器与避雷器放在一个柜内（简称 PT 柜）。

(3) 35/6～10kV 变压器应在高压侧或低压侧装设电流表、有功功率表、无功功率表、有功电能表和无功电能表各一只，6kV～10kV/0.4kV 的配电变压器，应在高压侧或低压侧装设一只电流表和一只有功电能表。若为单独经济核算的单位，变压器还应装设一只无功电能表。

(4) 3kV～10kV 配电线路，应装设电流表、有功电能表、无功电能表各一只。若不是单独经济核算单位，无功电能表可不装设。当线路负荷大于 5000kV·A 及以上时，还应装设一只有功功率表。

(5) 低压动力线路上应装一只电流表。照明和动力混合供电的线路上照明负荷占总负荷 15%～20%以上时，应在每相上装设一只电流表。若需电能计量，一般应装设一只三相四线有功电能表。

(6) 并联电容器总回路上，每相应装设一只电流表，并应装设一只无功电能表。

6～10kV高压线路电测量仪表电路如图8-11所示；220/380V照明线路电测量仪表电路如图8-12所示。

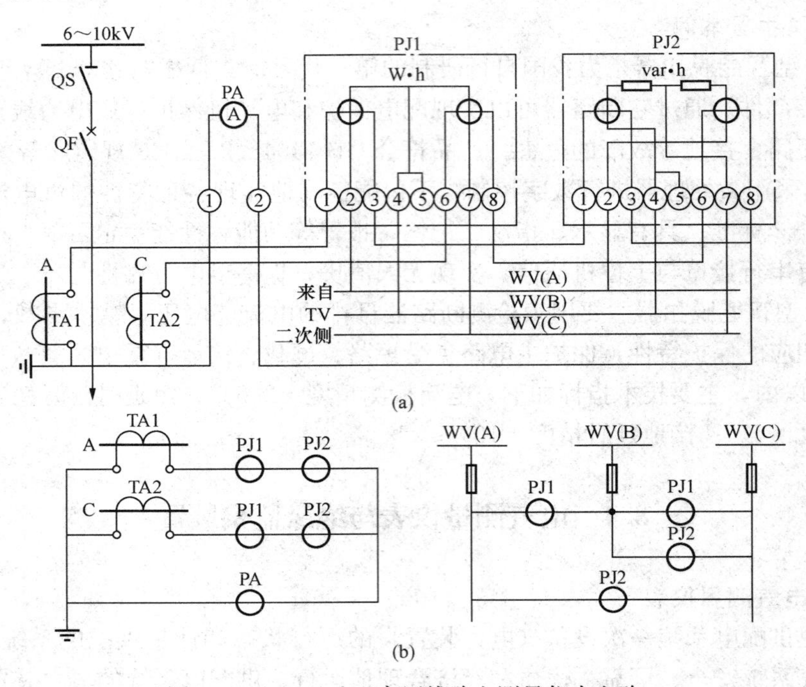

图8-11 6～10kV高压线路电测量仪表电路

(a) 接线图；(b) 展开图

TA1、TA2—电流互感器；PA—电流表；PJ1—三相有功电能表；

PJ2—三相无功电能表；WV—电压小母线

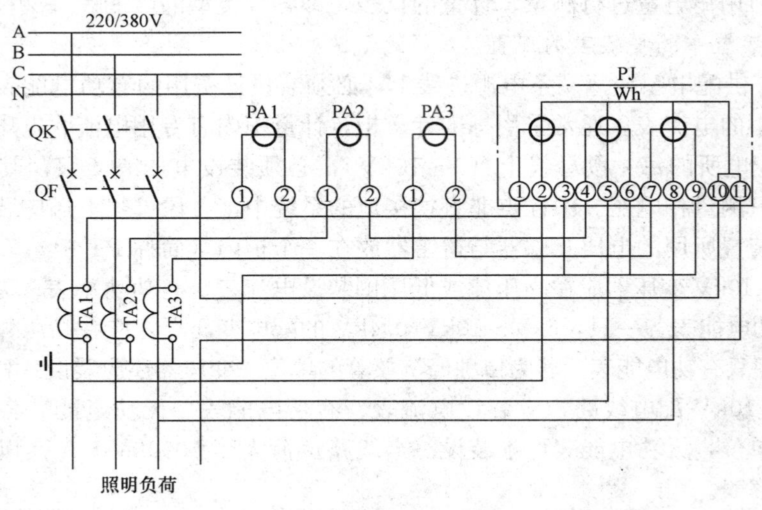

图8-12 220/380V照明线路电测量仪表电路

TA1～TA3—电流互感器；PA1～PA3—电流表；PJ—三相四线有功电能表

2. 仪表的准确度要求

(1) 交流电流、电压表、功率表可选用1.5～2.5级；直流电路中电流、电压表可选用1.5级；频率表0.5级。

(2) 常用仪表及互感器准确度配置。常用仪表及互感器准确度配置见表8-2。

表8-2 常用仪表准确度配置

测量要求	互感器准确度	电能表准确度	配置说明
计费计量	0.2级	0.5级有功电能表 0.5级专用电能计量仪表	月平均电量在10^6kW·h及以上
	0.5级	1.0级有功电能表 1.0级专用电能计量仪表 2.0级无功电能表	1. 月平均电量在10^6kW·h以下； 2. 315kV·A以上变压器高压侧计量
计费计量及一般计量	1.0级	2.0级有功电能表 3.0级无功电能表	1. 315kV·A以下变压器低压侧计量点； 2. 75kW及以上电动机电能计量； 3. 企业内部技术经济考核（不计费）
一般测量	1.0级	1.5级和0.5级测量仪表	
	3.0级	2.5级测量仪表	非重要回路

(3) 仪表的测量范围和电流互感器变流比的选择，宜满足当电力装置回路以额定值运行时，仪表的指示在标度尺的2/3处。对有可能过负荷的电力装置回路，仪表的测量范围宜留有适当的过负荷裕度。对重载启动的电动机和运行中有可能出现短时冲击电流的电力装置回路，宜采用具有过负荷标度尺的电流表。对有可能双向运行的电力装置回路，应采用具有双向标度尺的仪表。

3. 电能计量仪表

电能计量装置包括各种类型电能表、计量用电压、电流互感器及其二次回路、电能计量柜（箱）等。

(1) 电能计量装置分类。DL/T 448—2000《电能计量装置技术管理规程》，将运行中的电能计量装置按其所计量电能量的多少和计量对象的重要程度分为五类。

1) Ⅰ类电能计量装置。月平均用电量500万kW·h及以上或变压器容量为10000kV·A及以上的高压计费用户、200MW及以上发电机、发电企业上网电量、电网经营企业之间的电量交换点、省级电网经营企业与其供电企业的供电关口计量点的电能计量装置。

2) Ⅱ类电能计量装置。月平均用电量100万kW·h及以上或变压器容量为2000kV·A及以上的高压计费用户、100MW及以上发电机、供电企业之间的电量交换点的电能计量装置。

3) Ⅲ类电能计量装置。月平均用电量10万kW·h及以上或变压器容量为315kV·A及以上的计费用户、100MW以下发电机、发电企业厂（站）用电量、供电企业内部用于承包考核的计量点、考核有功电量平衡的110kV·A及以上的送电线路电能计量装置。

4) Ⅳ类电能计量装置。负荷容量为315kV·A以下的计费用户、发供电企业内部经济技术指标分析、考核用的电能计量装置。

5) Ⅴ类电能计量装置。单相供电的电力用户计费用电能计量装置。

(2) 电能计量装置的技术要求。

1）电能计量装置的接线方式。

a. 接入中性点绝缘系统的电能计量装置，应采用三相三线有功、无功电能表。接入非中性点绝缘系统的电能计量装置，应采用三相四线有功、无功电能表或3只感应式无止逆单相电能表。

b. 接入中性点绝缘系统的3台电压互感器，35kV及以上的宜采用Y/y方式接线；35kV以下的宜采用V/V方式接线。接入非中性点绝缘系统的3台电压互感器，宜采用Y_0/y_0方式接线。其一次侧接地方式和系统接地方式相一致。

c. 低压供电，负荷电流为50A及以下时，宜采用直接接入式电能表；负荷电流为50A以上时，宜采用经电流互感器接入式的接线方式。

d. 对三相三线制接线的电能计量装置，其2台电流互感器二次绕组与电能表之间宜采用四线连接。对三相四线制连接的电能计量装置，其3台电流互感器二次绕组与电能表之间宜采用六线连接。

2）电能计量装置的准确度等级。

a. 各类电能计量装置应配置的电能表、互感器的准确度等级不应低于表8－3所列的值。

表8－3　　电能计量装置准确度等级

电能计量装置类别	准确度等级			
	有功电能表	无功电能表	电压互感器	电流互感器
Ⅰ	0.2s或0.5s	2.0	0.2	0.2s或0.2*
Ⅱ	0.5s或0.5	2.0	0.2	0.2s或0.2*
Ⅲ	1.0	2.0	0.5	0.5s
Ⅳ	2.0	3.0	0.5	0.5s
Ⅴ	2.0	—	—	0.5s

*0.2级电流互感器仅指发电机出口电能计量装置中配用。

b. Ⅰ、Ⅱ类用于贸易结算的电能计量装置中电压互感器二次回路电压降，应不大于其额定二次电压的0.2%；其他电能计量装置中电压互感器二次回路电压降，应不大于其额定二次电压的0.5%。

（3）电能计量装置的配置原则。

1）贸易结算用的电能计量装置原则上应设置在供用电设施产权分界处；在发电企业上网线路、电网经营企业间的联络线路和专线供电线路的另一端，应设置考核用电能计量装置。

2）Ⅰ、Ⅱ、Ⅲ类贸易结算用电能计量装置应按计量点配置计量专用电压、电流互感器或者专用二次绕组。电能计量专用电压、电流互感器或专用二次绕组及其二次回路，不得接入与电能计量无关的设备。

3）计量单机容量在100MW及以上发电机组上网贸易结算电量的电能计量装置和电网经营企业之间购销电量的电能计量装置，宜配置准确度等级相同的主副两套有功电能表。

4）35kV以上贸易结算用电能计量装置中电压互感器二次回路，应不装设隔离开关辅助触点，但可装设熔断器；35kV及以下贸易结算用电能计量装置中电压互感器二次回路，应不装设隔离开关辅助触点和熔断器。

5）安装在用户处的贸易结算用电能计量装置，35kV及以下电压供电的用户，应配置全国统一标准的电能计量柜或电能计量箱。

6）贸易结算用高压电能计量装置应装设电压失压计时器。未配置计量柜（箱）的，其互感器二次回路的所有接线端子、试验端子应能实施铅封。

7）互感器二次回路的连接导线应采用铜质单芯绝缘线。对电流二次回路，连接导线截面积应按电流互感器的额定二次负荷计算确定，至少应不小于$4mm^2$。对电压二次回路，连接导线截面积应按允许的电压降计算确定，至少应不小于$2.5mm^2$。

8）互感器实际二次负荷应在25%～100%额定二次负荷范围内；电流互感器额定二次负荷的功率因数应为0.8～1.0；电压互感器额定二次功率因数应与实际二次负荷的功率因数接近。

9）电流互感器额定一次电流的确定，应保证其在正常运行中的实际负荷电流达到额定值的60%左右，至少应不小于30%。

10）为提高低负荷计量的准确性，应选用过载4倍及以上的电能表，如一般民用单相电能表（5/20）。

11）经电流互感器接入的电能表，其标定电流宜不超过电流互感器额定二次电流的30%，其额定最大电流应为电流互感器额定二次电流的120%左右。直接接入式电能表的标定电流应按正常运行负荷电流的30%左右进行选择。

12）执行功率因数调整电费的用户，应安装能计量有功电量、感性和容性无功电量的电能计量装置；按最大需量计收基本电费的用户，应装设具有最大需量计量功能的电能表；实行分时电价的用户，应装设复费率电能表或多功能电能表。

13）带有数据通信接口的电能表，其通信规约应符合DL/T 645—2007《多功能电能表通信协议》的要求。

14）具有正、反向送电的计量点，应装设计量正向和反向有功电量以及四象限无功电量的电能表。

4. 各类电能表的基本知识

（1）低压单相负荷配置电能表

$$\text{电能表（A）}=\frac{\text{用户报装容量（W）}}{\text{电压（V）}\times\text{功率因数}}$$

（2）低压三相负荷配置电能表及电流互感器

$$\text{电能表（A）}=\frac{\text{用户报装容量（kW）}}{\text{电压（V）}\times\sqrt{3}\times\text{功率因数}\times10^{-3}}$$

如果容量过大，应配置380V·5A电能表带适当容量的电流互感器。

（3）电能计量装置接线如图8-13所示。

5. 电能表自动抄表系统介绍

电能表自动抄表（automatic reading meter，ARM），是指供电部门将安装在用户处的电能表所记录的用电量等数据通过遥测、传输和计算机系统汇总到营业部门，代替人工抄表及一连串后续工作。

这套电能计量装置无线抄表系统包括2块SA68D11无线数传模块和1片ATMEL公司生产的AVR系列AT90S2313单片机。模块用来实现无线数据传递；单片机用来进行数据

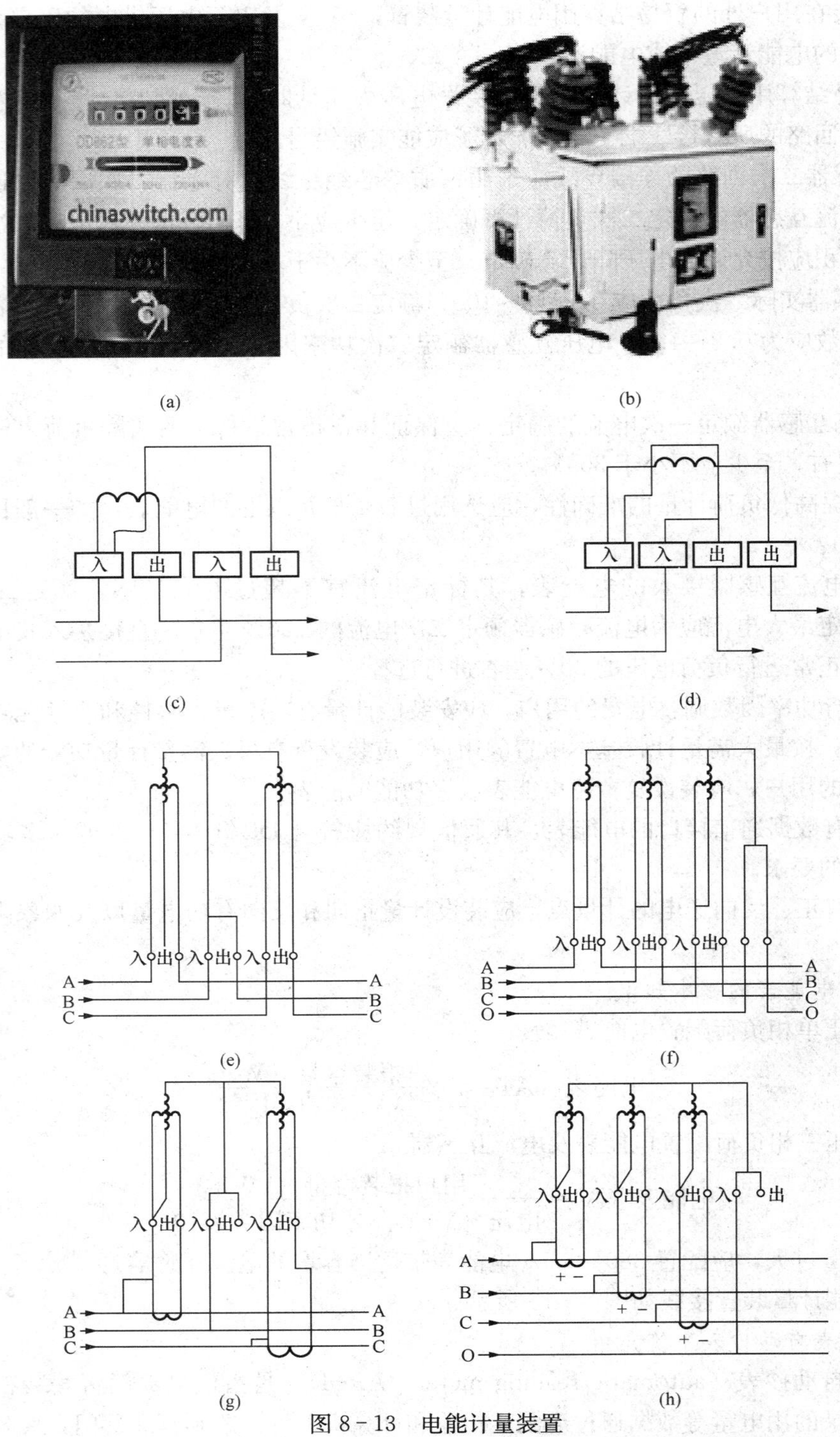

图 8-13 电能计量装置

(a) 单相电能表；(b) 三相电能表；(c) 单相电能表的接线图（跳线表）；(d) 单相电能表的接线图（顺线表）；(e) 三相三线电能表的接线图；(f) 三相四线电能表的接线图；(g) 三相三线电能表带互感器的接线图；(h) 三相四线电能表带互感器的接线图

采集并做一些相应的处理。系统硬件框图如图 8－14 所示。

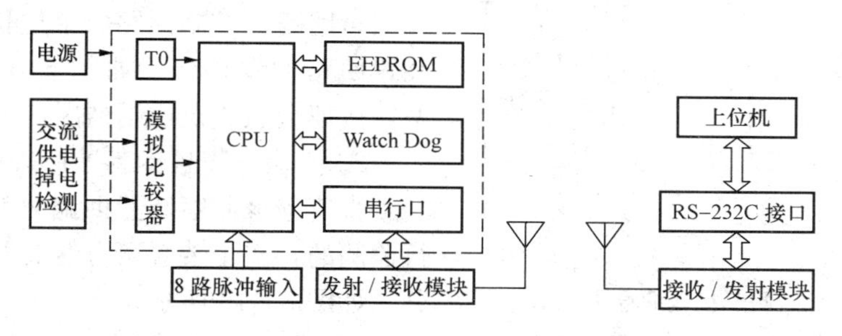

图 8－14 无线抄表系统功能方框表

图 8－14 中，8 路脉冲输入信号来自 8 个单相脉冲电能表。工作时，单片机只需定时测量输入的脉冲，再根据脉冲数与用电量之间的比例关系即可得到用户的用电量。

图 8－14 中虚线框内的单片机数据采集部分是整个系统的核心部分，通过软件的编辑可实现数据采集、数据保存、数据发送和控制命令的接收以及其他数据掉电保护等重要功能。本系统采用的 AT90S2313 单片机构成图 8－14 中虚线框内所有功能模块。它内含 2KB 的 FLASH 存储器；128 字节片内 EEPROM、128 字节片内 RAM 和片内模拟比较器；8 位和 16 位可预分频定时器各一个；中断源 11 个（中断优先级已定）；全双工的 UART 以及可编程的 Watch Dog 定时器等。在本系统中，T1 作为时器，实现单片机对脉冲量的定时采集。模拟比较器检测系统交换电源工作是否正常。一旦发生掉电情况，模拟比较器中断标志位就被置 1，在主程序中不断检测这一位；一旦检测到该位为 1，则立即将数据写入 EEPROM 中保存。从掉电到保存时间很短，在这段时间内靠滤波大电容储能供电。在储能放完之前，将保存数据工作完成即可。EEPROM 存储器用来保存单片机所测的脉冲数、单片机的地址等一些重要数据。Watch Dog 定时器防止单片机“死机”或“跑飞”。串行口 UART 实现单片机发射/接收模块之间的数据交换。

6. 电能计量装置新特点

(1) 峰谷表。符合目前国家提倡节约能源，实行峰谷计量的原则，工作特点是，除具备普通计量功能外，还装有“峰”“谷”“平”计量装置，它可以在 24h 内完成几个时段记录。

(2) 双变比。主要用于用电旺季和淡季差别较大的线路中，可根据不同负荷进行调整，使计量达到准确。

(3) 遥控遥测读表。在普通计量箱各种功能的基础上增加遥控、遥测读表的功能，即抄表时电工不用爬杆，可在杆下准确无误的抄表。

(4) 干式电力计量箱。内部绝缘和散热不采用变压器油，这样排除了变压器老化、换油、渗漏等弊端，同时保证高压计量箱的精度与性能，绝缘耐压达到国家标准要求，运行安全可靠，深受用户欢迎。

(5) 由于采用了三相三元件电压互感器 Y/Y0－12 接线，负载能力增加，过电压和抗谐振能力强，提高了供电系统安全可靠运行。

8.4.2 直流绝缘监察回路

1. 两点接地的危害

在直流系统中，正、负母线对地是悬空的，当发生一点接地时，并不会引起任何危害，

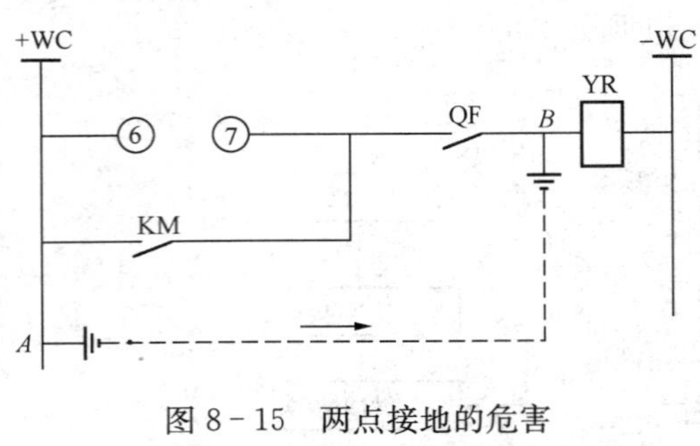

图 8-15 两点接地的危害

KM—保护出口继电器；QF—断路器辅助触点；YR—跳闸线圈

但必须及时消除，否则当另一点接地时，会引起信号回路、控制回路、继电保护回路和自动装置回路的误动作，如图 8-15 所示，A、B 两点接地会造成误跳闸情况。

2. 直流绝缘监察装置回路图

直流绝缘监察装置回路是利用电桥原理进行监测的，整个装置可分为信号部分和测量部分，如图 8-16 所示。

当绝缘电阻下降到一定值时，流过继电器 KSE 线圈中的电流增大，继电器 KSE 动作，其动合触点闭合，发出预告信号，光字牌亮，同时发出音响信号。利用转换开关 ST 和电压表 2V，可判别哪一极接地。利用转换开关 1SL 和电压表 1V，读直流系统总的绝缘电阻，计算每极对地绝缘电阻。

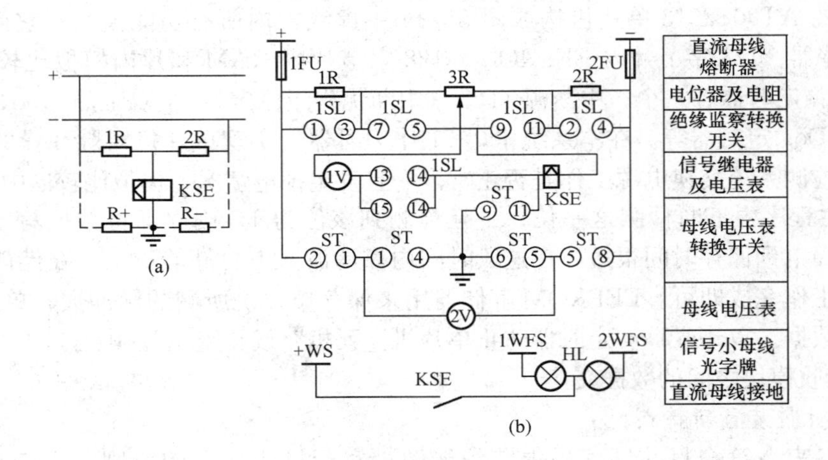

图 8-16 直流绝缘监察装置回路

(a) 等效电路；(b) 原理接线图

KSE—接地信号继电器；1SL—绝缘监察转换开关；ST—母线电压表转换开关；R+、R-—母线绝缘电阻；1R、2R—平衡电阻；3R—电位器

8.4.3 交流绝缘监察装置

交流绝缘监察装置用于小接地电流的系统中，以便及时发现单相接地故障，设法处理，以免故障发展为两相接地短路，造成停电事故。

交流绝缘监察装置可采用三个单相双绕组电压互感器和三只电压表，也可采用三个单相三绕组电压互感器或一个三相五芯柱三绕组电压互感器，如图 8-17 所示。接成 Y_0 的二次绕组，其中三只电压表匀接各相的相电压。当一次电路的某一相发生接地故障时，电压互感器二次侧对应相的电压表指零，而其他两相的电压表读数则升高到线电压。由指零的电压表所在相即可得知该相发生单相接地故障，但不能判明是哪一条线路发生了故障，因此这种绝缘监察装置是无选择性的，只适用与高压出线路数不多的系统，或作为有选择性的单相接地保护的一种辅助装置。该线路适合在允许短时停电的供电系统中。

电压互感器接成开口三角形（⊿）的辅助二次绕组，构成零序电压过滤器，供电给一个过电压继电器。在系统正常运行时，开口三角形（⊿）的开口处电压接近于零，继电器不会动作。但当一次电路发生单相接地故障时，开口三角形（⊿）的开口处将出现近100V的零序电压，使电压继电器动作，发出报警的灯光信号和音响信号。

图8-17所示电路，还可通过电压转换开关SA，测量一次电路的三个线电压。

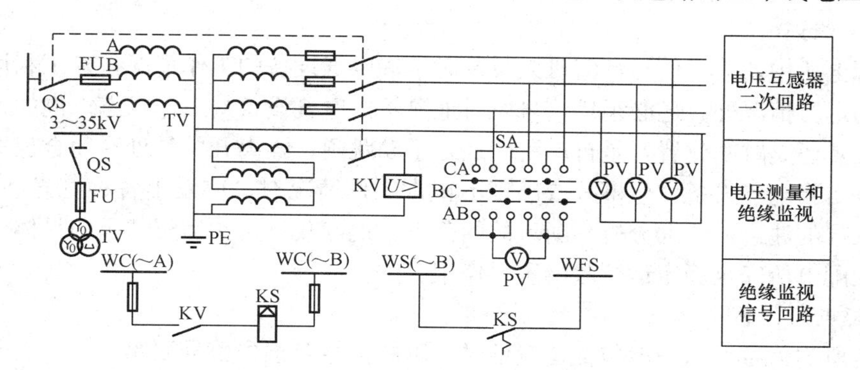

图8-17　6～35kV小电流接地系统的绝缘监察装置电路

TV—电压互感器；QS—高压隔离开关及其辅助触点；SA—电压转换开关；

PV—电压表；KV—电压继电器；KS—信号继电器；

WC—控制小母线；WS—信号小母线；WFS—预告信号小母线

作为绝缘监视用的三相电压互感器不能是三芯柱的，而必须是五芯柱的是因为单相接地在电压互感器铁芯中引起的三相零序磁通是同相的，不可能在三芯柱的铁芯内形成闭合回路，零序磁通只能经铁芯附近的气隙闭合，如图8-18（a）所示。这零序磁通也就不可能与互感器的二次绕组及辅助二次绕组交链，因此在二次绕组及辅助二次绕组内不会感生零序电压，从而无法反应一次侧的单相接地故障。而五芯柱的电压互感器，由于单相接地而在其铁芯中引起的三相零序磁通，可通过互感器的两边柱形成闭合回路，如图8-18（b）所示。因此，可在互感器二次绕组内感生零序电压，使电压继电器KV动作，从而实现一次系统的绝缘监视。

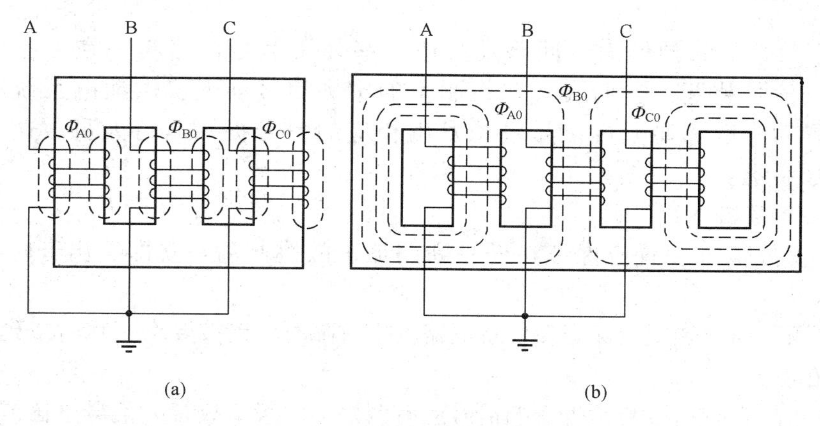

图8-18　电压互感器中的零序磁通

（a）三相三芯柱铁芯；（b）三相五芯柱铁芯

目前，微机小电流接地监测、选线装置也已广泛应用于供配电系统，请大家参考相关资料。

8.5 中央信号回路

8.5.1 概述

在变配电所中，为了使运行值班人员及时掌握电气设备的工作情况，除了利用测量仪表反映设备的运行情况外，还必须用信号及时地显示出电气设备的工作状态。例如，断路器是处在合闸位置还是跳闸位置，是自动跳闸还是手动跳闸；隔离开关是处在闭合位置还是处在断开位置等。当电气设备发生事故或出现不正常工作情况时，应发出各种灯光和音响信号，引起值班人员的注意，帮助分析判断事故的范围、地点或不正常运行情况的具体内容等。信号装置对变配电所安全稳定运行起着重要作用。

1. 变配电所的信号回路类型

变配电所的信号回路一般包括位置信号、事故信号及预告信号回路。

(1) 位置信号。位置信号主要包括断路器位置信号、隔离开关位置信号和有载调压变压器调压分接头位置信号。断路器一般采用灯光表示其合、跳闸位置；隔离开关常用专门的位置指示器表示其位置；有载调压变压器采用指针或数码管位置指示器表示分接头位置。

(2) 事故信号。当电气设备发生故障时，继电保护动作使故障回路的断路器立即跳闸，并发出事故信号，以引起值班人员注意。事故信号由灯光信号和音响信号组成，灯光信号是指故障回路断路器位置信号灯发出闪光，并伴有相应光字牌显示事故的具体内容，音响信号是指蜂鸣器或电喇叭发出的声响。当电气设备出现不正常运行状态时，继电保护动作启动警铃发出声响，同时伴有相应光字牌显示不正常运行状态的具体内容。它可以帮助运行人员发现隐患，以便及时处理。

(3) 预告信号。变配电所常见的预告信号有变压器轻气体保护动作、变压器油温过高、电压互感器二次回路断线、交直流回路绝缘损坏、控制回路断线及其他要求采取处理措施的不正常情况。

通常将事故信号、预告信号回路及其他一些公用信号回路集中在一起成为一套装置，称为中央信号装置，它们装设在控制室的中央信号屏上。供配电系统中，保护装置或监测装置动作后都要通过信号系统发出相应的信号提示运行人员。这个信号系统称为中央信号系统。

2. 对中央信号回路的要求

(1) 中央事故信号装置应保证在任一断路器事故跳闸后，立即发出音响信号和灯光信号。

(2) 中央预告信号装置应保证在任意电路发生故障时，能按要求（瞬时或延时）发出音响信号和灯光信号。

(3) 中央事故音响信号与预告音响信号应有区别。一般事故音响信号电笛或蜂鸣器，预告音响信号用电铃。

(4) 中央信号装置在发出音响信号后，应能手动或自动复归（解除）音响，而灯光信号及其他指示信号应保持到消除故障为止。

(5) 接线应简单、可靠，应能监视信号回路的完好性。

(6) 应能对事故信号、预告信号及其光字牌是否完好进行试验。

(7) 中央信号一般采用重复动作的信号装置。

8.5.2　中央事故信号回路

中央事故信号按操作电源分为交流和直流操作电源两类；按事故音响信号的动作特性分为不能重复动作和能重复动作两类；按复归方法分为就地复归和中央复归两类。

1. 中央复归不重复动作的事故信号回路

如图 8-19 所示，若某断路器（1QF）因事故跳闸，事故信号回路启动，蜂鸣器 HB 发出声响。按 2SB 复归按钮解除音响。若此时 2QF 又发生了事故跳闸，蜂鸣器将不会发出声响，称为不能重复动作。能在控制室手动复归称为中央复归。1SB 为试验按钮，用于检查事故音响回路是否完好。

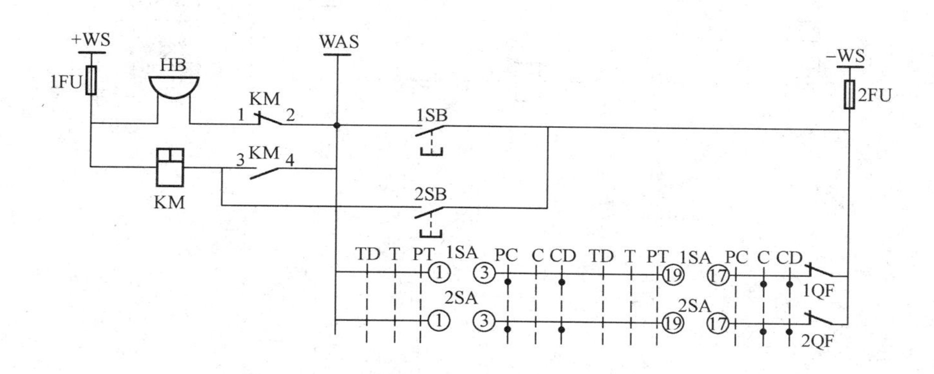

图 8-19　中央复归不重复动作的事故信号回路

2. 中央复归重复动作的事故信号回路

所谓中央复归能重复动作的事故信号，是指断路器自动跳闸后，为使值班人员不受音响信号长期干扰而影响事故处理，可以保留绿灯闪光信号而仅将音响信号立即解除。

图 8-20 中 KSP1 为 ZC-23 型冲击继电器，脉冲变流器 T 一次侧并联的二极管 VD 和电容器 C 起抗干扰作用；二次侧并联的二极管 VD 的作用是将 T 的一次侧电流突然减小而在二次侧感应的电流旁路，使干簧继电器 KR 不误动（因干簧继电器动作没有方向性）。其原理是当断路器事故分闸或按下试验按钮 SE1 时，脉冲变流器 T 一次绕组中有电流增量，二次绕组中感应电流启动 KR，KR 动作后启动中间继电器 KM。KM 有两对触点，一对触点闭合启动蜂鸣器 HB，发出音响信号；另一对触点闭合启动时间继电器 KT1，经一定延时后，KT1 启动 KM1，KM1 动作后，使 KM 失磁返回，于是音响停止，整个事故信号回路恢复到原始状态，为第二台断路器跳闸时发出音响做好了准备，不对应启动回路如图 8-20 (b) 所示。

图 8-20 (a) 中动合触点 KM2 是由预告信号装置引来的，所以自动解除音响用的时间继电器 KT1 和中间继电器 KM1 为两套音响信号装置所共用。

为能试验事故音响装置的完好与否，另设有试验按钮 SE1，按 SE1 时，即可启动 KSP1，使装置发出音响并按上述程序复归至原始状态。按下手动复归按钮也可使音响信号

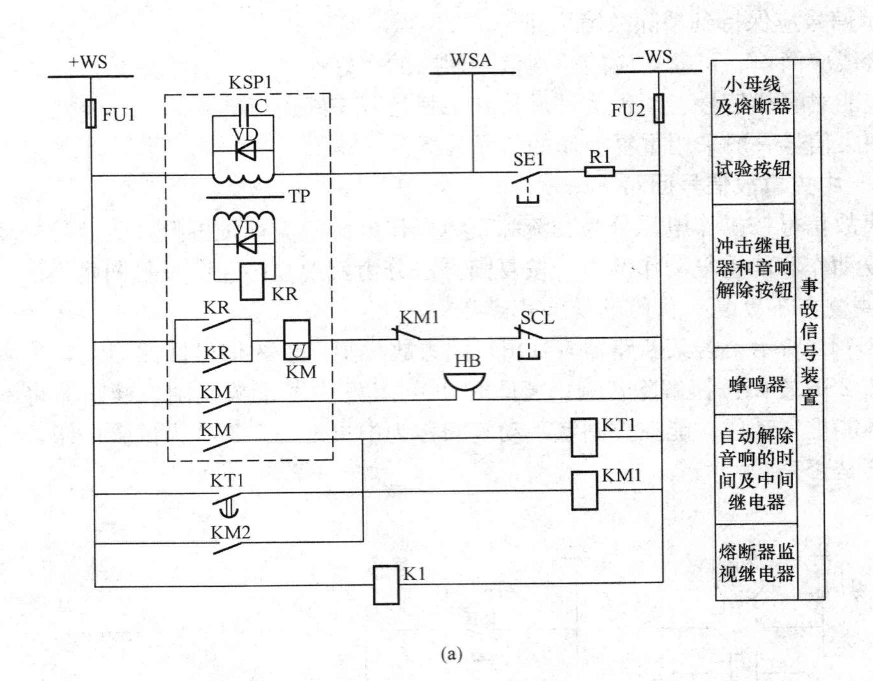

(a)

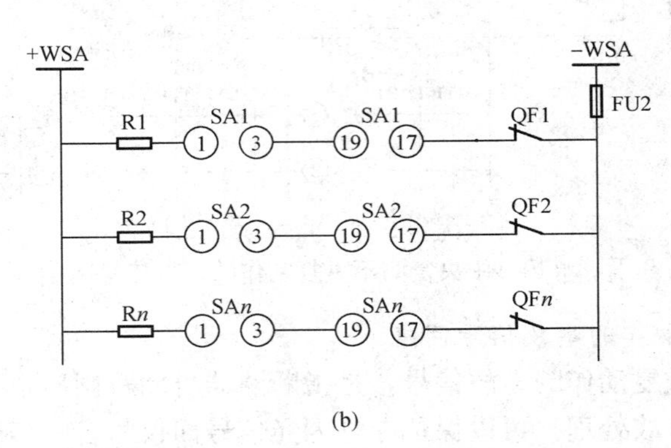

(b)

图 8-20 中央复归重复动作的事故信号回路

(a) 事故信号回路；(b) 不对应启动回路

解除。

8.5.3 中央预告信号回路

中央预告信号回路是指在供配电系统中，发生故障和不正常工作状态下发出音响信号。常采用电铃发出声响，并利用灯光和光字牌来显示故障的性质和地点。中央预告信号装置有直流和交流两种，也有不重复动作和重复动作的两种。

1. 中央复归不重复动作预告信号回路

中央复归不重复动作预告信号回路，如图 8-21 所示。

2. 中央复归重复动作预告信号回路

中央复归重复动作预告信号回路工作原理如图 8-22 所示。当 SA 在工作位置时，若系统发生不正常工作状态，如过负荷动作 1K 闭合，+WS 经 1K、HL1（两灯并联）、SA 的

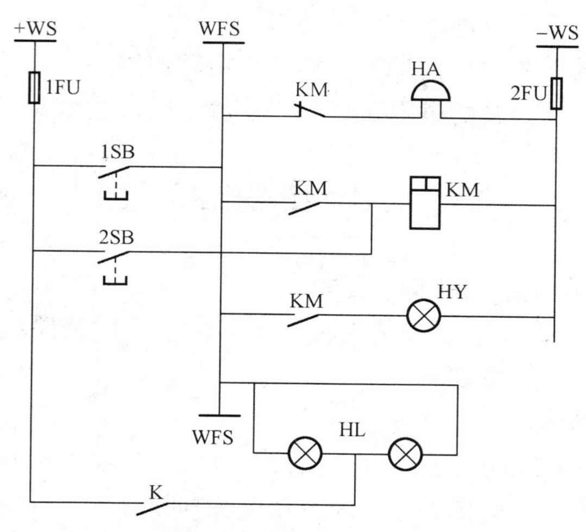

图 8-21　中央复归不重复动作预告信号回路

13-14、KI 到-WS，使冲击继电器 KI 的脉冲变流器一次绕组通电，发出音响信号，同时光字牌 HL1 亮。

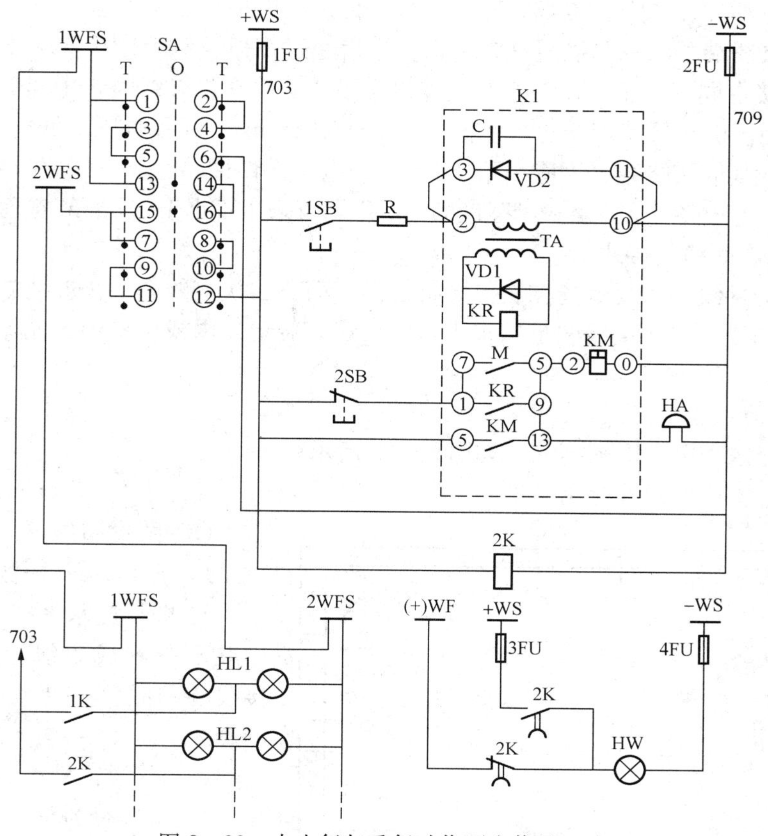

图 8-22　中央复归重复动作预告信号回路

SA 在试验位置时，试验回路为＋WS→12-11→9-10→8-7→2WFS→HL 光字牌（两灯串联）→1WFS→1-2→4-3→5-6→-WS，所有光字牌亮，表明光字牌灯泡完好，如有不亮表示光字牌灯泡坏，更换灯泡。

预告信号音响部分的重复动作也是靠突然并入启动回路一个电阻，使流过冲击继电器的电流发生突变来实现。启动回路的电阻是利用光字牌中的灯泡电阻。

8.6 二次回路安装接线图

8.6.1 二次回路安装接线图的接线要求

按 GB 50171—2012《电气装置安装工程　盘、柜及二次回路接线施工及验收规范》规定，二次回路的接线应符合下列要求：

(1) 按图施工，接线正确。

(2) 导线与电气元件间采用螺栓连接、插接、焊接、压接等，均应牢固可靠。

(3) 盘、柜内的导线不应有接头，导线芯线应无损伤。

(4) 多股导线与端子、设备连接应压终端附件。

(5) 电缆芯线和所配导线的端部均应标明其回路编号，编号应正确，字迹清晰且不易脱色。

(6) 配线应整齐、清晰、美观，导线绝缘应良好，无损伤。

(7) 每个接线端子的每侧接线宜为 1 根，不得超过 2 根。对于插接式端子，不同截面的两根导线不得接在同一端子上；对于螺栓连接端子，当接两根导线时，中间应加平垫片。

(8) 盘、柜内电流回路配线应采用截面不小于 $2.5mm^2$、标称电压不低于 450V/450V 的铜芯绝缘导线，其他回路截面不应小于 $1.5mm^2$；电子元件回路、弱电回路采用锡焊连接时，在满足载流量和电压降及有足够机械强度的情况下，可采用不小于 $0.5mm^2$ 截面的绝缘导线。

8.6.2 二次回路的接线图

二次回路的接线图主要是指二次安装接线图，简称二次接线图，是安装施工和运行维护时的重要参考图纸。二次接线图是用来表示屏（成套装置）内或设备中各元器件之间连接关系的一种图形。

1. 电气图的一般规则

(1) 图幅分区。电气图图幅分区如图 8-23 所示。

(2) 图线。图线形式及应用见表 8-4。

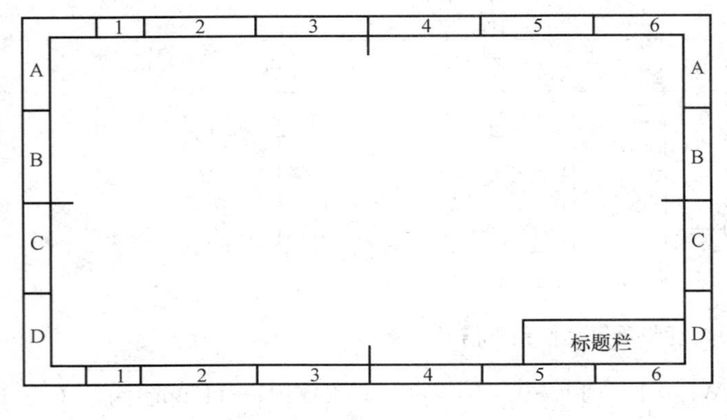

图 8-23　图幅分区

(3) 图形布局。

1) 图中各部分间隔均匀。

2) 图线应水平布置或垂直布置，一般不应画成斜线。表示导线或连接线的图线都应是交叉和折弯最少的直线。

(4) 图形符号。

1) 图形符号应采用最新国家标准规定的图形符号，并尽可能采用优选形和最简单的形式。

2) 同一电气图中应采用同一形

式的符号。

3）图形符号均是按无电压、无外力作用的正常状态表示。

表 8-4 **图线形式及应用**

图线名称	图线形式	一 般 应 用
实 线	————————	基本线，可见轮廓线、导线
虚 线	--------	辅助线，屏蔽线，不可见轮廓线，不可见导线，计划扩展线
点画线	——·——	分界线，结构框线，功能围框线，分组围框线
双点画线	——··——	辅助围框线

2. 二次回路接线图的绘制

（1）项目代号。项目代号见表 8-5。

表 8-5 **项目代号**

段 别	名 称	前缀符号	示 例
第一段	高层代号	＝	＝S1
第二段	位置代号	＋	＋3
第三段	种类代号	—	—K1
第四段	端子代号	：	：2

1）高层代号。是指系统或设备中较高层次的项目，用前缀“＝”加字母代码和数字表示，如“＝S1”表示较高层次的装置 S，见表 8-5 项目代号。

2）位置代号。见表 8-6。按规定，位置代号以项目的实际位置（如区、室等）编号表示，用前缀“＋”加数字或字母表示，可以有多项组成，如＋3＋A＋5，表示 3 号室内 A 列第 5 号屏。

3）种类代号。一个电气装置一般有多种类型的电器元件组成，如继电器、熔断器、端板等，为明确识别这些器件（项目）所属种类，设置了种类代号，用前缀“—”加种类代号和数字表示，如—K1，表示顺序编号为 1 的继电器，见表 8-5。

表 8-6 **位置代号**

项目种类	字母代码（单字母）	项目种类	字母代码（单字母）
开关柜	A	测量设备（仪表）	P
电容器	C	开关器件	Q
保护器件如避雷器、熔断器等	F	电阻	R
		变压器、互感器	T
指示灯	H	导线、电线、母线	W
继电器、接触器	K	端子、接线栓、插头等	X
电动机	M	电烙铁（线圈）	Y

4）端子代号。用来识别电器、器件连接端子的代号。用前缀“：”加端子代号字母和端子数字编号，如—Q1：2 表示开关（隔离）Q1 的第 2 端子，X1：2 则表示端子排 X1 的第二个端子。

(2) 安装单位和屏内设备。为了区分同一屏中两个以上分别属于不同一次回路的二次设备，设备上必须标以安装单位的编号，安装单位的编号用罗马数字Ⅰ、Ⅱ、Ⅲ等来表示，如图 8-24 所示。

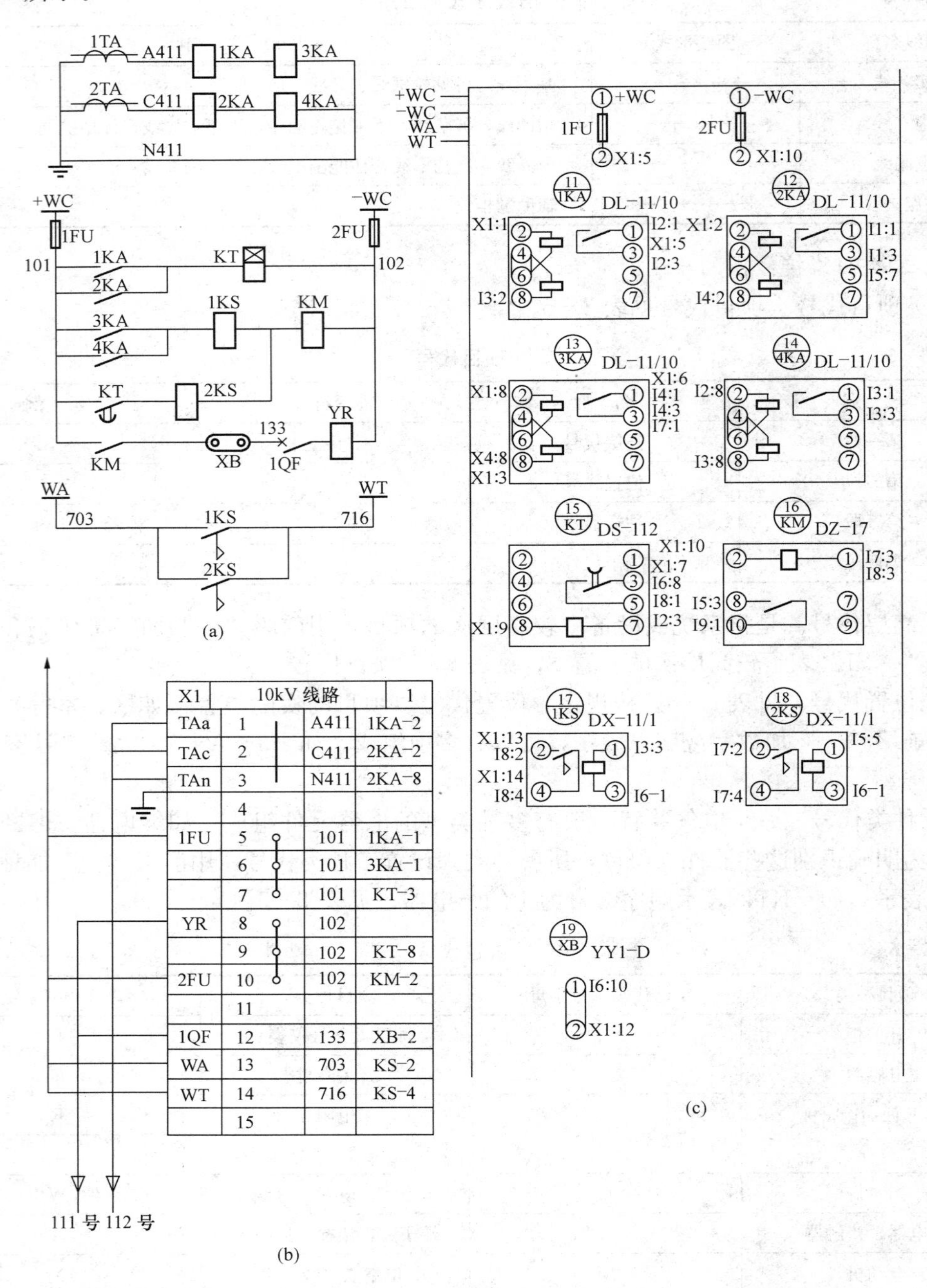

图 8-24　安装单位和屏内设备

(a) 展开图；(b) 端子排图；(c) 屏背面接线图

(3) 接线端子（排）。在屏内与屏外二次回路设备的连接，屏内不同安装单位设备之间的连接，以及屏内与屏顶设备之间的连接，都是通过端子排来实现的。若干个接线端子组合在一起构成端子排，端子排通常垂直布置在屏后两侧。

端子按用途分有一般端子、连接端子、试验端子等几种，外形如图 8－25 所示。

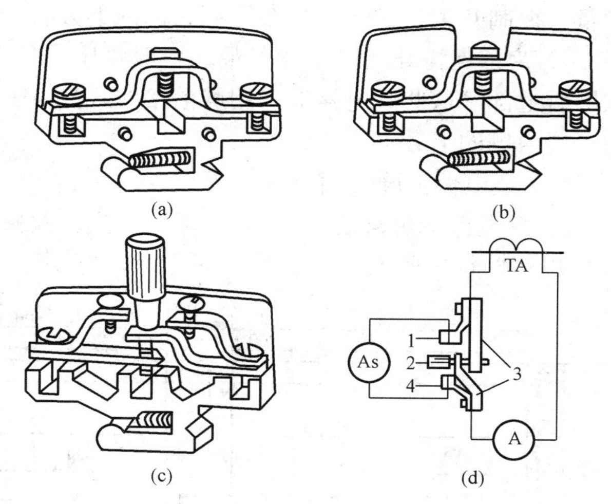

图 8－25　端子外形
(a) 一般端子；(b) 连接端子；
(c) 试验端子；(d) 试验端子接线

1) 一般端子。适用于屏内、外导线或电缆的连接。

2) 连接端子。与一般端子的外形基本一样，不同的是中间有一缺口，通过缺口可以将相邻的连接端子或一般端子用连接片连为一体，提供较多的接点供接线使用。

3) 试验端子。用于需要接入试验仪器的电流回路中。通过它来校验电流回路中仪表和继电器的准确度。

(4) 端子排的排列顺序。端子排的排列顺序为交流电流回路、交流电压回路、信号回路、控制回路、其他回路、转接回路。

(5) 二次回路接线表示方式。

1) 连续线表示方式。在设备之间的连接线是用连续图线画出的，当图形复杂时，若图线的交叉点太多，会显得很乱。

2) 中断线表示方式。中断线又称为相对编号法，就是甲、乙两个设备需要连接时，在设备的接线柱上画一个中断线并标明接线的去向，没有标号的接线柱，表示空着不接。

3. 屏面布置图的绘制

(1) 控制屏屏面布置。

1) 控制屏屏面布置应满足监视和操作调节方便、模拟接线清晰的要求。相同的安装单位其屏面布置应一致，如图 8－26 (a) 所示。

2) 测量仪表应尽量与模拟接线对应，A、B、C 相按纵向排列，同类安装单位中功能相同的仪表，一般布置在相对应的位置。

3) 每列控制屏的各屏间，其光字牌的高度应一致，光字牌宜放在屏的上方，要求上部取齐，也可放在中间，要求下部取齐。

4) 操作设备宜与其安装单位的模拟接线相对应。功能相同的操作设备，应布置在相对应的位置上，操作方向全变电所必须一致。

5) 操作设备（中心线）离地面一般不得低于 600mm，经常操作的设备宜布置在离地面 800～1500mm 处。

(2) 信号屏屏面布置。

1) 信号屏屏面布置应便于值班人员监视，如图 8－26 (b) 所示。

2) 中央事故信号装置与中央预告信号装置，一般集中布置在一块屏上，但信号指示元件及操作设备应尽量划分清楚。

3）信号指示元件（信号灯、光字牌、信号继电器）一般布置在屏正面的上半部，操作设备（控制开关、按钮）则布置在它们的下方。

4）为了保持屏面的整齐美观，一般将中央信号装置的冲击继电器、中间继电器等布置在屏后上部（这些继电器应采用屏前接线式）。中央信号装置的音响器（电笛、电铃）一般装于屏内侧的上方。

（3）继电保护屏屏面布置。

1）继电保护屏屏面布置应在满足试验、检修、运行、监视方便的条件下，适当紧凑，如图 8－26（c）所示。

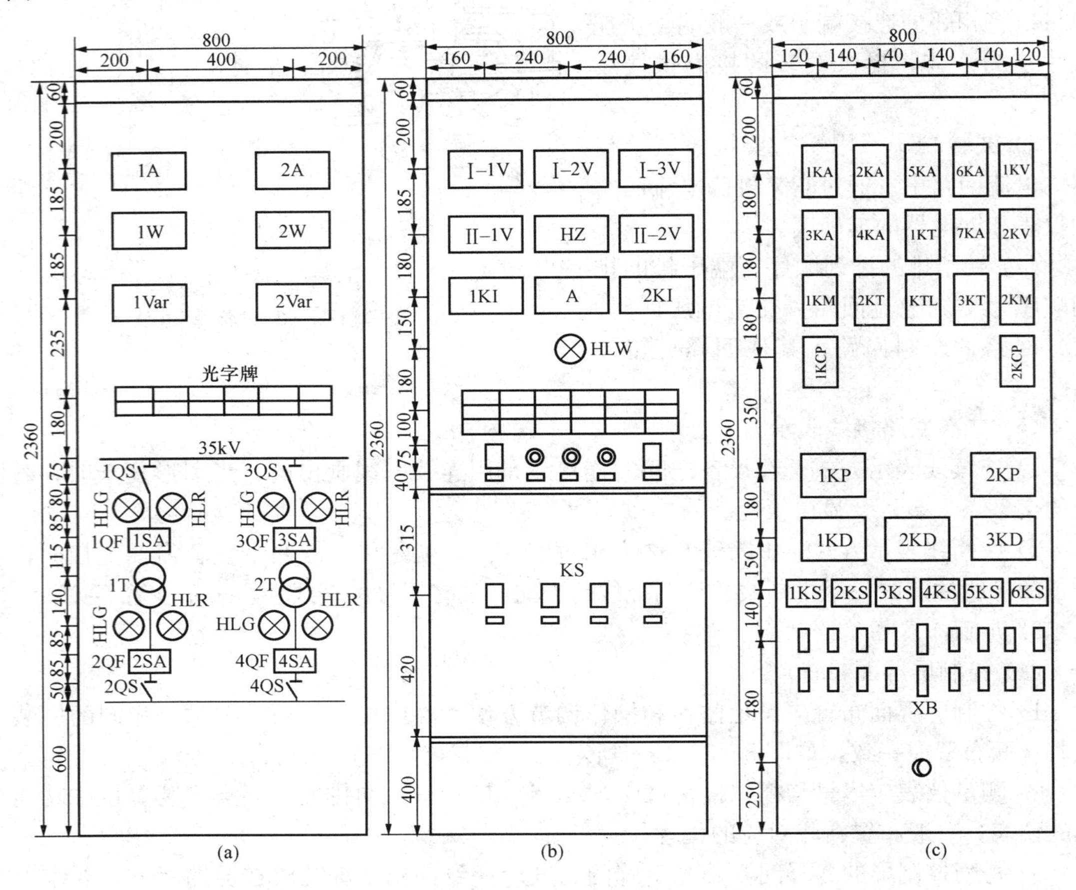

图 8－26 屏面布置

(a) 35kV 主变控制屏；(b) 信号屏；(c) 继电保护屏

2）相同安装单位的屏面布置宜对应一致，不同安装单位的继电器装在一块屏上时，宜按纵向划分，其布置宜对应一致。

3）各屏上设备装设高度横向应整齐一致，避免在屏后装设继电器。

4）调整、检查工作较少的继电器布置在屏的上部，调整、检查工作较多的继电器布置在中部。一般按如下次序由上至下排列：电流、电压、中间、时间继电器等布置在屏的上部，方向、差动、重合闸继电器等布置在屏的中部。

5）各屏上信号继电器宜集中布置，安装水平高度应一致。信号继电器在屏面上安装中心线离地面不宜低于600mm。

6）试验部件与连接片的安装中心线离地面宜不低于300mm。

7）继电器屏下面离地250mm处宜设有孔洞，供试验时穿线用。

8.7 自动重合闸装置和备用电源自动投入装置

8.7.1 自动重合闸装置

电力运行经验表明，电力系统的短路故障特别是架空线路上的短路故障大多是暂时性的，这些故障在断路器跳闸后，多数能很快地自行消除。例如，雷击闪络或鸟兽造成的线路短路故障，往往在雷击过后或鸟兽烧死之后，线路大多能恢复正常运行。因此如采用自动重合闸装置（auto-reclosing device，ARD），使断路器在跳闸后，经很短时间又自动重新合闸送电，从而可大大提高供电可靠性，避免因停电而给国民经济带来的巨大损失。

1. 自动重合闸装置的类型

自动重合闸装置按其操作方式分，有机械式和电气式；按组成元件分，有机电型、晶体管型和微机型；按重合次数分，有一次重合式、二次重合式和三次重合式。

运行经验证明，ARD的重合成功率随着重合次数的增加而显著降低。对架空线路来说，一次重合成功率可达60％～90％，而二次重合成功率只有15％左右，三次重合成功率仅3％左右，因此一般用户的供配电系统中只采用一次重合闸。

2. 自动重合闸装置的原理

实际的ARD电路有继电式、PLC式。图8-27所示为电气一次ARD的原理电路。

（1）手动合闸。按下合闸按钮SB1，使合闸接触器KO通电动作，接通合闸线圈YO回路，使断路器合闸。

（2）手动跳闸。按下跳闸按钮SB2，接通跳闸线圈YR回路，使短路器跳闸。

（3）自动重合闸。当线路上发生短路故障时，保护装置动作，其出口继电器触点KM闭合，接通跳闸线圈YR的回路，使断路器跳闸。断路器跳闸后，其辅助触点QF3-4闭合，同时重合闸继电器KAR启动，经短延时（一般为0.5s）接通合闸接触器KO回路，接触器KO又接通合闸线圈YO回路，使断路器重新合闸，恢复供电。

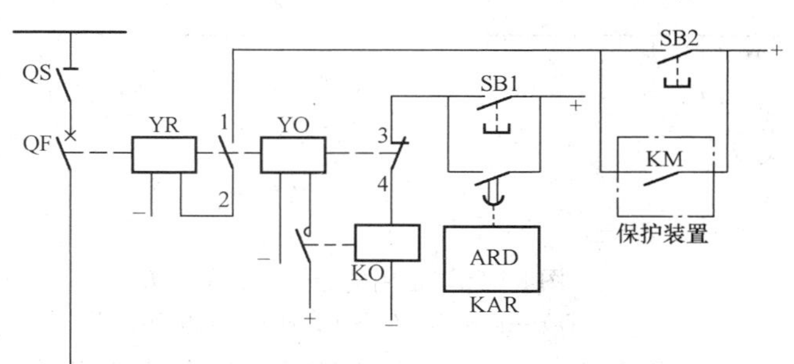

图8-27 电气一次ARD的原理电路
QF—断路器；YR—跳闸线圈；YO—合闸线圈；
KO—合闸接触器；KAR—重合闸继电器；
KM—保护装置出口继电器触点；
SB1—合闸按钮；SB2—跳闸按钮

3. 自动重合闸装置的要求

不论哪一种ARD电路，都应满足下列基本要求：

（1）用控制开关或遥控装置断开断路器时，ARD不应动作。

（2）如果是一次电路出现故障使断路器跳闸时，ARD应该动作。但是一次ARD只应重合一次，因此应有防止断路器多次重合于永久性故障的一次电路上的“防跳”措施。

(3) ARD动作后，应能自动返回，为下一次动作做好准备。

(4) ARD应与继电保护相配合，使继电保护在ARD动作前或动作后加速动作。大多采取重合闸后加速保护装置动作的方案，使ARD重合永久性故障上时，快速断开故障电路，缩短故障时间，减轻故障对系统的危害。

8.7.2 备用电源自动投入装置

在工业企业供电系统中，为了保证不间断供电，对于具有一级及重要二级负荷的变电站或用电设备，常采用备用电源的自动投入装置（auto-put-into device of reserve-source，APD)，以保证当工作电源不论由于何种原因而失去电压时，备用电源可自动投入恢复供电，使生产得以连续进行。APD可以是继电保护装置，也可以是可编程控制装置（PLC)。

1. 备用电源自动投入装置的应用

APD装置应用的场所很多，如用于备用线路、备用变压器、备用母线及重要机组等。下面介绍使用较为广泛的两种备用电源自动投入装置。

(1) 具有一回工作线路和一回备用线路的变电站，APD装设在进线断路器上，如图8-28(a) 所示。正常运行时，备用线路断开，当工作线路因故障或其他原因切除后，备用线路即自动投入。

(2) 具有二回独立线路同时工作的变电站，APD装设在分段断路器上，如图8-28 (b) 所示。正常运行时，分段断路器3QF断开，当其中任何一回线路因故障或其他原因切除后，3QF便自动投入运行，使另一回线路承担对全部负荷供电。但需指出，在设计线路及变电站主接线时就应考虑这种运行方式，以便在APD投入后不会引起线路和母线过负荷。

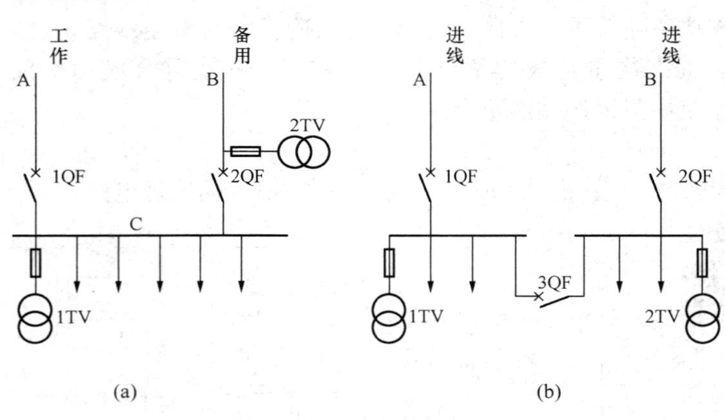

图8-28 备用电源投入的基本方式

(a) 一回工作一回备用；(b) 两回互为备用

装设APD的断路器可以采用电磁式或弹簧式操动机构。根据断路器操动机构的不同，APD可以采用直流操作或交流操作。

2. 对备用电源自动投入装置的要求

(1) 工作电源上的电压不论因何种原因消失时，APD均应动作。工作电源上的电压消失的原因是很多的，以图8-28 (a) 所示变电站C为例，其母线电压消失的原因可能包括：工作线路AC上发生短路；变电站C母线上发生短路；由于上级变电站故障使正常供电线路的电压消失等。在上述所有情况下，APD装置均应动作，这样才能最大限度地发挥APD的作用。

(2) 应保证在工作电源断开后再投入备用电源。这一要求主要考虑当工作电源发生故障但还没有断开时，防止备用电源投入后向故障点供给短路电流。

(3) APD的动作时间应尽量缩短，以便电动机的自启动。

(4) 应保证APD装置只动作一次。当具有备用电源的母线发生短路时，工作电源在继电保护的作用下跳开，经过短暂的延时，备用电源便自动投入。如果母线故障仍未消失，则备用电源的继电保护动作将备用电源跳开，并且不允许它再次投入，以避免将备用电源多次投入到永久性的故障上。

(5) 当电压互感器的熔断器熔断时，APD装置不误动作。运行经验表明，电压互感器低压侧熔断器经常熔断，熔断以后，作为APD装置启动元件的低电压继电器就会启动，因此应在APD接线中采取措施，防止APD装置误动作。

(6) 应当校验备用电源和备用设备过负荷能力及电动机自启动情况。如果过负荷严重或不能保证电动机自启动，则应在APD动作时切除一部分次要负荷。

8.8　变电站综合自动化系统

变电站是电力系统的重要组成部分，随着现代计算机技术、现代通信和网络技术的发展及在电力系统中的广泛应用，变电站综合自动化装置的发展，特别是变电站无人值班技术的发展，已经进入以计算机网络为核心，采用分层、分布式控制方式，集控制、保护、测量、信号、远动为一体的综合自动化阶段，如图8-29所示。

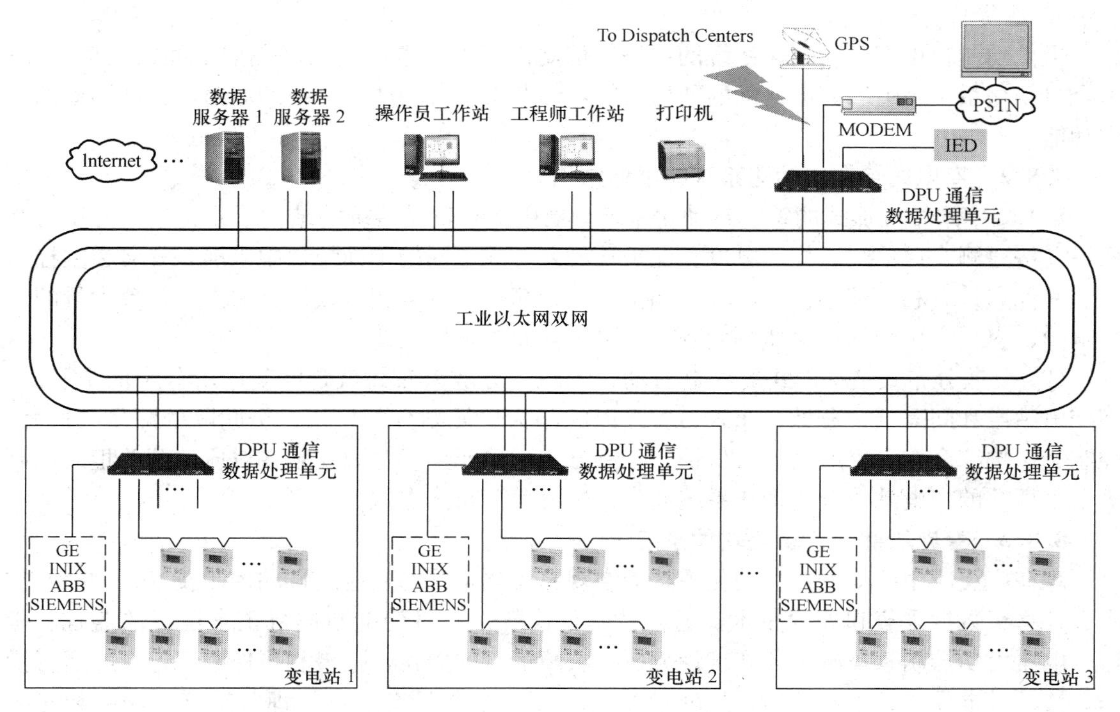

图8-29　变电站综合自动化系统

8.8.1　变电所综合自动化系统的基本功能

1. 变电所微机监控子系统基本功能

(1) 数据采集。采集的数据包括模拟量、状态量、脉冲量。

(2) 事件顺序记录。

（3）故障记录、故障录波和测距。

（4）操作闭锁与控制功能。

1）断路器操作时，应闭锁自动重合闸。

2）当地进行操作和远方控制操作要互相闭锁，保证只有一处操作，以免互相干扰。

3）根据实时信息，自动实现断路器与隔离开关间的闭锁操作。

4）无论当地进行操作还是远方控制操作，都应有防误操作的闭锁措施，即要收到反馈信号后，才执行下一项；必须有对象校核、操作性质校核和命令执行三步，以保证操作的正确性。

（5）事件报警功能。

（6）人机联系功能。

（7）系统自诊断功能。

（8）完成计算机监控系统的系统功能。

2. 变电站微机保护子系统基本功能

应保持与通信、测量的独立性，即通信与测量方面的故障不影响保护正常工作。微机保护还要求保护的 CPU 及电源均保持独立。微机保护子系统还综合了部分自动装置的功能，如综合重合闸和低频减载功能。这种综合是为了提高保护性能，减少变电站的电缆数量。

3. 通信功能

通信功能包括综合自动化系统的现场通信功能，即变电站层与间隔层之间的通信功能；综合自动化系统与上级调度之间的通信功能，即监控系统与调度之间的通信，包括四遥的全部功能。

8.8.2 变电站综合自动化系统的硬件结构

（1）集中式结构形式的综合自动化系统。集中式布置是传统的结构形式，它是把所有二次设备按遥测、遥信、遥控、电度、保护功能划分成不同的子系统集中组屏，安装在主控室内。其优点是有利于观察信号，方便调试，结构简单，价格相对较低；缺点是耗费大量的二次电缆，容易产生数据传输瓶颈问题，其可扩性及维护性较差。

（2）分散分布式结构形式的综合自动化系统。分散分布式就是将变电所分为两个层次，即变电站层和间隔层。分散分布式布置是以间隔为单元划分的，每一个间隔的测量、信号、控制、保护综合在一个或两个（保护与控制分开）单元上，分散安装在对应的开关柜或控制屏上。现在的变电站综合自动化系统通常采用分散分布式布置。

8.8.3 变电所综合自动化软件系统

现在广泛应用的变电站自动化系统为常规自动化系统，它应用自动控制技术、物联网技术、计算机数据采集和处理技术、通信技术，代替人工对变电站进行正常运行的监视、操作、电压无功控制、量测记录和统计分析、故障运行的监视、报警和事件顺序记录与运行操作，涉及继电保护、紧急控制、故障录波、RTU、维修状态信息处理等功能，功能相对齐全。还有对变电站内参与运行的各种设备设施进行自动监视和控制的变电站监控系统，一般采用 DCS 系统，大型变电站也还要加上 SIS 系统进行专家分析。

对设备的自动化水平要求是建立在设备可靠性基础上的。无设备的可靠性就谈不上自动化，再高级的自动化功能也无济于事。自动化往往与设备本身的结构、功能有相当重要的关系。对于无人值班变电所，实现自动化的功能要求主要是信息采集的准确性，以及设备本身的智能化程度、信息段操作指令的传输，这里需要一次设备的可操作性，如重合器、断路器、负荷隔离开关、电容器分挡调节均通过远方控制命令，由自身的控制机构来完成。

1. 变电所的二次设备

二次设备主要是指保护装置，负责对设备运行信息的采集及判断处理并发出执行命令，如重合控制器、保护、综合自动化、控制器等。这些设备一般是以电子元件为主所组成的电子装置，运行环境要求较高，设计结构要求合理，抗干扰及自动复位功能要强。电力运行部门主要是着重应用效果，一般不能直观地判断出合理与否，需要长期从实际应用中得出结论。针对当前的国内形势，这类设备近年来技术发展较快，生产单位较多，对生产厂如何从生产工艺及元件的老化、筛选做过细致的工作，一般用户很难在直观上区分。选择时应充分注意装置在高、低温时对元件的老化性能影响及各种恶劣环境下信号的可靠性。

2. 远动设备

主要是变电所及调度中的信息及传输装置，通常称为变电所的监控（RTU）。RTU 的结构早期采用集中式结构，将变电所大量的信息（如电压、电流、信号）从电缆送至屏中，由变换器进行电平转换，集中起来由一个 CPU 处理后上发。这种结构相互连带关系较多，传输速率较低，较差的软件系统很难达到预期效果，往往不能使人满意。一旦发生问题则会导致整个变电所通信及控制的瘫痪。

根据技术发展和当前的趋向应采用分布式单元化结构，最大可能地减少相互间转换的环节。目前，交流采样的 RTU 已用作电力行业的主要设备。但远动设备的运行环境与二次设备相似，需要经过严格的考验。

3. 通信

通信设施是无人值班的主要手段，一次信息来自于 RTU，由通信装置按一定方式向监控中心发送，又将控制中心的命令转发至各一次设备并按指示执行操作。通信的方式较多，但对无人值班变电所一般有以下几类：

(1) 载波通信。载波通信方式较为传统，与网络的接线相关，当多次转接时会造成通信效果欠佳，设备造价增大等。一般是由电源端直接至本变电所的单一线路设载波，由中心变电所经光纤传送至调控中心。

(2) 扩频。扩频是近年来国内电力部门使用较多的一种新型无线通信装置。它采用了低频频带传输信息，在平原地带使用效果较好。对山区及森林地带，因阻挡和衰减而效果较差。但是这种装置对电力系统的通信来说仍然是一种辅助设施，少量的点对点方式使用效果较好；当同一系统设置数量较多的点对点时，也会造成不良状况，影响正常运行。

(3) 光纤。光纤是目前通信较为理想的设施。主要集中在枢纽变电所与调度中心，对偏远地区，采用载波和扩频方式与其相连接相互补充，不仅能提高通信质量和效果，而且能大幅度节约资金。

(4) 微波。微波也是无线的一种。由于设备本身的价格、设施等因素，使用不多，尤其是单一的变电所使用难度较大。

4. 主站及当地监控系统

监控系统根据监控中心（调度中心）来考虑，以软件为主实现监控和控制等各种功能。主要有运行时实际状态的电量及非电量的检测、保护装置的定值修改和保护的控制、可传动设备的远方操作、中央信号及手动信号的记录和处理等。由于监控系统的功能较多，正常以模块化方式进行管理，在监控中心以通信方式对各变电所实行视屏化监控和智能化管理。

主站管理系统软件和当地监控是自动化的综合体现，对无人值班变电所中所涉及一、二次设备、远动通信等各方面是相辅相成不可分割的，任一环节发生问题都将影响整个系统的操作。因此，变电所的各类设备应以可靠性为前提，以自动化为目标，逐步达到无人值班要求。

8.8.4 故障录波器

20世纪60年代末，我国电力系统开始应用以光电转换为原理、120胶片为记录载体的故障录波器，录波器在电网故障及继电保护动作行为分析方面发挥着越来越重要的作用。特别是80年代中期以来，随着计算机技术被引入继电保护领域，故障录波器更有了迅猛发展。目前，微机型故障录波器已经完全取代了光电式录波器，成为电网故障信息记录的主力，在许多重大事故的调查和分析中发挥了重要作用。

故障录波器用于电力系统，可在系统发生故障时，自动、准确地记录故障前、后过程的各种电气量的变化情况，通过这些电气量的分析、比较，对分析处理事故、判断保护是否正确动作、提高电力系统安全运行水平均有着重要作用。

(1) 根据所记录波形，可以正确地分析判断电力系统、线路和设备故障发生的确切地点、发展过程和故障类型，以便迅速排除故障和制订防止对策。

(2) 分析继电保护和高压断路器地动作情况，及时发现设备缺陷，揭示电力系统中存在的问题。

(3) 积累第一手材料，加强对电力系统规律的认识，不断提高电力系统运行水平。

启动方式的选择，应保证在系统发生任何类型故障时，故障录波器都能可靠的启动。一般包括以下启动方式：负序电压、低电压、过电流、零序电流、零序电压。

8.9 二次系统运行维护

8.9.1 二次回路的运行检查

1. 正常巡视检查

(1) 检查直流系统的绝缘是否良好，各装置的工作电源是否正常。

(2) 检查各断路器控制开关手柄位置与开关位置及灯光信号是否相对应；压板和转换开关位置是否正确。

(3) 检查事故信号，预告信号的音响及光字牌显示是否正常。

(4) 各保护及自动装置连片的投退与调度命令是否相符，各熔丝、刀闸、转换电器的工作状态是否与实际相符，有无异常响声；感应型继电器铝盘转动是否正常，带电器触点有无大的抖动及磨损，线圈及附加电阻有无过热现象。

(5) 检查表计指示是否正常，有无过负荷。

(6) 检查信号继电器掉牌是否在恢复位置；继电器触点有无卡住、变位倾斜、烧伤，以及脱轴、脱焊等情况。

(7) 有无异常声响、发热冒烟，以及烧焦等异常气味。

2. 特殊巡视及检查

(1) 高温季节应加强巡视。

（2）当开关事故跳闸后，应对保护及自动装置进行重点巡视检查，并详细记录各保护及自动装置的动作情况。

（3）高峰负荷以及恶劣天气应加强对二次设备的巡视。

（4）对某些二次设备进行定点，定期巡视检查。

3. 继电保护装置运行维护应注意的事项

（1）在继电保护运行过程中，发现异常现象时，应加强监视并向主管部门报告。

（2）继电保护动作跳闸后，应首先检查保护动作情况并查明原因。在恢复送电前应将所有的掉牌信号全部复归。

（3）维修工作中如果涉及保护装置，应与继电保护专业部门联系。

（4）值班员对保护装置的操作，一般只允许接通或断开压板、切换开关、卸装熔丝等工作。

（5）在二回路上工作应遵守电业安全工作规定。

（6）二次回路上工作必须有符合现场实际的图纸，不能单凭主观记忆去进行。

4. 摇测二次回路的绝缘

（1）二次回路绝缘摇测项目。摇测项目有电流回路对地、电压回路对地、直流回路对地、信号回路对地、正极对中跳闸回路、各回路间等。如需测所有回路对地，应将它们用线联结起来摇测。

（2）二次回路绝缘摇测注意事项：①断开本路交直流电源；②断开与其他回路的连线；③拆除电流回路接地点；④摇测完毕后恢复原状态。

5. 交直流不能共用一条电缆

交直流回路是各自的独立系统，直流回路是绝缘系统，而交流回路则是接地系统。因此，交直流回路不能共用一条电缆。若共用一条电缆，两者之间容易发生短路或发生互相干扰，降低直流回路电阻。

8.9.2 二次回路的典型故障处理

1. 断路器控制回路红、绿灯不亮

原因如下：

（1）灯泡灯丝断。

（2）控制保险熔断，松动或接触不良。

（3）灯光监视回路（包括灯座、附加电阻、断路器辅助触点）接触不良或断线。

（4）控制开关触点接触不良。

（5）防跳继电器电流线圈烧断。

（6）跳闸或合闸线圈接触不良或断线。

（7）断路器跳、合闸回路的闭锁触点粘连。

（8）其他二次回路断线。

注：查找二次回路故障一定要由二人进行检查处理。

2. 断路器不能合闸

原因如下：

（1）合闸保险烧断或松动。

（2）合闸电源电压过低。

(3) 控制把手有关触点接触不良。

(4) 合闸时设备或线路故障，保护发出跳闸脉冲。

(5) 断路器机械故障。

3. 断路器不能跳闸

断路器不能跳闸时应采取措施将断路器退出运行，即将此断路器以旁路断路器代替，若无旁路可通知用户准备停电，断路器退出运行以后，若能手动分闸，则属电气回路故障，有可能是控制开关把手触点、断路器辅助触点接触不良及二次回路断线所致。

4. 断路器跳闸后电笛不响

当断路器事故跳闸后，电笛不响时，首先按事故信号试验按钮，电笛仍响，则说明事故信号装置故障。这时，应检查冲击继电器及电笛是否断线或接触不良，电源熔断器是否烧断或接触不良。若按试验按钮电笛不响，则应检查控制开关把手和断路器的不对应启动回路，包括断路器辅助接点（或位置继电器接点）、控制开关把手接点、辅助电阻等。

8.9.3　电气二次设备状态检修

随着电力市场的开放，电力部门之间的竞争日益激烈，电气设备状态检修势在必行。微电子技术、计算机技术、通信技术等的发展使电气设备状态检修成为可能。传统的继电保护，依据《继电保护及电网安全自动装置检验条例》的要求，对继电保护、安全自动装置及二次回路接线进行定期检验。以确保装置元件完好、功能正常，确保回路接线及定值正确。若保护装置在两次校验之间出现故障，只有等保护装置功能失效或等下一次校验才能发现，如果这期间电力系统发生故障，保护将不能正确动作。保护装置异常是电力系统非常严重的问题。因此，电气二次设备同样需要状态监测，实行状态检修模式，和一次设备保持同步，适应电力系统发展需要。

电气二次设备状态检修（CBM）可以简单定义如下：在设备状态监测的基础上，根据监测和分析诊断的结果科学安排检修时间和项目的检修方式。它有三层含义：设备状态监测；设备诊断；检修决策。状态监测是状态检修的基础；设备诊断是以状态监测为依据，综合设备历史信息，利用神经网络、专家系统等技术来判断设备健康状况。

状态检修的基础是设备状态监测。要监测二次设备工作的正确性和可靠性，进行寿命估计。电气二次设备的状态监测对象主要有：交流测量系统；直流操作、信号系统；逻辑判断系统；通信系统；屏蔽接地系统等。交流测量系统包括 TA、TV 二次回路绝缘良好、回路完整，测量元件完好；直流系统包括直流动力、操作及信号回路绝缘良好、回路完整；逻辑判断系统包括硬件逻辑判断回路和软件功能。

电气二次设备实行状态检修是电力系统发展的需要。微机保护和微机自动装置的自诊断技术的广泛使用，电气二次设备的状态监测无论是在技术上还是在经济方面都比较容易做到。随着集成型自动化系统的发展，可大大减少二次设备和电缆的数量，克服目前常规保护状态监测存在的困难。设备管理信息系统在电力系统的广泛使用，为电气二次设备实行状态检修提供了信息支持。电气二次设备的状态监测将有助于变电站综合自动化的发展。

复习思考题

8-1　什么是二次回路？它包括哪些部分？

8－2　什么是二次回路的操作电源？常用的交直流操作电源有哪些？各有何主要特点？

8－3　对断路器的控制和信号回路有哪些主要要求？什么是事故跳闸信号的“不对应原理”？

8－4　试分别分析如图8－7～图8－9所示三种操动机构的断路器控制信号回路在其一次电路发生故障时的动作程序和信号指示情况。

8－5　根据智能脱扣器所要实现的功能，硬件可分哪些部分？分别实现什么功能？

8－6　对常用测量仪表和电能计量仪表各有哪些主要要求？一般6～10kV配电线路上装设哪些仪表？220/380V的动力线路和照明线路上一般各装设哪些仪表？并联电容器组总回路上一般装设哪些仪表？

8－7　作为绝缘监视用的Y0/Y0/⊿联结的三相电压互感器，为什么要用五芯柱的而不能用三芯柱的？绝缘监察装置与单相接地保护各有什么特点？各适合于什么情况？

8－8　什么是自动重合闸（ARD）？试分析如图8－27所示电路的工作原理。

8－9　什么是备用电源自动投入装置（APD）？对备用电源自动投入装置的要求有哪些？

8－10　电力系统微机保护装置由哪几部分组成？有什么特点？

8－11　电力系统故障录波装置记录哪些内容？分几种类型？

8－12　二次回路的安装接线应符合哪些要求？什么是连接导线的“相对标号法”？二次回路接线图中的标号“＝A3＋W5－P2：7”中各符号代表什么含义？

8－13　二次回路的运行检查分别检查哪几方面问题？什么是二次回路状态检修？它有哪三层含义？

8－14　某供电部门给高压并联电容器组的线路上，装有一只无功电能表和三只电流表，如图8－30所示。试按中断线表示法（即相对标号法）在图8－30（b）上标注出图8－30（a）所示的仪表和端子排的端子代号。

8－15　变电所综合自动化系统的基本功能有哪些？

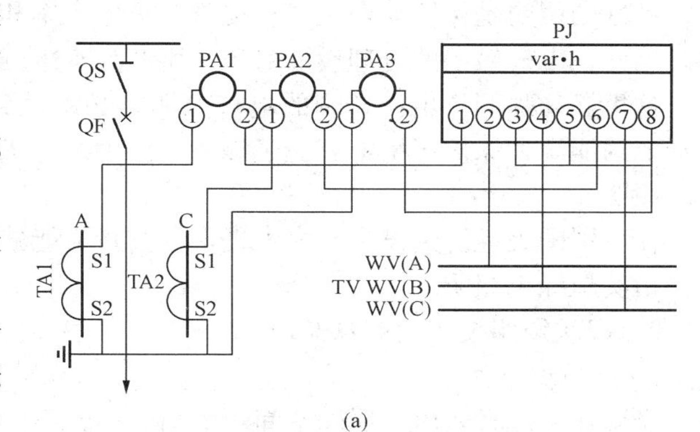

(a)

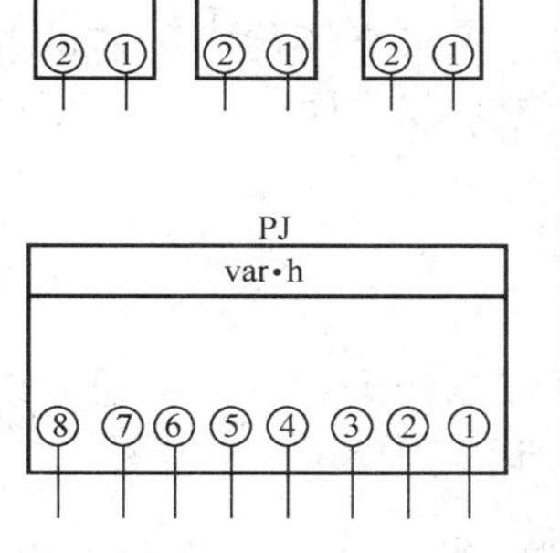

X端子排		
TA1:S1	1	
TA2:S1	2	
TA1:S2	3	
TA2:S2	4	
WV(A)	5	
	6	
WV(B)	7	
	8	
WV(C)	9	
	10	

(b)

图8－30　题8－14图

(a) 原理电路图；(b) 安装线路图（待标号）

9 工厂的电气照明

9.1 电气照明的基本知识

9.1.1 概述

工厂电气照明分为自然照明（天然采光）和人工照明两大类，而电气照明是人工照明中应用范围最广的一种照明方式。

良好的照明是保证安全生产、提高劳动生产率和产品质量、保护职工视力健康的必要条件。因此，合理的照明设计应符合适用、安全和保护视力的要求，并力求营造光色和谐，独特美观的环境效果。实践证明，工业生产的产品质量和劳动生产率与照明质量有密切的关系。良好的照明是保证安全生产、提高劳动生产率和产品质量、保障职工视力健康的必要措施。因此，电气照明的合理设计对工业生产具有十分重要的作用。

这里必须强调指出：合理的电气照明，必须达到绿色照明的要求。所谓"绿色照明"，是指节约能源，保护环境，有益于提高人们生产、工作、学习效率和生活质量，保护身心健康的照明。

在我国国民经济建设中，大力提倡和实行节能减排、保护环境的科学发展的方针，其中就包括实施绿色照明。

9.1.2 照明技术的基本知识

1. 光通量（Φ）

光源在单位时间内向周围空间辐射出的使人眼产生光感的辐射能，称为光通量，简称光通，用符号 Φ 表示，单位为 1m（流明）。

2. 发光强度（I）

光源在某一特定方向上单位立体角内辐射的光通量，称为光源在该方向上的发光强度，简称光强，符号为 I，单位为 cd（坎德拉）。对向各方向均匀辐射光通量的光源，各方向的光强相等，其值为

$$I = \frac{\Phi}{\omega} \tag{9-1}$$

式中 Φ——光源在 W 立体角内的辐射出的总光通量，lm；

ω——光源发光范围的立体角。

其中，$\omega = \frac{A}{r^2}$，r 为球的半径（m），A 为与立体角相对应的球表面积（m^2）。

3. 照度（E）

受照物体单位面积上接收到的光通量称为照度，符号为 E，单位为 lx（勒克斯）。它是指被照面上的光照强弱程度，是以单位面积被照面上的光通量密度来表示，其值为

$$E = \frac{\Phi}{A} \tag{9-2}$$

式中 Φ——光均匀辐射到物体表面的光通量，lm；

A——受照表面积，m^2。

在照明设计中，照度是一个很重要的物理量。

4. 亮度（L）

光源在给定方向单位投影面上的发光强度称为亮度，符号为L，单位为cd/m^2（坎德拉/平方米），用公式表示为

$$L=\frac{I_q}{A\cos\alpha}=\frac{I\cos\alpha}{A\cos\alpha}=\frac{I}{A} \tag{9-3}$$

式中 I_q——物体在观察方向上的发光强度，cd；

I——发光强度，cd；

A——发光体面积，m^2；

α——视线与受照面法线之间的夹角。

说明亮度的示意如图9-1所示。

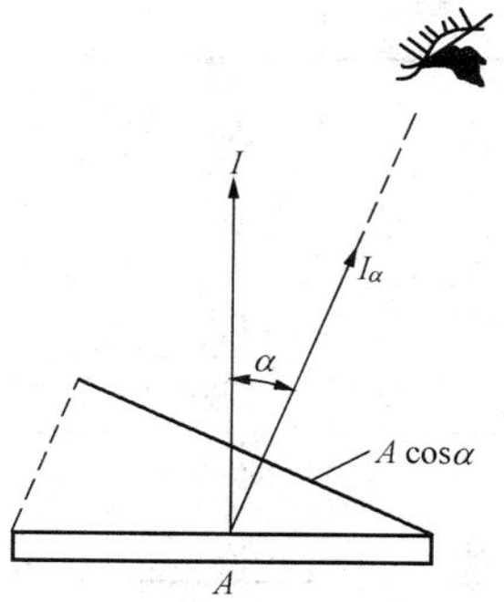

图9-1 说明亮度的示意

9.1.3 物体的光照性能

当光通量Φ投射到物体上时，一部分光通量Φ_ρ从物体表面反射回去，一部分光通量Φ_α被物体所吸收，余下的光通量Φ_τ则透过物体，如图9-2所示。

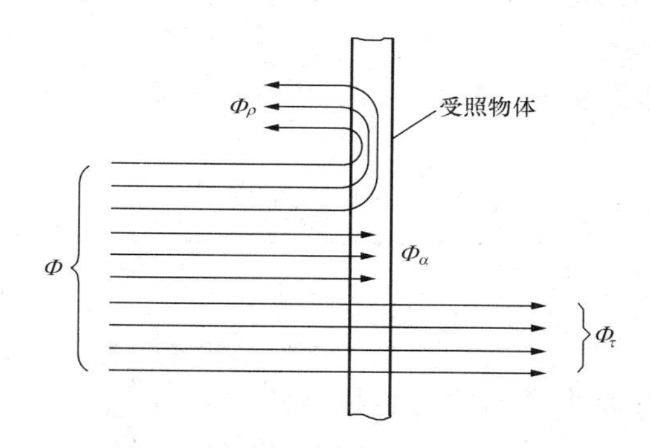

图9-2 光通投射到物体上的情形

Φ_ρ—反射光通；Φ_α—吸收光通；Φ_τ—透射光通

为表征物体的光照性能，特引入以下三个参数：

（1）反射比，曾称反射率或反射系数，符号为ρ，其定义为反射光通Φ_ρ与投射光通Φ之比，即

$$\rho=\Phi_\rho/\Phi \tag{9-4}$$

（2）吸收比，曾称吸收率或吸收系数，符号为α。其定义为吸收光通Φ_α与投射光通Φ之比，即

$$\alpha=\Phi_\alpha/\Phi \tag{9-5}$$

（3）透射比，曾称透射率或透射系数，符号为τ，其定义为透射光通Φ_τ与投射光通Φ之比，即

$$\tau=\Phi_\tau/\Phi \tag{9-6}$$

以上三个参数之间有如下关系：

$$\rho+\alpha+\tau=1 \tag{9-7}$$

反射比直接影响工作面上的照度，在照明技术中应予以重视。

9.1.4 光源的色温和显色性

1. 光源的色温

当光源的发光颜色与把黑体（能全部吸收光能的物体）加热到某一温度所发出的光色相同（或相似）时，该温度称为光源的色温。色温用热力学温度K来表示，单位为K（开尔文）。

光源的色温是灯光颜色给人的直观感觉的度量，与光源的实际温度无关。不同的色温给人不同的冷暖感觉，高色温有凉爽的感觉，低色温有温暖的感觉。在低照度下采用低色温的光源会感到温馨愉快；在高照度下采用高色温的光源则感到清爽舒适。在比较热的地区宜采用高色温冷色调电光源，在比较冷的地区宜采用低色温暖色调的电光源。色温与感觉的关系

见表9-1。

表9-1　不同照度、不同色温下光源色调的感受

<table>
<tr><th rowspan="2">照度（lx）</th><th colspan="3">光源的色调感觉</th></tr>
<tr><th>暖色（<3300K）</th><th>中间色（3300～5300K）</th><th>冷色（>5300K）</th></tr>
<tr><td>≤500</td><td>愉快的</td><td>中间的</td><td>阴冷的</td></tr>
<tr><td>500～1000</td><td rowspan="3">刺激的</td><td rowspan="3">愉快的</td><td rowspan="3">中间的</td></tr>
<tr><td>1000～2000</td></tr>
<tr><td>2000～3000</td></tr>
<tr><td>≥3000</td><td>不自然的</td><td>中间的</td><td>愉快的</td></tr>
</table>

2. 光源的显色性能

不同光谱的光源照射同一物体时，该物体会显现不同的颜色。我们把光源对被照射物体颜色显现的性质，称为光源的显色性。并用显色指数表示光源显色性能和视觉上失真程度好坏的指标。将日光的显色指数定为100，其他光源的显色指数均小于100，符号是*Ra*。*Ra*越小，色差越大，显色性也越差；反之，显色性越好。

国际照明委员会（CIE）用显色指数把光源的显色性分为优、良、中、差四组，作为辨别光源显色性能的等级标准，见表9-2。

表9-2　显色性的等级标准

显色性组别	优	良	中	差
显色指数范围	100～80	79～60	59～40	39～20

显色性是选用光源的一项重要因素，对显色性要求高的照明更是如此。例如，艺术品、高档衣料等的展示销售，为避免颜色失真，就不宜采用显色性较差的电光源。

9.2　工厂常用的电光源和灯具

9.2.1　工厂常用的电光源的类型、特性及其选择

1. 工厂常用的电光源的类型

将电能转换为光能的器具称为电光源。传统电光源按其发光原理可分为热辐射光源和气体放电光源两大类。热辐射光源是利用物体加热时辐射发光的原理所做成的光源，如白炽灯、卤钨灯等。气体放电光源是利用气体放电发光的原理所做的光源，如荧光灯、高压汞灯、高压钠灯、金属卤化物灯等。

（1）热辐射光源。

1）白炽灯。白炽灯是靠钨质灯丝通过电流加热到白炽状态从而引起热辐射发光。白炽灯显色性好，光谱连续，结构简单，易于制造，价格低廉，使用方便，因此广泛应用于各个照明领域。但它的发光效率低，使用寿命比较短，抗振性差。

2）卤钨灯。它是在白炽灯泡内充入含有一定比例卤化物（如碘化物或溴化物），利用卤钨循环来提高发光效率，如图9-3所示。

“卤钨循环”原理是指，普通白炽灯在使用过程中由于从灯丝蒸发出来的钨（W）沉积

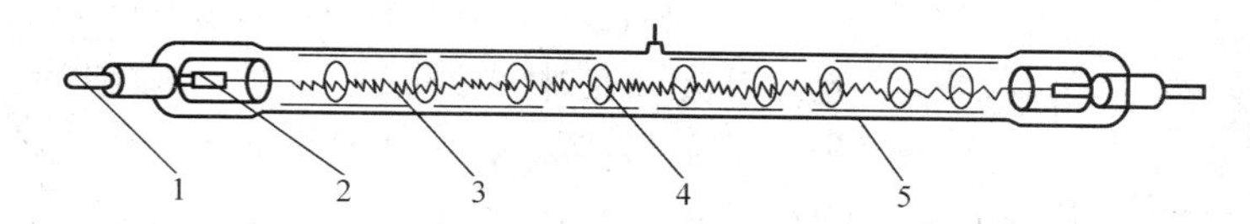

图 9-3 卤钨灯

1—灯脚；2—钼箔；3—钨质灯丝；4—支架；5—石英玻璃管（内充微量卤素）

在灯泡内壁上导致玻璃管体黑化，降低了透光性，使发光效率逐步下降，也减少了钨丝的使用寿命。而卤钨灯由于灯管内充有卤素（碘化物或溴化物），因此钨分子在管壁与卤素作用，生成气态的卤化物，卤化物就由管壁向灯丝迁移。当卤化物进入灯丝的高温（1600℃以上）区域后，就分解为钨分子和卤素，钨分子便沉积在灯丝上。当钨分子沉积的数量等于灯丝蒸发出来的钨分子数量时，就形成相对平衡状态。这一过程就称为卤钨循环。由于存在卤钨循环，所以卤钨灯的玻璃管就不易发黑，而且其发光效率也比白炽灯高，卤钨灯的灯丝损耗极少，使其使用寿命较白炽灯大大延长。

为了使卤钨循环能顺利进行，管型卤钨灯需要水平安装，并且不容许采用任何人工冷却措施（如电扇吹），否则将严重影响灯管的寿命。由于卤钨灯工作时管壁温度可高达 600℃，所以不能与易燃物靠近。卤钨灯抗振性差，但显色性好，使用方便。常见的卤钨灯为碘钨灯。

（2）气体放电光源。

1）荧光灯。俗称日光灯，它是利用汞蒸气在外加电压作用下产生弧光放电，发出少许可见光和大量紫外线，这些紫外线再激励灯管内壁涂覆的荧光粉，使之再发出大量的可见光。

荧光灯的接线如图 9-4 所示，图中 S 为启辉器，L 为镇流器。启辉器有两个电极：一为棒形电极；另一为弯成 U 形的电极是双金属片。当荧光灯接上电压后，启辉器首先产生辉光放电，致使双金属片加热伸开，造成两极短接，从而使电流通过灯丝。灯丝加热后发射电子，并使管内的少量汞气化。图中镇流器 L 实质上是铁芯电感线圈。当启辉器两极短接使灯丝加热后，启辉器辉光放电停止，双金属片冷却收缩，从而突然断开灯丝加热回路，这就使镇流器两端感生很高的电动势，连同电源电压加在灯管两端，使充满汞蒸气的灯管击穿，产生弧光放电。由于灯管起燃后，管内电压降很小，因此又要借助镇流器产生很大一部分电压，来维持灯管稳定的电流。荧光灯的发光效率比白炽灯高得多，寿命长，但是它的显色性较差，特别是频闪现象容易使人眼疲劳和发生错觉。

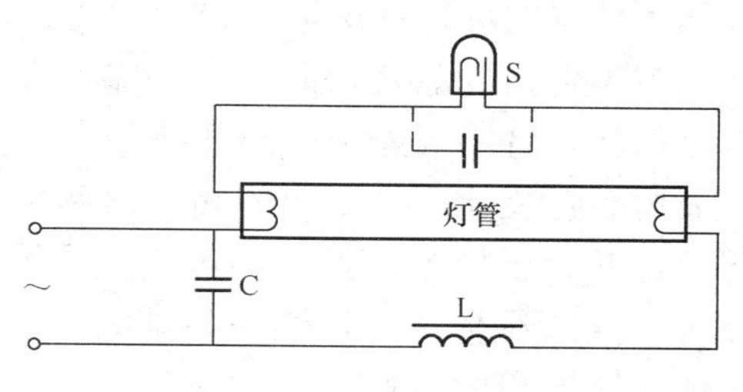

图 9-4 荧光灯的接线

2）高压汞灯。它是上述荧光灯的改进产品，又称高压水银荧光灯。属于高气压的汞蒸气放电光源。高压汞灯不需要启辉器来预热灯丝，但它必须与相应功率的镇流器 L 串联使用，其接线如图 9-5 所示。工作时，其第一主电极与辅助电极（触发极）间首先击穿放电，使管内的汞蒸发，导致第一主电极与第二主电极间击穿，发生弧光放电，使管壁的荧光质受激，产生大量的可见光。高压汞灯的光效高，寿命长，但启动时间较长，显色性较差。

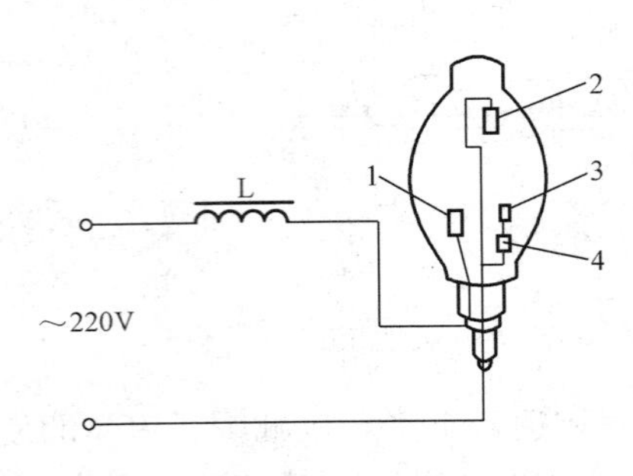

图 9-5 高压汞灯的接线
1—第一主电极；2—第二主电极；
3—辅助电极（触电极）；4—限流电阻

3）高压钠灯。高压钠灯利用高气压的钠蒸气放电发光，其光谱集中在人眼视觉比较敏感的区间，因此光效比高压汞灯高一倍，且寿命长，但显色性更差，启动时间也较长。其接线与高压汞灯相同。

4）金属卤化物灯。金属卤（碘、溴、氯）化物灯是在高压汞灯的基础上为改善光色而发展起来的新型光源，不仅光色好，而且光效高。它的发光原理是在高压汞灯内添加某些金属卤化物、靠金属卤化物的循环作用，不断向电弧提供相应的金属蒸汽。金属原子在电弧中受电弧激发而辐射该金属的特征光谱线，选择适当的金属卤化物并控制它们的比例，可制成各种不同光色的金属卤化物灯。

(3) 新型电光源。随着科学技术的不断发展和社会进步的需要，已有的电光源性能不尽完美，如今世界各国都在积极地开发新材料、新技术，不断地改进各种不同特色的电光源，进一步降低电能消耗，研制出多种新型电光源，如新固体放电灯，包括陶瓷灯泡、塑料灯泡、回馈节能灯泡、冷光灯泡等。

下面以发光二极管（LED）为例进行介绍。它被誉为21世纪的新型光源，具有效率高、寿命长、不易破损等传统光源无法比拟的优点。

1）发光二极管发光原理。发光二极管（light emitting diode，LED）的基本结构是一块电致发光的半导体材料，置于一个有引线的架子上，然后四周用环氧树脂密封，起到保护内部芯线的作用（见图 9-6）。LED是一种固态的半导体器件，它可以直接把电转化为光。LED的心脏是一个半导体的晶片，晶片的一端附在支架上，一端是负极，另一端连接电源的正极，使整个晶片被环氧树脂封装起来。半导体晶片由两部分组成：一部分是P型半导体，其中空穴占主导地位；另一部分是N型半导体，在这边主要是电子。但这两种半导体连接起来的时候，它们之间就形成一个P-N结。当电流通过导线作用于这个晶片的时候，电子就会被推向P区，在P区里电子跟空穴复合，然后就会以光子的形式发出能量，这就是LED发光的原理。而光的波长也就是光的颜色，是由形成P-N结的材料决定的。改变所采用的半导体材料的化学组成成分，可使发光二极管发出在近紫外线、可见光或红外线的光。

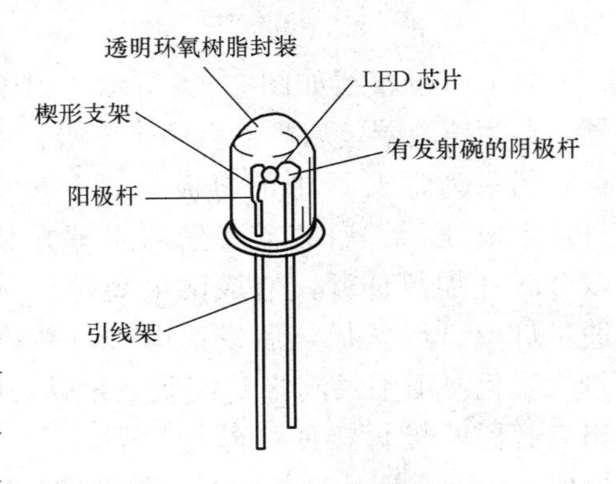

图 9-6 发光二极管结构图

2）发光二极管的特点。与白炽灯泡和氖灯相比，发光二极管的特点是：工作电压很低（有的仅一点几伏）；工作电流很小（有的仅零点几毫安即可发光）；抗冲击和抗振性能好，可靠性高，寿命长；通过调制流过的电流强弱可以方便地调制发光的强弱。由于有这些特点，LED光源具有节能（白光LED的能耗仅为白炽灯的1/10，节能灯的1/4）、长寿（寿命可达10万h以上）、环保等特点。随着科技的发展，LED的价格越来越低，因LED省电的特性，我国部分城市公路、学校、厂区等场所已换装完LED路灯、节能灯等。

2. 各种电光源的主要技术特征

表征电光源优劣的主要性能指标有光效、寿命、色温、显色性、启动再启动的性能等。在实际选用时，首先应考虑光效高、寿命长，其次才考虑显色性、启动性能等。气体放电光源比热辐射光效高、寿命长，能制成各种不同光色，在工厂照明中，应用日益广泛。

部分常用电光源的主要技术特征见表 9－3，供选用时对照比较。

表 9－3　部分常用电光源的主要技术特性比较

特性参数	白炽灯	卤钨灯	荧光灯	高压汞灯（普通型）	高压钠灯（普通型）	金属卤化物灯	单灯混光灯
额定功率（W）	15～1000	500～2000	6～125	50～1000	35～1000	125～3500	100～800
发光效率八（lm/W）	10～15	20～25	40～90	30～50	70～100	60～90	40～100
平均使用寿命（h）	1000	1000～1500	1500～5000	2500～6000	12000～24000	500～3000	10000
色温（K）	2400～2920	3000～3200	3000～6500	4400～5500	2000～4000	4500～7000	3100～3400
一般显色指数 Ra	97～99	95～99	75～90	30～50	20～25	65～90	60～80
启动稳定时间	瞬时	瞬时	1～3s	4～8min	4～8min	4～8min	4～8min
再启动时间	瞬时	瞬时	瞬时	5～10min	10～15min	10～15min	10～15min
功率因数	1	1	0.33～0.52	0.44～0.67	0.44	0.4～0.6	0.4～0.6
频闪效应	无	无	有	有	有	有	有
表面亮度	大	大	小	较大	较大	大	较大
电压变化对光通量影响	大	大	较大	较大	大	较大	较大
环境温度对光通量影响	小	小	大	较小	较小	较小	较小
抗振性能	较差	差	较好	好	较好	好	好
所需附件	无	无	镇流器 启辉器	镇流器	镇流器	镇流器 触发器	镇流器 触发器

3. 工厂常用电光源类型的选择

照明光源宜采用荧光灯、白炽灯、高强气体放电灯（包括高压汞灯、高压钠灯、金属卤化物灯）等，不推荐采用卤钨灯、长弧氙灯等。工厂常用电光源的适用场所见表 9－4。

表 9－4　工厂常用电光源的适用场所

光源名称	适用场所
白炽灯	1. 要求不高的生产厂房、仓库 2. 局部照明和事故照明 3. 要求频闪效应小的场所，开关频繁的地方 4. 需要避免气体放电灯对无线电设备或测试设备产生干扰的场所 5. 需要调光的场所
卤钨灯	1. 照度和显色性要求较高，且无振动的场所 2. 要求频闪效应小的场所 3. 需要调光的场所
荧光灯	1. 悬挂高度较低而需要较高的照度 2. 需要正确识别色彩的场合
管形氙灯	宜用于要求照明条件较好的大面积场所，或在短时间需要强光照明的地方。一般悬挂高度在 20m 以上

续表

光源名称	适用场所
金属卤化物灯	厂房高，要求照度较高、光色较好的场所
高压钠灯	1. 需要照度高，但对光色无特殊要求的地方 2. 多烟尘的车间 3. 潮湿多雾的场所

9.2.2 工厂常用电光源及灯具的选择与布置

1. 电光源的选择

电光源的选择应符合 GB 50034—2004《建筑照明设计标准（附条文说明）》的规定。

选择光源时，应在满足显色性、启动时间等要求的条件下，根据光源、灯具、镇流器等的效率、寿命和价格在进行综合技术经济分析比较后确定。

当灯具悬挂高度在 4m 及以下时，宜采用荧光灯；在 4m 以上时，宜采用高强气体放电灯；当不宜采用高强气体放电灯时，也可采用白炽灯。当采用一种光源不能满足光色或显色性要求时，可采用两种光源组合的混光光源或单灯混光灯。在下列工作场所，宜采用白炽灯照明：①局部照明场所；②防止电磁波干扰的场所；③频闪效应会影响视觉效果的场所；④灯的开关频繁及需要及时点亮或需要调光的场所；⑤照度不高，且照明时间较短的场所。

2. 工厂常用灯具的类型

灯罩和灯罩里面的灯泡合在一起称为照明器或称灯具。因为裸灯泡发出的光是向四周散射的，为了更好地利用灯泡所发出来的光通量，同时又要防止眩光，所以在灯泡上再加装了灯罩，使光线按照人们的需要进行分布。灯具的特征有以下三个主要方面：

(1) 光强分布曲线。也称为配光曲线，灯具的这一特征主要取决于灯罩的形状和材料。一个光源配上了灯罩后，其光通就要重新分配，称为灯具的配光。为了表明灯具的光强在空间各方向上的分布，可用光强分布曲线来描述。配光曲线的主要形状如图 9－7 所示。

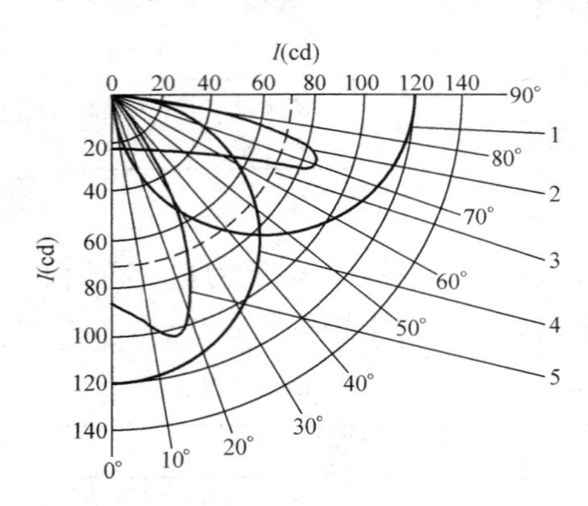

图 9－7 配光曲线的主要形状

1—正弦分布型；2—广照型；3—漫射型；4—配照型；5—深照型

按灯具的配光特性分类，有两种分类方法：一种是国际电工委员会（CIE）提出的分类法，另一种是传统的分类法。

1）国际照明委员会（CIE）分类法，分为直接照明型、半直接照明型、均匀漫射型、半间接照明型、间接照明型。

2）传统的分类法，分为正弦分布型、广照型、漫射型、配照型、深照型。

(2) 灯具的效率。灯具的光通量与光源光通量的比值，称为灯具的效率。在灯罩重新分配光源的光通时，应有一部分光通被其吸收，引起光通的损失，所以效率通常为 0.5～0.9。该值用于评价灯具的经济性，它的大小与灯罩的材料性质、形状及光学的中心位置有关。

(3) 保护角。用于衡量灯罩保护人眼不受光源照明部分耀眼的程度，以减少眩光的作用。保护角是通过灯丝炽热的水平线与连接炽热体的最外点和灯罩边界线的夹角，如图 9－8 所示。保护角 γ 为

$$\tan\gamma = \frac{2h}{D+d} \qquad (9-8)$$

式中 h——灯丝炽热体的水平线与灯罩边界水平线的高度；

D——灯罩边界的直径；

d——灯丝炽热体的直径。

由此可见，保护角完全取决于灯罩的形式，就限制眩目作用的要求，现行人工照明规程中规定有灯具的最低悬挂高度，见表9-5。

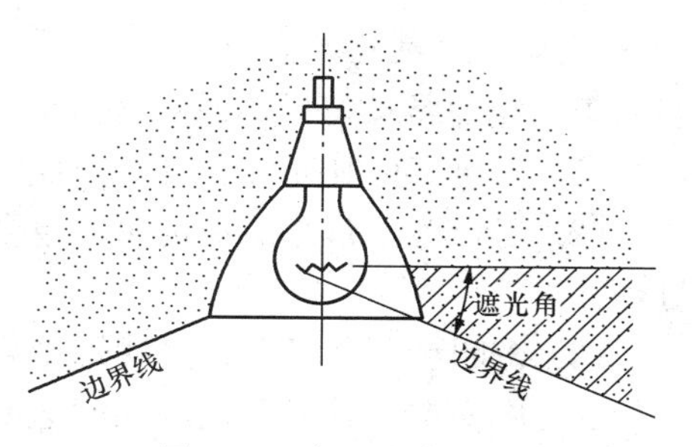

图9-8 灯具的保护角

表9-5 室内一般照明灯具的最低悬挂高度

光源种类	灯具形式	灯具遮光角	光源功率（W）	最低悬挂高度（m）
白炽灯	有反射罩	10°～30°	≤100	2.5
			150～200	3.0
			300～500	3.5
	乳白玻璃漫射罩	—	≤100	2.0①
			150～200	2.5
			300～500	3.0
荧光灯	无反射罩	—	≤40	2.0①
			>40	3.0
	有反射罩	—	≤40	2.0①
			>40	2.0①
荧光高压汞灯	有反射罩	10°～30°	<125	3.5
			125～250	5.0
			≥400	6.0
	有反射罩，带格栅	>30°	<125	3.0
			125～250	4.0
			≥400	5.0
金属卤化物灯、高压钠灯、混光光源	有反射罩	10°～30°	<150	4.5
			150～250	5.5
			250～400	6.5
			>400	7.5
	有反射罩，带格栅	>30°	<150	4.0
			150～250	4.5
			250～400	5.5
			>400	6.5

① JBJ 6—1996（2009）《机械工厂电力设计规程》规定为2.2m。

由上所述可知，灯具的光照特性（配光曲线、效率、保护角等），绝大部分取决于所采用灯罩的材料及其结构形式。

3. 灯具的结构特点分类

工厂企业常按灯具的结构特点分为以下五种类型。

(1) 开启型。其光源与灯具外界的空间相通，如一般的配照灯、广照灯、探照灯等。

(2) 闭合型。其光源被透明罩包合，但内外空气仍能流通，如圆球灯、双罩型灯、吸顶灯等。

(3) 密闭型。其光源被透明罩密封，内外空气不能对流，如防潮灯、防水防尘灯等。

(4) 增安型。其光源被高强度透明罩密封，且灯具能承受足够的压力，能安全地应用在有爆炸危险介质的场所，或称为防爆型。

(5) 隔爆型。其光源被高强度透明罩封闭，但不是靠其密封性来防爆，而是在灯座的法兰与灯罩的法兰之间有一隔爆间隙。当气体在灯罩内部爆炸时，高温气体经过隔爆间隙被充分冷却，从而不致引起外部爆炸性混合气体爆炸，因此隔爆型灯也能安全地应用在有爆炸危险介质的场所。

4. 工厂常用灯具类型的选择

照明灯具的选择也应符合 GB 50034—2004 的规定。

通常是按照车间或生产场地的环境特征，厂房性质和生产条件对光强分布和限制眩光的要求，以及安全、经济的原则，来选择灯具。优先选择开启式灯具，并减少采用装有格栅、保护罩等附件的灯具。根据工作场所的环境条件，分别采用下列各种灯具：

(1) 空气较干燥和少尘的室内场所，可采用开启型的各种灯具。至于是采用配照型、广照型还是深照型或其他形式灯具，则依室内高度、生产设备的布置及照明的要求而定。

(2) 潮湿的场所，应采用防潮灯或带防水灯头的开启式灯具。

(3) 有腐蚀性气体和蒸汽的场所，宜采用耐腐蚀性材料制成的密闭式灯具。如果采用开启式灯具，则其各部分应有防腐蚀和防水的措施。

(4) 在高温场所，宜采用带有散热孔的开启式灯具。

(5) 有尘埃的场所，应按防尘的防护等级分类来选择合适的灯具。

(6) 装有锻锤、重级工作制桥式起重机等振动、摆动较大场所的灯具，应有防振措施和保护网，防止灯泡自动松脱掉下。

(7) 在易受机械损伤场所的灯具，应加保护网。

(8) 有爆炸和火灾危险场所使用的灯具，应遵循 GB 50058—1992《爆炸和火灾危险环境电力装置设计规范》的有关规定，见表 9-6。

表 9-6 灯具防爆结构的选型（GB 50058—1992）

爆炸危险的分区		1 区		2 区	
灯具防爆结构		隔爆型	增安型	隔爆型	增安型
电气设备	固定式灯	适用	不适用	适用	适用
	移动式灯	慎用	—	适用	—
	携带式电池灯	适用	—	适用	—
	指示灯类	适用	不适用	适用	适用
	镇流器	适用	慎用	适用	适用

5. 灯具布置的方案选择

室内灯具的布置，既要实用、经济，又要尽可能协调、美观。一般照明灯具通常有两种布置方案。

(1) 均匀布置。灯具位于有规律地对称均匀分布并不考虑车间设备位置，而使全车间在面积上具有均等的照度，如图 9-10 (a) 所示。

一般均匀照明的灯具布置方案如图 9-9 所示。在矩形布置方案中，即灯具呈正方形布置时，照度最均匀，见图 9-9 (a)；在菱形布置方案中，即灯具呈等边三角形时，照度分布最均匀，见图 9-9 (b)。

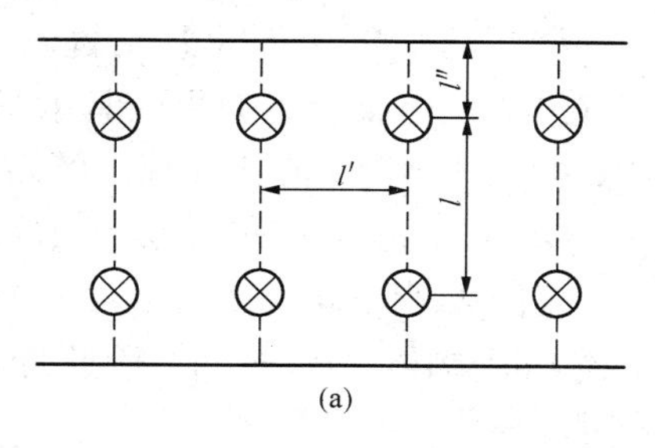

(a)

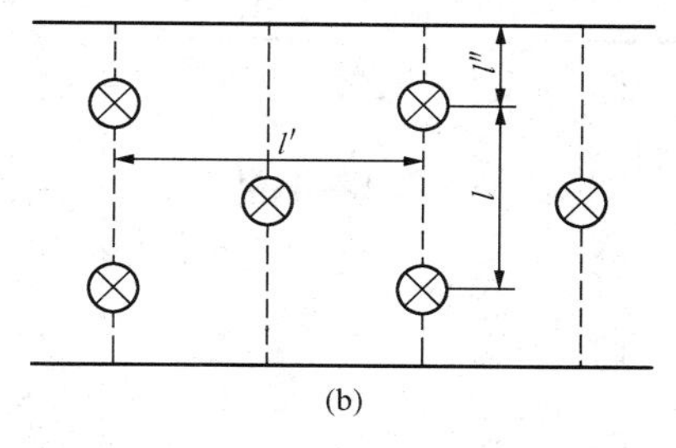

(b)

图 9-9 灯具的均匀布置

(a) 矩形布置；(b) 菱形布置

(虚线表示桁架)

(2) 选择布置。灯具的布置与生产设备的位置有关，大多按工作面对称布置，力求使工作面获得最有利的光照并消除阴影，如图 9-10 (b) 所示。

由于均匀布置较之选择布置更为美观，且使整个车间照度较为均匀，所以在既有一般照明又有局部照明的场所，其一般照明宜采用均匀布置。

(3) 灯具间的布置距离。灯具间的距离，应按灯具光强的分布、悬挂高度、房屋结构、照度要求等多种因素而定。为了使工作面上获得较均匀的照度，较合理的距高比（即灯间距离 L 与灯在工作面上的悬挂高度 h 的比值）一般不要超过各种灯具所规定的距高比。例如，GC1-A、B-1 型工厂配照灯（装 220V、150W 白炽灯）的最大允许距高比为 1.25，参考附表 11-4，其他灯具布置的距高比见表 9-7。

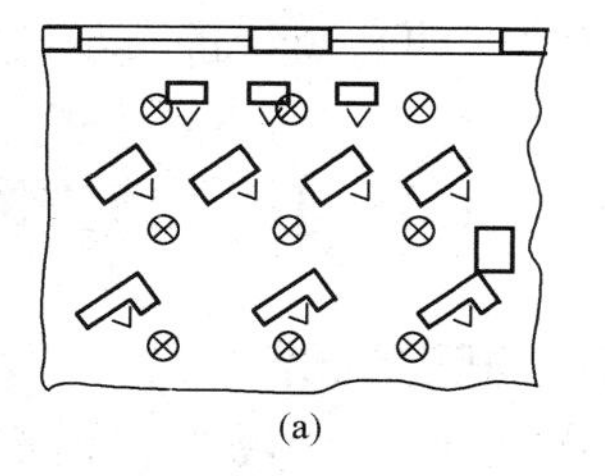

(a)

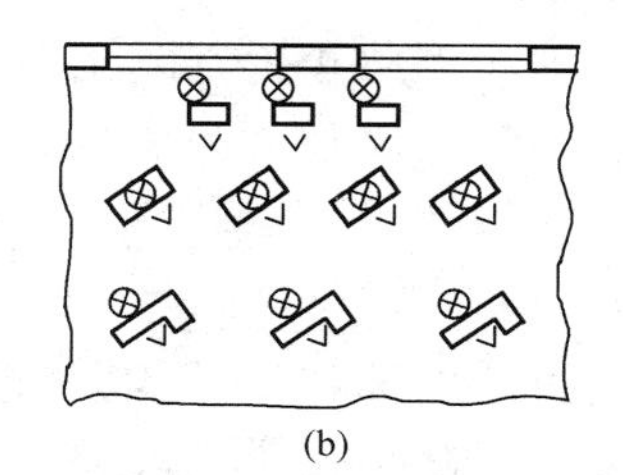

(b)

图 9-10 一般照明灯具的布置方案

(a) 均匀布置；(b) 选择布置

表 9-7 各种照明器布置的距高比值

照明器	l/h 值
配照型	0.88～1.14
深照型	1.23～1.50
高纯铝深照型	0.85～1.02
搪瓷罩斜照型	1.28～1.38
搪瓷罩卤钨灯	1.25～1.40
圆球灯	1.45～1.33
筒式荧光灯	1.28～1.33
嵌入式格栅荧光灯	1.05～1.12
隔爆型防爆灯	1.46～1.71
光照型防水防尘灯	0.77～0.88

从整个车间获得较为均匀的照度考虑，最边缘的一列灯具离墙的距离 l'' 如下：靠墙有工作面时，可取 $l''=(0.25\sim0.3)l$；靠墙为通道时，可取 $l''=(0.4\sim0.6)l$。以上 l 为灯具间距离，对矩形布置，可取其纵向灯距与横向灯距的几何平均值。

【例 9-1】 某车间的平面面积为 36m×18m，桁架的跨度为 18m，桁架之间相距 6m，桁架下弦离地 5.5m，工作面离地 0.75m。拟采用 GC1-A-1 型工厂配照灯（装 220V、150W 白炽灯）作为车间的一般照明。试初步确定灯具的布置方案。

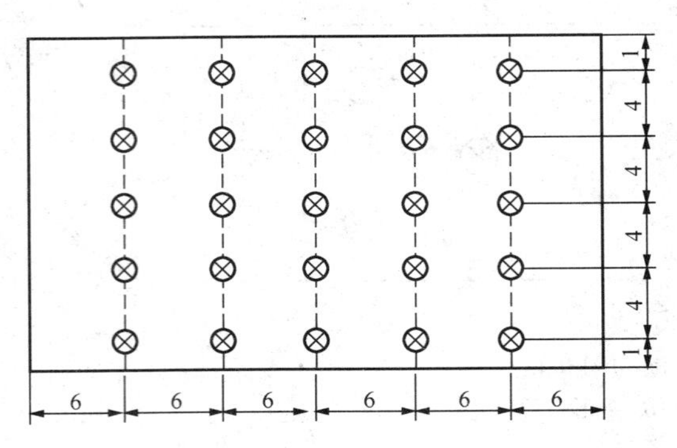

图 9-11 例 9-1 的灯具布置方案（单位：m）

解 根据车间的建筑结构，一般照明灯具宜悬挂在桁架上。如果灯具下吊 0.5m，则灯具的悬挂高度（在工作面上的高度）为

$$h = 5.5 - 0.5 - 0.75 = 4.25(\text{m})$$

由附表 11-4 可知，GC1-A-1 型灯具的最大距高比 $l/h=1.25$，因此灯具间的最大合理距离为

$$l \leqslant 1.25h = 1.25 \times 4.25 = 5.3(\text{m})$$

根据车间的结构和以上计算所得的合理灯距，初步确定灯具布置方案如图 9-11 所示。该布置方案的灯距（几何平均值）为

$$l = \sqrt{4 \times 6} = 4.9(\text{m}) < 5.3m$$

但此布置方案能否满足照明，尚待进一步计算照度来检验。

9.3 工厂电气照明的照度计算

9.3.1 工厂电气照明的照度标准

根据安全、经济、有利于保护视力、提高劳动生产率等项要求，我国颁发了 GB 50034—2004《建筑照明设计标准（附条文说明）》，附表 11-1 列出了 GB 50034—2004 关于工作场所作业面上的照度标准值及一般生产工作面上和部分生产、生活场所照度标准值。这里的照度标准，为平均照度范围值。一般情况下，应取照度范围的中间值。

凡符合下列条件之一时，应取照度范围的高值：①Ⅰ～Ⅴ等级的视觉作业，当眼睛至识别对象的距离大于 500mm 时；②连续长时间紧张的视觉作业，对视觉器官有不良的影响时；③识别对象在活动面上，识别时间短促而辨认困难时；④视觉作业对操作安全有特殊要求时；⑤识别对象反射比小时；⑥当作业精度要求较高时，且产生差错会造成很大损失时。

凡符合下列条件之一时，应取照度范围的低值：①进行临时性工作时；②当精度或速度无关紧要时。

9.3.2 照度的计算

当照明方案即灯具的形式、悬挂高度及布置方案初步确定后，就应该根据初步拟订的照明方案，计算工作面上照度，检验是否符合照度标准的要求。也可以初步确定灯具形式和悬挂高度之后，根据工作面上照度标准要求来确定灯具数目，然后确定布置方案。

照度的计算方法主要有利用系数法、概算曲线法、比功率法、逐点计算法等。前三种只用于计算水平工作面上的照度，而后一种则可用于任何倾斜面包括垂直面上的照度计算。

1. 利用系数法

（1）利用系数的概念。利用系数是受照表面上的光通量与房间内光源总光通之比，它考虑了光通的直射分量和反射分量在水平面上产生总照度，多用于计算均匀布置照明器的室内一般照明。利用系数的计算公式为

$$u = \frac{\Phi_L}{N\Phi} \tag{9-9}$$

式中 Φ_L——工作水平面上的光通量，lm；

Φ——每一照明器产生的光通量，lm；

N——房间内的所布置灯数。

利用系数 u 与下列因素有关：

1）与灯具的形式、光效和配光曲线有关。灯具的光效越高，光通量越集中，利用系数也越高。

2）与灯具的悬挂高度有关。灯具悬挂越高，反射光通量越多，利用系数也越高。

3）与房间的面积及形状有关。房间的面积越大，越接近于正方形，则由于直射光通量越多，利用系数也越高。

4）与墙壁、顶棚及地面的颜色和洁污情况有关。颜色越淡、越洁净，反射光通量越多，因此利用系数也越高。墙壁、顶棚及地面的反射比近似值见表 9-8。

表 9-8 墙壁、顶硼及地面的反射比近似值

反射面情况	反射比 ρ
刷白的墙壁、顶棚，窗子装有白色窗帘	70%
刷白的墙壁，但窗子未挂窗帘，或挂深色窗帘；刷白的顶棚，但房间潮湿；墙壁和顶棚虽未刷白，但洁净光亮	50%
有窗子的水泥墙壁、水泥顶棚；木墙壁、木顶棚；糊有浅色纸的墙壁、顶棚；水泥地面	30%
有大量深色灰尘的墙壁、顶棚；无窗帘遮蔽的玻璃窗；未粉刷的砖墙；糊有深色纸的墙壁、顶棚；较脏污的水泥地面，广漆、沥青等地面	10%

（2）利用系数的确定。由附表 11-5 所列 GCl-A、B-1 型工厂配照灯的利用系数表可以看出，利用系数值应按墙壁、顶棚和地板的反射比及房间的受照空间特征来确定。房间的受照空间特征用室空间比 RCR 来表征。

如图 9-12 所示，一个房间按受照情况不同可分为三个空间：上面为顶棚空间，即从顶棚至悬挂的灯具开口平面的空间；中间为室空间，即从灯具开口平面至工作面的空间；下面为地板空间，即工作面以下的空间。对于灯具为吸顶式或嵌入式的房间，则无顶棚空间；而工作面为地面的房间，则无地板空间。

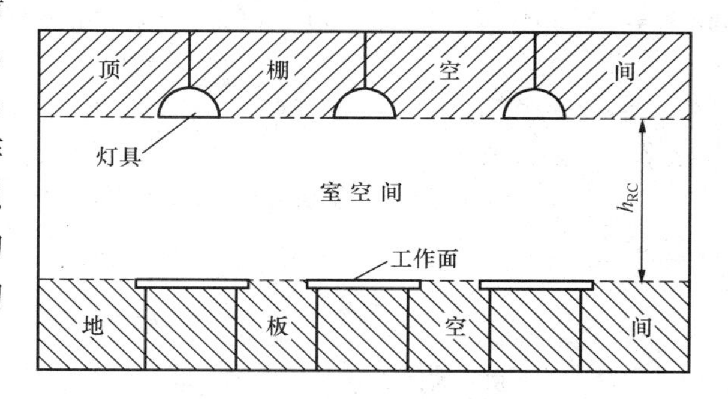

图 9-12 计算室空间比（RCR）的说明图

室空间比计算公式为

$$\mathrm{RCR}=\frac{5h_{\mathrm{RC}}(l+b)}{lb} \tag{9-10}$$

式中 h_{RC}——室空间高度；

l——房间的长度；

b——房间的宽度。

(3) 利用系数法计算工作面上的平均照度。由于灯具在使用期间，光源（灯泡）本身的光效要逐渐降低，灯具也要陈旧脏污，受照场所的墙壁、顶棚也有污损的可能，从而使工作面上的光通量有所减少。因此，在计算工作面上的照度时，应计入一个小于1的减光系数（维护系数），见表9-9。则工作面上的实际平均受照度为

$$E=\frac{uKN\Phi}{A} \tag{9-11}$$

式中 Φ——每盏灯发出的光通量；

A——受照房间平面面积；

K——减光系数（维护系数）。

表9-9　　减光系数（维护系数）值

环境污染特征	类　别	灯具每年擦洗次数	减光系数
清洁	仪器、仪表的装配车间，电子元器件的装配车间，实验室，办公室，设计室	2	0.8
一般	机械加工车间，机械装配车间，织布车间	2	0.7
污染严重	锻工车间，铸工车间，碳化车间，水泥厂球磨车间	3	0.6
室外	道路和广场	2	0.7

【例9-2】 试计算例9-1所初步确定的灯具布置方案（见图9-11）在工作面上的平均照度。

解 该车间的室空间比为

$$\mathrm{RCR}=\frac{5\times4.25\times(36+18)}{36\times18}=1.77$$

假设车间顶棚的反射比 $\rho_c=50\%$，墙壁的反射比 $\rho_w=30\%$，地板的反射比 $\rho_f=20\%$，因此运用插入法可由附表11-5查得利用系数 $u\approx0.66$。又由表9-9取减光系数 $K=0.7$，再由附表11-3查得灯具所装220V、150W白炽灯泡的光通量 $\Phi=2090\mathrm{lm}$。而由图9-10知灯数 $N=25$。因此按式（9-11）可求得该车间水平工作面上的平均照度为

$$E_{\mathrm{av}}=\frac{0.66\times0.7\times25\times2090}{36\times18}=38.9(\mathrm{lx})$$

2. 比功率法

(1) 比功率的概念。照明光源的比功率，就是每单位被照面积所需的光源安装功率，可以表示为

$$p_0=\frac{P_\Sigma}{A}=\frac{NP_{\mathrm{N}}}{A} \tag{9-12}$$

式中 P_{N}——每一灯泡功率。

附表11-6列出采用工厂配照灯的一般照明的比功率参考值，供参考。

(2) 按比功率法估算照明灯具安装功率或灯数。如果已知比功率 p_0 和车间的平面面积，则车间一般照明的总安装功率为

$$p_{\Sigma}=p_0 A \tag{9-13}$$

每盏灯的光源功率为

$$P_N=\frac{p_{\Sigma}}{N}=\frac{p_0 A}{N} \tag{9-14}$$

【例 9-3】 试用比功率法确定例 9-1 所示车间所装灯具的灯数。设要求的平均照度 $E_{av}=30lx$。

解 由 $h=4.25m$，$E_{av}=30lx$ 及 $A=648m^2$，查附表 11-6 得 $p_0=6W/m^2$。则该车间一般照明总的安装功率应为

$$p_{\Sigma}=6\times 648=3888(W)$$

因此，应装设 GC1-A-1 型配照灯的数量为

$$N=\frac{p_{\Sigma}}{P_N}=\frac{3888}{150}\approx 26$$

可见，按比功率法计算出的灯数比前面按利用系数法确定的灯数略多一些。

3. 逐点计算法

(1) 逐点计算法的特点。逐点计算法是一种逐一计算工作面附近各个光源对照度计算点的直射照度，然后进行叠加，得其总照度的计算方法。

逐步计算法有如下特点：

1) 假设灯具的光源为“点光源”。当光源发光体的尺寸不超过照度计算点到光源发光体距离的 1/5 时，就可将此光源视为点光源。

2) 可计算任一倾斜面包括垂直面上的照度，但只计算光源的直射照度，不含反射光通引起的照度。因此只适用于带反射罩灯具的照度计算。

(2) 任意倾斜面上的照度计算。任意倾斜面上的照度 E_{δ} 为

$$E_{\delta}=E\left(\cos\delta+\frac{p}{h}\sin\delta\right) \tag{9-15}$$

式中 E ——照度计算点的水平照度；

δ——倾斜面（其背光面）与水平面的夹角（见图 9-13）；

h ——光源至水平面的垂直距离；

p——光源在水平面上的投影至倾斜面与水平面交线的垂直距离。

(3) 垂直面上的照度计算。垂直面上的照度为

$$E_{\perp}=\frac{p}{h}E \tag{9-16}$$

其中，p、h 的含义见图 9-14。

(4) 逐点计算法的计算步骤。

1) 选择照度计算点。根据所确定的照明灯具布置方案，选择几个有检验意义的照度计算点。

2）利用灯具的空间等照度曲线或平面相对等照度曲线求其水平面上的假想照度。根据每盏灯至计算点的水平距离 d 和垂直距离 h，从有关灯具的空间等照度曲线上查得灯具的假想光源（Φ=1000lm）在计算点的水平面上产生的假想照度 E_{ima}。GC1－A、B－2G 型工厂配照灯的曲线参看图 9－15。

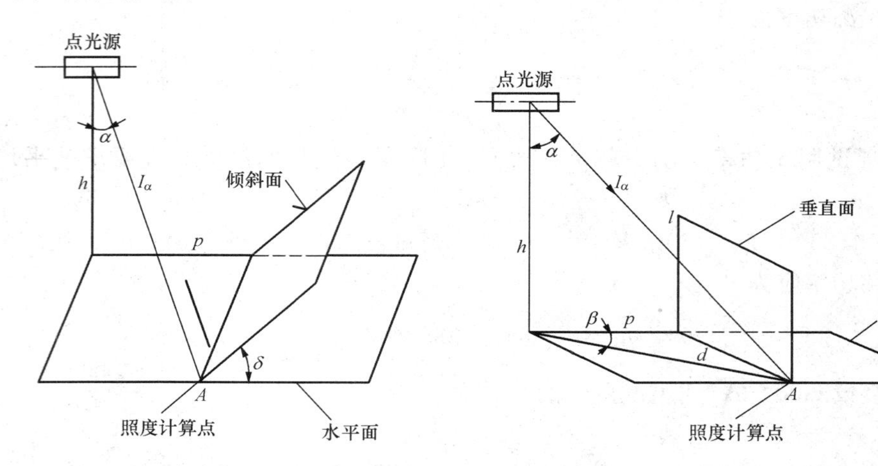

图 9－13 倾斜面上的照度计算　　图 9－14 垂直上的照度计算

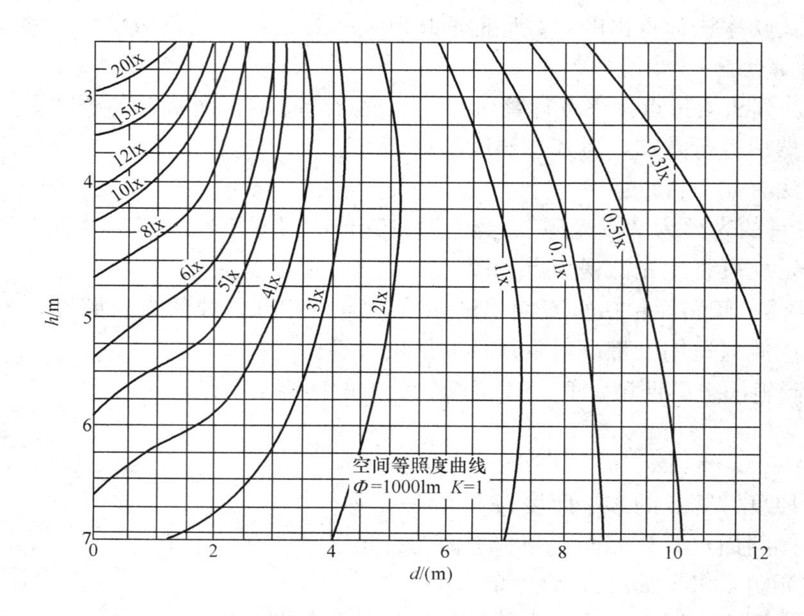

图 9－15 灯具的空间等照度曲线示例

GC1－A、B－2G 型工厂配照灯（光源为 GGY－125）

或者根据每盏灯对计算点的比值 d/h 和灯具对计算点的水平位置角 β（见图 9－14），从灯具的平面相对等照度曲线查得灯具的假想光源（Φ=1000lm）在计算点的水平面上产生的假想照度 E_{ima}。YJK－1/40－2 型简易控照荧光灯的曲线见图 9－16。

3）计算各灯具在计算点水平面上产生的实际照度。利用灯具的空间等照度曲线计算时，水平照度为

$$E=\frac{K\Phi_{N}E_{ima}}{1000} \qquad (9-17)$$

利用灯具的平面相对等照度曲线计算时，水平照度为

$$E=\frac{K\Phi_{N}E_{ima}}{1000h^{2}} \qquad (9-18)$$

式中　Φ_N——灯具光源的额定光通量，lm；

1000——假想光源的光通量，lm；

h——灯具光源至计算点的垂直距离，m；

K——减光系数。

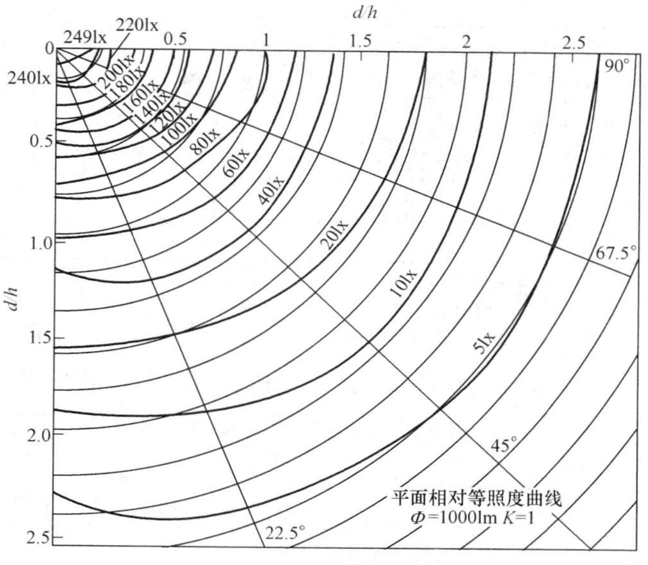

图 9-16　灯具的平面相对等照度曲线示例

YJK-1/40-2 型简易控照荧光灯（单管 YZ-40）

4）计算各灯具在计算点产生的总的水平照度。计算点总的水平照度为

$$E_{\Sigma}=\sum E_{i} \qquad (9-19)$$

5）计算各灯具在计算点的倾斜面上或垂直面上产生的实际照度。倾斜面上的实际照度按式（9-15）计算，垂直面上的实际照度按式（9-16）计算。

6）计算所有灯具在计算点产生的倾斜面上或垂直面上总的照度。倾斜面上总的实际照度为

$$E_{\delta\Sigma}=\sum E_{\delta} \qquad (9-20)$$

垂直面上总的实际照度为

$$E_{\perp\Sigma}=\sum E_{\perp} \qquad (9-21)$$

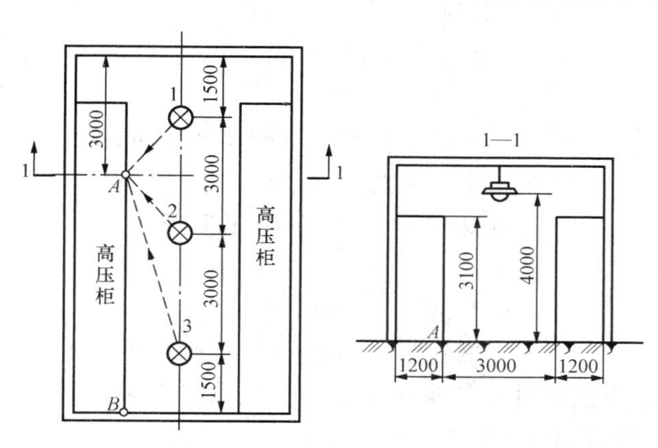

图 9-17　某高压配电室及其灯具配置

【例 9-4】　某高压配电室如图 9-17 所示。现初步确定采用 GC1-A-2G 型工厂配照灯，光源采用 GGY-125 型荧光高压汞灯。试检验图中高压开关柜下端 A、B 两点的水平照度是否符合规定的照度 E_N=50lx 的要求，并计算其垂直照度值。

解　照度计算表见表 9-10。

表 9-10　例 9-4 的照度计算表

照度计算点	灯具编号	计算点至灯的水平距离 d(m)	计算点至灯的垂直距离 h(m)	减光系数 K	光源光通量 Φ_N(lx)	假想照度 E_{ima}	实际水平照度 E_i	灯至计处点垂直面的距离 p(m)	$\frac{p}{h}$	实际垂直照度 $E_{\perp}$
A 点	1	2.1	4.0	0.7	4750	7.0	23.3	1.5	0.375	8.7
	2	2.1	4.0			7.0	23.3	1.5	0.375	8.7
	3	4.7	4.0			2.5	8.3	1.5	0.375	3.1
	总计				水平照度		54.9	垂直照度		20.5

续表

照度计算点	灯具编号	计算点至灯的水平距离 d(m)	计算点至灯的垂直距离 h(m)	减光系数 K	光源光通量 Φ_N(lx)	假想照度 E_{ima}	实际水平照度 E_i	灯至计处点垂直面的距离 p(m)	$\frac{p}{h}$	实际垂直照度 $E_{\perp}$
B点	1	7.6	4.0	0.7	4750	0.8	2.7	1.5	0.375	1.0
	2	4.7	4.0			2.5	8.3	1.5	0.375	3.1
	3	2.1	4.0			7.0	23.3	1.5	0.375	8.7
	总计				水平照度		34.3	垂直照度		12.8

注 1. E_{ima}根据d和h由图9－15查得。
2. E_i 根据式（9－17）计算而得。
3. $E_{\perp}$根据式（9－16）计算而得。

由表9－10可知，A点的达到54.9lx，满足规定照度50lx的要求。但B点的水平照度只有34.3lx，未达到规定的照度要求。A、B两计算点的垂直照度分别为20.5lx和12.8lx。

9.4 工厂电气照明系统

当照明的形式、功率、数量及布置方式确定以后，并经照度计算满足照明标准时，应进一步进行照明系统设计，它包括供电电压的选择、工作照明和事故照明供电方式的确定、照明负荷计算、导线截面选择等项工作。

9.4.1 照明供电网络

照明供电网络由馈线、干线和支线组成，如图9－18所示。

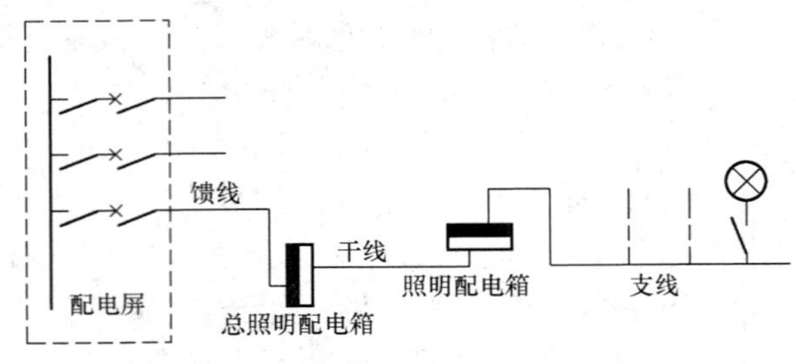

图9－18 照明线路的基本形式

9.4.2 供电方式

1. 工作照明的供电方式

工厂企业变电所及各车间的正常工作照明，一般由动力变压器供电。如果有特殊需要可考虑以照明专用变压器供电。

2. 事故照明的供电方式

事故照明一般应与常用照明同时投入，以提高照明器的利用率。但事故照明应有独立供电的备用电源，当工作电源发生故障时，由自动投入装置自动地将事故照明切换到备用电源供电。

3. 局部照明

机床和固定工作台的局部照明可接自动力线路，移动式局部照明应接至正常照明线路。

4. 室外照明

室外照明应与室内照明线路分开供电，道路照明、警卫照明的电源宜接至有人值班的变电所低压配电屏的专用回路上。当室外照明的供电距离较远时，可采用由不同地区的变电所分区供电。

5. 供电电压及保护装置

（1）普通照明一般采用额定电压220V，由380V/220V三相四线制供电。

（2）在触电危险性较大场所，所采用的局部照明应采用36V以下的安全电压。

（3）用熔断器保护照明线路时，熔断器应安装在相线上，而在公共PE线和PEN线上，不得安装熔断器。熔断器熔体电流与照明线路计算电流的比值取为 1，而高压灯宜取 1.5。

9.4.3 电气照明的平面布线图

电气照明平面布线图主要表示照明线路及其控制、保护设备、灯具等的平面相对位置及其相互联系的一种施工图，是照明工程施工、竣工验收和维护检修的重要依据。

为了表示电气照明的平面布线情况，设计时应绘制平面布线图。图 9-19 所示为某车间照明的电气平面图，其对应的供配电系统图如图 9-20 所示。

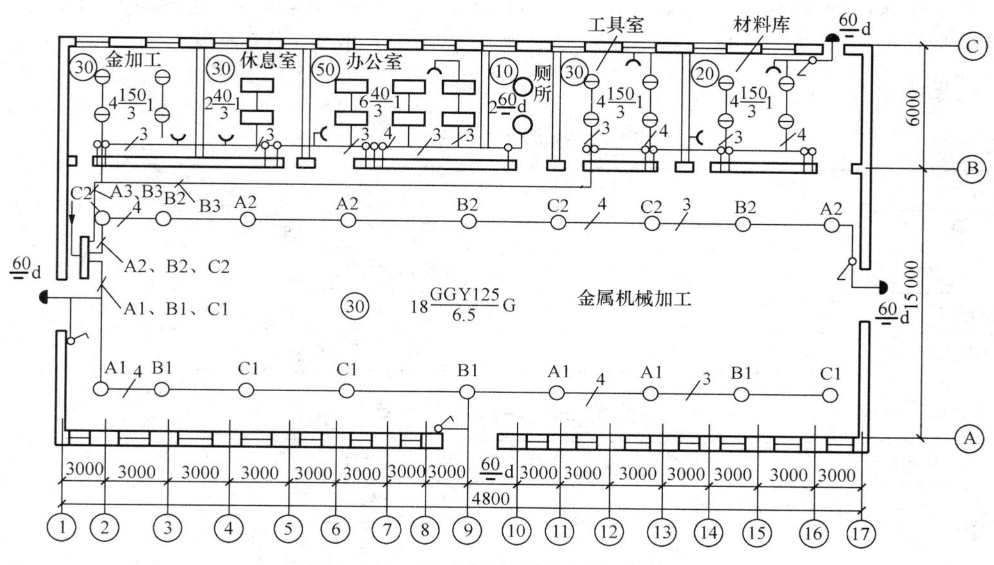

图 9-19 某车间照明的电气平面图

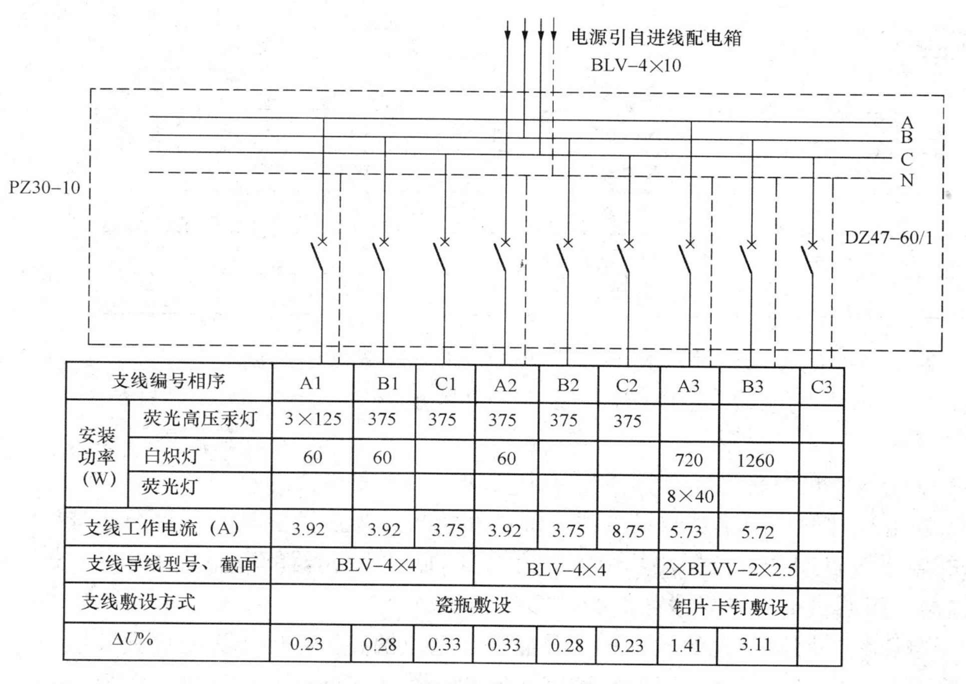

支线编号相序		A1	B1	C1	A2	B2	C2	A3	B3	C3
安装功率(W)	荧光高压汞灯	3×125	375	375	375	375	375			
	白炽灯	60	60		60			720	1260	
	荧光灯							8×40		
支线工作电流（A）		3.92	3.92	3.75	3.92	3.75	8.75	5.73	5.72	
支线导线型号、截面		BLV-4×4			BLV-4×4			2×BLVV-2×2.5		
支线敷设方式		瓷瓶敷设						铝片卡钉敷设		
ΔU%		0.23	0.28	0.33	0.33	0.28	0.23	1.41	3.11	

图 9-20 某车间供配电系统图

由图 9 - 19 可以看出，绘制平面布线图时必须注意：

(1) 标明配电设备和配电线路的型号，灯具的平均照度（如 30 表示平均照度为 30lx）；以及灯具的位置、灯数、灯具的型号、灯泡的容量、安装高度、安装方式等。按 GB/T 4728.11—2008 规定，照明灯具标注的格式为

$$a-b\frac{c\times d\times L}{e}f$$

其中，a 为灯数；b 为灯具型号或编号；c 为每盏灯具的灯泡数；d 为每一灯泡功率，W；L 为光源种类代号，见表 9 - 11；e 为灯泡安装高度，m，对吸顶灯表示为“—”；f 为安装方式代号，见表 9 - 12。

表 9 - 11　光源种类代号

名　称	新代号	旧代号	名　称	新代号	旧代号
白炽灯	IN	B	高压钠灯	Na	N
卤（碘）钨灯	I	L	金属卤化物灯	HL	JL
荧光灯	FL	Y	氙灯	Xe	X
高压汞灯	Hg	G	混光灯	ML	H

表 9 - 12　灯具安装方式的标注代号

序号	名　称	新代号	旧代号
1	线吊式、自在器线吊式	SW	X
2	链吊式	CS	L
3	管吊式	DS	G
4	壁装式	W	B
5	吸顶式	C	—
6	嵌入式	R	R
7	顶棚内安装	CR	PR
8	墙壁内安装	WR	QR
9	支架上安装	S	J
10	柱上安装	CL	Z
11	座装	HM	—

(2) 照明灯具的图形符号应按 GB/T 4728.11—2008 规定绘制。

(3) 应表示出配电设备的位置、编号、型号规格等，标注的格式与动力平面布置图相同。

(4) 配电线路也要标注，其标注格式也与动力平面图相同。

(5) 如果某种型号规格及敷设方法、部位都相同的线路较多时，可在图上统一注明，而每一条配电干线首端，只需标注其熔体电流或自动开关脱扣器的电流值。

9.4.4 照明供电系统导线截面的选择

由于电压偏差对照明光源的影响十分显著，电压偏高，将使光源寿命大大缩短，而电压偏低，又将使照度显著下降。因此，照明线路的导线截面通常先按允许电压损耗选择，再校

验发热条件和机械强度。照明线路的允许电压损耗一般为2.5%～5%。

按允许电压损耗计算导线截面的公式为

$$A=\frac{\sum M}{C\Delta U_{al}\%} \tag{9-22}$$

式中 C——计算系数；

$\sum M$——线路中负荷功率矩之和，kW・m；

$\Delta U_{al}\%$——允许电压损耗百分值。

9.4.5 照明供电系统保护装置的选择

照明供电系统可采用熔断器或低压断路器进行短路和过负荷保护。考虑到各种不同光源点燃的启动电流不同，因此不同光源的保护装置动作电流也有所区别，见表9-13。

表9-13 照明线路保护装置的选择

保护装置类别	保护装置动作电流/照明线路计算电流		
	白炽灯、卤钨灯、荧光灯、金属卤化物灯	高压汞灯	高压钠灯
RL1型熔断器	1	1.3～1.7	1.5
RC1A型熔断器	1	1.0～1.5	1.1
带热脱扣器低断路器	1	1.1	1
带瞬时脱扣器低压断路器	6	6	6

复习思考题

9-1 什么是光强，照度和亮度？其常用单位各是什么？什么是配光曲线？

9-2 照明的种类有哪些？照明的方式有哪些？

9-3 常用的电光源可以分为哪几类？

9-4 白炽灯的特点有哪些？

9-5 常用的荧光灯有哪些种类？

9-6 分别叙述荧光高压汞灯、钠灯、金属卤化物灯、氙灯的特性。

9-7 新型灯光源有哪些？

9-8 LED光源的特点是什么？

9-9 什么是灯具？工厂照明常用灯具有哪些？

9-10 什么是灯具的配光曲线、保护角、光效率？

9-11 灯具的分类方法有哪几种？灯具的选择原则是什么？灯具布置的基本要求有哪些？

9-12 什么是照明光源的利用系数，它与哪些因数有关？

9-13 逐点计算法用于什么样的照度计算？

9-14 某产品装配车间的平面面积为12m×30m，桁架跨度为12m，相邻桁架间距为6m，桁架距地高度为5m，工作面距地0.8m，拟采用GC1-A-1型配照灯（220V，150W白炽灯）作为车间的一般照明，灯具下吊0.5m，车间顶棚、墙壁和地板的反射系数分别为50%、30%、20%，减光系数为0.7。试用利用系数法确定灯数，并进行合理布置。

9-15　试用比功率法求题 9-14 的灯数。

9-16　试用逐点计算法求题 9-14 的照度。

9-17　照明供电系统保护装置该如何选择?

9-18　电气照明平面布线图的作用是什么?

9-19　照明线路的导线截面如何选择和校验?

10　工厂供配电系统运行维护与管理

10.1　工厂供配电设备运行维护

10.1.1　电气运行的主要任务

电气运行的主要任务是保证工厂供电系统电气设备安全、经济、优质、可靠运行。

电气生产的特点是发、供、用电同时进行。若发生重大事故，不仅会使人身和设备受到损害，而且会直接影响人们的正常生活，甚至使国民经济蒙受严重损失。为此，变电站运行、检修人员必须牢固树立"安全第一"的思想。这也是我国的电力方针。

为了确保安全运行，必须经常对全站职工进行安全生产教育，使广大职工充分认识搞好安全生产的重要意义及忽视安全生产的危害性，从而使全站职工，特别是运行、检修人员，加强政治责任感和工作责任心。同时，还必须建立和健全必要的规章制度，加强对运行、检修人员的技术培训，不断提高他们的技术水平和分析处理事故的能力，及时、正确地进行事故处理，排除隐患。要加强对设备的巡视检查和维护检查，提高设备完好率，把电力安全生产提高到一个新水平。

为了确保经济运行，必须加强技术管理，提高技术水平，采用经济运行方式，合理分配负荷，提高设备检修质量，缩短检修时间，消除设备缺陷，提高设备健康水平和完好率，做到经济、优化运行。

优质供电是指供电系统供给的电能质量应能满足用户的用电要求。传统的电能质量只有三个主要指标，即电压、频率和可靠性（不间断供电），其中前两者是电能质量的重点考核指标。根据需要，目前又增加了谐波、三相不平衡度、电压波动和闪变。

关于频率质量，在《供电营业规则》中规定：在电力系统正常状态下，供电频率的偏差如下：①电网装机容量在 300 万 kW 及以上的，为±0.2Hz；②电网装机容量在 300 万 kW 以下的，为±0.5Hz。在电力系统非常状况下，供电频率允许偏差不应超过±1.0Hz。

电压是电能的主要指标之一。衡量电压质量的指标是电压偏差、电压波动、电压波形是否畸变等。

可靠是指变电所能够连续把电能不中断地向用户送出。若变电所中的设备发生故障或检修，应有备用设备或通过改变运行方式来保证可靠性。

10.1.2　供电系统值班人员的任务、职责及要求

1. 值班人员的任务

值班人员在工作时间内对分管的设备和运行事务负责，并应按照规程、制度及上级值班人员的要求，进行安全、经济的运行工作，其具体任务如下：

（1）按照交接班制度有关规定，接班人员必须提前 15min 进入厂房，由交班人员介绍运行情况，并由接班人员对运行设备按规定逐项进行检查。若设备运行正常，在交接班记录簿上签字。到时间进行交接班。

（2）在值班期间，按规定时间间隔，抄录主变压器、线路等全部表计的指示值及所用电屏上表计的指示值。

(3) 监盘操作，即监视运行设备，并及时调整设备的各项运行参数，使之在规定的范围内。

(4) 负责填写操作票，在值（班）长或主值的监护下，进行倒闸操作。

(5) 当发生事故或异常情况时，应在值（班）长领导下尽快设法处理事故与异常情况，并做好详细真实的运行及事故记录。

(6) 为检修人员办理工作票的开工和结束手续。

(7) 每班对不同设备应按规程规定进行巡视检查。

(8) 发现设备缺陷应及时设法消除，或向值（班）长汇报，并做好记录。

(9) 做好备品、工具、安全用具、图纸、资料、测量仪表等的保管工作。

(10) 在交班前，做好运行日志、记录本等的填写，并搞好全所卫生工作。

(11) 交班时，应向接班人员介绍本班运行情况及应注意的事项。如本班在当班运行中发生了事故，一般应待事故处理完毕后才能下班，下班后应立即召开事故分析会。

2. 值班人员的职责范围

(1) 运行值班人员的岗位责任制。运行值班人员首先应该严格遵守岗位责任制。岗位责任制规定了运行值班人员在值班时的职责权限及应遵守的纪律。

1) 运行值班人员岗位责任制主要内容：

a. 规定值班人员的德、才、资（经验）。

b. 规定运行值班人员管理设备和生产现场的职权和职责。

c. 规定运行值班人员操作设备的职权和职责。

这就是说作为一个运行值班人员，除了懂得规定的“应知”、“应会”外，还必须通过现场实习，取得一定的实际技术工作经验和操作技能后，才能正式参加运行值班。

2) 运行值班人员的运行纪律。运行值班人员在运行值班时应明确肩负的重任，树立起高度的责任感，自觉遵守如下运行纪律：

a. 应服从电力系统值班调度员的操作命令（除严重威胁设备和人员安全者外），不应不听指挥而拒绝执行命令。

b. 要坚守岗位，不应迟到或早退，不得擅离职守。

c. 要严格执行有关规章制度，做到严肃认真、一丝不苟。不准自由散漫、有章不循、粗枝大叶、漫不经心。

d. 要专心致志地值好班，全神贯注地进行监视及调节运行设备，及时分析仪表变化，在值班时不得看报和书籍，不打瞌睡，不做与值班无关的事情。

e. 做运行记录时要做到字迹清楚，数据准确、详细、真实。不应含义不清，更不准乱涂乱画、伪造数据。

f. 在操作或检修时要认真执行有关制度，精心操作，坚决克服操作上的坏习惯。

g. 要按规定巡查各种设备，不得走马观花，更不能疏漏不查。

h. 如果发生异常情况，应如实反映，不得弄虚作假，隐瞒真相。

i. 要注意文明生产，搞好生产现场的清洁工作，不得在设备附近烤晒衣物。

总之，运行值班人员在值班时必须自觉遵守劳动纪律和各项规章制度。集中注意力，坚守岗位，按时准确地填写运行日志。一旦发现有异常现象，应立即向值（班）长或电力系统值班调度员汇报并请示处理意见。按规程规定的时间定期对设备进行巡回检查。值班人员在值班时应衣容整洁，女工应将发辫盘入工作帽内。严禁酒后值班等。

(2) 交接班制度。交接班制度主要是规定运行值班人员在交接班时的职责和职权、交接班的内容、交接班的方法和顺序。

各运行岗位应进行对口交接。为了明确交班和接班双方在运行上的职责，双方应履行交接班手续，按规定内容交接清楚后，双方共同签字。自接班人员在交接班记录簿上签字时候起，运行工作的全部责任由接班人员负责。在未办完交接班手续前，交班人员不得离开值班岗位。

交接班的内容应包括现场设备检查，各岗位运行日志和各种记录的查阅，安全用具、工具、备品和规程、资料的清点，以及异常运行、设备缺陷、检修情况和运行方式变动情况的交接等。具体的交接内容应根据各岗位的职责和需要予以规定，并报请上级有关领导批准。

交班人在交班前应做好准备，检查本班有关事项是否均已记入各类记录簿，检查各类交接物件是否齐全等。在未做好交接班准备时双方不应交接班。接班人应提前到班做好接班前的检查准备工作，并会同交班人一起进行各项交接班检查。交接班检查结束后，双方在交接班记录簿上认可签字，交接班手续至此完成。

在处理事故或进行重要的操作时，不得进行交接班。

值班人员在值班时应填写下列值班记录：

1) 交接班记录簿。

2) 运行日志，按时系统地记录各主要设备的运行情况及技术数据。

3) 设备缺陷记录簿，主要记载值班时发现的设备缺陷和不良状况及相应的处理方法。该记录簿应由值（班）长逐项查阅并签字。

4) 命令记录簿，主要记录现行规程中未包括而需要长期执行的指示；运行时临时发布的命令及批评意见。值（班）长和运行值班人员都应在命令记录簿上认可签字。

上述值班记录在交接班时，交班人员应交代清楚，接班人应仔细查阅，询问明白。

(3) 其他规程、制度。运行值班人员在运行值班时还应遵循其他一些规程制度，主要包括邮电业安全工作规程、设备运行规程、技术监督制度和设备的巡视、检查、维护、保养制度等。

运行值班人员在运行值班期间，应加强对设备的巡视检查，对设备要进行经常保养、维护及定期试验，防止设备不正常的老化、磨损、腐蚀和结垢，做到仪表灵、运转好、出力足、不漏水、不漏风、不漏油。这些就是设备的巡视、检查、维护、保养制度所规定的主要内容。

为了在运行值班时能确保人身及设备安全，小型水电站必须遵照《电业安全工作规程》的规定，结合本站实际，制定本水电站的安全工作规程。

3. 对值班人员的技术要求

(1) 应具备一定的电工基础知识，并熟悉本所的电气接线系统（如一次主系统、厂用电系统、照明系统、直流系统等）及其正常运行方式。

(2) 熟悉本所各种电气设备的规范、用途、特性等。

(3) 熟悉控制屏、配电屏或集控台上所有测量表计及信号（包括中央信号装置、同期装置等）。

(4) 熟悉发电机、变压器、输电线路等的继电保护和自动装置。

(5) 熟悉电气安全工作规程及运行规程。

(6) 了解本电站的安全生产过程。

(7) 掌握常用电工测量仪表（包括兆欧表、钳形电流表、万用表等）的正确使用方法及安全用具的正确使用、注意事项等。

10.1.3 电气设备的安全运行

1. 保证安全的组织措施

在变电所（发电厂）的电气设备或电力线路上工作时，应严格执行国家行业标准《电业安全工作规程》，要切实做好各项保证电气安全的组织措施，即工作票制度、工作许可制度、工作监护制度、工作间断、转移和终结制度。

(1) 工作票制度。在电气设备上工作，必须得到许可或命令方可进行。工作票制度是准许在电气设备上（或线路上）工作的书面命令，是工作班组内部以及工作班组与运行人员之间为确保检修工作安全的一种联系制度。工作票制度的目的是使检修人员、运行人员都能明确自己的工作责任、工作范围、工作时间、工作地点；在工作情况发生变化时如何进行联系；在工作中必须采取哪些安全措施，并经有关人员认定合理后全面落实。除一些特定工作外，凡在电气设备上进行工作的，均须填写工作票。

1) 工作票的种类及使用范围。工作票分为第一种工作票和第二种工作票，其格式见附表 14-1、附表 14-2。

第一种工作票的使用范围如下：

a. 在高压设备上工作需要全部停电或部分停电者。

b. 在高压室内的二次接线、照明等回路上的工作，需要将高压设备停电或做安全措施者。

第二种工作票的使用范围如下：

a. 带电作业和在带电设备外壳上工作。

b. 在控制屏、低压配电屏和配电箱电源干线上工作。

c. 在二次接线回路上工作，无需将高压设备停电的场合。

d. 在转动中的发电机、同期调相机的励磁回路或高压电动机转子电阻回路上工作。

e. 非当值值班人员用绝缘棒和电压互感器定相或用钳形电流表测量高压回路电流的工作。

此外，其他工作可口头或电话命令，如事故抢修工作，不用填写工作票，但值班员要将发令人、工作负责人及工作任务详细记入操作记录簿中。无论口头还是电话命令，其内容必须清楚正确，受令人要向发令人复诵核对无误后方可执行。

2) 工作票的填写与签发。工作票要用钢笔或圆珠笔填写，一式两份，应正确清楚，不得任意涂改。工作负责人可以填写工作票。

工作票签发人应由本所内熟悉本所技术人员水平和设备情况，熟悉电业安全工作规程的生产领导人或电气技术人员担任。工作许可人不得签发工作票。工作票签发人员名单应当面公布。工作负责和允许办理工作票的值班员（工作许可人）应由主管生产的领导当面批准。工作票签发人不得兼任所签发任务的工作负责人。工作票签发人必须明确所签发任务的必要性、安全性以及工作票上所填安全措施是否完备，所派工作负责人和工作班人员是否适当和足够，精神状态是否良好。

一个工作负责人只能发给一张工作票。工作票上所列的工作地点，以一个电气连接部分为限。如果需作业的各设备属于同一电压，位于同一楼层，同时停送电，又不会触及带电体时，则允许几个电气连接部分共用一张工作票。在几个电气连接部分依次进行不停电的同一类型的工作，如对各设备依次进行校验仪表的工作，可签发一张（第二种）工作票。若一个电气连接部分或一个配电装置全部停电时，对与其连接的所有不同地点的设备的工作，可发一张工作票，但要详细写明主要工作内容。几个班同时进行工作时，工作票可发给一个总负责人，在工作班成员栏内只填明各班的负责人，不必填写工作人员名单。

3）工作票的执行。两份工作票中的一份必须经常保存在工作地点，由工作负责人收执，另一份由值班员收执，按值移交。值班员应将工作票号码、工作任务、工作许可时间及完工时间记入操作记录簿中。在开工前工作票内标注的全部安全措施应一次做完，工作负责人应检查工作票所列的安全措施是否完备和值班员所做的安全措施是否符合现场的实际情况。

第一种工作票应在工作前一日交给值班员。若变电所离工区较远，或因故更换新工作票，不能在工作前一天将工作票送到，工作票签发人可根据自己填好的工作票用电话全文传达给变电所的值班员，值班员应做好记录，并复诵核对。若电话联系有困难，也可在进行工作的当天预先将工作票交给值班员。临时工作可在工作开始之前交给值班员。第二种工作票应在进行工作票工作的当天预先交给值班员。第一、二种工作票的有效时间以批准的检修期为限。对于第一种工作票，至预定时间工作尚未完成，应由工作负责人办理延期手续。延期手续应由工作负责人向值班负责人申请办理，主要设备检修延期要通过值班长办理。工作票有破损不能继续使用时，应填补新的工作票。

需变更工作班的成员时，须经工作负责人同意。需要变更工作负责人时，应由工作票签发人将变动情况记录在工作票上。若扩大工作任务，必须由工作负责人通过工作许可人，并在工作票上增添工作项目。若需变更或增设安全措施，必须填写新的工作票，并重新履行工作许可手续。

执行工作票的作业，必须有人监护。在工作间断、转移时执行间断、转移制度。工作终结时，执行终结制度。

（2）工作许可制度。为了进一步确保电气作业的安全进行，完善保证安全的组织措施，对于工作票的执行，规定了工作许可制度，即未经工作许可人（值班员）允许不准执行工作票。

工作许可人（值班员）认定工作票中安全措施栏内所填的内容正确无误且完善后，去施工现场具体实施。然后会同工作负责人在现场再次检查必要的接地、短路、遮栏和标示牌是否装设齐备，并以手触试已停电并已接地和短路的导电部分，证明确无电压，同时向工作负责人指明带电设备的位置及工作中的注意事项。工作负责人确认后，工作负责人和工作许可人在工作票上分别签名。完成上述许可手续后，工作班方可开始工作。

工作许可人、工作负责人任何一方不得擅自变更安全措施；值班人员不得变更有关检修设备的运行接线方式，工作中如有特殊情况需变更时，应事先取得对方的同意。

（3）工作监护制度。监护制度是指工作人员在工作过程中必须受到监护人一定的指导和监管，以及时纠正不安全的操作和其他的危险误动作。特别是在靠近有电部位工作及工作转移时，监护工作更为重要。

工作负责人同时又是监护人。工作票签发人或工作负责人可根据现场的安全条件、施工范围、工作需要等具体情况，增设专人进行监护工作，并指定被监护的人数。

工作期间、工作负责人（监护人）若因故需离开工作地点时，应指定能胜任的人员临时代替监护人的职责，离开前将工作现场情况向指定的临时监护人交代清楚，并告知工作班人员。原工作班负责人返回工作地点时，也履行同样的交接手续。若工作负责人需长时间离开现场，应由原工作票签发人变更新工作负责人，并进行认真交接。

专职监护人不得兼做其他工作。在下列情况下，监护人可参加班组工作：

1）全部停电时。

2）在变电所内部分停电时，只有在安全措施可靠，工作人员集中在一个工作地点，工作人员连同监护人不超过三人时。

3）所有室内、外带电部分均有可靠的安全遮栏，完全可以做到防止触电时。

完成工作许可手续后，工作负责人（监护人）应向工作班人员交代现场的安全措施、带电部位和其他注意事项。工作负责人（监护人）必须始终在工作现场，对工作班人员的安全认真监护，及时纠正违反安全的动作，防止意外情况发生。

所有工作人员（包括监护人），不许单独留在室内和室外变电所高压设备区内。若工作需要一个人或几个人同时在高压室内工作，如测量极性、回路导通试验等工作时，必须满足两个条件：一是现场的安全条件允许，二是所允许工作的人员要有实践经验。监护人在这项工作之前要将有关安全注意事项做详细指示。

值班人员如发现工作人员违反安全规程或发现有危及工作人员安全的任何情况，均应向工作负责人提出改正意见，必要时暂时停止工作，并立即向上级报告。

（4）工作间断、转移和终结制度。工作间断制度是指当日工作因故暂停时，如何执行工作许可手续、采取哪些安全措施的制度。工作间断时，后继工作人员应从工作现场撤离，所有安全措施保持不变，工作票仍由工作负责人执存。间断后继续工作时，无需通过工作许可人。每日收工，应清扫工作地点，开放已封闭的道路，并将工作票交回值班员。次日复工时，应得到值班员许可，取回工作票，工作负责人必须重新认真检查安全措施是否符合工作票要求后，方可工作。若无工作负责人或监护人带领，工作人员不得进入工作地点。

在工作期间，若需要紧急合闸送电时，值班员在确认工作地点的工作人员已全部撤离，报告工作负责人或上级领导，并得到他们的许可后，可在未交回工作票的情况下合闸送电，并应采取下列措施：

1）拆除临时遮栏、接地线和标示牌，恢复常设遮栏，换挂“止步，高压危险!”的标示牌。

2）必须在所有通道派专人守候，以便告诉工作班人员“设备已经合闸送电，不得继续工作”，守候人员在工作票未交回以前，不得离开守候地点。

工作转移制度是指每转移一个工作地点，工作负责人应采取哪些安全措施的制度。在同一电气连接部分用同一工作票依次在几个工作地点转移工作时，全部安全措施由值班员在开工前一次做完，不需再办理转移手续，但工作负责人在转移工作地点时，应向工作人员交代带电范围、安全措施和注意事项。

工作终结制度是指工作结束时，工作负责人、工作班人员及值班员应完成哪些规定的工作内容之后，工作票方可终结的制度。全部工作完毕后，工作班应清扫、整理现场。工作负责人应先周密检查，待全体人员撤离工作地点后，再向值班人员讲清所检修的项目、发现的问题、试验的结果、存在的问题等，并同值班人员共同检查设备状况、有无遗留物件、是否清洁等，然后在工作票上填明工作终结时间。经双方签名后，工作票方告终结。已结束的工作票，保存三个月。

2. 保证安全的技术措施

在全部或部分停电的电气设备上工作时，为了保证人身安全，作业前必须执行保证安全的技术措施。

(1) 停电。工作地点必须停电的设备如下：

1) 检修的设备。

2) 与工作人员在进行工作中正常活动范围的距离小于表10-1规定的设备。

3) 在44kV以下的设备上进行工作，上述安全距离虽大于表10-1规定，但小于表10-2的规定，同时又无安全遮栏的设备。

表10-1　　工作人员正常工作的活动范围与带电设备的距离

电压等级（kV）	安全距离（m）
10及以下	0.35
20～35	0.6
44	0.9
60～110	1.5

表10-2　　设备不停电时的安全距离

电压等级（kV）	安全距离（m）
10及以下	0.7
20～35	1.0
44	1.2
60～110	1.5

4) 带电部分在工作人员后面或侧面无可靠安全措施的设备。

将检修设备停电，必须将各方面的电源完全断开（任何运用中的星形接线设备的中性点，必须视为带电设备）。禁止在只经断路器断开电源的设备上工作。必须拉开隔离开关，使各方面至少有一个明显的断开点。与停电设备有关的变压器和电压互感器，必须从高、低压两侧断开，防止向停电检修设备反送电。

为防止已断开的断路器误合闸，应取下断路器控制回路的熔断器或者关闭汽、油阀门等。对一经合闸有可能送电到停电设备的隔离开关，其操作把手必须锁上。

(2) 验电。停电后，还应检验已停电设备有无电压。这样可以明显地验证设备是否确无电压，以防出现带电装设接地线或带电合接地刀闸等恶性事故。

验电时，必须用电压等级合适而且合格的验电器，在检修设备进出线两侧各相分别验电。验电前，应先在有电设备上进行试验，确证验电器的良好。

高压验电必须戴绝缘手套。验电时应使用相应电压等级的专用验电器。

(3) 装设接地线。当验明设备确无电压后，应立即将检修设备接地并三相短路。这是保护工作人员在工作地点防止突然来电的可靠安全措施，同时设备的剩余电荷也会因接地而放尽，而且还可以消除因线路平行、交叉等引起的感应电压或大气过电压造成的危害。

对于可能送电至停电设备的各方面或可能产生感应电压的停电设备都要装设接地线，即做到对来电侧而言，始终保证工作人员在接地线的后侧。所装接地线与带电部分距离应符合有关规定。

装有接地刀闸的设备停电检修时应合上接地刀闸以代替接地线。当接地刀闸有缺陷需检修时，应另行装设接地线代替该接地刀闸，才可拉开接地刀闸进行检修。

装设接地线时，必须先接接地端，后接导体端，这样做的好处是停电设备若还有剩余电荷或感应电感荷时，因接地而将电荷放尽，不会危及人身安全。万一因疏忽跑错设备或出现意外突然来电时，因接地而使保护动作并使开关跳闸，将电源切断，并有效地限制接地线上的电位而保护人身安全。同理，拆除接地线的顺序与装设接地线的顺序相反。为了进一步确保操作人员的人身安全，要求拆、装接地线时，均应使用绝缘棒或戴绝缘手套。

接地线在装设前应经过详细检查，禁止使用不符合规定的导线作接地线和短路之用。

接地线必须用专用的线夹固定在导体上，严禁用缠绕的方法进行接地和短路。

(4) 悬挂标示牌和装设遮栏。工作人员在验电和装设接地线后，应在一经合闸即可送电到工作地点的开关和刀闸的操作把手上，悬挂“禁止合闸，有人工作!”的标示牌，或应在线路开关和刀闸的操作把手上悬挂“禁止合闸，线路有人工作!”的标示牌，标示牌的悬挂和拆除，应按调度员的命令执行。

部分停电的工作，当安全距离不能满足要求时，应装设临时遮栏，用以隔离带电设备，并限制工作人员的活动范围，防止在工作中对高压带电部分的危险接近。临时遮栏可用干燥木材、橡胶或其他坚韧绝缘材料制成，装设应牢固，并悬挂“止步，高压危险!”的标示牌。因工作特殊需要，35kV及以下设备的临时遮栏，可用绝缘挡板与带电部分直接接触，挡板的绝缘性能应符合规定。

在室内高压设备上工作，应在工作地点两旁间隔和对面间隔的遮栏上和禁止通行的过道上悬挂“止步，高压危险!”的标示牌。可以更明确地警戒工作人员不要误入带电间隔的高压导电部分或附近，从而保证安全。

室外设备大都没有固定的围栏，设备布置也不像室内一样集中。为了更好地警戒检修工作地点，限制检修工作人员活动范围，应在工作地点四周用绳子做好围栏，将检修设备围起来，指定检修人员在围栏内进行检修工作，围栏上应悬挂适当数量的“止步，高压危险!”的标示牌。标示牌必须朝向围栏里面（即面向检修人员）。

在工作地点悬挂“在此工作”的标示牌，这样可以提示检修工作人员，防止走错间隔。

在工作人员上下用的铁架或梯子上，应悬挂“从此上下!”的标示牌，在邻近其他可能误登的架构上，应悬挂“禁止攀登，高压危险”的标示牌。

各种安全遮栏、标示牌、接地线等都是为了保证检修工作人员的人身安全和设备安全运行而做的安全措施，任何工作人员在工作中都不能随便移动和拆除。如确因工作需要，须变动上述安全措施的内容或做法时，必须征得工作许可人的同意，工作完成后，应立即恢复原来状态并报告工作许可人。

10.1.4 电气设备的巡视检查

1. 电气设备巡视检查的规定

(1) 执行部颁《电业安全工作规程》有关规定。

1) 经企业领导批准允许单独巡视高压设备的值班人员和非值班人员巡视高压设备时，不得进行其他工作，不得移开或超过遮栏。

2) 雷雨天气需要巡视室外的高压设备时，应穿绝缘靴，并不得靠近避雷器和避雷针。

3) 高压设备发生接地时，室内不得接近故障点 4m 以内，室外不得接近故障点 8m 以内。进入上述范围以内人员必须穿绝缘靴，接触设备外壳和构架时应戴绝缘手套。

4) 巡视配电装置时，进出高压室必须随手将门锁好。

5) 高压室的钥匙至少应有三把，由变电值班人员负责保管，按值移交。一把专供紧急时使用，一把专供值班人员使用，还有一把可以借给许可单独巡视高压设备的人员或工作负责人使用，但必须登记签名并当日交回。

6) 新进人员和实习生不可单独巡视检查。

7) 维护班进行红外线测温、继保巡视等，必须执行工作票制度。

(2) 值班人员进行巡视检查时的注意事项。

1) 须随身携带巡视记录小册子，按照站内规定的巡视检查线路进行检查，防止漏查设备。巡视前应了解站内设备负荷分配及设备健康情况，以便有重点的进行仔细检查。

2) 在设备检查中，要做到四细，即细看、细听、细嗅、细摸（指不带电设备外壳），严格按照设备运行规程中的检查项目逐项检查，防止漏查缺陷。

3) 对查出的缺陷和异常情况，应在现场做好记录并及时汇报值长，当值进行分类详细记在相应的记录簿上。对严重缺陷及紧急异常情况，班、所长应立即复查分析，并向主管部门和有关调度汇报。必要时应加强对设备薄弱环节的监视，采取相应措施，并填写缺陷单上报。

4) 巡视时遇有严重威胁人身和设备安全的情况，应按事故处理有关规定进行处理。

5) 巡视检查人员要做到五不准：不准做与巡视无关的工作；不准移开或越过遮栏；不准嬉笑、打闹；不准交谈与巡视无关的内容；不准观望巡视范围以外的外景。

2. 电气设备巡视检查的方法

变电所电气设备的巡视检查方法，可通过运行人员的眼观、耳听、鼻嗅、手触等感官为主要检查手段，发现运行设备的缺陷及隐患。也可使用工具和仪表，进一步探明故障性质。

常用的巡视检查方法有以下四个方面：

(1) 目测法。目测法就是值班人员用肉眼对运行设备可见部位的外观进行观察来发现设备的异常现象，如变色、变形、位移、破裂、松动、打火冒烟、渗漏油、断股断线、闪络痕迹、异物搭挂、腐蚀污秽等都可以通过目测法检查出来。因此，目测法是设备巡查最常用的方法之一。

(2) 耳听法。变电所的一、二次电磁设备（如变压器、互感器、继电器、接触器等），正常运行通过交流电后，其绕组铁芯会发出均匀节律和一定响度的“嗡嗡”声。运行值班人员应该熟悉掌握声音特点，当设备出现故障时，会夹着杂音，甚至有“噼啪”的放电声，可以通过正常时和异常时的音律、音量的变化来判断设备故障的发生和性质。

(3) 鼻嗅法。电气设备的绝缘材料一旦过热会使周围空气产生一种异味。这种异味对正常巡查人员来说是可以嗅别出来的。当正常巡查嗅到这种异味时，应仔细巡查观察、发现过热的设备与部位，直至查明原因。

(4) 手触法。对带电的高压设备，如运行中的变压器、消弧线圈的中性点接地装置，禁止使用手触法测试。对不带电且外壳可靠接地的设备，检查其温度或温升时需要用手触试检查。二次设备发热、振动等可以用手触法检查。电气设备的最高允许温度见表 10－3。

表 10－3　电气设备的最高允许温度参考值

<table>
<tr><th colspan="2">被测设备及部位</th><th>最高允许温度（℃）</th><th colspan="2">被测设备及部位</th><th>最高允许温度（℃）</th></tr>
<tr><td rowspan="2">油浸变压器</td><td>接地端子</td><td>75</td><td rowspan="2">互感器</td><td>接线端子</td><td>75</td></tr>
<tr><td>本体</td><td>90</td><td>本体</td><td>90</td></tr>
<tr><td rowspan="2">断路器</td><td>接线端子</td><td>75</td><td rowspan="2">母线接头处</td><td>硬铝线</td><td>70</td></tr>
<tr><td>机械结构部分</td><td>110</td><td>硬铜线</td><td>75</td></tr>
<tr><td rowspan="2">隔离开关</td><td>触头处</td><td>65</td><td rowspan="2">电容器</td><td>接线端子</td><td>75</td></tr>
<tr><td>接线端子</td><td>75</td><td>本体</td><td>70</td></tr>
</table>

注　本表仅供参考，具体设备以现场运行规程规定为准。

3. 电气设备巡视检查的范围和周期

(1) 定期性巡视。

1) 主变压器、调相变压器、并联电抗器 4h 检查 1 次。

2) 控制室设备、操作过的设备，带有紧急或重要缺陷的设备、调相机及其励磁机、内冷泵、外冷泵、油泵、油箱、水箱，在接班时应检查。

3) 变电所所有设备 24h 检查 3 次。

4) 每周一次关灯巡视检查导线接点及绝缘子的异常情况。对污秽严重的变电所户外设备，在雨天、雾天、放电严重时要增加巡视次数。

5) 每天检查、测量蓄电池温度、密度、电压。

6) 每星期一试验 1 次重合闸装置，测 1 次母差不平衡电流值；每天试验 1 次高频通道。

7) 继电保护二次连接片每月核对 1 次。

8) 所长每周进行 1 次对全所设备的巡视检查。

(2) 经常性巡视。

1) 监视调相机及其励磁机的电源、电压，水泵、油泵的温度、压力，并按规程规定及时调整或采取必要措施。

2) 监视各级母线电压、频率，监视并调整调相机出力、监视主变压器有载分接头位置，投切电容器、电抗器。监视各线路、主变压器的潮流，防止过负荷。

3) 监视直流系统电压、绝缘，以保证设备及保护动作的可靠性。

(3) 特殊性巡视。

1) 严寒季节应重点检查充油设备油面是否过低，导线是否过紧，接头有无裂开、发热等现象，绝缘子有无积雪结冰，管道有无冻裂等现象。

2) 高温季节，重点检查充油设备油面是否过高，油温是否超过规定。检查变压器有无油温过高（允许油温 85℃，允许温升 55℃）及接头发热、蜡片熔化等现象。检查变压器冷却系统，检查开关室、母线室、蓄电池室排风机及事故用轴流风扇。检查导线是否过松。

3）大风时，重点检查户外设备底部附近有无草堆杂物、油毛毡等，检查导线振荡情况，接头有无异常情况，安全措施是否松动。

4）大雨时，检查门窗是否关好，屋顶、墙壁有无漏渗水现象。

5）冬季重点检查防小动物进入室内的措施有无问题。修复破损门窗缝隙要小，电缆竖井室内出口封堵要严密，控制室、电缆层封墙、电缆出线孔封堵要严密。进入高压室要随手关门。应放好鼠药，做好冬季安全大检查。

6）雷击后检查绝缘子、套管有无闪络痕迹，检查避雷器动作记录器并将动作情况填入专用记录中。平时要做好记录，做到现场数字、记录器、记录簿数据保持一致。

7）大雾霜冻季节和污秽地区，重点检查设备瓷质绝缘部分的污秽程度，检查设备的瓷质绝缘有无放电电晕等异常情况，必要时关灯检查。

8）事故后重点检查信号和继电保护动作情况，故障录波仪动作情况，检查事故范围内的设备情况，如导线有无烧伤、断股，设备的油位、油色、油压等是否正常，有无喷油异常情况，绝缘子有无烧闪、断裂等情况。

9）高峰负荷期间重点检查主变压器、线路等回路的负荷是否超过额定值，检查过负荷设备有无过热现象。主变压器严重过负荷时，应每小时检查1次油温，监视回路触头示温片是否熔化，根据主变压器规程监视主变压器，汇报网调和有关调度，开启备用冷却器，转移负荷，监视发热点，用轴流风扇吹主变压器等。

10）雷雨季节，要注意检查绝缘子积露、放电现象。

11）新设备投入运行后，应每半小时巡视1次，4h后按正常巡视，对主设备投入后的正常巡视要延长到24h后，新设备投入运行后重点检查有无异常声、接点是否发热、有无漏油渗油现象等。主变压器投入后瓦斯下浮子改接信号，24h后方可投跳。

12）每年结合季节特点进行安全大检查，发动群众对设备进行全面彻底检查，不留死角清除隐患。安全大检查要将查思想、查纪律、查规程制度、查领导结合起来。

4. 设备缺陷及其划分

运行设备含处于备用状态的设备，因自身或相关功能而影响设备或系统正常运行的异常现象称为设备或该装置的缺陷。按其对运行影响的程度分为紧急、重大和一般缺陷三类。

紧急缺陷是指设备发生异常状态，严重威胁安全运行，若不立即处理，就可能造成停电事故和设备损坏事故的缺陷。

重大缺陷是指对设备安全运行有一定威胁，但尚能坚持运行一段时间的缺陷。

一般缺陷是指设备有异常现象，目前不影响正常运行，但长期运行会使设备逐步损坏或影响正常运行，继而发展为重大和紧急缺陷的缺陷。

缺陷管理的程序是：发现缺陷—记录缺陷—核定缺陷—汇报缺陷—处理缺陷—消除缺陷。

10.1.5 变电所电气事故的处理

1. 变电所电气事故处理的原则

（1）迅速限制事故发展，消除事故的根源，解除对人身和设备安全的威胁。

（2）注意所用电的安全，设法保持所用电源正常。

(3) 事故发生后，根据表计、保护、信号及自动装置动作情况进行综合分析、判断，做出处理方案。处理中应防止非同期并列和系统事故扩大。

(4) 在不影响人身及设备安全的情况下，尽一切可能使设备继续运行。

(5) 在事故已被限制并趋于正常稳定状态时，应设法调整系统运行方式，使之合理，让系统恢复正常。

(6) 尽快对已停电的线路恢复供电。

(7) 做好主要操作及操作时间的记录，及时将事故处理情况报告有关领导和系统调度员。

(8) 水电厂发生事故后，处理时应考虑对航运的影响。

2. 电气事故处理的一般规定

(1) 发生事故和处理事故时，值班人员不得擅自离开岗位，应正确执行调度、值长、值班长的命令，处理事故。

(2) 在交接班手续未办完而发生事故时，应由交班人员处理，接班人员协助、配合。在系统未恢复稳定状态或值班负责人不同意交接班之前，不得进行交接班。只有在事故处理告一段落或值班负责人同意交接班后，方可进行交接班。

(3) 处理事故时，当值系统调度员是系统事故处理的指挥人，值长是全所事故处理的领导和组织者，电气值班长是变电所电气事故处理的领导和组织者。电气值班长应接受值长指挥，值长和值班长均应接受系统调度员指挥。

(4) 处理事故时，各级值班人员必须严格执行法令、复诵、汇报、录音和记录制度。发令人发出事故处理命令后，要求受令人复诵自己的命令，受令人应将事故处理的命令向发令人复诵一遍。如果受令人未听懂，应向发令人问清楚。命令执行后，应向发令人汇报。为便于分析事故，处理事故时应录音。事故处理后，应记录事故现象和处理情况。

(5) 事故处理中，若下一个命令需根据前一命令执行情况来确定，则发令人必须等待命令执行人的亲自汇报后再定。不能经第三者传达，不准根据表计的指示信号判断命令的执行情况（可作参考）。

(6) 发生事故时，各装置的动作信号不要急于复归，以便查核，便于事故的正确分析和处理。

3. 电气事故处理的程序

(1) 判断故障性质。根据计算机 CRT 图像显示、光字牌报警信号、系统中有无冲击摆动现象、继电保护及自动装置动作情况、仪表及计算机打印记录、设备的外部象征等进行分析、判断故障性质。

(2) 判断故障范围。设备故障时，值班人员应到故障现场，严格执行安全规程，对设备进行全面检查。母线故障时，应检查断路器和隔离开关。

(3) 解除对人身和设备安全的威胁。若故障对人身和设备安全构成威胁，应立即设法消除，必要时可停止设备运行。

(4) 保证非故障设备运行。对未直接受到损害的设备要认真进行隔离，必要时启动备用设备。

(5) 做好现场安全措施。对于故障设备，在判明故障性质后，值班人员应做好现场安全措施，以便检查人员进行检修。

（6）及时汇报。值班人员必须迅速、准确地将事故处理的每一阶段情况报告给值长或值班长，避免事故处理发生混乱。

10.2　工厂供配电设备倒闸操作

10.2.1　概述

电气设备具有运行、热备用、冷备用和检修四种状态。运行状态是指断路器、隔离开关均已合闸，设备与电源接通，处在运行中的状态。热备用状态是指隔离开关在合闸位置，但断路器在断开位置，电源中断，设备停运，即只要将断路器手动或自动合闸，设备即投入运行的状态。冷备用状态是指断路器、隔离开关均处在断开位置，设备停运，即欲使设备运行需将隔离开关合闸，然后再合断路器。检修状态是指断路器、隔离开关都在断开位置，并接有临时地线（或合上接地刀闸）设好遮栏，悬挂好标示牌，设备处于检修的状态。当电气设备由一种状态转换为另一种状态或改变系统的运行方式时，都需要进行一系列的倒闸操作。

1. 倒闸操作的内容

倒闸操作有一次设备的操作，也有二次设备的操作，其操作内容如下：

（1）拉开或合上某些断路器和隔离开关。

（2）拉开或合上接地刀闸（拆除或挂上接地线）。

（3）拉开或装上某些控制回路、合闸回路、电压互感器回路的熔断器。

（4）停用或加用某些继电保护和自动装置及改变定值等。

（5）改变变压器或消弧线圈的分接开关。

2. 倒闸操作的安全

在倒闸操作过程中应严格遵守规定，不能随意操作。若发生操作事故，可能导致设备损坏、人身伤亡。因此，倒闸操作必须严格执行安全规程的要求，以确保操作的安全。倒闸操作的安全规程主要包括以下方面：

（1）倒闸操作必须执行操作票制度。操作票是值班人员进行操作的书面命令，是防止误操作的安全组织措施。1000V 以上的电气设备在正常运行情况下进行任何操作时，均应填写操作票。每张操作票只能填写一个任务。

（2）倒闸操作必须有两人进行（单人值班的变电所可由一人执行，但不能登杆操作及进行重要的和特别复杂的操作）。一人唱票、监护，另一人复诵命令、操作。监护人的安全等级（或对设备的熟悉程度）要高于操作者。特别重要和复杂的倒闸操作，由熟练的值班员操作，值班负责人或值班长监护。

（3）严禁带负荷拉、合隔离开关。为了防止带负荷拉、合隔离开关，在进行倒闸操作时应遵循下列顺序：

1）停电拉闸必须先用断路器切断电源，再检查断路器确在断开位置后，先拉负荷侧隔离开关，后拉母线侧隔离开关。

2）送电时则应先合母线侧隔离开关，再合负荷侧隔离开关，最后合断路器。

（4）严禁带地线合闸。

（5）操作者必须使用必要的、合格的绝缘安全用具和防护安全用具。用绝缘棒拉、合隔离开关或经传动机构拉、合隔离开关和断路器时，均应戴绝缘手套。雨天在室外操作高压设备时，要穿绝缘鞋。绝缘棒应有防雨罩。接地网的接地电阻不符合要求时，晴天也要穿绝缘鞋。装卸高压熔断器时，应戴护目镜和绝缘手套，必要时使用绝缘夹钳，并站在绝缘垫和绝缘台上。登高进行操作应戴安全帽，并使用安全带。

(6) 在电气设备或线路送电前，必须收回并检查所有工作票，拆除安全措施，拉开接地刀闸或拆除临时接地线及警告牌，然后测量绝缘电阻，合格后方可送电。

(7) 有雷雨时，禁止倒闸操作和更换熔断体，高峰负荷时避免倒闸操作。

运行经验表明，如果在运行中能够认真执行电气安全的组织措施和技术措施；在执行倒闸操作任务时，注意力集中，严格遵守电气设备操作的规定，就能有效地防止操作事故的发生。

10.2.2 操作票制度及执行

电气系统和设备的倒闸操作种类繁多，内容极广，操作步骤和方法不一，操作路径也各有不同，所以容易发生误操作事故。根据误操作事故分析表明，大部分操作事故是由于没有执行操作票制度，或者填写倒闸操作票不正确，如操作内容不正确及操作步骤颠倒，或操作人员使用操作票不当（如已执行的操作项目未做记录、或跑错位置等）造成的。为了保证倒闸操作的正确性，必须首先正确填写好操作票，并在监护下操作。在填写操作票时，思想要集中，做到顺序不乱，项目不漏，字迹清晰，同时应根据设备的一次及二次回路的情况和设备的地点，统筹考虑一条正确的操作路径，免得往返奔跑，重复劳动，影响操作进度。

1. 操作票的填写及注意事项

(1) 操作票应用钢笔或圆珠笔填写，票面应清楚整洁，不得任意涂改。操作票要按编号顺序使用，作废的操作票应盖上“作废”字样的图章。操作任务栏中应填写设备的双重名称，即填写设备的名称及编号。操作项目填写完毕操作票下方仍有空格时，应盖上“以下空白”字样的图章。

(2) 操作票操作项目的内容。

1) 应拉、合的断路器和隔离开关。

2) 检查断路器和隔离开关的实际位置。

3) 装拆临时接地线，应注明接地线的编号。

4) 送电前应收回并检查所有工作票，检查接地线是否拆除。

5) 装上或取下控制回路或电压互感器的熔断器。进行断路器检修、在二次回路及保护装置上工作、倒母线过程中以及断路器处于冷备用时都需要取下操作回路的熔断器。电压互感器的停运、检修等也要取下其熔断器。

6) 切换保护回路连接片。在运行方式改变时，继电保护装置试验、检修、保护方式变更等情况均需要切换（即启用或停用）连接片。

7) 测试电气设备或线路是否确无电压。

8) 检查负荷分配。在并、解列，用旁路断路器代送电，倒母线时，均应检查负荷分配是否正确。

(3) 操作票使用的技术术语。

1) 断路器、隔离开关的拉合操作用“拉开”、“合上”。

2) 检查断路器、隔离开关的实际位置用“确在合位”、“确在开位”。

3) 拆装接地线用“拆除”、“装设”。

4）检查接地线拆除用“确已拆除”。

5）装上、取下控制回路和电压互感器回路的熔断器用“装上”、“取下”。

6）保护连接片切换用“启用”、“停用”。

7）检查负荷分配用“负荷指示正确”。

8）验电用“三相验电，验明确无电压”。

（4）可不填写操作票的操作。

1）事故处理。处理事故时，为了能迅速断开故障点，缩小故障范围，以限制事故的发展，及时恢复供电，故不须填写操作票。

2）拉合断路器的单一操作。

3）拉开接地刀闸或拆除全厂（所）仅有的一组接地线。

上述三种情况要记入操作记录簿内。

（5）特殊情况下的操作票填写。单人值班的变电所，操作票由发令人用电话向值班员传达。值班员按指令填写操作票，并向发令人复诵，经双方核对无误后，将双方姓名填入操作票上（“监护人”签名处填入发令人的姓名）。

2. 倒闸操作的基本原则

变电所电气运行人员在进行电气设备倒闸操作时，应遵循以下基本原则：

（1）停送电操作原则。

1）拉、合隔离开关及小车断路器停、送电时，必须检查并确认断路器在断开位置（倒母线例外，此时母联断路器必须合上）。

2）严禁带负荷拉、合隔离开关，所装电气和机械防误闭锁装置不能随意退出。

3）停电时，首先断开断路器，然后拉开负荷侧隔离开关，最后拉开母线侧隔离开关；送电时，先合上电源侧隔离开关，再合上负荷侧隔离开关，最后合上断路器。

4）手动操作过程中，发现误拉隔离开关时，不准把已拉开的隔离开关重新合上，只有用手动蜗轮传动的隔离开关，在动触头未离开静触头刀刃之前，允许将误拉的隔离开关重新合上，不再操作。

（2）母线倒闸操作原则。

1）母线停电后需要做安全措施者，应验明母线无电压后，方可合上该母线的接地隔离开关或设备接地线。

2）向检修后或处于备用状态的母线充电时，充电断路器有速断保护时，应优先加用；无速断保护时，其主保护必须加用。

3）母线送电时，应先将母线电压互感器投入；母线停电时，应先将母线上的所有负荷转移完，再将母线电压互感器停运。

4）母线倒闸操作时，先给备用母线充电，检查两组母线电压相等，确认母联断路器已合好，取下其控制保险，然后进行母线隔离开关的切换操作。母联断路器断开前，必须确认负荷已全部转移，母联断路器电流表指示为零，再断开母联断路器。

5）母线倒闸操作过程中，应检查差动继电器的动作情况，当有“差动继电器同时动作”信号来时（同一线路的两母线隔离开关都合上，或一隔离开关拉开后，该隔离开关联动的差动继电器不返回），不允许断开母联断路器。否则，母联断路器断开后，若两母线的电压不完全相等，使两电压互感器二次侧流过环流，会将二次侧熔断器熔断，造成保护误动或烧坏电压互感器。

（3）变压器停、送电原则。

1）双绕组升压变压器停电时，应先拉开高压侧断路器，再拉开低压侧断路器，最后拉开两侧隔离开关。送电时的操作顺序与此相反。

2）双绕组降压变压器停电时，应先拉开低压侧断路器，再拉开高压侧断路器，最后拉开两侧隔离开关。送电时的操作顺序与此相反。

3）三绕组升压变压器停电时，应依次拉开高、中、低压侧断路器，再拉开三侧隔离开关。送电时的操作顺序与此相反。

4）三绕组降压变压器停、送电的操作顺序与三绕组升压变压器相反。

总的来说，变压器停电时，先拉开负荷侧断路器，后拉开电源侧断路器。送电时的操作顺序与此相反。

3. 倒闸操作的程序

（1）布置和接受任务。在电气设备需要进行倒闸操作前，值（班）长应先布置操作任务，并讲清楚操作的目的和操作设备的状况。操作人员接到操作任务后，应复诵一遍后将此任务记入操作簿内，并做好操作前的准备工作，待接到操作命令后再进行操作。

（2）填写操作票。填写操作票的目的是拟订具体的操作内容和顺序，防止在操作过程中发生顺序颠倒或漏项。操作人接受任务后，根据操作任务，查对模拟系统图和实际运行方式，认真填写操作票或由计算机调用典型操作票。

（3）审核标准。操作人填好操作票后，先自审一遍并签字，然后交监护人、值班长、值长逐级审核，无误后，分别在操作票上签字批准。

（4）模拟操作。经值班长批准，可进行模拟操作，即监护人和操作人在模拟图上进行操作预演。监护人按操作票的项目顺序唱票，操作人在模拟图上进行操作，以核对操作票的正确性。

（5）发布操作命令。所有准备工作就绪后，值长或值班长向监护人下达正式的操作命令，监护人重复操作命令，值长或值班长认为正确无误后，下达命令“对，执行”，并在操作票上填入发令时间。

（6）现场操作。监护人和操作人携带操作工具进入现场。操作前，先核对被操作设备的名称和编号，应与操作票相同，核对断路器、隔离开关实际位置及辅助设备状况（信号灯、表计指示、继电器、连锁装置等状况），然后进行操作。当监护人认为操作人站立位置正确，使用的安全用具合乎要求时，监护人按操作票的顺序及内容高声唱票，操作人应再次核对设备的名称和编号，确认无误后，复诵一遍，监护人确认无误后，发出命令“对，执行”。此时，操作人按照命令进行操作，监护人记录开始操作的时间。每操作完一项，在操作项目顺序号上打“√”，依次操作后续各项。操作人在操作过程中，监护人还应监视其操作方法是否正确。对计算机控制的配电装置操作，敲动计算机键盘上的相关键，由计算机按事先输入的操作程序自动对配电装置进行操作，上述（2）～（6）可省略。

（7）发现操作票有错误时的处理。操作人在执行操作票的过程中，若发现操作票填写的内容有错误，应拒绝执行，同时，应立即向调度或现场负责人报告，提出不能执行的理由并指出错误之处，但不得私自涂改。

现场负责人得到操作人所提出的不能执行的理由后，应立即与现场实际情况核对，经检查证明确实有错误，同意操作人重新填写正确的操作票，方可继续进行操作。

操作人在执行操作票的过程中，若对操作票填写的内容有疑问，应立即停止操作，并向值班调度员或值班负责人报告，弄清问题后，再进行操作。不准擅自更改操作票，不准随意解除闭锁装置。

(8) 复查设备。操作人在监护人的监护下，检查操作结果。如断路器隔离开关的位置、表计指示、信号指示、连锁装置等，以检查操作过的设备是否正常。已执行的操作票保存三个月。

(9) 汇报。按照操作票已全部操作完毕后，监护人向发令人汇报，并汇报操作开始和结束的时间。发令人认可后，由操作人在操作票上盖“已执行”图章。

(10) 记录。监护人将操作任务、起始和终结时间计入操作记录本中。

4. 倒闸操作注意事项

(1) 在倒闸操作前，必须了解系统的运行方式、继电保护及自动装置等情况，并应考虑电源、负荷的合理分布以及系统运行方式的调整情况。

(2) 在电气设备送电前，必须收回并检查有关工作票，拆除安全措施如拉接地刀闸或拆除临时短路接地线及标示牌，然后测量绝缘电阻。在测量绝缘电阻时，必须隔离电源，进行放电。此外，还应检查隔离开关和断路器应在断开位置。

(3) 在倒闸操作前应考虑继电保护及自动装置整定值的调整，以适应新的运行方式的需要，防止因继电保护及自动装置误动作或拒绝动作而造成事故。

(4) 备用电源自动投入装置、重合闸装置、自动调节励磁装置必须在所属主要设备运行前退出运行，在所属主设备送电后投入运行。

(5) 在进行电源切换或电源设备倒母线时，必须先将备用电源自动投入装置撤除，待操作结束后再重新投入。

(6) 在进行同期并列操作时，应注意防止非同期并列，若同步表指针在零位摆动，则不得进行并列操作。

(7) 在倒闸操作中，应注意分析表计的指示。

(8) 在下列情况下，应将断路器操作电源切断，即取下该断路器的直流操作熔断器：①在检查断路器时；②二次回路及保护装置上有人工作时；③在操作隔离开关前；④在继电保护故障；⑤油断路器缺油或无油时。

(9) 操作时应使用合格的安全工具（如验电器等），以防止因安全工具耐压不合格而在工作时造成人身或设备事故。

(10) 根据多年的操作经验，为防止误操作事故的发生，可从以下方面严格把关。

1) 操作准备关。调度人员通知填票时，必须明确操作目的、停电范围及运行方式的变更，考虑测量、保护与自动装置相应变化。如停电压互感器时，对电压、频率、功率表，自动装置，过电压、低压过流保护的影响和二次侧对工作地点及串高压等，并将操作中所用的安全用具绝缘靴、绝缘手套、拉闸杆、验电器、接地线、遮栏绳、钥匙、应用器材等准备好；遇较复杂的操作应提前研究，做好操作准备。

2) 操作票填写关。接到填票通知后，将通知操作任务逐项填写在操作任务栏内，综合操作命令，参照现场运行规程，逐一拟订操作步骤。

操作票原则上由副值填写，正值审查。

操作票写错时，不准涂改，可作废再写。一张操作票填不下时，用另一张操作票接下来填写，但第一张操作票下角，应写“接下页”字样。

3）接令关。当接到调度操作命令后，正值应将拟好的票与调度仔细核对，核对后应再重复一遍，待调度认为无误后，方可执行操作；如调度没有事前通知填写，下令立即操作时，要随听随记随复述，然后从头复述一遍，记录下令时间和下令人。若本电站操作对系统有关联时，应向调度询问明确，若对操作有疑问应同调度员共同研究解决。

4）模拟盘预演关。模拟盘要经常保持与运行方式相符，将拟订好的操作票，正、副值二人在模拟盘（或图）上预演，核对无误后，再进行操作。例如，挂地线时要在模拟盘上标出地线位置；紧急命令或单一操作可不预演，但事后要变更模拟盘位置。

5）操作监护关。严格按前述现场操作要求进行操作监护。

6）操作质量关。

a. 操作开关时，应检查指示灯、仪表、开关位置指示器；10kV少油式断路器还应检查三项导电杆；合闸后检查电流变化情况。

b. 操作刀闸时，拉刀闸则检查三相应全拉开，销子要锁好。合刀闸则检查三相要同期，解除要良好，单极刀闸安全钩要钩好。

c. 主要解列操作，应检查负荷分配情况。

d. 挂接地线时，应先接接地端，后接导体端；拆接地线时，顺序相反。接地端要牢固，接地点不准用绑线缠绕，不允许用短路线代替接地线；挂接地线时接地线不能触及人体。

e. 对一经合闸即可送电的刀闸，要将刀闸销子锁好或绑好。

10.2.3 倒闸操作管理

1. 倒闸操作现场必须具备的条件

(1) 变电所的电气设备必须标明编号和名称，字迹清楚、醒目，不得重复，设备有传动方向指示、切换指示，以及区别相位的漆色，接地闸刀垂直连杆应漆黑色或黑白环色。

(2) 设备应达到防误要求，如不能达到，须经上级部门批准。

(3) 各控制盘前后、保护盘前后、端子箱、电源箱等均应标明设备的编号、名称，一块控制盘或保护盘有两个及以上回路时要划出明显的红白分界线。运行中的控制盘、保护盘盘后应有红白遮栏。

(4) 所内要有和实际电路相符的电气一次系统模拟图和继电保护图。

(5) 变电所要备有合格的操作票，还必须根据设备具体情况制订有现场运行规程、操作注意事项和典型操作票。

(6) 要有合格的操作工具和安全用具（如验电器、验电棒、绝缘棒、绝缘手套、绝缘靴、绝缘垫等），接地线及存放架（钩）上均应编号并对号入座。

(7) 要有统一的、确切的调度术语、操作术语。

(8) 值班人员必须经过安全教育、技术培训，熟悉业务和有关规程制度，经上岗考试合格，方可上岗担任副值、正值或值班长，接受调度命令进行倒闸操作或监护工作。

(9) 值班人员如调到其他所值班时也必须按上述规定执行。

(10) 新进值班人员必须经过安全教育和技术培训3个月，培训后由所长、培训员考试合格经工区批准才可担任实习副值，但必须在双监护下才能进行操作。

(11) 值班人员在离开值班岗位1～3个月的要重新回到原岗位时，必须复习规程制度并经所长和培训员考问合格后，方可上岗工作；离开值班岗位3个月以上者，须经上岗考核合格，方能上岗。

2. 倒闸操作管理及规定

（1）倒闸操作管理一般原则。

1）系统内的倒闸操作，应根据调度范围划分，实行分级管理。

2）凡系统中运行设备或备用设备进行倒闸操作，均应根据值班调度员发布的操作命令票（任务票）或口头命令执行。严禁没有调度命令擅自操作。

3）对调度所管辖范围内的设备，只有值班调度员有权发布其倒闸操作命令和改变它的运行状态。在发布和接受调度操作命令时，必须互报单位、姓名，严格执行发令、复诵、录音汇报和记录制度，并使用统一的调度术语和操作术语。发令、受令双方应明确“发令时间”和“结束时间”，以表示操作开始和终结。

（2）值班人员在倒闸操作中的责任和任务。严格遵守规程制度，认真执行操作监护制，正确实现电气设备状态的改变，保证发电厂、变电站和电网安全、稳定经济地连续运行。这就是电力系统各级调度及电气值班人员倒闸操作中的责任和任务。

（3）合、解环操作。合环操作必须相位相同，操作前应考虑合环点两侧的相角差和电压差，并估算合环潮流，解环操作应先检查解环点的有功、无功潮流，以确保合、解环系统各部分电压在规定范围内，各环节潮流的变化不超过继电保护、系统稳定、设备容量等方面的限额。

（4）隔离开关操作。隔离开关操作必须在断路器拉开后进行，其操作规定如下：

1）在手动合隔离开关时，要迅速果断，碰刀要稳，不可用力过大，以防止损坏支持绝缘子。合闸时若发现弧光（误合闸），应将刀闸迅速合好。隔离开关一经合上，不得再强行拉开，因带负荷拉开隔离开关，会使弧光扩大，后果将更严重。这时只能用断路器切断该电路后，才允许将误合的隔离开关拉开。

2）在手动拉开隔离开关时，要缓慢谨慎，先要看清是否为要拉开的隔离开关，再看触头刚分开时有无电弧产生，若有电弧应立即合上，若无电弧应迅速拉开。在切断小容量变压器的空载电流、一定长度空架线路和电缆线路的充电电流时，也会有电弧产生。此时应与上述情况相区别，应迅速将隔离开关断开，以利于灭弧。

3）隔离开关经操作后，必须检查其“开”、“合”位置，防止因操动机构有缺陷，致使隔离开关没有完全分开或没有完全合上的现象发生。

（5）断路器操作。

1）对于装有手动合闸机构的断路器，一般情况下不允许带负荷手动合闸。因手动合闸速度慢，易产生电弧，但特殊情况下例外。

2）遥控操作断路器时，不可用力过大，以免损坏控制开关，也不可返回太快，以防断路器来不及合闸。

3）断路器经操作后，必须从各方面判断断路器的触头位置是否真正与外部指示相符合，除了从仪表指示和信号灯判断断路器触头的实际位置外，还应到现场检查其机械位置指示。

4）断路器合闸前，应检查继电保护已按规定投入。断路器合闸后，应确认三相均已接通，自动装置按规定设置。

5）断路器使用自动重合闸装置时，应按现场规定考虑其开断容量，当断路器切断故障电流的次数，按规定尚有一次时，若需继续运行，应停用该断路器的自动重合闸装置。

6）断路器分闸前，应考虑所带的负荷安排。

7）断路器操作时，当遥控失灵，现场规定允许进行近控操作时，必须三相同时操作，不得进行分相操作。

(6) 变压器操作。变压器投入运行时，一般先从电源侧充电，然后合上负荷侧开关；变压器停电时，操作顺序相反。向空载变压器充电时，充电开关有完备的继电保护，并保证有足够的灵敏度，同时应考虑励磁涌流对系统继电保护的影响。变压器充电或停电时，各侧中性点应保持接地。

在运行中的各变压器，其中性点接地的数目和地点，应按继电保护的要求设置。运行中的变压器中性点接地开关如需倒换，则应先合上另一台变压器的中性点接地开关，再拉开原来一台变压器的中性点接地开关。

(7) 消弧线圈的操作。凡网络的电容电流数值超过下述规定的极限电流值时，均需采用补偿装置接地，如消弧线圈等。在 6～10kV 网络极限电容电流 $I_C \geqslant 30A$；20～60kV 网络极限电容电流 $I_C \geqslant 10A$。

为避免网络中线路跳闸时产生谐振，或在断线时产生过电压，消弧线圈应该调整为过补偿运行方式。

消弧线圈隔离开关的拉开或合上，均必须确认在该系统中不存在接地故障的情况下进行，而改变分接头位置时，必须将消弧线圈退出运行后再进行。

消弧线圈可在两台变压器的中性点切换使用，但任何时间不得将两变压器的中性点并列使用消弧线圈。

(8) 母线操作。

1）向母线充电时，应使用具有反映各种故障类型的速动保护的断路器（母联、旁路或线路断路器）进行，迫不得已需用隔离开关向母线充电时，还必须先检查和确认母线绝缘正常。

2）用变压器向 220kV、110kV 母线充电时，变压器中性点必须接地。向不接地或经消弧线圈接地系统的母线充电时，应防止出现铁磁谐振或母线三相对地电容不平衡而产生异常过电压。如果有可能产生铁磁谐振，应先带适当长度的架空线路或采用其他消谐措施。

3）进行倒母线时，母联断路器应合上并改为非自动。装有母差保护的变电所，应注意母差保护方式的调整。双母线（或单母线分段）停用一组母线时，应注意母线电压互感器低压侧倒送电。

(9) 线路操作。

1）线路停电前，应正确选择解列点或解环点，并应考虑减少系统电压波动。对馈电线路一般先拉开受电端断路器，再拉开送电端断路器。送电顺序相反。对 220kV 及以上超高压长距离线路，还应考虑拉开空载线路时充电功率的影响（尤其是电压波动大引起的过电压）等。

2）线路送电，断路器必须有完备的继电保护，并保证有足够的灵敏度。空载线路充电应考虑充电功率可能引起的电压波动，以及线路末端电压升高对变压器的影响。

3）110kV 及以上电压等级的线路，送端电源变压器中性点必须至少有一个接地点。

4）新建或检查后相位可能变动的线路投入运行时，应进行核相工作。

(10) 高压跌落式熔断器操作。

1) 一般情况下不允许带负荷操作，而对容量在200kV·A及以下的配电变压器，允许高压侧的熔断器分、合负荷电流。

2) 停电操作时，先拉开中间相，再拉边相；送电时，先合边相，后合中间相。若遇刮风天气停电时，应先拉背风相，再拉中间相，最后拉迎风相；送电时操作顺序与停电时相反，先合迎风相，再合中间相，最后合背风相。

3) 尽量避免在下雨天或打雷时进行操作。

10.2.4　倒闸操作中的误操作

1. 误操作事故类型

电气误操作事故多发生在10kV及以下系统，约占50%以上。主要有以下几种类型：①误拉、合断路器或隔离开关；②带负荷拉、合隔离开关；③带电合接地刀闸或带电挂接地线；④带地线合闸；⑤非同期并列；⑥操作人员走错间隔。以上方面占电气误操作事故的80%以上。除此之外，防止操作人员高空坠落、误入带电间隔、误登带电架构、人身触电等，也是倒闸操作中必须重视的。

2. 误操作事故原因

(1) 人员违章。不严格执行操作票制度，违章操作，是发生恶性电气误操作事故的根本原因，主要表现如下：

1) 认为操作简单，不填写操作票或者填写了操作票也不带到现场，事后补填操作票或补打钩，应付检查；有的不按操作票顺序操作，跳项或漏项操作造成事故。

2) 不唱票，不复诵，不核对设备名称编号，监护制流于形式。操作人和监护人错位，不履行各自的职责，实际上往往变成单人操作，失去监护。

3) 模拟图与现场实际不符。运行状态变了，模拟图没有及时变更，或倒闸操作前根本就不核对。

4) 交接班制度没有得到严格执行，不对口交接。接班人员不按岗位要求认真检查设备状态，不查看有关安全工具情况和运行记录，在没有认清设备实际状态的情况下，盲目操作。

5) 运行人员对《电力调度规程》、《电业安全工作安规》及“两票补充规定”的一些基本概念理解不准确。在对某13起带接地线（接地刀）合闸的事故调查中，有9起发生在设备由检修转运行的操作中，操作人员没有认真交接班，没有认真核对设备状态，把处于检修状态的设备误当成冷备用状态操作。

6) 运行检修人员误碰误动。检修中刀闸试分合的操作缺乏规范化管理，职责不清，措施不完善，操作中没有监护；刀闸电动操作按钮没有使用双重名称编号，电动按钮缺乏防误碰措施，操作后操作电源没有及时断开等，留下误操作隐患。

(2) 组织措施不到位。

1) 单人操作或无票操作。

2) 操作票填写不认真；审核不细、不严，造成操作票本身存在错误。

3) 虽有操作票，但未认真核对设备的名称与编号，没有认真唱票，认真复诵。

4) 解锁钥匙管理不严，擅自使用解锁钥匙进行操作。

5) 现场操作监护不力或形同虚设。

6）操作人员对日常简单操作不以为然，粗心大意，冒险重复习惯性违章操作；在调度命令不清晰、不准确的情况下，凭主观猜测和臆断操作。

7）操作人员怀疑防误装置卡涩、失灵就私自拆除或强行解除闭锁，致使一些防误装置退出运行而失去防误功能。

8）设备验收阶段组织不到位，发生误操作。

9）技术规程不完善，各种制度不健全。

10）继电保护措施票执行不严，二次回路拆线不彻底，连接片投退不完全，在保护调试中，因误动、误碰引起保护或开关误动事故。

（3）技术措施不完善。

1）无闭锁装置或闭锁装置功能不全、闭锁失灵。

2）防误装置管理不到位，防误装置的运行规程，特别是万用钥匙的管理规定不完善，在执行中不严肃认真。防误装置检修维护工作的责任制不落实，造成防误装置完好率不高。

3）技术培训没跟上，运行人员不了解防误装置的原理、性能、结构和操作程序。

4）在微机防误闭锁检修或非正常运行方式下，随意使用解锁钥匙。

5）在实际程序闭锁的方式下，取消了电气闭锁，造成解锁的时候失去电气闭锁防误这道防线。

6）微机防误装置没有统一的试验标准，不能在检修维护中确定装置是否良好。

（4）生产、基建交叉界限不清。

1）基建移交生产后，因种种原因需要变更运行方式，未履行必要的运行许可手续。

2）施工、检修人员未经运行人员许可，擅自操作运行设备。

3．防止误操作事故的措施

（1）防止误操作事故的一般措施。

1）认真接受调度命令，复诵无误做好记录并录音。

2）严格执行填票、模拟审核、发令唱票、高声复诵、严格监护、前后检查等一系列制度，不得疏忽。

3）实际操作之前认真做好模拟操作，发现问题及时修改。

4）操作中应加强监护，倒闸操作应实施双重监护，即除了票面上的监护人外还应由值班长或站长和技术人员负责担任第二监护人。特别重大的操作还应有上级领导在场，并制订相应的安全措施。

5）操作中应严格按照倒闸操作票的顺序进行操作，每操作完一项应按规定做一个记号“√”，并记录相应的时间。

6）操作中发生疑问时，应立即停止操作，并向值班调度员或值班负责人询问清楚后方可继续操作。

7）进行保护及二次回路操作时，应先看清图纸，正确理解并确定所操作回路的功能及应操作的具体端子和连接片，操作中应严格监护。投退保护时除了要考虑其出口回路的端子和连接片外，还应考虑相关回路，如启动失灵回路、远方切负荷、远方跳闸回路的端子和连接片。

8）继电保护和二次回路图纸应完整正确，并与现场设备一致。保护盘、控制盘和其他盘及背面均应标明其名称和编号，盘上的每个连接片和端子均应注明其功能和编号。一块屏上有多套保护和装置时，每个保护或装置之间应有明显的分界线。应在每套保护装置的连接片和端子排附近适当的地方，标明该保护装置在各种运行方式下投退操作时必须操作的端子和连接片。

9）变电所一次系统模拟图应与现场设备完全一致，每次操作及交接班应进行核对检查。当现场设备的运行状态发生变化时，模拟图也应做相应的变化；装设临时接地线时，相应在模拟图板上设好标志。

10）每个设备均有双重编号，即设备的“名称和编号”，其字迹应清楚、醒目，不得重复。

11）设备的防误操作装置必须齐全，功能完好，并长期投入运行。就地操作的隔离开关和接地开关均应加锁。

12）在运行状态下的断路器把手上要加装防护罩，在有就地操作按钮的开关机构箱门上要加锁。

13）加强运行人员的安全和技术培训，不断提高安全意识和技术水平，达到“三熟三能”。三熟是指：熟悉设备、系统和基本原理；熟悉操作和事故处理；熟悉本岗位的规程和制度。三能是指：能正确地进行操作和分析运行状况；能及时地发现故障及排除故障；能掌握一般的维修技能。

14）加强运行管理，不断完善有关规章制度，保证做到正确、具体、符合实际，避免在技术指导上出错误。发生事故要按“事故三不放过”的原则执行：事故原因不清楚不放过；事故责任者和应受教育者没有受到教育不放过；没有采取防范措施不放过。

15）由于500kV变电所二次接线比较复杂，因此二次回路上的工作除填用两种工作票外，还应填写安全措施票，以便将工作所需要的安全措施和所要停用的保护装置的端子和连接片填写清楚。

（2）防止带负荷拉、合隔离开关的措施。

1）隔离开关的操作把手和操动机构箱应有正确、醒目的编号。

2）操作前认真填票、审票，操作中集中精力，加强监护，防止走错间隔或动错设备。

3）操作隔离开关前认真检查本间隔断路器的位置，在确认本间隔断路器已断开的条件下才能操作隔离开关。

4）要保证断路器与隔离开关之间的电气闭锁和机械闭锁装置处于完好状态。每次设备停电检修试验时均应把闭锁装置作为一项主要内容进行检修和试验，只有该项试验和其他检修项目均验收合格后，设备才能投入运行。发现闭锁装置不正常时，应立即上报缺陷，并督促有关人员或单位尽快处理。

5）倒母线操作母线侧隔离开关前，应检查母联断路器及其两侧隔离开关均已合上，并将母联断路器的跳闸电源小开关（熔断器）断开。

6）当某重要间隔的断路器因某原因出现“分闸闭锁”时，需要用旁路断路器代替该间隔断路器。只有在旁路断路器带上负荷后，同时断开旁路断路器和故障断路器的跳闸电源小开关的情况下才能拉开故障断路器两侧的隔离开关，退出故障断路器。

7）在对设备停送电操作时，除了要认真检查断路器的位置外，还要严格遵循停电操作必须先拉负荷侧隔离开关，后拉母线侧隔离开关；送电操作必须先推上母线侧隔离开关，后推上线路侧隔离开关的顺序，尽量减少误操作。

（3）防止带地线合闸的措施。

1）加强地线管理，按编号使用和放置接地线。

2）送电操作前应检查本单元接地线均已拆除，接地开关处于拉开状态，具备送电条件。

3）装拆接地线（拉合接地开关）均应在一次系统模拟图、交接班日志和工作票及操作票上做好记录。交接班检查时应在现场认真核对接地线和接地开关的编号和数量，发现疑问应及时确认。

4）手动操作500kV所有接地开关采用单相操作方式，因此在填写倒闸操作票时要分相填写，以防漏拉某相接地开关的情况发生。拆除接地线也应一相一相地拆，拆除完毕后检查三相确已拆除，然后将三根接地线按编号放回原处。

5）对于一经操作就有可能送电到检修地点的隔离开关，其操动机构应加锁，并应在其操作把手上挂“禁止合闸，有人工作”的标示牌，断开这些隔离开关的三相动力电源小开关或释放其操作能源。

6）要保持隔离开关与接地开关之间的机械闭锁和电气闭锁装置完好。每次检修时应对闭锁装置进行检修和试验，不合格者不能投入运行。平常发现闭锁装置有问题时应及时记录并上报缺陷，督促处理。

（4）防止带电挂地线或带电合接地开关的措施。

1）装设接地线或合接地开关时，至少应有两人同时进行。首先应该核对设备的编号，并检查相关的断路器和隔离开关均处于断开位置，然后用合格的验电器在开关两端分别验明三相确无电压后，装上接地线或合上接地开关。

2）接地开关（在未采用微机防误闭锁装置时）的操动机构应加锁，开锁时应认真核对接地开关的编号，以防误入带电间隔。

3）要保证接地开关与隔离开关之间的机械闭锁处于完好状态。

4）接地开关的防误闭锁装置应保持完好，操作接地开关时不得随意使用解锁装置，更不能将防误闭锁装置拆下。发现防误闭锁装置不能打开时，应先认真核对该防误闭锁装置是否为应操作的防误闭锁装置，以及闭锁条件是否满足。如果确实需要使用解锁装置或采取其他措施时，应得到所（站）长或技术负责人的同意。防误闭锁装置出现故障时应立即上报并督促处理。

（5）防止误断、合断路器的措施。

1）断、合断路器之前应认真核对其名称和编号。

2）操作时应加强监护，当监护人确认操作人所操作的断路器正确并下令操作之后，操作人才能进行操作。

3）接受调度下达的操作命令时要正确理解其操作意图，并按规定复诵和录音。

4）断路器的就地控制箱里面的“远方-就地”控制把手正常时应放在“远方”位置，以防就地误断、合断路器。

5）事故处理时应保持清醒的头脑。发生事故后，应尽快通知值班长、站长和技术负责人到控制室，以便加强监护，正确处理事故。

10.3 工厂供配电系统电能节约

10.3.1 节约用电的意义

节约资源、保护环境是世界各国共同关心的重大课题。建设节约型社会，实现可持续发展，是总结现代化建设经验，从我国的国情出发而提出的一项重大决策。

随着我国经济的高速发展，电能的需求量也正逐年增长，据国家有关资料显示我国目前的电力缺口很大，与此同时，我国电能的使用效率都普遍低于国际先进水平。由于电能的利用率低下导致的电耗相当于两个三峡电站，这无疑对我们整个国家经济的可持续发展形成严重的阻碍，因此，实行电能管理，提高电能利用率迫在眉睫。

从我国电能消耗的情况来看，工业用电占全国电量的70%以上，在工业生产中，电气设备和电力电路的电能损耗占工厂电能消耗的20%～30%。损耗中的很大部分是由于设备的选择、设备的运行状态及设备的配置导致供电系统不符合经济运行条件所引起。另一方面，由于缺电，大量用电设备停运，全国约有20%的生产能力未发挥出来，影响全年工业总产值近2000亿元。节约电能不只是减少工厂的电费开支，降低工业产品的生产成本，可以为工厂积累更多的资金。更重要的是，节省电能能创造比它本身价值高几十倍以上的工业产值，有利于促进国民经济的发展，同时节省电能相应地节省了煤炭的消耗，减少了大气污染，有利于环境保护，由此可见，节约电能有十分重要的意义。

10.3.2　工厂电能节约的一般措施

节约用电是工业企业长期而艰巨的任务，要搞好工厂的电能节约工作，必须大力提高工厂供配电水平，这就需要从工厂供配电系统的科学管理、技术改造及节能技术培训方面采取措施。

1. 加强工厂电能节约系统的科学管理

（1）加强能源管理建立和健全管理机构和制度。对于工厂的各种能源（包括电能）要进行统一管理。工厂不仅要建立一个精干的能源管理机构，形成完整的管理体系，而且要建立一套科学的能源管理制度，能源管理的基础是能耗定额管理。不少工厂的实践证明，实行能耗的定额管理和相应的奖惩制度，对开展工厂节电节能工作有巨大的推动作用。

（2）实行计划用电提高能源利用率。电能是一种特殊的商品。由于电能对国民经济影响极大，所以国家必须实行宏观调控，计划用电就是宏观调控的一种手段。工厂用电应按其与地方电网供电部门达成的供电合同实行计划用电，对工厂内部供电系统来说，各车间用电也要按工厂下达的指标实行计划用电。为了加强用电管理，各车间、工段的供电线路上宜装设电能表计量，以便考核。对工厂的各种生活用电和职工家庭用电，也应装表计量。

（3）实行负荷调整提高供电能力。负荷调整（简称调荷），就是根据供电系统的电能供应情况及各类用户的不同用电规律，合理地安排和组织各类用户的用电时间，以降低负荷高峰、填补负荷低谷（即所谓“削峰填谷”），充分发挥发、变电设备的能力，提高电力系统的供电能力。现已在全国推行的峰谷分时电价和丰枯季节电价，就是运用电价这一经济杠杆对用户用电进行调控的一项有效措施。负荷调整是一项全局性的工作，也是宏观调控的一种手段。由于工业用电在整个电力系统中占的比重最大，所以电力系统调荷的主要对象是工业用户。工厂的调荷主要有下列措施：①错开各车间的上下班时间、进餐时间等，使各车间的高峰负荷时间错开，从而降低工厂总的负荷高峰；②调整厂内大容量设备的用电，使之避开高峰负荷时间用电；③调整各车间的生产班次和工作时间，实行高峰让电等。由于实行负荷调整，“削峰填谷”，可提高变压器的负荷率和功率因数，从而提高了供电能力，而且节约了电能。

（4）实行经济运行方式全面降低系统能耗。所谓经济运行方式，就是能使整个电力系统的电能损耗减少、经济效益提高的一种运行方式。例如对于负荷率长期偏低的电力变压器，可以考虑换用较小容量的电力变压器。如果运行条件许可，两台并列运行的电力变压器可以考虑在低负荷时切除一台。同样对负荷率长期偏低的电动机，也可以考虑换用较小容量的电动机。但是负荷率具体低到多少才适于“以小换大”或“以单换双”，则需要通过计算来确定。

(5) 加强运行维护提高设备的检修质量。节电工作与供电系统的运行维护和检修质量有着密切的关系。例如电力变压器通过检修，消除了铁芯过热的故障，就能显著降低铁损，节约电能。又如电动机通过检修，使转子与定子间的气隙均匀或减小，或者减小转轴的转动摩擦，也都能降低电能损耗。再如将线路接触不良、严重发热的问题解决好，不仅能保证安全供电，而且能减少电能损耗。对于其他的动力设施，加强维护保养，减少水、汽、热等能源的跑、冒、滴、漏，也能直接节约电能。

2. 搞好工厂供配电系统的技术改造

(1) 逐步更新淘汰现有低效高耗的供用电设备。以高效节能的电器设备来取代低效高耗能的用电设备，是节电节能的一项基本措施，其经济效益十分明显。例如电力变压器，采用冷轧硅钢片的新型低损耗变压器，其空载损耗比采用热轧硅钢片的老式变压器要低一半，如果以S11型替换老式变压器，则仅在变压器的铁损（空载损耗）方面，一年就相当可观。又如电动机，新的Y系列电动机与老型号JO2系列电动机相比，效率提高了0.413%，如果全国按年产量30×10^6kW计算，年运转时间考虑为4000h时，则全国一年就可因此节电30×10^6kW$\times$4000h$\times0.413/100\approx5\times10^8$kW·h（即5亿kW·h）。再如我国近年生产的一种涂覆稀土元素荧光粉的节能荧光灯，其9W的照度相当60W普通白炽灯的照度，而使用寿命又比普通白炽灯长两倍以上。假设我国8000万城镇家庭中每家用一盏这样的节能灯，平均每天点燃3.5h，则全国一年就可节电$(60-9)\times10^{-3}$kW$\times$3.5h$\times365\times8000\times10^4\approx52.1\times10^8$kW·h（即52.1亿kW·h）。此外，在供用电系统中采用电子技术，计算机技术及远红外微波加热技术等，也可大量节约电能。

(2) 改造现有不合理的供配电系统降低线路损耗。对现有不合理的供配电系统进行技术改造，能有效地降低线路损耗，节约电能。例如将迂回配电的线路，改为直配线路；将截面积偏小的导线更换为截面积稍大的导线，或将架空线改为电缆；将绝缘破损、漏电较大的绝缘导线予以换新；在技术经济指标合理的条件下将配电系统升压运行；改选变配电所所址，分散装设变压器，使之更加靠近负荷中心等。

(3) 选用高效节能产品提高设备的负荷率。这也是节电的一项基本措施。例如选用节能型电力变压器，并合理确定其容量，使之接近于经济运行状态。如果变压器的负荷率长期偏低，则应按经济运行条件考核，适当更换较小容量的变压器。对电动机及其他用电设备也是一样的，应选用节能型，而且容量的大小应当合适，长期轻载运行很不经济。如果感应电动机长期轻载运行，其定子绕组原为三角形联结，则可将它改为星形联结，这样每相绕组承受的电压只有原来的承受电压的$1/\sqrt{3}$，从而使定子旋转磁场降为原来旋转磁场的$1/\sqrt{3}$，因此电动机的铁损相应减小。但应注意，此时电动机转矩只有原来转矩的1/3。如果长期轻载运行的电动机定子绕组不便改为星形联结，可使电动机定子绕组每相由原来三个并联支路改为两个并联支路，如图10-1所示，每个支路承受的电压只有原来支路电压的2/3，从而使定子铁芯中的磁通减少，使铁损降低。如果电动机所带负载的生产工艺条件许可，还可将绕线转子电动机的转子绕组改为励磁绕组，使之同步化运行，这可以大大提高功率因数，收到明显的节电效果。

(4) 改革落后工艺改进操作方法。生产工艺不仅影响到产品的质量和产量，而且影响到产品的耗电量。例如在机械加工中，有的零件加工工艺以铣代刨，就可使耗电量减少50%左右。改进操作方法也是节电的一条有效途径。例如在电加热处理中，电炉的连续作业就比间歇作业消耗的电能要少。

(5) 采用无功补偿设备人工提高功率因数。当采取各种技术措施提高设备的负荷率，减少无功功率消耗量后，企业电网的功率因数尚达不到规定的要求时(一般规定功率因数不得低于0.9)，则应考虑采用无功补偿设备，提高功率因数。无功补偿设备主要有并联电容器。因并联电容器无旋转部分，具有安装简单，运行维护方便，有功损耗小，组装灵活，扩容方便等优点，所以并联电容器在一般工厂供电系统中应用最为普遍。GB 50052—2009《供配电系统设计规范》也明确规定：当采用提高自然功率因数措施后，仍达不到电网合理运行要求时，应采用并联电力电容器作为无功补偿装置。

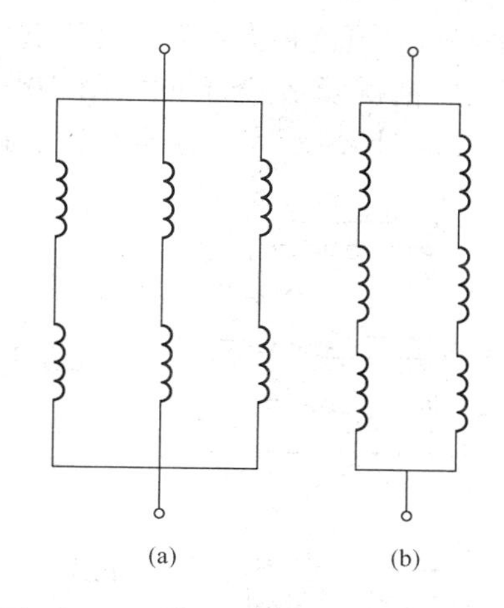

图10-1　感应电动机定子绕组每相由三个并联支路改接为两个并联支路
(a) 改接前；(b) 改接后

3. 搞好节能技术培训

节能技术培训是搞好节能工作的前提，是企业提高能源使用率，取得较好经济效益的重要措施。除了参加上级主管部门的培训外，还应充分利用“节能宣传周”等有利时机，开展形式多样的宣传教育活动。例如，结合生产实际组织编写节能基础资料，进行基础教育和基本功训练；根据各岗位特点开展岗位练兵活动；进行节能知识竞赛、节能基础理论考试和实际操作考核，使操作人员持证上岗等。

要切实做好工厂的节电节能工作，单靠少数节能管理人员或电气工程技术人员是不够的。一定要动员全厂职工乃至职工家属都树立节电节能的意识。只有人人重视节能，时时注意节能，处处做到节能，在全厂上下形成一种节电节能的新风尚，才能真正开创工厂节电节能的新局面。

10.4　工厂供配电系统无功补偿

10.4.1　并联电容器的接线

工厂供配电系统无功补偿的并联电容器大多采用△接线，只是少数容量较大的高压电容器组除外。而低压并联电容器绝大多数是做成三相的，且内部已接成三角形。

三个电容为C的电容器接成三角形，容量为$Q_{C(\triangle)}=3\omega CU^2$，其中$U$为三相线路的线电压。如果三个电容为$C$的电容器接成Y形，则容量为$Q_{C(Y)}=3\omega CU_\varphi^2$，其中$U_\varphi$为三相线路的相电压。由于$U=\sqrt{3}U_\varphi$，因此$Q_{C(\triangle)}=3Q_{C(Y)}$。这是并联电容器采用△接线的一个优点。另外电容器采用△接线时，任一电容器断线，三相线路仍得到无功补偿；而采用Y接线时，一相断线时，断线的那一相将失去无功补偿。

但也必须指出，电容器采用△接线时，任一电容器击穿短路时，将造成三相线路的两相短路，短路电流很大，有可能引起电容器爆炸。这对高压电容器特别危险。如果电容器采用Y接线，情况就完全不同。图 10－2（a）所示为电容器Y接线时正常工作的电流分布，图 10－2（b）所示为电容器Y接线时而 A 相电容器击穿短路时的电流分布和相量图。

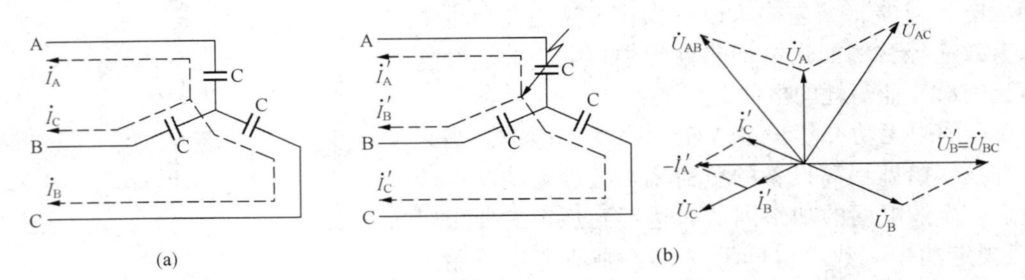

图 10－2　三相线路中电容器Y接线时的电流分布

(a) 正常时的电流分布；(b) A 相电容器击穿短路时的电流分布和向量图

电容器正常工作时

$$I_A = I_B = I_C = U_\varphi / X_C \tag{10-1}$$

式中　X_C——电容器的电抗，Ω；

U_φ——为相电压，V。

当 A 相电容器击穿短路时

$$I'_A = \sqrt{3} I'_B = \frac{\sqrt{3} U_{AB}}{X_C} = \frac{3U_\varphi}{X_C} = 3I_A \tag{10-2}$$

由式（10－2）可知，电容器采用Y接线，在其中一相电容器击穿短路时，其短路电流仅为正常工作电流的 3 倍，因此相对比较安全。所以 GB 50053—1994《10kV 及以下变电所设计规范》规定：高压电容器组宜接成中性点不接地星形，容量较小时（450kvar 及以下）宜接成三角形。低压电容器组应接成三角形。

10.4.2　并联电容器的装设位置

并联电容器在供电系统中的装设位置，有高压集中补偿、低压集中补偿和单独就地补偿三种方式，如图 10－3 所示。

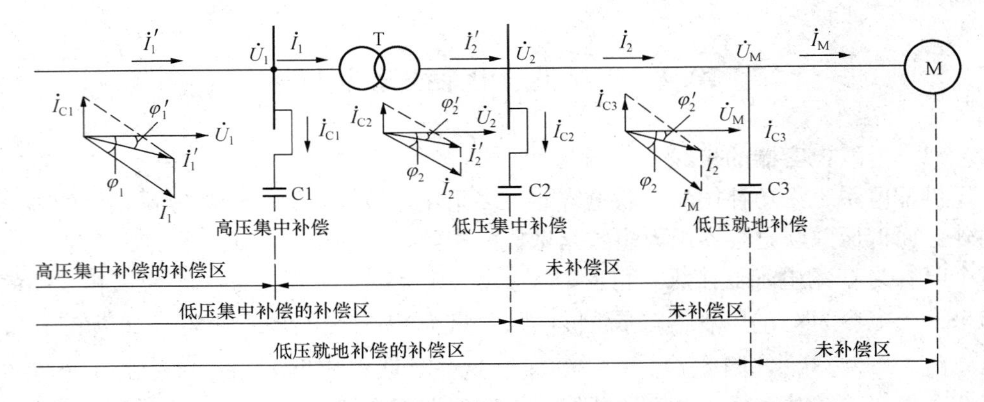

图 10－3　并联电容器在供电系统中的装设位置和补偿效果

1. 高压集中补偿

高压集中补偿是将高压电容器组集中装设在工厂变配电所的 6～10kV 母线上。这种补偿方式只能补偿 6～10kV 母线以前线路上的无功功率，而母线后的厂内线路无功功率得不到补偿，所以这种补偿方式的经济效果较后两种补偿方式差。但高压集中补偿方式的初投资较少，便于集中运行维护，而且能对工厂高压侧的无功功率进行有效的无功补偿，以满足工厂总功率因数的要求，所以在大中型工厂中应用相当普遍。

图 10－4 所示为接在变配电所 6～10kV 母线上的集中补偿的并联电容器组接线图。这里的电容器组采用△联结，装在成套电容器柜内。为了防止电容器击穿时引起相间短路，所以△接线的各边，均接有高压熔断器保护。

由于电容器从电网上切除时有残余电压，残余电压最高可达电网电压的峰值，这对人身是很危险的，因此必须装设放电装置。图 10－4 所示的电压互感器 TV 一次绕组就是用来放电的。为了确保可靠放电，电容器组的放电回路中不得装设熔断器或开关。

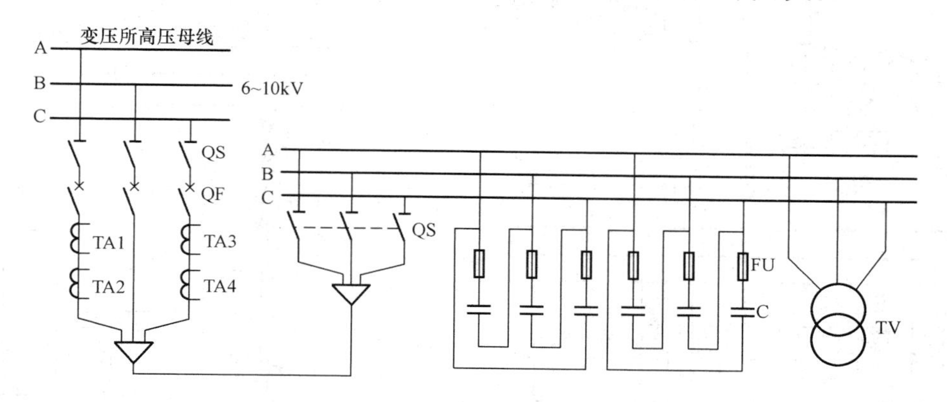

图 10－4　高压集中补偿的电容器组接线图

按 GB 50053—1994 规定，室内高压电容器装置宜设置在单独房间内。当电容器组容量较小时，可设置在高压配电室内，但与高压配电装置的距离不应小于 1.5m。

2. 低压集中补偿

低压集中补偿是将低压电容器集中装设在车间变电所的低压母线上。这种补偿方式能补偿变电所低压母线以前包括变压器及其前面高压线路和电力系统的无功功率。由于这种补偿方式能使变电所主变压器的视在功率减小，从而可选较小容量的主变压器，因此比较经济。另外，供电部门对工厂的电费制度通常实行的是两部电费制：一部分是按每月实际用电量计算电费，称为电度电费；另一部分是安装用的变压器容量计算电费，称为基本电费。则主变压器容量减小，基本电费也随之减少，进而缩减工厂的电费开支，所以这种补偿方式在工厂中应用非常普遍。

低压电容器柜一般可安装在低压配电室内，与低压配电屏并列装设；只在电容器柜较多时才需考虑单设一个房间。

图 10－5 所示为低压集中补偿的电容器组接线图。这种低压电容器组，都采用△联结，通常利用 220V、15～25W 的白炽灯灯丝电阻来放电（也有用专用的放电电阻来放电的），这些放电白炽灯同时也作为电容器组正常运行的指示灯。

3. 单独就地补偿

单独就地补偿是将并联电容器组装设在需要进行无功补偿的各个用电设备旁边。这种补偿方式能够补偿安装部位以前的所有高低压线路和变压器中的无功功率，所以其补偿范围最大，补偿效果最好，应予优先采用。但是这种补偿方式总的投资较大，且电容器组在被补偿的用电设备停止工作时，它也将一并被切除，因此其利用率较低。这种单独就地补偿方式特别适于负荷平稳、经常运转而容量又大的设备，如大型感应电动机、高频电炉等；也适用于容量虽小但数量多且长时间稳定运行的设备，如荧光灯等。对于供电系统中高压侧和低压侧基本无功功率的补偿，仍宜采用高压集中补偿和低压集中补偿的方式。

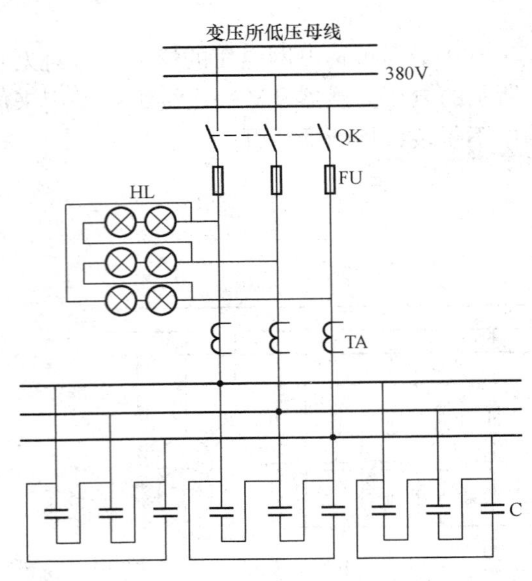

图 10－5　低压集中补偿的电容器组接线图

图 10－6 所示为直接接在感应电动机旁的单独就地补偿的低压电容器组接线图。这种电容器组通常就利用用电设备本身的绕组电阻来放电。

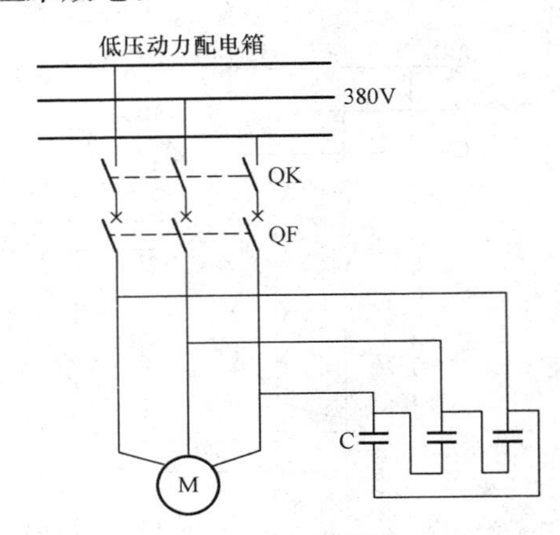

图 10－6　感应电动机旁就地无功补偿的低压电容器组接线图

在工厂供电系统中，多为综合应用各种补偿方式，以求经济合理地达到总的无功补偿要求，使工厂电源进线处在最大负荷时的功率因数不低于规定值，高压进线时一般不得低于 0.9。

10.4.3　并联电容器控制

并联电容器有手动投切和自动调节两种控制方式。

1. 手动投切的并联电容器

采用手动投切，具有简单经济、便于维护的优点，但不便调节容量，更不能按负荷变动情况进行补偿，以达到理想的补偿要求。

具有下列情况之一时，宜采用手动投切的无功补偿装置：①补偿低压基本无功功率的电容器组；②补偿常年稳定的无功功率的电容器组；③长期投入运行的变压器或变配电所内投切次数较少的高压电动机及高压电容器组。

对集中补偿的高压电容器组，采用高压断路器进行手动投切（见图 10－7）。对集中补偿的低压电容器组，可按补偿容量分组投切。

对单独就地补偿的电容器组，利用控制用电设备的断路器或接触器进行手动投切，如

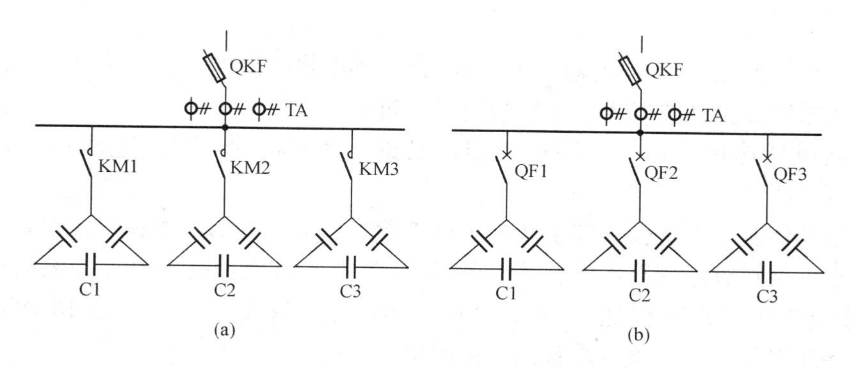

图 10－7　手动投切的低压电容器组

(a) 利用接触器分组投切；(b) 利用低压断路器分组投切

图 10－6 所示。

2. 自动调节的并联电容器

具有自动调节功能的并联电容器组，称为无功自动补偿装置。采用自动补偿装置可以按负荷变动情况适时进行无功补偿，达到较理想的无功补偿要求，但其投资较大，且维修比较麻烦，因此凡可不用自动补偿或采用自动补偿效果不大的场合，均不必装设自动补偿装置。

具有下列情况之一时，宜装设无功自动补偿装置：①为避免过补偿，装设无功自动补偿装置在经济上合理时；②为避免轻载时电压过高，造成某些用电设备损坏而装设无功自动补偿装置在经济上合理时；③只有装设无功自动补偿装置才能满足在各种运行负荷情况下的电压偏差允许值时。由于高压电容器采用自动补偿时对电容器组回路中的切换元件要求较高，价格较贵，且维护检修比较困难，因此当补偿效果相同或相近时，宜优先选用低压自动补偿装置。

低压无功自动补偿装置的原理电路如图 10－8 所示。电路图中的功率因数自动补偿控制器按电力负荷的变化及功率因数的高低，以一定的时间间隔（10～15s），自动控制各组电容器回路中接触器 KM 的投切，使电网的无功功率自动得到补偿，保持功率因数在 0.95 以上，而又不致过补偿。

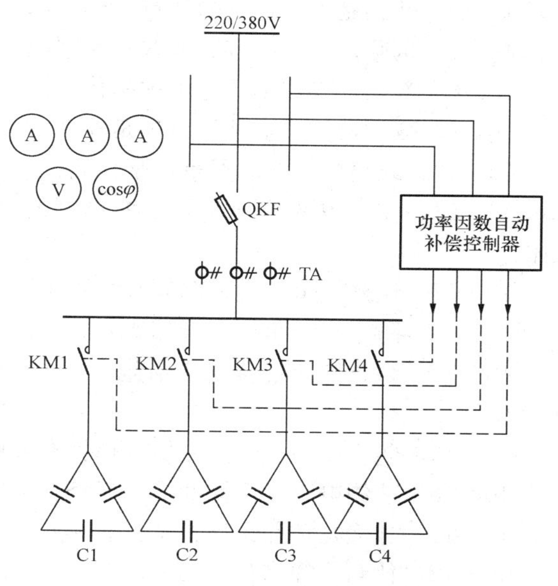

图 10－8　低压无功自动补偿装置的原理电路

10.4.4　并联电容器的运行维护

1. 并联电容器的投入和切除

并联电容器在供电系统正常运行时是否投入，主要视供电系统的功率因数或电压是否符合要求而定。如果功率因数过低或电压过低时，则应投入电容器或增加电容器投入量。

并联电容器是否切除或部分切除，也主要视系统的功率因数或电压情况而定。如果变配电所母线电压偏高（如超过电容器额定电压 10%）时，则应将电容器切除或部分切除。

当发生下列情况之一时，应立即切除电容器：①电容器爆炸；②接头严重过热；③套管闪络放电；④电容器喷油或起火；⑤环境温度超过40℃。

如果变配电所停电，也应切除电容器，以免突然来电时，母线电压过高，使电容器击穿。

在切除电容器时，须从仪表指示或指示灯来检查其放电回路是否完好。电容器组从电网切除后，应立即通过放电回路放电。按GB 50053—1994规定，高压电容器放电时间应不短于5min，低压电容器放电时间应不短于1min。为确保人身安全，人体接触电容器之前，还应采用短接导线将所有电容器两端直接短接放电。

2. 并联电容器的维护

并联电容器在正常运行中，值班员应定期检视其电压、电流、室温等，并检查其外部，看看有无漏油、喷油、外壳膨胀等现象，有无放电声响和放电痕迹，接头有无发热现象，放电回路是否完好，指示灯是否指示正常等。对于装有通风装置的电容器室，还应检查通风装置各部分是否完好。

复习思考题

10-1 电气运行的主要任务是什么？

10-2 电气设备巡视检查的方法有哪些？

10-3 变电所电气事故处理的原则是什么？事故处理的一般规定有哪些？事故处理的程序是怎样的？

10-4 什么是电气设备的工作票制度？

10-5 第一、二种工作票的使用范围各是什么？工作票签发人应由什么人担任？

10-6 什么是电气设备的运行、热备用、冷备用和检修状态？

10-7 倒闸操作的内容有哪些？倒闸操作的注意事项有哪些？

10-8 断路器操作的注意事项是什么？

10-9 变压器操作的注意事项是什么？

10-10 线路操作的注意事项是什么？

10-11 在采用高压隔离开关-断路器的电路中，送电时应如何操作？停电时又应如何操作？

10-12 误操作事故类型有哪些？防止误操作事故的一般措施有哪些？

10-13 防止带负荷拉、合隔离开关的措施有哪些？

10-14 防止带地线合闸的措施有哪些？防止带电挂地线或带电合接地开关的措施有哪些？

10-15 防止误断、合断路器的措施有哪些？

10-16 节约电能对工业和国民经济有何重要意义？

10-17 什么是负荷调整？工厂有哪些主要的调荷措施？

10-18 什么是提高自然功率因数？什么是无功功率的人工补偿？为什么工厂通常采用并联电力电容器来进行无功补偿？

10－19　并联电容器组采用△接线与Y接线各有哪些优缺点？各适用于什么情况？为什么容量较大的高压电容器组宜采用Y接线？

10－20　高压集中补偿、低压集中补偿和单独就地补偿各有哪些优缺点？各适用什么情况？各采取什么放电措施？对高低压电容器的放电各有何要求？

10－21　并联电容器组在什么情况下应予以投入？在什么情况下应予以切除？

附　　录

附录 1　常用电气设备全型号的表示和含义

一、开关电器

1. 高压断路器

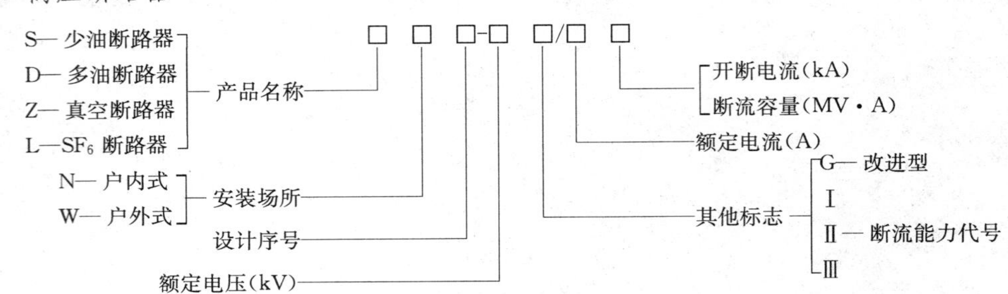

2. 低压断路器

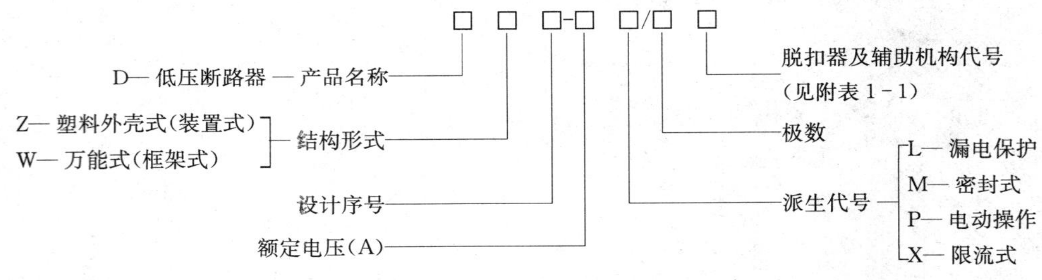

3. 脱扣器形式及辅助机构代号（见附表 1-1）

附表 1-1　　脱扣器形式及辅助机构代号

附件种类 代号 脱扣器类别	不带附件	分励	辅助触头	欠电压	分励辅助触头	分励欠电压	二级辅助触头	欠电压辅助触头
无脱扣器	00		02				06	
热脱扣器	10	11	12	13	14	15	16	17
电磁脱扣器	20	21	2	23	24	25	26	27
复式脱扣器	30	31	32	33	34	35	36	37

4. 高压负荷开关

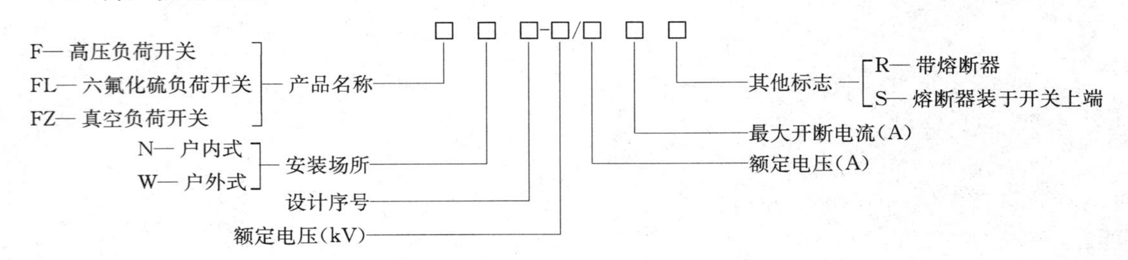

5. 低压负荷开关

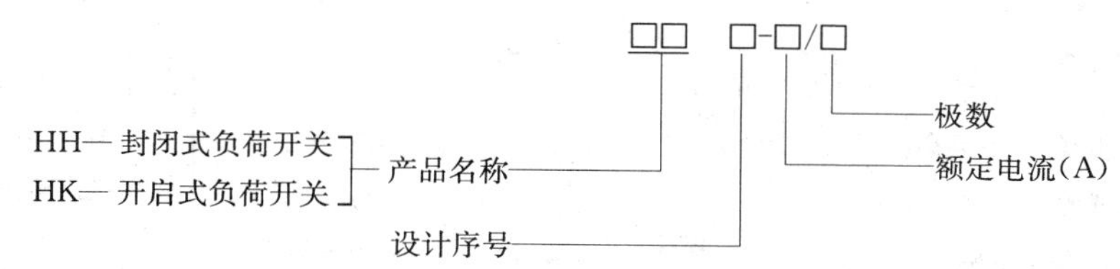

6. 高压隔离开关

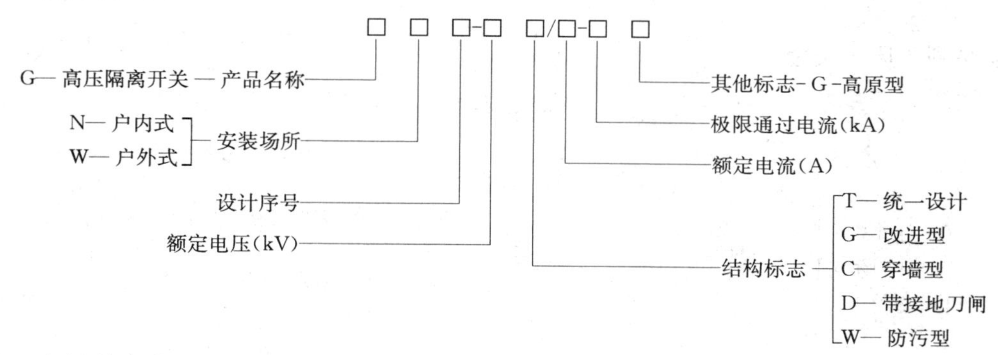

7. 高压熔断器

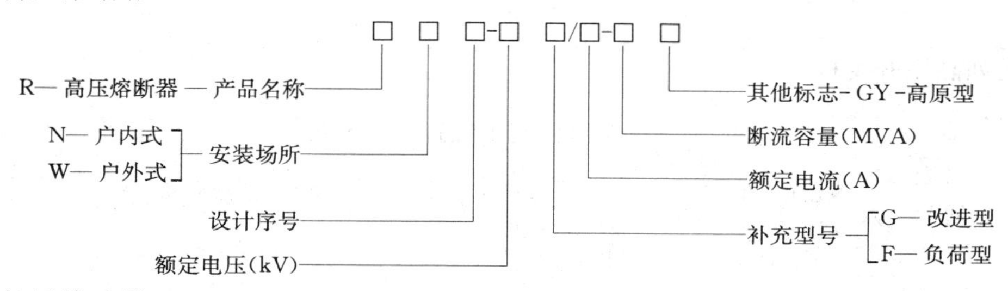

8. 低压熔路器

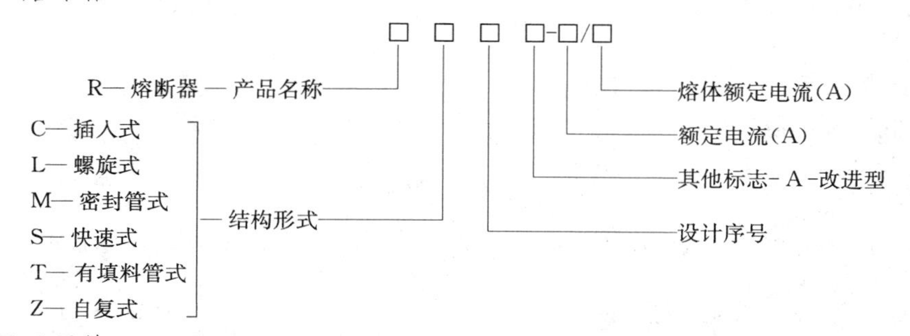

9. 低压刀开关

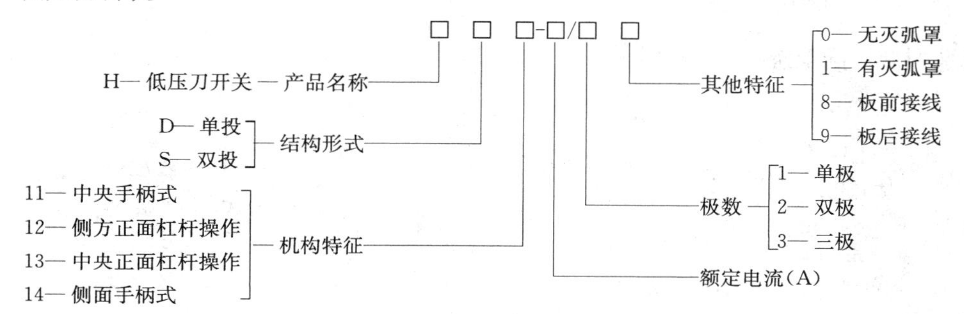

10. 低压刀熔开关

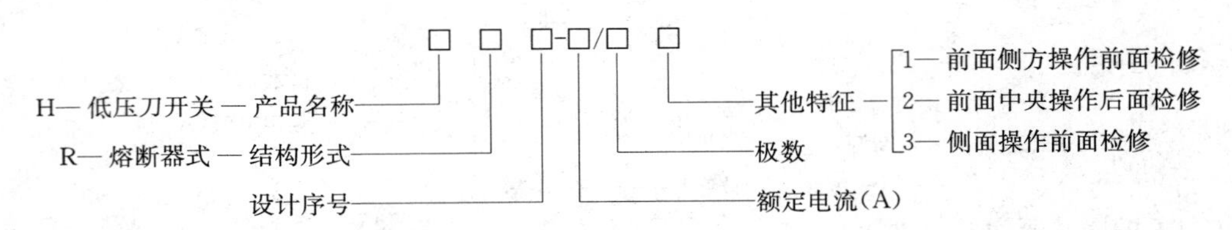

11. 高压开关柜

老系列高压开关柜

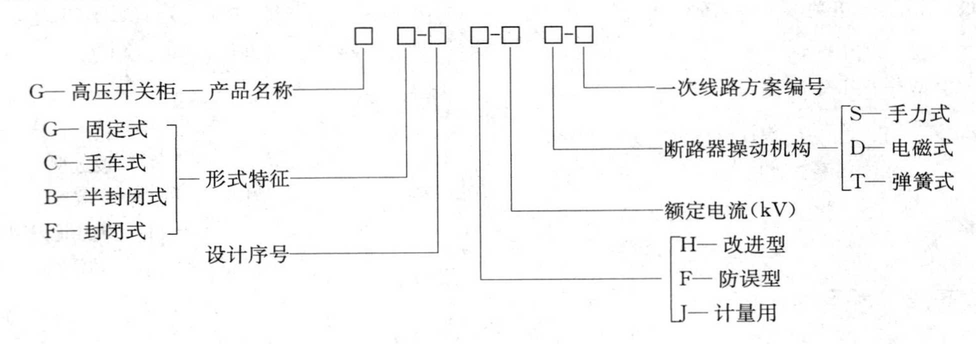

新系列高压开关柜

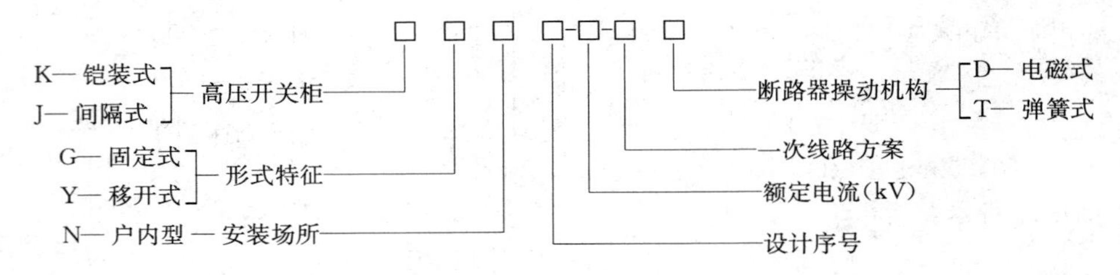

12. 低压配电屏

老系列低压配电屏

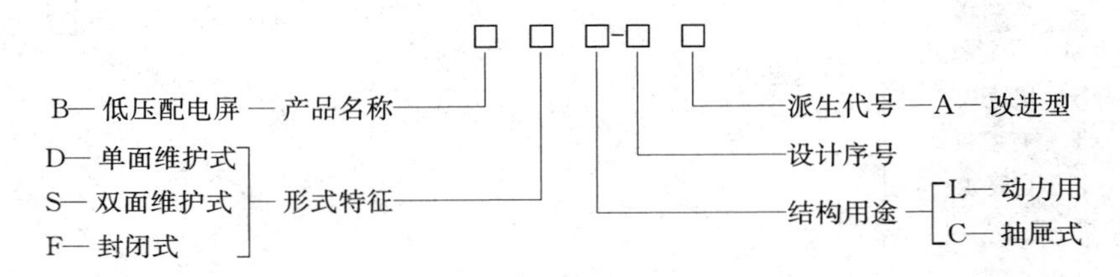

新系列低压配电屏

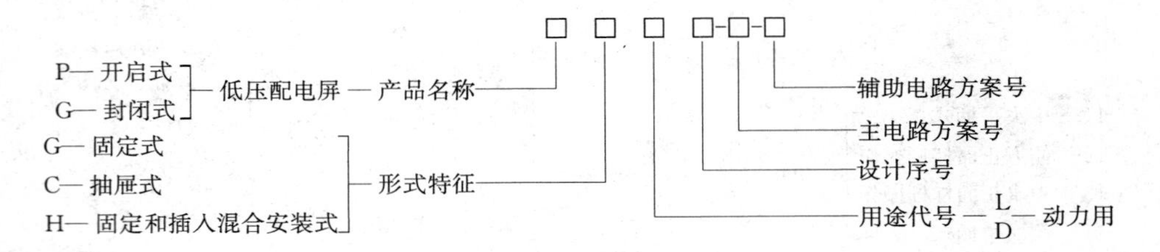

二、互感器

1. 电压互感器

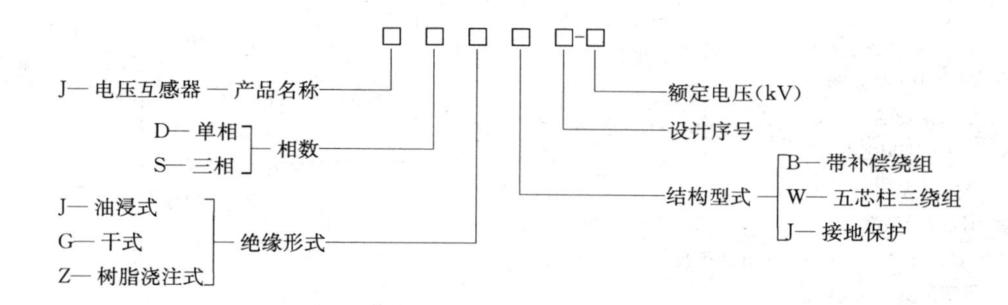

2. 电流互感器

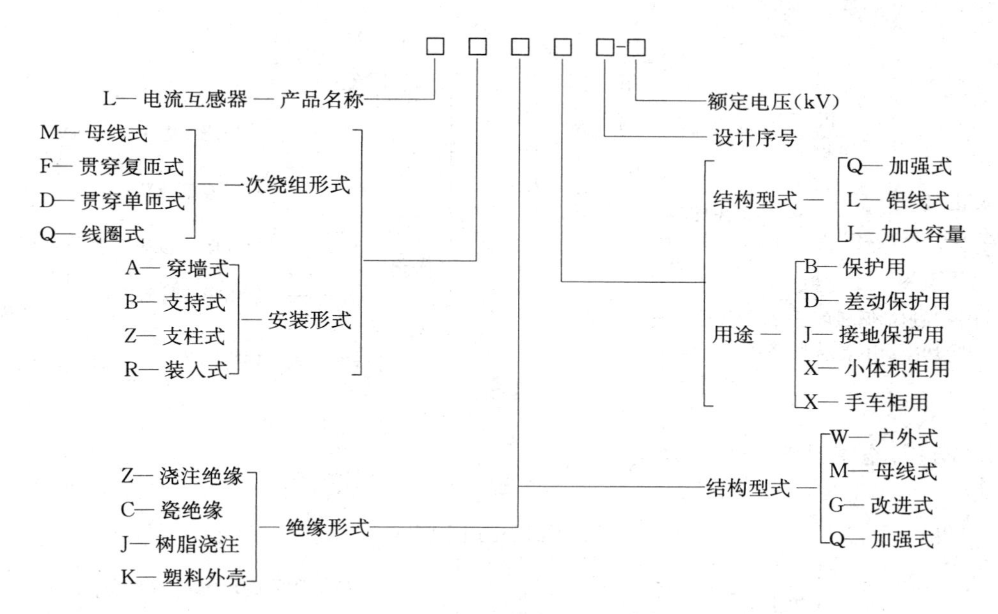

三、并联电容器

1. 自愈式低压并联电容器

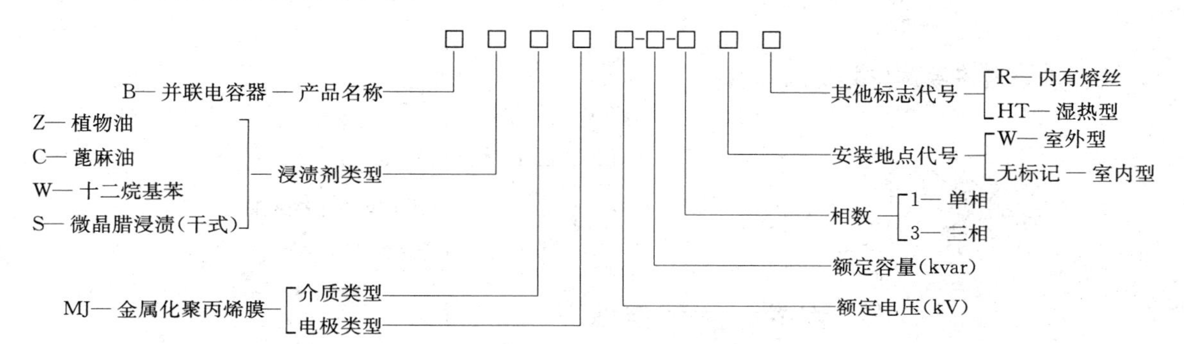

2. 普通型并联电容器

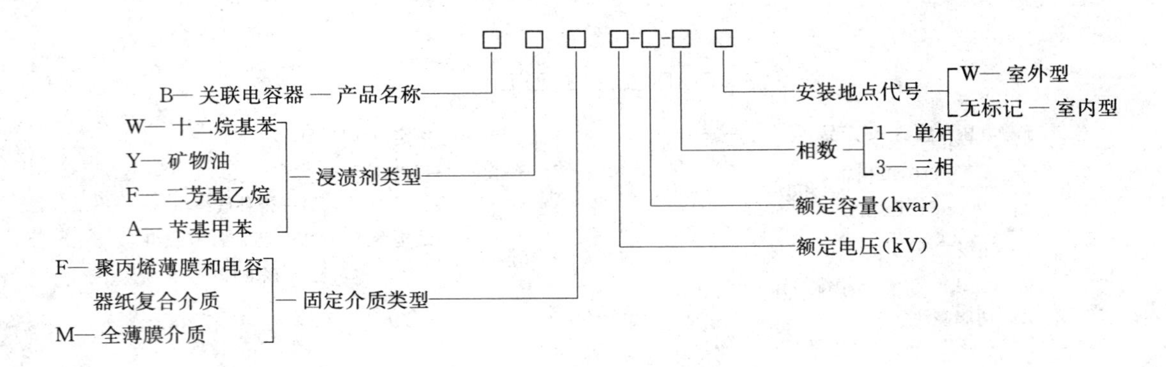

四、电力变压器

1. 普通铁芯型式变压器

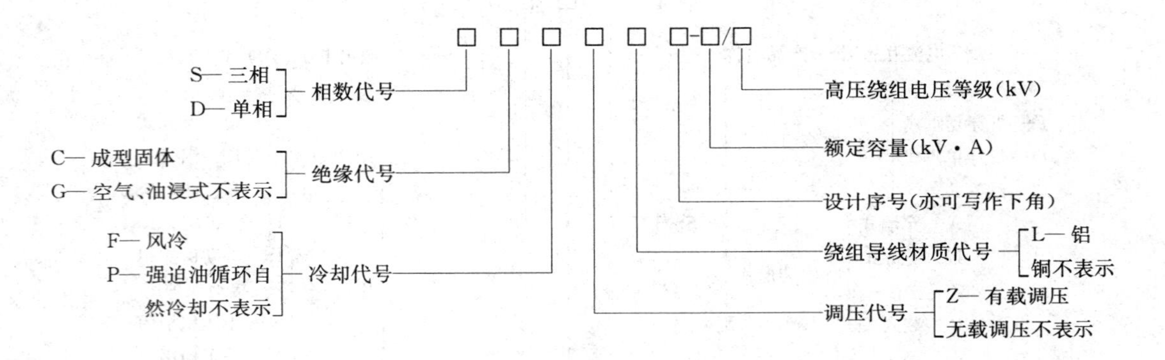

2. 卷铁芯全密封变压器

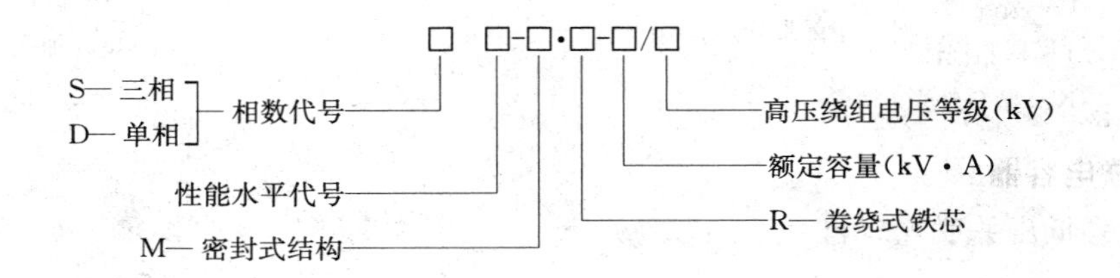

3. 非晶合多铁芯密封变压器

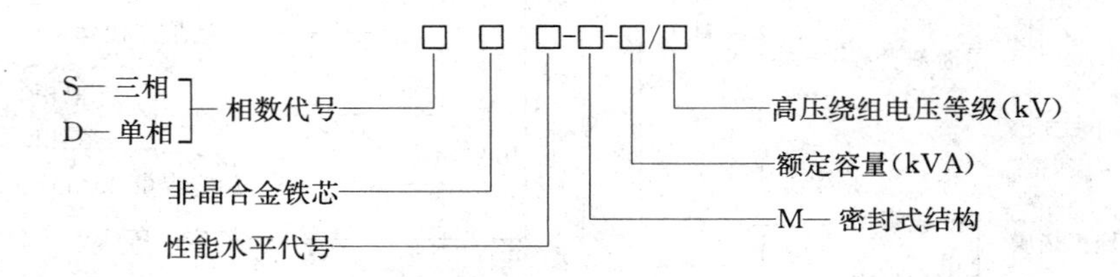

五、电力线路

1. 裸导线

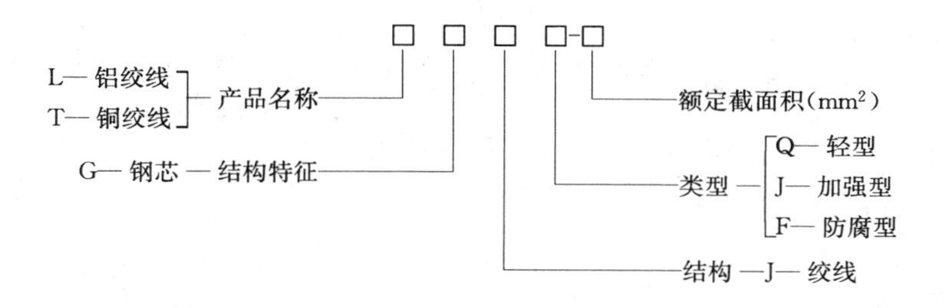

2. 绝缘导线

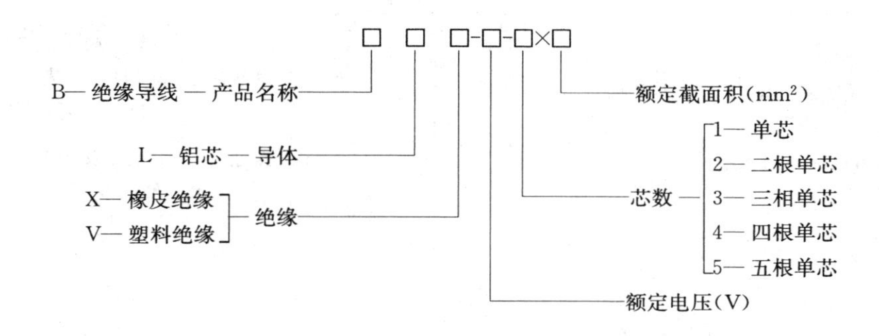

3. 电力电缆

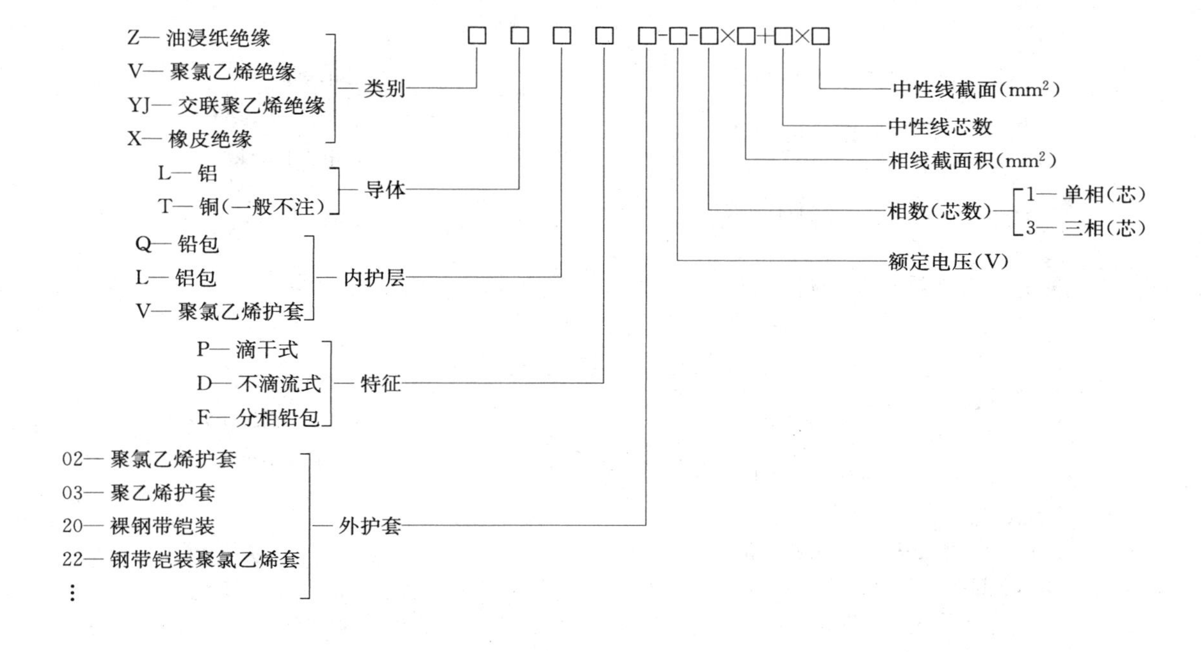

4. 矩形母线

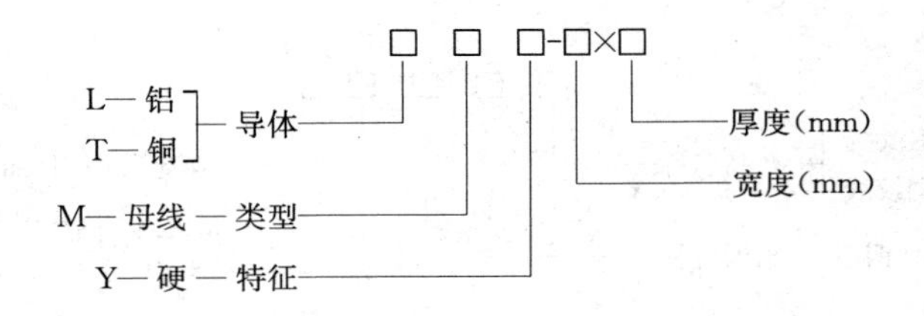

六、避雷器

1. 阀式避雷器

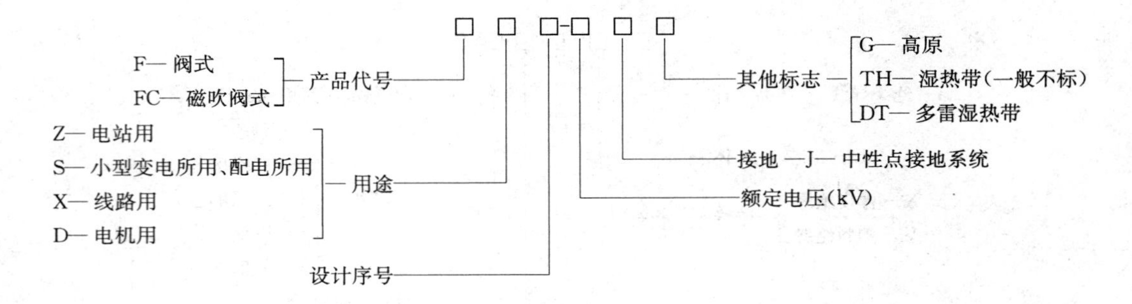

2. 排气式避雷器

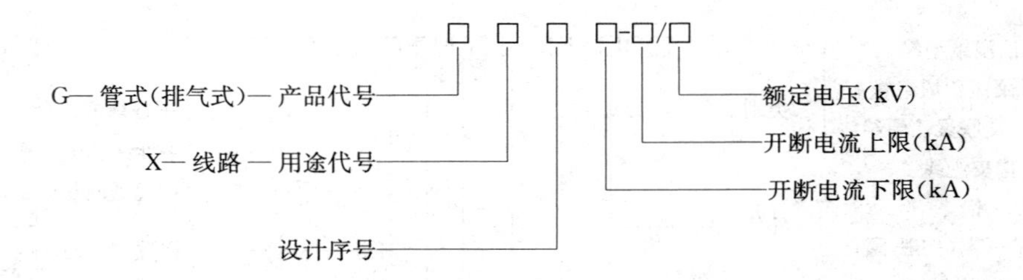

3. 合成绝缘金属氧化物避雷器

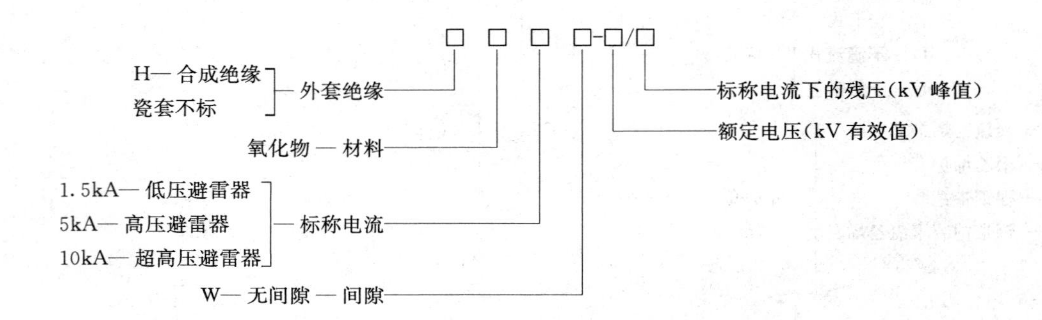

附录2　常用电气图形符号

附表 2-1　常用电气图形符号

图形符号	符号说明	图形符号	符号说明
	直流		按钮开关（不闭锁） 有弹性返回的动断触点
	交流		按钮开关（不闭锁） 有弹性返回的动合和动断触点
	交直流		位置开关，限位开关的动合触点
	两个绕组 V 形（60°）联结		位置开关，限位开关的动断触点
	星形连接的三相绕组	形式(1) 形式(2)	动合（常开）触点 (1) 开关和转换开关 (2) 继电器
	中性点引出的星形连接的三相绕组		动断（常闭）触点 开关和转换开关；继电器
	三星形联结的三相绕组		多极开关（单线表示）
	开口三角形连接的三相绕组		多极开关（多线表示）
	导线的连接		负荷开关
	可拆卸的端子		自动释放的负荷开关
	接地一般符号		导线间绝缘击穿
3	导线、电缆一般符号		隔离开关
	电缆密封终端头		
	故障（表示假定故障位置）		
	闪络、击穿		
	按钮开关（不闭锁） 有弹性返回的动合触点		

续表

图形符号	符号说明
	熔断器
	跌开式熔断器
	熔断器式开关
	避雷器 (1) 阀式避雷器 (2) 排气式避雷器
(1)　(2)	火花间隙 接触器 (1) 在非动作位置触点断开 (2) 在非动作位置触点闭合
形式(1)　形式(2)	操作器件的一般符号
	缓慢释放（缓放）继电器的线圈
	缓慢吸合（缓吸）继电器的线圈
	热继电器的发热元件
	气体继电器
	高、低压断路器
	先断后合的转换触点
形式(1)　形式(2)	当操作器件被吸合时，延时闭合的动合触点
形式(1)　形式(2)	当操作器件被释放时，延时断开的动合触点
形式(1)　形式(2)	当操作器件被释放时，延时闭合的动断触点
形式(1)　形式(2)	当操作器件被吸合时，延时断开的动断触点
	吸合延时闭合和释放延时断开的动合触点
	热继电器的触点
*	电机一般符号，* 用下述字母代替，如 G 表示发电机，M 表示电动机等
M 3~	三相鼠笼式异步电动机
	三相绕线转子异步电动机
	电抗器，电感线圈
	电流互感器
	具有两个铁芯和两个次级绕组的电流互感器
	在一个铁心上具有两个次级绕组的电流互感器

续表

图形符号	符号说明	图形符号	符号说明
	双绕组变压器		屏、台、箱、柜一般符号
	三绕组变压器		动力或动力一照明配电箱
	三相变压器，星形—有中性点引出的星形		照明配电箱（屏）
	三相变压器，星形—三角形联结		事故照明配电箱（屏）
	具有有载分接开关的三相变压器，星形—三角形联结		多种电源配电箱（屏）
	三绕组变压器，两个星形接法，第三绕组为开口三角形连接		带熔断器的刀开关箱
	电阻器一般符号 （1）优选型 （2）其他型		刀开关箱
	变电所，配电所 （1）规划的 （2）运行的		熔断器箱
	发电站		插座的一般符号
			带接插孔的单相插座
			带接插孔的三相插座 电杆的一般符号（A—杆种或所属部门，B—杆长，C—杆号）
			引上杆（小黑点表示电缆）

附录3 负荷计算常用技术数据

附表3-1 用电设备组的需要系数、二项式系数及功率因数值

用电设备组名称	需要系数 K_d	二项式系数		最大容量设备台数 x①	cosφ	tanφ
		b	c			
小批生产的金属冷加工机床电动机	0.16～0.2	0.14	0.4	5	0.5	1.73
大批生产的金属冷加工机床电动机	0.18～0.25	0.14	0.5	5	0.5	1.73
小批生产的金属热加工机床电动机	0.25～0.3	0.24	0.4	5	0.6	1.33
大批生产的金属热加工机床电动机	0.3～0.35	0.26	0.5	5	0.65	1.17
通风机、水泵、空压机及电动发电机组电动机	0.7～0.8	0.65	0.25	5	0.8	0.75
非连锁的连续运输机械及铸造车间整砂机械	0.5～0.6	0.4	0.4	5	0.75	0.88
连锁的连续运输机械及铸造车间整砂机械	0.65～0.7	0.6	0.2	5	0.75	0.88
锅炉房和机加、机修、装配等类车间的吊车（ε=25%）	0.1～0.15	0.06	0.2	2	0.5	1.73
铸造车间的吊车（ε=25%）	0.15～0.25	0.09	0.3	3	0.5	1.73
自动连续装料的电阻炉设备	0.75～0.8	0.7	0.3	2	0.95	0.33
实验室用的小型电热设备（电阻炉、干燥箱等）	0.7	0.7	0	—	1.0	0
工频感应电炉（未带无功补偿装置）	0.8	—	—	—	0.35	2.67
高频感应炉（未带无功补偿装置）	0.8	—	—	—	0.6	1.33
电弧熔炉	0.9	—	—	—	0.87	0.57
点焊机、缝焊机	0.35	—	—	—	0.6	1.33
对焊机、铆钉加热机	0.35	—	—	—	0.7	1.02
自动弧焊变压器	0.5	—	—	—	0.4	2.29
单头手动弧焊变压器	0.35	—	—	—	0.35	2.68
多头手动弧焊变压器	0.4	—	—	—	0.35	2.68
单头弧焊电动发电机组	0.35	—	—	—	0.6	1.33
多头弧焊电动发电机组	0.7	—	—	—	0.75	0.88
生产厂房及办公室、阅览室、实验室照明②	0.8～1	—	—	—	1.0	0
变配电所、仓库照明②	0.5～0.7	—	—	—	1.0	0
宿舍（生活区）照明②	0.6～0.8	—	—	—	1.0	0
室外照明、事故照明②	1	—	—	—	1.0	0

① 如果用电设备组的设备总台数 $n<2x$ 时，则最大容量设备台数取 $n/2$，且按“四舍五入”规则取整数。

② 这里的 $\cos\varphi$ 和 $\tan\varphi$ 值为白炽灯照明的数值。如为荧光灯照明，则 $\cos\varphi=0.9$，$\tan\varphi=0.48$；如为高压汞灯、钠灯，则 $\cos\varphi=0.5$，$\tan\varphi=1.73$。

附表 3-2 部分工厂的全厂需要系数、功率因数及年最大有功负荷利用小时参考值

工厂类别	需要系数	功率因数	年最大有功负荷利用小时数	工厂类别	需要系数	功率因数	年最大有功负荷利用小时数
汽轮机制造厂	0.38	0.88	5000	量具刃具制造厂	0.25	0.60	3800
锅炉制造厂	0.27	0.73	4500	工具制造厂	0.34	0.65	3800
柴油机制造厂	0.32	0.74	4500	电动制造厂	0.33	0.65	3000
重型机械制造厂	0.35	0.79	3700	电器开关制造厂	0.35	0.75	3400
重型机床制造厂	0.32	0.71	3700	电线电缆制造厂	0.35	0.73	3500
机床制造厂	0.2	0.65	3200	仪器仪表制造厂	0.37	0.81	3500
石油机械制造厂	0.45	0.78	3500	滚珠轴承制造厂	0.28	0.70	5800

附表 3-3 并联电容器的无功补偿率

补偿前的功率因数	补偿后的功率因数				补偿前的功率因数	补偿后的功率因数			
	0.85	0.90	0.95	1.00		0.85	0.90	0.95	1.00
0.60	0.713	0.849	1.004	1.333	0.76	0.235	0.371	0.526	0.85
0.62	0.646	0.782	0.937	1.266	0.78	0.182	0.318	0.473	0.80
0.64	0.581	0.717	0.872	1.206	0.80	0.130	0.266	0.421	0.75
0.66	0.518	0.654	0.809	1.138	0.82	0.078	0.214	0.369	0.69
0.68	0.458	0.594	0.749	1.078	0.84	0.026	0.162	0.317	0.64
0.70	0.400	0.536	0.691	1.020	0.86	—	0.109	0.264	0.59
0.72	0.344	0.480	0.635	0.964	0.88	—	0.056	0.211	0.54
0.74	0.289	0.425	0.580	0.909	0.90	—	0.000	0.155	0.48

附录 4 并联电容器技术数据

附表 4-1 BZMJ 型低压自愈式并联电容器

规格	额定电压 (kV)	额定容量 (kvar)	额定电流 (A)	额定电容量 (μF)	外形尺寸 (mm)				重量 (kg)
					长	宽	*H* 高	*F* 总高	
BZMJ0.4—5—1	0.4	5	12.5	99.5	173	70	150	180	2
BZMJ0.4—5—3	0.4	5	7.2	99.5	173	70	150	180	2
BZMJ0.525—5—1	0.525	5	9.5	58	173	70	150	180	2
BZMJ0.525—5—3	0.525	5	5.5	58	173	70	150	180	2
BZMJ0.69—5—3	0.69	5	7.2	34.4	173	70	150	180	2
BZMJ0.4—8—1	0.4	8	19.9	159	173	70	170	200	2.3
BZMJ0.4—8—3	0.4	8	11.5	159	173	70	170	200	2.3
BZMJ0.525—8—1	0.525	8	15.2	92	173	70	170	200	2.3
BZMJ0.525—8—3	0.525	8	8.8	92	173	70	170	200	2.3

续表

规格	额定电压（kV）	额定容量（kvar）	额定电流（A）	额定电容量（μF）	外形尺寸（mm）				重量（kg）
					长	宽	*H* 高	*F* 总高	
BZMJ0.69—8—3	0.69	8	11.5	54	173	70	170	200	2.3
BZMJ0.4—10—1	0.4	10	25	199	173	70	210	240	2.8
BZMJ0.4—10—3	0.4	10	14.4	199	173	70	210	240	2.8
BZMJ0.525—10—1	0.525	10	19	115.5	173	70	210	240	2.8
BZMJ0.525—10—3	0.525	10	10.9	115.5	173	70	210	240	2.8
BZMJ0.69—10—3	0.69	10	14.4	67	173	70	210	240	2.8
BZMJ0.4—12—1	0.4	12	30	239	173	70	230	260	3.1
BZMJ0.4—12—3	0.4	12	17.3	239	173	70	230	260	3.1
BZMJ0.525—12—1	0.525	12	22.9	139	173	70	230	260	3.1
BZMJ0.525—12—3	0.525	12	13.2	139	173	70	230	260	3.1
BZMJ0.69—12—3	0.69	12	17.3	80.3	173	70	230	260	3.1
BZMJ0.4—14—1	0.4	14	35	279	173	70	270	300	3.6
BZMJ0.4—14—3	0.4	14	20.2	279	173	70	270	300	3.6
BZMJ0.525—14—1	0.525	14	26.7	162	173	70	270	300	3.6
BZMJ0.525—14—3	0.525	14	15.4	162	173	70	270	300	3.6
BZMJ0.69—14—3	0.69	14	20.2	93.6	173	70	270	300	3.6
BZMJ0.4—15—1	0.4	15	37.5	299	173	70	270	300	3.7
BZMJ0.4—15—3	0.4	15	21.7	299	173	70	270	300	3.7
BZMJ0.525—15—1	0.525	15	28.6	173.5	173	70	270	300	3.7
BZMJ0.525—15—3	0.525	15	16.5	173.3	173	70	270	300	3.7
BZMJ0.69—15—3	0.69	15	21.7	100.3	173	70	270	300	3.7
BZMJ0.4—16—1	0.4	16	40	318	173	70	270	300	3.8
BZMJ0.4—16—3	0.4	16	23.1	318	173	70	270	300	3.8
BZMJ0.525—16—1	0.525	16	30.5	185	173	70	270	300	3.8
BZMJ0.525—16—3	0.525	16	17.6	185	173	70	270	300	3.8
BZMJ0.69—16—3	0.69	16	23.1	107	173	70	270	300	3.8
BZMJ0.4—20—1	0.4	20	50	398	345	100	180	265	9.7
BZMJ0.4—20—3	0.4	20	28.9	398	345	100	180	265	9.7
BZMJ0.525—20—1	0.525	20	38	231	345	100	180	265	9.7
BZMJ0.525—20—3	0.525	20	22.0	231	345	100	180	265	9.7
BZMJ0.69—20—3	0.69	20	28.9	133.8	345	100	180	265	9.7
BZMJ0.4—25—1	0.4	25	62.5	498	345	100	210	295	10.7
BZMJ0.4—25—3	0.4	25	36.1	498	345	100	210	295	10.7
BZMJ0.525—25—1	0.525	25	47.6	289	345	100	210	295	10.7

续表

规格	额定电压（kV）	额定容量（kvar）	额定电流（A）	额定电容量（μF）	外形尺寸（mm）				重量（kg）
					长	宽	H高	F总高	
BZMJ0.525—25—3	0.525	25	27.5	289	345	100	210	295	10.7
BZMJ0.69—25—3	0.69	25	36.1	167	345	100	210	295	10.7
BZMJ0.4—30—1	0.4	30	75	597	345	100	230	315	12.2
BZMJ0.4—30—3	0.4	30	43.3	597	345	100	230	315	12.2
BZMJ0.525—30—1	0.525	30	57.1	347	345	100	230	315	12.2
BZMJ0.525—30—3	0.525	30	33	347	345	100	230	315	12.2
BZMJ0.69—30—3	0.69	30	43.3	201	345	100	230	315	12.2
BZMJ0.4—40—1	0.4	40	100	796	345	100	270	355	14.2
BZMJ0.4—40—3	0.4	40	57.5	796	345	100	270	355	14.2
BZMJ0.525—40—1	0.525	40	76.2	462	345	100	270	355	14.2
BZMJ0.525—40—3	0.525	40	44.0	462	345	100	270	355	14.2
BZMJ0.69—40—3	0.69	40	50.7	234	345	100	270	355	14.2
BZMJ0.4—50—1	0.4	50	125	995	345	100	310	395	16.2
BZMJ0.4—50—3	0.4	50	72.2	995	345	100	310	395	16.2
BZMJ0.525—50—1	0.525	50	95.2	578	345	100	310	395	16.2
BZMJ0.525—50—3	0.525	50	55.0	578	345	100	310	395	16.2
BZMJ0.69—50—3	0.69	50	72.2	334	345	100	310	395	16.2

附表 4-2　BCMJ 型低压自愈式并联电容器

型号规格	额定电压（kV）	额定容量（kvar）	额定电流（A）	组合数	尺寸 L（mm）	尺寸 H（mm）	质量（kg）
BCMJ0.23—5—3	0.23	5	13	2	92	300	4.4
BCMJ0.23—10—3	0.23	10	26	4	184	300	8.8
BCMJ0.23—15—3	0.23	15	39	6	276	300	13.2
BCMJ0.23—20—3	0.23	20	52	8	318	300	17.6
BCMJ0.23—25—3	0.23	25	65	10	460	300	22
BCMJ0.4—1—3	0.4	1	1.44	1	46	180	1.2
BCMJ0.4—2—3	0.4	2	2.88	1	46	180	1.4
BCMJ0.4—2—3	0.4	3	4.4	1	46	295	2.2
BCMJ0.4—4—3	0.4	4	5.7	1	46	295	2.2
BCMJ0.4—5—3	0.4	5	7.2	1	46	300	2.2
BCMJ0.4—8—3	0.4	8	12	2	92	4.5	295
BCMJ0.4—10—3	0.4	10	14	2	92	4.5	300
BCMJ0.4—12—3	0.4	12	18	3	138	6.6	295
BCMJ0.4—15—3	0.4	15	21	3	138	6.6	300

续表

型号规格	额定电压(kV)	额定容量(kvar)	额定电流(A)	组合数	尺寸 L(mm)	尺寸 H(mm)	质量(kg)
BCMJ0.4—16—3	0.4	16	24	4	184	9	295
BCMJ0.4—20—3	0.4	20	28	4	184	9	300
BCMJ0.4—24—3	0.4	24	36	6	276	14	295
BCMJ0.4—30—3	0.4	30	42	6	276	14	300
BCMJ0.4—32—3	0.4	32	48	8	368	18	295
BCMJ0.4—40—3	0.4	40	60	10	460	23	295
BCMJ0.4—40—3	0.4	40	56	8	368	18	300
BCMJ0.4—50—3	0.4	50	70	10	460	23	300
BCMJ0.525—1—3	0.525	1	1.1	1	46	180	1.2
BCMJ0.525—2—3	0.525	2	2.2	1	46	180	1.4
BCMJ0.525—3—3	0.525	3	3.3	1	46	295	2.2
BCMJ0.525—4—3	0.525	4	4.4	1	46	2.2	295
BCMJ0.525—5—3	0.525	5	5.5	1	46	2.2	300
BCMJ0.525—8—3	0.525	8	8.8	2	92	4.5	295
BCMJ0.525—10—3	0.525	10	11	2	92	4.5	300
BCMJ0.525—12—3	0.525	12	13.2	3	138	6.6	295
BCMJ0.525—15—3	0.525	15	16.5	3	138	6.6	300
BCMJ0.525—16—3	0.525	16	7.6	4	184	9	295
BCMJ0.525—20—3	0.525	20	22	4	184	9	300
BCMJ0.525—24—3	0.525	24	26.4	6	276	14	295
BCMJ0.525—30—3	0.252	30	33	6	276	14	300
BCMJ0.525—32—3	0.525	32	35.2	8	368	18	295
BCMJ0.525—40—3	0.525	40	44	10	460	23	295
BCMJ0.525—40—3	0.525	40	44	8	268	18	300
BCMJ0.525—50—3	0.525	50	55	10	460	23	300

附表4-3　BW型并联电容器的主要技术数据

型号	额定容量(kvar)	额定电容(μF)	型号	额定容量(kvar)	额定电容(μF)
BW0.4—12—1	12	240	BW6.3—16—1W	16	1.28
BW0.4—12—3	12	240	BW10.5—12—1W	12	0.35
BW0.4—13—1	13	259	BW10.5—16—1W	16	0.46
BW0.4—13—3	13	259	BWF6.3—22—1W	22	1.76
BW0.4—14—1	14	280	BWF6.3—25—1W	25	2.0
BW0.4—14—3	14	280	BWF6.3—30—1W	30	2.4
BW6.3—12—1TH	12	0.964	BWF6.3—40—1W	40	3.2
BW6.3—12—1W	12	0.96	BWF6.3—50—1W	50	4.0

续表

型号	额定容量（kvar）	额定电容（μF）	型号	额定容量（kvar）	额定电容（μF）
BWF6.3—100—1W	100	8.0	BWF10.5—40—1W	40	1.15
BWF6.3—120—1W	120	9.63	BWF10.5—50—1W	50	1.44
BWF10.5—22—1W	22	0.64	BWF10.5—100—1W	100	2.89
BWF10.5—25—1W	25	0.72	BWF10.5—120—1W	120	3.47
BWF10.5—30—1W	30	0.87			

附录 5　电力变压器技术数据

附表 5-1　S9 型电力变压器技术数据表

型号	额定容量（kVA）	电压组合		连接组标号	空载损耗（kW）	负载损耗（kW）	空载电流（%）	阻抗电压（%）	外形尺寸（mm）			质量（kg）			轨距（mm）
		高压（kV）	低压（kV）						长	宽	高	总重	油	器身	
S9—30/10	30	6；6.3；10 ±5%	0.4	Y，yn0	0.13	0.60	2.1	4	990	650	1140	340	90	201	400
S9—50/10	50				0.17	0.87	2.0	4	1070	600	1190	455	100	300	400
S9—63/10	63				0.20	1.04	1.9	4	1090	710	1210	505	115	320	550
S9—80/10	80				0.24	1.25	1.8	4	1210	700	1370	590	130	390	550
S9—100/10	100				0.29	1.50	1.6	4	1220	800	1400	650	140	430	550
S9—125/10	125				0.34	1.80	1.5	4	1310	850	1430	790	175	430	550
S9—160/10	160				0.40	2.20	1.4	4	1340	870	1460	930	196	580	550
S9—200/10	200				0.48	2.60	1.3	4	1390	888	1420	1000	214	620	550
S9—250/10	250				0.56	3.05	1.2	4	1490	996	1450	1245	255	730	660
S9—315/10	315				0.67	2.65	1.1	4	1540	1010	1510	1440	280	910	660
S9—400/10	400				0.80	4.30	1.0	4	1400	1230	1630	1635	325	1015	660
S9—500/10	300				0.96	5.10	1.0	4.5	1570	1250	1610	1880	360	1160	660
S9—630/10	630				1.20	6.20	0.9	4.5	1590	1530	1956	2820	505	1820	820
S9—800/10	800				1.40	7.50	0.8	4.5	2200	1550	2320	2115	680	1965	820
S9—1000/10	1000				1.70	10.30	0.7	4.5	2280	1560	2458	8960	870	2345	820
S9—1250/1	1250				1.95	12.00	0.6	4.5	2395	1400	2547	4645	980	2795	820
S9—1600/10	1600				2.40	14.50	0.6	4.5	2370	1498	2720	5210	1115	3170	1070

附表 5-2 **新S9型电力变压器**

型号	容量（kVA）	高压组合			连接组标号	空载损耗（W）	负载损耗（W）	空载电流（%）	短路阻抗（%）	质量（kg）			轨距（mm）	外形尺寸（mm）长×宽×高（mm×mm×mm）
		高压（kV）	调压范围	低压（kV）						器身吊重	油重	总重	纵向（M）×横向	
S9—10/6—11	10	6 6.3 10 10.5 11	±5%	0.4	Y，yn0	70	330	2.3	4	110	60	195	400×400	915×450×990
S9—20/6—11	20		±5%	0.4	Y，yn0	100	465	2.2	4	150	60	240	400×400	915×585×1040
S9—30/6—11	30		±5%	0.4	Y，yn0	130	600	2.1	4	185	70	295	400×400	1060×730×1130
S9—50/6—11	50		±5%	0.4	Y，yn0	170	870	2.0	4	250	85	390	400×450	1105×740×1180
S9—63/6—11	63		±5%	0.4	Y，yn0	200	1040	1.9	4	285	95	450	400×450	1120×745×1220
S9—80/6—11	80		±5%	0.4	Y，yn0	250	1250	1.8	4	335	100	510	400×450	1125×755×1320
S9—100/6—11	100		±5%	0.4	Y，yn0	290	1500	1.7	4	360	110	550	400×450	1130×815×1320
S9—125/6—11	125		±5%	0.4	Y，yn0	340	1800	1.6	4	440	125	660	400×550	1200×825×1380
S9—160/6—11	160		±5%	0.4	Y，yn0	400	2200	1.5	4	505	140	760	550×550	1230×840×1420
S9—200/6—11	200		±5%	0.4	Y，yn0	480	2600	1.4	4	585	160	900	550×550	1355×855×1450
S9—250/6—11	250		±5%	0.4	Y，yn0	560	3050	1.2	4	705	195	1090	550×650	1410×915×1510
S9—315/6—11	315		±5%	0.4	Y，yn0	670	3650	1.1	4	820	215	1235	550×650	1425×1050×1530
S9—400/6—11	400		±5%	0.4	Y，yn0	800	4300	1.0	4	980	280	1510	550×750	1540×1115×1610
S9—500/6—11	500		±5%	0.4	Y，yn0	960	5100	1.0	4	1155	305	1740	660×750	1595×1280×1670
S9—630/6—11	630		±5%	0.4	Y，yn0	1200	6200	0.9	4.5	1390	460	2215	820×820	1905×1390×1830
S9—800/6—11	800		±5%	0.4	Y，yn0	1400	7500	0.8	4.5	1670	525	2645	820×820	1975×1395×1900
S9—1000/6—11	1000		±5%	0.4	Y，yn0	1700	10 300	0.7	4.5	1815	595	2980	820×820	2000×1410×1930
S9—1250/6—11	1250		±5%	0.4	Y，yn0	1950	12 000	0.6	4.5	2195	685	3550	820×820	2065×1420×2000
S9—1600/6—11	1600		±5%	0.4	Y，yn0	2400	14 500	0.6	4.5	2650	820	4275	820×820	2140×1470×2050

附表 5-3 **SH11系列非晶合金铁芯变压器**

额定容量（kVA）	高压电压（kV）	高压分接范围（%）	低压电压（kV）	连接组标号	空载损耗（W）	负载损耗（W）	空载电流（%）	阻抗电压（%）
50	10	±2×2.5 或 $+3 \atop -1$×2.5	0.4	D，yn11	34	870	1.5	4.0
80					50	1250	1.2	
100					60	1500	1.1	
160					80	2200	0.9	
200					100	2600	0.9	
250					120	3050	0.8	
315					140	3650	0.8	
400					170	4300	0.7	
500					200	5100	0.6	
630					240	6200	0.6	4.5
800					300	7600	0.5	
1000					340	10 300	0.5	
1250					400	12 000	0.5	
1600					500	14 500	0.5	
2000					600	18 000	0.5	
2500					700	21 500	0.5	

附表 5-4 **S11—M·R—10～1000/10 系列三相卷铁芯全密封配电变压器技术参数**

额定容量（kVA）	电压组合			连接组标号	空载损耗（W）	负载损耗（W）	短路阻抗（%）	空载电流（%）	质量（kg）				外形尺寸 长×宽×高（mm×mm×mm）	轨距（mm）
	高压（kV）	分接（%）	低压（kV）						器身重	油重	总重	运输重		
30	10	±5	0.4	Y，yn0	90	600	4.0	0.8	165	86	358	358	820×600×930	400
50					120	870		0.75	240	112	477	477	880×660×1000	400
63					140	1040		0.7	285	126	550	550	900×680×1045	400
80					175	1250		0.7	320	137	602	602	940×690×1050	400
100					200	1500		0.65	384	159	665	665	980×720×1095	400
125					235	1800		0.65	426	170	780	780	1000×730×1135	550
160					280	2200		0.6	505	193	900	900	1040×760×1180	550
200					335	2600		0.6	582	217	1020	1020	1080×780×1230	500
250					390	3050		0.5	690	251	1175	1175	1390×780×1270	550
315					465	3650		0.45	805	270	1335	1335	1420×790×1345	550
400					560	4300		0.4	970	309	1570	1570	1450×790×1465	550
500					670	5100		0.4	1115	334	1775	1775	1490×810×1480	500
630					840	6200	4.5	0.4	1260	452	2195	2195	1600×900×1550	550
800					980	7500		0.4	1480	512	2530	2530	1630×910×1635	660
1000					1190	10 300		0.3	1590	573	2803	2803	1730×1010×1660	660

附表 5-5 **35kV 低损耗配电变压器技术参数**

型号	额定容量（kVA）	额定电压及分接范围（kV）		连接组标号	短路阻抗（%）	损耗（kW）		空载电流（%）	质量（t）			外形尺寸 长×宽×高（mm×mm×mm）	轨距（mm）
		高压	低压			空载	负载		器身重	油重	重量		
S9—50/35	50	35 ±5%	0.4	Y，yn0	6.5	0.212	1.215	1.96	0.291	0.279	0.755	1090×835×1755	550
S9—100/35	100					0.296	2.025	1.82	0.42	0.36	1.04	1185×990×1540	660
S9—125/35	125					0.336	2.386	1.75	0.6	0.43	1.325	1200×1110×1970	660
S9—160/35	160					0.376	2.835	1.68	0.665	0.475	1.47	1380×1140×2010	660
S9—200/35	200					0.44	3.33	1.54	0.77	0.495	1.64	1350×1110×2030	660
S9—250/35	250					0.512	3.96	1.4	1.02	0.585	1.925	1690×1230×2210	660
S9—315/35	315					0.608	4.77	1.4	1.09	0.69	2.4	2174×1030×2435	820
S9—400/35	400					0.736	5.76	1.33	1.345	0.73	2.5	1940×1230×2200	820
S9—500/35	500					0.864	6.93	1.33	1.416	0.76	2.88	2235×1130×2445	820
S9—630/35	630					1.04	8.28	1.26	2.1	1.03	3.84	2480×1190×2650	820
S9—800/35	800					1.232	9.90	1.05	2.035	1.11	1.175	2510×1480×2710	820
S9—1000/35	1000					1.44	1.215	0.98	2.40	1.24	5.05	24 900×1350×2750	820
S9—1250/35	1250					1.76	1.476	0.84	3.02	1.49	5.27	2330×1435×2830	1070
S9—1600/35	1600					2.12	1.775	0.77	3.56	1.63	5.32	2500×1770×2960	1070

续表

型号	额定容量(kVA)	额定电压及分接范围（kV）		连接组标号	短路阻抗（%）	损耗（kW）		空载电流（%）	质量（t）			外形尺寸 长×宽×高（mm×mm×mm）	轨距 mm
		高压	低压			空载	负载		器身重	油重	重量		
S9—800/35	800	35±5% 38.5±5%	31.5 6.3 10.5	Y，d11	6.5	1.232	9.90	1.05	1.763	0.995	3.689	2290×1215×2530	820
S9—1000/35	1000					1.44	12.15	0.98	2.125	1.082	4.26	2380×1240×2665	820
S9—1250/35	1250					1.76	14.67	0.91	2.445	1.25	4.775	2620×1670×2680	820
S9—1600/35	1600					2.12	17.55	0.84	2.985	1.523	5.788	2580×1760×2785	1070
S9—2000/35	2000					2.72	17.82	0.77	3.165	1.687	6.292	2630×1865×2811	1070
S9—2500/35	2500					3.20	20.7	0.77	4.25	1.925	6.48	2810×2150×2985	1070
S9—3150/35	3150				7.0	3.80	24.30	0.7	4.58	2.1	8.78	2770×2720×2750	1070
S9—4000/35	4000					4.52	28.80	0.7	5.34	2.325	9.97	2800×2840×2800	1070
S9—5000/35	5000					5.40	33.03	0.63	6.5	2.64	11.64	3665×2870×3070	1070
S9—6300/35	6300				7.5	6.56	36.90	0.63	7.87	2.96	14	3710×2870×3270	1475

附录 6　互感器技术数据

附表 6-1　各型电压互感器的二次负荷值

形式		额定变比系数	在下列准确等级下额定容量（VA）			最大容量（VA）	备注
			0.5 级	1 级	3 级		
单相（屋内式）	JDG—0.5	380/100	25	40	100	200	
	JDG—0.5	500/100	25	40	100	200	
	JDG3—0.5	380/100		15		60	
	JDG—3	1000～3000/100	30	50	120	240	
	JDJ—6	3000/100	30	50	120	240	
	JDJ—6	6000/100	50	80	240	400	
	JDJ—10	10 000/100	80	150	320	640	
三相（屋内式）	JSJW—6	3000/100/100/3	50	80	200	400	有辅助二次线圈接成开口三角形
	JSJW—6	6000/100/100/3	80	150	320	640	
	JSJW—10	10 000/100/100/3	120	200	480	960	
单相（屋内式）	JDZ—6	1000/100	30	50	100	200 200 300 500 500	浇注绝缘，可代替 JDJ 型，用于三相结合接成 Y（$100/\sqrt{3}$）时使用容量为额定容量的 1/3
	JDZ—6	3000/100	30	50	100		
	JDZ—6	6000/100	50	80	200		
	JDZ—10	10 000/100	80	150	300		
	JDZ—10	11 000/100	80	150	300		
	JDZ—35	35 000/110	150	250	500		
	JDZJ—6	$\frac{1000}{\sqrt{3}}\Big/\frac{100}{\sqrt{3}}\Big/\frac{100}{3}$	40	60	150	300	浇注绝缘，用三台取代 JSJW，但不能单相运行
	JDZJ—6	$\frac{3000}{\sqrt{3}}\Big/\frac{100}{\sqrt{3}}\Big/\frac{100}{3}$	40	60	150	300	
	JDZJ—6	$\frac{6000}{\sqrt{3}}\Big/\frac{100}{\sqrt{3}}\Big/\frac{100}{3}$	40	60	150	300	
	JDZJ—10	$\frac{10\,000}{\sqrt{3}}\Big/\frac{100}{\sqrt{3}}\Big/\frac{100}{3}$	40	60	150	300	
单相（屋外式）	JDJ—35	35 000/100	150	250	600	1200	
	JDJJ—35	$\frac{35\,000}{\sqrt{3}}\Big/\frac{100}{\sqrt{3}}\Big/\frac{100}{3}$	150	250	600	1200	

附表 6-2　　电流互感器技术数据

型号	额定电流比	级次组合	二次负荷（Ω）				1s 热稳定倍数	动稳定倍数
			0.5 级	1 级	3 级	(c)D级		
LFZ_1—10	5，10，15，20，30，40，50，75，100，150，200，300，400/5	0.5/3；1/3	0.4	0.4	0.6	—	90 80 75	160 140 130
	5，10，15，20，30，40，50，75，100，150，200/5	0.5/3；1/3	0.4	0.6	0.5	—	90	160
LA—10	5，10，15，20，30，40，50，75，100，150，200/5	0.5/3；1/3	0.8	1.2	1			
	300，400/5	0.5/3；1/3					75	135
	500/5	0.5/3；1/3	0.4	0.4	0.6		60	110
	600，800，1000/5	0.5/3；1/3	0.4	0.4	0.6		50	90
LAJ—10 LNJ—10	400，500，600，800，1000，1200，1500，6000/5	0.5/D；1/D；D/D	1	1	—	1.2	75	135
	500/5	0.5/D；1/D；D/D	1	1	—	1.2		
	600，800/5	0.5/D；1/D；D/D	1	1	—	1.2	50	90
	1000，1200，1500/5	0.5/D；1/D；D/D	1.6	1.6	—	1.6	—	—
	2000，3000，4000，5000，6000/5	0.5/D；1/D；D/D	2.4	2.4	—	2		
LMZ_1—10	2000，3000/5 4000，5000/5	0.5/D；D/D	1.6 (2.4) 2 (3)			2 2.4		
LQJ—10	5，10，15，20，30，40，50，75，100，150，200，400/5	0.5/3；1/3	0.4	0.4	0.6	0.6	75～90 (5～100/5) 60～75 (150～400/5)	225 (5～100/5) 150～160 (150～400/5)
LQJC—10		0.5/C；1/C						
LCW—35	15～1000/5	0.5；3	2	4	2	4	65	100
$LCWD_1$—35	15～1500/5	0.5/D	2			2	30～75	77～191

附表 6-3　　电流互感器基本特性

型号	额定一次电流（A）	一次安匝	穿孔尺寸	可以穿过的铝母线尺寸	额定二次负荷（Ω）		
					0.5 级	1 级	3 级
LMZ_1—0.5	5，10，15，30，50，75，150	150	ϕ30	25×3	0.2	0.3	—
	20，40，100，200	200	ϕ30	25×3			
	300	300	ϕ35	30×4			
	400	400	ϕ45	40×5			
$LMZJ_1$—0.5	5，10，15，20，30，50，75，100，150，300	300	ϕ35	30×4	0.4	0.6	—
	40，200，400	400	ϕ45	40×5			
	500，600	500，600	53×9	50×6			
	800	800	63×12	60×8			

续表

型号	额定一次电流（A）	一次安匝	穿孔尺寸	可以穿过的铝母线尺寸	额定二次负荷（Ω）		
					0.5级	1级	3级
LMZB$_1$—0.5	同LMZJ$_1$—0.5（5～800A）				—	—	1.0
LMZJ$_1$—0.5	1000，1200，1500	1000 1200 1500	100×50	2×（80×8）	0.8	1.2	2.0
	2000，3000	2000 3000	140×70	2×（120×10）			
LMK$_1$—0.5	50，10，15，30，50，75，150	150	ϕ30	25×3	0.2	0.3	—
	20，40，100，200	200	ϕ30	25×3			
	300	300	ϕ35	30×4			
	400	400	ϕ45	40×5			
LMKJ$_1$—0.5	5，10，15，20，30，50，75，100，150，300	300	ϕ35	30×4	0.4	0.6	—
	40，200，400	400	ϕ45	40×5			
	500，600	500，600	53×9	50×6			
	800	800	63×12	60×8			

附表 6-4　　电流互感器一次绕组电阻及电抗（二次侧开路）　　（mΩ）

型号	交流比	5/5	7.5/5	10/5	15/5	20/5	30/5	40/5	50/5	75/5
LQG0.5	电阻	600	266	150	66.7	37.5	16.6	9.4	6	2.66
	电抗	4300	2130	1200	532	300	133	7.5	48	21.3
C—49Y	电阻	480	213	120	53.2	30	13.3	7.5	4.8	2.13
	电抗	3200	1420	800	355	200	88.8	50	32	14.2
LQC—1	电阻		300	170	75	42	20	11	7	3
	电抗		480	270	120	67	30	17	11	4.8
LQC—3	电阻		130	75	33	19	8.2	4.8	3	1.3
	电抗		120	70	30	17	8	4.2	2.8	1.2

型号	交流比	100/5	150/5	200/5	300/5	400/5	500/5	600/5	750/5
LQC0.5	电阻	1.5	0.667	0.575	0.166	0.125		0.04	0.04
	电抗	12	5.32	3	1.33	1.03		0.3	0.3
C—49Y	电阻	1.2	0.532	0.3	0.133	0.075		0.03	0.03
	电抗	8	3.55	2	0.888	0.73		0.22	0.2
LQC—1	电阻	1.7	0.75	0.42	0.2	0.11	0.05		
	电抗	2.7	1.2	0.67	0.3	0.17	0.07		
LQC—3	电阻	0.75	0.33	0.19	0.88	0.05	0.02		
	电抗	0.7	0.3	0.17	0.08	0.04	0.02		

附表 6－5　　　　LQJ—10 型电流互感器的主要技术数据

（1）额定二次负荷

铁芯代号	额定二次负荷					
	0.5 级		1 级		3 级	
	（Ω）	（VA）	（Ω）	（VA）	（Ω）	（VA）
0.5	0.4	10	0.6	15	—	—
3	—	—	—	—	1.2	30

（2）热稳定度和动稳定度

额定一次电流（A）	1s 热稳定倍数	动稳定倍数
5，10，15，20，30，40，50，60，75，100	90	225
160（150），200，315（300），400	75	160

注　括号内数据，仅限老产品。

附录 7　开关电器技术数据

一、断路器

附表 7－1　　　　高压断路器

类别	型号	额定电压（kV）	额定电流（A）	开断电流（kA）	断流容量（MV·A）	动稳定电流峰值（kA）	热稳定电流（kA）	固有分闸时间（≤，s）	合闸时间（≤，s）	配用操动机构型号
少油户外	SW2—35/1000	35	1000	16.5	1000	45	16.5（4s）	0.06	0.4	CT2—XG
	SW2—35/1500		1500	24.8	1500	63.4	24.8（4s）			
少油户内	SN10—35Ⅰ	35	1000	16	1000	45	16（4s）	0.06	0.2 0.25	CT10 CT10Ⅳ
	SN10—35Ⅱ		1250	20		50	20（4s）			
	SN10—10Ⅰ	10	630	16	300	40	16（2s）	0.06	0.15 0.2	CT8 CD10Ⅰ
			1000	16	300	40	16（2s）			
	SN10—10Ⅱ		1000	31.5	500	80	31.5（2s）	0.06	0.2	CD10Ⅰ、Ⅱ
	SN10—10Ⅲ		1250	40	750	125	40（2s）	0.07	0.2	CD10Ⅲ
			2000	40	750	125	40（4s）			
			3000	40	750	125	40（4s）			
真空户内	ZN23—35	35	1600	25		63	25（4s）	0.06	0.075	CT12
	ZN3—10Ⅰ	10	630	8		20	8（4s）	0.07	0.15	CD10 等
	ZN3—10Ⅱ		1000	20		50	20（20s）	0.05	0.10	
	ZN4—10/1000		1000	17.3		44	17.3（4s）	0.05	0.2	CD10 等
	ZN4—10/1250		1250	20		50	20（4s）			
	ZN5—10/630		630	20		50	20（2s）	0.05	0.1	专用 CD 型
	ZN5—10/1000		1000	20		50	20（2s）			
	ZN5—10/1250		1250	25		63	25（2s）			

续表

类别	型号	额定电压（kV）	额定电流（A）	开断电流（kA）	断流容量（MV·A）	动稳定电流峰值（kA）	热稳定电流（kA）	固有分闸时间（≤，s）	合闸时间（≤，s）	配用操动机构型号
真空户内	ZN12—10/$\frac{1250}{2000}$-25	10	1250 2000	25		63	25（4s）	0.06	0.1	CT8等
	ZN12—10/1250		1250 2000	31.5		80	31.5 （4s）			
	~3150—$\frac{31.5}{40}$		2500 3150	40		100	40（4s）			
	ZN24—10/1250-20		1250	20		50	20（4s）	0.06	0.1	CT8等
	ZN24—10/$\frac{1250}{2000}$-31.5		1250 2000	31.5		80	31.5（4s）			
真空户外	ZW27—12/400 630 1250	12	400 630 1250	20 16 12.5		50 40 31.5	20（4s） 16（4s） 12.5（4s）	0.05	0.06	专用CT型
六氟化硫（SF_6）户内	LN2—35Ⅰ	35	1250	16		40	16（4s）	0.06	0.15	CT12Ⅱ
	LN2—35Ⅱ		1250	25		63	25（4s）			
	LN2—35Ⅲ		1600	25		63	25（4s）			
	LN2—10	10	1250	25		63	25（4s）	0.06	0.15	CT12Ⅰ CT8Ⅰ
六氟化硫（SF_6）户外	LW3—10	10	400 630	6.3 8 12.5		16 20 31.5	6.3（4s） 8（4s） 12.5（4s）	0.06	0.06	CT12Ⅰ、Ⅱ
	LW8—40.5/ T2000—31.5	40.5	2000	31.5		80	31.5（4s）	0.07	0.1	CT14

附表 7-2　　低压断路器

型号	触头额定电流（A）	额定电压（V）	脱扣器类别	脱扣器额定电流（A）	额定短路通断能力（有效值，kA）
DZ5—10	10	~220	复式	0.5，1，1.5，2，3，4，6，10	1
DZ5—25	25	~380 -110	复式	0.5，1，1.6，2.5，4， 6，10，15，20，25	2
DZ5—50—100	50，100	~380	液压式或电磁式	1.6，2.5，4，6，10，15， 20，30，40，50，70，100	2
DZ20—100	100	~380		16，20，32，40， 50，63，80，100	18/10①②
DZ20—200（225）	200 （225）③	~380		100，125，160，180，200，225	25/20
DZ20—400	400			200，250，315，350，400	42/15
DZ20—630	630			200，250，315，350， 400，500，630	30/25

续表

型号	触头额定电流（A）	额定电压（V）	脱扣器类别	脱扣器额定电流（A）	额定短路通断能力（有效值，kA）
DZ26—1250	1250			630，700，800，1000，1250	50/30
DW15—200	200	～380	热式	100，160，200	20/5
			半导体式	100，200	
DW15—400	400	～380	热式	315，400	25/8.8（380V）15/8（～660V）
			半导体式	200，400	
DW15—630	630	～380	热式	315，400，630	30/12.6（～380V）20/10（～660V）
			半导体式	315，400，630	
DW15—1000	1000	～380		630，800，1000	40/30
DW15—1600	1600	～380		1600	40/30
DW15—2500	2500	～380		1600，2000，2500	40/30　60/40
DW15—4000	4000	～380		2500，3000，4000	80/60
DW16—630	630	～380 ～660		100，160，200，250，315，400，630	30（380V） 20（660V）
DW16—2000	2000	～380 ～660		800，1000，1600，2000	50
DW16—4000	4000	～380 ～660		2500，3200，4000	80

注　1. 额定短路通断能力：DZ20型，分母为直流值；分子为交流值；DW15型分母为延时通断能力；分子为瞬时通断能力。

2. 表中给出的参数为DZ20一般型低压断路器的额定短路通断能力。

3. DZ20—200的断路器最大额定电流可达225A。

4. DZ—5型kA数指最大分断电流。

二、负荷开关

附表7-3　　FN12-12系列户内交流高压负荷开关

序号	名称	单位	FN12-12D/630	FRN12-12D/125-31.5
1	额定电压	kV	10	10
2	最高工作电压	kV	12	12
3	额定频率	Hz	50	50
4	额定电压	A	630	125，200
5	雷电冲击耐受电压（峰值）	kV	对地、相间75；隔离断口85	
6	1min工频耐受电压（有效值）	kV	对地、相间42；隔离断口48	
7	额定短时耐受电流（热稳定）	kA	20（3s）	
8	额定峰值耐受电流（动稳定）	kA	50	
9	额定短路开断电流	kA		31.5～50
10	额定空载变压器开断电流		1250kVA变压器空载电流	1250kVA变压器空载电流

续表

序号	名称	单位	FN12-12D/630	FRN12-12D/125-31.5
11	额定短路关合电流	kA	50	
12	额定电缆充电开断电流	A	10	
13	额定有功负载开断电流	A	630	
14	额定转移电流	A		1150
15	机械寿命	次	2000	2000
16	操作力矩	N·m	100	<200

附表 7-4　FLN36-12DSF$_6$ 负荷开关

序号	名称		单位	FLN36-12D	
1	额定电压		kV	12	12
2	额定频率		Hz	50	50
3	额定电流		A	630	125
4	负荷开关额定短时耐受电流/额定短路持续时间		kA/s	20/3	20/3
	接地开关额定短时耐受电流/额定短路持续时间		kA/s	20/2	20/2
5	额定峰值耐受电流和额定短路关合电流		kA	50	125
6	额定开断电流	有功负载开断电流	A	630	630
		闭环开断电流	A	630	630
		5%额定有功负载开断电流	A	31.5	31.5
		开断电缆充电电流	A	10	10
		开断空载变压器容量	kV·A	1250	1250
		开断转移电流	A		1700
		预期短路开断电流	kA		50
7	额定绝缘水平	1min 工频耐受电压相间、对地/断口	kV	42/48	42/48
		雷电冲击耐受电压相同、对地/断口	kV	75/85	75/85
8	机械寿命			2000	2000
9	SF$_6$ 额定气压（20℃时表压）		MPa	0.04～0.05	0.04～0.05

附表 7-5　FZN21-12D/T630-20 型户内交流高压真空负荷开关

序号	名称		单位	FZN21-12D/T630-20
1	额定电压		kV	12
2	额定频率		Hz	50
3	额定电流		A	630
4	额定绝缘水平	1min 工频耐受电压	kV	真空断口，相间对地 42
		雷电冲击耐受电压（峰值）	kV	真空断口，相间对地 75
5	额定（峰值）耐受电流		kA	50
6	4s 额定短时耐受电流		kA	20
7	额定有功负载开断电流		A	630

续表

序号	名称	单位	FZN21－12D/T630－20
8	额定闭环开断电流	A	630
9	额定电缆充电开断电流	A	10
10	开断空载变压器容量	kV·A	1250
11	额定短路关合电流	kA	50
12	接地开关额定耐受电流（峰值）	kA	50
13	接地开关4s额定短时耐受电流	kA	20
14	辅助回路额定电压（DC或AC）	V	220；110
15	机械寿命	次	10 000

附表7－6　　真空负荷隔离开关的主要技术

<table>
<tr><th>序号</th><th colspan="3">名称</th><th>单位</th><th>参数</th></tr>
<tr><td>1</td><td colspan="3">额定电压</td><td>kV</td><td>12</td></tr>
<tr><td>2</td><td colspan="3">额定电流</td><td>A</td><td>400、630</td></tr>
<tr><td>3</td><td colspan="3">额定频率</td><td>Hz</td><td>50</td></tr>
<tr><td rowspan="5">4</td><td rowspan="5">额定绝缘水平</td><td rowspan="3">工频耐压1min</td><td>真空灭弧室断口</td><td rowspan="5">kV</td><td>42</td></tr>
<tr><td>相间、相对地</td><td>干试42，湿试30</td></tr>
<tr><td>隔离断口</td><td>干试48，湿试35</td></tr>
<tr><td rowspan="2">雷电冲击耐压</td><td>相间、相对地</td><td>75</td></tr>
<tr><td>隔离断口</td><td>85</td></tr>
<tr><td>5</td><td colspan="3">额定短时耐受电流</td><td>kA</td><td>16、20</td></tr>
<tr><td>6</td><td colspan="3">额定短时持续时间</td><td>s</td><td>4</td></tr>
<tr><td>7</td><td colspan="3">额定峰值耐受电流</td><td rowspan="2">kA</td><td>40、50</td></tr>
<tr><td>8</td><td colspan="3">额定短路关合电流（峰值）</td><td>40、50</td></tr>
<tr><td>9</td><td colspan="3">额定有功负载开断电流</td><td rowspan="4">A</td><td>400、630</td></tr>
<tr><td>10</td><td colspan="3">额定闭环开断电流</td><td>400、630</td></tr>
<tr><td>11</td><td colspan="3">5%额定有功负载开断电流</td><td>20、31.5</td></tr>
<tr><td>12</td><td colspan="3">额定电缆充电开断电流</td><td>10</td></tr>
<tr><td>13</td><td colspan="3">额定空载变压器开断容量</td><td>kV·A</td><td>1250</td></tr>
<tr><td rowspan="2">14</td><td rowspan="2">机械寿命</td><td colspan="2">真空灭弧室及机构</td><td rowspan="2">次</td><td>10 000</td></tr>
<tr><td colspan="2">隔离闸刀</td><td>2000</td></tr>
</table>

附表 7-7 目前国产 10kV 自动重合器主要技术参数及生产厂

项目 \ 型号		LCHW—10	LCW1—10	YCW—10	ZCW—10
灭弧介质		SF_6	SF_6	油	真空
控制方式		电子	电子	液压	电子
额定电压（kV）		10	10	10	10
最高电压（kV）		11.5	11.5	11.5	11.5
额定电流（A）		400	400	125～400	400
短路开断电流（kA）		6.3	6.3	6.3	6.3
热稳定电流（kA）		6.3（4s）	6.3（2s）	6.3（2s）	6.3（2s）
动稳定电流峰值（kA）		16	16	16	16
冲击耐压峰值（kV）		75	75	75	75
1min 工频耐压（kV）	干试	42	42	42	42
	湿试	30	30	30	30
典型操作顺序		分—t_1—合 分—t_2—合 分—t_3—合 分—闭锁	分—t_1—合 分—t_2—合 分—t_3—合 分—闭锁	分—t_1—合 分—t_2—合 分—t_3—合 分—闭锁	
重合间隔（s）		t_1：0.5、2.5、10、15、30、60、120 t_2、t_3：25、10、15、30、60、120	t_1、t_2、t_3：1～60（可选择）	t_1、t_2、t_3：2	
复位时间（s）		5、7.5、10、15、20、30、35、40、50、60、75、90、120、180	5～180（可选择）	90	
额定最小脱扣电流（A）		100、200、300、400、500、600、700、800、900	相间故障最小脱扣电流：100、200、300、400、500、600、700、800、900	250、320、400、500、630、800	
			接地故障最小脱扣电流：4、8、12、16、20、24、28、36		

附表 7-8　　隔离开关的基本技术数据

型号（户内式）	极限通过电流（峰值）（kV）	(4)、5s热稳定电流（kA）	操动机构型号	型号（户外式）	极限通过电流（峰值）（kV）	(4)、5s热稳定电流（kA）	操动机构型号
GN_8^6—6T/200	25.5	10	CS6—1T	GW1—6（10）/200	15	7	CS8—1
GN_8^6—6T/400	40	14	CS6—1T	GW1—6（10）/400	25	14	CS8—1
GN_8^6—6T/600	52	20	CS6—1T	GW1—10/600	35	20	CS8—1
GN_8^6—10T/200	25.5	10	CS6—1T	GW2—35G/600	42	(20)	CS11—G
GN_8^6—10T/400	40	14	CS6—1T	GW2—35GD/600	42	(75)	CS8—6D
GN_8^6—10T/600	52	20	CS6—1T	GW4—35/600	50	(15.3)	CS11G
GN_8^6—10T/1000	75	30	CS6—1T	GW4—35D/1000	80	(23.7)	CS8—6D
GN2—10/2000	85	51	CS6—2	GW5—35G/600	50	14	CS—G
GN2—10/3000	100	70	CS7	GW5—35G/1000	50	14	CS—G
GN2—20/400	50	14	CS6—2	GW5—35GD/600	50	14	CS—G
GN2—35T/400	52	14	CS6—2T	GW5—35GD/1000	50	14	CS—G
GN2—35T/600	54	25	CS6—2T	GW5—35GK/600	50	14	CS1—XG
GN2—35T/1000	70	27.5	CS6—2T	GW5—35GK/1000	50	14	CS1—XG

三、熔断器基本技术数据

附表 7-9　　RN1 型户内高压熔断器技术数据及参考价格

型号	额定电压（kV）	额定电流（A）	最大开断电流（有效值（kA）	最小开断电流（额定电流倍数）	当开断极限短路电流时，最大电流（峰值）（kA）	质量（kg）	熔体管质量（kg）	参考价格（元）
RN1-35	35	7.5	3.5	不规定	1.5	20	2.5	64
		10		1.3	1.6	20	2.5	64
		20			2.8	27	7.5	77
		30			3.6	27	7.5	77
		40			4.2	27	7.5	77
RN1-10	10	20	12	不规定	4.5	10	1.5	26
		50		1.3	8.6	11.5	2.8	26
		100			15.5	14.5	5.8	34
		150			—	21	11	90
		200			—	21	11	90
RN1-6	6	20	20	不规定	5.2	8.5	1.2	26
		75		1.3	14	9.6	2	26
		100			19	13.6	5.8	34
		200			25	13.6	5.8	34
		300			—	17	8.8	90

注　1. 最大三相断流容量均为200MVA。

2. 过电压倍数，均不超过2.5倍的工作电压。

3. RN1-6～10可配熔断体的额定电流等级分为2、3、5、7.5、10、15、20、30、40、50、75、100、150、200、300A。RN1-35可配熔断体的额定电流等级分为2、3、5、7.5、10、15、20、30、40A。

附表 7-10　　RW 型户外高压熔断器技术数据

型号	额定电压（kV）	额定电流（A）	断流容量（MVA）	
			上限	下限
RW3—10/50 RW3—10/100 RW3—10/200 RW3—10/10	10	50 100 200 100	20 100 200 75	5 10 20 —
RW4—10G/50 RW4—10G/100 RW4—10/50 RW4—10/100 RW4—10/200	10	50 100 50 100 200	89 124 75 100 100	7.5 10 — — 30
RW5—35/50 RW5—35/100-400 RW5—35/200-800 RW5—35/100-400GY	35	50 100 200 100	200 400 800 400	15 10 30 30

附表 7-11　　电力变压器配用的高压熔断器规格

<table>
<tr><td colspan="2">变压器容量/（kVA）</td><td>100</td><td>125</td><td>160</td><td>200</td><td>250</td><td>315</td><td>400</td><td>500</td><td>630</td><td>800</td><td>1000</td></tr>
<tr><td rowspan="2">$I_{N \cdot T}$（A）</td><td>6kV</td><td>9.6</td><td>12</td><td>15.4</td><td>19.2</td><td>24</td><td>30.2</td><td>38.4</td><td>48</td><td>60.5</td><td>76.8</td><td>96</td></tr>
<tr><td>10kV</td><td>5.8</td><td>7.2</td><td>9.3</td><td>11.6</td><td>14.4</td><td>18.2</td><td>23</td><td>29</td><td>36.5</td><td>46.2</td><td>58</td></tr>
<tr><td rowspan="2">RN1 型熔断器
$I_{N \cdot FU}/I_{N \cdot FE}$（A）</td><td>6kV</td><td colspan="2">20/20</td><td colspan="2">75/30</td><td>75/40</td><td>75/50</td><td colspan="2">75/75</td><td>100/100</td><td colspan="2">200/150</td></tr>
<tr><td>10kV</td><td colspan="3">20/15</td><td>20/20</td><td colspan="2">50/30</td><td>50/40</td><td>50/50</td><td colspan="2">100/75</td><td>100/100</td></tr>
<tr><td rowspan="2">RN4 型熔断器
$I_{N \cdot FU}/I_{N \cdot FE}$（A）</td><td>6kV</td><td colspan="2">50/20</td><td colspan="2">50/30</td><td>50/40</td><td>50/50</td><td colspan="2">100/75</td><td>100/100</td><td colspan="2">200/150</td></tr>
<tr><td>10kV</td><td colspan="2">50/15</td><td colspan="2">50/20</td><td>50/30</td><td colspan="2">50/40</td><td>50/50</td><td colspan="2">100/75</td><td>100/100</td></tr>
</table>

四、低压熔断器

1. RM10 型低压熔断器的主要技术数据及其保护特性曲线

附表 7-12　　主要技术数据表

型号	熔管额定电压（V）	额定电流（A）		最大分断电流（kA）
		熔管	熔体	
RM10—15	交流 220，380，500 直流 220，440	15	6，10，15	1.2
RM10—60		60	15，20，25，35，45，60	3.5
RM10—100		100	60，80，100	10
RM10—200		200	100，126，160，200	10
RM10—350		350	200，225，260，300，350	10
RM10—600		600	350，430，500，600	10

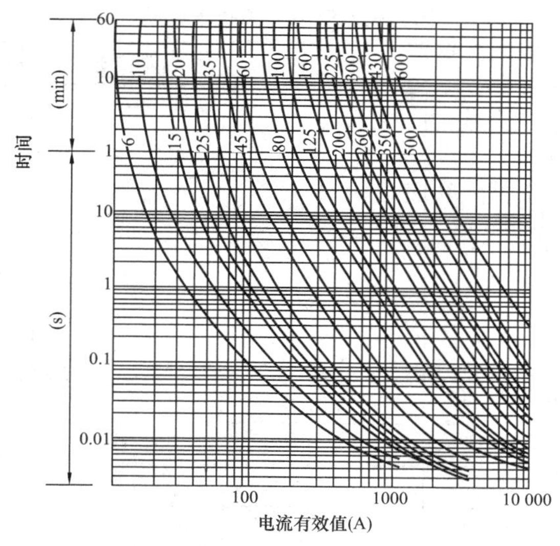

附图 7－1　保护特性曲线（1）

2. RT0 型低压熔断器的主要技术数据及其保护特性曲线

附表 7－13　　主要技术数据表

型号	熔管额定电压（V）	额定电流（A）		最大分断电流（kA）
		熔管	熔流	
RT0—100	交流　380 直流　440	100	30，40，50，60，80，100	50
RT0—200		200	（80，100），120，150，200	
RT0—400		400	（150，200），250，300，350，400	
RT0—600		600	（350，400），450，500，550，600	
RT0—1000		1000	700，800，900，1000	

注　表中括号内的熔体电流尽可能不采用。

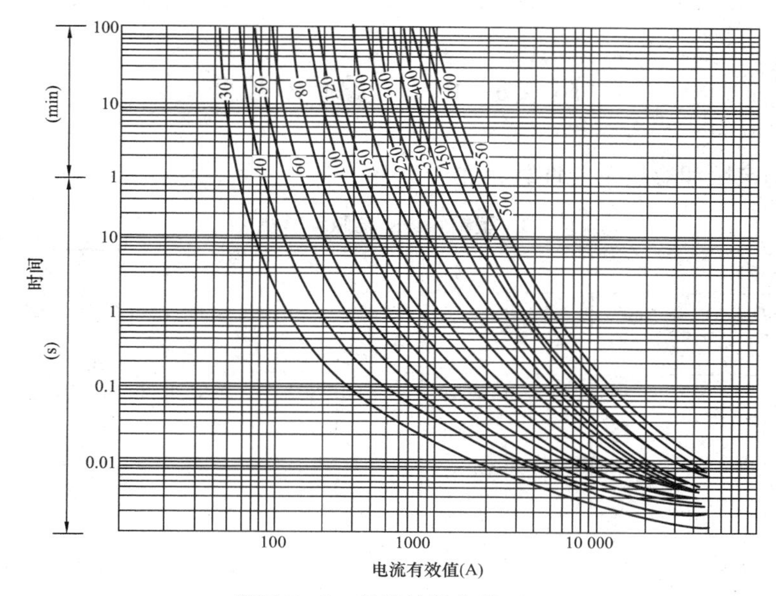

附图 7－2　保护特性曲线（2）

附表 7-14 刀开关及转换开关技术数据

型号	额定电流（A）	1s热稳定电流（kA）	动稳定电流（峰值）（kA）		相数
			手柄式	杠杆式	
HD11～14	100 200 400 600 1000 1500	6 10 20 25 30 40	15 20 30 40 50 —	20 30 40 50 60 80	1，2，3
HH3	10，15，20，30，60，100，200		500～5000A		2，3
HH4	10，30，60		500～3000A		2，3
HZ5	10，20，40，60				2，3，4极
HZ10	10，25，60，100				2，3

附表 7-15 触头的接触电阻 （mΩ）

额定电流（A）	50	70	100	140	200	400	600	1000	2000	3000
低压断路器	1.3	1.0	0.75	0.65	0.6	0.4	0.25	—	—	—
刀开关	—	—	0.5	—	0.4	0.2	0.15	0.08	—	—
隔离开关	—	—	—	—	—	0.2	0.15	0.08	0.03	0.02

附表 7-16 低压断路器过电流线圈的阻抗 （mΩ）

线圈的额定电流（A）	50	70	100	140	200	400	600
电阻（65℃时）	5.5	2.35	1.30	0.74	0.36	0.15	0.12
电抗	2.7	1.3	0.86	0.55	0.28	0.10	0.094

附录8　电力线路技术数据

一、绞线的电阻和感抗及允许载流量

附表 8-1 LJ型铝绞线的电阻和感抗

额定截面（mm^2）	16	25	35	50	70	95	120	150	185	240
50℃的电阻 R_0（Ω/km）	2.07	1.33	0.96	0.66	0.48	0.36	0.28	0.23	0.18	0.11
线间几何均距（mm）	线路电抗 X_0（Ω/km）									
600	0.36	0.35	0.34	0.33	0.32	0.31	0.30	0.29	0.28	0.28
800	0.38	0.37	0.36	0.35	0.34	0.33	0.32	0.31	0.30	0.30
1000	0.40	0.38	0.37	0.36	0.35	0.34	0.33	0.32	0.31	0.31
1250	0.41	0.40	0.39	0.37	0.36	0.35	0.34	0.34	0.33	0.33
1500	0.42	0.41	0.40	0.38	0.37	0.36	0.35	0.35	0.34	0.33
2000	0.44	0.43	0.41	0.40	0.40	0.39	0.37	0.37	0.36	0.35

附表 8-2　LGJ 型钢芯铝绞线的电阻和感抗

导线型号	LGJ-16	LGJ-25	LGJ-35	LGJ-50	LGJ-70	LGJ-95	LGJ-120	LGJ-150	LGJ-185	LGJ-240	LGJ-300	LGJ-400
电阻 R_0（Ω/km）	2.04	1.38	0.85	0.65	0.46	0.33	0.27	0.21	0.17	0.132	0.107	0.082
线间几何均距（mm）	线路电抗 X_0（Ω/km）											
1000	0.387	0.374	0.359	0.351	—	—	—	—	—	—	—	—
1250	0.401	0.388	0.373	0.365	—	—	—	—	—	—	—	—
1500	0.412	0.400	0.385	0.376	0.365	0.354	0.347	0.340	—	—	—	—
2000	0.430	0.418	0.403	0.394	0.383	0.372	0.365	0.358	—	—	—	—
2500	0.444	0.432	0.417	0.408	0.397	0.386	0.379	0.372	0.365	0.357	—	—
3000	0.456	0.443	0.428	0.420	0.409	0.398	0.391	0.384	0.377	0.369	—	—
3500	0.466	0.453	0.438	0.429	0.418	0.406	0.400	0.394	0.386	0.378	0.371	0.362

注　线间几何均距 $D_{av}=\sqrt[3]{d_{ab}d_{bc}d_{ca}}$，式中 d_{ab}、d_{bc}、d_{ca}为三相导线之间的距离。

附表 8-3　TJ、LJ、LGJ 的允许载流量　（A）

导线截面（mm²）	TJ 环境温度 25℃	TJ 30℃	TJ 35℃	TJ 40℃	LJ 环境温度 25℃	LJ 30℃	LJ 35℃	LJ 40℃	LGJ 环境温度 25℃	LGJ 30℃	LGJ 35℃	LGJ 40℃
4	50	47	44	41	—	—	—	—	—	—	—	—
6	70	66	62	57	—	—	—	—	—	—	—	—
10	95	89	84	77	75	70	66	61	—	—	—	—
16	130	122	114	105	105	99	92	85	105	98	92	85
25	180	169	158	146	135	127	119	109	135	127	119	109
35	220	207	194	178	170	160	150	138	170	159	149	137
50	270	254	238	219	215	202	189	174	220	207	193	178
70	340	320	300	276	265	249	233	215	275	259	228	222
95	415	390	365	336	325	305	286	247	335	315	295	272
120	485	456	426	393	375	352	330	304	380	357	335	307
150	570	536	501	461	440	414	387	356	445	418	391	360
185	645	606	567	522	500	470	440	405	515	484	453	416
240	770	724	678	624	610	574	536	494	610	574	536	494
300	890	835	783	720	680	640	597	550	700	658	615	566

注　1. 本表载流量按导线正常工作温度 70℃计。

2. 本表载流量按室外架设考虑，无日照，海拔高度 1000m 及以下。如果海拔高度不同、环境温度不同时，载流量应按附表 8-4 进行校正。

二、裸导体载流量在不同海拔及环境温度下的综合校正系数

附表 8-4　　裸导体载流量在不同海拔及环境温度下的综合校正系数

导体最高允许温度	适应范围	海拔高度(m)	实际环境温度						
			+20℃	+25℃	+30℃	+35℃	+40℃	+45℃	+50℃
70℃	室内矩形、槽形、管形导体和不计日照的室外软导线		1.05	1.00	0.94	0.88	0.81	0.74	0.67
80℃	计及日照时室外软导线	≤1000	1.05	1.00	0.95	0.89	0.83	0.76	0.69
		2000	1.01	0.96	0.91	0.85	0.79	—	—
		3000	0.97	0.92	0.87	0.81	0.75	—	—
		4000	0.95	0.89	0.84	0.77	0.71	—	—
	计及日照时室外管形导体	≤1000	1.05	1.00	0.94	0.87	0.80	0.72	0.63
		2000	1.00	0.94	0.88	0.81	0.74	—	—
		3000	0.96	0.90	0.84	0.76	0.69	—	—
		4000	0.91	0.86	0.80	0.72	0.65	—	—

注　本表适用于基准环境温度为+25℃和导体最高允许温度为70℃或80℃的裸导体载流量表的校正。

三、BLX和BLV型铝芯绝缘线穿硬塑料管时的允许载流量

附表 8-5　　BLX和BLV型铝芯绝缘线穿硬塑料管时的允许载流量

（导线正常最高允许温度为65℃）　　(A)

导线型号	线芯截面积(mm^2)	2根单芯线				2根穿管管径(mm)	3根单芯线				2根穿管管径(mm)	4～5根单芯线				4根穿管管径(mm)	5根穿管管径(mm)
		环境温度					环境温度					环境温度					
		25℃	30℃	35℃	40℃		25℃	30℃	35℃	40℃		25℃	30℃	35℃	40℃		
	2.5	19	17	16	15	15	17	15	14	13	15	15	14	12	11	20	25
	4	25	23	21	19	20	23	21	19	18	20	20	18	17	15	20	25
	6	33	30	28	26	20	29	27	25	22	20	26	24	22	20	25	32
	10	44	41	38	34	25	40	37	34	31	25	35	32	30	27	32	32
	16	58	54	50	45	32	52	48	44	41	32	46	43	39	36	32	40
	25	77	71	66	60	32	68	63	58	53	32	60	56	51	47	40	40
BLX	35	95	88	82	75	40	84	78	72	66	40	74	69	64	58	40	50
	50	120	112	103	94	40	108	100	93	85	50	95	88	82	75	50	50
	70	153	143	132	121	50	135	126	116	106	50	120	112	103	94	50	65
	95	184	172	159	145	50	165	154	142	130	65	150	140	129	118	65	80
	120	210	196	181	166	65	190	177	164	150	65	170	158	147	134	80	80
	150	250	233	216	197	65	227	212	196	179	75	205	191	177	162	80	90
	185	282	263	243	223	80	255	238	220	201	80	232	216	200	183	100	100

续表

导线型号	线芯截面积（mm²）	2根单芯线 环境温度 25℃	30℃	35℃	40℃	2根穿管管径（mm）	3根单芯线 环境温度 25℃	30℃	35℃	40℃	2根穿管管径（mm）	4～5根单芯线 环境温度 25℃	30℃	35℃	40℃	4根穿管管径（mm）	5根穿管管径（mm）
BLX	2.5	18	16	15	14	15	16	14	13	12	15	14	13	12	11	20	25
	4	24	22	20	18	20	22	20	19	17	20	19	17	16	15	20	25
	6	31	28	26	24	20	27	25	23	21	20	25	23	21	19	25	32
	10	42	39	36	33	25	38	35	32	30	25	33	30	28	26	32	32
	16	55	51	47	43	32	49	45	42	38	32	44	41	38	34	32	40
	25	73	68	63	57	32	65	60	56	51	40	57	53	49	45	40	50
	35	90	84	77	71	40	80	74	69	63	40	70	65	60	55	50	65
	50	114	106	98	90	50	102	95	88	80	50	90	84	77	71	63	65
	70	145	135	125	114	50	130	121	112	102	50	115	107	99	90	63	75
	95	175	163	151	138	65	158	147	136	124	65	140	130	121	110	75	75
	120	206	187	173	158	65	180	168	155	142	65	180	149	138	126	75	80
	150	230	215	198	181	75	207	193	179	163	75	185	172	160	146	80	90
	185	265	247	229	209	75	235	219	203	185	75	212	198	183	167	90	100

附表 8-6　　BLX 和 BLV 型铝芯绝缘线明敷时的允许载流量

（导线正常最高允许温度为 65℃）　　（A）

芯线截面积（mm²）	BLX型铝芯橡皮线 环境温度 25℃	30℃	35℃	40℃	BLV型铝芯塑料线 环境温度 25℃	30℃	35℃	40℃
2.5	27	25	23	21	25	23	21	19
4	35	32	30	27	32	29	27	25
6	45	42	38	35	42	39	36	33
10	65	60	56	51	59	55	51	46
16	85	79	73	67	80	74	69	63
25	110	102	95	87	105	98	90	83
35	138	129	119	100	130	121	112	102
50	175	163	151	178	165	154	142	130
70	220	206	190	174	205	191	177	162
95	265	247	229	209	250	233	216	197
120	310	280	268	245	283	266	246	225
150	360	336	311	384	325	303	281	257
185	420	392	363	332	380	355	328	300
240	510	476	441	403	—	—	—	—

附表 8-7　BLX 和 BLV 型铝芯绝缘线穿钢管时的允许载流量

（导线正常最高允许温度为 65℃）　　(A)

导线型号	线芯截面积 (mm^2)	2 根单芯线 环境温度				2 根穿管管径(mm)		3 根单芯线 环境温度				3 根穿管管径(mm)		4～5 根单芯线 环境温度				4 根穿管管径(mm)		5 根穿管管径(mm)	
		25℃	30℃	35℃	40℃	G	DG	25℃	30℃	35℃	40℃	G	DG	25℃	30℃	35℃	40℃	G	DG	G	DG
BLX	2.5	21	19	18	16	15	20	19	17	16	15	15	20	16	14	13	12	20	25	20	25
	4	28	26	24	22	20	25	25	23	21	19	20	25	23	21	19	18	20	25	20	25
	6	37	34	32	29	20	25	34	31	29	26	20	25	30	28	25	23	20	25	25	32
	10	52	48	44	41	25	32	46	43	39	36	25	32	40	37	34	31	25	32	32	40
	16	66	61	57	52	25	32	59	55	51	46	32	32	52	48	44	41	32	40	40	(50)
	25	86	80	74	68	32	40	76	71	65	60	32	40	68	63	58	53	40	(50)	40	
	35	106	99	91	89	32	40	94	87	81	74	32	(50)	83	77	71	65	40	(50)	50	
	50	133	124	115	105	40	(50)	118	110	102	93	50	(50)	105	98	90	83	50		70	
	70	164	154	142	130	50	(50)	150	140	129	118	50	(50)	133	124	115	105	70		70	
	95	200	187	173	158	70		180	168	155	142	70		160	149	138	126	70		80	
	120	230	215	198	181	70		210	196	181	166	70		190	177	164	150	70		80	
	150	260	243	224	205	70		240	224	207	189	70		220	205	190	174	80		100	
	185	295	275	255	233	80		270	252	233	213	80		250	233	216	197	80		100	
BLV	2.5	20	18	17	15	15	15	18	16	15	14	15	15	15	14	12	11	15	15	15	20
	4	27	25	23	21	15	15	24	22	20	18	15	15	22	20	19	17	15	20	20	20
	6	35	32	30	27	15	20	32	29	27	25	15	20	28	26	24	22	20	25	25	25
	10	49	45	42	38	20	25	44	41	38	34	20	25	38	35	32	30	25	25	25	32
	16	63	58	54	49	25	25	56	52	48	44	25	32	50	46	43	39	25	32	32	40
	25	80	74	69	63	25	32	70	65	60	55	32	32	65	60	50	51	32	40	32	(50)
	35	100	93	86	79	32	40	90	84	77	71	32	40	80	74	69	63	40	(50)	40	
	50	125	116	108	98	40	50	110	102	95	87	40	(50)	100	93	86	79	50	(50)	50	
	70	155	145	134	122	50	50	143	133	123	113	40	(50)	127	118	109	100	50		70	
	95	190	177	164	149	50	(50)	170	158	147	134	50		152	142	131	120	70		70	
	120	219	203	188	170	50	(50)	195	182	168	154	50		172	160	148	106	70		80	
	150	246	233	216	197	70	(50)	225	210	194	177	70		200	187	173	158	70		80	
	185	285	266	246	225	70		255	238	220	201	70		230	215	198	181	80		100	

注　1. BX 和 BV 型铝芯绝缘线的允许载流量约为同截面的 BLX 和 BLX 型铝芯绝缘线的允许载流量的 1.3 倍。

2. 表中的钢管 G—焊接钢管，管径按内径计；DG—电线管，管径按外径计。

3. 表中 4～5 根单芯线穿管的载流量，是指三相四线制的 TN—C 系统、TN—S 系统及 TN—C—S 系统中的相线载流量，其中性线（N）或保护中性线（PEN）可有不平衡电流通过。如果是供电给三相平衡负荷，另一导线为单纯的保护线（PE 线），则虽有四根线穿管，但其载流量应按三根线穿管的载流量考虑，而管径仍按四根线穿管确定。

4. 管径的国际单位制（SI 制）与英制的近似对照如下：

SI 制(mm)	15	20	25	32	40	50	65	70	80	90	100
英制(in)	$\frac{1}{2}$	$\frac{3}{4}$	1	$1\frac{1}{4}$	$1\frac{1}{2}$	2	$2\frac{1}{2}$	$2\frac{3}{4}$	3	$3\frac{1}{2}$	4

四、1000V三线钢（铝）芯纸绝缘电缆的阻抗

附表8-8　　1000V三线钢（铝）芯纸绝缘电缆的阻抗　　(mΩ/m)

芯线截面积（mm²） \ 阻抗	钢芯				铝芯			
	电阻		电抗		电阻		电抗	
	正序及负序	零序	正序及负序	零序	正序及负序	零序	正序及负序	零序
3×2.5	0.05	30.0	0.098	0.160	15.4	36.7	0.098	0.160
3×4	5.65	24.7	0.092	0.148	9.6	28.7	0.092	0.148
3×6	3.77	20.9	0.087	0.139	6.4	23.5	0.087	0.139
3×10	2.26	17.2	0.082	0.128	3.84	18.6	0.082	0.128
3×16	1.41	3.29	0.078	0.946	2.39	4.27	0.078	0.946
3×25	0.005	2.76	0.067	0.896	1.54	3.4	0.067	0.896
3×35	0.647	2.45	0.064	0.835	1.10	2.9	0.064	0.835
3×50	0.452	2.21	0.062	0.291	0.768	2.53	0.062	0.791
3×70	0.323	2.01	0.06	0.722	0.548	2.24	0.06	0.722
3×95	0.238	1.83	0.058	0.639	0.404	2.0	0.058	0.639
3×120	0.188	1.73	0.058	0.594	0.319	1.86	0.058	0.594
3×150	0.151	1.61	0.057	0.530	0.256	1.76	0.057	0.53
3×185	0.122		0.057		0.208	1.6	0.057	0.47
2（3×70）	0.101		0.030		0.274		0.030	
2（3×95）	0.119		0.029		0.202		0.029	
2（3×120）	0.094		0.029		0.159		0.029	
2（3×150）	0.075		0.028		0.128		0.028	

五、室内明敷及穿钢管的铝、铜芯绝缘导线的电阻和电抗

附表8-9　　室内明敷及穿钢管的铝、铜芯绝缘导线的电阻和电抗

导线截面积（mm²）	铝（Ω/km）			铜（Ω/km）		
	电阻 R_0（65℃）	电抗 X_0		电阻 R_0（65℃）	电抗 X_0	
		明线间距100mm	穿管		明线间距100mm	穿管
1.5	24.39	0.342	0.14	14.48	0.342	0.14
2.5	14.63	0.327	0.13	8.69	0.327	0.13
4	9.15	0.312	0.12	5.43	0.312	0.12
6	6.10	0.300	0.11	3.62	0.300	0.11
10	3.66	0.280	0.11	2.19	0.280	0.11
16	2.29	0.265	0.10	1.37	0.265	0.10
25	1.48	0.251	0.10	0.88	0.251	0.10
35	1.06	0.241	0.10	0.63	0.241	0.10
50	0.75	0.229	0.09	0.44	0.229	0.09
70	0.53	0.219	0.09	0.32	0.219	0.09
95	0.39	0.206	0.09	0.23	0.206	0.09
120	0.31	0.199	0.08	0.19	0.199	0.08
150	0.25	0.191	0.08	0.15	0.191	0.08
185	0.20	0.184	0.07	0.13	0.184	0.07

六、架空裸导线的最小截面积

附表 8-10 架空裸导线的最小截面积

导线种类	最小允许截面积（mm²）		备注
	高压（至 10kV）	低压	
铝及铝合金线 钢芯铝线	35 25	16* 16	*与铁路交叉跨越时应为 35mm²

注 对更高电压等级的线路，规程未做规定，一般不小于 35mm²。

七、绝缘导线线芯的最小截面积

附表 8-11 绝缘导线线芯的最小截面积

导线用途		线芯最小截面积（mm²）	
		铜芯	铝芯
照明用灯头引下线		1.0	2.5
室内敷设在绝缘支持件上的绝缘导线，其支持点间距 $L\leqslant 2$m		1.0	2.5
室外敷设在绝缘支持件上的绝缘导线，其支持点间距 L 为	$L\leqslant 2$m	1.5	2.5
	2m<$L\leqslant$6m	2.5	4
	6m<$L\leqslant$15m	4	6
	15m<$L\leqslant$25m	6	10
穿管敷设、槽板、护套线扎头明敷、线槽		1.0	2.5
PE 线和 PEN 线	有机械保护时	1.5	2.5
	无机械保护时	2.5	4

八、架空绝缘电线长期允许载流量及其校正系数

附表 8-12 低压单根架空绝缘电线在空气温度为 30℃时的长期允许载流量 (A)

导体标称截面积（mm²）	铜导体		铝导体		铝合金导体	
	聚氯乙烯绝缘	聚乙烯绝缘	聚氯乙烯绝缘	聚乙烯绝缘	聚氯乙烯绝缘	聚乙烯绝缘
16	102	104	79	81	73	75
25	138	142	107	111	99	102
35	170	175	132	136	122	125
50	209	216	162	168	149	154
70	266	275	207	214	191	198
95	332	344	257	267	238	247
120	384	400	299	311	276	287
150	442	459	342	356	320	329
185	515	536	399	416	369	384
240	615	641	476	497	440	459

注 低压集束架空绝缘电线的长期允许载流量为同截面同材料单根架空绝缘电线长期允许载流量的 0.7 倍。

附表 8-13　　10kV XLPE 绝缘架空绝缘电线（绝缘厚度 3.4mm）

在空气温度为 30℃时的长期允许载流量　　（A）

导体标称截面（mm^2）	铜导体	铝导体	铝合金导体	导体标称截面（mm^2）	铜导体	铝导体	铝合金导体
25	174	134	124	120	454	352	326
35	211	164	153	150	520	403	374
50	255	198	183	185	600	465	432
70	320	249	225	240	712	553	513
95	393	304	282	300	824	639	608

注　1. 10kV XLPE 绝缘薄绝缘架空绝缘电线（绝缘厚度 2.5mm）在空气温度为 30℃时的长期允许载流量参照绝缘厚度 3.4mm，10kV XLPE 绝缘架空绝缘电线长期允许载流量。

2. 10kV 集束架空绝缘电线的长期允许载流量为同截面同材料单根架空绝缘电线长期允许载流量的 0.7 倍。

3. 当空气温度不是 30℃时，应将附表 6-8-1、附表 6-8-2 中架空绝缘电线的长期允许载流量乘以校正系数 K_1 或 K_2，其值可查附表 6-8-3。

附表 8-14　　架空绝缘电线长期允许载流量的温度校正系数

t_0(℃)	−40	−35	−30	−25	−20	−15	−10	−5	0	+5	+10	+15	+20	+30	+35	+40	+50
K_1	1.66	1.62	1.58	1.54	1.50	1.46	1.41	1.37	1.32	1.27	1.22	1.17	1.12	1.00	0.94	0.87	0.71
K_2	1.47	1.44	1.41	1.38	1.35	1.32	1.29	1.26	1.22	1.19	1.15	1.12	1.08	1.00	0.96	0.91	0.82

注　1. t_0 为实际空气温度,℃；

2. K_1 为聚乙烯绝缘、聚氯乙烯绝缘的架空绝缘电线载流量的温度校正系数；

3. K_2 为 XLPE 绝缘的架空绝缘电线载流量的温度校正系数；

4. 电线长期允许工作温度，PE、PVC 绝缘为 70℃，XLPE 绝缘为 90℃。

九、导体在正常和短路时的最高允许温度及稳定系数

附表 8-15　　导体在正常和短路时的最高允许温度及热稳定系数

导体种类和材料			最高允许温度（℃）		热稳定系数 C $(A\cdot S^{\frac{1}{2}}/mm)$
			正常负荷时	短路时	
母线	铜		70	300	171
	铜（接触面有锡层时）		85	200	164
	铝		70	200	87
油浸纸绝缘电缆	铜芯	1～3kV	80	250	148
		6kV	65（80）	250	150
		10kV	60（65）	250	153
		35kV	50（65）	175	—
	铝芯	1～3kV	80	200	84
		6kV	65（80）	200	87
		10kV	60（65）	200	88
		35kV	50（65）	175	

续表

导体种类和材料		最高允许温度（℃）		热稳定系数 C $(A \cdot S^{\frac{1}{2}}/mm)$
		正常负荷时	短路时	
橡皮绝缘导线和电缆	铜芯	65	150	131
	铝芯	65	150	87
聚氯乙烯绝缘导线和电缆	铜芯	70	160	115
	铝芯	70	160	760
交联聚乙烯绝缘电缆	铜芯	90（80）	250	137
	铝芯	90（80）	200	77
有中间接头的电缆（不包括聚氯乙烯绝缘电缆）	铜芯		160	
	铝芯		160	

注 加括号的数，对油浸纸绝缘电缆，适用于“不滴流纸绝缘电缆”；对交联聚乙烯绝缘电缆，适用于10kV以上电压。

十、矩形母线的电阻和感抗

附表8-16 **矩形母线的电阻和感抗**

母线尺寸（mm）	阻抗（mΩ/m）					
	65℃时的电阻		当相间几何均距 D_{av}（mm）时的感抗（铜及铝）			
	铜	铝	100	150	200	300
25×3	0.268	0.475	0.179	0.200	0.295	0.244
30×3	0.223	0.394	0.163	0.189	0.206	0.235
30×4	0.167	0.296	0.163	0.189	0.206	0.235
40×4	0.125	0.222	0.145	0.170	0.189	0.214
40×5	0.100	0.177	0.145	0.170	0.189	0.214
50×5	0.08	0.142	0.137	0.1565	0.18	0.200
50×6	0.067	0.118	0.137	0.1565	0.18	0.200
60×6	0.0558	0.099	0.1195	0.145	0.163	0.189
60×8	0.0418	0.074	0.1195	0.145	0.163	0.189
80×8	0.0313	0.055	0.102	0.126	0.145	0.170
80×10	0.025	0.0445	0.102	0.126	0.145	0.170
100×10	0.020	0.0355	0.09	0.1127	0.133	0.157
2（60×8）	0.0209	0.037	0.12	0.145	0.163	0.189
2（80×8）	0.0157	0.0277	—	0.126	0.145	0.170
2（80×10）	0.0125	0.0222	—	0.126	0.145	0.170
2（100×10）	0.01	0.0178	—	—	0.133	0.157

十一、矩形母线的允许载流量

附表 8-17　　矩形母线的允许载流量　　(A)

每相母线数		单条		双条		三条		四条	
母线放置方式		平放	竖放	平放	竖放	平放	竖放	平放	竖放
母线尺寸 宽×厚 (mm×mm)	40×4	480	503	—	—	—	—	—	—
	40×5	452	562	—	—	—	—	—	—
	50×4	586	613	—	—	—	—	—	—
	50×5	661	692	—	—	—	—	—	—
	63×6.3	910	952	1409	1547	1866	2111	—	—
	68×8	1038	1085	1627	1777	2113	2379	—	—
	63×10	1168	1221	1825	1994	2381	2665	—	—
	80×6.3	1228	1178	1724	1892	2211	2505	2558	3411
	80×8	1274	1330	1946	2131	2491	2809	2863	3817
	80×10	1427	1490	2175	2373	2774	3114	3167	4222
	100×6.3	1371	1430	2054	2253	2633	2985	3032	4043
	100×8	1542	1609	2298	2516	2933	3311	3359	4479
	100×10	1728	1803	2558	2796	3181	3578	3622	4829
	125×6.3	1674	1744	2446	2680	2079	3490	3525	4700
	125×8	1876	1955	2725	2982	3375	3813	3847	5129
	125×10	2089	2177	3005	3282	3725	4194	4225	5633

注　1. 表中载流量按导体最高允许工作温度 70℃、环境温度 25℃、无风、无日照条件计算而得。不同温度下的结合温度校正系数见附表 8-4。
2. 当母线为四条时，平放、竖放时第二、三片间距均为 50 mm。

附录 9　避雷器技术数据

附表 9-1　　FS 系列普通阀式避雷器（配电及电缆头用）

型号	额定电压（kV，有效值）	灭弧电压（kV，有效值）	工频放电电压（kV，有效值）		预放电时间 1.5～20μs 的冲击放电电压（kV）	5kA 冲击电流（波形 10/20μs）下的残压（kV）
			不小于	不大于	不大于	不大于
FS—2	2	2.5	5	7	15	11
FS—3	3	3.8	9	11	21	17
FS—6	6	7.6	16	19	35	30
FS—10	10	12.7	26	31	50	50

附表 9-2　　低压阀式避雷器的电气特性

额定电压（kV，有效值）	灭弧电压（kV，有效值）	工频放电电压（kV，有效值）		预放电时间 1.5～10μs 的冲击放电电压（kV）	3kA 冲击电流（波形 10/20μs）下的残压（kV）
		不小于	不大于	不大于	不大于
0.22	0.25	0.6	1.0	2.0	1.3
0.38	0.50	1.1	1.6	2.7	2.6

附表 9-3 FZ系列普通阀式避雷器的电气特性（发电厂、变电所用）

型号	组合方式	额定电压（kV，有效值）	灭弧电压（kV，有效值）	工频放电电压（kV，有效值）		预放电时间1.5～20μs的冲击放电电压（kV）不大于	5、10kA冲击电流（波形10/20μs）的残压（kV）	
				不小于	不大于		5kV下不大于	10kA下不大于
FZ—3	单独元件	3	3.3	9	11	20	14.5	(16)
FZ—6	单独元件	6	7.6	16	19	30	27	(30)
FZ—10	单独元件	10	12.7	26	31	45	45	(50)
FZ—15	单独元件	15	20.5	42	52	78	67	(74)
FZ—20	单独元件	20	25	49	60.5	85	80	(88)
FZ—30J	组合用元件	—	25	56	67	110	83	(91)
FZ—30	单独元件	30	38	80	91	116	121	(134)
FZ—35	2×FZ—15	35	41	84	104	134	134	(148)

注 括号内的残压为参考值。

附表 9-4 电站和配电型金属化物避雷器 (kV)

避雷器额定电压	系统额定电压	避雷器持续运行电压	陡坡冲击电流下残压不大于	雷电冲击电流下残压不大于	操作单击电流下残击不大于	直流1mA参考电压不小于
有效值			峰值			
3.8	3	2.0	19.6/15.5	17/13.5	14.5/11.5	7.5/7.2
7.6	6	4.0	34.5/31.0	30.0/27.0	25.5/23.0	15.0/14.4
12.7	10	6.6	57.5/51.8	50.0/45.0	42.5/38.3	25.0/24.0
42	35	23.4	—/154	—/134	—/114	—/73
69	63	40	—/258	—/224	—/190	—/122

注 1. 标称放电电压为5kV。
2. 分子为配电型，分母为电站型。

附表 9-5 低压金属氧化物避雷器的电气性能 (kV)

避雷器额定电压	系统额定电压	避雷器持续运行电压	雷电冲击电流残压峰值	直流1mA参考电压
有效值			不大于	不小于
0.28	0.22	0.24	1.3	0.6
0.50	0.38	0.42	2.6	1.2

注 标称放电电流为1.5kA。

附录10 接地装置要求的接地电阻值

附表 10-1 部分电力装置要求的工作接地电阻值

序号	电力装置名称	接地的电力装置特点	接地电阻
1	1kV以上大电流接地系统	仅用于该系统的接地装置	$R_e \leqslant \frac{2000}{I_k^{(1)}}\Omega$ 当 $I_k^{(1)} > 4000$A时 $R_e \leqslant 0.5\Omega$

续表

序号	电力装置名称	接地的电力装置特点	接地电阻
2	1kV 以上小电流接地系统	仅用于该系统的接地装置	$R_e \leqslant \frac{252}{I_e}\Omega$ 且 $R_e \leqslant 10\Omega$
3		与 1kV 以下系统共用的接地装置	$R_e \leqslant \frac{120}{I_e}\Omega$ 且 $R_e \leqslant 10\Omega$
4	1kV 以下系统	与总容量在 100kVA 以上的发电机或变压器相连的接地装置	$R_e \leqslant 4\Omega$
5		上述（序号 4）装置的重复接地	$R_e \leqslant 10\Omega$
6		与总容量在 100kVA 及以下的发电机或变压器相连的接地装置	$R_e \leqslant 10\Omega$
7		上述（序号 6）装置的重复接地	$R_e \leqslant 30\Omega$
8	建筑物防雷装置	第一类防雷建筑物（防感应雷）	$R_i \leqslant 10\Omega$
9		第一类防雷建筑物（防直击雷及雷电波侵入）	$R_i \leqslant 10\Omega$
10		第二类防雷建筑物（防直击雷感应雷及雷电波侵入共用）	$R_i \leqslant 10\Omega$
11		第三类防雷建筑物（防直击雷）	$R_i \leqslant 30\Omega$
12			
13	供电系统防雷装置	保护变电所的独立避雷针	$R_e \leqslant 10\Omega$
14		杆上避雷器或保护间隙（在电气上与旋转电机无联系者）	$R_e \leqslant 10\Omega$
15		同上（但与旋转电机有电气联系者）	$R_e \leqslant 5\Omega$

注　R_e——工频接地电阻；R_i——冲击接地电阻；$I_k^{(1)}$——流经接地装置的单相短路电流，单位为 A；I_e——单相接地故障电流，按式（1-6）计算，单位为 A。

附表 10-2　　土壤和水的电阻率参考值

类别	名称	电阻率近似值（Ω·m）	不同情况下电阻率的变化范围（Ω·m）		
			较湿时（一般地区、多雨区）	较干时（少雨区、沙漠区）	地下水含盐碱时
土	陶黏土	10	5～20	10～100	3～10
	泥炭、泥灰岩、沼泽地	20	10～30	50～300	3～30
	捣碎的木炭	40	—	—	—
	黑土、园田土、陶土 白垩土、黏土	50 60	30～100	50～300	10～30
	砂质黏土	100	30～300	80～1000	10～80
	黄土	200	100～200	250	30
	含砂黏土、砂土	300	100～1000	1000 以上	30～100
	河滩中的砂	—	300	—	—
	煤	—	350	—	—
	多石土壤	400	—	—	—
	上层红色风化黏土　下层红色页岩	500（30%湿度）	—	—	—
	表层土夹石、下层砾石	600（15%温度）	—	—	—

续表

类别	名称	电阻率近似值（Ω·m）	不同情况下电阻率的变化范围（Ω·m）		
			较湿时（一般地区、多雨区）	较干时（少雨区、沙漠区）	地下水含盐碱时
砂	砂、砂砾	1000	250～1000	1000～2500	—
	砂层深度大于 10m、地下水较深的草原，地面黏土深度不大于 1.5m、底层多岩石	1000	—	—	—
岩石	砾石、碎石	5000	—	—	—
	多岩山地	5000	—	—	—
	花岗岩	200 000	—	—	—
混凝土	在水中	40～55	—	—	—
	在湿土中	100～200	—	—	—
	在干土中	500～1300	—	—	—
	在干燥的大气中	12 000～18 000	—	—	—
矿	金属矿石	0.01～1	—	—	—

附表 10-3　接地装置导体的最小尺寸

种类	规格及单位	地上		地下
		屋内	屋外	
圆钢	直径 mm	6	8	8/10
扁钢	截面 mm^2	24	48	48
	厚度 mm^2	3	4	4
角钢	厚度 mm	2	2.5	4
钢管	管壁厚度 mm	2.5	2.5	3.5/2.5

注　1. 地下部分圆钢的直径，其分子、分母数据分别对应于架空线路和发电厂、变电所的接地装置。
2. 地下部分钢管的壁厚，其分子、分母数据分别对应于埋于土壤和埋于室内素混凝土地坪中。
3. 架空线路杆塔的接地极引出线，其截面不应小于 $50mm^2$，并应热镀锌。

附表 10-4　雷电保护接地装置的季节系数

埋深(m)	Ψ值	
	水平接地极	2～3m 的垂直接地极
0.5	1.4～1.8	1.2～1.4
0.8～1.0	1.25～1.45	1.15～1.3
2.5～3.0（深埋接地极）	1.0～1.1	1.0～1.1

注　测定土壤电阻率时，如土壤比较干燥，则应采用表中的较小值；如比较潮湿，则应采用较大值。

附表 10-5　接地极的冲击利用系数 η_i

接地极形式	接地导体的根数	冲击利用系数	备注
n 根水平射线（每根长 10～80m）	2	0.83～1.0	较小值用于较短的射线
	3	0.75～0.90	
	4～6	0.65～0.80	

续表

接地极形式	接地导体的根数	冲击利用系数	备注
以水平接地极连接的垂直接地极	2 3 4 6	0.80～0.85 0.70～0.80 0.70～0.75 0.65～0.70	$\frac{D（垂直接地极间距）}{l（垂直接地极长度）}=2\sim3$ 较小值用于$\frac{D}{l}=2$时
自然接地极	拉线棒与拉线盘间 铁塔的各基础间 门型、各种拉线杆塔的各基础间	0.6 0.4～0.5 0.7	

附录11　电气照明技术数据

附表11-1　　部分工业建筑一般照明标准值

照明房间或场所		参考平面及其高度	照度标准值（lx）	统一眩光值UGR	一般显色指数Ra	备注
1. 通用房间或场所						
实验室	一般	0.75m水平面	300	22	80	可另加局部照明
实验室	精细	0.75m水平面	500	19	80	可另加局部照明
检验室	一般	0.75m水平面	300	22	80	可另加局部照明
检验室	精细，有颜色要求	0.75m水平面	750	19	80	可另加局部照明
计量室，测量室		0.75m水平面	500	19	80	可另加局部照明
变、配电站	配电装置室	0.75m水平面	200	—	60	
变、配电站	变压器室	地面	100	—	20	
电源设备室，电机室		地面	200	25	60	
控制室	一般控制室	0.75m水平面	300	22	80	
控制室	主控制室	0.75m水平面	500	19	80	
电话站、网络中心		0.75m水平面	500	19	80	
计算机站		0.75m水平面	500	19	80	防光幕反射
动力站	风机房、空调机房	地面	100	—	60	
动力站	水泵房	地面	100	—	60	
动力站	冷冻站	地面	150	—	60	
动力站	压缩空气站	地面	150	—	60	
动力站	锅炉房、煤气站的操作层	地面	100	—	60	锅炉水位表的照度不小于50lx
仓库	大件库（如钢坯、钢材、大成品、气瓶）	1.0m水平面	50	—	20	
仓库	一般件库	1.0m水平面	100	—	60	
仓库	精细件库（如工具、小零件）	1.0m水平面	200	—	60	货架垂直照度不小于50lx

续表

照明房间或场所		参考平面及其高度	照度标准值（lx）	统一眩光值 UGR	一般显色指数 Ra	备注
1. 通用房间或场所						
车辆加油站		地面	100	—	60	油表照度不小于 50lx
2. 机、电工业						
机械加工	粗加工	0.75m 水平面	200	22	60	可另加局部照明
	一般加工（公差≥0.1mm）	0.75m 水平面	300	22	60	应另加局部照明
	精密加工（公差<0.1mm）	0.75m 水平面	500	19	60	应另加局部照明
机电、仪表装配	大件	0.75m 水平面	200	25	80	可另加局部照明
	一般件	0.75m 水平面	300	25	80	可另加局部照明
	精密	0.75m 水平面	500	22	80	应另加局部照明
	特精密	0.75m 水平面	750	19	80	应另加局部照明
电线、电缆制造		0.75m 水平面	300	25	60	
线圈绕制	大线圈	0.75m 水平面	300	25	80	
	中等线圈	0.75m 水平面	500	22	80	可另加局部照明
	精细线圈	0.75m 水平面	750	19	80	应另加局部照明
线圈浇注		0.75m 水平面	300	25	80	
焊接	一般	0.75m 水平面	200	—	60	
	精密	0.75m 水平面	300	—	60	
钣金		0.75m 水平面	300	—	60	
冲压、剪切		0.75m 水平面	300	—	60	
热处理		地面至 0.5m 水平面	200	—	20	
铸造	熔化、浇注	地面至 0.5m 水平面	200	—	20	
	造型	地面至 0.5m 水平面	300	25	60	
精密铸造的制模、脱壳		地面至 0.5m 水平面	500	25	60	
锻工		地面至 0.5m 水平面	200	—	20	
电镀		0.75m 水平面	300	—	80	
喷漆	一般	0.75m 水平面	300	—	80	
	精细	0.75m 水平面	500	22	80	
酸洗、腐蚀、清洗		0.75m 水平面	300	—	80	
抛光	一般装饰性	0.75m 水平面	300	22	80	防频闪
	精细	0.75m 水平面	500	22	80	防频闪

续表

<table>
<tr><th colspan="2">照明房间或场所</th><th>参考平面及其高度</th><th>照度标准值（lx）</th><th>统一眩光值 UGR</th><th>一般显色指数 Ra</th><th>备注</th></tr>
<tr><td colspan="2">复合材料加工、铺叠、装饰</td><td>0.75m 水平面</td><td>500</td><td>22</td><td>80</td><td></td></tr>
<tr><td rowspan="2">机电修理</td><td>一般</td><td>0.75m 水平面</td><td>200</td><td>—</td><td>60</td><td>可另加局部照明</td></tr>
<tr><td>精密</td><td>0.75m 水平面</td><td>300</td><td>22</td><td>60</td><td>可另加局部照明</td></tr>
<tr><td colspan="7">3. 电力工业</td></tr>
<tr><td colspan="2">火电厂锅炉房</td><td>地面</td><td>100</td><td>—</td><td>40</td><td></td></tr>
<tr><td colspan="2">发电机房</td><td>地面</td><td>200</td><td>—</td><td>60</td><td></td></tr>
<tr><td colspan="2">主控室</td><td>0.75m 水平面</td><td>500</td><td>19</td><td>80</td><td></td></tr>
<tr><td colspan="7">4. 电子工业</td></tr>
<tr><td colspan="2">电子元器件</td><td>0.75m 水平面</td><td>500</td><td>19</td><td>80</td><td>应另加局部照明</td></tr>
<tr><td colspan="2">电子零部件</td><td>0.75m 水平面</td><td>500</td><td>19</td><td>80</td><td>应另加局部照明</td></tr>
<tr><td colspan="2">电子材料</td><td>0.75m 水平面</td><td>300</td><td>22</td><td>80</td><td>应另加局部照明</td></tr>
<tr><td colspan="2">酸、碱、药液及粉配制</td><td>0.75m 水平面</td><td>300</td><td>—</td><td>80</td><td></td></tr>
</table>

附表 11-2　部分民用和公共建筑照明标准值

<table>
<tr><th colspan="2">照明房间或场所</th><th>参考平面及其高度</th><th>照度标准值（lx）</th><th>统一眩光值 UGR</th><th>一般显色指数 Ra</th></tr>
<tr><td colspan="6">1. 居住建筑</td></tr>
<tr><td rowspan="2">起居室</td><td>一般活动</td><td rowspan="2">0.75m 水平面</td><td>100</td><td rowspan="2">—</td><td rowspan="2">80</td></tr>
<tr><td>书写、阅读</td><td>300*</td></tr>
<tr><td rowspan="2">卧室</td><td>一般活动</td><td rowspan="2">0.75m 水平面</td><td>175</td><td rowspan="2">—</td><td rowspan="2">80</td></tr>
<tr><td>床头、阅读</td><td>150*</td></tr>
<tr><td colspan="2">餐厅</td><td>0.75m 餐桌面</td><td>150</td><td>—</td><td>80</td></tr>
<tr><td rowspan="2">厨房</td><td>一般活动</td><td>0.75m 水平面</td><td>100</td><td rowspan="2">—</td><td rowspan="2">80</td></tr>
<tr><td>操作台</td><td>台面</td><td>150*</td></tr>
<tr><td colspan="2">卫生间</td><td>0.75m 水平面</td><td>100</td><td>—</td><td>80</td></tr>
<tr><td colspan="6">2. 商业建筑</td></tr>
<tr><td colspan="2">一般商店营业厅</td><td>0.75m 水平面</td><td>300</td><td>22</td><td>80</td></tr>
<tr><td colspan="2">高档商店营业厅</td><td>0.75m 水平面</td><td>500</td><td>22</td><td>80</td></tr>
<tr><td colspan="2">一般超市营业厅</td><td>0.75m 水平面</td><td>300</td><td>22</td><td>80</td></tr>
<tr><td colspan="2">高档超市营业厅</td><td>0.75m 水平面</td><td>500</td><td>22</td><td>80</td></tr>
<tr><td colspan="2">收款台</td><td>台面</td><td>500</td><td>—</td><td>80</td></tr>
<tr><td colspan="6">3. 旅馆建筑</td></tr>
<tr><td rowspan="4">客房</td><td>一般活动区</td><td>0.75m 水平面</td><td>75</td><td>—</td><td>80</td></tr>
<tr><td>床头</td><td>0.75m 水平面</td><td>150</td><td>—</td><td>80</td></tr>
<tr><td>写字台</td><td>台面</td><td>300</td><td>—</td><td>80</td></tr>
<tr><td>卫生间</td><td>0.75m 水平面</td><td>150</td><td>—</td><td>80</td></tr>
</table>

续表

照明房间或场所	参考平面及其高度	照度标准值（lx）	统一眩光值 UGR	一般显色指数 Ra
中餐厅	0.75m 水平面	200	22	80
西餐厅、酒吧间、咖啡厅	0.75m 水平面	100	—	80
多功能厅	0.75m 水平面	300	22	80
门厅、总服务台	地面	300	—	80
休息厅	地面	200	22	80
客房层走廊	地面	50	—	80
厨房	台面	200	—	80
洗衣房	0.75m 水平面	200	—	80
4. 学校建筑				
教室	课桌面	300	19	80
实验室	实验桌面	300	19	80
美术教室	桌面	500	19	90
多媒体教室	0.75m 水平面	300	19	80
教室黑板	黑板面	500	—	80
5. 图书馆建筑				
一般阅览室	0.75m 水平面	300	19	80
国家、省、市及其他重要图书馆的阅览室	0.75m 水平面	500	19	80
老年阅览室	0.75m 水平面	500	19	80
珍善本、图样阅览室	0.75m 水平面	500	19	80
陈列室、目录厅（室）、出纳厅	0.75m 水平面	300	19	80
书库	0.25m 垂直面	50	—	80
工作间	0.75m 水平面	300	19	80
6. 办公建筑				
普通办公室	0.75m 水平面	300	19	80
高档办公室	0.75m 水平面	500	19	80
会议室	0.75m 水平面	300	19	80
接待室、前台	0.75m 水平面	300	—	80
营业厅	0.75m 水平面	300	22	80
设计室	实际工作面	500	19	80
文件整理、复印、发行室	0.75m 水平面	300	—	80
资料、档案室	0.75m 水平面	200	—	80

* 宜用混合照明，即一般照明加局部照明。

附表 11-3　　PZ220 型普通照明白炽灯的主要技术数据

额定电压（V）	220									
额定功率（W）	15	25	40	60	100	150	200	300	500	1000
光通量（lm）	110	220	350	630	1250	2090	2920	4610	8300	18 600
平均寿命（h）	1000									

附表 11－4　　GC1－A、B－1 型配照灯的主要技术数据和概算图表

1. 主要规格数据		2. 灯具外形及配光曲线
规格	数据	
光源容量	白炽灯 150W	
遮光角	8.7°	
灯具效率	85%	
最大距高比	1.25	

附表 11－5　　GC1－A、B－1 型配照灯的灯具利用系数 u

顶棚反射比 ρ_c（%）		70			50			30			0
墙壁反射比 ρ_w（%）		50	30	10	50	30	10	50	30	10	0
室空间比	1	0.85	0.82	0.78	0.82	0.79	0.76	0.78	0.76	0.74	0.70
	2	0.73	0.68	0.63	0.70	0.66	0.61	0.68	0.63	0.60	0.57
	3	0.64	0.57	0.51	0.61	0.55	0.50	0.59	0.54	0.49	0.46
	4	0.56	0.49	0.43	0.54	0.48	0.43	0.52	0.46	0.42	0.39
	5	0.50	0.42	0.63	0.48	0.41	0.36	0.46	0.40	0.35	0.33
	6	0.44	0.63	0.31	0.43	0.36	0.31	0.41	0.35	0.30	0.28
	7	0.39	0.32	0.26	0.38	0.30	0.26	0.37	0.30	0.26	0.24
	8	0.35	0.28	0.23	0.34	0.28	0.23	0.33	0.27	0.23	0.21
	9	0.32	0.25	0.20	0.31	0.24	0.20	0.30	0.24	0.20	0.18
	10	0.29	0.22	0.17	0.28	0.22	0.17	0.27	0.21	0.17	0.16

附表 11－6　　配照灯的比功率参考值　　（W/mm²）

灯在工作面上高度（m）	被照面积（m²）	白炽灯平均照度（lx）						
		5	10	15	20	30	50	70
3～4	10～15	4.3	7.5	9.6	12.7	17	26	36
	15～20	3.7	6.4	8.5	11.0	14	22	31
	20～30	3.1	5.5	7.2	9.3	13	19	27
	30～50	2.5	4.5	6.0	7.5	10.5	15	22
	50～120	2.1	3.8	5.1	6.3	8.5	13	18
	120～300	1.8	3.3	4.4	5.5	7.5	12	16
	300 以上	1.7	2.9	4.0	5.0	7.0	11	15
4～6	10～17	5.2	8.9	11	15	21	33	48
	17～25	4.1	7.0	9.0	12	16	27	37
	25～35	3.4	5.8	7.7	10	14	22	32
	35～50	3.0	5.0	6.8	8.5	12	19	27
	50～80	2.4	4.1	5.6	7.0	10	15	22
	80～150	2.0	3.3	4.6	5.8	8.5	12	17
	150～400	1.7	2.8	3.9	5.0	7.0	11	15
	400 以上	1.5	2.5	3.5	4.0	6.0	10	14

附录12 《工厂供配电》设计任务书

一、原始资料

1. 建设性质及规模

为满足某企业生产用电需要，决定在规划的企业范围内新建一座35kV降压变电所，电压等级为35/0.4kV。35kV线路有两回，其中一回为开发区数家近期待建企业的穿越功率；0.4kV将设计为多回路，分别送往企业内车间及其附近的生活区。企业占地东西长为300m，南北宽为200m。

2. 供电电源情况

按照企业与当地供电部门签订的供电协议规定，本企业可由附近3km处一电力系统变电所35kV母线上取得工作电源。该电源线路将采用LGJ－35架空导线送至本企业变电所。并经高压母线穿越送至待建企业。该架空线为等边三角形排列，线距为2m。已知该线路定时限过电流保护整定的动作时限将为1.5s，该线路首端最大运行方式下三相短路容量为195.5MV·A，最小运行方式下三相短路容量为150MV·A。为满足本企业二级负荷的要求，可通过邻近企业变电所与本企业变电所的联络线路临时供电，将来也可作为本企业高压侧备用电源。同时可采用低压联络线由邻近企业取得备用电源，作为本企业检修及生活用电。已知与本企业高压侧有电气联系的架空线路总长度达40km，电缆线路总长度达5km。

3. 企业负荷情况

企业多数车间为两班制。变压器全年投入运行时间为8000h，最大负荷利用小时T_{max}为4000h。企业负荷统计资料见附表12－1。

附表12－1 企业负荷统计资料表

负荷性质	负荷名称	设备容量（kV·A）	功率因数	需要系数	负荷级别
全厂动力	铸造车间	500	0.70	0.4	二
	锻压车间	450	0.65	0.3	三
	金工车间	400	0.65	0.3	三
	工具车间	300	0.65	0.2	三
	电镀车间	400	0.75	0.6	二
	热处理车间	330	1.00	0.5	三
	装配车间	200	0.70	0.4	三
	机修车间	150	0.60	0.3	三
	锅炉房	80	0.70	0.6	二
	仓库	20	0.60	0.3	三
全厂照明	照明	80	0.90	0.85	三
生活照明	宿舍区	300	0.90	0.8	三

4. 所址条件

新建变电所位于企业区内，该处海拔为200m，地层以黏土为主，地下水位为3m，最高气温为39℃，最低气温为－10℃，最热月的平均最高气温为32℃，最热月的平均气温为28℃，最热月地下0.8m处平均温度为20℃，年主导风向为南风，年雷暴日为40。

5. 电价制度

本企业与当地供电部门达成协议，35kV输电架空线路由供电部门负责设计、施工，本企业按主变压器容量向供电部门一次性交纳供电贴费，标准为x元/kV·A。电费核算按两部制电价制度，月基本电价按主变压器容量核算，标准为y元/（kV·A·月）；电度电价为z元/（kW·h），功率因数标准为0.90，供电部门每月将根据本企业月加权平均功率因数对实收电费进行调整（x、y、z宜按当地情况确定）。

二、设计任务

要求在规定的设计时间内独立完成下列工作量。

1. 编写设计说明书

设计说明书应包括的内容如下：

（1）前言。

（2）目录。

（3）负荷计算，计算结果应列表。

（4）无功功率补偿。包括补偿方式的选择、补偿容量的计算、接线及电容器型号、台数的选择。

（5）变电所位置和型式的选择。

（6）通过比较确定变压器的容量和台数，指出其节电性能和经济运行方式。

（7）主接线方案的选择。

（8）短路电流计算、计算结果应列表。

（9）变电所一次设备的选择与校验。

（10）变电所高、低压线路的选择。

（11）主变压器继电保护整定计算，原理接线图。

（12）变电所二次回路方案设计。

（13）变电所防雷计算及接地装置设计。

（14）参考文献。

2. 绘制设计图纸

（1）变电所主接线图：1张（A2图纸）。

（2）变电所平面布置图：1张。

（3）主变压器继电保护原理图：1张（A2图纸）。

三、设计时间

按照教学计划执行，通常为1～2周。若时间短可适当删去部分内容。

四、设计的安排

设计中，应有设计日程表，按日程表有序进行。设计中除正常辅导外，还宜根据日程对重点设计内容进行必要讲授和辅导，以保证设计按时完成。

附录13 工厂供配电常用字符表

附表13-1 电气设备文字符号

文字符号	中文含义	英文含义	旧符号
APR	备用电源自动投入装置	auto - put - device of reserve - source	BZT
ARD	自动重合闸装置	auto - reclosing device	ZCH
C	电容器	capacitor	C
F	避雷器	arrester；lighting arrester	BL
FU	熔断器	fuse	RD
FR	具有延时动作的限流保护器件	Current threshold protective device withTime - lag action	F
G	发电机；电源	generator；source	F
GB	蓄电池	battery	XDC
GN	绿色指示灯	green indicating lamp	LD
HDS	高压配电所	high - voltage distribution substation	GPS
HL	指示灯，信号灯	indicating lamp，signal lamp	XD
HSS	总降压变电所	head step - down substation	ZBS
K	继电器，接触器	relay；contactor	J；JC
KA	电流继电器	current relay	LJ
KG	气体（瓦斯）继电器	gas relay	CHJ
KM	中间继电器；接触器	medium relay；contactor	ZJ，JC
KO	合闸接触器	closing（ON）contactor	HC
KS	信号继电器	signal relay	XJ
KT	时间继电器	time - delay relay	SJ
KV	电压继电器	voltage relay	YJ
L	电感，电感线圈	inductance；inductive coil	L
M	电动机	electric motor	D
N	中性线	neutra wire	N
PA	电流表	ammeter	A
PE	保护线	protective wire	
PEN	保护中性线	protective neutra wire	N
PJ	有功电能表、无功电能表	Watt - hour meter，var - hour meter	Wh，varh
PV	电压表	voltmeter	V
Q	电力开关	power switch	K
QF	断路器	circuit - breaker	DL
QK	刀开关	knife - switch；blade	DK
QL	负荷开关	ioad - switch，switch - fuse	FK
QS	隔离开关	disconnector	GK
R	电阻	resistance	R
RD	红色指示灯	red indicating lamp	HD
SA	控制开关；选择开关	control switch；selector switch	KK；XK
SB	按钮	push - button	AN

续表

文字符号	中文含义	英文含义	旧符号
SQ	位置开关；限位开关	position switch；limit switch	WK，xk
STS	车间变电所	shop transformer substation	CBS
T	变压器	transformer	B
TA	电流互感器	current transformer	LH（CT）
TAN	零序电流互感器	neutral - current transformer	LLH
TV	电压互感器	voltage（potential）transformer	YH（PT）
W	导线；母线	wire；busbar	M，X
WAS	事故音响信号小母线	accident sound signal small - busbar	SYM
WB	母线	busbar	M
WC	控制回路小母线	control small - busbar	KM
WF	闪光信号小母线	flash - light signal small - busbar	SM
WFS	预告信号小母线	forecast signal small - busbar	YBM
WL	灯光信号小母线	lighting signal small - busbar	DM
WO	合闸电源小母线	switch - on source small - busbar	HM
WS	信号电源小母线	signal source small - busbar	XM
WV	电压小母线	voltage small - busbar	YM
X	端子板	terminal block	
XB	连接片	connector	LP
YO	合闸线圈	closing operation coil	HQ
YR	跳闸线圈	opening operation coil	TQ

附表 13-2　　物理量下角标的文字符号

文字符号	中文含义	英文含义	旧符号
a	年	annual	n
a	有功	active	a；yg
al	允许	allowable	yx
av	平均	average	pj
c	计算	calculate	js
cab	电缆	cable	L
d	需要、基准、差动	demand；datum；differential	x；j；cd
dsp	不平衡	disequilibrium	bp
E	地、接地	earth；earthing	d；jd
e	设备	equipment	SB
e	有效	efficient	yx
ec	经济	economic	j；ji
eq	等效	equivalent	dx
es	电动稳定	electrodynamic stable	dw
FE	熔体	fuse - element	RT
Fe	铁	Iron	Fe
i	电流	Current	i

续表

文字符号	中文含义	英文含义	旧符号
ima	假想	imaginary	jx
k	短路	short - circuit	d
L	电感、负荷	inductance; load	L
i	线、长延时	line; long - delay	x; c
M	电动机	motor	D
m	最大、幅值	maximum	m
max	最大	maximum	zd
N	额定	rated	e
np	非周期	non - periodic; aperiodic	f - zq
oc	断路、开路	open circuit	dl
oh	架空线路	over - head line	K
OL	过负荷	over - load	gh
op	动作	operating	dz
OR	过流脱扣器	over - current release	TQ
P	有功功率、周期性、保护	active power	P
		periodic; protect	zg; j
pk	尖峰	peak	jf
q	无功功率	reactive power	wg
qb	速断	quick break	sd
r	无功	reactive	wg
re	返回、复归	return; reset	f, fh
rel	可靠	reliability	k
S	系统	system	XT
s	短延时	short - delay	d
saf	安全	safety	aq
sh	冲击	shock; impulse	cj; ch
st	启动	start	q
step	跨步	step	kp
t	时间	time	t
tou	接触	touch	jc
TR	热脱扣器	thermal release	R, RT
u	电压	voltage	u
w	工作；接线	work; wiring	gz; JX
wL	导线；线路	wire; line	XL
θ	温度	temperature	θ
φ	相	phase	xg; p
0	零；无；空	zero; nothing; empty	0
0	瞬时	instantaneous	0
0	中性线	neutral wire	0
30	半小时	30min [maximum]	30

附录14　电气检修工作票格式

附表14-1　**电气第一种工作票**

ZXWY/BG-076

1. 工作单位：________　工作负责人（监护人）：________

工作班成员（共　人）						

2. 工作地点：________设备名称：________
3. 工作内容：________

____

____

4. 工作计划时间：自__年__月__日__时__分至__年__月__日__时__分
5. 安全措施：

下列由工作负责人（或工作票签发人）填写 下列由工作许可人（值班员）填写

应拉开关和刀闸（注明编号）		已拉开关和刀闸（注明编号）	操作人	监护人
应装接地线，应投接地刀闸（注明地线装设点）		已装接地线，已投接地刀闸（注明地线装设点）	装设人	拆除人

应设遮栏，应挂标示牌（注明地点）	已设遮栏，已挂标示牌	装设人	拆除人
工作地点保留带电部分和补充安全措施（由工作许可人或值班员填写）			

6. 工作票签发人签名：	7. 值班长或值班负责人审批： 签名：

8. 收到工作票时间：____年____月____日____时____分

值班负责人签名：________

9. 许可开始工作时间：____年____月____日____时____分

工作许可人签名：________

工作负责人签名：________

10. 工作负责人变动：原工作负责人________离去，

变更________为工作负责人。

变更时间：____年____月____日____时____分

工作票签发人签名：________

11. 工作票延期：有效期延到____年____月____日____时____分

工作负责人签名：________

值班或值班负责人签名：________

12. 工作终结：工作班人员已全部撤离，现场已清理完毕。

全部工作于____年____月____日____时____分结束。

工作负责任人签名：________

工作许可人（或值班员）签名：________

13. 接地线共______组已拆除，接地刀共______把已拉开。╲

接地线共______组保留，接地刀共______把未拉开。 ╱

值班负责人签名：________

14. 工作票结束于____年____月____日____时____分。

会长或值班负责人签名：________

备注	

附表 14-2 **电气第二种工作票**

编号： ZXWY/BG-077

1. 工作负责人（监护人）：________班组：________

工作班人员：________

2. 工作任务：________

____

3. 计划工作时间：自____年__月__日__时__分至____年__月__日__时__分

同意工作延期至____年____月____日____时____分

值班班长签名：________

4. 工作条件（停电或不停电）：________

____

5. 注意事项（安全措施）：________

____

____

____

____

工作票签发人签名：________

6. 许开始工作时间：____年____月____日____时____分

工作许可人（值班员）签名：________工作负责人签名：________

7. 工作结束时间：____年____月____日____时____分

工作许可人（值班员）签名：________工作负责人签名：________

8. 备注：________

____

参 考 文 献

[1] 刘介才. 工厂供电 [M]. 5版. 北京：机械工业出版社，2012.
[2] 陈化钢. 企业供配电 [M]. 北京：中国水利水电出版社，2003.
[3] 汪永华. 工厂供电 [M]. 北京：机械工业出版社，2007.
[4] 夏国明. 供配电技术 [M]. 3版. 北京：中国电力出版社，2012.
[5] 王士政等. 发电厂电气部分 [M]. 3版 北京：中国水利水电出版社，2002.
[6] 江文，许慧中. 供配电技术 [M]. 北京：机械工业出版社，2010.
[7] 汪永华. 电气运行与检修 [M]. 北京：中国水利水电出版社，2008.
[8] 刘介才. 供配电技术 [M]. 北京：机械工业出版社，2005.
[9] 苏文成. 工厂供电 [M]. 2版. 北京：机械工业出版社 2004.
[10] 中国机械工业教育协会. 工厂供电 [M]. 北京：机械工业出版社，2002.
[11] 许建安. 电力系统微机继电保护 [M]. 北京：中国水利水电出版社，2003.
[12] 陈小虎. 工厂供电技术 [M]. 北京：高等教育出版社，2004.
[13] 中国国家标准汇编 [M]. 北京：中国电力出版社，2003.
[14] 中国电力百科全书 [M]. 2版. 北京：中国电力出版社，2002.
[15] 戴绍基. 工厂供电 [M]. 北京：机械工业出版社，2002.
[16] 常用供用电电气标准汇编 [S]. 北京：中国标准出版社，2008.
[17] 于国强. 新能源发电技术 [M]. 北京：中国电力出版社，2009.